现代通信技术

Xiandai Tongxin Jishu

蒋 青 范馨月 吕 翊 蔡 丽 编著

高等教育出版社·北京

内容简介

本书以工程教育为背景,系统地介绍了现代通信技术的基本理论及应用,主要内容包括绪论、通信传输技术、信道与信道复用、光纤传输网技术、现代数字交换技术、移动无线通信技术、数字图像通信技术、Internet技术、电子商务技术、通信安全技术等。

本书内容丰富,取材突出通信领域中的新技术和新成果,具有实际应用价值。

本书适用对象为高等院校电子与通信工程及其相关领域专业学位研究生、高年级本科生、教师和相关学科领域的科技和管理人员。

图书在版编目(CIP)数据

现代通信技术/蒋青等编著 . --北京:高等教育
出版社,2014.6(2021.2重印)
 ISBN 978-7-04-039506-8

Ⅰ. ①现… Ⅱ. ①蒋… Ⅲ. ①通信技术 Ⅳ.
①TN91

中国版本图书馆 CIP 数据核字 (2014) 第 069822 号

| 策划编辑 | 吴陈滨 | 责任编辑 | 杨 希 | 封面设计 | 张 楠 | 版式设计 | 范晓红 |
| 插图绘制 | 杜晓丹 | 责任校对 | 刁丽丽 | 责任印制 | 耿 轩 | | |

出版发行	高等教育出版社	咨询电话	400-810-0598
社　　址	北京市西城区德外大街 4 号	网　　址	http://www.hep.edu.cn
邮政编码	100120		http://www.hep.com.cn
印　　刷	固安县铭成印刷有限公司	网上订购	http://www.landraco.com
开　　本	787mm×1092mm　1/16		http://www.landraco.com.cn
印　　张	28	版　　次	2014 年 6 月第 1 版
字　　数	670 千字	印　　次	2021 年 2 月第 5 次印刷
购书热线	010-58581118	定　　价	43.30 元

前　言

　　21 世纪是通信信息时代,网络、手机、计算机等与我们的生活息息相关,移动通信、互联网通信、多媒体、计算机技术、电子商务及信息安全等现代通信技术出现了超越人们想象的、前所未有的发展速度,各行各业都在广泛地应用现代通信技术。

　　光纤通信、数字微波通信和卫星通信一起被称为现代通信传输的三大支柱。光纤通信系统具有最高的信息运载能力,并且能提供更高质量的网络信息服务能力,从而成为现代通信的主干网。移动通信是当今最热门的领域,具有大覆盖范围的卫星通信与之结合使得信息能够传到地球的每个角落。Internet 是近年来最热门的话题,它是一个开发和使用信息资源的覆盖全球的信息海洋,发展势头迅猛,成为一种不可抗拒的潮流。多媒体通信是一种将通信技术、计算机技术和图像技术三者有机结合的新技术,传递和交换声、图、文等多种信息媒体。图像处理技术主要有图像增强、图像编码、信息隐藏和彩色视频等基本技术。经济全球化的纵深发展以及信息技术的日新月异,引发了商务模式的重大变革,21 世纪是一个信息、数码、Internet 与电子商务的时代,电子商务正以前所未有的力量冲击着人们千百年来的传统商务模式与观念。随着经济全球化和知识经济时代的到来,全球化的信息沟通是必然的趋势,作为推动社会发展的战略基础设施,通信网要能够提供不同类型的通信服务,并且实时高效、安全可靠地传输数据。通信的可靠与安全是人们使用通信服务的基本要求,但由于自然、技术、管理和人为等多种因素导致通信网络故障时有发生,通信的可靠性与安全现状不容乐观,整个网络的安全研究和管理未得到足够的重视,安全事件层出不穷,黑色产业链日益成熟。本书正是围绕以上热门话题及核心技术展开讨论。

　　本书共分 10 章,第 1 章主要介绍通信技术发展简史、通信基本概念和通信网基础知识;第 2 章总结了通信的传输技术,主要包括模拟信号的数字化、离散信源编码、差错控制、数字信号的基带传输及数字信号的频带传输;第 3 章主要介绍了信道与信道复用;第 4 章详细介绍了光纤的传输特性、SDH 及光的复用技术等内容;第 5 章描述了现代数字交换技术的发展历程,重点阐述了分组交换原理、ATM 交换、IP 交换、光交换和软交换等技术;第 6 章重点介绍了移动无线通信技术,包括数字微波通信、卫星通信和移动通信系统的架构等;第 7 章介绍了数字图像通信技术,主要内容有图像技术基础、图像增强、图像编码、图像处理技术扩展、国际图像标准简介;第 8 章介绍了 Internet 技术,主要包括计算机网络基础、TCP/IP;第 9章介绍了电子商务技术,主要有电子商务系统架构、表达层技术、逻辑层技术、数据层技术、电子商务支付技术及 EDI 技术;第 10 章介绍了通信安全技术,包括通信安全、通用网络安全

技术、电子商务安全、无线局域网安全和移动互联网安全。

　　本书是作者及其所在团队多年来研究成果的总结。全书由蒋青担任主编,并编写第1、2、3、5、8章;范馨月编写第7、9、10章;吕翙编写第4章;蒋青、蒋毅编写第6章。蒋毅、马淑娟在文字和图形的处理方面做了许多工作,在此一并表示衷心的感谢。

　　南京邮电大学王文鼐教授审阅了全书,并提出了许多宝贵的意见和建议;本书的写作出版还得到了重庆邮电大学雷维嘉教授、陈善学教授和周非副教授等多位同行专家的帮助;在出版过程中得到了高等教育出版社的鼎力支持,在此也一并深表感谢。

　　由于作者水平有限,书中错误难免,敬请广大读者予以批评指正。作者邮箱为 jiangq@cqupt. edu. cn。

作　者

2013 年 12 月于重庆

目 录

第3章 　　　　　　　　　　　　　　　　　　　　108
信道与信道复用

第4章 　　　　　　　　　　　　　　　　　　　　137
光纤传输网技术

第5章 　　　　　　　　　　　　　　　　　　　　182
现代数字交换技术

第 6 章

移动无线通信技术

第 7 章

数字图像通信技术

第8章

Internet 技术

338

Ⅳ

第9章

电子商务技术

364

通信安全技术

附录 426

部分英文缩写词对照表

V

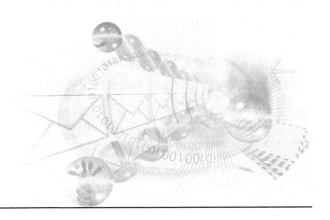

第1章

绪　　论

1.1　通信技术的历史演进

通信是信息交换与传递的手段。自从地球上有了人类以来,人与人之间便有了信息的交流。远古时代,人们利用表情或手势进行思想交流,后来人类发明了语言,可以用来表达更丰富的思想和信息,但语言的交流只能面对面地进行。文字的创造、印刷术的发明,使信息能够超越时间和空间的限制进行传递。

在电信号用于通信之前,人类就开始采用不同的方式向远处传递信息。在中国古代战争中采用的烽火台、旌旗、金鼓等信号手段就是传递信息的方式。早在2 700多年之前,中国就已出现了用烽火传递信息的通信方法。当时在边防线上,每隔一定距离就筑起一个高高的土台,称为烽火台。台上高高竖起一根吊杆,杆的上端吊有一个放满易燃柴草的笼子。一旦发现敌人入侵,士兵就立即点燃柴草,以浓烟和火光报警,于是白天冒浓烟,黑夜闪火光。这虽然只是一种简单的视觉通信方法,但时效性比派人送信还是要高得多。图1-1为烽火台的实例。

图1-1　烽火台

用烽火台传递信息的方法虽然有一定的时效性,但它只能传递事先约定的信息,而且要筑许多烽火台,传递的路线因此就相对固定,所以在古代,信息的传递主要还是靠专人来完成,这就是“驿使”的开始。但是无论是人还是马,一次能移动的距离都是有限的,为了尽快传递,每跑一段距离后,便要将所传递的信息交给下一个人,或换上另一匹马再接着跑。这

种通信方式不可能具有时效性,并且受天气、道路、人员、马匹等方面的影响很大,一环有错,信息传递就会耽搁。"驿使"作为一种制度一直延续下来,演变发展成今天的邮政通信。

千百年来,突破信息传递的空间和时间障碍,快速而准确地传递信息,一直是人们梦寐以求的目标。中国著名的古典神话小说《封神演义》中就有对"顺风耳"、"千里眼"等奇特功能的描写,幻想着人类能穿越时空,听到对方的声音,看到对方的身影。今天,现代通信技术的发展使人类这一神奇的幻想变成了现实。

1. 莫尔斯和电报

现代通信技术起源于 1838 年塞缪尔·莫尔斯(Samuel Morse)发明的有线电报。电报通信是把发报人需要发送的文字变成电信号,通过电路迅速传到远方,然后再恢复为文字,交给收报人。电报的发明缩短了人们之间的距离,从而推动了人类文明的进步。也许你认为发明电报的莫尔斯是一位杰出的电磁学家吧,但实际上莫尔斯当时是一位画家。那么画家又是如何发明出电报的呢?

1832 年秋的一天,一艘名为"萨利"号的邮船,满载着旅客和邮件,从法国北部的勒阿弗尔港启航,乘风破浪,驶向纽约。当时画家莫尔斯就在这艘船上,和他同乘这艘船回国的还有一位名叫杰克逊的美国医生,这位医生是位电磁学爱好者。一天晚饭后,杰克逊在餐桌上向莫尔斯等旅伴展示了一个很奇异的东西——电磁铁(在马蹄形铁块上缠上互相绝缘的导线),并滔滔不绝地讲起了它的原理:当导线通电后,铁块就产生吸引力,能吸引铁钉和铁屑,线圈的圈数愈多或通过的电流愈大,吸引力就愈强,电流一旦中断,磁性就消失。

杰克逊绘声绘色的一席话,好像磁石吸铁那样,紧紧地吸住了莫尔斯的心。莫尔斯问医生:"电流通过导线的速度有多快?"杰克逊告诉他:"速度非常惊人,不论导线多长,电流几乎一瞬间就能通过。"

餐桌上的所见所闻,引起了这位画家的极大兴趣,从而改变了他后半生的生活轨迹。在莫尔斯的脑海里涌起了新奇的联想和构思——如果让电流沿导线传输信号,岂不是能在瞬息之间将消息传往千里之外吗?莫尔斯决心去探索这个秘密。经过反复实验,美国人莫尔斯终于在 1838 年发明了世界上第一台电报机。不久他用"点"、"画"、"空白"的不同组合设计了莫尔斯电码。莫尔斯因此被称为"电报之父"。1845 年,华盛顿至巴尔的摩的电报线路开通,莫尔斯发出了人类第一份长途电报:"上帝创造了何等的奇迹",从此揭开了人类通信史上新的一页。

2. 贝尔与电话机

如果说电报的发明是人类文明史上的一个重要起点的话,那么电话的发明则是人类通信史上的一个重要里程碑,从此,人类社会就伴随着电话及电话交换技术发展的脚步而进步。

早在 1867 年,德国人飞利浦·赖思(Philipp Reis)就发明了能够通话的电话机,但是他一直没有申请电话发明专利。美国的伊莱沙·格雷(Elisha Gray)虽然和贝尔同年发明了电话,但由于格雷申请电话发明专利比贝尔晚了两个小时,所以也只能榜上无名。

贝尔 1847 年生于英国的苏格兰,他的父亲和祖父都从事聋哑人的教育工作。1874 年,贝尔全家迁居美国。由于受家庭的影响,贝尔从小就对语言学有浓厚兴趣。一次,他在做电报实验时,偶然发现一块铁片在磁铁前振动而发出了微弱的声响,并且这个声音通过导线传到了远处。这件事启发了贝尔的灵感:如果人的声音能以电的形式传递,那么相隔千里的两个人岂不实现了面对面的交谈？于是,他开始深入研究,并做了大量的实验,最后他终于成功了。1876年3月10日,贝尔在做实验时,一不小心将硫酸溅到了自己的腿上,他疼痛地叫了起来:"沃森先生,快来帮我啊!"当时他的助手托马斯·沃森(Thomas Watson)正在他们实验的电话线路另一端,这句话通过电话机立刻传到了沃森的耳朵里。这句极普通的话成为人类通过电话传送的第一句话音而被载入史册。图1-2和图1-3所示分别为贝尔和他发明的电话机。

图1-2　贝尔

图1-3　贝尔发明的电话机

在贝尔发明电话机的基础上,美国发明家托马斯·爱迪生(Thomas Edison)利用电磁效应,制成了炭精送话器、受话器,使电话机有了重大改进。这种电话机通过炭精送话器,使炭精粒的密合程度(即电阻的大小)随发话人声音的变化而变化,在电话回路中产生变化的电流,这种随声音变化而变化的电流通过电话线路,在受话器中产生电磁感应还原为声音振动,使受话人听到发话人的声音。这种原始的炭精送、受话器的工作原理一直使用至今。

早期的电话机为磁石式电话机,磁石式电话机可不像现在使用的电话机那么小巧,使用也不方便。它内部装有一个磁石式手摇发电机,并备有干电池作为通话电源。打电话时,先摇动电话机上安装的磁石发电机,呼叫电话接线员要求通话,告诉接线员要与哪个地方通话。接线员将线接通,然后再讲话。讲话完毕后,再通知接线员把线拆除,很不方便。

1889年,阿尔蒙·B·史瑞乔(Almon B. Strowger)发明了第一台无需话务员接线的自动交换机,它标志着电话及电话交换技术开始走向自动化。自动电话机上装有一个可以旋转的拨号盘,打电话时,只需拨动对方的电话号码,不必再与接线员对话了。

到20世纪60年代,出现了现在使用的按键式电话机。用这种电话机打电话时只要根据电话号码依次按相应的数字键即可,十分快捷方便。随着技术的发展,电话机的品种越来越丰富,电话机的外形变得更加新颖独特,功能也越来越多样、先进。

电话发明到今天已经有100多年了,但它依然是当今社会人们的主要通信工具,这充分显示了它的强劲生命力。据统计,全世界敷设的电话通信电缆已达百万千米,这个长度相当于地球到月球距离的3倍,如果计算电缆芯线的长度,将超过地球到太阳的距离。

130多年来,电话从人工接续发展到自动接续,从机械式结构发展到半电子、准电子、电子结构,再发展到由电子计算机操纵的程控方式,在技术上发生了翻天覆地的变化。不仅电话的接续速度大大加快,通话质量明显提高,而且还增加了许多新的电话功能。现在,我国

公众电话已经开通的服务功能就有成百上千项之多。图 1-4 所示为电话机演变的实例图。

3. 无线通信的兴起

电报和电话的发明,使人们的信息交流变得既迅速又方便,然而这种交流仅是在两个人或较少的群体之间进行的。现代社会有众多的信息需要及时让身处各地的人们共享,尤其是无线通信的兴起满足了人们的这种愿望。

图 1-4 电话机演变的实例图

无线通信与早期的电报、电话通信不同,它不是依靠有形的金属导线,而是利用无线电波来传递信息。早在 2 000 多年前,人类就已发现了电和磁这两种自然现象,然而长期以来,人们只知道摩擦生电、静电、瞬时放电这些简单的电现象;至于磁,则被看做是某种物质所具有的特殊性质。

1820 年,丹麦物理学家奥斯特(Oersted)偶然把一根导线同一枚磁针并排放着,当电流通过导线时,他十分惊讶地发现,磁针几乎转了 90°,而当电流以相反方向通过时,磁针向相反方向偏转。这个发现当时在科学界引起了轰动,因为这说明电能生磁。这是人类第一次发现电与磁之间有联系。

电流能使磁针偏转的奥斯特实验传遍了欧洲科学界,也传到了一位名叫法拉第(Faraday)的英国物理学家的耳中。他听到这个消息后,脑海里马上产生这样一个念头:电流既然可以产生磁,那么磁能否产生电流呢?为了验证他的想法,法拉第历经十多年的探索与实验,终于在 1831 年得出了当一个永久磁铁与一根导线作相对运动时,会在导线中产生电流的结论。这就是物理学上著名的电磁感应定律。

继法拉第之后,对电磁理论做出决定性贡献的是著名英国物理学家詹姆斯·克拉克·麦克斯韦(James Clerk Maxwell)。从 1858 年开始,麦克斯韦专注于电磁理论的研究。他利用 19 世纪 20 年代和 30 年代数学家在理论力学方面的研究成果,把法拉第的观点用数学语言表达出来,于 1864 年提出了总结电磁现象的两组方程,预言了电磁波的存在。麦克斯韦在他发表的一篇题为《电与磁》的论文中明确地提出,电能生磁,磁又能生电,循环往复,电和磁便能以波动形式向远处传播,这就是电磁波。而且电磁波的传播速度和光的传播速度是相等的,都是 3×10^8 m/s。他还指出,实际上通常的可见光不过是波长在一定范围内的特殊电磁波。

1887 年德国青年物理学家赫兹(Hertz)通过实验的方法证实了电磁波的存在,他在实验中还发现了电磁波在空间具有与光相同的直线传播、反射、折射等性质。图 1-5 所示为早期研究电磁理论的法拉第、麦克斯韦和赫兹。

法拉第　　　　　　　麦克斯韦　　　　　　　赫兹

图 1-5 早期研究电磁理论的三位科学家

1894 年,意大利的工程师马可尼(Marconi)和俄国科学家波波夫(Popov)在麦克斯韦电磁波理论和赫兹电磁波实验的基础上,采用电磁波作为传播媒介,分别发明了能够快速、远距离传送信息的无线电报,开创了人类现代通信事业的新纪元。图 1-6 所示为无线电通信的创始人马可尼、波波夫。图 1-7 为早期无线电报设备实例图。

马可尼　　　　　　　　　　　波波夫

图 1-6　无线电通信的创始人

1895 年,波波夫展示的无线电报接收机　　　　1912 年,航船上装用的无线电报设备

图 1-7　早期无线电报设备实例图

无线电通信为人类通信开辟了一个潜力巨大的新领域——无线通信领域,用无线电波传播信息不仅极大地降低了有线通信面临的架线成本和覆盖面问题,也使人类通信开始走向无限空间。无线通信在海上通信中获得了巨大作用,一个多世纪以来,用莫尔斯代码拍发的遇险求救信号"SOS"成了航海者的"保护神",拯救了不计其数人的性命,挽回了巨大的财产损失!例如 1909 年 1 月 23 日,轮船"共和"号与"佛罗里达"号相撞,30 分钟后,"共和"号发出的"SOS"信号被航行在该海域的"波罗的海"号所截获。"波罗的海"号迅速赶到出事地点,使相撞两艘船上的 1 700 条生命得救。类似的事例不胜枚举。

但是,反面的教训也是十分沉重的。1912 年 4 月 14 日,豪华客轮"泰坦尼克"号在作处女航时因船上电报出了故障,导致它与外界的联系中断了 7 个小时,在它与冰山相撞后发出的"SOS"信号又没有及时被附近的船只所接收,最终酿成了 1 500 人葬身海底的震惊世界的惨剧。"泰坦尼克"号的悲剧告诉人们,通信与人类的生存有着多么密切的关系!

无线电技术很快地被应用于战争。特别是在第二次世界大战中,它发挥了巨大的威力,以至于有人把第二次世界大战称为"无线电战争"。其中特别值得一提的便是雷达的发明

和应用。

　　1935 年,英国皇家无线电研究所所长沃森·瓦特等人研制成功了世界上第一部雷达。20 世纪 40 年代初,雷达在英、美等国军队中获得广泛应用,被人称为"千里眼"。后来,雷达也被广泛应用于气象、航海等民用领域。图 1-8 所示为第二次世界大战中使用的雷达。

图 1-8　1943 年,在第二次世界大战中使用的雷达

4. 广播、电视的发明

　　19 世纪,人类在发明无线电报之后,便进一步希望用电磁波来传送声音。要实现这一愿望,首先需要解决的是如何把电信号放大的问题。1906 年,继英国工程师弗莱明发明真空二极管之后,美国人福雷斯特(L. D. Forest)发明了真空三极管,它对微弱电信号有放大作用。1914 年,福雷斯特用真空三极管构成了振荡电路,为无线电广播和远距离无线电通信的实现铺平了道路。图 1-9 所示为真空二极管、真空三极管实例图

真空二极管　　　　福雷斯特及其发明的真空三极管

图 1-9　真空二极管、真空三极管实例图

　　1906 年,美籍加拿大人费森登在纽约附近设立了世界上第一个广播站。在这一年的圣诞节前夕,他的广播站播放了两段讲话、一支歌曲和一支小提琴协奏曲,这是人类历史上第一次无线电广播,如图 1-10 所示。1920 年的 6 月 15 日,美国匹兹堡的 KDKA 电台广播了马可尼公司在英国举办的"无线电电话"音乐会,这是商业无线电广播的开始。从此广播事业在全球各处蓬勃发展,收音机成为平民百姓了解时事新闻的最快捷和最方便的途径。

图 1-10　1906 年, 历史上第一次无线电广播

　　1925 年, 英国人贝尔德发明了机械扫描式电视机, 他被称为"电视之父"。这一年的 10 月 2 日, 贝尔德用他发明的电视在伦敦塞尔弗里奇百货商店进行了一次现场表演。第一个登上屏幕的便是住在贝尔德楼下的一个名叫威廉·戴恩顿的公务员。1927 年, 英国广播公司试播了 30 行机械扫描式电视节目, 从此便开始了电视广播的历史。与此同期, 美籍苏联人弗拉基米尔·佐尔金研制成功光电显像管, 制成了世界上第一台黑白电视接收机。1935 年, 英国广播公司用电子扫描式电视取代了贝尔德发明的机械扫描式电视, 这标志着一个新时代由此开始。

　　1941 年, 美国联邦通信委员会批准播放商业电视节目, 标志着大众化电视广播的开始。在黑白电视发展的同时, 1929 年美国首先完成了彩色电视的实验, 并于 1945 年由美国无线电公司制成了世界上第一台全电子管彩色电视接收机。图 1-11 所示为贝尔德及其发明的机械扫描式电视接收机。图 1-12 为弗拉基米尔·佐尔金和他发明的光电显像管。图 1-13 为现代电视录像棚。

图 1-11　贝尔德及其发明的机械扫描式电视接收机

　　广播和电视的出现, 加速了人类的文化交流, 极大地影响了人们的生活方式、工作方式和行为模式。它将整个世界更紧密地联系在一起, 使世界各地的人们能够迅速地了解地球上任何地方发生的事情。可以说, 现代通信技术使世人有了"顺风耳"、"千里眼", 使时空距离缩短了, 使人们居住的地球"变小"了。

图 1-12 弗拉基米尔·佐尔金和
他发明的光电显像管

图 1-13 现代电视录像棚

5. 第一台电子计算机

1946 年,第一台电子计算机在美国宾西法尼亚大学莫尔电子工程学院研制成功。这台称为 ENIAC(Electronic Numerical Integrator and Calculator)的计算机是以美国数学家约翰·冯·诺依曼(J. V. Nouma)为主设计的。这台计算机长 24 m、宽 6 m、高 2.5 m,占地 165 m²,使用了 18 000 只真空电子管,重 30 t,每秒钟可运算 5 000 次,这在当时是史无前例的。今天的计算机已发展到第五代,速度可达每秒几十万亿次。然而,第一台计算机仍是划时代的。鉴于冯·诺依曼在发明电子计算机中所起到的关键性作用,他被西方人誉为"计算机之父"。图 1-14 和图 1-15 所示分别为冯·诺依曼及其发明的第一台电子计算机 ENIAC。

图 1-14 冯·诺依曼

图 1-15 第一台电子计算机 ENIAC

6. 现代通信技术的发展

人类的生产实践和科学实验是不断发展的,永远不会停留在一个水平上。从 1948 年起,固态电子学的时代向人们走来。1947 年 12 月,美国贝尔实验室的肖克利、巴丁和布拉顿组成的研究小组,研制出一种点接触型的锗晶体管。这是一种全新的半导体器件,它体积小、电性能稳定、功耗低。晶体管的问世,是 20 世纪的一项重大发明,是微电子革命的先声,它为通信器件的进步创造了条件。晶体管的发明又为后来集成电路的降生吹响了号角。图 1-16 所示为现在广泛应用的各种半导体器件。

图 1-16　实际的各种半导体器件

1959 年美国的基尔比和诺伊斯发明了集成电路,从此微电子技术诞生了。图 1-17 所示为第一个集成电路以及集成电路的两位发明者。图 1-18 为封装好的各种集成电路示例。图 1-19 为集成电路芯片的显微照片。

第一个集成电路

基尔比

诺伊斯

图 1-17　第一个集成电路以及集成电路的两位发明者

图 1-18　封装好的各种集成电路示例

图 1-19　集成电路芯片的显微照片

1.1　通信技术的历史演进

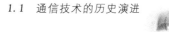

1967 年大规模集成电路诞生，在一块米粒般大小的硅晶片上可以集成一千多个晶体管。1977 年，美国、日本科学家制成超大规模集成电路，30 mm² 的硅晶片上集成了 13 万个晶体管。

微电子技术极大地推动了电子计算机的更新换代，使电子计算机显示了前所未有的信息处理功能，成为现代高新科技的重要标志。

20 世纪 60 年代，彩色电视问世，阿波罗宇宙飞船登月，数字传输理论与技术得到迅速发展。

20 世纪 70 年代，商用卫星通信、数字程控交换机、光纤通信系统投入使用。为了解决资源共享问题，单一计算机很快发展成计算机联网，实现了计算机之间的数据通信、数据共享，一些公司制定了计算机网络体系结构。通信介质从普通导线、同轴电缆发展到双绞线、光纤导线、光缆。电子计算机的输入输出设备也飞速发展起来，扫描仪、绘图仪、音频视频设备等，使计算机如虎添翼，可以处理更多的复杂问题。

20 世纪 80 年代，数字网络的公用业务开通；个人计算机和计算机局域网出现；网络体系结构国际标准陆续制定。多媒体技术的兴起，使计算机具备了综合处理文字、声音、图像、影视等各种形式信息的能力，日益成为信息处理最重要和必不可少的工具。

20 世纪 90 年代，蜂窝电话系统开通，各种无线通信技术不断涌现；光纤通信迅速得到普遍应用；国际计算机互联网得到极大发展。程控电话、移动电话、可视电话、传真通信、数据通信、互联网络、电子邮件、卫星通信、光纤通信等都为人们的生活带来了极大的方便。这一时期，通信的发展达到了前所未有的高度。至此可以认为：以微电子和光电技术为基础、以计算机和通信技术为支撑、以信息处理技术为主题的信息技术（Information Technology，IT）正在改变着人们的生活，数字化信息时代已经到来。

综上所述，通信技术是随着科学技术的不断发展，由低级到高级、由简单到复杂逐渐发展起来的。而各种各样性能不断改善的通信系统的应用，又促进了人类社会的进步和文明的发展。

展望未来，通信技术正在向数字化、智能化、综合化、宽带化、个人化方向迅速发展，各种新的电信业务也应运而生，信息服务正沿着多种领域广泛延伸。

1.2　通信的基本概念

1.2.1　消息、信号和信息

1. 基本概念

通信的目的是为了发送或获取信息。信息是人类社会和自然界中需要传递、交换、存储和提取的抽象内容。如打一次电话，甲告诉乙所不知道的消息，即甲发出了信息；而乙在电话中得知了原来不知道的消息，即乙得到了信息。由于信息是抽象的内容，为了传送和交换信息，必须通过语言、文字、图像和数据等将它表示出来，即信息通过消息来表示。

通常将表示信息的语言、文字、图像和数据等称为消息。消息在许多情况下是不便于传送和交换的，如语言就不宜远距离直接传送，为此需要用光、声、电等物理量来运载消息。如打电话，它是利用电话（系统）来传递消息；两个人之间的对话，是利用声音来传递消息；古代的"消息树"、"烽火台"和现代仍使用的"信号灯"等则是利用光的方式传递消息。随着社会的发展,消息的种类越来越多,人们对传递消息的要求和手段也越来越高。

通信中消息的传送是通过信号来进行的,如电压、电流信号等。运载消息的光、声、电等物理量称为信号。信号是消息的载体。

2. 信号的分类及描述

（1）信号的分类

信号的分类方法有很多,可以从不同的角度对信号进行分类。例如,信号可以分为确定信号与随机信号、周期信号与非周期信号、模拟信号与数字信号等。下面简要介绍这些信号的概念。

① 确知信号与随机信号。

确知信号是指能够以确定的时间函数表示的信号,它在定义域内任意时刻都有确定的函数值,例如电路中的正弦信号和各种形状的周期信号等。

在事件发生之前无法预知信号的取值,即写不出明确的数学表达式,通常只知道它取某一数值的概率,这种具有随机性的信号称为随机信号。例如,半导体载流子随机运动所产生的噪声和从目标反射回来的雷达信号（其出现的时间与强度是随机的）等都是随机信号。所有的实际信号在一定程度上都是随机信号。

② 周期信号与非周期信号。

周期信号是每隔一个固定的时间间隔重复变化的信号。周期信号 $f(t)$ 满足下列条件

$$f(t) = f(t+nT), n = 0, \pm1, \pm2, \pm3, \cdots, -\infty < t < \infty \qquad (1.2-1)$$

式中,T 为 $f(t)$ 的周期,是满足式(1.2-1)条件的最小时段。

非周期信号是不具有重复性的信号。

③ 模拟信号与数字信号。

按照信号参量的取值方式及其与消息之间的关系,可将信号划分为两类,即模拟信号与数字信号。模拟信号是指代表消息的信号参量（幅度、频率或相位）随消息连续变化的信号。如代表消息的信号参量是幅度,则模拟信号的幅度应随消息连续变化,即幅度取值有无限多个;但在时间上可以连续,也可以离散。图1-20所示为时间连续和时间离散的模拟信号。数字信号是指它不仅在时间上离散,而且在幅度取值上也是离散的信号。图1-21所示的二进制数字信号就是以 **1** 和 **0** 两种状态的不同组合来表示不同的消息。

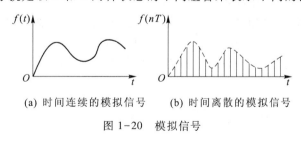

(a) 时间连续的模拟信号　　(b) 时间离散的模拟信号

图 1-20　模拟信号

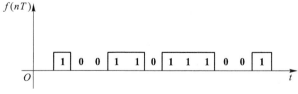

图 1-21　数字信号示意图

模拟信号和数字信号可以通过一定的方法实现相互转换,如语音编码器可以实现模拟语音信号转换为数字语音信号,语音译码器可以实现数字语音信号转换为模拟语音信号。通常使用的 A/D 和 D/A 转换器就可以实现模拟信号和数字信号之间的相互转换。

（2）信号的特性

信号的特性表现为它的时间特性和频率特性。

确知信号和随机信号都可用它们的时间特性和频率特性来表示。时间特性表示信号电压或电流随时间的变化关系。频率特性指任意信号总可以表示为许多不同频率正弦信号的线性组合,这些正弦信号所包含的频率范围,称为该信号的频谱。通常用函数 $F(\omega)$ 表示时域信号 $f(t)$ 的频谱,称信号 $f(t)$ 的绝对带宽为频谱 $F(\omega)$ 的带宽,单位为赫兹(Hz)。

【例 1.2-1】　设有一个信号为

$$f(t) = 3\sin\omega_1 t + \sin 3\omega_1 t \tag{1.2-2}$$

式中,$\omega_1 = \dfrac{2\pi}{T} = 2\pi f_1$,则信号 $f(t)$ 的信号特征如图 1-22 所示,图(a)为信号 $f(t)$ 的时域波形,图(b)为 $f(t)$ 对应的频谱图,其频谱从 ω_1 延续到 $3\omega_1$,其带宽为 $2f_1$。

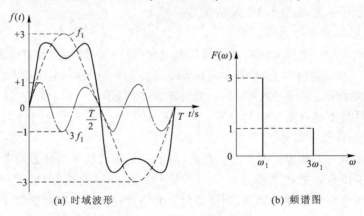

(a) 时域波形　　　　　　　　(b) 频谱图

图 1-22　$f(t)$ 的信号特征图

图 1-22(b)中,每一条谱线代表一个正弦分量,谱线的高度代表这一正弦分量的振幅,谱线的位置代表这一正弦分量的角频率。

可见,信号的频率特性和时间特性都包含了信号携带的信息量,也能表示出信号的特点,所以信号的频率特性和时间特性之间必然有密切的联系。

根据傅里叶变换的原理,任何一个周期为 T 的周期信号 $f(t)$,只要满足狄里赫利条件,就可展开为傅里叶级数

$$f(t) = \frac{a_0}{2} + \sum_{n=1}^{\infty} (a_n \cos n\omega_0 t + b_n \sin n\omega_0 t) \tag{1.2-3}$$

式中,$\omega_0 = 2\pi/T$ 为基波角频率;$\dfrac{a_0}{2}$,a_n,b_n 分别为

$$\frac{a_0}{2} = \frac{1}{T} \int_{-T/2}^{T/2} f(t)\, \mathrm{d}t \tag{1.2-4}$$

$\dfrac{a_0}{2}$ 是 $f(t)$ 的平均值(直流分量)。

$$a_n = \frac{2}{T} \int_{-T/2}^{T/2} f(t) \cos n\omega_0 t \mathrm{d}t \qquad (1.2-5)$$

a_n 是 $f(t)$ 的第 n 次余弦波的振幅。

$$b_n = \frac{2}{T} \int_{-T/2}^{T/2} f(t) \sin n\omega_0 t \mathrm{d}t \qquad (1.2-6)$$

b_n 是 $f(t)$ 的第 n 次正弦波的振幅。

由图 1-22(b)可知,周期信号的频谱是离散谱。

【例 1.2-2】 已知 $f(t)$ 为如图 1-23(a)所示的方波周期信号,试分析其信号特性。

解: $f(t)$ 按式(1.2-3)用傅里叶级数对其展开后为

$$f(t) = \frac{4}{\pi} \left(\sin\omega_0 t + \frac{1}{3}\sin 3\omega_0 t + \frac{1}{5}\sin 5\omega_0 t + \frac{1}{7}\sin 7\omega_0 t + \cdots \right)$$

　　　　　　　↑　　　　↑　　　　↑　　　　　↑

　　　　　　基波　　3 次谐波　5 次谐波　　7 次谐波

可作出 $f(t)$ 的频谱示意图如图 1-24 所示,可见周期信号的频谱是离散谱。

图 1-23(b)为 $f(t)$ 的基波,图(c)为 3 次谐波,图(d)为 5 次谐波,图(e)为 7 次谐波。把 $f(t)$ 的各次谐波相加,又可以反过来合成为方波。如图(f)是基波与 3 次谐波和 5 次谐波合成的结果,图(g)是基波和 3、5、7、9 次谐波合成的结果,图(h)是基波和 3、5、…、25、27 次谐波合成的结果。可见,含有的高次谐波次数越多,合成后的波形越逼近原来的方波。

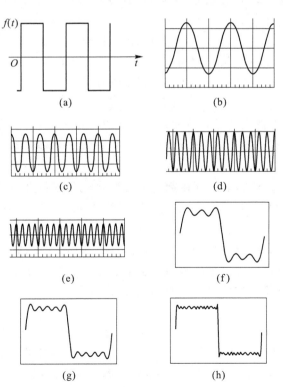

图 1-23　周期方波的分解与合成过程

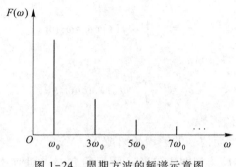

图 1-24　周期方波的频谱示意图

对非周期信号,不能用傅里叶级数直接表示,但非周期信号可看做是 $T \to \infty$ 的周期信号。这样周期信号的频谱分析可以推广到非周期信号,但由于 $T \to \infty$,必有 $\omega_0 = \dfrac{2\pi}{T} \to 0$,离散的谱线变成了无限密集的连续频谱,所以对于非周期信号来说,其频谱将是连续的频谱,则傅里叶级数就变成了傅里叶积分,可表示为

$$f(t) = \frac{1}{2\pi} \int_{-\infty}^{\infty} F(\omega) \mathrm{e}^{\mathrm{j}\omega t} \mathrm{d}\omega \tag{1.2-7}$$

式中

$$F(\omega) = \int_{-\infty}^{\infty} f(t) \mathrm{e}^{-\mathrm{j}\omega t} \mathrm{d}t \tag{1.2-8}$$

式(1.2-7)和式(1.2-8)分别称为傅里叶逆变换和傅里叶变换,两式称为 $f(t)$ 傅里叶变换对,表示为

$$f(t) \Leftrightarrow F(\omega)$$

式(1.2-7)和式(1.2-8)可简记为

$$\begin{cases} f(t) = \mathscr{F}^{-1}\big[F(\omega)\big] \\ F(\omega) = \mathscr{F}\big[f(t)\big] \end{cases} \tag{1.2-9}$$

由傅里叶变换可以得到信号时域和频域之间的一些重要特性,熟悉这些特性对后面理解信号的性质是非常有益的。图 1-25 反映了通信系统中几种典型信号的时域和频域之间的关系。

由图 1-25 可见,① 连续非周期函数对应的频谱也是连续非周期函数;② 离散非周期序列对应的频谱是连续周期函数;③ 连续周期函数对应的频谱是离散非周期序列。

3. 信息的度量

通信的目的在于信息的传递和交换。信息一词在概念上与消息的意义相似,但它的含义却更普遍化、抽象化。信息可被理解为消息中包含的有意义的特定内容。这就是说,不同形式的消息,可以包含相同的信息。例如,分别用语音和文字发送天气预报,所含信息内容相同。

当人们在通信中获得消息之前,对它的特定内容有一种"不确定性",而一个消息之所以会含有信息,也正是因为它具有不确定性,一个不具有不确定性的消息是不会含有任何信息的,而通信的目的就是为了消除或部分消除这种不确定性。比如,在得知硬币的抛掷结果前,人们对于结果会出现正面还是反面是不确定的,通过通信,人们得知了硬币的抛掷结果,消除了不确定性,从而获得了信息。因此,信息是对事物运动状态或存在方式的不确定性的描述。

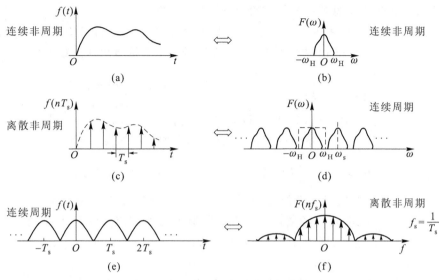

图 1-25　信号的时域和频域之间的关系

用数学语言来讲,不确定性就是随机性,具有不确定性的事件就是随机事件。因此可运用研究随机事件的数学工具——概率来测度不确定性的大小。这里把消息用随机事件表示,而发出这些消息的信息源则用随机变量来表示。比如,抛掷一枚硬币的试验可以用一个随机变量来表示,而抛掷结果可以是正面或反面,这个具体的消息则用随机事件表示。

某个消息 x_i 出现的不确定性的大小定义为该消息 x_i 所携带的信息量,用 $I(x_i)$ 表示。在信息论中,$I(x_i)$ 与消息 x_i 出现的概率 $P(x_i)$ 的关系式为

$$I(x_i) = \log_a \left[\frac{1}{P(x_i)} \right] = -\log_a [P(x_i)] \qquad (1.2\text{-}10)$$

信息量 $I(x_i)$ 同时也表示消息 x_i 所包含的信息量,也就是能够提供给收信者的最大信息量。如果消息 x_i 能够被正确传送,收信者就能够获得该大小的信息量。

信息量的单位由对数底 a 的取值决定。若对数以 2 为底时单位是"比特"(binary unit, bit);若 e 为底时单位是"奈特"(nature unit, nat);若以 10 为底时单位是"哈特"(Hartley, Hart)。通常采用"比特"作为信息量的实用单位。

【例 1.2-3】　设英文字母 E 出现的概率为 0.105,x 出现的概率为 0.002。试求 E 及 x 的信息量。

解: 英文字母 E 出现的概率为 $P(E) = 0.105$,其信息量为

$$I_E = \log_2 \left[\frac{1}{P(E)} \right] = -\log_2 0.105 \text{ bit} = 3.25 \text{ bit}$$

字母 x 出现的概率为 $P(x) = 0.002$,其信息量为

$$I_x = \log_2 \left[\frac{1}{P(x)} \right] = -\log_2 0.002 \text{ bit} = 8.97 \text{ bit}$$

上面讨论了信息源发单一离散消息所携带的信息量。实际上离散信息源(或消息源)发出的并不是单一消息,而是多个消息(或符号)的集合。例如,经过数字化的黑白图像信

号,每个像素可能有 256 种灰度,这 256 种灰度可用 256 个不同的符号来表示。在这种情况下,就需要计算出每个消息或符号能够给出的平均信息量。

设离散信息源是一个由 n 个符号组成的集合,称为符号集。符号集中的每一个符号 x_i 在消息中是按一定概率 $P(x_i)$ 独立出现的,又设符号集中各符号出现的概率为

$$\begin{bmatrix} x_1 & x_2 & \cdots & x_n \\ P(x_1) & P(x_2) & \cdots & P(x_n) \end{bmatrix}, \quad 且有 \sum_{i=1}^{n} P(x_i) = 1$$

则 $x_1, x_2, \cdots, x_n$ 所包含的信息量分别为 $-\log_2[P(x_1)], -\log_2[P(x_2)], \cdots, -\log_2[P(x_n)]$。于是,该信息源每个符号所含信息量的统计平均值,即平均信息量为

$$H(x) = -\sum_{i=1}^{n} P(x_i) \log_2[P(x_i)] \quad (\text{bit}/\text{信源符号}) \tag{1.2-11}$$

由于 H 同热力学中熵的定义式类似,故通常又称它为信息源的熵,其单位为 bit/信源符号。

由式(1.2-11)可知,不同的离散信息源可能有不同的熵值。可以证明,当离散信息源的每一符号等概率出现时,即 $P(x_i) = 1/n (i = 1, 2, \cdots, n)$,此时的熵最大,最大熵值为 $\log_2 n$(bit/信源符号)。

【例 1.2-4】　某信息源的符号集由 A, B, C, D 和 E 组成,设每一符号独立出现,其出现概率分别为 $1/4, 1/8, 1/8, 3/16$ 和 $5/16$。试求该信息源符号的平均信息量。

解:该信息源符号的平均信息量为

$$H(x) = -\sum_{i=1}^{n} P(x_i) \log_2[P(x_i)]$$

$$= \left[-\frac{1}{4}\log_2\left(\frac{1}{4}\right) - 2 \times \frac{1}{8}\log_2\left(\frac{1}{8}\right) - \frac{3}{16}\log_2\left(\frac{3}{16}\right) - \right.$$

$$\left. \frac{5}{16}\log_2\left(\frac{5}{16}\right) \right] \text{bit}/\text{信源符号} = 2.23 \text{ bit}/\text{信源符号}$$

以上讨论了离散消息的度量。与此类似,关于连续消息的信息量可用概率密度来描述。可以证明,连续消息的平均信息量(相对熵)为

$$H_c(x) = -\int_{-\infty}^{+\infty} f(x) \log_a[f(x)] \mathrm{d}x \tag{1.2-12}$$

式中,$f(x)$ 是连续消息出现的概率密度。有兴趣的读者,可参考信息论有关专著。

1.2.2　通信系统的组成

1. 通信系统的一般模型

实现消息传输所需的一切设备和传输媒介所构成的总体称为通信系统。以点对点通信为例,通信系统的一般模型如图 1-26 所示。

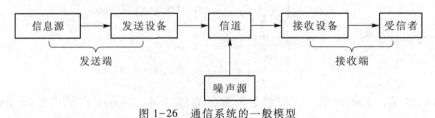

图 1-26　通信系统的一般模型

16

图 1-26 中,信息源(信源)的作用是把待传输的消息转换成原始电信号,该原始电信号称为基带信号。基带信号的特点是信号频谱从零频附近开始,具有低通形式。根据原始电信号的特征,基带信号可分为数字基带信号和模拟基带信号,相应的,信源也分为数字信源和模拟信源。

发送设备的基本功能是将信源产生的原始电信号(基带信号)变换成适合在信道中传输的信号。它所要完成的功能很多,例如调制、放大、滤波和发射等,在数字通信系统中发送设备又常常包含信源编码和信道编码等。

信道是指信号传输的通道,按传输媒介的不同,可分为有线信道和无线信道两大类。

通信系统还要受到系统内外各种噪声干扰的影响,这些噪声来自发送设备、接收设备和传输媒介等几个方面。图 1-26 中的噪声源,是信道中的所有噪声以及分散在通信系统中其他各处噪声的集合。

在接收端,接收设备的功能与发送设备相反,即进行解调、译码等。它的任务是从带有干扰的接收信号中恢复出相应的原始电信号。

受信者(也称信宿)是将复原的原始电信号转换成相应的消息,如电话机将对方传来的电信号还原成声音。

按照信道中所传信号的形式不同,通信系统可以分为模拟通信系统和数字通信系统,为了进一步了解它们的组成及特点,下面分别加以介绍。

2. 模拟通信系统模型

模拟通信系统是指信源是模拟信号,信道中传输的也是模拟信号的系统。

先以图 1-27 所示语音信号通信过程为例,这是一个描述模拟通信系统的模型。首先,发话者(发送者)的想法被转换成一条消息,然后经口述将声音传递给发送器(变换器),发送器将语音消息转变成电信号,接着电信号通过一定的媒介传送给远处的接收器,接收器将电信号转变成语音信号传递给接收者,接收者分析所听到的消息(相当于逆变换)就能知道发话者所要表达的意思了。图 1-28 是模块化表示的模拟通信系统模型。

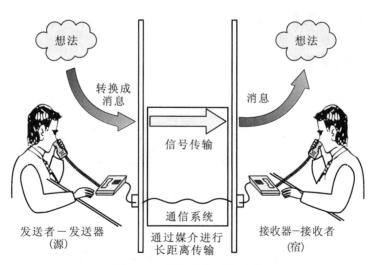

图 1-27 语音信号通信过程

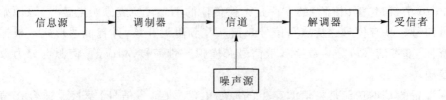

图 1-28　模拟通信系统模型

对于图 1-28 所示的模拟通信系统,它主要包含两种重要变换:第一种是在发送端将连续消息变换成原始电信号,或在接收端进行相反的变换,它是由信息源或受信者完成的;经第一种变换得到的原始电信号(基带信号)具有频率较低的频谱分量,一般不能直接作为传输信号而送到信道中去,因此模拟通信系统常常需要第二种变换,即将基带信号转换成适合信道传输的信号,这一变换由调制器完成,在接收端同样需经相反的变换,将信道中传输的信号恢复成原始电信号,这一过程由解调器完成。经过调制后的信号称为已调信号。已调信号有三个基本特性:一是携带有消息;二是适合在信道中传输;三是频谱具有带通形式,且中心频率远离零频。因而已调信号又常称为频带信号。

需要指出,消息从发送端到接收端的传递过程中,不仅仅只有连续消息与基带信号、基带信号与频带信号之间的两种变换,实际通信系统中可能还有滤波、放大、天线辐射、控制等过程。调制与解调两种变换对信号的变化起决定性作用,它们是保证通信质量的关键。而滤波、放大、天线辐射等过程不会使信号发生质的变化,只是对信号进行了放大或改善了信号特性,因而被看做是理想线性的,可将其合并到信道中去。

模拟通信系统在信道中传输的是模拟信号,其占有频带一般都比较窄,因此其频带利用率较高。其缺点是抗干扰能力差,不易保密,设备元器件不易大规模集成,不能适应飞速发展的数据通信的要求。

3. 数字通信系统模型

信道中传输数字信号的系统称为数字通信系统。数字通信系统可进一步细分为数字频带传输通信系统和数字基带传输通信系统。

(1) 数字频带传输通信系统

数字频带传输通信系统如图 1-29 所示。

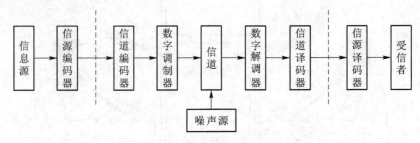

图 1-29　数字频带传输通信系统模型

信源编码器的作用主要有两个,其一是当信息源给出的是模拟信号时,信源编码器将其转换成数字信号,以实现模拟信号的数字化传输;其二是当信息源给出的是数字信号时,信源编码器设法用适当的方法降低数字信号的码元速率以压缩频带。信源编码的目的是提高数字信号传输的有效性。接收端信源译码则是信源编码的逆过程。

信道编码器的任务是提高数字信号传输的可靠性。其基本做法是在信息码组中按一定的规则附加一些监督码元,以使接收端根据相应的规则进行检错和纠错,信道编码也称纠错编码。接收端信道译码是其相反的过程。

数字调制器的任务是把所传输的数字序列的频谱搬移到适合信道中传输的频带上。基本的数字调制方式有幅移键控(ASK)、频移键控(FSK)和相移键控(PSK)等。

数字通信系统还有一个非常重要的控制单元,即同步系统(图1-29没有画出)。它能以精度很高的时钟为通信系统的收、发两端或整个通信系统提供定时,使系统的数据流能与发送端同步,从而有序而准确地接收与恢复原信息。

(2)数字基带传输通信系统

与频带传输系统相对应,没有调制器/解调器的数字通信系统称为数字基带传输通信系统,如图1-30所示。

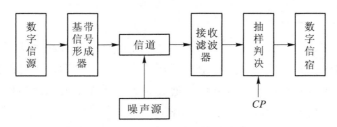

图1-30　数字基带传输通信系统模型

图1-30中,基带信号形成器可包括编码器、加密器以及波形变换等,接收滤波器可包括译码器、解密器等。

1.2.3　通信系统的分类

按照不同的分法,通信系统可分成许多类别,下面介绍几种较常用的分类方法。

1. 按传输媒介分类

按传输媒介分,通信系统可分为有线通信系统和无线通信系统两大类。所谓有线通信是指用导线或导引体作为传输媒介完成通信,如利用架空明线、同轴电缆、海底电缆、光导纤维、波导等完成通信,其特点是媒介能看得见、摸得着。所谓无线通信是指依靠电磁波在空间传播达到传递信息的目的,如短波电离层传播、微波视距传播、卫星中继等,其特点是传输媒介看不见、摸不着。

2. 按信号的特征分类

前面已经指出,按照携带信息的信号是模拟信号还是数字信号,可以相应地把通信系统分为模拟通信系统与数字通信系统。数字通信系统是指信道中传输的信号属于数字信号的通信系统。如果信道中传输的信号是模拟信号,则称为模拟通信系统。

3. 按工作频段分类

按通信设备的工作频段不同,通信系统可分为长波通信系统、中波通信系统、短波通信系统、微波通信系统等。

4. 按调制方式分类

根据信道中传输的信号是否经过调制,通信系统可分为基带传输系统和频带(调制)传

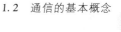

输系统。基带传输是将没有经过调制的信号直接传送,如音频市内电话;频带传输是对基带信号调制后再将其送到信道中传输。

5. 按通信业务类型分类

根据通信业务类型的不同,通信系统可分为电报通信系统、电话通信系统、数据通信系统和图像通信系统等。

6. 按终端用户移动性分类

通信系统还可以按终端用户是否移动分为移动通信系统和固定通信系统。移动通信是指通信双方至少有一方在运动中进行信息交换。固定通信中,各终端的地理位置都是固定不变的。

另外,通信系统还有其他一些分类方法,如按多地址方式可分为频分多址通信系统、时分多址通信系统、码分多址通信系统等;按用户类型可分为公用通信系统和专用通信系统等。

1.2.4　通信系统的主要性能指标

设计和评价一个通信系统,往往要涉及许多性能指标,如系统的有效性、可靠性、适应性、经济性及使用维护方便性等。这些指标可从各个方面评价通信系统的性能,但从研究信息传输方面考虑,通信的有效性和可靠性是通信系统中最主要的性能指标。

所谓有效性,是指消息传输的"速度"问题,而可靠性主要是指消息传输的"质量"问题。在实际通信系统中,对有效性和可靠性这两个指标的要求经常是矛盾的,提高系统的有效性会降低可靠性,反之亦然。因此在设计通信系统时,对两者应统筹考虑。

1. 模拟通信系统的主要性能指标

模拟通信系统的有效性指标用所传信号的有效传输带宽来表征。当信道容许传输带宽一定,而进行多路频分复用时,每路信号所需的有效带宽越窄,信道内复用的路数就越多。显然,信道复用的程度越高,信号传输的有效性就越好。信号的有效传输带宽与系统采用的调制方法有关。同样的信号用不同的方法调制得到的有效传输带宽是不一样的。

模拟通信系统的可靠性指标用整个通信系统的输出信噪比来衡量。信噪比是信号的平均功率与噪声的平均功率之比。信噪比越高,说明噪声对信号的影响越小。显然,信噪比越高,通信质量就越好。输出信噪比一方面与信道内噪声的大小和信号的功率有关,同时又和调制方式有很大关系。例如宽带调频系统的有效性不如调幅系统,但是调频系统的可靠性往往比调幅系统好。

2. 数字通信系统的主要性能指标

(1) 有效性指标

数字通信系统的有效性指标用传输速率和频带利用率来表征。

① 传输速率。

传输速率有两种表示方法:码元传输速率 R_B 和信息传输速率 R_b。

码元传输速率 R_B(又称为码元速率),简称传码率,它是指系统每秒钟传送码元的数目,单位是波特(Baud)。

信息传输速率 R_b(又称为信息速率),简称传信率,它是指系统每秒钟传送的信息量,单位是比特每秒(bit/s)。

传码率和传信率都是用来衡量数字通信系统有效性的指标,但是这两者既有联系又有区别。

在 N 进制下,设信息速率为 R_b(bit/s),码元速率为 R_{BN}(Baud),由于每个码元或符号通常都含有一定比特的信息量,因此码元速率和信息速率有确定的关系,即

$$R_b = R_{BN}H(x) \quad \text{(bit/s)} \tag{1.2-13}$$

式中,$H(x)$ 为信源中每个符号所含的平均信息量(熵)。当离散信源的每一符号等概率出现时,熵有最大值为 $\log_2 N$(bit/信源符号),信息速率也达到最大,即

$$R_b = R_{BN}\log_2 N \quad \text{(bit/s)} \tag{1.2-14}$$

或

$$R_{BN} = \frac{R_b}{\log_2 N} \quad \text{(Baud)} \tag{1.2-15}$$

式中,N 为符号的进制数,在二进制下,码元速率与信息速率数值相等,但单位不同。

对于不同进制的通信系统来说,码元速率高的通信系统其信息速率不一定高。因此在对它们的传输速率进行比较时,一般不能直接比较码元速率,需将码元速率换算成信息速率后再进行比较。

② 频带利用率。

在比较不同通信系统的有效性时,单看它们的传输速率是不够的,还应看在这样的传输速率下所占信道的频带宽度 B。频带利用率有两种表示方式:码元频带利用率和信息频带利用率。

码元频带利用率是指单位频带内的码元传输速率,即

$$\eta = \frac{R_B}{B} \quad \text{(Baud/Hz)} \tag{1.2-16}$$

信息频带利用率是指每秒钟在单位频带上传输的信息量,即

$$\eta = \frac{R_b}{B} \quad [\text{bit/(s·Hz)}] \tag{1.2-17}$$

(2)可靠性指标

数字通信系统的可靠性指标用差错率来衡量。差错率越小,可靠性越高。差错率也有两种表示方法:误码率和误信率。

① 误码率。

误码率指接收到的错误码元数和总的传输码元个数之比,即在传输中出现错误码元的概率,记为

$$P_e = \frac{\text{接收到的错误码元数}}{\text{传输总码元数}} \tag{1.2-18}$$

② 误信率。

误信率又称误比特率,是指接收到的错误比特数和总的传输比特数之比,即在传输中出现错误信息量的概率,记为

$$P_b = \frac{\text{接收到的错误比特数}}{\text{传输总比特数}} \tag{1.2-19}$$

【例 1.2-5】 设一信息源的输出由 128 个不同符号组成。其中 16 个出现的概率为 1/32,其余 112 个出现的概率为 1/224。信息源每秒发出 1 000 个符号,且每个符号彼此独

立。试计算该信息源的平均信息速率。

解：每个符号的平均信息量为

$$H(x) = \left(16 \times \frac{1}{32}\log_2 32 + 112 \times \frac{1}{224}\log_2 224\right) \text{bit/信源符号} = 6.404 \text{ bit/信源符号}$$

已知码元速率 $R_B = 1\,000$ Baud，故该信息源的平均信息速率为

$$R_b = R_B \cdot H(x) = 6\,404 \text{ bit/s}$$

【例 1.2-6】　已知某八进制数字通信系统的信息速率为 3 000 bit/s，在接收端 10 min 内共测得出现 18 个错误码元，试求该系统的误码率。

解：依题意 $R_b = 3\,000$ bit/s，则

$$R_{B8} = \frac{R_b}{\log_2 8} = 1\,000 \text{ Baud}$$

由式(1.2-18)得系统的误码率为

$$P_e = \frac{18}{1\,000 \times 10 \times 60} = 3 \times 10^{-5}$$

1.3　通信网概述

1.3.1　通信网的概念

通信系统只是表述了两用户间的通信，而要实现多用户间的通信，则需要将多个通信系统有机地组成一个整体，使它们能协同工作，即形成通信网。所谓通信网是指由一定数量的结点（包括终端设备和交换设备）和连接结点的传输链路相互有机地组合在一起，以实现两个或多个规定点间信息传输的通信体系。

1. 通信网的组成

现代通信网一般由用户终端设备、传输系统、交换设备三大部分组成。

终端设备是通信网中的源点和终点。终端设备的主要功能在于将输入信息变换为易于在信道中传送的信号，并参与控制通信工作。不同的通信业务有不同的终端。一般有以下几类终端：电话终端、数字终端、数据通信终端、图像通信终端和多媒体终端。

传输系统是网络结点的连接媒体，也是信息与信号的传输通路。它由传输介质和各种通信装置组成。传输介质分为有线或无线传输线路，如：明线、电缆、载波传输线路、脉冲编码调制（PCM）传输系统、数字微波传输系统、光纤传输系统和卫星传输系统等。

交换设备是通信网的核心。交换设备的功能有交换、控制、管理及执行等。

但是只有以上这些设备还不能形成一个完善的通信网。如果把这些部件称为构成一个通信网的硬件，为使网络达到高度的自动化和智能化，还必须有一系列软件，如信令、协议和各种标准，正是这些软件构成了通信网的核心，从而使用户之间、用户和网络之间、各个转接点之间有共同的语言，达到任意两个用户之间都能快速接通和相互交换信息的目的，使网络能被正确地控制，可靠、合理地运行，同时保证质量的一致性和信息的透明性。

2. 通信网的基本功能

通信网有各种形式,有主要提供语音业务的固定电话网和移动电话网,还有功能复杂的国际互联网。这些通信网的结构形式虽然相差很大,但是一般来说通信网必须具备以下几个具体功能。

（1）信息传输

这是通信网的基本功能,信息的种类是多种多样的。

（2）差错控制

现实的通信线路可能会受到这样或那样的干扰,因此误码是不可能完全避免的。另一方面,由于网络设备可能出现各种故障或异常,还会导致某些数据的丢失。通信网向用户提供的不同业务都对误码率有一定的要求,在误码率超过允许的数值后,服务质量将是不可接受的。所以采用差错控制措施,将误码率控制在一定的范围内是通信网必备的功能。当传输采用误码率极低的光传输技术时,差错控制可以被简化。

（3）寻址和路由

在通信网中,信源的信息到达信宿一般不能直接完成,而要经过中间结点的转发。在转发时通常都有多种可能的选择,这时通信网必须具备选择最佳路由的功能。

（4）网络管理

通信网是由软件和硬件按一定方式组织起来的一个复杂的通信系统,这个系统中包含很多组成部分,难免会发生各种故障。网络管理负责网络的运营管理、维护管理和资源管理,使通信网在各种情况下都能提供良好的服务质量,或为查找和排除故障提供帮助。

1.3.2 通信网的组网结构

通信网的基本组网结构主要有网状网、星状网、复合型网、环状网、总线网和树状网等。

1. 网状网

如图 1-31（a）所示的网状网,网内任何两个结点之间均有直达线路相连。如果有 N 个结点,则需要有 $\frac{1}{2}N(N-1)$ 条传输链路。显然当结点数增加时,传输链路将迅速增大。这种网络结构的冗余度较大、稳定性较好,但线路利用率不高、经济性较差,适用于局间业务量较大或分局量较少的情况。

图 1-31（b）所示为网状网的一种变形。其大部分结点相互之间有线路直接相连,一小部分结点可能与其他结点之间没有线路直接相连。哪些结点之间不需直达线路,视具体情况而定（一般是这些结点之间业务量相对少一些）。与图 1-31（a）所示网络结构相比,这种组网结构可适当节省一些线路,即线路利用率有所提高,经济性有所改善,但稳定性会稍降低。

2. 星状网

星状网也称为辐射网,它将一个结点作为辐射点,该点与其他结点均有线路相连,如图 1-31（c）所示。具有 N 个结点的星状网至少需要 $N-1$ 条传输链路。星状网的辐射点就是转接交换中心,其余 $N-1$ 个结点间的相互通信都要经过转接交换中心的交换设备,因而

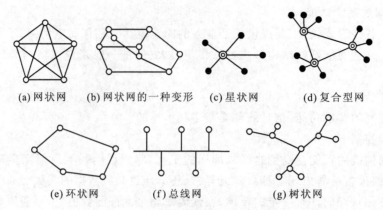

图 1-31　通信网组网结构示意图

该交换设备的交换能力和可靠性会影响网内的所有用户。由于星状网比网状网的传输链路少、线路利用率高,所以当交换设备的费用低于相关传输链路的费用时,星状网比网状网的经济性好,但安全性较差(因为中心结点是全网可靠性的瓶颈,中心结点一旦出现故障会造成全网瘫痪)。

3. 复合型网

复合型网由网状网和星状网复合而成,如图 1-31(d)所示。根据网中业务量的需要,以星状网为基础,在业务量较大的转接交换中心区间采用网状结构,可以使整个网络比较经济且稳定性较好。复合型网具有网状网和星状网的优点,是通信网中常采用的一种网络结构,但网络设计应以交换设备和传输链路的总费用最小为原则。

4. 环状网

环状网如图 1-31(e)所示。它的特点是结构简单,实现容易。而且由于可以采用自愈环技术对网络进行自动保护,所以其稳定性比较高。

5. 总线网

总线网的所有结点都连接在一个公共传输通道——总线上,如图 1-31(f)所示。这种网络结构需要的传输链路少,增减结点比较方便,但稳定性较差,网络范围也受到限制。

6. 树状网

树状网如图 1-31(g)所示,它可以看成是星状拓扑结构的扩展。在树状网中,结点按层次进行连接,信息交换主要在上、下结点之间进行。树状结构主要用于用户接入网或用户线路网中,另外,主从网同步方式中的时钟分配网也采用树状结构。

1.3.3 通信网的质量要求

为了使通信网能快速、有效、可靠地传递信息,通常对通信网提出以下几项要求。

1. 接通的任意性与快速性

接通的任意性与快速性是指网内的一个用户应能快速地接通网内任一其他用户。影响接通的任意性与快速性的主要因素包括:① 通信网的拓扑结构不合理会增加转接次数,使阻塞率上升、时延增大;② 通信网的网络资源不足会增加阻塞概率;③ 通信网的可靠性降低,会造成传输链路或交换设备出现故障,甚至丧失其应有的功能。

2. 信号传输的透明性与传输质量的一致性

信号传输的透明性是指在规定业务范围内对用户信息不加任何限制，都可以在网内传输；传输质量的一致性是指网内任何两个用户通信时，应具有相同或相仿的传输质量，而与用户之间的距离无关。

通信网的传输质量直接影响通信的效果。因此要制定传输质量标准并进行合理分配，使网中的各部分均满足传输质量指标的要求。

3. 网络的可靠性与经济合理性

可靠性是使通信网平均故障间隔时间（两个相邻故障间隔时间的平均值）达到要求。提高可靠性往往要影响其经济合理性，因此应根据实际需要在可靠性与经济性之间取得折中和平衡。

4. 能适应通信新技术的发展

通信网的组网结构、信令方式、编码计划、计费方式、网管模式等应能灵活适应新业务和新技术的发展。

传统的通信网是为支持单一业务而设计的，不能适应新业务和新技术的发展；面向未来的下一代网络应能适应不断发展的通信技术和新业务应用。

1.3.4 基本通信网

1. 电话网

电话网由交换设备、传输线路和电话机组成。电话网目前主要有固定电话网、移动电话网和 IP 电话网，这里主要讲述固定电话网即公共交换电话网（Public Switched Telephone Network，PSTN）。

（1）电话网的基本组成

电话通信系统的基本任务是提供从任意一个电话终端到另一个电话终端传送语音信息的通路，完成信息传输和信息交换，为终端提供良好的语音服务。电话通信系统的基本构成如图 1-32 所示。

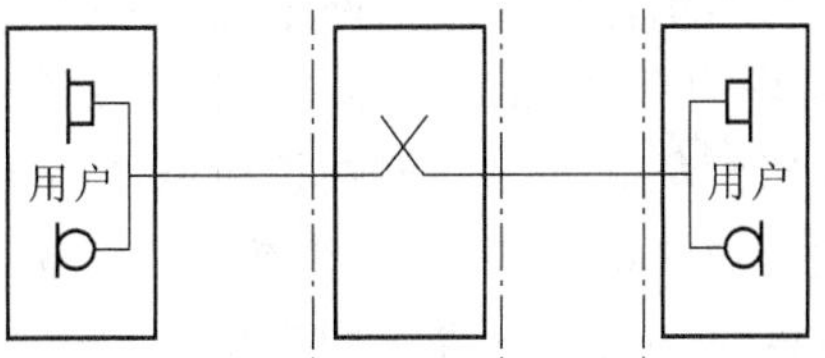

在电话通信系统中，终端设备就是电话机；传输设备是指终端设备与交换中心以及交换中心到交换中心之间的传输线路及其相关设备。交换设备根据主叫终端所发出的选择信号来选择被叫终端，使这两个终端建立连接，然后经过交换设备所连通的路由传递电信号。

终端A　传输　交换　传输　终端B

图 1-32　电话通信系统的基本构成图

电话网是最早出现的一种通信网。最早的电话通信形式只是两部电话机中间用导线连接起来便可通话，但当某一地区电话用户增多时要想使众多用户相互间都能两两通话，便需设一部电话交换机，由交换机完成任意两个用户的连接，这时便形成了一个以交换机为中心的单局制电话网，如图 1-33 所示。随着用户数继续增多，由于交换机本身容量的限制和地理位置的限制，单局制不能满足总容量的需求，需要建立多个电话局，然后由局间中继线路将各局连接起来，通过一个汇接局（所谓汇接局是指下级交换局之间的通信要经过汇接局转接来实现，在汇接局中只接入中继线，没有用户线）进行转接，从而形成汇接制电话网，如图 1-34 所示。

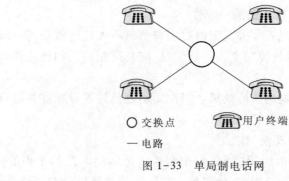

○ 交换点　　📞 用户终端

— 电路

图 1-33　单局制电话网

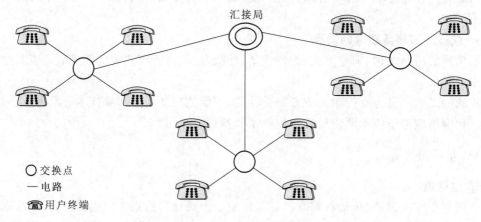

○ 交换点

— 电路

📞 用户终端

图 1-34　汇接制电话网

按电话使用范围分类,电话网可分为本地电话网、国内长途电话网和国际长途电话网。

（2）中国电话网的结构

全国范围的电话网采用等级结构。等级结构就是全部交换局划分成两个或两个以上的等级,低等级的交换局与管辖它的高等级的交换局相连,各等级交换局将本区域的通信流量逐级汇集起来。一般在长途电话网中,根据地理条件、行政区域、通信流量的分布情况等设立各级汇接中心,每一汇接中心负责汇接一定区域的通信流量,逐级形成辐射的星状网或网状网。一般是低等级的交换局与管辖它的高级交换局相连,形成多级汇接辐射网,最高级的交换机则采用直接互连,组成网状网,所以等级结构的电话网一般是复合型网。电话网采用这种结构可以将各个区域的话务流量逐级汇集,达到既保证通信质量又充分利用电路的目的。

1）长途网及其结构演变

中国的电话网最早分为五级,长途网分为四级,一级交换中心之间相互连接成网状网,其余各级交换中心以逐级汇接为主。这种五级等级结构的电话网在网络发展的初级阶段是可行的,它在电话网由人工向自动、模拟向数字的过渡中发挥了较好的作用。然而由于经济的发展,非纵向话务流量日趋增多,新技术、新业务层出不穷,这种多级网络结构存在的问题日益明显,就全网的服务质量而言表现为:① 转接段数多,造成接续时延长、传输损耗大、接通率低,如跨两个地市或县用户之间的呼叫,需经多级长途交换中心转接;② 可靠性差,多级长途网一旦某结点或某段电路出现故障,会造成局部阻塞。

此外,从全网的网络管理、维护运行来看,区域网络划分越小,交换等级数量越多,网管工作越复杂;同时,不利于新业务网的开放。

考虑以上原因,目前中国的电话长途网已由四级向两级转变。省级(包括直辖市)交换中心构成长途两级网的高平面网(省际平面),地(市)级交换中心构成长途网的低平面网(省内平面),然后逐步向无级网和动态无级网过渡。

长途两级网的等级结构如图1-35所示。长途两级网将国内长途交换中心分为两个等级,省级(包括直辖市)交换中心以DC1表示;地(市)级交换中心以DC2表示。DC1以网状网相互连接,与本省各地(市)的DC2以星状方式连接;本省各地(市)的DC2之间以网状或某拓扑结构的变形形式相连,同时辅以一定数量的直达电路与非本省的交换中心相连。

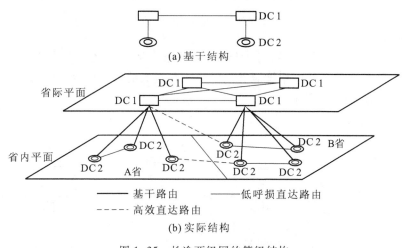

图 1-35　长途两级网的等级结构

以各级交换中心为汇接局,汇接局负责汇接的范围称为汇接区。全网以省级交换中心为汇接局,分为31个省(自治区)汇接区。

各级长途交换中心的职能如下:DC1的职能主要是汇接所在省的省际长途来去话话务,以及所在本地网的长途终端话务;DC2的职能主要是汇接所在本地网的长途终端来去话话务。

今后,中国的电话网将进一步形成由一级长途网和本地网所组成的二级网络,实现长途无级网。这样,中国的电话网将由3个层面(长途电话网平面、本地电话网平面和用户接入网平面)组成。

2)本地网

本地电话网简称本地网,是在同一长途编号区范围内,由若干个端局和汇接局及局间中继线、用户线和电话机终端等组成的电话网。本地网用来疏通本长途编号区范围内任何两个用户间的电话呼叫和长途发话、来话业务。

① 本地网的类型。

自20世纪90年代中期起,中国开始组建以地(市)级以上城市为中心的扩大的本地网。这种扩大的本地网的特点是:城市周围的郊县与城市划在同一长途编号区内,其话务量集中流向中心城市。扩大的本地网类型有两种。一种是特大和大城市本地网。它是以特大城市及大城市为中心,包括其所管辖的郊县共同组成的本地网,省会、直辖市及一些经济发

达的城市组建的本地网就是这种类型。另一种是中等城市本地网。它是以中等城市为中心,包括其所管辖的郊县(市)共同组成的本地网,简称中等城市本地网。

② 本地网的交换中心及职能。

本地网内可设置端局和汇接局。端局通过用户线与用户相连,它的职能是负责疏通本局用户的去话和来话话务。汇接局与所管辖的端局相连,以疏通这些端局间的话务;汇接局还与其他汇接局相连,疏通不同汇接区间端局的话务;根据需要,汇接局还可与长途交换中心相连,用来疏通本汇接区内的长途转话话务。

本地网中,有时在用户相对集中的地方,可设置一个隶属于端局的支局,经用户线与用户相连,但其中继线只有一个方向,即到所隶属的端局,用来疏通本支局用户的发话和来话话务。

③ 本地网的网络结构。

中国本地电话网有两种类型:特大城市、大城市本地电话网一般采用两级网的网络结构;中、小城市及县本地电话网根据服务区的大小和端局的数量可以采用两级网的网络结构或网状网结构,如图 1-36 所示。

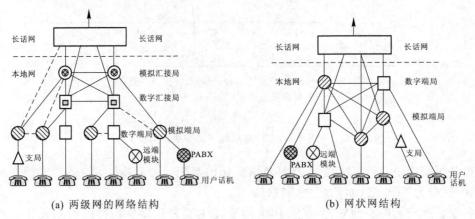

图 1-36　本地网的结构

(3) 国内、国际长途电话网

国内长途电话网是指全国各城市间用户进行长途通话的电话网,网中各城市都设一个或多个长途电话局,各长途局间由各级长途电路连接起来。

国际长途电话网是指将世界各国的电话网相互连接起来进行国际通话的电话网。为此,每个国家都需设一个或几个国际电话局进行国际去话和来话的连接。一个国际长途通话实际上是由发话国的国内网部分、发话国的国际局、国际电路和受话国的国际局以及受话国的国内网等几部分组成的。中国在北京、上海和广州都设有国际接口局,参加到国际电话网中去。中国国内打国际电话,都要经国内的市话局、长途局,接至北京、上海和广州的国际接口局,再经国际电话网接至对方国家的被叫用户。国际来话则由国际电话网接至中国的国际接口局,再经国内长途局、市话局接至被叫用户。

国际电话网的特点是通信距离远、多数国家之间不邻接的情况占多数。传输手段多数是使用长中继无线通信、卫星通信或海底同轴电缆、光缆等;在通信技术上广泛采用高效多路复用技术以降低传输成本;采用回音抑制器或回音抵消器以克服远距离四线传输时延长所引起的回声振鸣现象。

（4）电话网的编号计划

所谓编号计划指的是本地网、国内长途网、国际长途网、特种业务以及一些新业务等各种呼叫所规定的号码编排和规程。自动电话网中的编号计划是使自动电话网正常运行的一个重要规程，交换设备应能适应上述各项接续的编号需求。

电话网中每一个用户都分配一个编号，用来在电信网中选择和建立接续路由和作为呼叫的目的。每一个用户号码必须是唯一的，不得重复，因此需要有一个统一的编号方式。这个问题在 1963 年罗马召开的 CCITT（现 ITU-T）计划委员会上得到统一，该编号计划是根据当时预计 40 年后全世界电话总数为 6 亿制定的。

拨打国际电话时，拨号顺序为：

国际长途字冠+国家号码+国内长途区号+本地号码（市话号码）

拨打国内电话时，拨号顺序为：

国内长途字冠+国内长途区号+本地号码（市话号码）

国际长途字冠：国际自动呼叫时，国内交换机识别为国际通话的数字，其形式由各国自由选择，CCITT 没有具体建议。例如：中国：00；英国：010；比利时：91。

国家号码：为 1~3 位的数字，例如中国为"86"。

国内长途区号：表示一个国家内的长途区号，为 1~4 位的数字。

本地号码：同一国内长途区号中识别用户的数字。

例如：比利时用户自动拨号重庆"62461234"用户时，拨号顺序如下：

91+86+23+62461234

其中：

91：比利时的国际自动呼叫字冠；

86：中国的国家代码；

23：重庆市的长途区号；

62461234：重庆市内某用户号码。

CCITT 建议，国家号码与国内号码的总数不超过 12 位（不包含国际长途字冠）。随着通信技术的迅速发展，1996 年又对编号计划做了调整。从 1996 年 12 月 31 日后，国家号码与国内号码的总数不超过 15 位。

中国根据 CCITT 的建议制定的标准 GB 3971.1—83 中规定，各编号区内本地网号码长度可以不相等，但长途区号加本地网号码长度不得超过 10 位（不包含国内长途字冠）。后来修改为不超过 11 位。

国内长途编号方案一般采用固定号码系统，即各个城市的编号都是固定号码。固定号码编制又分为两种：一种是等位制，一种是不等位制。

等位制：每个城市或者地区长途区号位数都相等。

不等位制：每个城市或者地区长途区号位数不相等，可以是 1 位、2 位、3 位、4 位。中国的长途区号编号原来采用不等位四位制，与四个长途等级 C1~C4 对应，位长为 1~4 位。后来随着本地网扩大和长途网结构调整后，现在采用不等位两位制，位长为 2~3 位，与两级长途等级对应。具体的编号如下：

首都北京：编号为 10；

省间中心和直辖市:区号为两位编号,编号为"2X",X 为 0~9,共 10 个号;

省中心和地区中心:区号为三位编号,编号为"$X_1X_2X_3$",$X_1 = 3~9$,$X_2X_3 = 00~99$,总共可有 700 个号。

(5)电话网的性能要求

电话通信是目前用户最基本的业务需求,对电话通信网的三项要求是:接续质量、传输质量和稳定质量。

接续质量包括接续的速度和难易程度等,通常用接续损失(呼损)和接续时延来度量和表征用户通话被接续的速度和难易程度。传输质量是指用户接收到的语音信号的清楚逼真程度,可以用响度、清晰度和逼真度来衡量。稳定质量是指通信网的可靠性,其指标主要有:失效率(设备或系统工作时间内单位时间发生故障的概率)、平均故障间隔时间、平均修复时间(发生故障时进行修复所需的平均时间)等。

2. 智能网

在当今电信业日益激烈的竞争环境下,满足用户灵活而多变的业务需求,已经成为电信网络运营者所面临的挑战。为此,人们提出了一个集中控制和管理的方法:业务的控制由一个集中的结点——业务控制点来完成,业务生成和业务管理也由集中的结点来完成,并在业务控制点的指挥下最终完成各种复杂的业务,这就是智能网。

(1)智能网的概念

智能网是在原有通信网络的基础上,为快速、方便、经济、灵活地提供各种新业务而设置的附加网络结构。其核心是运用新的技术和软件,高效地向用户提供各种新业务,为现在、未来的所有通信网络服务,包括电话网(PSTN)、综合业务数字网(ISDN)、Internet 等。智能网是当今通信网络发展的主要潮流之一,在国内外都引起了广泛的重视,被称为 21 世纪的通信网。

(2)智能网的结构

智能网一般由业务交换点(SSP)、业务控制点(SCP)、智能外设(IP)、业务管理系统(SMS)、业务生成环境(SCE)5 个功能部件构成,如图 1-37 所示。这些功能部件独立于现有的网络,是一个附加的网络。SSP 与端局或汇接局相连,负责呼叫的处理和业务的交换。其一般以原有的程控交换机为基础,再配以必要的软硬件和 No. 7 信令网的接口。SCP 是智能网的核心功能部件,用于储存用户数据和业务逻辑,主要功能是接收 SSP 送来的查询信息,并查询数据库和进行各种译码。一般情况下,SCP 由大、中型计算机和大型实时高速数据库构成。IP 负责管理语音资源,这些部件在一起完成智能业务的处理。SMS 是一种计算机系统,具备业务逻辑管理、业务数据管理、用户数据管理的功能。SCE 是根据客户的需要生成新的业务逻辑的部件。

(3)智能网与现有通信网的关系

智能网是建立在所有通信网之上的一种体系结构化的概念,它可以为各种通信网提供增值业务,是叠加在各种通信网基础上的一种网络。智能网与现有通信网的关系如图 1-38 所示。通常将叠加在 PSTN/ISDN 网上的智能网系统称为固定智能网,叠加在移动通信网基础上的智能网系统称为移动智能网,叠加在 B-ISDN 宽带网上的智能网系统称为宽带智能网。IN-CS1 和 IN-CS2 标准主要研究智能网如何叠加在 PSTN/ISDN 网上,为 PSTN/ISDN 网的用户提供增值业务;IN-CS3 和 IN-CS4 标准主要研究移动智能网和宽带智能网。

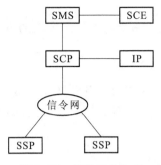

图 1-37　智能网的构成

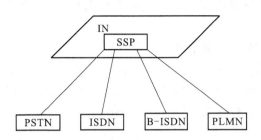

图 1-38　智能网与现有通信网的关系

当前在国际上使用比较普遍的智能业务主要有:电话卡业务(300 业务)、被叫付费业务(800 业务)、虚拟专用网业务(600 业务)、个人通信号码业务(700 业务)、电话投票业务(400 业务)、优惠费率业务、大众呼叫业务和预付费业务(PPS)。中国的智能网目前可以提供的业务主要有:300 业务、800 业务、600 业务和预付费业务。当然,智能网业务还有许多,今后还会有更多,智能网的结构形式为进一步引入新业务提供了良好的基础。

3. 数据通信网

数据通信网传送和交换的主要对象是数据信息,其终端主要是机器而不是人,当终端是服务器和计算机时,人们常称为"计算机网",其业务主要是数据、文字、图像、多媒体等。数据通信发展很快,使用频带越来越宽,开展业务越来越广泛,对传统的电话业务带来严重的冲击和挑战。

(1)数据通信网的分类

数据通信网可以进行数据交换和远程信息的处理,其交换方式普遍采用存储/转发方式的数据分组交换或数据包交换。数据网可以从几个不同的角度分类。

1)按网络拓扑结构分类

按网络拓扑结构分类,数据通信网可以分为网状网及其变形(格状网)、星状网、树状网、环状网和总线网等。在数据通信中,骨干网一般采用网状网或树状网,本地网中可采用星状网。

2)按传输技术分类

按传输技术分类,数据通信网可分为交换网和广播网。

交换网是指由交换结点和通信链路构成的网络。用户之间的通信要经过交换设备。根据采用不同的交换方式,交换网又可分为电路交换网、分组交换网和帧中继网,另外还有采用数字交叉连接设备的数字数据网(DDN)、以太网、ATM 网(B-ISDN)、IP 网等。

广播网是指每个数据站的收发信机共享同一个传输媒介的网络。通过不同的媒体访问控制方式,产生了各种类型的广播网。广播网中,从任一数据站发出的信号可被所有其他数据站接收,没有中间交换结点。早期计算机局域网中绝大多数属于广播网。

3)按传输距离分类

按传输距离分类,数据通信网可分为局域网、城域网和广域网。

局域网是指传输距离一般在几千米以内,速率在 10 Mbit/s 以上,数据传输采用共享介质的访问方式,协议标准采用 IEEE 802 协议标准的网络。

城域网是指传输距离一般在 50~100 km,传输速率比局域网还高,能覆盖整个城区和城

郊的网络。

广域网(又称远程网)是指作用范围通常为几十到几千千米的网络。今天的 Internet 就是广域网。

（2）数据通信网的构成

数据通信网是一个由分布在各地的数据终端设备、数据交换设备和数据传输链路所构成的网络,在网络协议(软件包括 OSI 下 3 层协议)的支持下,实现数据终端间的数据传输和交换。数据通信网示意图如图 1-39 所示。

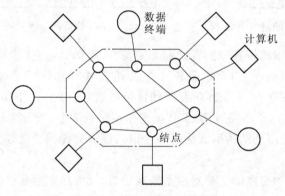

图 1-39　数据通信网示意图

数据通信网的硬件构成包括数据终端设备、数据交换设备及数据传输链路。

数据终端设备是数据网中的信息传输的源点和终点,它的主要功能是向网(传输链路)输出数据和从网中接收数据,并具有一定的数据处理和数据传输控制功能。数据终端设备可以是计算机,也可以是一般数据终端。

数据交换设备是数据交换网的核心。它的基本功能是完成对接入交换结点的数据传输链路的汇集、转接接续和分配。

数据传输链路就是前面所讲的数字通信系统。

4. 数字数据网

（1）数字数据网的基本概念

随着数据通信业务的发展,相对固定的用户之间业务量比较大,并要求时延稳定、实时性较高。在市场需求的推动下,介于永久性连接和交换式连接之间的半永久性连接方式的数字数据网(DDN)产生了。

数字数据网是利用数字信道传输数据的一种传输网络。它的传输介质有光缆、数字微波、卫星信道,用户端可用普通的电缆和双绞线。传输数据信号具有传输质量高、速度快、带宽利用率高等一系列优点。

DDN 向用户提供的是半永久性的数字连接,沿途不进行复杂的软件处理,因此时延较小,避免了分组交换网中传输时延大且不固定的缺点。DDN 采用数字交叉连接装置,可根据用户需要,在约定的时间内接通所需带宽的线路,信道容量的分配和接续在计算机控制下进行,具有较大的灵活性。

根据以上定义,DDN 具有下列优点:① DDN 是同步数据传输网,不具备交换功能,通过数字交叉连接设备可向用户提供固定或半永久性信道,并提供多种速率的接入;② 传输速率高,网络时延小,目前提供 $N \times (64 \ \text{kbit/s} \sim 2 \ \text{Mbit/s})$ 的数据业务;③ DDN 是任何协议都可以支持,不受约束的全透明网,从而可满足数据、图像、声音等多种业务的需要。

（2）DDN 的网络结构

DDN 一般为分级网,图 1-40 为 DDN 网络结构模型图。在骨干网中设置若干枢纽局（汇接局）,枢纽局间采用网状连接,枢纽结点具有 E1 数字通道的汇接功能和 E1 公共备用数字通道功能。这里汇接的概念是指结点间的连接有一个从属关系,高等级结点在它的服务范围内汇集所管辖的低等级结点业务;反之,两个低等级结点的用户通信都要经过高一级的结点转接而完成。非枢纽结点应至少与两个方向结点连接,并至少与一个枢纽结点连接。

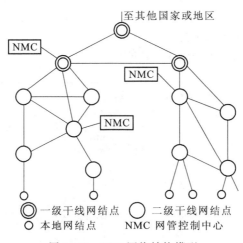

图 1-40　DDN 网络结构模型

根据网络的业务情况,DDN 网可以设置二级干线网和本地网。DDN 网若从纵向分隔,其功能层次结构可分为 3 层,即传输层、接入层和用户层。传输层负责传输从接入层来的数字信号,一般采用数字交叉连接设备;接入层采用带宽管理器实现用户的多种业务接入,提供数字交叉连接和复用功能,具有 64 kbit/s 和 $N \times 64$ kbit/s 速率的交叉连接能力和低于 64 kbit/s 的零次群子速率交叉连接和复用能力;用户层是指进网的用户终端设备及其链路的功能。

5. 综合业务数字网

（1）综合业务数字网（ISDN）的概念

在介绍综合业务数字网（ISDN）的概念之前,首先了解综合数字网（Integrated Digital Network, IDN）的概念。IDN 是数字传输与数字交换的综合,在两个或多个规定点之间通过一组数字结点（交换结点）与数字链路提供数字连接,IDN 实现从本地交换结点至另一端本地交换结点间的数字连接,但并不涉及用户连接到网络的方式。

ISDN 是以电话 IDN 为基础发展演变而成的通信网,能够提供端到端的数字连接,提供包括语音和非语音在内的多种电信业务,用户能够通过一组有限的、标准的多用途用户/网络接口接入网内,并按统一的规程进行通信。ISDN 分为窄带综合业务数字网（N-ISDN）和宽带综合业务数字网（B-ISDN）。

（2）ISDN 的发展

由于 ISDN 是在电话 IDN 的基础上发展起来的,也就是依靠电话 IDN 的 64 kbit/s 电话

交换及接续功能提供电话及各种非语音业务,因此初期的 ISDN 一般是在电话 IDN 的基础上再加上一定的 ISDN 功能部件构成的。为了使 ISDN 用户不仅能够利用已有的通信业务,而且能和其他网的用户通信,就必须使 ISDN 能和现有的各种通信网互连。发展初期的 ISDN 是通过网间互连,使 ISDN 用户与分组交换网中的分组终端及电话网中的电话用户相连的。

随着 ISDN 的不断发展,除提供电路交换业务(包括 64 kbit/s 的电路连接和 $N\times64$ kbit/s 的选路与连接)之外,还要引入分组交换业务,并逐步实现除语音以外的各种非语音业务,如传真、数据、图像及可视图文等综合接入,并使之逐步具有智能功能,以便提供各种新业务。

(3) ISDN 的网络功能体系结构

ISDN 的网络功能体系结构如图 1-41 所示。

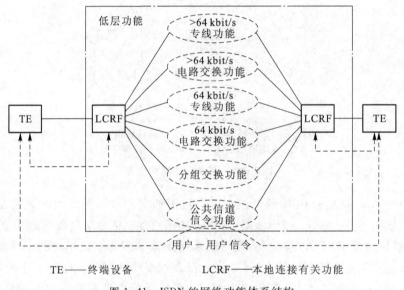

TE——终端设备　　　　　LCRF——本地连接有关功能

图 1-41　ISDN 的网络功能体系结构

ISDN 包含了 5 个主要功能:本地连接功能、电路交换功能、分组交换功能、专线功能和公共信道信令功能。

本地连接功能对应于本地交换机或其他类似设备的功能。

电路交换功能提供 64 kbit/s 和大于 64 kbit/s 的电路交换连接。如果用户速率低于 64 kbit/s,要依照 I.460 建议,先将其适配到 64 kbit/s,然后接入 ISDN 进行交换。

通过 ISDN 和分组交换公用数据网的网间互连,由分组交换数据网提供 ISDN 的分组交换功能。目前,ISDN 的分组交换功能大多采用这种方法提供。

专线功能是指不利用网内交换功能,在终端间建立永久或半永久连接的功能。

ISDN 的全部信令都采用公共信道信令方式。

(4) ISDN 的用户/网络接口

ISDN 用户/网络接口的参考配置是指规定 ISDN 内各组成部分之间连接关系的系统模型。

ITU-T 的 I.411 建议中采用功能群和参考点的概念规定了 ISDN 用户/网络接口的参考配置,如图 1-42 所示。

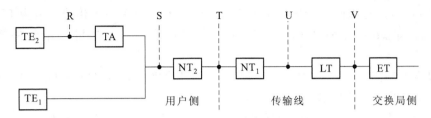

图 1-42　用户/网络接口参考配置

功能群是指用户接入 ISDN 所需的一组功能,这些功能可以由一个或多个物理设备来完成。

参考点是指不同功能群的分界点。图 1-42 中,R、S、T、U、V 为 ISDN 的参考点。一个参考点可以对应也可以不对应于一个物理接口。

根据图 1-42 的参考配置,用户接入 ISDN 的功能可以划分成以下几个功能群。

1) 终端设备(TE₁ 和 TE₂)

ISDN 允许两类终端接入设备,TE₁ 是符合 ISDN 接口标准的终端设备,也称 ISDN 终端,如数据终端、数字电话机和四类传真机等。TE₂ 是不符合 ISDN 接口标准的终端设备,也称非 ISDN 终端,如模拟电话机、三类传真机等。TE₂ 需要经过终端适配器 TA 的转换,才能接入 ISDN 的标准接口(S 参考点)。

2) 终端适配器(TA)

TA 完成适配功能,使 TE₂ 能接入 ISDN 的标准接口。

3) 网络终端(NT₁ 和 NT₂)

NT₁ 是完成用户/网络接口功能的主要部件,它的主要功能是把用户终端设备连接到用户线,为用户信息和信令信息提供透明的传输通道。NT₂ 完成用户/网络接口处的交换和集中功能,物理上可以是 ISDN 用户交换机、集线器或局域网。

4) 线路终端设备(LT)

LT 是用户环路和交换局端的接口设备,实现交换设备和线路传输端的接口功能。

5) 交换终端(ET)

ET 为交换局端的交换终端。

(5) ISDN 的信道与用户/网络接口

1) 信道类型

信道是提供业务用的,具有标准的传输速率,它表示接口的信息传送能力。在用户/网络接口处向用户提供的信道有以下类型。

① B 信道:速率为 64 kbit/s,用来传送用户信息。

② D 信道:速率是 16 kbit/s 或 64 kbit/s,可以传送公共信道信令;当没有信令信息需要传送时,D 信道可用来传送分组数据或低速的遥控、遥测数据。

③ H 信道:它用来传送高速的用户信息,如高速传真、图像、高速数据、高质量音响及分组交换信息等。H 信道有 384 kbit/s、1 536 kbit/s、1 920 kbit/s 三种标准速率。

35

2）用户/网络接口

ISDN 的用户/网络接口有两种接口结构。

① 基本接口：它由两条传输速率为 64 kbit/s 的 B 信道和一条传输速率为 16 kbit/s 的 D 信道组成，即 2B＋D。它们时分复用在一对用户线上。用户可以用的最高速率为 192 kbit/s。

② 基群速率接口：它是一次群速率接口，有两种速率即 1 544 kbit/s 和 2 048 kbit/s。基群速率接口可用来支持 H 信道。

在 ISDN 的用户/网络接口参考配置中，在 NT$_1$ 和 LT 之间的部分称为用户环路。对于基群速率接口，数字用户环路采用的是四线传输，也可用二线全双工传输。

（6）宽带综合业务数字网（B-ISDN）

B-ISDN 是以异步转移模式（ATM）交换技术组成的宽带业务网络，又称为 ATM 网。它可为用户提供任何需要的信息服务，特别是图像服务，如可视电话、电视会议、图像监视、有线电视以及高清晰度电视等高速数字、数据业务。网络本身与业务无关，使网络运行、维护、管理复杂程度降低，从而大大提高了网络的效率和资源利用率。

ATM 的传送模式本质上是一种高速分组传送模式。它将语音、数据及图像等所有的数字信息分解成长度固定（48 个字节）的数据块，并在各数据块前装配地址、优先级、流量控制、差错控制（HEC）信息等构成的信元头（5 个字节），形成 53 个字节的完整信元。采用统计时分复用方式将来自不同信息源的信元汇集到一起，在一个缓冲器内排队，然后按照先进先出的原则将队列中的信元逐个输出到传输线路，从而在传输线路上形成首尾相接的信元流。在每个信元的信头中含有虚通路标识符/虚信道标识符（VPI/VCI）作为地址标志，网络根据信头中的地址标志来选择信元的输出端口转移信元。因为是统计复用，使得任何业务都能按实际需要来占用资源，对某个业务，传送速率会随信息到达的速率而变化，因此网络资源得到最大限度的利用。此外，ATM 网络可以适用于任何业务，不论其特性（速率高低、突发性大小、质量和实时性要求）如何，网络都按同样的模式来处理，真正做到了完全的业务综合。

ATM 采用固定长度的信元，可使信元像同步时分复用中的时隙一样定时出现。因此，ATM 可以采用硬件方式高速地对信头进行识别和交换处理，从而具有电路传送方式的特点，为提供固定比特率和固定时延的电信业务创造了条件。

综上所述，ATM 传送模式融合了电路传送模式与分组传送模式的特点。

N-ISDN 对用户提供业务一般为 64 kbit/s，或者说用户/网络接口处速率不高于 PCM 一次群（2.048 Mbit/s）。B-ISDN 能够提供高于 PCM 一次群（2.048 Mbit/s）以上以至于高达 155 Mbit/s、622 Mbit/s，甚至更高达每秒几千兆比特的信息速率。它能支持或提高的业务有交互型、消息型、会话型、检索型、分配型以及控制型等多种业务，主要兼容 N-ISDN 的窄带语音和非语音业务及宽带用户业务，如高清晰度电视（HDTV）（100～150 Mbit/s）等多种宽带多媒体业务。

B-ISDN 一定要支持 N-ISDN，因此要实现与 N-ISDN 的互连。现在计算机局域网（LAN）发展很快，它是面向无连接的，而基于 ATM 交换机的 B-ISDN 是面向连接的，要使面向连接的 B-ISDN ATM 网能支持无连接的 LAN 业务，使 LAN 用户的信息能够透明地在 ATM 网中传输，就需要将 ATM 和 IP 融合，实现优势互补，以解决宽带应用问题。ATM 作为

IP 业务的承载网,即 IPOverATM,实现了基于 IP 的 B-ISDN 与 LAN 互连。

1.3.5 现代通信网的支撑网

支撑网是指能使电信业务网正常运行的起支撑作用的网络,它能增强网络功能,提高全网服务质量,以满足用户要求。在支撑网中传送的是相应的控制、监测等信号。现代电信网包括 3 个支撑网,即信令网、同步网和电信管理网。考虑到后面章节将介绍信息系统(即信令网)的相关概念,本节仅介绍同步网和电信管理网的基本概念。

1. 同步网

同步网是保障数字通信网中各部分协调工作所必需的网络。数字网中相互连接的设备上,其信号都应具有相同的时钟频率。同步网的网同步方式有主从同步和互同步方式。中国的同步网采用等级主从同步方式并采用四级结构。

在信息的传输过程中,都需要以一个时钟为基准,这如同人们每天的生活一样,都需要依靠时钟来保证整个社会的有序运行。如人们经常乘车、坐船、坐飞机等,都是以统一的北京时间为参考基准,只有这样,才能保证所有乘同一个班次的汽车、飞机的乘客从四面八方同时到达,然后一起出发。再比如高考,必须做到全国各地的时钟都一致才能保证在相同的时间发卷。这些都是需要时钟同步的基本需求,那如何做到同步呢?生活中人们全部以中央电视台发布的北京时间为基准来调整时间,不管自己的时钟是快了还是慢了,都调整到与中央台的时钟一致,从而保证全国各地的时间都一致。这就是同步的一种方式。

在数字信息传输过程中,要把信息分成帧,并设置帧标志码,因此,在数字通信网中除了传输链路和结点设备时钟源的比特率应一致(以保证比特同步)外,还要求在传输和交换过程中保持帧的同步,称为帧同步。所谓帧同步就是在结点设备中,准确地识别帧标志码,以正确地划分比特流的信息段。正确识别帧标志码一定要在比特同步的基础上。如果每个交换系统接收到的数字比特流与其内部时钟位置的偏移和错位,造成帧同步脉冲的丢失,这就会产生帧失步,产生滑码。为了防止滑码,必须使两个交换系统使用某个共同的基准时钟速率。

目前,各国公用网中交换结点时钟的同步有两种基本方式,即主从同步方式和互同步方式。

(1)主从同步方式

主从同步方式是在网内某一主交换局设置高精度和高稳定度的时钟源,并以其作为主基准时钟的频率,控制其他各局从时钟的频率,也就是数字网中的同步结点和数字传输设备的时钟都受控于主基准的同步信息。主从同步方式中同步信息可以包含在传送信息业务的数字比特流中,接收端从所接收的比特流中提取同步时钟信号;也可以用指定的链路专门传送主基准时钟源的时钟信号。各从时钟结点及数字传输设备内部,通过锁相环电路使其时钟频率锁定在主基准时钟源的时钟频率上,从而使网络内各结点时钟都与主结点时钟同步。

1)直接主从同步方式(星状结构)

如图 1-43(a)所示,各从时钟结点的基准时钟都由同一个主时钟源结点获取。一般在一个楼内的设备可用这种星状结构。

2)等级主从同步方式(树状结构)

如图 1-43(b),主从同步方式使用一系列分级的时钟,每一级时钟都与其上一级时钟同步,在网中的最高一级时钟称为基准主时钟或基准时钟,这是一个高精度和高稳定度的时钟,它通过树状时钟分配网络逐级向下传输,分配给下面的各级时钟,然后通过锁相环使本地时钟的相位锁定到收到的定时基准上,从而使网内各交换结点的时钟都与基准主时钟同步,达到全网时钟统一。

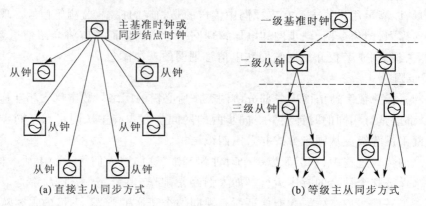

(a) 直接主从同步方式   (b) 等级主从同步方式

图 1-43 主从同步网连接方式示意图

（2）互同步方式

互同步方式是在网内不设主时钟,由网内各交换结点的时钟相互控制,最后都调整到一个稳定的、统一的系统频率上,实现全网的时钟同步。

（3）同步网的组网方式及等级结构

中国的数字同步网采用等级主从同步方式,按照时钟性能可划分为四级,其等级主从同步方式示意图如图 1-44 所示。

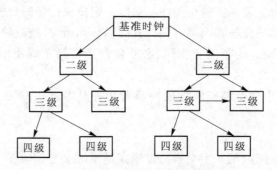

图 1-44 四级等级主从同步

同步网的基本功能是应能准确地将同步信息从基准时钟向同步网内的各下级或同级结点传递,通过主从同步方式使各从结点的时钟与基准时钟同步。

2. 电信管理网

当前电信网正处在迅速发展的过程中,网络的类型、网络提供的业务不断地增加和更新,归纳起来,电信网的发展具有以下特点。

① 网络的规模变得越来越大。

② 网络的结构变得复杂,形成一种复合结构。

③ 各种提供新业务的网络发展迅速。

④ 在同一类型的网络上存在着由不同厂商提供的多种类型的设备。

电信管理网(TMN)对各类型电信网的管理,如图 1-45 所示。TMN 从三个方面界定电信网络的管理,即管理业务、管理功能和管理层次。

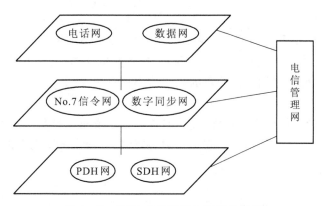

图 1-45　TMN 对各类型电信网的管理

（1）TMN 管理功能的逻辑层次模型

为了便于对复杂的电信网进行管理,TMN 将管理功能分为不同的逻辑层次结构,从上至下分成不同的层次。

1）事务管理层

事务管理层是 TMN 的最高功能管理层,该层负责设定目标任务,但不管具体目标的实现,通常需要管理人员的介入。其主要的管理功能包括业务的预测、规划;网络的规划、设计;资源的控制。

2）业务管理层

业务管理层的主要功能是按照用户的需求来提供业务,对用户的意见进行处理,对服务质量进行跟踪并提供报告以及与业务相关的计费处理等。

3）网络管理层

网络管理层的功能是对各网元互连组成的网络进行管理,包括网络连接的建立、维持和拆除,网络性能的监视,网络故障的发现和定位,通过对网络的控制来实现对网络的调度和保护。

4）网元管理层

网元管理层负责对各网元进行管理,包括对网元的控制及对网元的数据管理,如收集和预测处理网元的相关数据等。

5）网元层

网元层是管理对象的接口(与物理资源的接口)。

（2）TMN 的管理功能

TMN 有 5 个方面的管理功能,这些功能主要指业务管理层、网络层和网元层的管理。

1）性能管理

性能管理是对网络的运行状态进行管理。包括性能监测、性能分析、性能控制。

2）故障管理

故障管理可以分为故障检测、故障诊断和定位、故障恢复。

3）配置管理

配置管理对网络中通信设备和设施的变化进行管理,例如通过软件设定来改变电路群的数量和连接。

4）计费管理

计费管理部分首先采集用户使用网络资源的信息(例如通话次数、通话时间、通话距离),然后,把这些信息存入用户账目日志以便用户查询,同时把这些信息传送到资费管理模块,以使资费管理部分根据预先确定的用户费率计算出费用。

5）安全管理

安全管理的功能是保护网络资源,使网络资源处于安全运行状态。安全是多方面的,例如有进网安全保护、应用软件访问的安全保护、网络传输信息的安全保护等。

1.3.6 下一代网络

1. 下一代网络(NGN)概述

下一代网络(Next Generation Network ,NGN)是一种新兴的技术,是目前通信业界关注和探讨的一个热点话题,网络运营商、设备制造商和 ITU、IETF 以及众多技术论坛都在关注 NGN,纷纷提出各自对 NGN 的设想,从不同角度描绘 NGN。

(1)理解 NGN

广义的 NGN 泛指大量采用新技术,不同于目前这一代的支持语音、数据和多媒体业务的融合网络。

狭义的 NGN 特指以软交换为核心、光传送网为基础,多网融合的开放体系结构。现阶段所述的 NGN 通常是指狭义的基于软交换的 NGN。

目前我国通信行业所研究和建设的下一代网络,一般是指狭义概念的 NGN。

(2)NGN 的特点

1）开放式体系架构和标准接口

NGN 采用分层的全开放的网络,具有独立的模块化结构,其将传统交换机的功能模块分离成为独立的网络部件,各部件可以独立发展,部件间采用标准的接口进行通信。原有的电信网络逐步走向开放,运营商可根据业务需要组合功能部件来组建网络。而部件间协议接口的标准化可以实现各种异构网的互连互通。

2）高效

因为 NGN 网络能实现业务与呼叫控制的分离,为业务真正的从网络中独立出来,有效地缩短新业务的开发周期提供了良好的条件;而且随着多网互通的实现,许多新兴业务也应运而生。

3）多用户

NGN 综合了固定电话网,移动电话网和 IP 网络的优势,使得模拟用户、数字用户、移动用户、ADSL 用户、ISDN 用户、IP 窄带网络用户、IP 宽带网络用户甚至是通过卫星接入的用户都能作为下一代网络中的一员相互通信。

4）多媒体

语音、视频以及其他多媒体流在下一代网络中的实时传输成为了 NGN 的又一亮点。

5）资源共享

国际互联网的丰富信息资源一直是电信运营商面前的一块肥肉,由于采用了 IP 技术,

NGN 的出现使得在呼叫过程中获取国际互联网的资源变得不再是难事。

6）低成本

采用了相对廉价的 IP 等网络作为中间传输的载体,因而 NGN 的通信费用将大大降低,这种优势尤其体现在长途、越洋电话上。

（3）NGN 能提供的新业务

NGN 在原有的 PSTN、ISDN、智能网等业务的基础上又增加了许多自己特有的新业务。

① 入口业务。主要是针对用户的终端环境,为其提供监控、协调等功能,并能为用户提供个性化的业务环境。它是 VHE(Virtual Home Environment) 的基本功能组成部分。

② 增强型多媒体会话业务。保持多方多媒体会话,而不会因为有会话方的加入或离开,以及会话方终端的变换而终止会话。

③ 可视电话。能建立在移动/固定、移动/移动、固定/固定电话之间的可视呼叫。

④ 点击拨号(Click to Dial)。能在个人业务环境或 Web 会话中提供 Click to Dial 的业务,直接对在线用户或服务器发出呼叫。

⑤ Web 会议业务。能通过 WEB 浏览器(Browser) 来组织多方的多媒体会议。

⑥ 增强型会话等待。允许用户处理实时的呼叫(如实时的呼叫屏等)。

⑦ 语音识别业务。能自动识别语音并相应的作出标准的或用户事先设定的操作。

⑧ 基本定位业务。主要用在手机上,提供实际的地理位置。

⑨ 个人路由策略。根据不同的时间,系统对照用户的路由查询(Routing Profile) 有选择的把入呼叫转移到不同的电话机上。

⑩ 视频点播业务(VOD)。用户可以根据需要订阅不同的视频流服务。

⑪ 增强型的呼叫功能。因为呼叫类型的增加、参与呼叫用户类型的增加,从而相应的呼叫/会话的转移等业务也得到了加强。同时还增加了会话合并功能,即两个出呼叫或入呼叫可以整合成一个三方会话。

2. 基于软交换的下一代网络

软交换的设计思想符合下一代网络的基本特点,即开放式体系结构、业务驱动和分组化的网络。软交换吸取了 IP、ATM、智能网和时分多路复用(TDM) 等技术的优点,完全形成分层的、全开放的体系结构,使得运营商在充分利用现有资源的同时,可根据需要全部或部分利用软交换体系产品,形成适合本系统的网络解决方案。

（1）基于软交换的下一代网络系统结构

下一代网络(NGN) 是采用 IP 协议及其相关技术,电信网的商业模式、运行模式,电信业务的设计理念,集传统电信网和 Internet 之长,产生的新一代网络技术。

在下一代网络中,软交换设备将是针对语音业务、数据业务和视频业务完成呼叫、控制、业务提供的核心设备,也是电路交换网向分组交换网演进的重要设备。

基于软交换的下一代网络的系统结构如图 1-46 所示。

1）媒体接入层

接入层指与现有网络相关的各种网关或终端设备,完成各种类型的网络或终端到核心层的接入,包括有线、无线等各种接入手段。

2）传输服务层

传输服务层是基于 IP/ATM 的分组交换网络,软交换体系网络通过不同种类的媒体网

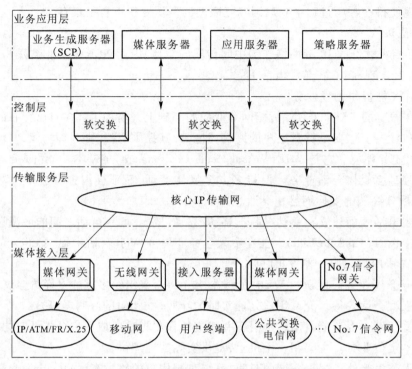

图 1-46　基于软交换的下一代网络系统结构

关,将不同种类业务媒体转换成统一格式的 IP 分组或 ATM 信元,利用 IP 路由器或 ATM 交换机等骨干传输设备,由分组交换网络实现传送。传输服务层包括 IP 网和 ATM 网。

　　3）控制层

　　控制层是整个网络架构的核心,主要指网络中的核心控制设备即软交换设备。控制层主要完成多媒体呼叫及业务控制,并负责相应业务处理信息的传送,具备开放接口的能力。控制层主要涉及软交换相关的功能,完成业务逻辑功能(含呼叫控制和路由等)操作,并控制低层网络元素对业务流进行处理。

　　4）业务应用层

　　业务应用层主要指面向用户提供各种应用和服务的设备,是一个开放的综合业务接入平台,提供各种增值服务、多媒体业务和第三方业务,主要负责业务逻辑功能的相关处理(如业务生成、业务逻辑定义和业务编程接口等),以及业务相关的管理功能(如业务认证和业务计费等),其需要相应的业务生成和维护环境。

　　在图 1-46 中,软交换位于网络分层中的控制层,与传输服务层的网关交互作用,在各点之间建立关系,接收正在处理的呼叫相关信息,并指示网关完成呼叫。软交换主要处理实时业务(语音业务以及视频业务和其他多媒体业务),也提供基本的补充业务,相当于传统交换机的呼叫控制部分和基本业务提供部分。

　　基于软交换技术的下一代网络采用分层、开放的通信结构,使上层业务与底层的异构网络无关,体现了业务驱动的思想,为实现多网融合和灵活提供业务创造了条件。

　　（2）软交换技术的应用

　　在软交换技术的应用中,根据接入方式的不同可分为窄带和宽带两类组网方案。

1）窄带组网方案

利用软交换设备、网关等设备替代现有的长途电话局、汇接局和端局，为现有的窄带用户提供的业务以传统的语音业务和智能业务为主，主要包括 PSTN 基本业务和补充业务、ISDN 基本业务和补充业务、智能业务等。

2）宽带组网方案

软交换网络可为宽带用户（如 xDSL 用户和以太网用户）提供语音业务以及其他增值业务解决方案，如语音与数据相结合的业务、多媒体业务以及通过应用程序接口（API）开发的业务。该网络除了包含软交换等核心网络设备之外，还包括各种接入设备和智能终端等。

3. 现有网络向下一代网络的演进

（1）现有电信网络如何演进到下一代网络

现有电信网络在语音业务方面已经相当成熟。中国电信拥有遍布全国的电路交换网络，在这几十年来，中国电信投入了相当大的资金。如何保护现有资金和保护现有电信业务的收益是电信网络演进至 NGN 需要解决的问题。演进应该分为几个层面。

① 从网络接入层上的演进。宽带接入建设为用户提供宽带的且面向分组的接入，可以为用户提供更加高速的接入方式。现在各地智能小区的建设已经全面展开，意味着面向 NGN 的演进的开始。

② 从长途网络层面上的演进。利用集成的或独立的中继网关，旁路部分语音到 IP 或 ATM 网络上，利用软交换进行路由控制和业务的提供，称为中继旁路的策略。利用这种方式可以减缓现在的电路交换网络的拥塞问题。

③ 从本地交换网络层面上的演进。市话局是具有最大部分投资的点，拥有大量的用户机架以及许多本地的电话业务数据，改造将是最为困难的。建议利用综合的具有大容量的宽带接入设备取代现有的用户架，以独立的接入网关（Access Gateway）接入到 IP 网络或 ATM 网络，升级软交换和应用服务器以支持本地的电话业务和 IP 业务。

（2）有线电视网络的改造也应向下一代网络靠近

电信网迫切感到必须向下一代网络转型。首先应当研究下一代网络的技术发展，在网络双向改造中，应当采用下一代网络技术或靠近下一代网络的技术，以便为过渡到下一代网络奠定下良好的基础。

有线电视网是和电信网、计算机网并行的国家三大信息网络之一。它有一张覆盖全国的光缆、电缆混合网，终端连接着上亿用户，而且还在以每年 500 万用户的速度稳步发展。因此它的改造效果必须和它的地位相适应，以便和其他网络在业务市场中开展竞争，促进信息技术发展，采用高起点，直接建设与下一代网络技术相融合的网络。有线电视网的双向改造是要建成连接千家万户的新型城域网，应当把网络的长远规划、长远目标放在首位，网络的改造目标要真正顺着宽带高速、支持综合业务这个网络发展方向，而且现在已具备这个条件。

国外多家运营商已经进行了 NGN 网络试运营，国内运营商也正在积极进行 NGN 网络试验。随着产品、技术、标准和网络运营的不断成熟，相信在不久的将来，NGN 必然会成为网络建设的主流。

1.4 小结与思考

小结

通信技术是随着科学技术的不断发展,由低级到高级,由简单到复杂逐渐发展起来的。而各种各样性能不断改善的通信系统的应用,又促进了人类社会进步和文明。通信的目的是为了发送或获取信息。信息是人类社会和自然界中需要传递、交换、存储和提取的抽象内容。即信息通过消息来表示。通信中消息的传送是通过信号来进行的,信号是消息的载荷者。

我们把实现信息传输过程的全部设备和传输介质所构成的总体称为通信系统。传输模拟信号的系统称为模拟通信系统,利用数字信号来传递信息的通信系统称为数字通信系统。

通信系统只是表述了两用户间的通信,而要实现多用户间的通信,则需要将多个通信系统有机地组成一个整体,使它们能协同工作,即形成通信网。所谓通信网是指由一定数量的节点(包括终端设备和交换设备)和连接节点的传输链路相互有机地组合在一起,以实现两个或多个规定点间信息传输的通信体系。

现代通信网一般由用户终端设备、传输系统、交换设备三大部分组成。为了使通信网能快速、有效、可靠地传递信息,通常对通信网提出接通的任意性与快速性、信号传输的透明性与传输质量的一致性、网络的可靠性与经济合理性这 3 项要求。

思考

1-1 试画出数字通信系统的一般模型,并简要说明各部分的作用。

1-2 衡量通信系统的主要性能指标有哪些?

1-3 试述通信网的组成及功能。

1-4 通信网的基本组网结构有哪些?

1-5 何谓本地电话网?

1-6 试问我国长途电话网中的交换中心分为几级?

1-7 何谓智能网?它由几个功能部件构成?

1-8 简述数据通信网的分类。

1-9 简述数字数据网和数据通信网的区别。

1-10 简述 ISDN 的信道与用户/网络接口。

第 2 章

通信传输技术

2.1 引言

现代通信已进入数字化时代,模拟通信越来越多地被先进的数字或数据通信所取代。但自然界很多信源是模拟形式的,如语音、图像等,它们是随时间连续变化的模拟量,含有丰富的低频分量、甚至直流分量,不便于直接进入现代数字通信系统或通信网中传输,因此必须对信源输出的信息进行处理后才能使其在信道中有效地传输。

第 1 章 1.2 节已经指出,在数字通信系统中,信源编码有两个重要作用:其一,当信息源为模拟信源时,信源编码器将模拟信源输出的模拟信号转换成数字信号,以实现模拟信号的数字化传输;其二,当信息源为数字信源(离散信源)时,信源编码器设法寻找适当的方法把信源输出符号序列变换为最短的码字序列,以消除信源符号之间存在的分布不均匀和相关性,减少冗余、提高编码效率,从而提高数字信号传输的有效性。

差错控制是在信息序列上附加一些监督码元,利用这些冗余的码元,使原来不规律的或规律性不强的原始数字信号变为有规律的数字信号,从而提高数字信号传输的可靠性。

本章讨论的通信传输技术主要包括信源编码、差错控制(即信道编码)、数字信号的基带传输和频带传输。对于信源编码,首先分析模拟信号的数字化原理,然后讨论对离散信源进行无失真信源编码的相关概念。

2.2 模拟信号的数字化

利用数字通信系统传输模拟信号,首先需要在发送端把模拟信号数字化,即进行模/数转

换;再用数字通信的方式进行传输;最后在接收端把数字信号还原为模拟信号,即进行数/模转换。

模/数转换的方法采用得最早而且目前应用得比较广泛的是脉冲编码调制(PCM)。它对模拟信号的处理过程包括抽样、量化和编码三个步骤,由此构成的数字通信系统称为PCM 通信系统,如图 2-1 所示。

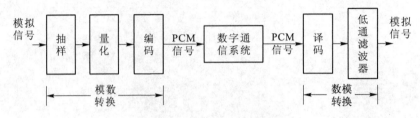

图 2-1　模拟信号的数字传输

由图 2-1 可见,PCM 主要包括抽样、量化和编码三个过程。抽样是把时间连续的模拟信号转换成时间离散但幅度仍然连续的抽样信号;量化是指利用预先规定的有限个电平来表示模拟抽样值的过程;编码是将量化后的信号编码形成一个二进制码组输出。在具体实现上,编码与量化通常是同时完成的,换句话说,量化实际是在编码过程中实现的。国际标准化的 PCM 码组(电话语音)使用 8 位码组代表一个抽样值。

通过 PCM 编码后得到的数字基带信号可以直接在系统中传输(即基带传输);也可以将基带信号的频带搬移到适合光纤、无线信道等传输的频带上再进行传输(即频带传输)。

接收端的数模转换包含了译码和低通滤波器两部分。译码是编码的逆过程,它将接收到的 PCM 信号还原为抽样信号(实际为量化值,它与发送端的抽样值存在一定的误差,即量化误差)。低通滤波器的作用是恢复或重建原始的模拟信号,它可以看做是抽样的逆变换。

语音信号的数字化称为语音编码,图像信号的数字化称为图像编码,两者虽然各有特点,但基本原理是一致的。下面以语音信号的 PCM 编码为例,分析模拟信号的数字化过程,PCM 编码方法同样适用于图像编码。

2.2.1　抽样定理

所谓抽样就是每隔一定的时间间隔 T_s(又称抽样间隔)抽取模拟信号的一个瞬时幅度值(样值),即抽样是把时间上连续的模拟信号变成一系列时间上离散的抽样序列的过程。那么,抽样间隔 T_s 应该取多大,才能使上述时间上离散的样值序列包含原模拟信号的全部信息? 并且,经过量化、编码、传输和译码后,接收端能否还原出原来时间上连续的模拟信号? 这些就是抽样定理要解决的问题。

抽样定理指出:一个频带限制在 $(0,f_H)$ 内的时间连续的模拟信号 $m(t)$,如果抽样频率 $f_s \geq 2f_H \left(\text{即抽样间隔 } T_s \leq \dfrac{1}{2f_H}\right)$,则可以通过低通滤波器由抽样信号 $m_s(t)$ 无失真地重建原始信号 $m(t)$。

抽样与恢复的过程如图 2-2 所示。抽样器可以看做是相乘器,抽样过程相当于模拟信号与抽样脉冲序列 $\delta_{T_s}(t)$ 相乘的过程,在接收端,已抽样信号 $m_s(t)$ 通过低通滤波器被还原成原来的模拟信号。

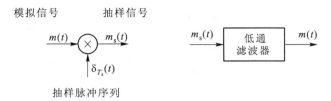

图 2-2　抽样与恢复

抽样定理引入了单位冲激函数(抽样脉冲序列),下面先介绍单位冲激函数的概念,然后简单证明抽样定理。

1. 单位冲激函数

冲激函数是一种奇异函数,它不同于普通函数。普通函数描述的是自变量与因变量间的数值对应关系(如质量、电荷的空间分布,电流、电压随时间变化的关系等)。如果要考察某些物理量在空间或时间坐标上集中于一点的物理现象(如质量集中于一点的密度的分布,作用时间趋于零的冲击力,宽度趋于零的电脉冲,以及图 2-2 所示的对信号某点的抽样等),普通函数的概念就不够用了,而冲激函数就是描述这类现象的数学模型。可见,在通信系统的分析研究中,冲激函数具有极重要的作用。

单位冲激函数的定义为

$$\int_{-\infty}^{+\infty} \delta(t)\,\mathrm{d}t = 1 \qquad (2.2-1)$$

并且有

$$\delta(t) = 0, \quad t \neq 0 \qquad (2.2-2)$$

因此,单位冲激函数 $\delta(t)$ 是这样一个函数:它在 $t=0$ 瞬间的值为无限大,在 $t \neq 0$ 时的值均为零,而且它所覆盖的面积(通常称为冲激强度)等于1,如图 2-3 所示。

由式(2.2-1)推广可得

$$\int_{-\infty}^{+\infty} \delta(t-t_0)\,\mathrm{d}t = 1$$

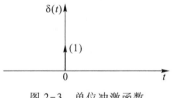

图 2-3　单位冲激函数

并且有

$$\delta(t-t_0) = 0, \quad t \neq t_0$$

单位冲激函数具有许多重要的性质。例如,当 $\delta(t-t_0)$ 与另一信号 $f(t)$ 相乘时,由于它在除 $t=t_0$ 以外的其他瞬间都等于零。因此有

$$f(t)\delta(t-t_0) = f(t_0)\delta(t-t_0) \qquad (2.2-3)$$

并且有

$$\int_{-\infty}^{+\infty} f(t)\delta(t-t_0)\,\mathrm{d}t = \int_{-\infty}^{+\infty} f(t_0)\delta(t-t_0)\,\mathrm{d}t = f(t_0)\int_{-\infty}^{+\infty} \delta(t-t_0)\,\mathrm{d}t = f(t_0)$$

$$(2.2-4)$$

式(2.2-4)表明:信号 $f(t)$ 与单位冲激函数 $\delta(t-t_0)$ 的乘积仍然是一个冲激函数,但是其强度等于该信号在单位冲激函数所在瞬间的值。上述性质就是所谓的抽样性。

2. 抽样定理的证明

设 $m(t)$ 为低通模拟信号,抽样脉冲序列是一个周期性冲激函数 $\delta_{T_s}(t)$,则抽样信号为

$$m_s(t) = m(t)\delta_{T_s}(t) \tag{2.2-5}$$

式中

$$\delta_{T_s}(t) = \sum_{n=-\infty}^{\infty} \delta(t - nT_s) \tag{2.2-6}$$

$\delta_{T_s}(t)$ 的频谱为

$$\delta_{T_s}(\omega) = \frac{2\pi}{T_s} \sum_{n=-\infty}^{\infty} \delta(\omega - n\omega_s) \tag{2.2-7}$$

上式中，$\omega_s = 2\pi f_s = 2\pi/T_s$ 是抽样脉冲序列的基波角频率，$T_s = 1/f_s$ 为抽样间隔。

对式(2.2-5)式求傅里叶变换可以得到抽样信号 $m_s(t)$ 的频谱表达式

$$M_s(\omega) = \frac{1}{T_s} \sum_{n=-\infty}^{\infty} M(\omega - n\omega_s) \tag{2.2-8}$$

式中，$M(\omega)$ 为低通信号 $m(t)$ 的频谱。

式(2.2-8)表明，抽样后信号的频谱 $M_s(\omega)$ 由无穷多个间隔为 ω_s 的 $M(\omega)$ 相叠加而成。这就意味着 $M_s(\omega)$ 中包含 $M(\omega)$ 的全部信息。$M_s(\omega)$ 的频谱图如图 2-4(f)所示。

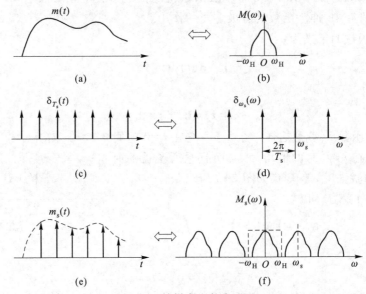

图 2-4　抽样定理的全过程

由图 2-4 可以得到如下结论：① 抽样后信号的频谱 $M_s(\omega)$ 具有无穷大的带宽；② 只要抽样频率 $f_s \geqslant 2f_H$，频谱 $M_s(\omega)$ 就无混叠现象，在接收端，经截止频率为 f_H 的理想低通滤波器后，可无失真地恢复原始信号；③ 如果抽样频率 $f_s < 2f_H$，则 $M_s(\omega)$ 会出现频谱混叠现象，如图 2-5 所示，则接收端不可能无失真地恢复原始信号。

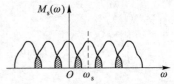

图 2-5　抽样频率 $f_s < 2f_H$ 时产生的频谱混叠现象

对于频谱限制于 f_H 的模拟信号来说，$2f_H$ 就是无失真地重建原始信号所需的最小抽样频率，即 $f_{s(\min)} = 2f_H$，此时的抽样频率通常称为奈奎斯特抽样频率。那么最大抽样间隔即为 $T_{s(\max)} = 1/(2f_H)$，此抽样间隔通常称为奈奎斯特抽样间隔。但是如果采用奈奎斯特抽样频率 $f_{s(\min)}$ 抽样，则抽样信号频谱

$M_s(\omega)$中的各相邻边带之间没有防卫带。这时要将$M(\omega)$从$M_s(\omega)$中分离出来就需要一个滤波特性十分陡峭的理想低通滤波器,而理想低通滤波器是不能物理实现的,故一般都应该有一定的防卫带。例如语音信号频率一般为$300\sim3\,400$ Hz,ITU-T规定单路语音信号的抽样频率f_s为$8\,000$ Hz。此时的防卫带为$f_s-2f_H=(8\,000-6\,800)$ Hz$=1\,200$ Hz。f_s越高对防止频谱混叠越有利,但后面将会看到f_s的提高使码元速率提高,这是人们不希望的,因此抽样频率一般选择为$(2.5\sim5)f_H$。

【例 2.2-1】 已知一基带信号$m(t)=\cos2\pi t+2\cos6\pi t$,对其进行理想抽样。为了在接收端能不失真的从抽样信号$m_s(t)$中恢复$m(t)$,试问抽样间隔应如何选择?

解:基带信号$m(t)$的最低频率$f_L=1$ Hz,最高频率$f_H=3$ Hz,对其进行理想抽样,由抽样定理知,抽样频率f_s应满足$f_s\geqslant2f_H=6$ Hz,则抽样间隔T_s应满足

$$T_s=\frac{1}{f_s}\leqslant\frac{1}{2f_H}=0.17\text{ s}$$

2.2.2 量化

模拟信号经过抽样后,得到在时间上离散的抽样信号,但其幅度取值仍然是连续的,所以它还是模拟信号。要把它变成数字信号,必须对抽样信号进行幅度的离散化处理。所谓量化,就是将抽样后幅值连续的信号变换成幅值为有限个离散值的信号的过程。

量化分为均匀量化和非均匀量化两种。

1. 均匀量化

把输入信号的取值域按等距离分割的量化称为均匀量化。如将取值域均匀等分为M个量化区间,则M称为量化级数或量化电平数。在均匀量化中,每个量化区间的量化电平通常取在各区间的中点,量化间隔(或量化阶距)Δ取决于输入信号的变化范围和量化电平数。当信号的变化范围和量化电平数确定后,量化间隔也被确定。

设输入信号的最小值和最大值分别用a和b表示,量化电平数为M,则均匀量化时的量化间隔为

$$\Delta=\frac{b-a}{M}\tag{2.2-9}$$

均匀量化的物理过程如图 2-6 所示。

图 2-6 中,模拟信号按抽样频率f_s进行均匀抽样,在各个抽样时刻上的抽样值用"·"表示,量化值用符号"*"表示,第k个抽样值用$m(kT_s)$表示,抽样值在量化时转换为M个规定电平$q_1,q_2,\cdots,q_M$之一,即

$$m_q(kT_s)=q_i,\quad\text{若 }m_{i-1}\leqslant m(kT_s)<m_i\tag{2.2-10}$$

量化器的输出是一个数字序列信号$\{m_q(kT_s)\}$。式(2.2-10)中,m_i表示第i个量化级的终点电平,$m_i=a+i\Delta$;q_i表示第i个量化区间的量化电平,可表示为

$$q_i=\frac{m_i+m_{i-1}}{2},\quad i=1,2,\cdots,M\tag{2.2-11}$$

从上面的结果可以看出,量化后的信号$m_q(kT_s)$是对原来抽样值$m(kT_s)$的近似。当抽样频率一定时,量化级数目(量化电平数)增加并且选择适当的量化电平,可以使$m_q(kT_s)$与$m(kT_s)$的近似程度提高。

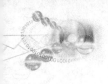

量化值（离散值）与抽样值（连续值）之间的误差称为量化误差，用 $e(kT_s)$ 表示。

$$量化误差\ e(kT_s) = \left| 量化值-抽样值 \right| = \left| m_q(kT_s) - m(kT_s) \right| \qquad (2.2-12)$$

式中，T_s 表示抽样间隔。

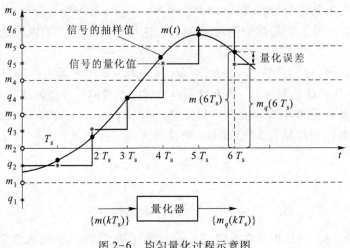

图 2-6　均匀量化过程示意图

量化误差一旦形成，在接收端是无法去掉的，这个量化误差像噪声一样影响通信质量，因此量化误差也称为量化噪声。由量化误差产生的功率称为量化噪声功率。均匀量化最大的量化误差是半个量化级 $\Delta/2$。

在衡量量化器性能时，单看绝对误差的大小是不够的，因为信号有大有小，同样大的量化噪声对大信号的影响可能不算什么，但对小信号却可能造成严重的后果，因此在衡量量化器性能时应看信号功率与量化噪声功率的相对大小，用量化信噪比 S/N_q 表示。

均匀量化的特点是，在量化区内，无论信号大小如何，量化间隔都相等，最大量化误差也就相同。因此，均匀量化有一个明显的不足：小信号的量化信噪比太小，不能满足通信质量要求，而大信号的量化信噪比较大，远远地满足要求。在电话通信中，小信号所占比重较大，显然，均匀量化对提高信噪比不利。为了克服这一缺点，实际上大多采用非均匀量化。

2. 非均匀量化

非均匀量化根据信号的不同区间来确定量化间隔，即量化间隔与信号的大小有关。当信号幅度小时，量化间隔小，其量化误差也小；当信号幅度大时，量化间隔大，其量化误差也大。因此，量化噪声对大、小信号的影响大致相同，即改善了小信号时的量化信噪比。

在实际应用中，非均匀量化的实现方法通常是采用压缩扩张技术，其特点是在发送端将抽样值进行压缩处理后再均匀量化，在接收端进行相应的扩张处理，采用压缩扩张技术的 PCM 系统框图如图 2-7 所示。

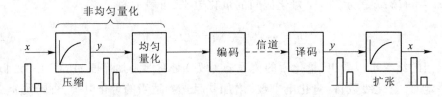

图 2-7　采用压缩扩张技术的 PCM 系统框图

所谓压缩实际上是对大信号进行压缩,而对小信号进行放大的过程。信号经过这种非线性压缩电路处理后,改变了大信号和小信号之间的比例关系,使大信号的比例基本不变或变得较小,而小信号相应地按比例增大,即"压大补小"。在接收端将收到的相应信号进行扩张,以恢复原始信号的对应关系。压缩特性和扩张特性示意图如图 2-8 所示。

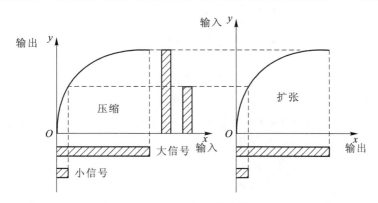

图 2-8 压缩特性和扩张特性示意图

下面的问题是寻找一种什么样的函数关系 $y=f(x)$ 来满足上述的压缩特性?一般来说,压缩特性的选取与信号的统计特性有关。理论上,具有不同概率分布的信号都有一个相对应的最佳压缩特性,使量化噪声达到最小。但在实际应用时还应考虑压缩特性易于电路实现以及压缩特性的稳定性等问题。目前在数字通信系统中被采用的有 μ 压缩律和 A 压缩律两种对数压缩特性,它们接近于最佳特性并且易于进行二进制编码。美国和日本采用 μ 压缩律,中国和欧洲各国采用 A 压缩律。下面分别介绍 μ 压缩律和 A 压缩律的原理。这里只讨论 $x \geqslant 0$ 的范围,$x \leqslant 0$ 的关系曲线和 $x \geqslant 0$ 的关系曲线是以原点奇对称的。

（1）μ 压缩律

所谓 μ 压缩律就是压缩器的压缩特性具有如下关系的压缩律

$$y = \frac{\ln(1+\mu x)}{\ln(1+\mu)}, \quad 0 \leqslant x \leqslant 1 \qquad (2.2\text{-}13)$$

式中,x 和 y 分别表示归一化的压缩器输入和输出电压,即

$$x = \frac{压缩器的输入电压}{压缩器可能的最大输入电压}, \quad y = \frac{压缩器的输出电压}{压缩器可能的最大输出电压}$$

μ 为压缩参数,表示压缩程度。μ 越大,压缩效果越明显;$\mu = 0$ 对应于均匀量化。一般取 $\mu = 100$ 左右,也有取 $\mu = 255$ 的。在小输入电平,即 $\mu x \ll 1$ 时,μ 压缩律的特性近似于线性;而在高输入电平,即 $\mu x \gg 1$ 时,μ 压缩律的特性近似为对数关系。

（2）A 压缩律

所谓 A 压缩律就是压缩器的压缩特性具有如下关系的压缩律

$$y = \begin{cases} \dfrac{Ax}{1+\ln A}, & 0 \leqslant x \leqslant \dfrac{1}{A} \\ \dfrac{1+\ln(Ax)}{1+\ln A}, & \dfrac{1}{A} \leqslant x \leqslant 1 \end{cases} \qquad (2.2\text{-}14)$$

式中,x 为归一化的压缩器输入,y 为归一化的压缩器输出。A 为压缩参数,表示压缩程度。当 $A=1$ 时,压缩特性是一条通过原点的直线,没有压缩效果;A 值越大压缩效果越明显。在

国际标准中取 $A = 87.6$。

下面说明 A 压缩律的压缩特性对小信号量化信噪比的改善程度。这里假设 $A = 87.6$，此时可得到 x 的放大量

$$\frac{\mathrm{d}y}{\mathrm{d}x} = \begin{cases} \dfrac{A}{1+\ln A} = 16, & 0 \le x \le \dfrac{1}{A} \\ \dfrac{A}{(1+\ln A)Ax} = \dfrac{0.182\,7}{x}, & \dfrac{1}{A} \le x \le 1 \end{cases} \tag{2.2-15}$$

与无压缩特性相比，当信号 x 很小时（即小信号时），从式（2.2-15）可以看到信号被放大了 16 倍，这相当于量化间隔比均匀量化时减少了 16 倍，因此，量化误差大大减小；而对于大信号的情况，例如 $x = 1$，量化间隔比均匀量化时增大了 5.47 倍，因此，量化误差增大。这样实际上就实现了"压大补小"的效果。

前面只讨论了 $x \ge 0$ 的范围，实际上 x 和 y 均在 $(-1, +1)$ 之间变化，因此 x 和 y 的对应关系曲线在第一象限和第三象限奇对称。

（3）数字压缩技术

由式（2.2-13）得到的 μ 律压缩特性和按式（2.2-14）得到的 A 律压缩特性都是连续曲线，μ 和 A 的取值不同其压缩特性亦不同，而在电路上实现这样的函数规律是相当复杂的。为此，人们提出了数字压缩技术，所谓数字压缩是利用数字电路形成许多折线来近似非线性压缩曲线（A 律或 μ 律）从而达到压缩目的。目前，有两种常用的数字压缩技术，一种是 13 折线 A 律压缩，它的特性近似 $A = 87.6$ 的 A 律压缩特性；另一种是 15 折线 μ 律压缩，其特性近似 $\mu = 255$ 的 μ 律压缩特性。13 折线 A 律压缩主要用于中国和欧洲各国，15 折线 μ 律压缩主要用于美国、加拿大和日本等国。ITU-T 建议 G.711 规定上述两种折线近似压缩律为国际标准，且在国际间数字系统相互连接时，要以 A 律为标准。下面主要介绍 13 折线 A 律压缩技术，简称 13 折线法。关于 15 折线 μ 律压缩请读者阅读有关文献。

国际通用的 13 折线 A 律压缩特性如图 2-9 所示。图中的 x 和 y 分别表示归一化输入和输出。构成折线的方法是：

① 对 x 轴在 0~1（归一化）范围内不均匀地分成 8 段，分段的规律是每次以 1/2 对分，第一次在 0 到 1 之间的 1/2 处对分，第二次在 0 到 1/2 之间的 1/4 处对分，第三次在 0 到 1/4 之间的 1/8 处对分，其余类推。可以得到分段点为 $\dfrac{1}{2}, \dfrac{1}{4}, \dfrac{1}{8}, \dfrac{1}{16}, \dfrac{1}{32}, \dfrac{1}{64}, \dfrac{1}{128}$。

② 对 y 轴在 0~1（归一化）范围内采用均匀分段方式，均匀分成 8 段，每段间隔均为 1/8。

③ 将 x, y 各个对应段的交点连接起来，构成 8 个折线段。

以上得到的是第一象限的折线，由于语音信号是双极性信号，因此在负方向也有与正方向对称的一组折线。由于靠近零点的负方向与正方向的第 1、2 段斜率都等于 16，可以合并为一条折线，因此，正、负双向共有 13 段，故称其为 13 折线。在原点上，折线的斜率等于 16，而由式（2.2-15）知 A 律曲线在原点的斜率等于 $\dfrac{A}{1+\ln A}$，令两者相等，可得 $A = 87.6$。因此，可以用 13 折线来逼近 $A = 87.6$ 的 A 律压缩特性。表 2.2-1 为 13 折线分段时的 x 值和 A 律压缩特性（$A = 87.6$）的 x 值的比较表。

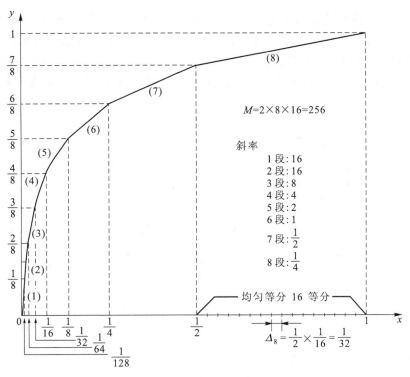

图 2-9 13 折线 A 律压缩特性

表 2.2-1 13 折线分段时的 x 值和 A 律压缩特性($A=87.6$)的 x 值的比较表

y	0	$\frac{1}{8}$	$\frac{2}{8}$	$\frac{3}{8}$	$\frac{4}{8}$	$\frac{5}{8}$	$\frac{6}{8}$	$\frac{7}{8}$	1
A 律压缩曲线的 x	0	$\frac{1}{128}$	$\frac{1}{60.6}$	$\frac{1}{30.6}$	$\frac{1}{15.4}$	$\frac{1}{7.79}$	$\frac{1}{3.93}$	$\frac{1}{1.98}$	1
按折线分段时的 x	0	$\frac{1}{128}$	$\frac{1}{64}$	$\frac{1}{32}$	$\frac{1}{16}$	$\frac{1}{8}$	$\frac{1}{4}$	$\frac{1}{2}$	1
段落序号	1	2	3	4	5	6	7	8	
斜率	16	16	8	4	2	1	1/2	1/4	

表中第二行的 x 值是根据 $A=87.6$ 时计算得到的,第三行的 x 值是 13 折线分段时的值。可见,13 折线各段落的分界点与 $A=87.6$ 的 A 律压缩特性的曲线十分接近。

2.2.3 脉冲编码调制

前面已经指出,模拟信号经过抽样和量化后得到输出电平序列 $\{m_q(kT_s)\}$,才可以将每一个量化电平用编码方式传输。所谓编码就是把量化后的信号变换成代码,其相反的过程称为译码。通过把模拟信号抽样、量化,然后使已量化值变换成代码的过程,称为脉冲编码调制(Pulse Code Modulation,PCM),简称脉码调制。

图 2-10 和表 2.2-2 给出了脉冲编码调制的一个实例。假设模拟信号 $m(t)$ 的最大值 $|m(t)|$ 小于 4 V,以 f_s 的频率进行抽样,且抽样按 16 个量化电平进行均匀量化,其量化间

隔为 0.5 V。因此各个量化判决电平依次为 $-4, -3.5, \cdots, 3.5, 4$ V，16 个量化电平分别为 $-3.75, -3.25, \cdots, 3.25$ 和 3.75 V。表 2.2-2 列出了图 2-10 所示模拟信号的抽样值和相应的量化电平以及二进制、四进制编码。由表 2.2-2 还可以看出，如果按照二进制脉冲编码电平由小到大的自然编码调制，发送的比特序列为 **110011101110** $\cdots$，比特速率为 $4f_s$。

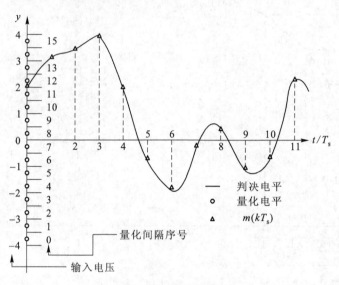

图 2-10 PCM 举例

表 2.2-2 模拟信号的量化和编码

模拟信号的抽样值/V	2.1	3.2	3.4	3.9	1.9	-0.75	-1.76	-0.2	0.4
量化电平/V	2.25	3.25	3.25	3.75	1.75	-0.75	-1.75	-0.25	0.25
量化间隔序号	12	14	14	15	11	6	4	7	8
二进制编码	1100	1110	1110	1111	1011	0110	0100	0111	1000
四进制编码	30	32	32	33	23	12	10	13	20

可以看出，脉冲编码调制能将模拟信号转换成数字信号，它是实现模拟信号数字传输的重要方法之一。

在讨论编码原理以前，需要明确常用的编码码型及码位数的选择和安排。

1. 常用的二进制码型

常用的二进制码型有自然二进制码和折叠二进制码两种。以 4 位二进制码为例，将这两种编码列于表 2.2-3 中，在表中 16 个量化值分成两部分，第 0 至第 7 个量化值对应于负极性电平，第 8 至第 15 个量化值对应于正极性电平。显然，对于自然二进制码，这两部分之间没有什么联系。但是，对于折叠二进制码则不然，除了其最高位符号相反外，其上、下两部分还呈现映象关系，或称折叠关系。这种码在应用时可以用最高位表示电平的极性正负，而用其他位来表示电平的绝对值。也就是说，在用最高位表示极性后，双极性信号可以采用单极性编码的方法处理，从而使编码电路和编码过程大大简化。

表 2.2-3　常用的二进制码型

量化电平极性	量化级序号	自然二进制码	折叠二进制码
正极性部分	15	**1111**	**1111**
	14	**1110**	**1110**
	13	**1101**	**1101**
	12	**1100**	**1100**
	11	**1011**	**1011**
	10	**1010**	**1010**
	9	**1001**	**1001**
	8	**1000**	**1000**
负极性部分	7	**0111**	**0000**
	6	**0110**	**0001**
	5	**0101**	**0010**
	4	**0100**	**0011**
	3	**0011**	**0100**
	2	**0010**	**0101**
	1	**0001**	**0110**
	0	**0000**	**0111**

　　折叠二进制码的另一个优点是误码对小信号影响较小。比如一个小信号码组 **1000**,在传输或处理过程中发生 1 个符号错误,变成 **0000**。从表 2.2-3 中可见,若它为自然二进制码,则误差是 8 个量化级,若它为折叠二进制码,则误差只有 1 个量化级。但是,若一个大信号码组 **1111**,在传输的过程中误为 **0111**,若其为自然二进制码,其误差仍为 8 个量化级;但若为折叠二进制码,则误差增大为 15 个量化级。这表明,折叠二进制码对于小信号有利。由于语音信号中小幅度信号出现的概率大,所以折叠二进制码有利于减小语音信号的平均量化噪声。

　　基于以上的原因,在 PCM 系统中广泛采用折叠二进制码。

　　无论是自然二进制码还是折叠二进制码,码组中符号的位数都直接和量化值的数目有关。量化间隔越多,量化值也越多,则码组中符号的位数也随之增多;同时,量化信噪比也越大。当然,位数增多后,会使信号的输出量和存储量增大,编码器也将较复杂。在语音通信中,通常采用 8 位的 PCM 编码就能够保证满意的通信质量。

2. 13 折线的码位安排

　　下面结合 13 折线 A 律压缩编码,介绍一种码位排列方法。

　　在 13 折线 A 律压缩编码中,普遍采用 8 位折叠二进制码,对应有 $M = 2^8 = 256$ 个量化级,即正、负输入幅度范围内各有 128 个量化级。考虑到正、负双向共有 16 个段落,这需要将每个段落再等分为 16 个量化级。按折叠二进制码的码型,这 8 位码的安排如下:

$$\underset{C_1}{\text{极性码}} \quad \underset{C_2 C_3 C_4}{\text{段落码}} \quad \underset{C_5 C_6 C_7 C_8}{\text{段内码}}$$

　　① C_1 称为极性码,表示信号样值的正、负极性。正极性时 C_1 为 **1**,负极性时 C_1 为 **0**。

　　② $C_2 C_3 C_4$ 称为段落码,由于 13 折线 A 律压缩在同一方向(正向或负向)上有 8 大段,各个折线段的长度均不相同。为了表示信号样值属于哪一段,要用 3 位码表示。且由于每一段的起始电平各不相同,如第 1 段为 0、第 2 段为 16 等,因此用这 3 位段落码既表示不同的段,也表示不同的起始电平。

③ $C_5C_6C_7C_8$ 称为段内码,用来代表段内等分的 16 个量化级。由于各段长度不同,把它等分为 16 小段后,每一小段的量化值也不同。第 1 段和第 2 段为 $\frac{1}{128}$,等分 16 小段后,每一量化单位为 $\frac{1}{128} \times \frac{1}{16} = \frac{1}{2\,048}$;而第 8 段为 $\frac{1}{2}$,每一量化单位为 $\frac{1}{2} \times \frac{1}{16} = \frac{1}{32}$。如果以第 1、2 段中的每一小段 $\frac{1}{2\,048}$ 作为一个最小的均匀量化级 Δ,则在第 1~8 段落内的每一小段段内均匀量化级依次应为 1Δ、1Δ、2Δ、4Δ、8Δ、16Δ、32Δ、64Δ。它们之间的关系如表 2.2-4 所示。

表 2.2-4　各折线段落长度与斜率

各折线段落	1	2	3	4	5	6	7	8
各段落长度(以 Δ 计)	16	16	32	64	128	256	512	1 024
各段内均匀量化级	Δ	Δ	2Δ	4Δ	8Δ	16Δ	32Δ	64Δ
斜率	16	16	8	4	2	1	1/2	1/4

综合上述码位安排,得到段落码和段内码与所对应的段落及电平之间的关系如表 2.2-5 所示。

表 2.2-5　段落电平关系表

量化段序号	电平范围(Δ)	段落码 C_2	段落码 C_3	段落码 C_4	起始电平(Δ)	量化间隔 $\Delta_i(\Delta)$	段内码对应的电平(Δ) C_5	C_6	C_7	C_8
1	0~16	0	0	0	0	1	8	4	2	1
2	16~32	0	0	1	16	1	8	4	2	1
3	32~64	0	1	0	32	2	16	8	4	2
4	64~128	0	1	1	64	4	32	16	8	4
5	128~256	1	0	0	128	8	64	32	16	8
6	256~512	1	0	1	256	16	128	64	32	16
7	512~1 024	1	1	0	512	32	256	128	64	32
8	1 024~2 048	1	1	1	1 024	64	512	256	128	64

【例 2.2-2】　设输入信号抽样值 $I_s = +1\,255\Delta$,写出按 13 折线 A 律压缩编成的 8 位码 $C_1C_2C_3C_4C_5C_6C_7C_8$,并计算量化电平和量化误差。

解:编码过程如下:

① 确定极性码 C_1:由于输入信号抽样值 I_s 为正,故极性码 C_1 = **1**。

② 确定段落码 $C_2C_3C_4$:因为 1 255>1 024,所以位于第 8 段落,段落码为 **111**。

③ 确定段内码 $C_5C_6C_7C_8$:因为 1 255 = 1 024+3×64+39,所以段内码 $C_5C_6C_7C_8$ = **0011**。

所以,编出的 PCM 码字为 **1111 0011**。它表示输入信号抽样值 I_s 处于第 8 段序号为 3 的量化级。

量化电平取在量化级的中点,则为 1 248Δ,故量化误差等于 7Δ。

在上述编码方法中,虽然段内码是按量化间隔均匀编码的,但是因为各个段落的斜率不等,长度不等,故不同段落的量化间隔是不同的。其中第 1 段和第 2 段最短,斜率最大,其横坐标 x 的归一化动态范围只有 1/128;再将其等分为 16 小段后,每一小段的动态范围为 1/2 048,这是最小量化间隔。第 8 段最长,其横坐标 x 的归一化动态范围只有 1/2;将其等分为 16 小段后,每段长度为 1/32。若采用均匀量化而仍希望对小信号保持有同样的动态范围 1/2 048,则需要用 11 位码组才行。现在采用非均匀量化,只需要 7 位就够了。目前在电话网中广泛采用这类非均匀量化的 PCM 语音编码方案。随着数字信号处理技术和微电子技术的发展,PCM 技术已经历了多代发展,并由集成 PCM 编译码芯片实现。

在 2.2.1 节中提到过,典型电话信号的抽样频率是 8 000 Hz。故在采用这类非均匀量化编码器时,典型的数字电话传输速率为 64 kbit/s。这个速率已经被国际电信联盟(ITU)制订的建议所采用。

语音编码技术通常分为波形编码、参数编码和混合编码三类。波形编码是直接对离散语音信号样值进行编码处理和传输,本节讨论的 PCM 编码技术属于波形编码技术;参数编码是先从离散语音信号样值中提取出反映语音的特征值,再对特征值进行编码处理和传输;混合编码是前两种方法的综合应用。

2.3 离散信源编码

2.2 节讨论了模拟信源的 PCM 编码技术,本节讨论离散信源的编码技术。从编码结果使信源符号的信息量有无损失这一角度来看,信源编码分为无失真信源编码和限失真信源编码。本节仅讨论离散信源的无失真编码。

2.3.1 信源编码的相关概念

信源编码的实质是对原始信源符号按照一定规则进行变换,以码字代替原始信源符号,使变换后得到的新信源符号(码元)接近等概率分布,从而提高信息传输的有效性。

需要指明的是,在研究信源编码时,通常将信道编码和译码看做是信道的一部分,而且不考虑信道干扰问题,所以信源编码的数学模型比较简单。

信源编码就是利用编码器将信源符号 s_i 变换成由码字 W_i 组成的一一对应的输出符号序列的过程,如图 2-11 所示。其中输入信源符号为 $S = \{s_1, s_2, \cdots, s_q\}$,同时存在另一码符号集合(或信道基本符号集合)$X = \{x_1, x_2, \cdots, x_r\}$,其中 $x_j (x_j \in X)$ 称为适合信道传输的码符号(或者码元),输出符号序列 W_i 称为码字,长度 l_i 称为码字长度或简称码长,W_i 是 l_i 个由 x_j 组成的序列,并与 s_i 一一对应,所有码字 W_i 的集合 C 称为码。

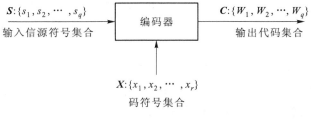

图 2-11 离散信源编码器

信源编码器的主要任务是完成输入信源符号集合与输出代码集合之间的映射。若要实现无失真编码,这种映射必须是一一对应的、可逆的。为此,必须进行如下工作。

① 选择合适的码符号集合 X,以使映射后的代码 C 能适应信道。

② 寻求一种方法,把信源发出的消息符号变成相应的代码组。这种方法就是编码,变换成的代码就是码字。

③ 编码应使消息集合与代码集合中的元素一一对应。

上述三点也是信源编码的基本要求。

下面,给出一些码的定义。

1. 定长码和变长码

若一组码中所有码字的码长都相同,称为定长码。若一组码中所有码字的码长各不相同,即任意码字由不同长度的码符号序列组成,则称为变长码。

2. 非奇异码和奇异码

若一组码中所有码字都不相同,即所有信源符号映射到不同的码符号序列,则称为非奇异码;反之,为奇异码。

3. 唯一可译码和非唯一可译码

若码的任意一串有限长的码符号序列只能被唯一地译成所对应的信源符号序列,则此码为唯一可译码。否则,称为非唯一可译码。例如 $\{0,10,11\}$ 是一种唯一可译码。因为任意一串有限长码序列,如 **100111000**,只能被分割成 **10,0,11,10,0,0**。任何其他分割法都会产生一些非定义的码字。显然,奇异码一定不是唯一可译码,而非奇异码可能是非唯一可译码或唯一可译码。

唯一可译码的物理含义:不仅要求不同的码字表示不同的信源符号,而且还进一步要求对由信源符号构成的信息序列进行编码时,在接收端能正确译码,不发生混淆。

为了达到无失真传输信源符号的目的,无失真信源编码必须具有唯一可译性。也就是说,所编的码必须是唯一可译码。

【例 2.3-1】 设信源 S 有四种不同的符号 $S=\{s_1,s_2,s_3,s_4\}$,它们的先验概率为 $P(s_1)$、$P(s_2)$、$P(s_3)$、$P(s_4)$。现用码符号集 $X=\{0,1\}$ 对信源的四种不同符号进行信源编码,得到表 2.3-1 所示的五种码。下面来分析这五种码的情况。

表 2.3-1 【例 2.3-1】中信源符号的五种编码方式

信 源 符 号	概率 $P(s_i)$	码 1	码 2	码 3	码 4	码 5
s_1	$P(s_1)$	0	0	00	1	1
s_2	$P(s_2)$	11	10	01	10	01
s_3	$P(s_3)$	00	00	10	100	001
s_4	$P(s_4)$	11	01	11	1000	0001

① 码 1:信源符号 s_2 和 s_4 的码字都是 **11**,不符合一一对应的条件,码 1 为奇异变长码,不是唯一可译码,当然也不是无失真信源编码。

② 码 2:四种不同的码字(**0,10,00,01**)各自对应信源 S 的四种不同的信源符号。这种码为非奇异变长码,但它不是唯一可译码。因为对于码 2,其有限长的码符号序列能译

成不同的信源符号序列。例如收到一个码字序列 **01000**，可以翻译为信源符号序列 $(s_4 s_3 s_1)$，但也可以翻译为信源符号序列 $(s_1 s_2 s_3)$、$(s_1 s_2 s_1 s_1)$、$(s_4 s_1 s_1 s_1)$ 等，所以码 2 不是唯一可译码。

③ 码 3：它的显著特点是每个不同码字中所含码符号的个数（码长）都相同，都等于 2，这种码称为定长码。又由于码 3 中各码字都不相同，所以它又是非奇异码。对于非奇异定长码，其有限长的码符号序列只能被唯一地译成信源符号序列，因此，它是唯一可译码。

④ 码 4 和码 5：显然，它们都是非奇异变长码，而且每一种不同的码字序列唯一地对应一种信源符号序列，它们都是唯一可译码。

综上所述，若要实现无失真的编码，则不但要求信源符号 $s_i (i = 1, 2, \cdots, q)$ 与码字 $W_i (i = 1, 2, \cdots, q)$ 是一一对应的，而且要求码符号序列的逆变换也是唯一的。也就是说，所编的码必须是唯一可译码。否则，若所编的码不具有唯一可译性，就会使译码产生错误与失真。

2.3.2 即时码及其构成

表 2.3-1 所示的五种码中，码 3、码 4 和码 5 都是唯一可译码，那么，哪一种码好呢？

对于码 3，从后面【例 2.3-3】的编码效率分析可知，非奇异定长码编码效率低，实际编码中是不可取的。下面通过分析码 4 和码 5 的结构特点，引入即时码的概念，从而回答上面的问题。

先看码 4。对于这类码，当收到一个或几个码符号后，不能即时判断码字是否已经终结，必须等待收到下一个或几个码符号后才能作出判断。例如，当已经收到两个码符号 **10** 时，不能即时判断码字是否终结，必须等下一个码符号到达后才能决定。如果下一个码符号是 **1**，则表示前面已经收到的码符号 **10** 是一个码字，把它译成相应的信源符号 s_2；如果下一个符号仍是 **0**，则表示前面已经收到的码符号 **10** 并不代表一个码字，这时真正的码字可能是 **100**，也可能是 **1000**，到底是什么码字还必须等待下一个符号到达后才能作出决定，因此码 4 不能即时进行译码。

再来看码 5。例如，当已经收到码符号序列 **001** 时，当即可判断这个码符号序列是一个完整的码字 **001**，即可翻译成相应的信源符号 s_3，无需再等待下一时刻的后续码符号。因为这种码的每一个码字的最后一个码符号均为 **1**，只要码符号序列中出现 **1**，就表示前面一个码字已经终结，就可立即把它翻译成相应的信源符号。这种无需参考后续码符号就能即时作出译码判断的码，称为即时码。又由于码字最后的码符号 **1** 实际上起到了一个"逗点"的作用，有时亦称这种码为逗点码。

由于即时码可以当即译码，所以人们总是希望能编出这种即时码。下面给出即时码的定义和构造方法。

1. 即时码

无需考虑后续的码符号即可从码符号序列中译出码字，这样的唯一可译码称为即时码。换句话说，若码 C 中，没有任何完整的码字是其他码字的前缀，则此码为即时码。

如果接收端收到一个完整的码字后，不能立即译码，还需要等下一个码字接收后才能判断是否可以译码，这样的码称为非即时码。

即时码是唯一可译码的一类子码,所以即时码一定是唯一可译码,反之唯一可译码不一定是即时码。因为有些非即时码也具有唯一可译性,但不满足前缀条件(如码 4)。可用图 2-12 来描述这些码之间的关系。

2. 即时码的树图构造法

由于即时码一定是唯一可译码,且能即时译码,所以无失真信源编码中经常采用这种码。人们常采用"树图法"构造即时码。

对给定码字的全体集合 $C = \{W_1, W_2, \cdots, W_q\}$ 来说,可以用码树来描述它。对 r 进制树图,有树根、树枝和结点。树图最顶部的结点称为树根 A。树枝的尽头称为结点,每个结点生出的树枝数目等于码树采用的进制数 r。图 2-13 分别给出了二元码树和三元码树。当某一结点被安排为码字后,它就不再继续伸枝,此结点称为终端结点(用粗黑点表示)。而其他结点称为中间结点,中间结点不安排为码字(用空心圈表示)。给每个结点所伸出的树枝分别从左向右标上码符号 $0, 1, \cdots, r$。这样,终端结点所对应的码字就由从根出发到终端结点走过的路径所对应的码符号组成。

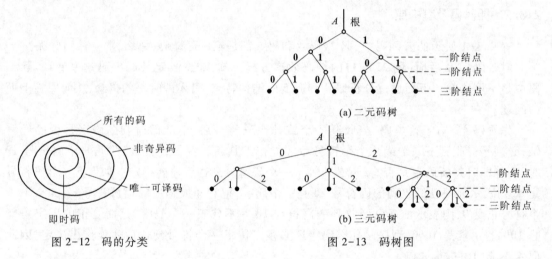

图 2-12　码的分类

图 2-13　码树图

另外,从码树上可知,当第 i 阶的结点作为终端结点,且分配以码字,则码字的码长为 i。

例如即时码 $C = \{W_1, W_2, W_3, W_4\} = \{0, 10, 110, 111\}$,用码树表示如图 2-14 所示。

从即时码的构造过程中,可以得到一个重要启示:信源编码是否具有唯一可译性,与待编码信源的信源符号数 q、码符号集的码符号数(进制数)r、码字长度 $l_i (i = 1, 2, \cdots, q)$ 等编码的结构参数密切相关。那么信源符号数、码符号数和码字长度之间满足什么条件才可以构成即时码和唯一可译码? 这里,引入克拉夫特(Kraft)不等式。

图 2-14　码树

3. 克拉夫特不等式

设信源 S 的符号集合 $S = \{s_1, s_2, \cdots, s_q\}$,码符号集合 $X = \{x_1, x_2, \cdots, x_r\}$,$q$ 个码字的长度分别为 $l_1, l_2, \cdots, l_q$。则信源存在即时码的充分必要条件是满足

$$\sum_{i=1}^{q} r^{-l_i} \leqslant 1 \qquad\qquad (2.3-1)$$

反之,若码长满足上述不等式,则一定存在具有这样码长的即时码。

式(2.3-1)称为克拉夫特不等式。在1956年,麦克米伦(B. McMillan)证明唯一可译码也满足式(2.3-1)。需要注意的是,上述不等式是即时码和唯一可译码存在的充要条件,但是不能作为判别一组码是否为唯一可译码的依据。它说明,唯一可译码一定满足上述不等式;反之,满足上述不等式的码不一定是唯一可译码,但一定存在至少一种唯一可译码。并且,任何唯一可译码均可用一个即时码来代替,而不必改变任一码字的长度。

【例 2.3-2】 设信源空间为

$$\begin{bmatrix} \boldsymbol{S} \\ P(\boldsymbol{S}) \end{bmatrix} = \begin{bmatrix} s_1 & s_2 & s_3 & s_4 \\ \dfrac{1}{2} & \dfrac{1}{4} & \dfrac{1}{8} & \dfrac{1}{8} \end{bmatrix}$$

对其进行信源编码,信道基本符号集合为 $\{0,1\}$。若编码后对应的码长分别为 $l_1=1, l_2=2, l_3=3, l_4=3$。问能否构造至少一种即时码和唯一可译码?

解:将 $r=2, q=4$ 和 l_i 的4个值带入 Kraft 不等式得

$$\sum_{i=1}^{q} r^{-l_i} = 2^{-1} + 2^{-2} + 2^{-3} + 2^{-3} = 1$$

满足克拉夫特不等式,所以一定能构造至少一种即时码和唯一可译码。

由前面分析可知,对同一信源编成同一码符号的即时码或唯一可译码可有许多种。究竟哪一种最好呢?这就涉及编码效率的问题。

2.3.3 编码效率

衡量一种编码方法的优劣通常有许多指标,但一般来说码字的平均长度最短和易于实现是最被人们重视的,这两条也是信源编码的最主要目的。实质上,前者追求用尽可能少的码符号来表示尽可能多的信源消息符号,即提高编码效率;后者需要综合考虑其实现方法的性能价格比。

信源编码效率可以用信道参量以及信息传输速率来定义,下面先引入码的平均长度,再讨论编码效率。

设信源为

$$\begin{bmatrix} \boldsymbol{S} \\ P(\boldsymbol{S}) \end{bmatrix} = \begin{bmatrix} s_1 & s_2 & \cdots & s_q \\ P(s_1) & P(s_2) & \cdots & P(s_q) \end{bmatrix}$$

编码后的码字为 $W_1, W_2, \cdots, W_q$,其码长分别为 $l_1, l_2, \cdots, l_q$。

因为对唯一可译码来说,信源符号与码字是一一对应的,所以有

$$P(W_i) = P(s_i), \quad i = 1, 2, \cdots, q$$

则这个码的平均码长为

$$\overline{L} = \sum_{i=1}^{q} P(s_i) l_i \qquad\qquad (2.3-2)$$

式中, $\overline{L}$ 的单位是码元/信源符号。它是每个信源符号平均需用的码元数。

编码后平均每个信源符号能载荷的信息量,即编码后信道的信息传输速率为

$$R = \frac{H(S)}{\overline{L}} \quad (\text{bit/码元}) \qquad\qquad (2.3-3)$$

若传输一个码符号平均需要 t 秒,则编码后信道每秒传输的信息量为

$$R_t = \frac{H(S)}{t\overline{L}} \quad (\text{bit/s}) \qquad\qquad (2.3-4)$$

由此可见 $\overline{L}$ 越短、R_t 越大,信息传输效率就越高。

为了衡量各种编码是否已达到极限情况,定义编码效率 η 为

$$\eta = \frac{H(S)}{\overline{L}\log_2 r} \qquad\qquad (2.3-5)$$

η 一定是小于或等于 1 的数。由式(2.3-5)可以清楚地看出,在给定信源的情况下,若码的平均码长 $\overline{L}$ 越短,信道的信息传输速率就越高,η 也越接近于 1,所以可用编码效率 η 来衡量各种编码的优劣。

下面举例分析在给定信源的情况下,定长码和变长码的编码效率。

【例 2.3-3】 设一个离散无记忆信源的概率空间为

$$\begin{bmatrix} S \\ P(S) \end{bmatrix} = \begin{bmatrix} s_1 & s_2 & s_3 & s_4 \\ \dfrac{1}{8} & \dfrac{1}{8} & \dfrac{1}{4} & \dfrac{1}{2} \end{bmatrix}$$

采用定长码和变长码两种信源编码方案编出的码字如表 2.3-2 所示。

表 2.3-2 【例 2.3-3】的两种信源编码方案

信源符号	概　率	定　长　码	变　长　码
s_1	1/8	**00**	**000**
s_2	1/8	**01**	**001**
s_3	1/4	**10**	**01**
s_4	1/2	**11**	**1**

求上述两种编码的编码效率。

解: $H(S) = -\sum_{i=1}^{4} p(s_i)\log_2 P(s_i)$

$\qquad = -\left[2 \times \dfrac{1}{8}\log_2\left(\dfrac{1}{8}\right) + \dfrac{1}{4}\log_2\left(\dfrac{1}{4}\right) + \dfrac{1}{2}\log_2\left(\dfrac{1}{2}\right) \right] \quad$ bit/信源符号

$\qquad = 1.75\,$bit/信源符号

码符号集为 $\{0,1\}$,则 $r = 2$

(1) 采用定长码编码:$\overline{L} = 2$ 码元/信源符号,则 $\eta = \dfrac{H(S)}{\overline{L}\log_2 r} = \dfrac{1.75}{2} \times 100\% = 0.875 \times 100\% = 87.5\%$

(2) 采用变长码编码:$\overline{L} = \sum_{i=1}^{q} P(s_i) l_i = \left(\dfrac{1}{8} \times 3 + \dfrac{1}{8} \times 3 + \dfrac{1}{4} \times 2 + \dfrac{1}{2} \times 1 \right)$ 码元/信源符号 $= 1.75$ 码元/信源符号,则 $\eta = \dfrac{H(S)}{\overline{L}\log_2 r} = \dfrac{1.75}{1.75} \times 100\% = 100\%$

可见,在相同信源的条件下,采用变长码编码比采用定长码编码的编码效率要高。因此,实际中主要采用变长码编码。下面介绍几种常用的变长码编码方法。

2.3.4 几种常用的变长码编码方法

常见的变长码编码方法有香农编码、霍夫曼(Huffman)编码、费诺编码。它们均为匹配编码,也称统计编码,都是通过使用较短的码字来给出现概率较高的信源符号编码,而出现概率较小的信源符号用较长的码字来编码,从而使平均码长最短,达到最佳编码的目的。

1. 香农编码

设有离散无记忆信源 $\begin{bmatrix} S \\ P(S) \end{bmatrix} = \begin{bmatrix} s_1 & s_2 & \cdots & s_q \\ P(s_1) & P(s_2) & \cdots & P(s_q) \end{bmatrix}$,$\sum_{i=1}^{q} P(s_i) = 1$。二进制香农码的编码方法如下。

① 将信源发出的 q 个消息,按出现概率递减顺序进行排列。

② 计算各消息的 $-\log_2 P(s_i)$。

③ 确定满足下列不等式的整数码长 l_i:$-\log_2 P(s_i) \leqslant l_i < -\log_2 P(s_i) + 1$。

④ 为了编成唯一可译码,计算第 i 个消息的累加概率 $P_i = \sum_{k=1}^{i-1} P(s_k)$。

⑤ 将累加概率 P_i 变换成二进制数。

⑥ 取 P_i 二进制数的小数点后 l_i 位作为第 i 个符号的二进制码字。

【例 2.3-4】 已知信源共有 6 个信源符号,其概率空间为

$$\begin{bmatrix} S \\ P(S) \end{bmatrix} = \begin{bmatrix} s_1 & s_2 & s_3 & s_4 & s_5 & s_6 \\ 0.2 & 0.19 & 0.18 & 0.17 & 0.15 & 0.11 \end{bmatrix}$$

试进行香农编码。

解: 下面以信源符号 s_5 为例来介绍香农编码。

计算 $-\log_2 P(s_5) = -\log_2 0.15 = 2.74$,取整数 $l_5 = 3$ 作为 s_5 的码长。计算 s_1, s_2, s_3, s_4 的累加概率,有

$$P_5 = \sum_{k=1}^{4} P(s_k) = 0.2 + 0.19 + 0.18 + 0.17 = 0.74$$

将 0.74 变换成二进制小数 $(0.74)_{10} = (0.1011110)_2$,取小数点后面三位 **101** 作为 s_5 的二进制码字。其余消息的代码可以用相同的方法计算得到,如表 2.3-3 所示。

表 2.3-3 【例 2.3-4】中的香农编码

信源符号 s_i	符号概率 $P(s_i)$	累加概率 P_i	$-\log_2 P(s_i)$	码字长度 l_i	码字 W_i
s_1	0.20	0	2.32	3	**000**
s_2	0.19	0.20	2.40	3	**001**
s_3	0.18	0.39	2.47	3	**011**
s_4	0.17	0.57	2.56	3	**100**
s_5	0.15	0.74	2.74	3	**101**
s_6	0.11	0.89	3.18	4	**1110**

信源熵：$H(S) = -\sum_{i=1}^{q} P(s_i)\log_2 P(s_i) = 2.56\,\text{bit}/$信源符号

平均码长：$\overline{L} = \sum_{i=1}^{q} P(s_i)l_i = (3\times 0.89 + 4\times 0.11)$ 码元／信源符号

$$= 3.11\ \text{码元／信源符号}$$

编码效率：$\eta = \dfrac{H(S)}{\overline{L}\log_2 r} = \dfrac{2.56}{3.11}\times 100\% = 82.3\%$

香农编码的编码效率较低，因此其实用性受到较大限制，但这一编码方式有着重要的理论意义。

2. 霍夫曼编码

通常称具有最短的代码组平均码长或编码效率接近于 1 的信源编码为最佳信源编码，也简称为最佳编码。比较著名的最佳编码是 1952 年由霍夫曼（Huffman）提出的霍夫曼编码，它是一种效率比较高的变长无失真信源编码方法。其编码的基本思想就是根据给定信源的信源空间和规定的码符号集，合理利用信源的统计特性，构造出唯一可译码，对于出现概率大的符号用短码，对于出现概率小的符号用长码，这样在大量信源符号编成码后，平均每个信源符号所需要的输出符号数就可以降低，因此，使得输出代码具有尽可能小的平均码长，从而使无失真信源编码具有较高的编码效率。

下面着重介绍二元霍夫曼编码。在实际应用中，可以由二元霍夫曼编码推广到多元霍夫曼编码。

首先给出二元霍夫曼码的编码方法。其编码步骤如下。

① 将 q 个信源符号以概率递减的次序排列。

② 用 0 和 1 码符号分别代表概率最小的两个信源符号，并将这两个信源符号合并成一个符号，从而得到只包含 $q-1$ 个信源符号的新信源，称为信源的缩减信源。

③ 将缩减信源的符号仍以概率递减的次序排列，再将其最后两个概率最小的符号分别用 0 和 1 表示，并合并成一个符号，形成了 $q-2$ 个符号的缩减信源。

④ 依次继续下去，直到信源最后只剩两个符号为止，将最后这两个符号分别用 0 和 1 表示。然后从最后一级缩减信源开始，向前返回，就得出各信源符号所对应的码符号序列，即对应的码字。

【例 2.3-5】　某离散无记忆信源共有 8 个信源符号，其概率空间为

$$\begin{bmatrix} S \\ P(S) \end{bmatrix} = \begin{bmatrix} s_1 & s_2 & s_3 & s_4 & s_5 & s_6 & s_7 & s_8 \\ 0.40 & 0.18 & 0.10 & 0.10 & 0.07 & 0.06 & 0.05 & 0.04 \end{bmatrix}$$

试进行霍夫曼编码，并计算编码后的信息传输率和编码效率。

解： 编码过程如图 2-15 所示

信源熵：$H(S) = -\sum_{i=1}^{8} P(s_i)\log_2 P(s_i) = 2.55\,\text{bit}/$信源符号

平均码长：$\overline{L} = \sum_{i=1}^{8} P(s_i)l_i = 2.61$ 码元／信源符号

信息传输率：$R = \dfrac{H(S)}{\overline{L}} = \dfrac{2.55}{2.61}\,\text{bit／码元} = 0.977\,\text{bit／码元}$

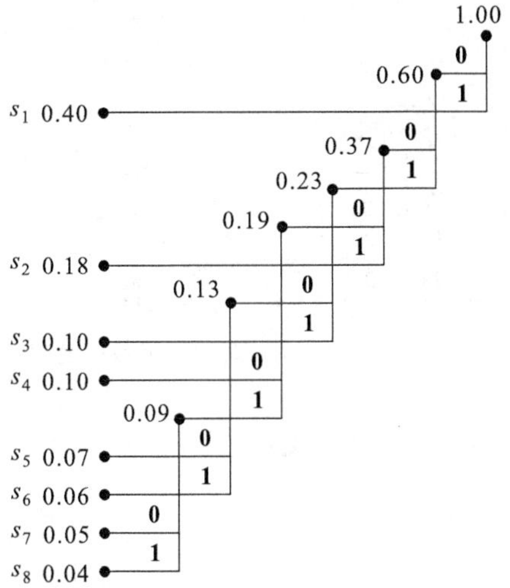

信源符号	码字	码长
s_1	**1**	1
s_2	**001**	3
s_3	**011**	3
s_4	**0000**	4
s_5	**0100**	4
s_6	**0101**	4
s_7	**00010**	5
s_8	**00011**	5

图 2-15 【例 2.3-5】的霍夫曼编码

编码效率：$\eta = \dfrac{H(S)}{\overline{L}\log_2 r} = \dfrac{2.55}{2.61} \times 100\% = 97.7\%$

需要指明的是，霍夫曼编码方法得到的码并非是唯一的，这是因为：

① 每次对信源缩减时，概率最小的两个信源符号分别用 **0** 和 **1** 表示，此时，**0**、**1** 与这两个信源符号的对应关系可以是任意的，所以可以得到不同的霍夫曼码。

② 对信源进行缩减时，两个概率最小的符号合并后的概率与其他信源符号的概率相同时，这两者在缩减信源中进行概率排序，其位置放置次序是可以任意的，故会得到不同的霍夫曼码。

因此，相同的信源，采用霍夫曼编码方法可能获得不同的码。但是需要注意的是，虽然各码字的长度可能不同，但是平均码长一定相同，即编码效率相同。

那么，具有相同平均码长和编码效率的两种霍夫曼码是否质量一样呢？由于变长码的码长不一样，需要大量的存储设备来缓冲码字长度的差异，因此码长方差小的码质量好。码长方差定义为

$$\sigma^2 = E\big[\,(l_i - \overline{L})^2\,\big] = \sum_{i=1}^{q} P(s_i)\,(l_i - \overline{L})^2 \qquad (2.3\text{-}6)$$

下面举例来说明这个问题。

【例 2.3-6】 某离散无记忆信源共有 5 个信源符号，其概率空间为

$$\begin{bmatrix} S \\ P(S) \end{bmatrix} = \begin{bmatrix} s_1 & s_2 & s_3 & s_4 & s_5 \\ 0.4 & 0.2 & 0.2 & 0.1 & 0.1 \end{bmatrix}$$

两种霍夫曼编码分别如图 2-16 和图 2-17 所示。

解：第一种霍夫曼编码的平均码长

$$\overline{L} = \sum_{i=1}^{5} P(s_i)\,l_i = 2.2 \text{ 码元／信源符号}$$

码长方差

$$\sigma_1^2 = E\big[\,(l_i - \overline{L})^2\,\big] = \sum_{i=1}^{5} P(s_i)\,(l_i - \overline{L})^2 = 0.16$$

2.3 离散信源编码

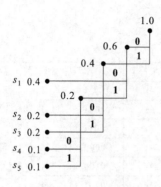

第一种霍夫曼编码的码树

图 2-16　【例 2.3-6】第一种霍夫曼编码

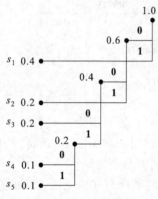

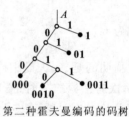

第二种霍夫曼编码的码树

图 2-17　【例 2.3-6】第二种霍夫曼编码

第二种霍夫曼编码的平均码长

$$\overline{L} = \sum_{i=1}^{5} P(s_i) l_i = 2.2 \text{ 码元／信源符号}$$

码长方差

$$\sigma_2^2 = E[(l_i - \overline{L})^2] = \sum_{i=1}^{5} P(s_i)(l_i - \overline{L})^2 = 1.36$$

可见,两种码有相同的平均码长和编码效率,但第一种霍夫曼编码的码长方差比第二种霍夫曼编码的码长方差小许多,所以第一种霍夫曼编码的质量较好。

由此得出,在霍夫曼编码过程中,当缩减信源的概率分布重新排列时,应使合并得来的概率和尽量处于最高的位置,这样可使合并的元素重复编码次数减少,使短码得到充分利用。

从以上编码的实例中可以看出,霍夫曼码具有以下三个特点。

① 霍夫曼码的编码方法保证了概率大的符号对应于短码,概率小的符号对应于长码,而且短码得到充分利用。

② 每次缩减信源的最后两个码字总是最后一位码元不同,前面各位码元相同(二元编码情况),如图 2-16 和图 2-17 所示。

③ 每次缩减信源的最长两个码字有相同的码长,如图 2-16 和图 2-17 所示。

这三个特点保证了所得的霍夫曼码一定是最佳码。

3. 费诺编码

费诺编码属于统计匹配编码。它不是最佳码,但有时也能得到与霍夫曼编码相同的性能。

二元费诺编码的步骤如下。

① 将信源符号按其出现的概率由大到小依次排列。

② 将依次排列的信源符号按概率值分为两大组,使两个组的概率之和近于相同,并对各组分别赋予一个二进制码元 **0** 和 **1**。

③ 将每一大组的信源符号进一步再分成两组,使划分后的两个组的概率之和近于相同,并又分别赋予一个二进制码元 **0** 和 **1**。

④ 如此重复,直至每组只剩下一个信源符号为止。

⑤ 信源符号所对应的码字即为费诺码。

需要指出的是,费诺编码方法同样适合于 r 元编码,只需每次分成 r 组即可。

【例 2.3-7】 某离散无记忆信源共有 8 个信源符号,其概率空间为

$$\begin{bmatrix} S \\ P(S) \end{bmatrix} = \begin{bmatrix} s_1 & s_2 & s_3 & s_4 & s_5 & s_6 & s_7 & s_8 \\ 0.40 & 0.18 & 0.10 & 0.10 & 0.07 & 0.06 & 0.05 & 0.04 \end{bmatrix}$$

试进行费诺编码,并计算编码后的信息传输率和编码效率。

解: 费诺编码的步骤见表 2.3-4。

表 2.3-4 **【例 2.3-7】的费诺编码**

信源符号	概　率	第一次分组	第二次分组	第三次分组	第四次分组	所得码字	码　　长
s_1	0.40	**0**	**0**			**00**	2
s_2	0.18	**0**	**1**			**01**	2
s_3	0.10	**1**	**0**	**0**		**100**	3
s_4	0.10	**1**	**0**	**1**		**101**	3
s_5	0.07	**1**	**1**	**0**	**0**	**1100**	4
s_6	0.06	**1**	**1**	**0**	**1**	**1101**	4
s_7	0.05	**1**	**1**	**1**	**0**	**1110**	4
s_8	0.04	**1**	**1**	**1**	**1**	**1111**	4

信源熵:$H(S) = -\sum_{i=1}^{q} P(s_i) \log_2 P(s_i) = 2.55 \, \text{bit}/$信源符号

平均码长:$\overline{L} = \sum_{i=1}^{q} P(s_i) l_i = 2.64$ 码元 / 信源符号

编码后的信息传输率:$R = \dfrac{H(S)}{\overline{L}} = \dfrac{2.55}{2.64} = 0.966 \, \text{bit}/$码元

编码效率:$\eta = \dfrac{H(S)}{\overline{L} \log_2 r} = 96.6\%$

从上例可以看出,费诺码的编码方法实际上是构造码树的一种方法,它是一种即时码。费诺码考虑了信源的统计特性,使出现概率大的信源符号对应码长短的码字。费诺码不失为一种好的编码方法,但是它不一定能使短码得到充分利用,不一定是最佳码。

2.4　差错控制

2.4.1　差错控制的基本概念

由于信道不理想、存在加性噪声以及码间串扰等,数字信号在传输过程中会产生误码。为了提高系统的抗干扰性能,可以加大发射功率,降低接收设备本身的噪声,以及合理选择调制、解调方法等。此外,还可以采用差错控制技术。

差错即是误码。差错控制的核心是抗干扰编码,简称差错编码。差错控制的目的是提高信号传输的可靠性。差错控制的实质是给信息码元增加冗余度,即增加一定数量的多余码元(称为监督码元或校验码元),由信息码元和监督码元共同组成一个码字,两者间满足一定的约束关系。如果在传输过程中受到干扰,某位码元发生了变化,就破坏了它们之间的约束关系。接收端通过检验约束关系是否成立,完成识别错误或者进一步判定错误位置并纠正错误,从而保证通信的可靠性。

1. 差错控制方式

常用的差错控制方式有 3 种:前向纠错、检错重发和混合纠错。它们的系统构成如图 2-18 所示,图中有斜线的方框图表示在该端检出错误。

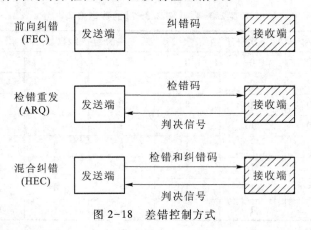

图 2-18　差错控制方式

(1) 前向纠错方式

前向纠错方式记作 FEC(Forward Error Correction)。发送端发送能够纠正错误的码,接收端收到码后自动地纠正传输中的错误。其特点是单向传输,实时性好,但译码设备较复杂。

(2) 检错重发方式

检错重发又称自动请求重传方式,记作 ARQ(Automatic Repeat reQuest)。由发送端送出能够发现错误的码,由接收端判决传输中有无错误产生,如果发现错误,则通过反向信道把这一判决结果反馈给发送端,然后,发送端将错误的信息再次重发,从而达到正确传输的目的。其特点是需要反馈信道,译码设备简单,在出现突发错误和信道干扰较严重时有效,但实时性差,主要应用在计算机数据通信中。

(3) 混合纠错方式

混合纠错方式记作 HEC(Hybrid Error Correction),是 FEC 和 ARQ 方式的结合。发送端

发送具有自动纠错同时又具有检错能力的码。接收端收到码后,检查差错情况,如果错误在码的纠错能力范围以内,则自动纠错;如果超出了码的纠错能力,但能检测出来,则经过反馈信道请求发送端重发。这种方式具有自动纠错和检错重发的优点,误码率较低,因此,近年来得到广泛应用。

另外,按照噪声或干扰的变化规律,可把信道分为 3 类:随机信道、突发信道和混合信道。恒参高斯白噪声信道是典型的随机信道,其中差错的出现是随机的,而且错误之间是统计独立的。具有脉冲干扰的信道是典型的突发信道,错误是成串成群出现的,即在短时间内出现大量错误。短波信道和对流层散射信道是混合信道的典型例子,随机错误和成串错误都占有相当比例。对于不同类型的信道,应采用不同的差错控制方式。

2. 纠错码的分类

① 根据纠错码各码组信息码元和监督码元之间的函数关系,纠错码可分为线性码和非线性码。如果函数关系是线性的,即满足一组线性方程式,则称为线性码;否则为非线性码。

② 根据信息码元和监督码元之间的约束方式不同,可分为分组码和卷积码。分组码的各码元仅与本组的信息码元有关;卷积码中的码元不仅与本组的信息码元有关,而且还与前面若干组的信息码元有关。

③ 根据码的用途,可分为检错码和纠错码。检错码以检错为目的,不一定能纠错;而纠错码以纠错为目的,一定能检错。

④ 根据纠错码组中信息码元是否隐蔽,可分为系统码和非系统码。若信息码元能从码组中截然分离出来(通常 k 个信息码元与原始数字信号一致,且位于码组的前 k 位),则称为系统码;否则称为非系统码。

2.4.2 差错控制的基本原理

码的检错和纠错能力是用信息量的冗余度来换取的。一般信息源发出的任何消息都可以用二进制信号 **0** 和 **1** 来表示。例如,要传送 A 和 B 两个消息,可以用 **0** 码来代表 A,用 **1** 码来代表 B。在这种情况下,若传输中产生错码,即 **0** 错成 **1**,或 **1** 误为 **0**,接收端都无从发现,因此这种编码没有检错和纠错能力。

如果分别在 **0** 和 **1** 后面附加一个 **0** 和 **1**,变为 **00** 和 **11**(本例中分别表示 A 和 B),这样,在传输 **00** 和 **11** 时,如果发生一位错码,则变成 **01** 或 **10**,译码器将可判断出在传输中产生了错码,因为没有规定使用 **01** 或 **10** 码组。这表明附加 1 位码(称为监督码)以后码组具有了检出 1 位错码的能力。但因译码器不能判决哪位是错码,所以不能予以纠正,这表明这种编码没有纠正错码的能力。本例中 **01** 和 **10** 称为禁用码组,而 **00** 和 **11** 称为许用码组。进一步,若在信息码之后附加两位监督,即用 **000** 表示 A,用 **111** 表示 B,这时,码组成为长度为 3 的二进制编码,而 3 位的二进制码有 $2^3 = 8$ 种组合,本例中选择 **000** 和 **111** 为许用码组。此时,如果传输中产生一位错误,接收端将成为 **001**,**010**,**100** 或 **011**,**101**,**110**,这些均为禁用码组。因此,接收端可以判决传输有错。不仅如此,接收端还可以根据"大数"法则来纠正一个错误,即 3 位码组中如有 2 个或 3 个 **0** 码则判断传输的为 **000** 码组(消息 A),如有 2 个或 3 个 **1** 码则判断传输的为 **111** 码组(消息 B),所以,此时还可以纠正 1 位错码。如果在传输中产生 2 位错码,也将变为上述的禁用码组,译码器仍可以判断出在传输中产生了错码。这说明本例中的码具有可以检出 2 位和 2 位以下的错码以及纠正 1 位错码的能力。

由此可见,纠错编码之所以具有检错和纠错能力,是因为在信息码之外附加了监督码。监督码不载荷信息,它的作用是用来监督信息码在传输中有无差错,对用户来说是多余的,最终也不传送给用户,但它提高了传输的可靠性。但是,监督码的引入降低了信道的传输效率。一般说来,引入监督码越多,码的检错、纠错能力越强,但信道的传输效率下降也越多。

1. 码重、码距以及检错纠错能力

对于二进制码组,码组中非 **0** 码元的数目称为该码组的码重,用 W 表示。如码组 **110101** 的码重 $W=4$。

两个等长码组之间相应位取值不同的数目称为这两个码组之间的汉明(Hamming)距离,简称码距 d。如码组 **011001** 和码组 **100001** 之间的距离 $d=3$。码组集合中各码组之间距离的最小值称为码组的最小距离(最小码距),用 $d_{\min}$ 表示。它体现了该码组的纠、检错能力。码组间最小距离越大,说明码字间最小差别越大,抗干扰能力越强,因此码距是极重要的参数,它是衡量码检错、纠错能力的依据。

若检错能力用 e、纠错能力用 t 表示,可以证明,检、纠错能力与最小码距有如下关系。

① 为了能检测 e 个错码,要求最小码距 $d_{\min} \geqslant e+1$。

② 为了能纠正 t 个错码,要求最小码距 $d_{\min} \geqslant 2t+1$。

③ 为了能纠正 t 个错码,同时检测 e 个错码,要求最小码距 $d_{\min} \geqslant e+t+1$。

2. 编码效率

设编码后的码组长度、码组中所含信息码元以及监督码元的个数分别为 n、k 和 r,三者间满足 $n=k+r$,定义编码效率 R 为

$$R=k/n \tag{2.4-1}$$

可见码组长度一定时,所加入的监督码元个数越多,编码效率越低。

2.4.3　简单的差错控制编码

常用检错码的构造一般都很简单,但因其具有较强的检错能力,且易于实现,所以实际中应用较多。

1. 奇偶监督码

奇偶监督码又称奇偶校验码,它只有一个监督码元,是一种最简单的检错码,在计算机数据传输中得到广泛应用。编码时,首先将要传送的信息分组,按每组中 **1** 码的个数计算监督码元的值。编码后,整个码组中 **1** 的个数为奇数的称为奇校验,为偶数的称为偶校验。

设码长为 n,码组 $A=(a_{n-1},a_{n-2},\cdots,a_0)$,其中前 $n-1$ 位 $(a_{n-1},a_{n-2},\cdots,a_1)$ 是信息位,a_0 是监督位,两者之间的监督关系可表示为

奇校验满足

$$a_{n-1} \oplus a_{n-2} \oplus \cdots \oplus a_0 = 1 \tag{2.4-2}$$

偶校验满足

$$a_{n-1} \oplus a_{n-2} \oplus \cdots \oplus a_0 = 0 \tag{2.4-3}$$

接收端用一个模 2 加法器就可以完成检错工作。当错码为一个或奇数个时,因打乱了 **1** 的数目的奇偶性,故能发现差错。然而,当错误个数为偶数时,由于未破坏 **1** 的数目的奇偶性,所以不能发现偶数个错码。

2. 行列监督码

行列监督码也称为方阵校验码,编码原理与简单的奇偶监督码相似,不同点在于每个码元都要受到纵、横两个方向的监督。以图2-19为例,有28个待发送的数据码元,将它们排成4行7列的方阵。方阵中每行是一个码组,每行的最后加上一个监督码元进行行监督,同样在每列的最后也加上一个监督码元进行列监督,然后按行(或列)发送。

接收端按同样行列排成方阵,发现不符合行列监督规则的即可判断出在传输过程中有错误发生。它除了能检出所有行、列中的奇数个错误外,也能发现大部分偶数个错误。如果碰到差错个数恰为4的倍数,而且差错位置正好处于矩形四个角(例如图2-19行列监督码中标有□的码元)的情况,行列监督码无法发现错误。

行列监督码在某些条件下还能纠错。观察图2-19中第3行、第4列出错的情况(方阵中码元下面打“.”的位),假设在传输过程中第3行、第4列的1错成0,由于此错误同时破坏了第3行和第4列的偶监督关系,所以接收端很容易判断是第3行和第4列交叉位置上的码元出错,从而给予纠正。

行列监督码也常用于检查或纠正突发错误。它可以检查出错误码元长度小于和等于码组长度的所有错码,并纠正某些情况下的突发差错。观察图2-20(这是在图2-19基础上改第2行信息码元为错码的情况),此时由于第2行的监督位以及1~7列监督位同时显示错误,因此可以推断是第2行的信息位出现了突发型的传输错误。

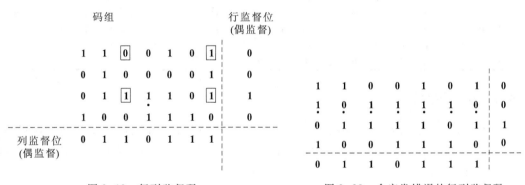

图2-19　行列监督码　　　　　　　图2-20　含突发错误的行列监督码

行列监督码实质上是运用矩阵变换,把突发差错变成独立差错加以处理。因为这种方法比较简单,所以被认为是对抗突发差错很有效的手段。

3. 恒比码

恒比码又称等比码或等重码。恒比码的每个码组中,**1**和**0**的个数比是恒定的。中国电传通信中采用的五单位数字保护电码是一种3∶2等比,也称五中取三的恒比码,即在5单位电传码的码组中($2^5 = 32$),取其**1**的数目恒为3的码组($C_5^3 = 10$),代表10个字符(0~9),如表2.4-1所示。因为每个汉字是以4位十进制数表示的,所以提高十进制数字传输的可靠性,相当于提高了汉字传输的可靠性。

表2.4-1　3∶2恒比码

十进制数	1	2	3	4	5	6	7	8	9	0
3∶2恒比码	01011	11001	10110	11010	00111	10101	11100	01110	10011	01101

国际电传电报上通用的 ARQ 通信系统中,选用 3 个 1、4 个 0 的 3∶4 码,即七中取三码。它有 $C_7^3 = 35$ 个码组,分别表示 26 个字母及其他符号,见表 2.4-2。

在检测恒比码时,通过计算接收码组中 **1** 的数目,判定传输有无错误。除了 **1** 错成 **0** 和 **0** 错成 **1** 成对出现的错误以外,这种码能发现其他所有形式的错误,因此检错能力很强。

表 2.4-2　3∶4 恒比码

字　符	码							字　符	码						
A　-	0	0	1	1	0	1	0	S　'	0	1	0	1	0	1	0
B　?	0	0	1	1	0	0	1	T　5	1	0	0	0	1	0	1
C　:	1	0	0	1	1	0	0	U　7	0	1	1	0	0	1	0
D　+	0	0	1	1	1	0	0	V　=	1	0	0	1	0	0	1
E　3	0	1	1	1	0	0	0	W　2	1	0	0	0	1	0	1
F　%	0	0	1	0	0	1	1	X　/	0	0	1	0	1	1	0
G	1	1	0	0	0	0	1	Y　6	0	0	1	0	1	0	1
H	1	0	1	0	0	1	0	Z　+	0	1	1	0	0	0	1
I　8	1	1	1	0	0	0	0	回行	1	0	0	0	1	0	1
J	0	1	0	0	0	1	1	换行	1	0	1	1	0	0	0
K　(	0	0	0	1	0	1	1	字母键	0	1	0	0	1	1	0
L　)	1	1	0	0	0	1	0	数字键	0	0	1	1	1	0	0
M　·	1	0	1	0	0	0	1	间隔	1	1	0	1	0	0	0
N　,	1	0	1	0	1	0	0	(不用)	0	0	0	0	1	1	1
O　9	1	0	0	0	1	1	0	RQ	0	1	1	0	1	0	0
P　0	1	0	0	1	0	1	0	α	0	1	0	1	0	0	1
Q　1	0	0	0	1	1	0	1	β	0	1	0	1	1	0	0
R　4	1	1	0	0	1	0	0								

2.4.4　线性分组码

一个长为 n 的分组码,码字由两部分构成:信息码元(k 位)和监督码元(r 位),$n = k + r$,表示为 (n,k) 码。(n,k) 码可以表示 2^n 个状态,即可以有 2^n 个码字,但其中只有 2^k 个是许用码字,其余为禁用码。

监督码元根据一定规则由信息码元变换得到,变换规则不同就构成不同的分组码。如果监督位为信息位的线性组合,就称为线性分组码。

要从 k 个信息码元中求出 r 个监督码元,必须有 r 个独立的线性方程。根据不同的线性方程,可得到不同的 (n,k) 线性分组码。

例如,已知一 $(7,4)$ 线性分组,4 个信息码元 a_6、a_5、a_4、a_3 和 3 个监督码元 a_2、a_1、a_0之间的关系可以表示为

$$\begin{cases} a_2 = a_6 \oplus a_5 \oplus a_4 \\ a_1 = a_6 \oplus a_5 \oplus a_3 \\ a_0 = a_6 \oplus a_4 \oplus a_3 \end{cases} \tag{2.4-4}$$

式(2.4-4)中,符号"$\oplus$"为模 2 加。为了说明 (n,k) 线性分组码的编码原理,下面引入监督矩阵 H 和生成矩阵 G 的概念。

1. 监督矩阵 H

改写式(2.4-4)所示 $(7,4)$ 线性分组码的 3 个线性方程式

$$1 \cdot a_6 \oplus 1 \cdot a_5 \oplus 1 \cdot a_4 \oplus 0 \cdot a_3 \oplus 1 \cdot a_2 \oplus 0 \cdot a_1 \oplus 0 \cdot a_0 = 0$$
$$1 \cdot a_6 \oplus 1 \cdot a_5 \oplus 0 \cdot a_4 \oplus 1 \cdot a_3 \oplus 0 \cdot a_2 \oplus 1 \cdot a_1 \oplus 0 \cdot a_0 = 0$$
$$1 \cdot a_6 \oplus 0 \cdot a_5 \oplus 1 \cdot a_4 \oplus 1 \cdot a_3 \oplus 0 \cdot a_2 \oplus 0 \cdot a_1 \oplus 1 \cdot a_0 = 0 \qquad (2.4\text{-}5)$$

写成矩阵形式

$$\begin{bmatrix} 1 & 1 & 1 & 0 & 1 & 0 & 0 \\ 1 & 1 & 0 & 1 & 0 & 1 & 0 \\ 1 & 0 & 1 & 1 & 0 & 0 & 1 \end{bmatrix} \begin{bmatrix} a_6 \\ a_5 \\ a_4 \\ a_3 \\ a_2 \\ a_1 \\ a_0 \end{bmatrix} = \begin{bmatrix} 0 \\ 0 \\ 0 \end{bmatrix} \qquad (2.4\text{-}6)$$

并简记为

$$\boldsymbol{H}\boldsymbol{A}^{\mathrm{T}} = \boldsymbol{O}^{\mathrm{T}} \quad \text{或} \quad \boldsymbol{A}\boldsymbol{H}^{\mathrm{T}} = \boldsymbol{O} \qquad (2.4\text{-}7)$$

式中

$$\boldsymbol{H} = \begin{bmatrix} 1 & 1 & 1 & 0 & 1 & 0 & 0 \\ 1 & 1 & 0 & 1 & 0 & 1 & 0 \\ 1 & 0 & 1 & 1 & 0 & 0 & 1 \end{bmatrix} \qquad (2.4\text{-}8)$$

是 $r \times n$ 矩阵,称为线性分组码的一致监督矩阵(或校验矩阵),它决定了信息码元和监督码元之间的校验关系。

$$\boldsymbol{A} = \begin{bmatrix} a_6 & a_5 & a_4 & a_3 & a_2 & a_1 \end{bmatrix} \qquad (2.4\text{-}9)$$

矩阵 $\boldsymbol{A}$ 表示编码器的输入信息码元序列。

$$\boldsymbol{O} = \begin{bmatrix} 0 & 0 & 0 \end{bmatrix} \qquad (2.4\text{-}10)$$

$\boldsymbol{H}^{\mathrm{T}}$、$\boldsymbol{A}^{\mathrm{T}}$、$\boldsymbol{O}^{\mathrm{T}}$ 分别是 $\boldsymbol{H}$、$\boldsymbol{A}$、$\boldsymbol{O}$ 矩阵的转置。

$\boldsymbol{H}$ 矩阵可以分成两部分

$$\boldsymbol{H} = \begin{bmatrix} 1 & 1 & 1 & 0 & \vdots & 1 & 0 & 0 \\ 1 & 1 & 0 & 1 & \vdots & 0 & 1 & 0 \\ 1 & 0 & 1 & 1 & \vdots & 0 & 0 & 1 \end{bmatrix} = \begin{bmatrix} \boldsymbol{P} & \boldsymbol{I}_r \end{bmatrix} \qquad (2.4\text{-}11)$$

式中 $\boldsymbol{P}$ 为 $r \times k$ 矩阵,$\boldsymbol{I}_r$ 为 $r \times r$ 单位方阵,具有 $\begin{bmatrix} \boldsymbol{P} & \boldsymbol{I}_r \end{bmatrix}$ 形式的 $\boldsymbol{H}$ 矩阵被称为典型监督矩阵。根据典型监督矩阵和信息码元很容易计算出各监督码元。

线性代数的基本理论指出,典型形式的监督矩阵各行一定是线性无关的,非典型形式的监督矩阵可以经过线性变换化为典型形式的监督矩阵。

2. 生成矩阵 $\boldsymbol{G}$

改写式(2.4-4)为矩阵形式

$$\begin{bmatrix} a_2 \\ a_1 \\ a_0 \end{bmatrix} = \begin{bmatrix} 1 & 1 & 1 & 0 \\ 1 & 1 & 0 & 1 \\ 1 & 0 & 1 & 1 \end{bmatrix} \begin{bmatrix} a_6 \\ a_5 \\ a_4 \\ a_3 \end{bmatrix} \qquad (2.4\text{-}12)$$

或者

$$[a_2 \quad a_1 \quad a_0] = [a_6 \quad a_5 \quad a_4 \quad a_3] \begin{bmatrix} 1 & 1 & 1 \\ 1 & 1 & 0 \\ 1 & 0 & 1 \\ 0 & 1 & 1 \end{bmatrix}$$

$$= [a_6 \quad a_5 \quad a_4 \quad a_3] \boldsymbol{Q}$$

式中,$\boldsymbol{Q}$ 为 $k \times r$ 矩阵。该式表明,已知 $\boldsymbol{Q}$ 矩阵,同样可以由信息位算出监督码元。不难看出,$\boldsymbol{Q}$ 是 $\boldsymbol{P}$ 的转置,即

$$\boldsymbol{Q} = \boldsymbol{P}^{\mathrm{T}}$$

如果在 $\boldsymbol{Q}$ 侧左边加上一个 $k \times k$ 单位方阵,就构成了一个新的 $k \times n$ 矩阵

$$\boldsymbol{G} = [\boldsymbol{I}_k \quad \boldsymbol{Q}] = \begin{bmatrix} 1 & 0 & 0 & 0 & \vdots & 1 & 1 & 1 \\ 0 & 1 & 0 & 0 & \vdots & 1 & 1 & 0 \\ 0 & 0 & 1 & 0 & \vdots & 1 & 0 & 1 \\ 0 & 0 & 0 & 1 & \vdots & 0 & 1 & 1 \end{bmatrix} \tag{2.4-13}$$

$\boldsymbol{G}$ 称为典型生成矩阵。由典型生成矩阵可以得到系统码,也就说,利用 $\boldsymbol{G}$ 可以产生码组 $\boldsymbol{A}$,即

$$\boldsymbol{A} = [a_6 \quad a_5 \quad a_4 \quad a_3] \boldsymbol{G} \tag{2.4-14}$$

可见,生成矩阵 $\boldsymbol{G}$ 一旦给定,给出信息码元就容易得到码字。一般的,在 (n,k) 线性分组码中,设 $\boldsymbol{M}$ 是编码器的输入信息码元序列,则编码器的输出码字 $\boldsymbol{A}$ 表示为

$$\boldsymbol{A} = \boldsymbol{M} \boldsymbol{G} \tag{2.4-15}$$

【**例 2.4-1**】　设线性码的生成矩阵为

$$\boldsymbol{G} = \begin{bmatrix} 0 & 0 & 1 & 0 & 1 & 1 \\ 1 & 0 & 0 & 1 & 0 & 1 \\ 0 & 1 & 0 & 1 & 1 & 0 \end{bmatrix}$$

(1) 确定 (n,k) 码中的 n 和 k;

(2) 写出监督矩阵;

(3) 写出该 (n,k) 码的全部码字;

(4) 说明纠错能力。

解:

(1) 因为生成矩阵为 3 行 6 列,所以 $n = 6, k = 3$。

(2) 将生成矩阵标准化

$$\boldsymbol{G} = \begin{bmatrix} 0 & 0 & 1 & 0 & 1 & 1 \\ 1 & 0 & 0 & 1 & 0 & 1 \\ 0 & 1 & 0 & 1 & 1 & 0 \end{bmatrix} \xrightarrow{\text{第 1 行与第 2 行互换}} \begin{bmatrix} 1 & 0 & 0 & 1 & 0 & 1 \\ 0 & 0 & 1 & 0 & 1 & 1 \\ 0 & 1 & 0 & 1 & 1 & 0 \end{bmatrix}$$

$$\xrightarrow{\text{第 2 行与第 3 行互换}} \begin{bmatrix} 1 & 0 & 0 & 1 & 0 & 1 \\ 0 & 1 & 0 & 1 & 1 & 0 \\ 0 & 0 & 1 & 0 & 1 & 1 \end{bmatrix}$$

在线性分组码中,标准的监督矩阵 $\boldsymbol{H}$ 和标准的生成矩阵 $\boldsymbol{G}$ 之间可以相互转换。它们之间的关系为

$$G = \begin{bmatrix} I_k & P^{\mathrm{T}} \end{bmatrix} = \begin{bmatrix} I_k & Q \end{bmatrix} \quad \text{或} \quad H = \begin{bmatrix} Q^{\mathrm{T}} & I_r \end{bmatrix} = \begin{bmatrix} P & I_r \end{bmatrix}$$

从而得到监督矩阵为

$$H = \begin{bmatrix} 1 & 1 & 0 & 1 & 0 & 0 \\ 0 & 1 & 1 & 0 & 1 & 0 \\ 1 & 0 & 1 & 0 & 0 & 1 \end{bmatrix}$$

（3）因为 $A = MG$，可以得到该 (n,k) 码的全部码字为：**000000，001011，010110，011101，100101，101110，110011，111000**。

（4）因为线性码的最小码距等于非零码字的最小码重，所以最小码距为 3，因此可以纠正 1 位错码。

3. 线性分组码的译码

在介绍线性分组码的译码之前，先引入错误图样的概念。

设发送端进入信道的码字 $A = \begin{bmatrix} a_{n-1} & a_{n-2} & \cdots & a_1 & a_0 \end{bmatrix}$，信道译码器接收到的长度为 n 的码字 $R = \begin{bmatrix} r_{n-1} & r_{n-2} & \cdots & r_1 & r_0 \end{bmatrix}$。由于信道中存在干扰，$R$ 中的某些码元可能与 A 中对应码元的值不同，也就是说产生了错误。由于二进制序列中的错误不外乎是 **1** 错成 **0** 或者 **0** 错成 **1**，因此，如果把信道中的干扰也用二进制序列 $E = \begin{bmatrix} e_{n-1} & e_{n-2} & \cdots & e_1 & e_0 \end{bmatrix}$ 表示，则有错的 e_i 值为 **1**，无错的 e_i 值为 **0**。E 称为信道的错误图样。

接收码字 R 是发送的码字 A 与错误图样 E 模 2 相加的结果，可表示为

$$R = A \oplus E \tag{2.4-16}$$

例如，发送码字 $A = \begin{bmatrix} 1 & 0 & 1 & 1 & 1 & 0 & 0 & 0 \end{bmatrix}$，接收码字 $R = \begin{bmatrix} 1 & 0 & 0 & 1 & 0 & 1 & 0 & 0 \end{bmatrix}$，从左开始的第 3、5、6 位产生了错误，因此信道的错误图样 E 的 3、5、6 位取值为 **1**，其余各位取值为 **0**，这时错误图样 $E = \begin{bmatrix} 0 & 0 & 1 & 0 & 1 & 1 & 0 & 0 \end{bmatrix}$。

在发送端可以通过监督矩阵确定监督码元和信息码元的关系，那么在接收端是否可以利用此关系，采用监督矩阵来进行译码呢？答案是肯定的。

定义

$$S = RH^{\mathrm{T}} \quad \text{或} \quad S^{\mathrm{T}} = HR^{\mathrm{T}} \tag{2.4-17}$$

称 $S = \begin{bmatrix} S_1 & S_2 & \cdots & S_r \end{bmatrix}$ 为接收码字 R 的监督子（或校验子，或伴随式）。如果 $S^{\mathrm{T}} = HR^{\mathrm{T}} = O^{\mathrm{T}}$，则接收码字无错码，否则有错码。

因为 $HA^{\mathrm{T}} = O^{\mathrm{T}}$ 和 $R = A \oplus E$，所以

$$S^{\mathrm{T}} = HR^{\mathrm{T}} = H(A \oplus E)^{\mathrm{T}} = HA^{\mathrm{T}} \oplus HE^{\mathrm{T}} = HE^{\mathrm{T}} \tag{2.4-18}$$

或

$$S = EH^{\mathrm{T}} \tag{2.4-19}$$

由上面分析得到如下结论。

① 监督子仅与错误图样有关，而与发送的具体码字无关，即监督子仅由错误图样决定。

② 若 $S = O$，则判断在传输过程中没有错码出现，它表明接收的码字是一个许用码字；当然如果错码超过了纠错能力，也无法检测出错码。若 $S \neq O$，则判断有错码出现。

③ 不同的错误图样具有不同的监督子，监督子是 H 矩阵中"与错误码元相对应"的各列之和。对于纠一位错码的监督矩阵，监督子就是 H 矩阵中与错误码元位置对应的各列。

【例 2.4-2】 设 $(7,3)$ 线性分组码的监督矩阵为

$$H = \begin{bmatrix} 1 & 0 & 1 & 1 & 0 & 0 & 0 \\ 1 & 1 & 1 & 0 & 1 & 0 & 0 \\ 1 & 1 & 0 & 0 & 0 & 1 & 0 \\ 0 & 1 & 1 & 0 & 0 & 0 & 1 \end{bmatrix}$$

（1）写出对应的生成矩阵，计算(7,3)码的所有码字，并说明该码集合的最小码距 $d_{\min}$；

（2）当接收码字 $R_1 = [1\ 0\ 1\ 0\ 0\ 1\ 1]$，$R_2 = [1\ 1\ 1\ 0\ 0\ 1\ 1]$，$R_3 = [0\ 0\ 1\ 1\ 0\ 1\ 1]$ 时，计算接收码字的监督子，并讨论之。

解：（1）由监督矩阵可以得到生成矩阵

$$G = \begin{bmatrix} 1 & 0 & 0 & 1 & 1 & 1 & 0 \\ 0 & 1 & 0 & 0 & 1 & 1 & 1 \\ 0 & 0 & 1 & 1 & 1 & 0 & 1 \end{bmatrix}$$

由式(2.4-15)可得

$$[a_6\ a_5\ a_4\ a_3\ a_2\ a_1\ a_0] = [a_6\ a_5\ a_4] \begin{bmatrix} 1 & 0 & 0 & 1 & 1 & 1 & 0 \\ 0 & 1 & 0 & 0 & 1 & 1 & 1 \\ 0 & 0 & 1 & 1 & 1 & 0 & 1 \end{bmatrix}$$

从而得到所有的码字如表2.4-3所示。

表 2.4-3　(7,3)分组码的信息码元和码字

信息码元	码　字	信息码元	码　字
000	000 0000	100	100 1110
001	001 1101	101	101 0011
010	010 0111	110	110 1001
011	011 1010	111	111 0100

因为线性码的最小码距等于非零码字的最小码重，所以最小码距 $d_{\min}$ 为 4。

（2）接收码字 $R_1 = [1\ 0\ 1\ 0\ 0\ 1\ 1]$，接收端译码器根据接收码字计算监督子

$$S = R_1 H^{\mathrm{T}} = [1\ 0\ 1\ 0\ 0\ 1\ 1] \begin{bmatrix} 1 & 1 & 1 & 0 \\ 0 & 1 & 1 & 1 \\ 1 & 1 & 0 & 1 \\ 1 & 0 & 0 & 0 \\ 0 & 1 & 0 & 0 \\ 0 & 0 & 1 & 0 \\ 0 & 0 & 0 & 1 \end{bmatrix} = [0\ 0\ 0\ 0]$$

因此，译码器判接收字无错，即传输中没有发生错误。

若接收码字 $R_2 = [1\ 1\ 1\ 0\ 0\ 1\ 1]$，其监督子为

$$S = R_2 H^{\mathrm{T}} = [0\ 1\ 1\ 1]$$

由于 $S \neq O$，译码器判为有错，即传输中有错误发生。(7,3)码是纠单个错误的码，且 S^{T} 等于 H 的第二列，因此判定接收码字 R_2 的第二位是错的。

若接收码字 $R_3 = [0\ 0\ 1\ 1\ 0\ 1\ 1]$，其监督子为

$$S = R_3 H^{\mathrm{T}} = [0\ 1\ 1\ 0]$$

S^T不等于H的任一列。但是S^T既可以认为是H的第一列和第四列之和,也可以认为是第二列和第七列之和,这时无法判定错误出在哪些位上,可见它无法纠正2位错码,只能检测2位错码。

本例中的(7,3)码的最小码距$d_{min}=4$,可以纠单个错误,同时检测2位错误。对应地,观察监督矩阵H可以发现,任两列相加都不可能等于H的任一列,即能够检测出2个错误。

4. 汉明码

汉明码是一种可以纠正单个随机错误的线性分组码。它有以下特点:

码长 $n=2^m-1$ 最小码距 $d_{min}=3$

信息码位 $k=2^m-m-1$ 纠错能力 $t=1$

监督码位 $r=n-k=m$

这里m为正整数,$m \geqslant 2$。给定m后,即可构造出具体的汉明码(n,k)。

汉明码的监督矩阵有n列,m行,它的n列分别由除了全$\mathbf{0}$之外的m位码组构成,每个码组只在某列中出现一次。以$r=m=3$为例,完全可以构造出与式(2.4-11)不同的监督矩阵,如下所示。

$$H = \begin{bmatrix} 1 & 1 & 1 & 0 & 1 & 0 & 0 \\ 0 & 1 & 1 & 1 & 0 & 1 & 0 \\ 1 & 1 & 0 & 1 & 0 & 0 & 1 \end{bmatrix} = \begin{bmatrix} P & I_3 \end{bmatrix}$$

其对应的生成矩阵为

$$G = \begin{bmatrix} I_4 & P^T \end{bmatrix} = \begin{bmatrix} 1 & 0 & 0 & 0 & 1 & 0 & 1 \\ 0 & 1 & 0 & 0 & 1 & 1 & 1 \\ 0 & 0 & 1 & 0 & 1 & 1 & 0 \\ 0 & 0 & 0 & 1 & 0 & 1 & 1 \end{bmatrix}$$

2.4.5 循环码

在线性分组码中,有一种重要的码称为循环码。它除了具有线性分组码的一般特点外,还具有循环性:循环码中任一码字的码元循环移位(左移或右移)后仍是该码的一个码字。

例如,(7,3)循环码的一个码组集为 **0000000,0010111,0101110,1011100,0111001,1110010,1100101,1001011**。将码组 **0010111** 向左循环移二位得到码组 **1011100**,向左循环移三位得到码组 **0111001**。依次类推,将此(7,3)循环码组集中的任一非 **0** 码组向左、右循环移位后得到的码组仍是(7,3)循环码组集中的码组。

1. 循环码的码多项式

循环码可用多种方式进行描述。在代数编码理论中,通常用多项式去描述循环码,它把码字中各码元当作是一个多项式的系数,即把一个n长的码字$A = \begin{bmatrix} a_{n-1} & a_{n-2} & a_{n-3} \cdots a_1 & a_0 \end{bmatrix}$用一个次数不超过$n-1$的码多项式表示(式中,符号"$\oplus$"为模2加)

$$A(x) = a_{n-1}x^{n-1} \oplus a_{n-2}x^{n-2} \oplus \cdots \oplus a_1 x \oplus a_0 \qquad (2.4-20)$$

称$A(x)$为码字A的码多项式,显然A与$A(x)$是一一对应的。码多项式$A(x)$乘以x再除以x^n+1所得的余式就是码字左循环一次的码多项式。可以证明:一个长度为n的循环码的码多项式必定是模x^n+1运算的一个余式。

2. 循环码的生成多项式与生成矩阵

(n,k) 循环码组集合中(全 **0** 码除外)幂次最低的码多项式称为生成多项式 $g(x)$,它是能整除 x^n+1 且常数项为 1 的 $n-k$ 次多项式,具有唯一性。$g(x)$ 的码重就是码组的最小码距。

根据各码组集合中生成多项式的唯一性,可以构成生成矩阵 $G(x)$。由于 $g(x)$ 的次数为 $n-k$,则 $g(x),xg(x),\cdots,x^{k-1}g(x)$ 都是码多项式,而且线性无关,因此以这 k 个多项式对应的码组作为 k 行就能构成该循环码的生成矩阵。因此 (n,k) 循环码的生成矩阵多项式可以写成

$$G(x)=\begin{bmatrix} x^{k-1}g(x) \\ \vdots \\ xg(x) \\ g(x) \end{bmatrix} \tag{2.4-21}$$

码的生成矩阵一旦确定,码就确定了。这就说明,(n,k) 循环码可由它的一个 $n-k$ 次码多项式 $g(x)$ 来确定。

例如,上述 $(7,3)$ 循环码的生成多项式为 $g(x)=x^4+x^2+x+1$,它是码组 **0010111** 的码多项式。$(7,3)$ 循环码的生成矩阵为

$$G(x)=\begin{bmatrix} x^2g(x) \\ xg(x) \\ g(x) \end{bmatrix}=\begin{bmatrix} x^6+x^4+x^3+x^2 \\ x^5+x^3+x^2+x \\ x^4+x^2+x+1 \end{bmatrix}$$

即

$$G=\begin{bmatrix} 1 & 0 & 1 & 1 & 1 & 0 & 0 \\ 0 & 1 & 0 & 1 & 1 & 1 & 0 \\ 0 & 0 & 1 & 0 & 1 & 1 & 1 \end{bmatrix} \tag{2.4-22}$$

将式(2.4-22)矩阵的第一行与第三行的对应码元进行模 2 加,并将所得结果取代式(2.4-22)矩阵中的第一行,得 $(7,3)$ 循环码的典型生成矩阵,即

$$G=\begin{bmatrix} 1 & 0 & 0 & 1 & 0 & 1 & 1 \\ 0 & 1 & 0 & 1 & 1 & 1 & 0 \\ 0 & 0 & 1 & 0 & 1 & 1 & 1 \end{bmatrix} \tag{2.4-23}$$

由式(2.4-23)可得 $(7,3)$ 循环码的典型监督矩阵,即

$$H=\begin{bmatrix} 1 & 1 & 0 & 1 & 0 & 0 & 0 \\ 0 & 1 & 1 & 0 & 1 & 0 & 0 \\ 1 & 1 & 1 & 0 & 0 & 1 & 0 \\ 1 & 0 & 1 & 0 & 0 & 0 & 1 \end{bmatrix} \tag{2.4-24}$$

3. 循环码的编码方法

(n,k) 循环码的码多项式可表示为

$$A(x)=x^{n-k}m(x)+r(x) \tag{2.4-25}$$

式中,$m(x)$ 为 k 位信息码多项式,$r(x)$ 是 $x^{n-k}m(x)$ 除以生成多项式的余式,代表监督码元,将其附加在信息码元之后便形成 (n,k) 循环码。

【例 2.4-3】 已知 $(7,3)$ 循环码的生成多项式 $g(x)=x^4+x^3+x^2+1$,求信息位为 **111** 时的循环码。

解:信息码多项式 $m(x)=x^2+x+1, x^{n-k}m(x)=x^4(x^2+x+1)=x^6+x^5+x^4$。

$$\frac{x^{n-k}m(x)}{g(x)}=\frac{x^6+x^5+x^4}{x^4+x^3+x^2+1}=x^2+\frac{x^2}{x^4+x^3+x^2+1}$$

余式为 $r(x)=x^2$,则码多项式为 $A(x)=x^{n-k}m(x)+r(x)=x^6+x^5+x^4+x^2$,即信息码 **111** 对应的 (7,3)循环码为 **1110100**。

4. 循环码的译码方法

对于接收端译码的要求通常有两个:检错和纠错。检错以接收到的码组 $R(x)$ 是否能被生成多项式 $g(x)$ 整除作为依据。当传输中未发生错误时,也就是接收的码组与发送的码组相同,则接收的码组 $R(x)$ 必能被 $g(x)$ 整除;若传输中发生了错误,则 $R(x)$ 不能被 $g(x)$ 整除。因此,可以根据余项是否为零来判断码组中有无错码。

应当注意,当接收码组中的错码数量过多,超出了编码的检错能力时,有错码的接收码组也可能被 $g(x)$ 整除。这时,错码就不能被检出了。这种错码称为不可检错码。

在接收端为纠错而采用的译码方法自然要比检错复杂得多。因此,对纠错码的研究大都集中在译码算法上。由之前的内容可以知道,监督子与错误图样之间存在某种对应关系。同其他线性分组码一样,循环码的译码可以分三步进行。

① 将接收码组多项式 $R(x)$ 除以特征多项式 $g(x)$,得到伴随多项式 $s(x)$。

② 由 $s(x)$ 确定错误图样 $E(x)$。

③ 将 $R(x)$ 与 $E(x)$ 进行模 2 加,纠正错误。

循环码的纠、检错能力与生成多项式有很重要的关系。Bose,Chaudhuri,Hocquenghem 三个人经过深入研究,提出了一种以他们名字的缩写命名的码字 BCH 码。BCH 码是汉明码在纠多重错误情况下的重要推广。它不仅有很强的多重码纠错能力,而且编码效率很高。已经证明,对任意选定的正整数 m 和 t,必定存在一个码长是 2^m-1(本原 BCH 码)或码长为 2^m-1 的因子(非本原 BCH 码)的 BCH 码,它能纠正所有小于或等于 t 个的随机差错(或检测 $2t$ 个随机差错),且监督位数不多于 mt 个。有关电视会议的 ITU-T H.261 建议中就采用了(511,493)BCH 码,它可以纠正两个随机差错,且编码效率很高。

在 BCH 码中,有一类重要的多进制码称为 Reed-Solomon 码,简称 RS 码。RS 码在各种数据传输、通信网及存储系统的差错控制中应用较普遍。特别是每个码元用 2^8 表示的 RS 码,因为 8 个二进制位对应一个字节,较适于计算和处理,并可用软件构成编译码器。因此,在磁盘、光盘等存储系统以及计算机通信网中经常用这种码作为纠错、检错码。

2.4.6 卷积码

卷积码也称为连环码,是伊利亚斯(P. Elias)于 1955 年提出的一种非分组码。卷积码是连续编码,与分组编码不同,即它的编码器产生的 n_0 个码元不仅与本组的 k_0 个码元有关,而且与以前 $m(m \geqslant 1)$ 个信息码有关。它的监督码元(共 n_0-k_0 个)分散地插入信息序列。由于其编码器的输出可以看成是信息数字序列与编码器响应函数的卷积,故称卷积码。卷积码通常用 (n_0,k_0,m) 表示。卷积码同分组码一样都具有纠错、检错能力,它充分利用各子码之间的相关性,其性能在许多实际情况下优于分组码,或至少不差于分组码。

卷积码的编码器由移位寄存器和模 2 加法器组成。信息码流连续地通过编码器,而不像分组码编码器那样先把信息流分成组再编码,因此卷积码的编码器只需要很少的缓冲和

存储器件。

卷积码的译码通常分为代数译码和概率译码两大类。代数译码法基于码的代数结构，最主要的是大数逻辑译码。早期普遍采用代数译码，现在概率译码越来越被重视，已成为主要的卷积码译码方法。概率译码不仅利用码的代数结构，还利用了信道的概率特性，因此能通过增加译码的约束长度来减少译码的错误概率。概率译码比较实用的有两种，一种是序列译码，另一种是维特比(Viterbi)译码。具体的译码方法在此不详述。

2.4.7　其他几种常用的差错控制编码方法

1. 纠正成群差错的方法——交织法(Interleaving)

交织法是一种简单、直观而有效的纠正突发错误的方法。在发送端，编码序列在送入信道传输之前首先通过一个交织存储器矩阵(矩阵大小为 M 行 N 列)，将输入序列按 $a_{11}a_{12}\cdots a_{1N}a_{21}a_{22}\cdots a_{2N}\cdots a_{M1}a_{M2}\cdots a_{MN}$ 的次序逐行输入存储器矩阵。存储器矩阵共有 $M\times N$ 个元素，对于二进制为 $M\times N$ 个比特。存满后，按列的次序取出，即将 $a_{11}a_{21}\cdots a_{M1}a_{12}a_{22}\cdots a_{M2}\cdots a_{1N}a_{2N}\cdots a_{MN}$ 送入发送信道。接收端收到后，先将序列存到一个与发送端相同的交织存储器矩阵，按列的次序存放，存满后按行的次序取出送进译码器进行译码。由于接收端、发送端采用的次序正好相反，因此送入译码器的序列与编码器输出的序列的次序是一样的。

假设交织矩阵每行存储器的数目 N 正好等于分组码的码长，传输过程中产生的突发错误长度正好等于交织矩阵每列存储器的个数 M，如图 2-21 所示。由于采取交织措施，送入译码器的差错被分解开，每组只有一个差错。若采用的分组码能纠正一个差错，则长度为 M 的成群差错可以全部得到纠正。由于交织需要在收发两端缓存数据，交织后的数据将产生一定的延时。

↓ 取　存→

行＼列	1	2	…	N
1	a_{11}	a_{12}	…	a_{1N}
2	a_{21}	a_{22}	…	a_{2N}
⋮	⋮	⋮	⋮	⋮
M	a_{M1}	a_{M2}	…	a_{MN}

(a) 发送端交织存储矩阵元素的存取

↓ 存　取→

行＼列	1	2	…	N
1	a_{11}	a_{12}	…	a_{1N}
2	a_{21}	a_{22}	…	a_{2N}
⋮	⋮	⋮	⋮	⋮
M	a_{M1}	a_{M2}	…	a_{MN}

(b) 接收端交织存储矩阵元素的存取（深色的元素发生误码）

图 2-21　交织法将突发的成群差错分散的示意图

图 2-21 中,信道中传输时码元的序列为 $a_{11}a_{21}\cdots a_{M1}\boxed{a_{12}a_{22}\cdots a_{M2}}\cdots a_{1N}a_{2N}\cdots a_{MN}$;送入译码器时码元的序列为 $a_{11}\boxed{a_{12}}\cdots a_{1N}a_{21}\boxed{a_{22}}\cdots a_{2N}\cdots a_{M1}\boxed{a_{M2}}\cdots a_{MN}$。

2. Turbo 码(Turbo Codes)

Turbo 码是一类新的纠错编码方法,它由法国学者于 1993 年提出。Turbo 码的重要性在于它能够在香农理论极限的情况下可靠地通信。自从 Turbo 码出现后,已经在低功耗的太空及卫星通信、第 3 代蜂窝网和个人系统以及线路均衡等领域中得到广泛的应用。Turbo 码的主要优点是它在高误码率下有可靠的性能,缺点是它的算法有一定的复杂度并有解码延时。

2.5 数字信号的基带传输

2.5.1 基本概念

从数字信源(如计算机终端)输出的 **0**、**1** 数字信号和从模拟信源(如语音和图像信源)输出的频率较低的原始电信号称为基带信号。为了将此基带信号进行传输,有哪些方法可以采用呢?首先想到的是以基带信号的原来形式传输,即直接传输方式,把这种传输方式称为基带传输。但基带传输只能用于近距离传输,例如:用于麦克风和放大器之间、录像机和电视机之间、计算机和周边设备(打印机等)之间、办公室或家庭的电话机与交换局之间等。

在远距离传输和用于无线传输时,需将信号进行调制处理后再传输,将这种传输方式称为频带传输。

在实际数字通信系统中,数字基带传输在应用上虽不如频带传输那么广泛,但仍有相当广的应用范围。数字基带传输的基本理论不仅适宜于基带传输,而且还适用于频带传输,因为所有窄的带通信号、线性带通系统以及线性带通系统对带通信号的响应均可用其等效基带传输系统的理论来分析它的性能,因而掌握数字基带传输系统的基本理论十分重要,它在数字通信系统中具有普遍意义。

数字基带传输系统的基本结构如图 2-22 所示。它由码型变换器、发送滤波器、信道、接收滤波器、抽样判决器与码元再生器组成。为了保证系统可靠有序地工作,还应有同步系统。

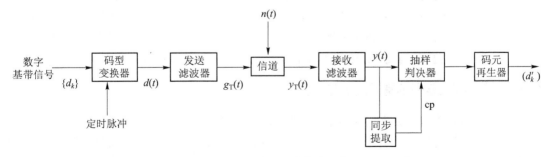

图 2-22 数字基带传输系统

图 2-22 所示系统中各部分的作用如下。

数字基带传输系统的输入端通常是码元速率为 R_B,码元宽度为 T_s 的二进制(也可为多

进制)脉冲序列,用符号 $\{d_k\}$ 表示。一般终端设备(如电传机、计算机)送来的 **0、1** 代码序列为单极性码,如图 2-23(a)波形所示。这种单极性代码由于有直流分量等原因并不适合在基带系统信道中传输。

码型变换器的作用是把单极性码变换为双极性码或其他形式适合于信道传输的、并可提供同步定时信息的码型,如图 2-23(b)所示的双极性归零码元序列 $d(t)$。码型变换器也称为脉冲形成器。

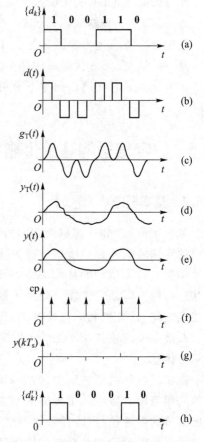

码型变换器输出的各种码型是以矩形脉冲为基础的,这种以矩形脉冲为基础的码型往往低频分量和高频分量都比较大,占用频带也比较宽,直接送入信道传输,容易产生失真。

发送滤波器的作用是把它变换为比较平滑的波形 $g_T(t)$,如图 2-23(c)所示的波形为升余弦波形。

基带传输系统的信道通常采用电缆、架空明线等。由于信道中存在噪声 $n(t)$ 和信道本身传输特性的不理想,使得接收端得到的波形 $y_T(t)$ 与发送波形 $g_T(t)$ 具有较大的差异,如图 2-23(d)所示。

接收滤波器的作用是滤除带外噪声并对已接收的波形均衡,以便抽样判决器正确判决。接收滤波器的输出波形 $y(t)$ 如图 2-23(e)所示。

抽样判决器首先对接收滤波器输出的信号 $y(t)$ 在规定的时刻进行抽样,获得抽样值序列 $y(kT_s)$,然后对抽样值进行判决,以确定各码元是 **1** 还是 **0**。抽样值序列 $y(kT_s)$ 见图 2-23(g)所示。

图 2-23　数字基带传输系统各点波形

码元再生器的作用是对判决器的输出 **0、1** 进行原始码元再生,以获得图 2-23(h)所示与输入波形相应的脉冲序列 $\{d'_k\}$。

同步提取电路的任务是从接收信号中提取定时脉冲 cp,供接收系统同步使用。

对比图 2-23(a)、(h)中的 $\{d'_k\}$ 与 $\{d_k\}$ 可以看出,传输过程中第 4 个码元发生了误码。产生该误码的原因之一是信道加性噪声,之二是传输总特性(包括收、发滤波器和信道的特性)不理想引起的波形畸变,使码元之间相互串扰,从而产生码间干扰。

2.5.2　数字基带信号的常用波形和码型

由数字信源输出的数字信号,或者由模拟信源经过编码后形成的数字信号,一般来说都不一定适合于信道传输。例如,许多信道不能传输信号的直流和频率很低的分量;为了适应这种信道特性,需要对数字基带信号进行适当处理或变换。为此,可采用不同的信号波形和不同信号码型。二进制(或多进制)数字基带信号原理上可以用 **0** 和 **1** 代表,但在实际传输中,可能采用不同的传输波形和码型来表示 **0** 和 **1**。因此,数字基带传输系统首先面临的主要问题是选择什么样的传输波形和信号码型。

1. 几种基本基带信号波形

数字基带信号传输波形的类型有很多,常见的有矩形脉冲、三角波、高斯脉冲和升余弦脉冲等。通常,适合于信道中传输的波形一般应为变化平滑的脉冲波形,如升余弦脉冲波形。由于矩形脉冲易于形成和变换,为了简便起见,下面就以矩形脉冲为例介绍几种最常见的基带信号波形。

（1）单极性不归零（NRZ）波形

设消息代码由二进制符号0、1组成,则单极性不归零波形如图2-24（a）所示。这里,基带信号的零电位及正电位分别与二进制符号的0和1一一对应。

实际中,电传机、计算机等输出的二进制序列通常是这种形式的信号。这是一种最简单的传输方式。但因其性能较差,所以适用于极短距离传输,例如,印刷电路板内和机箱内等处的信号传输。

（2）双极性不归零（NRZ）波形

图2-24（b）所示为双极性不归零（NRZ）波形,此方式中1和0分别对应正电位和负电位。通常消息代码1和0的数目各占一半（即近似等概率）,因此,这种信号的直流分量近似为零。

这种波形抗干扰性能好,应用比较广泛。缺点是:不能直接从双极性波形中提取同步分量;当1、0码概率不相等时,仍有直流分量。

在ITU-T制订的V.24接口标准和美国电工协会（EIA）制订的RS-232C接口标准中均采用双极性不归零波形。

（3）单极性归零（RZ）波形

所谓单极性归零是指在传送1码时发送一个宽度小于码元持续时间的归零脉冲,而在传送0码时不发送脉冲,如图2-24（c）所示。换句话说,信号脉冲宽度小于码元宽度。设码元宽度为T_s,归零脉冲宽度为τ,则称τ/T_s为占空比。

单极性归零波形与不归零（NRZ）波形比较,具有可以直接提取同步信号的优点。

（4）双极性归零（RZ）波形

双极性归零波形的构成原理与单极性归零波形一样,如图2-24（d）所示。1和0在传输线路上分别用正和负脉冲表示,且相邻脉冲间必有零电位区域存在。因此,在接收端根据接收波形归于零便知道一比特的信息已接收完毕,以便准备下一比特信息的接收。

（5）差分波形

这种波形的特点是把二进制脉冲序列中的1或0反映在相邻信号码元相对极性变化上,比如,以符号1表示相邻码元的电位改变,而以符号0表示电位不改变,如图2-24（e）所示

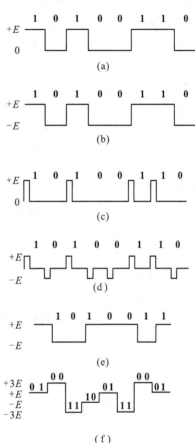

图2-24 几种基本的数字基带信号波形

2.5 数字信号的基带传输

示。当然,上述规定也可以反过来。这种方式的优点是,即使接收端收到的码元极性与发送端完全相反,也能正确地进行判决。

（6）多值波形（多电平波形）

前述各种信号都是一个二进制符号对应一个脉冲。实际上还存在多个二进制符号对应一个脉冲的情形。这种波形统称为多值波形或多电平波形。例如若令两个二进制符号 **00** 对应 $+3E$,**01** 对应 $+E$,**10** 对应 $-E$,**11** 对应 $-3E$,则所得波形为四值波形,如图 2-24(f) 所示。由于这种波形的一个脉冲可以代表多个二进制符号,故在高速数据传输中,常采用这种信号形式。

2. 数字基带信号的传输码型

在实际的基带传输系统中,并不是所有代码的电信号波形都能在信道中传输。例如,前面介绍的含有直流分量和较丰富低频分量的单极性基带波形就不适宜在低频传输特性差的信道中传输,因为它有可能造成信号严重畸变。因此,实际中必须合理地设计选择数字基带信号码型,使数字信号能在给定的信道中传输。适于在信道中传输的基带信号码型称为线路传输码型。

为适应信道的传输特性及接收端再生恢复数字信号的需要,基带传输信号码型设计应考虑如下一些原则:① 对于频带低端受限的信道传输,线路码型中不含有直流分量,且低频分量较少;② 便于从相应的基带信号中提取定时同步信息;③ 信号中高频分量尽量少,以节省传输频带并减少码间串扰;④ 所选码型应具有纠错、检错能力;⑤ 码型变换设备要简单,易于实现。

下面介绍几种常用的适合在信道中传输的传输码型。

（1）AMI 码

AMI 码的全称是传号交替反转码。这是一种将消息中的代码 0（空号）和 1（传号）按如下规则进行编码的码:代码 0 仍为 0;代码 1 交替变换为 $+1$、-1、$+1$、-1、…。例如:

消息代码	**1**	**0**	**0**	**0**	**1**	**1**	**1**	**0**	**1**
AMI 码	$+1$	**0**	**0**	**0**	-1	$+1$	-1	**0**	$+1$

AMI 码的优点是:不含直流成分,低频分量小;编译码电路简单,便于利用传号极性交替规律观察误码情况。鉴于这些优点,AMI 码是 ITU 建议采用的传输码型之一。AMI 码的不足是,当原信码出现连 0 串时,信号的电平长时间不跳变,造成提取定时信号的困难。解决连 0 码问题的有效方法之一是采用 HDB_3 码。

（2）HDB_3 码

HDB_3 码的全称是 3 阶高密度双极性码,它是 AMI 码的一种改进型,其目的是为了保持 AMI 码的优点而克服其缺点,使连 0 个数不超过 3 个。其编码规则如下。

① 当信码的连 0 个数不超过 3 时,仍按 AMI 码的规则编码,即传号极性交替。

② 当连 0 个数超过 3,出现 4 个或 4 个以上连 0 串时,则将每 4 个连 0 小段的第 4 个 0 变换为非 0 脉冲,用符号 V 表示,称之为破坏脉冲。而原来的二进制码元序列中所有的 **1** 码称为信码,用符号 B 表示。当信码序列中加入破坏脉冲以后,信码 B 与破坏脉冲 V 的正负极性必须满足如下两个条件:一是 B 码和 V 码各自都应始终保持极性交替变化的规律,以确保编好的码中没有直流成分;二是 V 码必须与前一个非零符号码（信码 B）同极性,以

便和正常的 AMI 码区分开来;如果这个条件得不到满足,那么应该将四连 0 码的第一个 0 码变换成与 V 码同极性的补信码,用符号 B′表示,并做调整,使 B 码和 B′码合起来保持第一条件中信码(含 B 及 B′)极性交替变换的规律。

例如:

代码	0	1	0	0	0	0	1	1	0	0	0	0	0	1	0	1
AMI 码	0	+1	0	0	0	0	-1	+1	0	0	0	0	-1	0	+1
加 V	0	+1	0	0	0	V+	-1	+1	0	0	0	V-	0	-1	0	+1
(加 B′并调整 B 及 B′极性)	0	+1	0	0	0	V+	-1	+1	B′-	0	0	V-	0	+1	0	-1
HDB$_3$码	0	+1	0	0	0	+1	-1	+1	-1	0	0	-1	0	+1	0	-1

虽然 HDB$_3$码的编码规则比较复杂,但译码却比较简单。从上述原理可以看出,每一破坏符号总是与前一非 0 符号同极性。据此,从收到的符号序列中很容易找到破坏点 V,于是断定 V 符号及其前面的 3 个符号必定是连 0 符号,从而恢复 4 个连 0 码,再将所有的+1、-1 变成 1 后便可得到原信息代码。

HDB$_3$码除了保持 AMI 码的优点外,同时还将连 0 码限制在 3 个以内,故有利于位定时信号的提取。HDB$_3$码是应用最为广泛的码型,A 律 PCM 四次群以下的接口码型均为 HDB$_3$码。

(3) CMI 码

CMI 码是传号反转码的简称,其编码规则为:1 码交替用 00 和 11 表示;0 码用 01 表示。CMI 码的优点是没有直流分量,且频繁出现波形跳变,便于定时信息提取,具有误码监测能力。

由于 CMI 码具有上述优点,再加上编、译码电路简单,容易实现,因此,在高次群脉冲编码调制终端设备中广泛用作接口码型,在速率低于 8 448 kbit/s 的光纤数字传输系统中也被建议作为线路传输码型。

(4) 双相码

双相码又称 Manchester 码,即曼彻斯特码。它的特点是每个码元用两个连续极性相反的脉冲来表示。编码规则之一是:

0→01(零相位的一个周期的方波)

1→10(π 相位的一个周期的方波)

例如:

代码	1	1	0	0	1	0	1
双相码	10	10	01	01	10	01	10

该码的优点是无直流分量,最长连 0、连 1 数为 2,定时信息丰富,编译码电路简单。但其码元速率比输入的信码速率提高了一倍。

双相码适用于数据终端设备在中速短距离上传输,如以太网采用双相码作为线路传输码。双相码当极性反转时会引起译码错误,为解决此问题,可以采用差分码的概念,将数字双相码中用绝对电平表示的波形改为用相对电平来表示,这种码型称为条件双相码或差分

曼彻斯特码。数据通信的令牌网即采用这种码型。

（5）$nBmB$ 码

这是一类分组码,它把原信息码流的 n 位二进制码作为一组,变换为 m 位二进制码作为新的码组。由于 $m>n$,新的码组可能有 2^m 种组合,故多出 2^m-2^n 种组合。从中选择一部分有利码组作为可用码组,其余为禁用码组,以获得好的特性。前面介绍的 CMI 码和双相码都可看做是 1B2B 码。

2.5.3　数字基带信号的功率谱

研究数字基带信号的频谱分析是非常有用的,通过频谱分析可以使我们弄清楚信号传输中一些很重要的问题。这些问题是,信号中有没有直流成分、有没有可供提取同步信号用的离散分量以及根据它的连续谱可以确定基带信号的带宽。

对于基带信号的功率谱来说,包括两个部分:连续谱和离散谱分量。其连续谱总是存在的,在某些情况下可能没有离散谱分量。

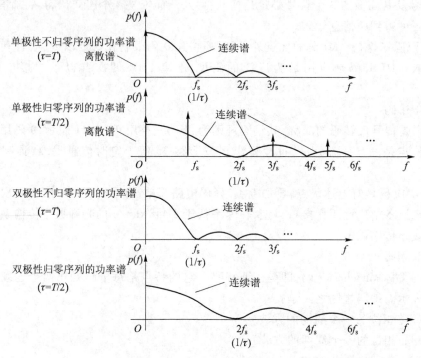

图 2-25　几种以矩形脉冲构成的数字基带信号的功率谱

图 2-25 给出了几种以矩形脉冲构成的数字基带信号的功率谱。需要注意的是,图中画出的只是正频谱域部分,负频谱域部分省略未画。

由图 2-25 可见:

① 单极性码既有连续谱,也有离散谱;双极性码只有连续谱,没有离散谱。

② 定义基带信号的带宽为其连续谱的第一零点带宽,即 $B=1/\tau$。其中,T_s 为基带信号的码元宽度($f_s=1/T_s$),τ 为归零码宽度(脉冲宽度),τ/T_s 为占空比。

【例 2.5-1】　已知某矩形脉冲构成的数字基带信号的码元速率为 1000Baud,其码型为占空比为 50% 的单极性归零码,如图 2-26 所示。求该基带信号的带宽。

解: $T_{\mathrm{s}} = \dfrac{1}{R_{\mathrm{B}}} = \dfrac{1}{1000} = 1 \times 10^{-3}\,\mathrm{s}\,; \tau = 50\% \times T_{\mathrm{s}} = 0.5 \times 10^{-3}\,\mathrm{s}$

$$B = 1/\tau = 2 \times 10^3\,\mathrm{Hz}$$

2.5.4 基带传输研究的主要问题

图 2-26 单极性不归零码

数字信号的传输需要解决的主要问题是:在规定的传输速率下,有效地控制符号间干扰,具有抗加性高斯白噪声的最佳性能以及形成发、收两端的定时同步。因而数字基带传输系统主要研究数字基带信号传输的误码问题,而码间串扰和噪声是引起误码的主要原因。

实际中码间串扰的大小通常是用眼图分析法测量的。同时,为改善数字基带传输系统的性能,一方面可以在接收端采用时域均衡技术有效地减小码间串扰的影响,提高系统的可靠性;另一方面也可以采用部分响应技术以提高系统频带利用率。下面简要介绍基带传输研究的主要问题。

1. 无码间串扰的基本理论

数字基带信号通过基带传输系统时,由于系统(主要是信道)传输特性不理想,或者由于信道中加性噪声的影响,使接收端脉冲展宽,延伸到邻近码元中去,从而造成对邻近码元的干扰,这种现象称为码间串扰,如图 2-27 所示。

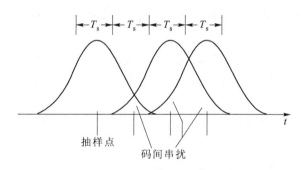

图 2-27 基带传输中的码间串扰

码间串扰对基带传输的影响是:易引起判决电路的误操作,造成误码。所以数字基带传输系统最重要的问题之一是如何消除或降低码间串扰。在理论上可以证明,数字基带系统的传输特性若满足奈奎斯特第一准则的要求就可以消除码间串扰。

2. 眼图

实际应用的基带系统,其传输性能不可能完全符合奈奎斯特第一准则的要求,有时会相距甚远,而噪声又总是存在的,故定量分析由这些因素所引起的误码率非常困难。为了衡量数字基带传输系统性能的优劣,在实验室中,通常用示波器观察接收信号波形的方法来分析码间串扰和噪声对系统性能的影响,这就是眼图分析法。

具体的做法是:用一个示波器跨接在接收滤波器的输出端,然后调整示波器扫描周期,使示波器水平扫描周期与接收码元的周期同步,这时示波器屏幕上看到的图形很像人的眼睛,故称为"眼图"。从眼图上可以观察出码间串扰和噪声对系统性能的影响,从而估计系

统优劣程度。另外,也可以借助眼图对系统进行调整,以减小码间串扰和改善系统的传输性能。

3. 均衡技术

实际基带传输系统不可能达到满足奈奎斯特第一准则所要求的理想传输特性,因此,系统码间串扰总是存在的。理论和实践证明,在接收端抽样判决器之前插入一种可调滤波器,将能减少码间串扰的影响,甚至使实际系统的性能十分接近最佳系统性能。这种对系统进行校正的过程称为均衡。实现均衡的滤波器称为均衡器。

均衡分为频域均衡和时域均衡。频域均衡是指利用可调滤波器的频率特性去补偿基带系统的频率特性,使包括均衡器在内的整个系统的总传输函数满足无失真传输条件。而时域均衡则是利用均衡器产生的响应波形去补偿已畸变的波形,使包括均衡器在内的整个系统的冲激响应满足无码间串扰条件。

时域均衡是一种能使数字基带系统中码间串扰减到最小程度的行之有效的技术,比较直观且易于理解,在高速数据传输中得以广泛应用。

4. 部分响应系统

奈奎斯特第一准则指出:基带传输系统设计成理想低通特性时,按带宽的两倍速率传输码元,不仅能消除码间串扰,还能实现最大频带利用率。但理想低通传输特性实际上是无法实现的,即使能实现,它的冲激响应"尾巴"振荡幅度大,收敛慢,从而对抽样判决定时要求十分严格,稍有偏差就会造成码间串扰。于是又提出升余弦特性,此种特性的冲激响应虽然"尾巴"振荡幅度减小,对定时也可放松要求,然而所需的频带利用率却下降了,这对于高速传输尤为不利。

部分响应波形是一种既使频带利用率高,又使"尾巴"衰减大、收敛快的传输波形。形成部分响应波形的技术称为部分响应技术,利用这类波形的传输系统称为部分响应系统。

部分响应技术是有控制地在某些码元的抽样时刻引入码间串扰,这种串扰是人为的,有规律的,而在其余码元的抽样时刻无码间串扰。这样做能够改变数字脉冲序列的频谱分布,降低对定时精度的要求,同时达到压缩传输频带,提高频带利用率的目的。当然,这些优点的获取是以牺牲可靠性为代价的。

近年来在高速、大容量传输系统中,部分响应基带系统得到推广与应用,它与频移键控(FSK)或相移键控(PSK)相结合,可以获得性能良好的调制。

5. 数字信号的最佳接收

在数字通信系统中,无论是数字基带传输还是数字频带传输,都存在着"最佳接收"的问题。最佳接收理论是以接收问题作为研究对象,研究从噪声中如何准确地提取有用信号。显然,所谓"最佳"是个相对概念,是指在相同噪声条件下以某一准则为尺度下的"最佳"。不同的准则导出不同的最佳接收机,当然它们之间是有内在联系的。在数字通信系统中,最常用的准则有最小均方误差准则、最小错误概率准则、最大输出信噪比准则和最大后验概率准则等。

在实际的数字基带传输系统中,码间串扰和噪声是同时存在的。因此最佳基带传输系统可认为是既能消除码间串扰而抗噪声性能又最理想(错误概率最小)的系统。

2.5.5　数字基带信号的扰码与解扰

在数字基带传输码设计中,减少连 0(或连 1)码以保证位定时恢复质量是数字基带信号传输中的一个重要问题。将二进制数字信息先作"随机化"处理,变为伪随机序列,也能限制连 0(或连 1)码的长度,这种"随机化"处理常称为扰码。

扰码虽然"扰乱"了数字信息的原有形式,但这种"扰乱"是有人为规律的,因而也是可以解除的。在接收端解除这种"扰乱"的过程称为解扰。完成扰码和解扰的电路相应地称为扰码器和解扰器。

采用扰码技术的数字传输系统如图 2-28 所示。在发送端用扰码器来改变原始数字信号的统计特性,而接收端用解扰器恢复出原始数字信号。

图 2-28　采用扰码技术的数字传输系统

扰码的原理基于序列的伪随机性,为此,我们首先要了解 m 序列的产生和性质,然后讨论扰码与解扰的原理。

1. m 序列的产生和性质

m 序列是最常用的一种伪随机序列。它是最长线性反馈移位寄存器序列的简称。伪随机序列(又称 PN 码)有如下的特点:① 具有类似于随机噪声的一些统计特性;② 便于重复和产生(由数字电路产生);③ 周期序列(经滤波等处理后)。

(1) m 序列发生器的电路模型

m 级线性反馈移位寄存器的输出序列是一个周期序列,其周期长短由移位寄存器的级数、线性反馈逻辑和初始状态决定。但在产生最长线性反馈移位寄存器序列时,只要初始状态非全 0 即可,关键在于具有合适的线性反馈逻辑。

m 级线性反馈移位寄存器如图 2-29 所示。图中 C_i 表示反馈线的两种可能连接状态,$C_i = 1$ 表示连接线通,第 $n-i$ 级输出加入反馈中;$C_i = 0$ 表示连接线断开,第 $n-i$ 级输出未参加反馈。因此,一般形式的线性反馈逻辑表达式为

$$a_n = C_1 a_{n-1} \oplus C_2 a_{n-2} \oplus C_3 a_{n-3} \oplus \cdots \oplus C_n a_0$$

$$= \sum_{i=1}^{n} C_i a_{n-i}$$

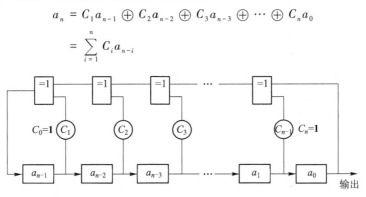

图 2-29　m 级线性反馈移位寄存器

(2) m 级线性反馈移位寄存器抽头的选取

要用 m 级移位寄存器来产生 m 序列,关键在于选择哪几级移位寄存器作为反馈。在数

学上特征多项式可以反应出线性移位寄存器的抽头规律,又称为抽头多项式。所谓特征多项式可认为:将移位寄存器用一个 m 阶的多项式 $f(x)$ 表示,这个多项式的 0 次幂系数为 1,而 $k(k \leqslant m)$ 次幂系数为 1 时,代表第 k 级移位寄存器有反馈线,否则无反馈线(注意这里系数只能取 0 或 1)。数学上可以证明:若要使输出序列是一个 m 序列,则线性移位寄存器的特征多项式必须是不可约多项式。例如

$$f(x) = 1 + x + x^4$$

不可约的条件仅是输出 m 序列的必要条件,但并不充分,即为不可约多项式时产生的移位寄存器序列可以是 m 序列,也可以不是 m 序列。要保证输出为 m 序列的充分条件在理论上证明必须是本原不可约多项式,与它对应的移位寄存器电路就能产生 m 序列。本原多项式要满足以下 3 个条件,就能产生 m 序列:

① $f(x)$ 是不能再分解因式;

② $f(x)$ 可整除 $x^m + 1, m = 2^n - 1$;

③ $f(x)$ 不能整除 $x^q + 1, q < m$。

若加减法的运算是模 2 的,则 $f(x)$ 的倒量为

$$g(x) = \frac{1}{f(x)}$$

$g(x)$ 就代表所产生的 m 序列。注意,这种倒量关系实质是进行多项式的除法运算。

2. 扰码与解扰的基本原理

图 2-30(a)给出一个扰码器原理图,图 2-30(b)为相应的解扰器。图中用运算符号 D 表示经过一次移位,在时间上延迟一个码元时间。

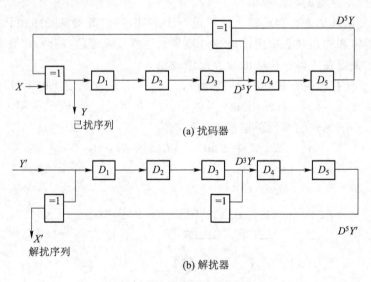

(a) 扰码器

(b) 解扰器

图 2-30 扰乱器与解扰器

设 X, Y 分别表示输入和输出序列,按照如图 2-30 所示逻辑关系,有:

发送端
$$Y = X \oplus D^3 Y \oplus D^5 Y$$
$$X = (1 \oplus D^3 \oplus D^5) Y$$

则,输出

$$Y = \frac{1}{1 \oplus D^3 \oplus D^5} X$$

接收端
$$X' = Y' \oplus D^3 Y' \oplus D^5 Y' = (1 \oplus D^3 \oplus D^5) Y'$$

假设传输没有误码，$Y' = Y$，则

$$X' = (1 \oplus D^3 \oplus D^5) \cdot \frac{1}{1 + D^3 + D^5} X = X$$

可见，解扰器恢复了原来的数字序列。

3. 扰码器与解扰器的基本结构

图 2-31 给出了基本扰码器和解扰器的一般结构。它由 n 级移位寄存器组成，其中 $a_1, a_2, \cdots, a_{n-1}$ 代表相应位置上的反馈状态。当 $a_i = 1$ 表示第 i 级有反馈；当 $a_i = 0$ 时表示无反馈。各系数不同就构成不同的扰码器。

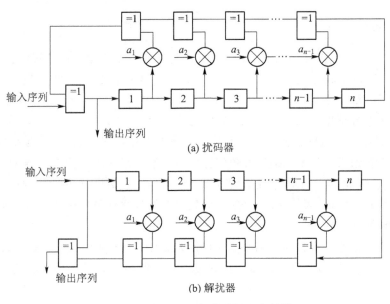

图 2-31　扰码器和解扰器的一般结构

表 2.5-1 为扰码器系数表，利用此表中的系数可以设计扰码器和解扰器。表中系数值一栏的每个十进制代表三位二进制数。例如，查表得系数值为 45 对应 100101，除了两边的 l，中间为 $a_1 = a_2 = a_4 = 0$，$a_3 = 1$，这就是图 2-30(a) 的扰乱器。

表 2.5-1　扰码器系数

n	系数值 $l, a_1, a_2, \cdots, a_{n-1}, l$	n	系数值 $l, a_1, a_2, \cdots, a_{n-1}, l$	n	系数值 $l, a_1, a_2, \cdots, a_{n-1}, l$
2	7	9	1021	20	4000011
3	13	10	2011	21	10000005
4	23	11	4005	22	20000003
5	45	12	100003	23	40000041
6	103	13	40011	25	200000011
7	211	14	1000201		

理论分析证明:对于基本扰码器,当输入周期为 S 的序列(全 **0** 和全 **1** 是周期为 **1** 的序列),经过扰码器处理后,输出的信道序列周期将是 S 或 S 与 2^n-1 的最小公倍数,即可把短周期序列变成长周期序列。

由于扰码器能使包括一连串长 **0** 或长 **1** 在内的任何输入序列变为伪随机序列,所以在基带传输系统中作为码型变换使用时,能限制连 **0** 或连 **1** 码的个数。由于扰码器的特点,使扰码器在现代通信领域得到了广泛的应用。例如,在宽带 Modem 中和 10G 以太网的数据传输中,以及蜂窝数字分组(CDPD)系统中都采用了扰码技术。但是,扰码器也对系统的误码性能有影响,在传输序列过程中产生的单个误码会在接收端解扰器的输出端产生多个误码。对于某些输入序列扰码,扰码器的输出也可能是全 **0** 码或全 **1** 码。

2.6　数字信号的频带传输

2.6.1　基本概念

2.5 节讨论了数字信号的基带传输,而实际传输系统大多数都采用载波传输。主要原因是:一方面,我们知道,为了使数字基带信号能够在信道中传输,要求信道具有低通形式的传输特性,然而,实际通信中大多数信道都具有带通传输特性,不能直接传送基带信号,必须借助载波调制进行频率搬移,将数字基带信号变成适于信道传输的数字频带信号;另一方面,由于通信系统可传输的信息容量与载波工作频率范围相关,提高载波频率在理论上就可以增加传输带宽,通常也就可以提供大的信息传输容量。可见,数字传输系统总是倾向于采用高频载波传输。因此,通信系统的发送端需将基带信号的频谱搬移(调制)到适合信道传输的频率范围内,而在接收端,再将它们搬移(解调到原来的频率范围),这就是调制和解调。

1. 调制和解调

所谓调制就是使基带信号(调制信号)控制载波的某个(或几个)参数,使这一(或几个)参数按照基带信号的变化规律而变化的过程。调制后所得到的信号称为已调信号或频带信号。

先以无线电广播的情况为例来看看如图 2-32 所示的调制过程。无线电广播所传输的信号是声音和音乐等频率很低的信号。由电磁理论可以知道,电磁波有一个特性,就是它的频率越高,辐射就越强,传播距离也就越远。声音和音乐频率很低,辐射能力很弱,所以传不远。因此要实现远距离的声波传播,必须借助高频电波,即让具有低频成分的声波信号和高频信号合作,将声音和音乐等希望传输的信号"骑"在高频信号上,这一处理过程称为调制。也就是说,调制是将希望传输的信号变换成适合信道传输的信号形式的处理过程。

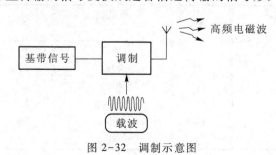

图 2-32　调制示意图

从调制后的已调信号中取出原来信号的处理过程称为解调。运载信息的高频信号称为载波。

2. 调制在通信系统中的作用

① 使天线容易辐射。为了充分发挥天线的辐射能力,一般要求天线的尺寸和发送信号的波长在同一个数量级。例如常用天线的长度为 1/4 波长,如果把基带信号直接通过天线发射,那么天线的长度将为几十~几百千米的数量级,显然这样的天线是无法实现的。因此为了使天线容易辐射,一般都把基带信号调制到较高的频率(一般调制到几百千赫到几百兆赫甚至更高的频率)。

② 便于频率分配。为使各个无线电台发出的信号互不干扰,每个电台都被分配给不同的频率。这样可以利用调制技术把各种语音、音乐、图像等基带信号调制到不同的载频上,以便用户任意选择各个电台,收看收听所需节目。

③ 便于多路复用。如果信道的通带较宽,可以用一个信道传输多个基带信号。只要把基带信号分别调制到相邻的载波,然后将它们一起送入信道传输即可。

④ 可以提高信号通过信道传输时的抗干扰能力。同时,调制不仅影响抗干扰能力,还和传输效率有关。具体地说就是不同的调制方式,在提高传输的有效性和可靠性方面各有优势。如调频广播系统,采用频率调制技术,付出多倍带宽的代价,但抗干扰能力强,其音质比只占 10 kHz 带宽的调幅广播要好得多。扩频通信是提高可靠性的一个典型系统,它是一种以大大扩展信号传输带宽为代价,达到有效抗拒外部干扰和信道多径衰落的目的的特殊调制方式。

3. 调制方式的分类

调制必须具备基带信号(又称调制信号)和载波两个对象。调制的实质是进行频谱搬移,把携带消息的基带信号的频谱搬移到较高的频率范围。经过调制后的已调信号应该具有两个基本特征:一是仍然携带有消息;二是适合于信道传输。调制器的模型如图 2-33 所示,其中 $m(t)$ 为基带信号(调制信号),$C(t)$ 为载波信号,$S_M(t)$ 为已调信号。

图 2-33　调制器模型

基带信号可以是模拟信号和数字信号,一般地,受调制载波的波形(信号表示式)可以是任意的,只要已调信号适合于信道传输就可以了。但是实际上,在大多数数字通信系统中,都选择正弦信号作为载波。这主要是因为正弦信号形式简单,便于产生及接收。

调制方式按照基带信号是模拟信号和数字信号可以分为模拟调制和数字调制。

(1) 模拟调制

模拟调制的载波是正弦波,它具有振幅、频率以及相位三个参数。如图 2-34 所示。调制就是使基带信号控制高频载波的某个参数,使它按照基带信号的变化规律而变化的过程。

按照基带信号改变载波参量(振幅、频率以及相位)的不同,模拟调制分为幅度调制和角度调制两种。

① 幅度调制。

若载波信号的幅度随基带信号成比例地变化,称为幅度调制,简称调幅;按照所传信号频率成分的不同,常见的幅度调制有标准调幅(AM)、抑制载波的双边带调幅(DSB)、单边带调幅(SSB)和残留边带调幅(VSB)。这四种调制方式的频谱结构及主要应用如表 2.6-1 所示。

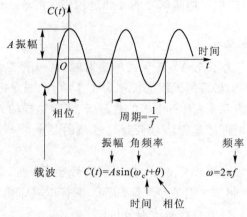

图 2-34　正弦载波及其参数

表 2.6-1　四种调制方式的频谱结构及主要应用

调幅的种类	频 谱 结 构	主 要 应 用
基带信号 $m(t)$	$M(\omega)$	频率较低的原始电信号,只适合近距离传输
标准调幅(AM)	$S_{AM}(\omega)$　载波　下边带　上边带　ω_c	中短波无线电广播
抑制载波的双边带调幅(DSB)	$S_{DSB}(\omega)$　下边带　上边带　ω_c	点对点的专用通信,低带宽信号多路复用系统
单边带调幅(SSB)	$S_{SSB}(\omega)$　上边带　ω_c	短波波段的无线电广播和语音频分多路通信
残留边带调幅(VSB)	$S_{VSB}(\omega)$　上边带	数据传输、商用电视广播

从表 2.6-1 可见,幅度调制信号的频谱是基带信号频谱的平移,或平移后再经过滤波器滤出不需要的频谱分量。所以上述四种幅度调制也称线性调制。

② 角度调制。

角度调制是指调制信号控制高频载波的频率或相位,而载波的幅度保持不变。角度调制后信号的频谱不再保持调制信号的频谱结构,会产生与频谱搬移不同的新的频率成分,而且调制后信号的带宽一般要比调制信号的带宽大得多。所以角度调制又称非线性调制。

角度调制分为频率调制(FM)和相位调制,它们之间可以互换,FM 用得较多。

从传输频带的利用率来讲非线性调制是不经济的,但它具有较好的抗噪声性能,在不增加信号发送功率的前提下,可以用增加带宽的方法来换取输出信噪比的提高,且传输带宽越宽,抗噪声性能越好。所以频率调制(FM)方式在数据传输、无线电广播,微波中继等方面得到广泛的应用。

(2) 数字调制

数字调制是指基带信号是数字信号、载波为正弦波的调制。数字信号的频带传输是用载波信号的某些离散状态来表征所传送的信息,在接收端对载波信号的离散调制参量进行检测。数字信号的频带传输信号也称为键控信号。根据已调信号参数改变类型的不同,数字调制可以分为幅移键控(ASK)、频移键控(FSK)和相移键控(PSK)。

前面简要介绍了调制的基本概念。现代通信已进入数字化时代,模拟通信越来越多地被先进的数字或数据通信所取代。下面以数字调制为例,说明其调制的基本原理。

2.6.2 数字调制的基本原理

1. 二进制数字调制

基带信号为二进制数字信号时的调制方式统称为二进制数字调制。在这类调制中,载波的某个参数(例如振幅、频率或相位)只有两种变化状态。二进制调制常分为幅移键控(2ASK)、频移键控(2FSK)和相移键控(2PSK 和 2DPSK)三种。下面分别介绍这三种数字调制方式的基本概念,重点介绍相移键控。

(1) 二进制幅移键控(2ASK)

二进制幅移键控(2ASK)是指高频载波的振幅受基带信号的控制,而频率和相位保持不变。也就是说,用二进制数字信号的 **1** 和 **0** 控制载波的通和断,所以又称通-断键控(On-Off Keying,OOK)。

2ASK 信号可以表示为数字基带信号 $s(t)$ 与一个正弦型载波相乘。一个典型的 2ASK 信号时间波形如图 2-35 所示(图中载波频率在数值上是码元速率的 3 倍)。

2ASK 信号的产生方法有两种,如图 2-36 所示。图(a)是通过二进制基带信号序列 $s(t)$ 与载波直接相乘而产生 2ASK 信号的模拟调制法;图(b)是一种键控法,这里的电子开关受调制信号 $s(t)$ 的控制。

在接收端,2ASK 信号的解调可以采用非相干解调(包络检波)和相干解调两种方式来实现。如图 2-37 和图 2-38 所示。

(2) 二进制频移键控(2FSK)

二进制频移键控(2FSK)是指载波的频率受调制信号的控制,而振幅和相位保持不变。设二进制数字信号的 **1** 对应载波频率 f_1,**0** 对应载波频率 f_2,而且 f_1 和 f_2 之间的改变是瞬间完成的。

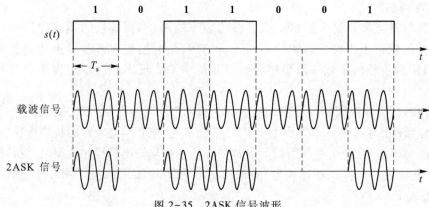

图 2-35　2ASK 信号波形

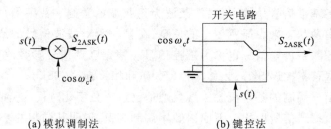

(a) 模拟调制法　　　　　　　　(b) 键控法

图 2-36　2ASK 信号的产生

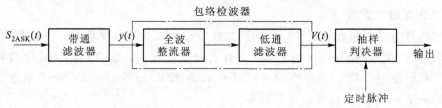

图 2-37　2ASK 信号的非相干解调原理框图

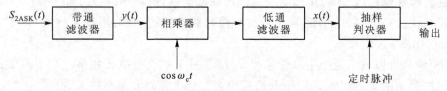

图 2-38　2ASK 信号的相干解调原理框图

2FSK 信号的典型时间波形如图 2-39 所示

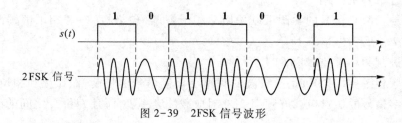

图 2-39　2FSK 信号波形

2FSK 信号的产生方法主要有两种。第一种是用二进制基带信号去调制一个调频器,使其能够输出两个不同频率的信号,如图 2-40(a)所示,它是频移键控通信方式早期采用的实现方法。第二种方法是图 2-40(b)所示的用数字键控法产生二进制频移键控信号的原理图,图中两个调频器的输出载波受输入的二进制基带信号控制,在一个码元 T_s 期间输出 f_1 或 f_2 两个载波之一。该方法由于使用两个独立的调频器,使得信号波形的相位存在不连续现象,但它具有转换速度快、波形好、稳定度高且易于实现等优点,故应用广泛。

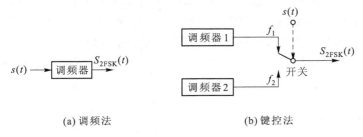

(a) 调频法　　　　　　　　(b) 键控法

图 2-40　2FSK 信号的产生

2FSK 的解调也可以分为非相干解调(包络检波)和相干解调。图 2-41 是 2FSK 非相干解调原理方框图,图中,两个中心频率分别为 f_1 和 f_2 的带通滤波器的作用是取出频率为 f_1 和 f_2 的高频信号,包络检波器将各自的包络取出至抽样判决器,抽样判决器在定时脉冲到达时对包络的样值 V_1 和 V_2 进行判决,判决准则是当抽样值满足 $V_1>V_2$ 时判为 f_1 频率代表的是数字基带信号,即 **1** 码;当 $V_1<V_2$ 时判为 f_2 频率代表的是数字基带信号,即 **0** 码。

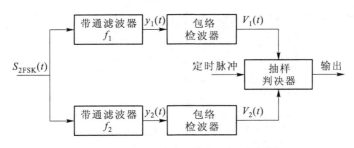

图 2-41　2FSK 非相干解调原理方框图

图 2-42 是 2FSK 相干解调原理方框图。接收信号经过上下两路带通滤波器滤波、与本地相干载波相乘和低通滤波后,进行抽样判决。若抽样值 $x_1>x_2$,判为 f_1 代表的是数字基带信号;若抽样值 $x_1<x_2$,判为 f_2 代表的是数字基带信号。

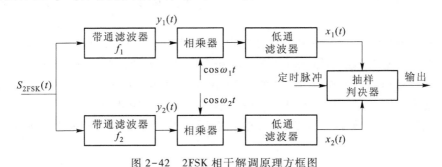

图 2-42　2FSK 相干解调原理方框图

2FSK 的另外一种常用而简便的解调方法是过零检波解调法,其基本思想是:二进制频移键控信号的过零点数随载波频率不同而异,通过检测过零点数从而得到频率的变化。

（3）二进制相移键控（2PSK 和 2DPSK）

二进制相移键控利用载波相位的变化来传递数字信息,通常可以分为二进制绝对相移键控（2PSK）和二进制相对（或差分）相移键控（2DPSK）两种方式。

一般的,如果二进制序列的数字信号 1 和 0 分别用载波的相位 π 和 0 这两个离散值来表示,而载波的振幅和频率保持不变,这种调制方式就称为二进制绝对相移键控。也就是说,绝对相移键控是指已调信号的相位直接由数字基带信号控制。

2PSK 信号的典型时间波形如图 2-43 所示,图中所有数字信号 1 码对应载波信号的 π 相位,而 0 码对应载波信号的 0 相位（也可以反之）。

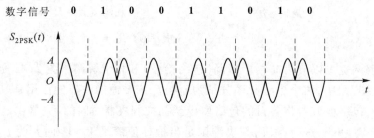

图 2-43　2PSK 波形

2PSK 信号可以采用如图 2-44 所示相移键控法实现。

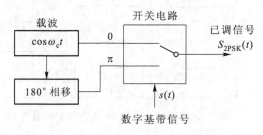

图 2-44　2PSK 的相移键控法实现

2PSK 信号的解调一般采用相干解调。2PSK 相干解调原理框图和各点波形分别如图 2-45（a）、（b）所示,图（b）中,数字信号 1 对应载波信号的 0 相位,数字信号 0 对应载波信号的 π 相位。

需要指出的是,在 2PSK 绝对调相方式中,发送端以未调载波相位作基准,然后用已调载波相位相对于基准相位的绝对值（0 或 π）来表示数字信号,因而在接收端也必须有这样一个固定的基准相位作参考。如果这个参考相位发生变化（0→π 或 π→0）,则恢复的数字信号也就会发生错误（1→0 或 0→1）。这种现象通常称为 2PSK 方式的"倒 π 现象"或"反相工作现象"。为了克服这种现象,实际中一般不采用 2PSK 方式,而采用二进制相对相移键控（2DPSK）方式。

二进制相对相移键控（2DPSK）利用前后相邻码元载波相位的相对变化来表示数字信

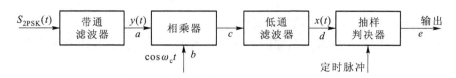

(a) 解调原理框图

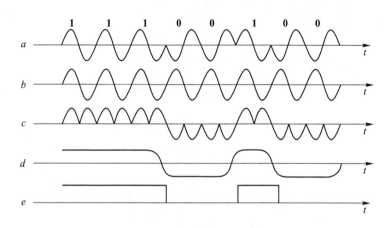

(b) 各点波形

图 2-45　2PSK 相干解调

号。相对调相值 $\Delta\varphi$ 是指本码元的初相与前一码元的初相之差（$\Delta\varphi$ 也可以指本码元已调载波的初相与前一码元已调载波的末相之差）。

设

$$\begin{cases} \Delta\varphi = \pi \rightarrow 数字信息\ \mathbf{1} \\ \Delta\varphi = 0 \rightarrow 数字信息\ \mathbf{0} \end{cases} \tag{2.6-1}$$

2DPSK 的典型时间波形如图 2-46 所示。

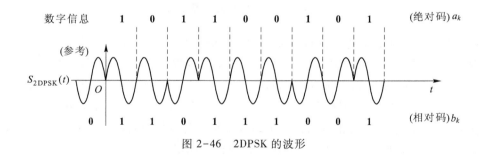

图 2-46　2DPSK 的波形

2DPSK 的产生基本类似于 2PSK，只是调制信号需要经过码型变换，将绝对码变为相对码。

设绝对码为 a_k，相对码为 b_k，则两者之间的变换规则为

$$b_k = a_k \oplus b_{k-1} \tag{2.6-2}$$

通过式（2.6-2）可实现绝对码转换为相对码。同样

$$a_k = b_k \oplus b_{k-1} \tag{2.6-3}$$

2.6　数字信号的频带传输

通过式(2.6-3)可实现相对码转换为绝对码。

2DPSK 的键控法产生原理框图如图 2-47(a)所示,图(b)为典型的原理波形。

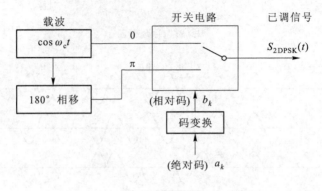

(a) 原理框图

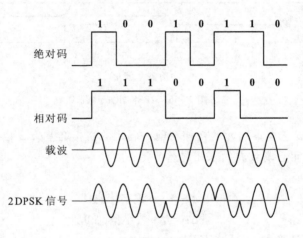

(b) 原理波形

图 2-47　2DPSK 的实现方式

2DPSK 信号的解调有相干解调和差分相干解调两种。

图 2-48 为相干解调法,解调器原理框图和解调过程各点波形如图 2-48(a)和(b)所示。其解调原理是:先对 2DPSK 信号进行相干解调,恢复出相对码,再通过码逆变换器(差分解码)变换为绝对码,从而恢复出发送的二进制数字信息。在解调过程中,若相干载波产生 180°相位模糊,解调出的相对码将产生倒置现象,但是经过码逆变换器后,输出的绝对码不会发生任何倒置现象,从而解决了载波相位模糊的问题。

为了恢复出原始的数字信息,图 2-48(a)中码逆变换的规则应为:比较相对码的本码元与前一码元,如果相同,对应的绝对码为 0,否则为 1。

图 2-49 所示是 2DPSK 信号的差分相干解调法,解调器原理框图和解调过程各点波形如图 2-49(a)、(b)所示。其解调原理是:直接比较前后码元的相位差,从而恢复发送的二进制数字信息。由于解调的同时完成了码逆变换作用,故解调器中不需要码逆变换器。同时差分相干解调方式不需要专门的相干载波,因此是一种非相干解调方法。

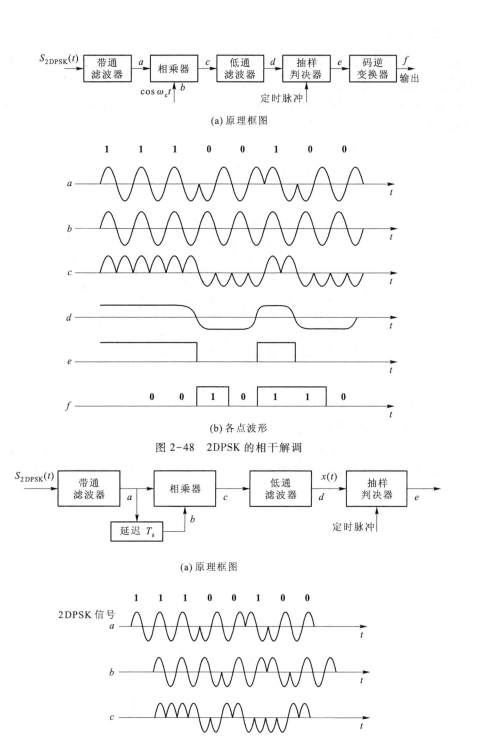

(a) 原理框图

(b) 各点波形

图 2-48 2DPSK 的相干解调

(a) 原理框图

(b) 各点波形

图 2-49 2DPSK 的差分相干解调

101

【例 2.6-1】　设发送数字信息 **011011100010**，试分别画出 2ASK，2FSK，2PSK 及 2DPSK 信号的波形示意图。

解: 发送信息序列对应的 2ASK，2FSK，2PSK 及 2DPSK 信号的波形如图 2-50 所示。其中，2FSK 信号波形的称疏和密集分别对应数字信号 **1** 和 **0**。

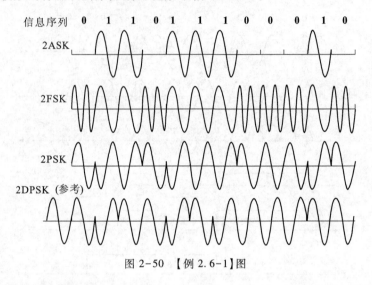

图 2-50　【例 2.6-1】图

（4）二进制数字调制系统的性能比较

对于数字传输系统而言，最重要的性能指标是误码率 P_e。在高斯白噪声信道中，误码率与调制方式和接收机解调器输入信噪比 r 有关。各种二进制数字调制系统的误码率曲线如图 2-51 所示。

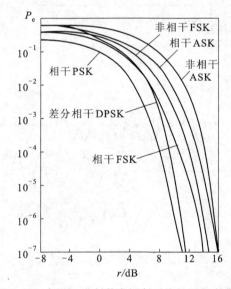

图 2-51　各种二进制数字调制系统的误码率曲线

由图 2-51 可以看出，对于同一种调制方式，相干解调的误码率小于非相干解调的误码率；对不同的调制方式，相干解调 2PSK 系统的抗噪声性能最好，其次是 2DPSK，然后是

2FSK,抗噪声性能最差的是 2ASK。

虽然相干解调系统的性能优于非相干解调系统,但前者要求收发保证严格同步,因而设备复杂。除在高质量传输系统中采用相干解调外,一般都采用非相干解调方法。2PSK 系统的抗噪声性能最好,但由于会出现反相工作现象,所以在实际中很少采用。实际中多采用2DPSK 系统。

2. 多进制数字调制

为更有效地利用通信资源,提高信息传输效率,现代通信往往采用多进制数字调制。多进制数字调制是利用多进制数字基带信号去控制载波的振幅、频率或相位。因此,相应地有多进制数字幅移键控、多进制数字频移键控以及多进制数字相移键控三种基本方式。与二进制调制方式相比,多进制调制方式的特点是:① 在相同码元速率下,多进制数字调制系统的信息传输速率高于二进制数字调制系统;② 在相同的信息速率下,多进制数字调制系统的码元传输速率低于二进制数字调制系统;③ 采用多进制数字调制的缺点是设备复杂,判决电平增多,误码率高于二进制数字调制系统。

下面主要讨论广泛使用的多进制数字相移键控（MPSK 和 MDPSK）。

多进制数字相移键控又称多相制,是二进制相移键控方式的推广,也是利用载波的多个不同相位（或相位差）来代表数字信息的调制方式。它和二进制一样,也可分为绝对相移和相对相移。通常,相位数用 $M = 2^k$ 计算,分别与 k 位二进制码元的不同组合相对应。

MPSK 信号可以用矢量图来描述,在矢量图中通常以未调载波相位作为参考矢量。图 2-52 分别画出 $M = 2$,$M = 4$,$M = 8$ 三种情况下的矢量图。当采用相对相移时,矢量图所表示的相位为相对相位差。因此图中将基准相位用虚线表示,在相对相移中,这个基准相位就是前一个调制码元的相位。

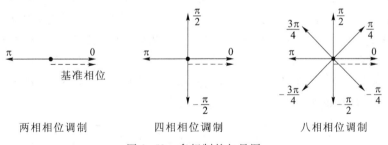

两相相位调制　　　　四相相位调制　　　　八相相位调制

图 2-52　多相制的矢量图

多相制是一种信息频带利用率高的高效率传输方式。另外其也有较好的抗噪声性能,因而得到广泛的应用。目前最常用的是四相制和八相制。

下面以四相相移键控为例来说明多相制技术。

四相绝对相移调制（4PSK）是用载波的 4 种不同相位来表征数字信息。由于 4 种不同相位可代表 4 种不同的数字信息,因此,对输入的二进制数字序列先进行分组,将每两个比特编为一组,可以有四种组合（**00,10,11,01**）,然后用载波的四种相位来分别表示它们。由于每一种载波相位代表两个比特信息,故每个四进制码元又被称为双比特码元。表 2.6-2 是双比特码元与载波相位的一种对应关系。

表 2.6-2　双比特码元与载波相位的关系

双比特码元	载波相位 φ_k	双比特码元	载波相位 φ_k
0 0	0	**1 1**	π
1 0	$\pi/2$	**0 1**	$-\pi/2$

4PSK 的产生方法可采用调相法和相位选择法。图 2-53 所示为相位选择法产生 4PSK 信号的组成方框图。图中,四相载波发生器分别输出调相所需的 4 种不同相位的载波。按照串并转换器输出的双比特码元的不同,逻辑选相电路输出相应的载波。图中,BPF 代表带通滤波器。

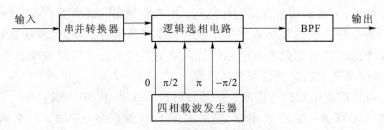

图 2-53　相位选择法产生 4PSK 信号

需要注意的是,在 2PSK 信号的相干解调过程中会产生"倒 π 现象"即"180°相位模糊现象"。同样对于 4PSK 相干解调也会产生相位模糊现象,并且是 0°、90°、180°和 270°四个相位模糊。因此,在实际中更常用的是四相相对相移调制,即 4DPSK。

所谓四相相对相移调制(4DPSK)是利用前后码元之间的相对相位变化来表示数字信息。若以前一码元相位作为参考,并令 $\Delta\varphi_k$ 作为本码元与前一码元的初相差,信息编码与载波相位变化的关系仍可采用表 2.6-2 来表示,它们之间的矢量关系也可用图 2-52 表示。不过,这时表 2.6-2 中的 φ_k 应改为 $\Delta\varphi_k$,图 2-52 中的参考相位应是前一码元的相位。

【例 2.6-2】　设发送数字信息序列为 **101100100100**,双比特码元与载波相位的关系见表 2.6-2,已知双比特码元的宽度和载波周期相同。试画出 4PSK、4DPSK 信号的波形。

解：根据表 2.6-2 所示双比特码元与载波相位的关系,可分别画出 4PSK 信号和 4DPSK 信号的两种波形如图 2-54 所示。

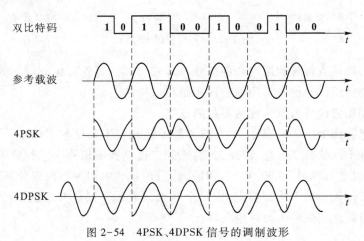

图 2-54　4PSK、4DPSK 信号的调制波形

2.6.3 几种新型数字调制技术

前面讨论了数字调制的三种基本方式:数字幅移键控、数字频移键控和数字相移键控,这三种方式是数字调制的基础。然而,这三种数字调制方式都存在某些不足,如频谱利用率低、抗多径衰落能力差、功率谱衰减慢、带外辐射严重等。为了改进这些不足,近几十年来人们陆续提出了一些新的数字调制技术,以适应各种新的通信系统的要求。这些调制技术的研究,主要是围绕着寻找频带利用率高、同时抗干扰能力强的调制方式而展开的。下面介绍几种具有代表性的现代数字调制技术。

1. 正交幅度调制(QAM)

正交幅度调制(QAM)是一种相位和幅度联合键控(APK)的调制方式。它是用两路独立的基带信号对两个相互正交的同频载波进行抑制载波的双边带调制,利用已调信号的频谱在同一带宽内的正交性,实现两路并行的数字信息的传输。

多进制正交幅度调制可记为 $MQAM(M>2)$。通常有二进制 QAM(4QAM)、四进制 QAM(16QAM)、八进制 QAM(64QAM)、…,对应的空间矢量端点分布图称为星座图,如图 2-55 所示,分别有 4、16、64 个矢量端点。由图可见,电平数 m 和信号状态 M 之间的关系是 $M=m^2$。对于 4QAM,当两路信号幅度相等时,其性能以及相位矢量均与 4PSK 相同。

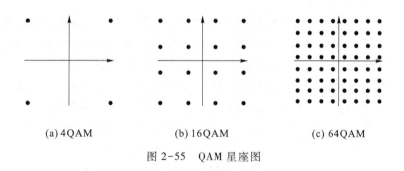

(a) 4QAM　　　　　　(b) 16QAM　　　　　　(c) 64QAM

图 2-55　QAM 星座图

在相同进制、相同平均发射功率条件下,$MQAM$ 比 $MPSK$ 的误码率低,即可靠性比 $MPSK$ 好。因此它是目前研究和应用较多的一种调制方式。

2. 最小频移键控(MSK)

MSK 称为最小频移键控,有时也称为快速频移键控(FFSK),所谓"最小"是指 MSK 信号的两个频率间隔是满足正交条件的最小间隔;而"快速"是指在给定同样的频带内,MSK 能比 2PSK 的数据传输速率更高,且在带外的频谱分量要比 2PSK 衰减得快。它是一种高效调制方式,特别适合于移动无线通信系统中使用,它有很多好的特性,例如恒定包络、相位连续变化、频谱利用率高、误比特率低和自同步性能等。

3. 高斯最小频移键控(GMSK)

MSK 信号虽然具有频谱特性和误码性能较好的特点,然而,在一些通信场合,例如在移动通信中,MSK 所占带宽仍较宽。此外,其频谱的带外衰减仍不够快,以至于在 25 kHz 信道间隔内传输 16 kbit/s 的数字信号时,将会产生邻道干扰。

为此,人们设法对 MSK 的调制方式进行改进:在进行 MSK 调制之前用一个高斯型的低通滤波器对基带信号进行预滤波,滤除高频分量,从而提高频谱利用率。这种改进后的调制方式称为高斯最小频移键控(Gaussian MSK,GMSK)。

GMSK 在无线移动通信中得到广泛应用,如目前流行的 GSM 蜂窝移动通信。

2.7　小结与思考

小结

模/数转换的方法采用得最早而且目前应用得比较广泛的是脉冲编码调制(PCM)。它对模拟信号的处理过程包括抽样、量化和编码 3 个步骤,由此构成的数字通信系统称为 PCM 通信系统。

通过 PCM 编码后得到的数字基带信号可以直接在系统中传输(即基带传输);也可以将基带信号的频带搬移到适合光纤、无线信道等传输的频带上再进行传输(即频带传输)。

信道编码的基本思路是在发送端根据一定的规律在待发送的信息码元中加入监督码元,接收端就可以利用监督码元与信息码元的关系来发现或纠正错误。其实质就是通过牺牲有效性来换取可靠性的提高。

将基带信号直接在信道中传输的方式称为基带传输方式。对传输用的基带信号的主要要求有两点:① 对各种码型的要求,期望将原始信息符号编制成适合于传输用的码型;② 对所选码型的电信号波形要求,期望电信号波形适宜于在信道中传输。

数字基带传输系统设计中需要研究的最重要问题之一就是如何消除或降低码间串扰。

实际通信中大多数信道都具有带通传输特性,不能直接传送基带信号,必须借助载波调制进行频率搬移,将数字基带信号变成适于信道传输的数字频带信号。另外,提高载波频率在理论上可以增加传输带宽,通常也就可以提供大的信息传输容量。因此,数字通信系统总是倾向于采用高频载波传输,这样便可以增加带宽或者提高信息传输容量。

随着数字通信的迅速发展,各种数字调制方式也在不断地改进和发展,现代通信系统中出现了很多性能良好的数字调制技术,如 OQPSK、π/4-DQPSK、MSK、GMSK、QAM 等。

思考

2-1　PCM 通信系统中的模/数转换和数/模转换分别包含了哪几个步骤?

2-2　低通信号和带通信号的抽样频率如何确定?

2-3　什么是均匀量化? 它的缺点是什么? 如何解决?

2-4　简述信源编码和信道编码的目的。

2-5　何谓唯一可译码? 它和即时码的关系怎样?

2-6　即时码存在的充要条件是什么? 如何构造即时码?

2-7　常用的差错控制方式有哪些?

2-8　最小码距和检、纠错能力的关系是怎样的?

2-9　什么是分组码,其结构特点如何?

2-10 什么是基带传输,什么是频带传输?

2-11 什么是数字调制?

2-12 分析数字基带信号功率谱的目的是什么?

2-13 GMSK 的含义是什么?

2-14 什么是数字基带信号?数字基带信号有哪些常用码型?它们各有什么特点?

2-15 何谓码间串扰?它产生的原因是什么?对通信质量有什么影响?

2-16 什么是眼图?它有什么作用?

2-17 时域均衡和部分响应技术解决了什么问题?

.

第3章

信道与信道复用

任何一个通信系统,均可视为由发送端、信道和接收端三大部分组成。因此,信道是通信系统必不可少的组成部分,信道特性的好坏直接影响到系统的总特性。

随着通信技术的发展和通信系统的广泛应用,通信网的规模和需求越来越大,因此系统容量就成为一个非常重要的问题。一方面,原来只传输一路信号的链路上,现在可能要求传输多路信号;另一方面,通常一条链路的频带很宽,足以容纳多路信号传输。所以,多路独立信号在一条链路上传输,即多路通信就应运而生了。

本章重点介绍信道和信道复用的基本概念。

3.1 通信信道

信道是信息传输的通道。信道连接发送端和接收端的通信设备,并将信号从发送端传送到接收端,完成点对点通信。在现代通信网中,信道作为传输链路可连接网络结点的交换设备,从而构成多个用户连接的网络。信号必须依靠传输媒介进行传输。按传输媒介的不同,信道可以分为有线信道和无线信道两大类。有线信道指利用人造的传输媒介来传输信号,如明线、对称电缆、同轴电缆以及光缆等。无线信道指利用电磁波在空间传播来传输信号,包括地波传播、短波电离层反射、超短波或微波视距中继、人造卫星中继等。

3.1.1 有线信道

在有线信道传输方式中,电磁波沿着有线介质传播并构成信息直接流通的通路。有线信道包括明线、对称电缆、同轴电缆和光缆等。

1. 明线

明线是指平行架设在电线杆上的架空线路,如图 3-1 所示。它本身是导电裸线或带绝缘层的导线。其传输损耗低,但是易受天气和环境的影响,对外界噪声干扰较敏感,并且很难沿一条路径架设大量的(成百对)线路,故目前已经逐渐被电缆所代替。

2. 对称电缆

对称电缆是由若干对称为芯线的双导线放在一根保护套内制成的。为了减小各对导线之间的干扰,每一对导线都做成扭绞形状,称为双绞线。保护套则是由几层金属屏蔽层和绝缘层组成的,它有增大电缆机械强度的作用。对称电缆的芯线比明线细,直径在 0.4 ~ 1.4 mm,故其损耗较明线大,但是性能较稳定。图 3-2 所示为对称电缆实例图。

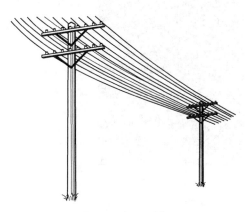

图 3-1 架空明线

图 3-2 对称电缆实例

3. 同轴电缆

同轴电缆则是由内外两根同心圆柱形导体构成的,在这两根导体间用绝缘体隔离开。外导体应是一根空心导管,内导体多为实心导线。在内、外导体间可以填充满塑料作为介质,或者用空气作介质,同时有塑料支架用于连接和固定内、外导体。由于外导体通常接地,所以它同时能够很好地起到屏蔽作用。在实用中多将几根同轴电缆和几根电线放入同一根保护套内,以增强传输能力;其中的几根电线则用来传输控制信号或供给电源。图 3-3 为同轴电缆示意图,其中图(a)所示为同轴电缆的基本结构,图(b)为同轴电缆实例图,图(c)为海底同轴电缆实例图。

4. 光纤和光缆

(1)光纤

传输光信号的有线信道是光导纤维,简称光纤。光纤是由华裔科学家高锟(Charles Kuen Kao)发明的。他于 1966 年发表的一篇题为《适合于光频率的绝缘介质纤维表面波导》的论文奠定了光纤发展和应用的基础。因此,他被认为是"光纤之父"。

光纤是工作在光频下的一种介质波导,它引导光信号沿着轴线平行方向传输。光纤是一种新型信息传输介质,其材料主要是石英玻璃,民间又称光纤为石英玻璃丝。它的直径只有 125 μm,如同人的头发丝粗细,但是与原有传输线相比,其传送的信息量要高出成千上万倍,可达到每秒千兆比特,而且能量损耗极低。

光纤由两种不同折射率的玻璃材料拉制而成。光纤结构如图 3-4 所示,图中 a 是光纤纤芯的半径,b 是光纤包层的半径。光纤纤芯是一个透明的圆柱形介质,其作用是以极小的能量损耗传输载有信息的光信号。紧靠纤芯的外面一层称为包层,从结构上看,它是一个空

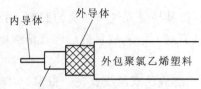

(a) 同轴电缆的基本结构

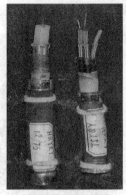

(b) 同轴电缆实例

(c) 海底同轴电缆实例

图 3-3　同轴电缆示意图

心并与纤芯共轴的圆柱形介质,其作用是保证光全反射只发生在纤芯内,使光信号封闭在纤芯中传输。为了实现光信号的传输,要求纤芯折射率 n_1 比包层折射率 n_2 稍大些,这是光纤结构的关键,关于这一点,在 4.3 节"光纤的导光原理"中会详细解释。

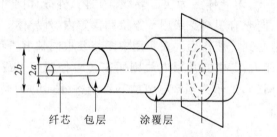

图 3-4　光纤结构示意图

仅有纤芯和包层的光纤是裸光纤。裸光纤十分脆弱,并不实用,为了提高光纤的抗拉力及弯曲强度,还需要在包层外加上一层涂覆层,其作用是为了进一步确保光纤不受外界的机械作用和吸收诱发微变的剪切应力。实用的光纤一般在涂覆层的外面还需进行套塑(也称两次涂覆)。图 3-5 为光纤实例图。

依据光纤的材料、波长、传输模式的数量、纤芯折射率分布、制造方法的不同,可将其分为多种。

根据光纤横截面上折射率分布的不同,可分为阶跃型光纤和渐变型光纤。阶跃型光纤其纤芯的折射率均为常数,折射率在纤芯与包层的界面上发生突变。渐变型光纤纤芯的折射率随着半径的增加按接近抛物线形的规律变小,至界面处纤芯折射率等于包层的折射率。

根据光纤中传输模式数量的不同,可分为单模光纤和多模光纤。模式是指电磁场的分

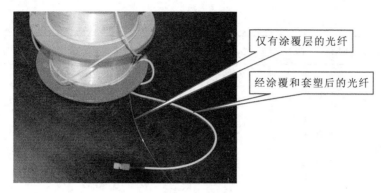

图 3-5　光纤实例图

布形式。单模光纤的纤芯直径小,约为 4 ~ 10 μm,只能传输一种模式。单模光纤传输频带宽、容量大,是当前应用和研究的重点。多模光纤可传输多种模式,多模光纤纤芯的直径约为 50 ~ 75 μm,多模光纤可以用于短距离、小容量的局域网。

（2）光缆

为了使光纤能在工程中实用化,能承受工程中的拉伸、侧压和各种外力作用,还要具有一定的机械强度才能使其性能稳定。因此,光纤被制成不同结构、不同形状和不同种类的光缆以适应光纤通信的需要。

① 光缆的基本结构。

根据不同用途和不同的环境条件,光缆的种类很多,但不论光缆的具体结构形式如何,都是由缆芯、加强元件（也称加强构件）和护层组成。

缆芯:由于光缆主要靠光纤来完成传输信息的任务,因此缆芯由光纤芯线组成。它可分为单芯型和多芯型两种。单芯型缆芯由单根光纤经二次涂覆处理后组成;多芯型缆芯由多根光纤经二次涂覆处理后组成。

加强元件:由于光纤材料质地脆,容易断裂,为了使光缆便于承受敷设安装时所加的外力等,在光缆的中心或四周要加一根或多根加强元件。加强元件的材料可用钢丝或非金属的合成纤维——增强塑料（FRP）等。

护层:光缆的护层主要是对已形成光缆的光纤芯线起保护作用,避免其受外部机械力和环境的损害。因此要求护层具有耐压力、防潮、湿度特性好、重量轻、耐化学侵蚀、阻燃等特点。光缆的护层可分为内护层和外护层,内护层一般采用聚乙烯或聚氯乙烯等,外护层根据敷设条件而定,可采用铝带和聚乙烯组成的 LAP 外护套加钢丝铠装等。

② 光缆的种类。

在公用通信网中常用的光缆结构见表 3.1-1。下面仅介绍其中有代表性的几种光缆结构形式。

表 3.1-1　公用通信网中的光缆结构

种　　类	结　　构	光纤芯线数	必　要　条　件
长途光缆	层绞式 单位式 骨架式	<10 10 ~ 200 <10	低损耗、宽频带和可用单盘盘长的光缆来敷设 骨架式有利于防护侧压力

续表

种 类	结 构	光纤芯线数	必 要 条 件
海底光缆	层绞式 单位式	4~100	低损耗、耐水压、耐张力
用户光缆	单位式 带状式	<200 >200	高密度、多芯和低到中损耗
局内光缆	软线式 带状式 单位式	2~20	重量轻、线径细、可绕性好

层绞式光缆:它是将若干根光纤芯线以加强构件为中心排列成一层,隔适当距离进行一次绞合的结构,如图 3-6(a)所示。这种光缆的制造方法和电缆较为相似。光纤芯线数一般不超过 10 根,绞合节距为 10~20 cm。

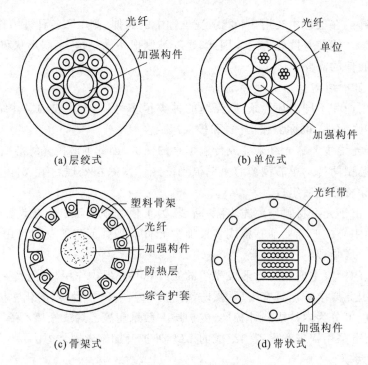

图 3-6 光缆的基本结构

单位(元)式光缆:它是将几根至十几根光纤芯线集合成一个单位,再由数个单位以加强构件为中心绞合成缆,如图 3-6(b)所示。这种光缆的芯线数量一般为几十根。

骨架式光缆:这种结构是将单根或多根光纤放入骨架的螺旋槽内,骨架的中心是加强构件,骨架上的沟槽可以是 V 形、U 形或凹形,如图 3-6(c)所示。由于光纤在骨架沟槽内具有较大空间,因此,当光纤受到张力时,可在槽内作一定的位移,从而减小了光纤芯线的应力应变和微变。这种光缆具有耐侧压、抗弯曲、抗拉的特点。

带状式光缆:它是将 4~12 根光纤芯线排列成行,构成带状光纤单元,再将多个带状单元按一定方式排列成缆,如图 3-6(d)所示。这种光缆的结构紧凑,采用此种结构可做成上千芯的高密度用户光缆。

图 3-7 所示为层绞式光缆实例图。图 3-8 为各种有线电缆实例图。

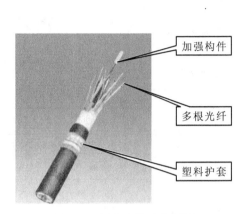

加强构件

多根光纤

塑料护套

图 3-7　层绞式光缆实例图

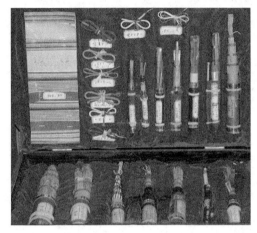

图 3-8　各种有线电缆实例

3.1.2　无线信道

1. 电磁波

在无线信道中,信号的传输是利用电磁波在空间的传播来实现的。所谓电磁波,简单地说,就是电和磁的波动过程,是向前传播的交变的电磁场;或者说,电磁波是在空间传播的交变电磁场。电磁波和自然界存在的水波、声波一样,都是一种波动过程。所不同的是,人可以看到水波,可以听到声波,但既看不到也听不到电磁波。

正弦波是最简单的波动过程,也是最重要的波动过程,它是研究各种电磁波的基础形式。正弦波具有振幅、频率以及相位三个要素。正弦波的另一个基本参数是波长,用 λ 表示,单位是 m[米]。波长和频率 f 之间的关系是

$$\lambda = \frac{c}{f} = \frac{3\times10^8}{f} \qquad\qquad (3.1\text{-}1)$$

式中 c 为光速,$c = 3\times10^8$ m/s。

由于电磁波的发射和接收是用天线进行的,为了有效地发射或接收电磁波,要求天线的长度不小于电磁波波长的 1/10。因此,若电磁波的频率过低,波长过长,则天线难于实现。例如,若电磁波的频率等于 1 000 Hz,则其波长等于 300 km。这时,要求天线的长度大于 30 km。所以,通常用于通信的电磁波频率都比较高。

无线电波是人们认识最早、应用最广的电磁波。无线电波的波长在 0.75 mm 到 100 km 之间,对应的频率在 4×10^{11} Hz 到 3×10^3 Hz 之间。实际中,按频率的高低或波长的长短将无线电波划分为若干频段,它们之间的对应关系及应用范围见表 3.1-2。

表 3.1-2　无线电波的通信频段、常用传输媒介及主要用途

频率范围	波　长	频段的分类 名称和缩写	传输媒介	用　途
3 Hz ~ 30 kHz	$10^4 \sim 10^8$ m	甚低频 VLF	有线线对 长波无线电	音频、电话、数据终端长距 离导航、时标
30 ~ 300 kHz	$10^3 \sim 10^4$ m	低频 LF	有线线对 长波无线电	导航、信标、电力线通信
300 kHz ~ 3 MHz	$10^2 \sim 10^3$ m	中频 MF	同轴电缆 短波无线电	调幅广播、移动陆地通信、 业余无线电
3 ~ 30 MHz	$10 \sim 10^2$ m	高频 HF	同轴电缆 短波无线电	移动无线电话、短波广播、 定点军用通信、业余无线电
30 ~ 300 MHz	1 ~ 10 m	甚高频 VH	同轴电缆 米波无线电	电视、调频广播、空中管制、 车辆、通信、导航
300 MHz ~ 3 GHz	10 ~ 100 cm	特高频 UHF	波导 分米波无线电	微波接力、卫星和空间通 信、雷达
3 ~ 30 GHz	1 ~ 10 cm	超高频 SHF	波导 厘米波无线电	微波接力、卫星和空间通 信、雷达
30 ~ 300 GHz	1 ~ 10 mm	极高频 EHF	波导 毫米波无线电	雷达、微波接力、射电天 文学
$10^5 \sim 10^6$ GHz	$3 \times 10^{-7} \sim$ 3×10^{-8} m	紫外线,可见光, 红外线	光纤 激光空间传播	光通信

114

通常把频率为 300 MHz ~ 300 GHz 的频段称为微波,波长在 0.75 mm 以下的电磁波,统称为光波。人们最熟悉的光波是可见光。除此以外,人们又先后发现了红外线、紫外线、X 射线及 γ 射线等不可见光。

2. 电波的传播方式

利用无线电波传递信息时,电波要经过发射、传播、接收等几个环节。那么,不同频率的无线电波是怎样传播的呢? 下面介绍电波的 4 种主要传播方式,即地波传播、天波传播、空间波传播和散射波传播。

（1）地波传播

地波传播是指无线电波沿地球表面传播,又称绕射传播或地表面波传播,如图 3-9 所示。地波传播主要受地面土壤的电参数和地形、地物的影响,波长越短的电波越容易被地面吸收,因此只有超长波、长波及中波能以地波方式传播。地波传播不受气候条件影响,传播时稳定可靠,但在传播过程中,电波能量不断地被大地吸收,因而传播距离不远。

（2）天波传播

天波传播也称电离层反射传播,是指无线电波经天空中电离层的反射后返回地面的传播方式,如图 3-10 所示。所谓电离层是指大气层中离地面约 40 ~ 800 km 高度范围内包含有大量的自由电子和离子的气体层,它是大气层在受到太阳射线和宇宙射线的照射后发生

图 3-9　地波传播

电离而形成的。电离层能反射电波,对电波也有吸收作用。但电离层对长波和中波吸收较多而对短波吸收较少,因而短波通信更适合以天波方式传播。比短波频率更高的超短波及微波可以穿过电离层,因而它们不能靠电离层反射来传播。

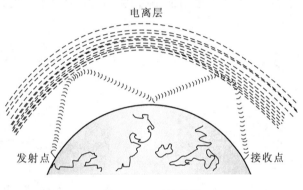

图 3-10　天波传播

（3）空间波传播

空间波传播也称视距传播,是指发射点和接收点在视距范围内,能互相"看得见"时的电波直线传播方式,如图 3-11 所示。超短波和微波主要以视距方式传播;另外,工作在特高频和超高频频段的卫星通信,其地面的电磁波传播也是利用视距传播方式,但是在地面和卫星之间的电磁波传播要穿过电离层。

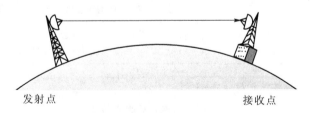

图 3-11　空间波传播

视距传播时易受到高山和大的建筑物的阻隔,因此为了加大传输距离,就要把发射天线架高,做成大铁塔。但由于受地球曲面的影响,一般的传输距离也不过 50 km 左右。为了加大传输距离,通常采用接力通信的方式,即每隔一定的距离设立一个接力站,像接力赛跑一样,把信息传到远方,如图 3-12 所示。

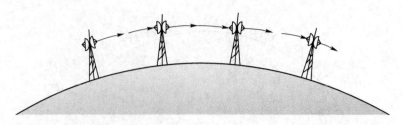

图 3-12　微波接力通信

（4）散射波传播

对于那些无法建立微波接力站的地区，如大海、岛屿之间的通信，可以利用散射波传递信息。散射波传播包括对流层散射和电离层散射传播。对流层是指比电离层低的不均匀气团。散射传播的工作频段主要是超短波和微波，通信距离最大可达 600~800 km，如图 3-13 所示。散射信号一般很弱，因此进行散射通信时要求使用大功率发射机及灵敏度和方向性很强的天线。

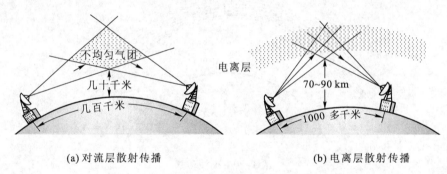

（a）对流层散射传播　　　　　　　　　　（b）电离层散射传播

图 3-13　对流层散射传播和电离层散射传播

各波段无线电波的传播特点见表 3.1-3。

表 3.1-3　无线电波的传播特点

波　段	电离层对电波的吸收	传　播　特　点
超长波长波	弱	主要靠表面波传播，有绕射能力，可以沿地面传播很远。也可以利用电离层的下缘传播
中波	白天很强，几乎被吸收完，夜间很弱	沿地面传播，可达数百千米。夜间还可靠天波传播很远。所以传播距离白天比较近，夜间比较远
短波	白天，对较长波长强，对较短波长弱。夜间很弱	主要靠天波传播，经电离层多次反射，能传播很远距离，但接收信号有衰落现象。沿地面传播损耗很大，只能在近距离传播
超短波	电离层不起反射作用，电波能穿透电离层	主要靠空间波传播（视距传播），传播距离不远。电离层散射和流星余迹传播，能传几千米
微波		直线传播距离很近，有频带宽、信息容量大的特点，用接力方式传播能传很远距离。对流层散射传播能传几百千米。卫星传播能传到全球各地

由于电磁波的传播没有国界,所以为了在国际上保持良好的电磁环境,避免不同通信系统间的干扰,由 ITU 负责定期召开世界无线电通信大会(The World Radio communication Conference,WRC),制订有关频率使用的国际协议。各个国家在此国际协议的基础上也分别制订本国的无线电频率使用规则。中国的无线电频率规划和管理工作目前由信息产业部无线电管理局负责。

3. 电波传播的窗口——天线

(1) 天线的作用

信息的发射与接收离不开天线,天线是电波传播的窗口。天线的基本功能是发射和接收无线电波。发射时,通过天线把高频信号辐射到空中去;接收时,通过天线把高频信号收集起来。

一个最基本的无线电通信系统如图 3-14 所示。信号经发射机调制成高频信号,经馈线送至发射天线,发射天线将高频信号能量转换成向空间传播的电磁波,并按指定方向经过一定方式的传播之后,在接收端用接收天线将信号接收下来。

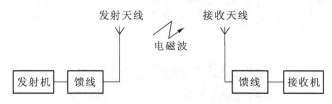

图 3-14　基本的无线电通信系统

不仅是无线电通信系统,在其他无线电技术领域内,如电视、广播、导航、雷达和卫星等领域中,都是依靠传播无线电波来传递信息。而无线电波的发射和接收都必须依靠天线来完成,所以说,天线在各种无线电设备中是一个不可缺少的重要组成部分。

发射天线是一种将高频信号能量转换为电磁波能量,并将电磁波辐射到预定方向的装置。接收天线则是一种将无线电波的能量转换成高频信号能量,同时分辨出由预定方向传来的电磁波的装置。所以接收天线与发射天线的作用是一个可逆过程,同一天线既可用作发射也可用作接收。

为了使高频信号在天线上形成谐振,通常将天线的长度取为电磁波波长的 1/2 或者 1/4。当频率较低时,电磁波的波长很长,天线尺寸过大,当频率过高时天线的尺寸又会很小。

(2) 天线的分类

天线品种繁多,主要有下列几种分类方式:按用途可分为基地台天线(Base Station Antenna)和移动台天线(Mobile Portable Antenna),按工作频段可划分为超长波、长波、中波、短波、超短波和微波天线,按其方向可划分为全向和定向天线。

天线有各种各样的用途,例如用于无线电广播和电视广播的全向发射天线,对准入射波方向的定向接收天线,移动电话用的全方位发射/接收天线,微波通信和卫星广播用的定向接收天线,宽频带天线和窄频带天线等。实际中必须根据天线的用途来决定天线的形状。图 3-15 给出了天线的几个实例。

微波天线

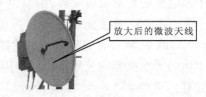
放大后的微波天线

(a) 微波天线

(b) 移动基站天线

(c) 卫星天线

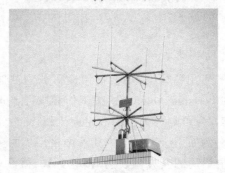

(d) 小灵通基站天线

图 3-15　天线实例图

3.2 信道传输特性

3.2.1 有线信道传输特性

3.1 节讨论的有线信道,其特性参量主要是频率特性,如幅度-频率特性和相位-频率特性以及频率漂移等。因其特性变化很小、很慢,可以视做其参量恒定。所以,可以把有线信道当做一个线性时不变网络来分析。其传输特性 $H(\omega)$ 通常可用幅度-频率特性 $|H(\omega)|$ 和相位-频率特性 $\varphi(\omega)$ 来表征,即

$$H(\omega) = |H(\omega)| e^{j\varphi(\omega)} \tag{3.2-1}$$

1. 幅频传输特性

幅频传输特性是指信道在各频率下的衰耗与频率的关系曲线,它将影响信号的幅度衰减量。要使任意一个信号通过有线信道(即线性时不变网络)不产生幅度失真,则信道的理想幅频特性要求其通带内特性平稳,如图 3-16(a)所示。

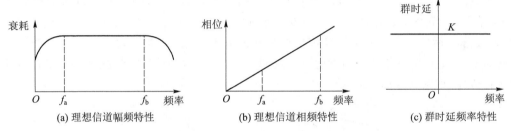

图 3-16 理想有线信道的传输特性

信号经过有线信道时,若信道的幅度特性在信号频带内不是常数,则信号的各频率分量通过信道后将产生不同的幅度衰减,从而引起信号波形的失真,我们称这种失真为幅频失真;幅频失真对模拟通信影响较大,导致信噪比下降。

2. 相频传输特性

相频传输特性是指信道在各频率下的相位移与频率的关系曲线,它将影响被传输信号的相位移。要使任意一个信号通过线性时不变网络不产生相频失真,则网络的相位-频率特性 $\varphi(\omega)$ 应与频率成直线关系,如图 3-16(b)所示。

网络的相位-频率特性常用群时延-频率特性 $\tau(\omega)$ 来表示。所谓群时延-频率特性是指相位-频率特性的导数,即

$$\tau(\omega) = \frac{d\varphi(\omega)}{d\omega} \tag{3.2-2}$$

可见,对于理想的无失真信道,如果相频特性是线性的,则群时延-频率特性是一条水平直线,如图 3-16(c)所示。

若信道的相频特性在信号频带内不是频率的线性函数,则信号的各频率分量通过信道后将产生不同的时延,从而引起波形的群时延失真,我们称这种失真为相频失真。相频失真对语音通信影响不大,但对数字通信影响较大,会引起严重的码间干扰,造成误码。

除了幅度-频率特性和相位-频率特性外,无线信道中还可能存在其他一些使信号产生

失真的因素,例如非线性失真、频率偏移和相位抖动等。非线性失真是指信道输入信号和输出信号的幅度关系不是直线关系。非线性特性将使信号产生新的谐波分量,造成所谓谐波失真,这种失真主要是由信道中的元器件特性不理想造成的。频率偏移是指信道输入信号的频谱经过信道传输后产生了平移。这主要是由发送端和接收端中用于调制解调或频率转换的振荡器的频率误差引起的。相位抖动也是由这些振荡器的频率不稳定产生的。相位抖动的结果是对信号产生附加调制。上述这些因素产生的信号失真一旦出现,就很难消除。

3.2.2 无线信道传输特性

许多无线信道(例如依靠天波和地波传播的无线电信道,某些视距传输信道和各种散射信道)的参数都是随时间随机快变化,所以它的特性比有线信道要复杂,对传输信号的影响也较为严重。影响信道特性的主要因素是传输媒介,如电离层的反射和散射,对流层的散射等。无线信道的传输媒质有以下 3 个特点:① 对信号的衰耗随时间而变化。无线信道的传输媒介参数随气象条件和时间的变化而随机变化。如电离层对电波的吸收特性随年份、季节、白天和黑夜在不断地变化,因而对传输信号的衰减也在不断地发生变化,这种变化通常称为衰落。但是,由于这种信道参数的变化相对而言是十分缓慢的,所以称这种衰落为"慢衰落"。慢衰落对传输信号的影响可以通过调节设备的增益来补偿。实际中,还存在一种"快衰落",后面将介绍的由多径传播所引起的衰落就属于"快衰落"。② 传输的时延随时间而变化。③ 多径传播。由发射点出发的电波可能经多条路径到达接收点,这种现象称为多径传播,如图 3-17 所示。

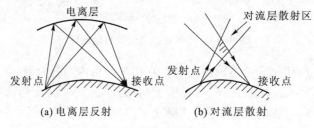

图 3-17 多径传播示意图

1. 多径传播对信号传输的影响

(1)传输瑞利型衰落和频率弥散

在存在多径传播的无线信道中,接收信号将是衰减和时延都随时间变化的各路径信号的合成。设发射波为 $A\cos\omega_0 t$,它经过 n 条路径传播到接收端,则接收信号 $R(t)$ 可用式(3.2-3)表示

$$R(t) = \sum_{i=1}^{n} r_i(t)\cos\omega_0[t - \tau_i(t)] = \sum_{i=1}^{n} r_i(t)\cos[\omega_0 t + \varphi_i(t)] \qquad (3.2-3)$$

式中,$r_i(t)$ 为由第 i 条路径到达的接收信号幅度;$\tau_i(t)$ 为第 i 条路径到达的接收信号的时延;$\varphi_i(t) = -\omega_0\tau_i(t)$。$r_i(t)$,$\tau_i(t)$ 和 $\varphi_i(t)$ 都是随机变化的。

应用三角公式,式(3.2-3)可以改写为

$$R(t) = \sum_{i=1}^{n} r_i(t)\cos\varphi_i(t)\cos\omega_0 t - \sum_{i=1}^{n} r_i(t)\sin\varphi_i(t)\sin\omega_0 t \qquad (3.2-4)$$

其中,设

$$同相分量 \quad X_c(t) = \sum_{i=1}^{n} r_i(t) \cos\varphi_i(t) \tag{3.2-5}$$

$$正交分量 \quad X_s(t) = \sum_{i=1}^{n} r_i(t) \sin\varphi_i(t) \tag{3.2-6}$$

将式(3.2-5)和式(3.2-6)代入式(3.2-4),得出

$$R(t) = X_c(t)\cos\omega_0 t - X_s(t)\sin\omega_0 t = V(t)\cos\left[\omega_0 t + \varphi(t)\right] \tag{3.2-7}$$

式中,$V(t)$为接收信号$R(t)$的包络

$$V(t) = \sqrt{X_c^2(t) + X_s^2(t)} \tag{3.2-8}$$

$\varphi(t)$为接收信号$R(t)$的相位

$$\varphi(t) = \arctan\frac{X_s(t)}{X_c(t)} \tag{3.2-9}$$

根据大量的实验观察表明,当传播路径充分大时,$R(t)$可视为一个包络和相位均随机缓慢变化的窄带信号。

由式(3.2-7)可以看出,第一,从波形上看,多径传播的结果使发射信号$A\cos\omega_0 t$变成了包络和相位随机缓慢变化的窄带信号,这样的信号称之为衰落信号,如图3-18(a)所示;第二,从频谱上看,多径传播引起了频率弥散,即由单个频率变成了一个窄带频谱,如图3-18(b)所示。

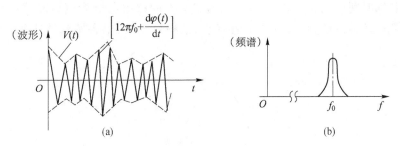

图3-18 衰落信号的波形与频谱示意图

多径传播使包络产生起伏的周期虽然比信号的周期缓慢,但是其仍然可能是在秒的数量级。故通常将由多径效应引起的衰落称为"快衰落"。

(2)造成频率选择性衰落

多径传播不仅会造成上述的衰落和频率弥散,同时还可能发生频率选择性衰落。在多径传播时,由于各条路径的等效网络传输函数不同,于是各网络对不同频率的信号衰减也就不同,这就使接收点合成信号的频谱中某些分量衰减特别严重,这种现象称为频率选择性衰落。下面通过一个例子来建立这个概念。

设多径传播的路径只有两条,且这两条路径具有相同的衰减,但是时延不同,其传播模型如图3-19所示。若发射信号$f(t)$经过两条路径传播后,到达接收端的信号分别为$af(t-t_0)$和$af(t-t_0-\tau)$。其中a是传播衰减,t_0是第一条路径的时延,τ是两条路径的时延差。则接收合成信号为

$$R(t) = af(t-t_0) + af(t-t_0-\tau) \tag{3.2-10}$$

设发射信号的傅里叶变换对为

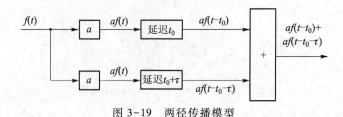

图 3-19 两径传播模型

$$f(t) \Leftrightarrow F(\omega) \tag{3.2-11}$$

则接收合成信号的频谱为

$$R(\omega) = aF(\omega)e^{-j\omega t_0}(1 + e^{-j\omega\tau}) \tag{3.2-12}$$

于是,该两径信道的传输函数为

$$H(\omega) = \frac{R(\omega)}{F(\omega)} = ae^{-j\omega t_0}(1 + e^{-j\omega\tau}) \tag{3.2-13}$$

则

$$|H(\omega)| = a|(1 + e^{-j\omega\tau})| = 2a\left|\cos\frac{\omega\tau}{2}\right| \tag{3.2-14}$$

式(3.2-14)传输函数的曲线如图 3-20 所示。它表明此多径信道的传输衰减和信号频率有关。当角频率 $\omega = 2n\pi/\tau$ 时(n 为整数)的频率分量最强,出现传输极点;而当 $\omega = (2n+1)\pi/\tau$(n 为整数)时的频率分量为零,出现传输零点。这种曲线的最大值和最小值位置决定于两条路径的相对时延差 τ。而 τ 是随时间变化的,故传输特性出现的零点与极点在频率轴上的位置也是随时间变化的。显然,当一个传输波形的频谱宽于 $1/\tau(t)$ 时[$\tau(t)$ 表示有时变的相对时延],传输波形的频率分量将产生畸变,这种畸变就是由频率选择性衰落所引起的。

122

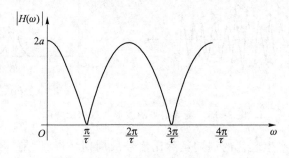

图 3-20 选择性衰落特性

【例 3.2-1】 假设某随参信道的两径时延差 τ 为 1 ms,试求该信道在哪些频率上传输衰耗最大? 选用哪些频率传输信号最有利?

解:假设该随参信道的两条路径对信号的增益强度相同,均为 V_0,则该信道的幅频特性为

$$|H(\omega_0)| = 2V_0\left|\cos\frac{\omega\tau}{2}\right|$$

当 $\omega = \frac{1}{\tau}(2n+1)\pi, n = 0, 1, 2, \cdots$ 时,$|H(\omega_0)|$ 出现传输零点;

当 $\omega = \frac{1}{\tau}2n\pi, n = 0, 1, 2, \cdots$ 时,$|H(\omega_0)|$ 出现传输极点;

在 $f = \dfrac{n}{\tau} = n\,\text{kHz}$（$n$ 为整数）时，对传输信号最有利；

在 $f = \left(n + \dfrac{1}{2}\right)\dfrac{1}{\tau} = \left(n + \dfrac{1}{2}\right)\text{kHz}$（$n$ 为整数）时，对传输信号衰耗最大。

上述概念可以推广到多径传播中去，虽然此时信道的传输特性将比两条路径的信道传输特性要复杂得多，但同样存在频率选择性衰落现象。多径传播时的相对时延差通常用最大多径时延差来表征。设信道最大多径时延差为 $\tau_{\max}$，则定义多径传播信道的相关带宽为

$$B_\mathrm{C} = \frac{1}{\tau_{\max}} \qquad (3.2\text{--}15)$$

相关带宽表示信道传输特性相邻两个零点之间的频率间隔。如果信号的带宽比相关带宽宽，则将产生严重的频率选择性衰落。为了减小频率选择性衰落，就应使信号的带宽小于相关带宽。

在工程设计中，为了保证接收信号质量，通常选择信号带宽为相关带宽的 $1/5 \sim 1/3$。即信号带宽 B 满足

$$B = \left(\frac{1}{3} \sim \frac{1}{5}\right) B_\mathrm{C} \qquad (3.2\text{--}16)$$

当在多径信道中传输数字信号时，特别是传输高速数字信号时，频率选择性衰落将会引起严重的码间干扰。为了减小码间干扰的影响，就必须限制数字信号传输速率。

2. 抗衰落的措施

信道的衰落，将会严重地影响系统的性能。为了抗快衰落，通常可采用多种措施，例如，各种抗衰落的调制解调技术、抗衰落接收技术及扩频技术等，其中较为有效且常用的抗衰落措施是分集接收技术。

衰落信道中接收的信号是到达接收机的各路径分量的合成，如果在接收端同时获得几个不同路径的信号，把这些信号适当合并构成总的接收信号，这样就能大大减小衰落的影响，这就是分集接收的基本思想。"分集"两字就是把代表同一信息的信号分散传输，以求在接收端获得若干衰落样式不相关的复制品，然后用适当的方法加以集中合并，从而达到以强补弱的效果。获取不相关衰落信号的方法是将分散得到的几个合成信号集中（合并）。只要被分集的几个信号之间是统计独立的，经适当的合并后就能大大改善系统的性能。

3.2.3 信道衰减

前面分析了多径传播会引起信号的衰落。通常在电信传输系统中，信号通过信道的传输，由于传输媒介的特性，传输过程中必然会产生信号的衰减或衰耗。所谓衰减是指传输过程中信号强度的损失，其度量一般用电平表示，常用 dB（分贝）作为单位。

电平的定义是指电路中两点或几点在相同阻抗下电量的相对比值。这里的电量指"电功率"、"电压"、"电流"，电平的表示形式通常为对数，分别记作：$10\lg P_1/P_0$、$20\lg U_1/U_0$、$20\lg I_1/I_0$，其中 P、U、I 分别是电功率、电压、电流。可见，电平就是表征信号强弱的相对量。电平分为绝对电平与相对电平。

在通信中，常采用信号输入输出端功率比值取 10 为底的常用对数（即功率电平）来表示信号的强弱。

1. 绝对电平

设以 P_0（单位为 W）作为进行比较的基准功率有效值，则在信号功率为 P_1（单位为 W）的测试点上，它的功率电平 A 为

$$A = 10\lg\frac{P_1}{P_0} \quad (\text{dB}) \tag{3.2-17}$$

上式中 lg 表示取常用对数，如果改用自然对数，则

$$A = \frac{1}{2}\ln\frac{P_1}{P_0} \quad (\text{Np})$$

1 Np = 8.686 dB。

通常以 1 mW 作为基准功率，相对 1 mW 的功率电平称为绝对功率电平，单位记作 dB(mW)，括号内的值表示基准功率，简写为 dBm。所谓"绝对"是指此功率电平对应一个确切的信号功率，例如某点信号+3 dBm 对应功率为 2 mW。

实际传输工程中，衰减值允许有多大，要根据规定的发送电平和接收机灵敏度来确定。例如：CCITT V.2 建议规定用户设备加到线路上的功率电平在任何频率都不得大于 0 dBm，即 1 mW。数据电路设备（如调制解调器）接收机灵敏度在不同的应用场合有不同的值，大约在 -43 dBm ~26 dBm 的范围内。

【例 3.2-2】　设某点信号功率为 0.1 mW，1 mW，10 mW，试计算该点对应的绝对功率电平值是多少？

解：0.1 mW 对应的绝对功率电平值 $A_1 = 10\lg\dfrac{0.1\text{ mW}}{1\text{ mW}} = -10$ dBm

$\qquad$ 1 mW 对应的绝对功率电平值 $A_2 = 10\lg\dfrac{1\text{ mW}}{1\text{ mW}} = 0$ dBm

$\qquad$ 10 mW 对应的绝对功率电平值 $A_3 = 10\lg\dfrac{10\text{ mW}}{1\text{ mW}} = 10$ dBm

2. 相对电平

在电信传输系统中，信号传输一般用相对电平来表示。不使用固定的功率作为比较的基准，而是以参考点的信号功率为比较对象，这样求得的电平称为相对电平。

电平可直接相加减，也可用电压、电流进行换算，此时应考虑测试点的阻抗问题。

3.2.4　信道中的噪声

我们将信道中不需要的电信号统称为噪声。通信系统中没有传输信号时也有噪声，噪声永远存在于通信系统中。由于这样的噪声是叠加在信号上的，所以有时将其称为加性噪声。噪声对于信号的传输是有害的，它能使模拟信号失真，使数字信号发生错码，并随之限制着信息的传输速率。

① 噪声按照来源分类，可以分为人为噪声和自然噪声两大类。

人为噪声是指由人类的活动产生的噪声。例如电钻和电气开关瞬态造成的电火花、汽车点火系统产生的电火花、荧光灯产生的干扰、其他电台和家电用具产生的电磁波辐射等。

自然噪声是指自然界中存在的各种电磁波辐射。例如闪电、大气噪声，以及来自太阳和银河系等的宇宙噪声。此外还有一种很重要的自然噪声，即热噪声。热噪声来自一切电阻性元器件中电子的热运动。例如,导线、电阻和半导体器件等均会产生热噪声。所以热噪声无处不在,不可避免地存在于一切电子设备中。

② 噪声按照性质分类,可以分为脉冲噪声、窄带噪声和起伏噪声三类。

脉冲噪声是突发性产生的幅度很大、持续时间很短、间隔时间很长的干扰。由于其持续时间很短,故其频谱较宽,可以从低频一直分布到甚高频,但是频率越高其频谱的强度越小。电火花就是一种典型的脉冲噪声。

窄带噪声是一种非所需的、连续的已调正弦波,或简单地就是一个幅度恒定的单一频率的正弦波。通常它来自相邻电台或其他电子设备。窄带噪声的频率位置通常是确知的或可以测知的。

起伏噪声是在时域和频域内都普遍存在的随机噪声。热噪声、电子管内产生的散弹噪声和宇宙噪声等都属于起伏噪声。

上述各种噪声中,脉冲噪声不是普遍、持续地存在的,对于话音通信的影响也较小,但是对于数字通信可能有较大影响。同样,窄带噪声也是只存在于特定频率、特定时间和特定地点,所以它的影响也是有限的。只有起伏噪声无处不在。所以,在讨论噪声对于通信系统的影响时,主要是考虑起伏噪声(特别是热噪声),它是通信系统最基本的噪声源。通信系统模型中的"噪声源"就是分散在通信系统各处加性噪声(主要是起伏噪声)的集中表示,它概括了信道内所有的热噪声、散弹噪声和宇宙噪声等。

大量的实践证明,起伏噪声是一种高斯噪声,且在相当宽的频率范围内其频谱是均匀分布的,好像白光的频谱在可见光的频谱范围内均匀分布那样,所以起伏噪声又常称为白噪声。因此,通信系统中的噪声常常被近似地表述成高斯白噪声。

3.3 信道的传输能力

信息是通过信道传输的,如果信道受到加性高斯白噪声的干扰,传输信号的功率和带宽又都受到限制,这时信道的传输能力如何?对于这个问题,香农在信息论中已经给出了回答,这就是著名的香农公式。其表达式为

$$C = B \log_2\left(1 + \frac{S}{N}\right) \quad (\text{bit/s}) \tag{3.3-1}$$

式中,C 为信道容量,是指以任意小的差错率传输时信道可能传输的最大信息速率,它是信道能够达到的最大传输能力;B 为信道带宽;S 为信号的平均功率;N 为高斯白噪声的平均功率;S/N 为信噪比。

由于噪声功率 N 与信道带宽 B 有关,若设单位频带内的噪声功率为 n_0,单位为 W/Hz(n_0 又称为单边功率谱密度),则噪声功率 $N = n_0 B$。因此,香农公式的另一种形式为

$$C = B \log_2\left(1 + \frac{S}{n_0 B}\right) \quad (\text{bit/s}) \tag{3.3-2}$$

公式(3.3-1)或公式(3.3-2)给出了通信系统运载能力的极限值 C,它也常被称为"香农极限"。这个公式来自于信息理论,它对于所有的技术都适用。香农公式说明信息的运载能力与信道带宽成正比,其中带宽就是信号进行传输且没有衰减的频率范围。

不同传输媒介可供传输使用的工作频率范围各不相同,媒介的工作频率越高,其传输信

号的带宽就越宽,系统的信息传输能力也就越强。对该值进行估算的经验规则是:信号带宽大概是媒介工作频率的 10%。所以,如果一个微波信道使用 10 GHz 的工作频率,那么其传输信号的带宽大约为 1 000 MHz。

香农公式同时也讨论了信道容量 C、带宽 B 和信噪比 S/N 三者之间的关系,它是信息传输中非常重要的公式,也是目前通信系统设计和性能分析的理论基础。

由香农公式可得以下结论:

① 当给定 B、S/N 时,信道的极限传输能力(信道容量)C 即确定。如果信道实际的传输信息速率 R 小于或等于 C 时,此时能做到无差错传输(差错率可任意小)。如果 R 大于 C,那么无差错传输在理论上是不可能的。

② 提高信噪比 S/N(通过减少 n_0 或增大 S),可提高信道容量 C。特别是,若 $n_0 \to 0$,则 $C \to \infty$,这意味着无干扰信道容量为无穷大;

③ 当信道容量 C 一定时,带宽 B 和信噪比 S/N 之间可以互换。换句话说,要使信道保持一定的容量,可以通过调整带宽 B 和信噪比 S/N 之间的关系来达到。

④ 增加信道带宽 B 并不能无限制地增大信道容量。当信道噪声为高斯白噪声时,随着带宽 B 的增大,噪声功率 $N = n_0 B$ 也增大,信道容量的极限值为

$$\lim_{B \to \infty} C = \lim_{B \to \infty} B \log_2\left(1 + \frac{S}{n_0 B}\right) \approx 1.44 \frac{S}{n_0} \tag{3.3-3}$$

由式(3.3-3)可见,即使信道带宽无限大,信道容量仍然是有限的。

香农公式给出了通信系统所能达到的极限信息传输速率,达到极限信息传输速率并且差错率为零的通信系统称为理想通信系统。但是,香农公式只证明了理想通信系统的"存在性",却没有指出这种通信系统的实现方法。因此,理想通信系统的实现还需要我们不断地努力。

【例 3.3-1】 某一待传输的图片约含 2.25×10^6 个像素。为了很好地重现图片,需要 12 个亮度电平。假如各像素间的亮度取值是相互独立的,且各亮度电平等概率出现,试计算用 3 min 传送一张图片时所需的信道带宽(设信道中信噪功率比为 30 dB)。

解: 因为每一像素需要 12 个亮度电平,所以每个像素所含的平均信息量为

$$H(x) = \log_2 12 \text{ bit/符号} = 3.58 \text{ bit/符号}$$

每幅图片的平均信息量为

$$I = 2.25 \times 10^6 \times 3.58 \text{ bit} = 8.06 \times 10^6 \text{ bit}$$

用 3 min 传送一张图片所需的传信率为

$$R_b = \frac{I}{T} = \frac{8.07 \times 10^6}{3 \times 60} \text{ bit/s} = 4.48 \times 10^4 \text{ bit/s}$$

由信道容量 $C \geq R_b$,得到

$$C = B \log_2\left(1 + \frac{S}{N}\right) \geq R_b$$

所以

$$B \geq \frac{R_b}{\log_2\left(1 + \frac{S}{N}\right)} = \frac{4.48 \times 10^4}{\log_2(1 + 1\,000)} \text{ Hz} \approx 4.49 \times 10^3 \text{ Hz}$$

即信道带宽至少应为 4.49 kHz。

3.4 信道复用

所谓信道复用是指在同一链路上传输多路信号而互不干扰的一种技术。最常用的信道复用方式有频分复用(FDM)、时分复用(TDM)和码分复用(CDM)。频分复用是指按照频率的不同来区分多路信号的方法。时分复用是指利用各路信号在信道上占有不同时间间隔的特征来区分各路信号的方法。码分复用是指按相互正交的不同码型区分信号的方法。随着通信网的进一步发展,通信网的规模越来越大,路数越来越多,网际关系也越来越密切,出现了几个多路传输的网或链路间需要互连的情况,这称为复接(Multiple Connection)。复接技术是解决来自若干条链路的多路信号的合并和分离的专门技术。目前大容量链路的复接几乎都是 TDM 信号的复接。数字复接是一种时分复用技术,它把两个或两个以上中低速数字信号按时分复用方式合并成一个高速数字信号,再通过高速信道传输,传到接收端后再分离还原成各个中低速信号。

3.4.1 频分复用(FDM)

1. 频分复用的概念

频分复用就是在发送端利用不同频率的载波将多路信号的频谱调制到不同的频段,以实现多路复用。频分复用的多路信号在频率上不会重叠,合并在一起通过一条信道传输,到达接收端后,可以通过中心频率不同的带通滤波器将它们彼此分离开来,解调还原出基带信号。

频分复用的主要缺点是设备庞大复杂,成本较高,还会因为滤波器件特性不够理想和信道内存在非线性而出现链路间干扰,故近年来已经逐步被更为先进的时分复用技术所取代,在此不再对它作详细介绍。不过在电视广播中图像信号和声音信号的复用、立体声广播中左右声道信号的复用,仍然采用频分复用技术。

2. 正交频分复用(OFDM)

正交频分复用(Orthogonal Frequency Division Multiplexing,OFDM)是一种多载波调制方式,它可以被看做是一种调制技术,也可以被当作是一种复用技术。OFDM 的原理框图如图 3-21 所示,其基本思想是把高速率的信源信息流通过串并转换,转换成低速率的 N 路并行数据流,然后用 N 个相互正交的载波进行调制,将 N 路调制后的信号相加即得 OFDM 发射信号。图 3-21 中:f_1 为最低子载波频率,$f_N = f_1 + N\Delta f$,Δf 为载波间隔,RF 代表射频。

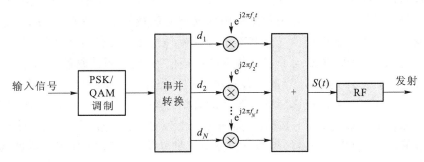

图 3-21 OFDM 的原理框图

所谓子载波之间的正交性是指一个 OFDM 符号周期内的每个子载波都相差整数倍个周期,而且各个相邻子载波之间相差一个周期。正是由于子载波的这一特点,所以它们之间是正交的。

OFDM 技术有如下优点:① 高速率数据流通过串并转换,使得每个子载波上的数据符号持续长度相对增加,从而有效地减少因无线信道的时间弥散所带来的符号间干扰,同时可以采用频域均衡技术减少接收机内均衡的复杂度;② 传统的频分多路传输方法是将频带分为若干个不相交的子频带来并行传输数据流,各个子信道之间要保留足够的保护频带,而 OFDM 系统由于各个子载波之间存在正交性,允许子信道的频谱相互重叠,因此与常规的频分复用(FDM)系统相比,OFDM 系统可以最大限度地利用频谱资源,提高了频谱利用率,如图 3-22 所示;③ 各个子信道的正交调制和解调可以通过采用离散傅里叶逆变换(Inverse Discrete Fourier Transform,IDFT)和离散傅里叶变换(Discrete Fourier Transform,DFT)的方法来实现,在子载波数很大的系统中,可以通过采用快速傅里叶变换(Fast Fourier Transform,FFT)来实现,而随着大规模集成电路技术与数字信号处理(Digital Signal Processing,DSP)技术的发展,快速傅里叶逆变换(IFFT)与 FFT 都是非常容易实现的。

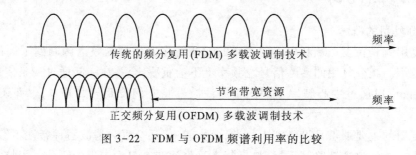

图 3-22　FDM 与 OFDM 频谱利用率的比较

正是由于 OFDM 具有极高的频谱利用率和优良的抗多径干扰能力,因此目前被广泛地应用于高速数字用户线(HDSL),非对称数字用户线(ADSL),数字音频广播(DAB),高清晰度电视(HDTV)及无线局域网(WLAN)中。

3.4.2　时分复用(TDM)

1. 时分复用的概念

时分复用(TDM)是建立在抽样定理基础上的。抽样定理指出:在一定条件下,时间连续的模拟信号可以用时间上离散的抽样值来表示。这样,就可以利用抽样信号的间隔时间传输其他信号的抽样值。时分复用就是利用各路信号的抽样值在时间上占据不同的时隙,以实现在同一信道中传输多路信号而互不干扰的一种方法。时分复用主要用于数字通信,例如 PCM 通信。下面以 PCM 时分多路数字电话通信为例,说明其原理。

图 3-23 为时分多路复用示意图。各路语音信号先经低通滤波器(截止频率为 3.4 kHz)将频带限制在 0.3~3.4 kHz 以内。然后各路语音信号经各自的抽样门进行抽样,其抽样频率为 8 kHz,则抽样间隔均为 $T = 125\ \mu s$,抽样脉冲出现时刻依次错后,因此各路样值序列在时间上是分开的,从而达到合路的目的。合路后的抽样信号送到 PCM 编码器进行量化和编码,然后将数字信号通过信道送到接收端。

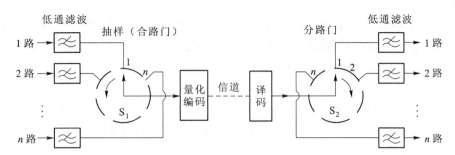

图 3-23 时分多路复用示意图

在接收端,传送来的信号经译码后还原成合路抽样信号,再经过分路门把各路抽样信号区分开来,最后经过低通滤波器重建原始的语音信号。

要注意的是:为保证正常通信,收、发旋转开关 S_1、S_2 必须同频同相。同频是指 S_1、S_2 的旋转速率要完全相同,同相是指发送端旋转开关 S_1 连接第一路信号时,接收端旋转开关 S_2 也必须连接第一路,否则接收端将收不到本路信号,为此要求收、发双方必须保持严格的同步。

图 3-23 中,抽样时各路每轮一次的时间称为一帧,长度记为 T,一帧中相邻两路样值脉冲之间的时间间隔称为路时隙 T_a,如复用路数为 n,则 $T_a = T/n$。反映帧长、时隙、码位的位置关系时间图就称为帧结构。

2. PCM 30/32 路系统的帧结构

时分多路 PCM 系统有各种各样的应用,最重要的一种是 PCM 电话系统。对于多路数字电话系统,有两种标准化制式,即 PCM 30/32 路(A 律压缩特性)制式和 PCM 24 路(μ 律压缩特性)制式,并规定国际通信时,以 A 律压缩特性为准(即以 PCM 30/32 路制式为准)。凡是两种制式的转换,其设备接口均由采用 μ 律压缩特性的国家负责解决。通常称 PCM 30/32 路和 PCM 24 路时分多路系统为 PCM 基群(即一次群)。中国和欧洲采用 PCM 30/32 路制式,其帧和复帧结构如图 3-24 所示。

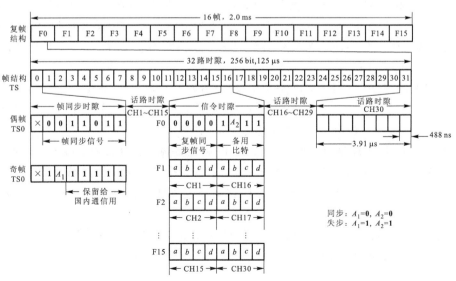

图 3-24 PCM 30/32 路帧和复帧结构

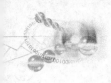

从图 3-24 中可以看到,在 PCM 30/32 路的制式中,由于抽样频率为 8 000 Hz,因此,抽样周期(即 PCM 30/32 路的帧周期)为 1/8 000 s = 125 μs;每一帧内包含 32 个路时隙(每个时隙对应 1 个样值,1 个样值编 8 位码),包括如下几个方面。

(1) 30 个话路时隙:TS1~TS15,TS17~TS31

TS1~TS15 分别传输第 1~15 路(CH1~CH15)语音信号,TS17~TS31 分别传输第 16~30 路(CH16~CH30)语音信号。在话路时隙中,第 1 位为极性码,第 2~4 位为段落码,第 5~8 位为段内码。

(2) 帧同步时隙:TS0

为了在接收端正确地识别每帧的开始,以实现帧同步,偶帧 TS0 发送帧同步码 **0011011**;偶帧 TS0 的 8 位码中第 1 位码保留给国际用,暂定为 **1**,后 7 位为帧同步码。

奇帧 TS0 发送帧失步告警码。奇帧 TS0 的 8 位码中第 1 位码保留给国际用,暂定为 **1**,第 2 位固定为 **1**,以便在接收端区分是偶帧还是奇帧。第 3 位码 A_1 为帧失步时向对端发送的告警码(简称对告)。当帧同步时,$A_1 = 0$;帧失步时,$A_1 = 1$,以便告诉对端,接收端已经出现帧失步,无法工作。其第 4~8 位码可供传送其他信息(如业务联络等)。这几位码未使用时,固定为 **1** 码。这样,奇帧 TS0 时隙的码型为 **11$A_1$11111**。

(3) 信令时隙:TS16

为了起各种控制作用,每一路语音信号都有相应的信令信号。由于信令信号频率很低,其抽样频率取 500 Hz,即其抽样周期为 1/500 s = 125 μs×16 = $16T_s$,而且只编 4 位码(称为信令码或标志信号码),所以对于每个话路的信令码,只要每隔 16 帧轮流传送一次就够了。将每一帧的 TS16 传送两个话路信令码(前 4 位码为一路,后 4 位码为另一路),这样 15 个帧(F1~F15)的 TS16 可以轮流传送 30 个话路的信令码(具体参见图 3-24)。而 F0 帧的 TS16 传送复帧同步码和复帧失步告警码。

16 个帧称为一个复帧(F0~F15)。为了保证收、发两端各路信令码在时间上对准,每个复帧需要送出一个复帧同步码,以保证复帧得到同步。复帧同步码安排在 F0 帧的 TS16 中的前 4 位,码型为 **0000**,另外 F0 帧的 TS16 时隙的第 6 位 A_2 为复帧失步对告码。复帧同步时,$A_2 = 0$,复帧失步时,$A_2 = 1$。第 5、7、8 位码也可供传送其他信息用,如暂不用时,则固定为 **1** 码。需要注意的是信令码 a、b、c、d 不能为全 **0**,否则就不能和复帧同步码区分开。

从时间上讲,对于 PCM 30/32 路系统,帧周期为 1/8 000 s = 125 μs;一复帧由 16 个帧组成,这样复帧周期为 2 ms;一帧内要时分复用 32 路,则每路占用的时隙为 125/32 μs = 3.91 μs;每时隙包含 8 位码,则每位码元占 488 ns。

从传码率上讲,也就是每秒钟能传送 8 000 帧,而每帧包含(32×8) bit = 256 bit,因此,总传码率为 256 bit/帧×8 000 帧/s = 2 048 kbit/s。对于每个话路来说,每秒钟要传输 8 000 个样值,每个样值编 8 位码,所以可得每个话路数字化后信息传输速率为 8×8 000 bit/s = 64 kbit/s。

可见,PCM 基群(30/32 路系统)的传输速率为 2.048 Mbit/s,简称 2M 线或 E₁ 线。图 3-25 所示为 E₁ 线实例图。

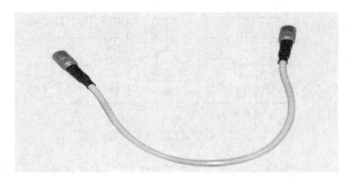

图 3-25　E₁线实例图

3.4.3　码分复用(CDM)

码分复用(Code Division Multiplexing,CDM)通信系统是给每个用户分配一个唯一的正交码的码字作为该用户的地址码,对要传输的数据信息用该地址码进行编码,从而实现信道复用;在接收端,用与发送端相同的地址码进行译码,从而实现用户之间的通信。图 3-26 所示为 N 路信号进行码分复用的原理框图。

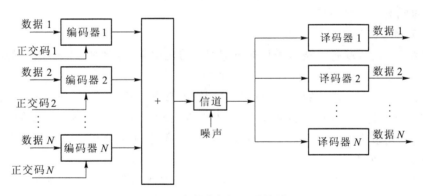

图 3-26　码分复用原理框图

3.5　数字复接技术

在时分复用数字通信系统中,为了扩大传输容量和提高传输效率,常常需要将若干个低速数字信号合并成一个高速数字信号流,以便在高速宽带信道中传输。具体来说,数字复接技术是解决 PCM 信号由低次群到高次群的合成技术,它把 PCM 数字信号由低次群逐级合成为高次群以适应在高速信道中传输。

1. 数字复接系统的组成

数字复接系统的组成框图如图 3-27 所示。数字复接系统由数字复接器和数字分接器两部分组成。

数字复接器的功能是把四个低速数字支路信号(低次群)按时分复用方式合并成为一个高速数字信号(高次群)。它由定时、码速调整和复接单元组成。定时单元给复接设备提

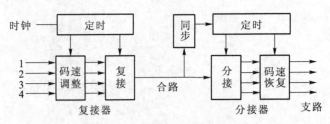

图 3-27　数字复接系统的组成框图

供统一的基准时钟,产生复接所需的各种定时控制信号。码速调整单元的作用是把速率不同的各支路信号进行调整,使它们获得同步。复接单元对已调整的各支路信号进行复接,形成一个高速的合路数字流(高次群),同时复接单元还必须插入帧同步信号和其他监控信号,以便接收端正确接收各支路信号。

数字分接器的功能是把高次群分解成原来的低次群,它由同步、定时、分接和码速恢复等单元组成。同步单元的作用是控制分接器的基准时钟,使之和复接器的基准时钟保持正确的相位关系,即保持收发同步,并从高速数字信号中提取定时信号送给定时单元。定时单元通过接收信号序列产生各种控制信号,并分送给各支路进行分接。分接单元将各路数字信号进行时间上的分离,以形成同步的支路数字信号。码速恢复单元的作用是还原出与发送端一致的低速支路数字信号。

2. 数字复接方法

根据复接器输入端各支路信号与本机定时信号的关系,数字复接的方法分为两类,即同步复接和异步复接。

同步复接是用一个高稳定的主时钟来控制被复接的几个低次群,使这几个低次速的数码率(简称码速)统一在主时钟的频率上(这样就使几个低次群系统达到同步的目的),可直接复接。同步复接方法的缺点是一旦主时钟发生故障,相关的通信系统将全部中断,所以它只限于局部地区使用。

异步复接是各低次群各自使用自己的时钟,由于各低次群的时钟频率不一定相等,使得各低次群的数码率不完全相同(这是不同步的),因而先要进行码速调整,使各低次群获得同步,再复接。

3. 数字复接的实现

数字复接的实现主要有三种方法:按位复接、按字复接和按帧复接。

(1) 按位复接

按位复接是每次复接各低次群(也称为支路)的一位码形成高次群。图 3-28(a)是 4 个 PCM 30/32 路基群的 TS1 时隙(CH1 话路)的码字情况。图 3-28(b)是按位复接的情况,复接后的二次群信号码中第 1 位码表示第 1 支路第 1 位码的状态,第 2 位码表示第 2 支路第 1 位码的状态,第 3 位码表示第 3 支路第 1 位码的状态,第 4 位码表示第 4 支路第 1 位码的状态。四个支路第 1 位码取过之后,再循环取以后各位,如此循环下去就实现了数字复接。复接后高次群每位码的间隔是复接前各支路的 1/4,即高次群的速率提高到复接前各支路的 4 倍。

按位复接要求复接电路存储容量小,简单易行。但这种方法破坏了一个字节的完整性,不利于以字节(即码字)为单位的信号的处理和交换。

132

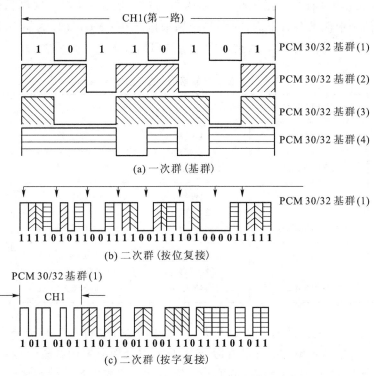

图 3-28　按位复接与按字复接示意图

（2）按字复接

按字复接是每次复接各低次群（支路）的一个码字形成高次群。图 3-28（c）是按字复接的情况，每个支路都要设置缓冲存储器，事先将接收到的每一支路的信码储存起来，等到传送时刻到来时，一次高速（速率是原来各支路的 4 倍）将 8 位码取出（即复接出去），四个支路轮流被复接。

这种按字复接要求有较大的存储容量，但保证了一个码字的完整性，有利于以字节为单位的信号的处理和交换。

（3）按帧复接

按帧复接就是以帧为单位进行复接，即依次复接每个基群的一帧码。这种方法的优点是不破坏原来各个基群的帧结构，有利于交换。但是，与第二种方法有同样的原因，它需要容量更大的缓冲存储器，目前尚无实际应用。

4. 数字复接系列

由前面分析可知，PCM 30/32 路基群所传输的数字话路数比较少，如果要传输更多话路数的数字电话，则需要以基群为基础，通过复接，得到二次群、三次群等更高速率的群路信号。

根据不同的需要和不同传输媒介的传输能力，要有不同话路数和不同速率的复接，形成一个系列（或等级），由低向高逐级复接，这就是数字复接系列。目前使用较广的是准同步数字系列（PDH）。

国际上主要有两大类的准同步数字系列，都经 ITU-T 推荐，即 PCM 24 路系列和 PCM

30/32 路系列。北美和日本采用 1.544 Mbit/s 作为第一级速率（即一次群）的 PCM 24 路数字系列，并且两个地区又略有不同；欧洲和中国采用 2.048 Mbit/s 作为第一级速率（即一次群）的 PCM 30/32 路数字系列。两类数字复接系列如表 3.5-1 所示。

表 3.5-1 数字复接系列（准同步数字系列）

	一次群（基群）	二次群	三次群	四次群
北美	24 路 1.544 Mbit/s	96 路 （24 路×4） 6.312 Mbit/s	672 路 （96 路×7） 44.736 Mbit/s	4 032 路 （672 路×6） 274.176 Mbit/s
日本	24 路 1.544 Mbit/s	96 路 （24 路×4） 6.312 Mbit/s	480 路 （96 路×5） 32.064 Mbit/s	1 440 路 （480 路×3） 97.728 Mbit/s
欧洲 中国	30 路 2.048 Mbit/s	120 路 （30 路×4） 8.448 Mbit/s	480 路 （120 路×4） 34.368 Mbit/s	1 920 路 （480 路×4） 139.264 Mbit/s

表 3.5-1 所示的复接系列具有如下优点：① 易于构成通信网，便于分支与插入；② 复用倍数适中，具有较高效率；③ 可视电话、电视信号以及频分复用载波信号能与某一高次群相适应；④ 与传输媒介，比如电缆、同轴电缆、微波、波导、光纤等传输容量相匹配。

数字通信系统除了传输电话信号和数据外，也可传输其他宽带信号，例如可视电话信号、频分复用载波信号以及电视信号。为了提高通信质量，这些信号可以单独变为数字信号传输，也可以和相应的 PCM 高次群一起复接成更高一级的高次群进行传输。基于 PCM 30/32 路系列的数字复接系列的结构如图 3-29 所示。

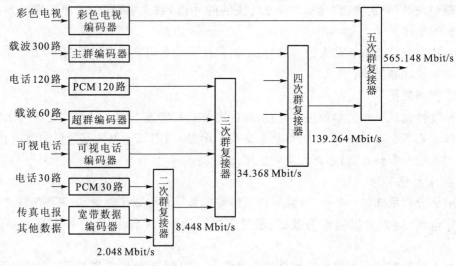

图 3-29 基于 PCM 30/32 路系列的数字复接系列

PCM 高次群都是采用准同步方式进行复接的，称为准同步数字系列（PDH）。和一次群需要额外的开销一样，高次群也需要额外的开销，由表 3.5-1 可以看出，高次群都比相应的低次群平均每路的比特率还高一些,虽然此额外开销只占总比特率很小的百分比,但是当总比特率增高时,此开销的绝对值还是不小的,这很不经济。

5. SDH 的提出

随着数字通信速率的不断提高和光纤通信的发展,准同步数字系列(PDH)已经不能满足大容量高速传输的要求,不能适应现代通信网的发展要求,其缺点主要体现在以下几个方面。

① 不存在世界性标准的数字信号速率和帧结构标准。

② 不存在世界性的标准光接口规范,无法在光路上实现互通和调配电路。

③ 复接方式大多采用按位复接,不利于以字节为单位的现代信息交换。

④ 准同步系统的复用结构复杂,缺乏灵活性,硬件数量大,上、下业务费用高。

⑤ 复用结构中用于网络运行、管理和维护的比特很少。

⑥ 若继续按准同步数字系列发展高次群,易受高速器件的限制,增加实现的复杂性。

为了解决这些问题,必须从技术体制上进行根本的改革。美国贝尔通信研究所(Bellcore)提出同步光网络(SONET)的概念。原 CCITT(现在的 ITU-T)于 1988 年接受了 SONET 的概念,将其重新命名为同步数字系列(SDH),使之成为不仅适用于光纤,也适用于微波及卫星传输的通用技术体制。1988—1993 年共制定了十几个有关标准和建议。SONET 与 SDH 规范略有差别,但基本原理完全相同,标准相互兼容。SDH 是数字通信中一种全新的世界体制,关于 SDH 的详细介绍见第 4 章。

3.6 小结与思考

135

小结

信道是信号的传输通道。信道特性将直接影响通信的质量。信道按其参数特性可分为恒参信道和随参信道。恒参信道对信号传输的影响是确定的或者是变化极其缓慢的。因此,其传输特性可以等效为一个线性时不变网络。随参信道的参数随时间随机变化,所以它的特性比恒参信道要复杂,对传输信号的影响也较为严重。

影响信道特性的主要因素是传输媒介。随参信道的传输媒质有以下 3 个特点:(1)对信号的衰耗随时间而变化。(2)传输的时延随时间而变。(3)多径传播。随参信道的衰落,将会严重地影响系统的性能。为了抗快衰落,通常可采用多种措施,例如,各种抗衰落的调制解调技术、抗衰落接收技术及扩频技术等,其中较为有效且常用的抗衰落措施是分集接收技术。

多路复用是指在一个信道上同时传输多路信号的技术。由于信号直接来自话路,区分信号和区分话路是一致的。常用的多路复用方式:频分复用(FDM)、时分复用(TDM)和码分复用(CDM)。

数字复接技术是解决 PCM 信号由低次群到高次群的合成技术,它把 PCM 数字信号由低次群逐级合成为高次群以适应在高速信道中传输。

思考

3-1　电磁波的传播方式有哪些？

3-2　影响信道特性的主要因素有哪些？

3-3　PCM 高次群的形成采用什么方法？

3-4　举例说明几种抗衰落的措施。

第4章

光纤传输网技术

　　随着社会的进步和科学技术的发展,人类已进入信息化时代。信息化时代通信系统的主要特征无疑是它运载信息的能力,通信系统运载信息的能力与其带宽成正比,而带宽与载体的频率成正比。光纤通信系统的信息载体采用光——所有可用信号中具有最高频率的载体,它具有最高的运载信息能力:一根同轴电缆能够支持 13 000 个信道;陆地上的微波链路最多可以支持 20 000 个信道;卫星链路可以支持 100 000 个信道;而一根光纤通信链路,例如跨大西洋的电缆 TAT-13,能够同时支持 300 000 个双向语音信道。另一方面,Internet 通信量的飞速增长要求得到更高质量的网络信息服务能力,光纤传输网能够提供这样的能力,从而成为现代通信的主干网。

　　本章重点介绍光纤的导光原理、光纤的传输特性以及 SDH 光传输网等基本知识,简要介绍实现高速大容量的光传输技术。

4.1　基本概念

　　光导纤维简称光纤。所谓光通信就是利用光波来载送信息,实现通信的目的。光纤通信是以光波为载波,以光导纤维为传输媒介的一种通信方式。

　　由于光纤通信具有一系列优异的特性,近年来,光纤通信技术发展速度之快,应用面之广是通信史上罕见的。它是世界新技术革命的重要标志,也是信息社会中各种信息网的主要传输工具。

1. 光纤通信的发展历程

　　光波是人们最熟悉的电磁波,其波长在微米级,频率为 $10^{14} \sim 10^{15}$ Hz 数量级。由图 4-1 所示的电磁波谱中可以看出,紫外线、可见光、红外线均属于光波的范畴。目前光纤通信使

用的波长范围是在近红外区内,即波长为 0.8 ~ 1.8 μm,可分为短波长波段和长波长波段。短波长波段的波长为 0.85 μm,长波长波段的波长为 1.31 μm 和 1.55 μm,这是目前所采用的三个通信窗口。

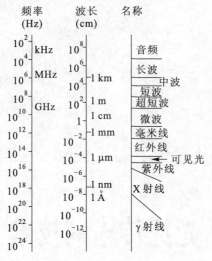

图 4-1　电磁波谱

光波具有 3 大性质:① 直线传播性,是指在同一种介质中,光总是沿着直线传播;② 反射性,是指在不同介质的交界面上,光要发生部分反射;③ 折射性,是指在不同介质的交界面上,没有发生反射的入射光会继续前进,但光的前进方向发生了改变。

电视广播以电波为载体传播着新闻信息,光通信是利用光波作为载体进行通信。以光波来传递信息,首先需要将待传送的信息变换成光波进行传播,在接收端再将光波逆变换,恢复出传递的原始信息。图 4-2 所示为光通信系统的基本组成框图。

现在以声音信号为例来说明图 4-2 中光通信系统各部分的作用。声音信号(声音的强弱)首先经过电终端变换为电信号(电压或电流的强弱),然后将此电信号送到光终端中去,通过光电转换变成光信号,并通过传输媒介将这个光信号传送到远方;在接收端,通过光终端将光信号转变成电信号,然后通过电终端将电信号还原成声音信号,实现以光传输的双方通话。由于光通信中光信号经过一定距离的传输后不可避免地会有所衰减或失真,所以传输过程中需要有一"加油站"对光信号进行整形或处理,这一"加油站"就是图 4-2 中的中继器。

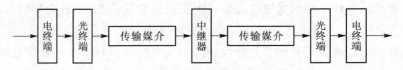

图 4-2　光通信系统组成框图

中国许多地方的烽火台就是光通信最早的历史见证。在这一古老而简单的光通信中,光源是烽火,传输媒介是大气层,光接收器是人的眼睛。这种传输方式易受天气、地形的影响,抗干扰能力差,并且只能在可视距离内通信,与现在的光通信不可同日而语。虽然光远早于电被人所知,但由于光源、光探测器、光传输媒介等一切光通信中的关键问题难于解决,因而光通信的发展极其缓慢。

1880 年,贝尔在他发明电话的 4 年后,又发明了一种利用光波作为载波传递话音信息的"光电话",这一发明证明了利用光波作为载波传递信息的可能性,是光通信历史上的第一步。

贝尔"光电话"的实验并不实用,这是由于光通信的源头——光源不理想。他使用的光源是可见光,可见光是复合光而不是单色光,因此它的光束方向性差,光强不集中,不便于传输。

1960 年,美国科学家梅曼发明了第一个红宝石激光器。激光(Light Amplification by Stimulated Emission of Radiation, LASER)与普通光相比,谱线很窄,方向性极好,是一种频率和相位都一致的相干光,特性与无线电波相似,是一种理想的光载波。因此,激光器的出现使光波通信进入了一个崭新的阶段。图 4-3 为第一台激光器的发明者梅曼。

光通信的传输方式起初采用无线光通信,即光波携带信息直接在大气中传输。由于大气层中的云、雾、雨、雪、风、雷等自然现象对激光束有强烈的衰减作用,无线光通信的效果很不理想。人们转而想到了让光波在有线的信道中传输,那么采用怎样的传输媒介呢?什么样的有线信道适合于光波的传输呢?这些问题困扰了人们许多年。

图 4-3 第一台激光器的发明者梅曼

1966 年,年仅 33 岁的华裔科学家高锟博士发表了题为《适合于光频率的绝缘介质纤维表面波导》的论文,第一次从理论上提出通过玻璃纤维获得光传输损耗极低的学说,为光波的有线传输提供了理论依据,并找到了适合光波传输的最佳有线信道,这就是光导纤维。

1970 年,美国康宁公司首次研制成功损耗为 20 dB/km(这意味着每传输 1 km,光能被减少 100 倍)的石英光纤,它是一种理想的传输媒介。同年,贝尔实验室研制成功室温下连续振荡的半导体激光器(LD)。从此,开始了光纤通信迅速发展的时代,因此人们把 1970 年称为光纤通信的元年。

1974 年,贝尔实验室发明了制造低损耗光纤的方法,称作"改进的汽相沉积法(MCVD)",光纤损耗下降到 1 dB/km。

1976 年,日本电报电话公司研制出更低损耗的光纤,损耗下降到 0.5 dB/km 。同年,美国在亚特兰大成功地进行了 44.7 Mbit/s 的光纤通信系统试验。日本电报电话公司开始了中继距离为 64 km、速率为 32 Mbit/s 的突变折射率光纤系统的室内试验,并研制成功 1.3 μm 波长的半导体激光器。

1979 年,日本电报电话公司研制出 0.2 dB/km 的极低损耗石英光纤。

1984 年,实现了中继距离为 50 km、速率为 1.7 Gbit/s 的实用化光纤传输系统。

1990 年,1.55 μm 长波长单模光纤传输系统投入使用,实现了中继距离超过 100 km、速率为 2.4 Gbit/s 的光纤传输。

20 世纪 90 年代以来,第四代光纤通信系统以频分复用增加速率和使用光放大器增加

中继距离为标志,可以使用(也可以不使用)相干接收方式,使系统的通信容量成数量级地增加,已经实现了在 2.5 Gbit/s 速率上传输 4 500 km 和 10 Gbit/s 的速率上传输 1 500 km 的试验。

目前,光孤子通信系统正在研究开发中。光孤子,指由于光纤的非线性效应与光纤色散相互抵消,使光脉冲在无损耗的光纤中保持其形状不变地传输的现象。光孤子通信系统将使超长距离的光纤传输成为可能,实验证明,在 2.5 Gbit/s 的数码率下光孤子沿环路可传输 14 000 km 的距离。

2. 光纤通信的特点

光纤通信与电通信方式的主要差异有两点:一是用光频作为载频传输信号,二是用光导纤维构成光缆作为传输线路。因此,在光纤通信中起主导作用的是产生光波的激光器和传输光波的光导纤维。

光纤是一种介质光波导,具有把光封闭在其中并沿轴向进行传播的导波结构。它由直径大约只有 0.1 mm 的细玻璃丝构成。光纤通信之所以能够飞速发展,是由于它具有以下突出优点。

(1) 传输频带很宽,通信容量大

随着科学技术的迅速发展,人们对通信的要求越来越多。为了扩大通信容量,有线通信从明线发展到电缆,无线通信从短波发展到微波和毫米波,它们都是通过提高载波频率来扩容的,光纤中传输的光波要比无线通信使用的频率高得多,所以,其通信容量也就比无线通信大得多。

如果像电缆那样把几十根或几百根光纤组成一根光缆(即空分复用),其外径比电缆小得多,传输容量却成百倍的增长,如果再使用波分复用技术,其传输容量就会大得惊人了。这样,就可以满足任何条件下信息传输的需要,对各种宽频带信息的传输具有十分重要的意义。

(2) 中继距离长

信号在传输线上传输,由于传输线的损耗会使信号不断地衰减,信号传输的距离越长,衰减就越严重,当信号衰减到一定程度以后,对方就接收不到信号了。为了长距离通信,往往需要在传输线路上设置许多中继器,将衰减了的信号放大后再继续传输。中继器越多,传输线路的成本就越高,维护也就越不方便,若某一中继器出现故障,就会影响全线的通信。因此,人们希望传输线路的中继器越少越好,最好是不要中继器。

减小传输线路的损耗是实现长中继距离的首要条件。因为光纤的损耗很低,所以能实现很长的中继距离。目前,实用石英光纤的损耗可低于 0.2 dB/km,这比目前其他任何传输媒介的损耗都低。由石英光纤组成的光纤通信系统的最大中继距离可达 200 km 还多。而现有的电通信中,同轴电缆系统的最大中继距离为 6 km,最长的微波中继距离也只有 50 km 左右。如果将来采用非石英系极低损耗光纤,其理论分析损耗可下降到 10^{-9} dB/km,则中继距离可达数千千米甚至数万千米。这样,在任何情况下,通信线路都可以不设中继器,它对降低海底通信的成本、提高可靠性和稳定性具有特别重要的意义。

(3) 抗电磁干扰

任何信息传输系统都应具有一定的抗干扰能力,否则就无实用意义了。而当代世界对通信的各种干扰源比比皆是,有天然干扰源,如雷电干扰、电离层的变化和太阳的黑子活动等;有工业干扰源,如电动机和高压电力线;还有无线电通信的相互干扰等。这都是现代通信必须认真对待的问题。一般说来,现有的电通信尽管采取了各种措施,但都不能满意地解决以上各种干扰的影响,唯有光纤通信不受以上各种电磁干扰的影响,这将从根本上解决电通信系统多年来困扰人们的干扰问题。

（4）保密性好,无串话干扰

对通信系统的另一个重要要求是保密性好,然而无线电通信很容易被人窃听,随着科学技术的发展,就是以前所讲的保密性好的有线电通信也不那么保密了。人们只要在明线或电缆附近设置一个特别的接收装置,就可以窃听明线或电缆中传输的信息,因此,现有的电通信都面临着一个怎样保密的问题。

光纤通信与电通信不同,光波在光纤中传输是不会跑出光纤之外的,即使在转弯处,弯曲半径很小时,漏出的光波也十分微弱,如果在光纤或光缆的表面涂上一层消光剂,光纤中的光就完全不能跑出光纤。这样,用什么方法也无法在光纤外面窃听光纤中传输的信息。

此外,由于光纤中的光被封闭在光纤内,所以在电缆通信中常见的串话现象,在光纤通信中不存在。同时,它也不会干扰其他通信设备或测试设备。

（5）节约有色金属和原材料

现有的电话线或电缆是由铜、铝、铅等金属材料制成的,但从目前的地质调查情况来看,世界上铜的储藏量不多,有人估计,按现在的开采速度只能再开采 50 年左右。而光纤的材料主要是石英(二氧化硅),在地球上的储量极其丰富,并且很少的原材料就可拉制出很长的光纤。例如,40 g 高纯度的石英玻璃可拉制 1 km 的光纤,而制造 1 km 八管中同轴电缆需要耗铜 120 kg,铅 500 kg。光纤通信技术的推广应用将节约大量的金属材料,具有合理使用地球资源的战略意义。

（6）线径细,重量轻

通信设备体积的大小和重量的轻重对许多领域具有特殊重要的意义,特别是在军事、航空和宇宙飞船等方面。光纤的芯径很细,它只有单管同轴电缆的 1%,光缆直径也很小,8 芯光缆横截面直径约为 1 mm,而标准同轴电缆为 47 mm。线径细对减小通信系统所占的空间具有重要意义。目前,利用光纤通信的这个特点,在市话中继线路中成功地解决了地下管道拥挤的问题,节约了地下管道的建设投资。

光缆的重量比电缆要轻得多,例如,1 m 18 管同轴电缆的重量为 11 kg,而 1 m 同等容量的光缆的重量只有 90 g。近年来,许多国家在飞机上使用光纤通信设备,或将原来的电缆通信改为光纤通信,获得了很好的效果,它不但降低了通信设备的成本、飞机制造的成本,而且还提高了通信系统的抗干扰能力和飞机设计的灵活性。例如,美国在 A7 飞机上用光纤通信取代原有的电缆通信后,使飞机减轻重量 12.25 kg。据飞机设计人员统计,高性能的飞机每增加 1 磅(约合 0.4536 kg)的重量,成本费用要增加一万美元。如果考虑在宇宙飞船和人造卫星上使用光纤通信,其意义就更大了。

由于光纤通信上述的许多优点,除了在公用通信和专用通信中广泛使用之外,它还在其他许多领域,如测量、传感、自动控制和医疗卫生等领域得到了十分广泛的应用。

当然,光纤本身也有缺点,如光纤质地脆、机械强度低;要求比较好的切断、连接技术;分路、耦合比较麻烦等。但这些问题随着技术的不断发展,都是可以克服的。

4.2　光纤传输链路

光纤传输链路由图 4-4 所示,其关键部分是由光源和驱动电路组成的光发送机、将光纤包在其中对光纤起到机械加固和保护作用的光缆以及由光检测器、光放大电路、信号恢复电路组成的光接收机三大部分组成。另外还有一些附加的光器件包括光放大器、连接器、接头盒、耦合器和再生中继器(用于恢复信号形状的特性)。

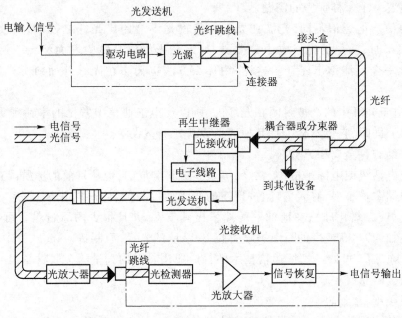

图 4-4　光纤传输链路

在长距离的光纤传输系统中,再生中继器的作用是将经过长距离光纤衰减和畸变后的微弱光信号放大、整形、再生成具有一定强度的光信号,继续送向前方以保证良好的通信质量。目前的再生中继器都采用光—电—光形式,即将接收到的光信号,用光检测器变换为电信号,经放大、整形、再生后再调制成光信号重新发出。

1. 光纤和光缆

在光纤链路中,成缆后的光纤是最重要的元件之一,有关光纤的基本概念已在前面介绍过,光纤的导光原理和传输特性将在本章介绍。为了在铺设过程中保护玻璃纤维及运行需要,光缆中还应包含铜线,用来为光放大器和再生中继器提供电源。同时,对于长途线路,对信号进行放大和整形也是必不可少的。

与铜缆类似,光缆可以架空铺设,也可以铺设在管道内、海底或直埋于地下,如图 4-5所示。由于铺设和制造的原因,单盘光缆的长度一般从几百米到数千米。线轴的尺寸和重量决定了单盘光缆的长度。较短的光缆适用于管道铺设,较长的光缆则适用于架空、直埋或铺设于海底。利用熔接技术,可以将不同的光缆段连接成连续的长途线路。对于海底铺设,光纤的熔接和中继器安装是在特别设计的铺缆船的甲板上完成的。

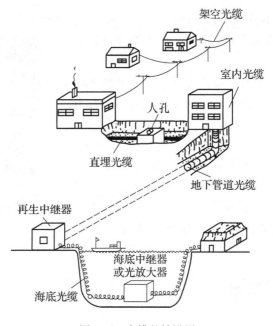

图 4-5　光缆的铺设图

2. 光发送机

光发送机的核心是光源。光源的主要功能就是将输入电信号转换为光信号。一般铺设好光缆以后,光源应有与光纤纤芯相匹配的尺寸,以便于将光功率注入光纤。

目前光纤传输链路均采用发光二极管(Light-Emitting Diode,LED)或激光二极管(Laser Diode,LD)作为光源,因为这两种光源可以简单地按需要的传输速率改变其偏置电流以实现对输出光的调制,从而获得光信号。另外,它们需要与电源相连并且需要驱动电路。所有这些部件通常都组装在一个集成包中。光发送机的输入电流信号既可以是模拟信号也可以是数字信号。图 4-6 给出了发光二极管(LED)和激光二极管(LD)的实例。

(a) 发光二极管(LED)

(b) 激光二极管(LD)

图 4-6　光源实例图

3. 光接收机

光接收机的关键设备是光检测器。光信号注入光纤以后,由于光纤材料的散射、吸收和

色散机理,会导致信号随传输距离的增加而产生连续的衰减和失真。在接收端,光检测器将检测来自光纤末端的微弱光信号,并将其转换为电流信号(即所谓的光生电流)。

目前光纤传输系统中的光检测器是主要有 PIN 光电二极管和雪崩光电二极管(APD)。图 4-7 为各种光检测器实例图。

光接收机设计从本质上要比光发送机更为复杂,这是因为该设备必须处理由光检测器收到的极微弱并有所损失的信号。光接收机最主要的指标参数是接收灵敏度,即在设计数据速率上满足数字系统给定的误码率指标或模拟系统给定的信噪比指标的最小接收光功率。

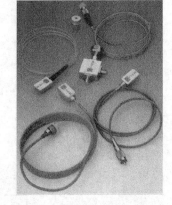

图 4-7　各种光检测器实例图

4.3　光纤的导光原理

4.3.1　基本光学定律

1. 光速和材料的折射率

光在不同的介质中以不同的速度传播,看起来就好像不同的介质以不同的阻力阻碍光的传播。描述介质的这一特征的参数就是折射率,或者折射指数,表 4.3-1 所示为几种不同介质的折射率。如果 v 是光在某种介质中的速度,c 是光在真空中的传播速度($c = 3 \times 10^8$ m/s),那么介质的折射率 n 为

$$n = c/v \qquad (4.3-1)$$

表 4.3-1　不同介质的折射率

材　　料	折射率
空　　气	1.003
水	1.33
玻　　璃	1.52 ~ 1.89
钻　　石	2.42

【例 4.3-1】　已知光从空气照射玻璃并从中穿过,问光在玻璃中的传播速度是多少?

解:取光对玻璃的折射率 $n = 1.5$,得到光在玻璃中的传播速度为

$$v = \frac{c}{n} = \frac{3 \times 10^8}{1.5} \text{ m/s} = 2.0 \times 10^8 \text{ m/s}$$

2. 光线的反射定律和折射定律

光在传播过程中,若从一种介质传播到另一种介质的交界面时,因两种介质的折射率不等,将会在交界面上发生反射和折射现象,如图 4-8 所示,图中 θ_1 是入射角,θ_2 是折射角。θ_3 是反射角(这些角度是光线和与边界垂直的线间的角度)。无论是反射还是折射,它们都遵循反射定律和折射定律。

反射定律:反射线位于入射线和法线所决定的平面内,反射线和入射线处于法线的两侧,反射角等于入射角,即有

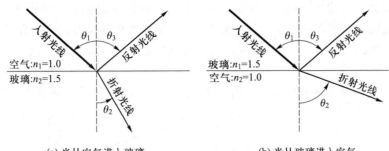

(a) 光从空气进入玻璃　　　　(b) 光从玻璃进入空气

图 4-8　入射光线、反射光线和折射光线

$$\theta_1 = \theta_3 \tag{4.3-2}$$

折射定律:折射线位于入射线和法线所决定的平面内,折射线和入射线位于法线的两侧,且满足

$$n_1 \sin\theta_1 = n_2 \sin\theta_2 \tag{4.3-3}$$

【例 4.3-2】　图 4-8 中 $n_1 = 1.0$,$\theta_1 = 30°$,$n_2 = 1.5$,那么 θ_2 和 θ_3 的值是多少?

解:$\theta_3 = \theta_1 = 30°$,由 $n_1 \sin\theta_1 = n_2 \sin\theta_2$,

可求得 $\theta_2 = \sin^{-1}(0.5/1.5) = \sin^{-1}(0.333) = 19.5°$

下面的问题是:如果我们增加光从玻璃进入空气的入射角会发生什么情况呢? 图 4-9 示出了一系列光线的位置。最重要的位置如图 4-9(c)所示,其中入射角 θ_1 达到临界入射值 θ_{1c}——称其为临界是因为光不再进入第二种介质(在这个例子中是空气)。反射角等于 90° 时的入射角被称为临界入射角 θ_{1c}。如果我们继续增加入射角使 $\theta_1 > \theta_{1c}$,所有的光将反射回入射介质。这种状况如图 4-9(d)所示。因为所有的光都反射回入射介质,这一现象被称为全内反射。

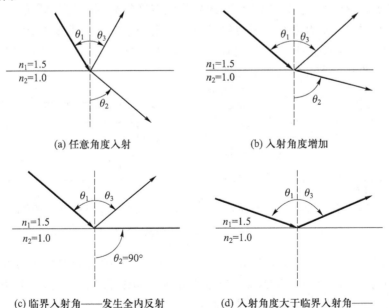

(a) 任意角度入射　　　　　　(b) 入射角度增加

(c) 临界入射角——发生全内反射　　　　(d) 入射角度大于临界入射角——所有的光全部被反射回入射介质

图 4-9　一系列光线的位置

从图 4-9 可以得出如下结论:当光线从一个具有较高折射率的介质进入一个具有较低折射率的介质而且入射角超过临界入射角的时候,所有的光都反射回入射介质,这也就意味着光不会进入第二种介质,这种现象被称为全内反射。全内反射说明了光为什么能保持在光纤中。

【例 4.3-3】　假设有个被空气包围的玻璃棒,如图 4-10 所示。请找出临界入射角。

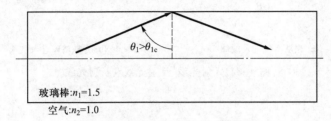

图 4-10　【例 4.3-3】图示

解:如果将光以大于或等于临界入射角的角度射入玻璃棒,所有的光都会保持在玻璃棒中。如果玻璃棒折射率 $n_1 = 1.5$,空气 $n_2 = 1.0$

$$n_1\sin\theta_1 = n_2\sin\theta_2$$

当 $\theta_2 = 90°$ 时,得 $\theta_{1c} = \sin^{-1}(1/1.5) = 41.81°$。即临界入射角为 41.81°

可见,全内反射是使光纤成为通信链路的一个必要条件。如果没有全内反射,我们不可能像现在这样用光纤作为长距离光导。

4.3.2　光纤对光的传导

1. 纤芯和包层的折射率

第 3 章已介绍,光纤是由两种不同折射率的玻璃材料拉制而成,其结构如图 3-4 所示。根据光纤横截面上折射率分布的不同,可分为阶跃型光纤和渐变型光纤。阶跃型光纤其纤芯的折射率均为常数,折射率在纤芯与包层的界面上发生突变。渐变型光纤纤芯的折射率随着半径的增加按接近抛物线型的规律变小,至界面处纤芯折射率等于包层的折射率。图 4-11 给出了阶跃型光纤的结构示意图。

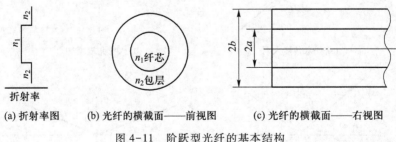

(a) 折射率图　　(b) 光纤的横截面——前视图　　(c) 光纤的横截面——右视图

图 4-11　阶跃型光纤的基本结构

由前面分析得知,为了使光保持在光纤的纤芯中,必须满足全内反射的条件。因此,为了在纤芯和包层的边界实现全内反射,纤芯的折射率 n_1 必须比包层的折射率 n_2 大。在这个条件下,光不仅在沿着纤芯的中心线传播还可以在不离开纤芯的情况下沿着与中心线有不同角度的方向传播。于是我们建立了一个光信道,这个光信道(光纤)即使它本身是弯曲的仍能使光保持在纤芯中。图 4-12 对光纤内部光的传播情况进行了描述。

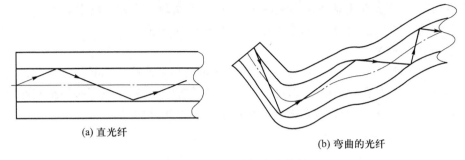

(a) 直光纤　　　　　　　　　　(b) 弯曲的光纤

图 4-12　光纤内部光的传播

【例 4.3-4】　已知纤芯的折射率 $n_1 = 1.48$，包层的折射率 $n_2 = 1.46$，在什么条件下光可以保持在纤芯中？

解：这个条件就是全内反射。为了实现全内反射，至少要使光纤以临界入射角入射到纤芯包层边界，则

$$\theta_{1c} = \sin^{-1}(1.46/1.48) = 80.57°$$

上面的例子也帮助我们记住一个重要的结论：为了使光保持在光纤的纤芯中，$n_{纤芯}(n_1)$ 总是比 $n_{包层}(n_2)$ 大。

下面从临界入射角和临界传播角方面继续讨论光纤传输所必需的条件。

2. 临界入射角 θ_{1c} 和临界传播角 α_c

临界传播角 α_c 指光线与光纤中心线的角度（在光纤术语中常称它为"临界角"）；临界入射角 θ_{1c} 是光线和与纤芯和包层间的光边界垂直的直线间的角度。这两个角度之间的关系如图 4-13 所示。

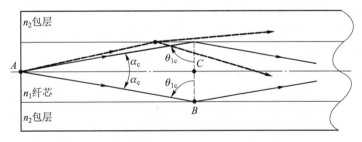

图 4-13　临界入射角 θ_{1c} 和临界传播角 α_c

从图 4-13 中的直角三角形 ABC 可以清楚地看到 $\alpha_c = 90° - \theta_{1c}$。$\sin\theta_{1c} = \cos\alpha_c$

由　$n_1 \sin\theta_1 = n_2 \sin\theta_2$

可知，当 $\theta_2 = 90°$ 时，得 $\theta_{1c} = \sin^{-1}(n_2/n_1)$。

则　$\alpha_c = \sin^{-1}\sqrt{1 - \left(\dfrac{n_2}{n_1}\right)^2}$

在【例 4.3-4】中，我们算出 $\theta_{1c} = 80.57°$，所以 $\alpha_c = \sin^{-1}\sqrt{1 - \left(\dfrac{1.46}{1.48}\right)^2} = 9.43°$

从上面的分析我们可以得出如下结论:为了使光保持在光纤内,我们需要使光以大于或等于临界入射角 θ_{1c} 的角度达到纤芯包层边界,这样就实现了光的全反射。为了使光大于或等于这个角度,必须让光以等于或小于临界传播角 α_c 来传播。

3. 光纤接受角度

下面的问题就是我们如何导向光才能使光的角度小于或等于临界传播角?光当然要从像 LED 或 LD 这样的某个源发出,而这个源是在光纤之外的,所以我们必须把它导向到光纤中。图 4-14 示出了从一个光源辐射的光如何进入一根光纤的过程。

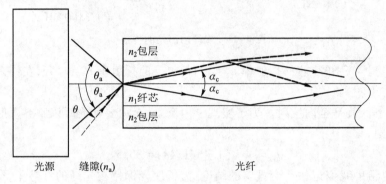

图 4-14　光从光源导向到光纤的过程

对于缝隙光纤接口,在接口处角度为 θ_a 的光是入射光,角度为 α_c 的是发射光,它也是在缝隙纤芯接口处的折射光(反射光没有画出)。图 4-14 中, θ_a 与 α_c 间的关系可由折射定律得出

$$n_a \sin\theta_a = n_1 \sin\alpha_c \tag{4.3-4}$$

如果光源和光纤之间的缝隙是空气,那么 n_a 接近 1 ($n_a = 1.0003$)。因此

$$\sin\theta_a = n_1 \sin\alpha_c \tag{4.3-5}$$

式(4.3-5)说明:为了使光保持在光纤中(即实现全内反射),所有的光线必须以临界传播角 α_c 或更小的角度传播。为了让我们能使光在光纤中保持这个角度,我们必须将光以角度 θ_a 或更小的角度从光纤外部(即光源)导向到光纤中去。

从图 4-14 可以清楚地看到角度 θ_a 是个空间中的角。如果光从一个限制在 $2\theta_a$ 的锥形区域中的光源发出,那么光可以保持在光纤中。我们称角 $2\theta_a$ 为接受角度。

图 4-14 中的虚线指明一个光线以超过 θ_a 的角度从光纤外进入光纤的情况。显然光线会以超过临界传播角 α_c 的角度在光纤中传播。这就导致了光线的部分折射。换句话说,如果一个光线不在由 $2\theta_a$ 所限制的接受锥形中,它在光纤中传输时就会发生损耗。简单地说,超过接受角度 $2\theta_a$ 就不满足在光纤内部进行全内反射所要求的必要条件。

【例 4.3-5】　已知光纤纤芯的折射率 $n_1 = 1.48$,包层的折射率 $n_2 = 1.46$,问其接受角是多少?

解:因为, $\alpha_c = \sin^{-1}\sqrt{1 - \left(\dfrac{1.46}{1.48}\right)^2} = 9.43°$

由 $n_a \sin\theta_a = n_1 \sin\alpha_c$,对于空气, $n_a = 1$。

则 $\sin\theta_a = 1.48\sin 9.43°$,求得 $\theta_a = \sin^{-1} 0.2425 = 14.033°$

所以接受角度 $2\theta_a = 28.07°$。

以上这些讨论都是为了更好地解释我们怎样才能使光保持在光纤内部。物理上讲,系统中有两个必须相互连接的部件:光纤和光源(LED 或 LD)。实际中我们看不到任何一个角度(无论是临界传播角还是接受角),我们所能做的事情就是将光从光源导向到光纤中。这就引入一个将所有这些因素结合在一起的特性参数——数值孔径 NA(Numerical Aperture)。

4. 数值孔径 NA

数值孔径表征光纤从光源接收光线的能力。NA 值越大,光纤接收光线的能力越强。

数值孔径 NA 的定义是

$$NA = \sin\theta_a \tag{4.3-6}$$

由于 $\sin\theta_a = n_1 \sin\alpha_c$, $\sin\alpha_c = \sqrt{1 - \left(\dfrac{n_2}{n_1}\right)^2}$, 则得到 NA 的常用公式

$$NA = \sqrt{n_1^2 - n_2^2} \tag{4.3-7}$$

【例 4.3-6】 已知光纤纤芯的折射率 $n_1 = 1.48$, 包层的折射率 $n_2 = 1.46$, 问其数值孔径是多少?

解: $NA = \sqrt{n_1^2 - n_2^2} = \sqrt{1.48^2 - 1.46^2} = 0.2425$

我们可以用一个简单的流图来总结上面的讨论: $\theta_{1c} \to \alpha_c \to \theta_a \to NA$。可见,数值孔径 NA 描述了光纤从光源接收光线的能力以及利用全内反射将光保持或保存在光纤中的能力。

从式(4.3-7)知, NA 与 n_1(纤芯折射率)和 n_2(包层折射率)的值有关。实际中,光纤传输技术并不是根据纤芯和包层的折射率本身来工作,而是依靠两者的差值 Δn 来工作。我们将差值 Δn 定义为

$$\Delta n = n_1 - n_2 \tag{4.3-8}$$

注意 Δn 总是正值。通常使用折射率的相对差 Δ, 定义相对差为

$$\Delta = (n_1 - n_2)/n$$

其中, n 是平均折射率, $n = (n_1 + n_2)/2$。由于在实际应用中, n_1 和 n_2 非常接近,所以我们有时候我们会遇到 $\Delta = (n_1 - n_2)/n_2$ 或 $\Delta = (n_1 - n_2)/n_1$ 的情况。两者计算的结果值变化很小。

于是 NA 还可以表示为

$$NA = \sqrt{n_1^2 - n_2^2} = \sqrt{(n_1 - n_2)(n_1 + n_2)} = n\sqrt{2\Delta} \tag{4.3-9}$$

式(4.3-9)说明, n_1 和 n_2 本身并不重要,重要的是它们的平均值和相对差。所以,要改变 NA 的值,我们需要变化的是 n 和 Δn, 这也是制造商实际采用的方法。通过改变这两个参数,制造商可以在一个相对较宽的范围内改变 NA(如硅光纤的范围是从 0.1 到 0.3), 从而控制光纤的集光能力。

4.4 光纤的传输特性

第 3 章已讨论过,信号通过信道的传输,由于传输媒介的特性,传输过程中必然会产生信号的衰减。对于光纤传输技术,光纤中的衰减是指光沿光纤传输过程中光能量的损耗。光纤的衰减主要有损耗特性和色散特性两种。下面分别进行讨论。

4.4.1　光纤的损耗特性

一、弯曲损耗

1. 宏弯损耗

现代光纤最重要的优点之一就是它的易弯曲性。尽管玻璃棒中光传导非常好,但它不能弯,所以不能将玻璃棒用于电信传输。由于要在不同的环境中安装光纤,所以要能够弯曲它才行。这也就是为什么直到出现了在需要时安装人员可以对光缆进行弯曲的光纤以后,真正的光纤传输才诞生。这根细线能弯曲的程度就是我们接下来要讨论的问题。

宏弯损耗是指由整个光纤轴线的弯曲造成的损耗,其原理如图 4-15 所示。光束在光纤的直或平的部分与光纤的轴线成临界传播角;但是同一光束射到光纤弯曲部分的边界处所成的传播角大于临界值。其结果就是在弯曲的光纤中不能满足全内反射条件,这也就意味着光束的一部分会从光纤的纤芯中逃离出去。所以,到达目的地的光功率比从光源发出的进入光纤时的光功率小。换句话说,将光纤弯曲后将产生光功率的损耗(即衰减)。这是造成光在光纤中传播时所产生总衰减的主要原因之一。

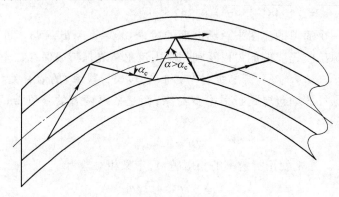

图 4-15　宏弯损耗

那么如何才能克服宏弯损耗呢?光纤制造商曾经通过设计折射率分布图来研究如何才能降低光纤的弯曲敏感性。不幸的是对弯曲敏感性的改善只有在降低光纤其他参数性能的前提下才能实现。这就是为什么光纤制造商只是告诉用户在一定的弯曲半径所产生的弯曲损耗是多少的原因。例如,如果以 32 mm 的轴直径弯曲一种常用的光纤会产生 0.5 dB(大约 11%)的弯曲损耗。有时制造商也在它们的数据表单中列出最小弯曲半径。

所以,我们可以说没有直接的办法来消除产生该衰减的原因,我们所能做的就是在弯曲光纤时小心一些。

对光纤进行弯曲不仅改变光纤的光特性也改变它们的机械特性。为了避免这种情况,安装人员或者用户在弯曲光纤的时候要采取一定的预防措施。关于最小弯曲半径的经验法则是:对于长期的应用,弯曲半径应超过光纤包层直径的 150 倍;对短期应用,应超过包层直径的 100 倍。对于硅光纤,其包层直径通常为 125 μm,所以这两个数值分别为 19 mm 和 13 mm。需要注意的是如果采用比上述小的半径弯曲会损坏光纤。

宏弯损耗也有可用的一面。有时,我们需要在光纤通信链路中引入一些可控的衰减。

有一类衰减器就是依据宏弯损耗现象工作的。其优点就是只要将用于传输的光纤转几圈就可以了,使用这种衰减器,可以通过控制光纤以给定的半径所转的圈数来控制衰减量。

另一个有益的应用是将弯曲的光纤作为模过滤器(一个用于减少光纤中模的数量的装置)。模的概念随后将做介绍。

2. 微弯损耗

微弯损耗是指由光纤轴线微小的畸变造成的损耗。其原理如图 4-16 所示。纤芯包层接口在几何上的不完善可能会造成在相应区域上微观的凸起或凹陷。光束最初以临界传播角传输,经过在这些不完善点处的反射以后,传播角会发生变化。结果就是不再满足全内反射条件,部分光束被折射掉,即它们泄露出纤芯,从而产生微弯损耗。

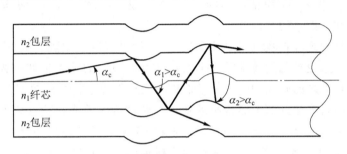

图 4-16 微弯损耗

对于微弯损耗光纤用户,除了让制造商改进其光纤的质量外没有其他办法。幸运的是,纤维制造技术现在已经发展得相当好,微弯损耗已不再是主要的问题。可以假设它被包括在给出的总衰减中。

除了因制造工艺产生的微弯损耗外,还有另外一个产生这个问题的原因:直接作用在光纤上的机械压力造成微型的凸起或凹陷。热压也能造成光纤的微弯。所以,用户在安装和维护的时候应该很小心。

为了确定光纤对外部造成的微弯损耗的敏感性,可进行微弯测试。例如,一个公司用砂纸包住光纤,再将光纤掺到电缆盘上,然后在砂纸上施加标定的压力。这个测试可以使用户定量地比较不同类型的光纤。

决定微弯敏感性的关键光纤部件是光纤的涂敷层。现有的技术可以制造非常好的涂敷层,这也就使光纤的特性有了相当的改善。

用户为了减少宏弯和微弯所能做的工作就是确保尽量小心地使用光纤,尤其是那些外层很薄的带状光纤(ribbon fiber),要随时牢记光纤是非常脆弱的介质。机械和环境的压力会改变光纤的光特性,导致传输信号的恶化。

二、散射损耗

光纤本身损耗的原因,大致包括两类:散射损耗和吸收损耗。

所谓散射是指光通过密度或折射率等不均匀的物质时,除了在光的传播方向以外,在其他方向也可以看到光,这种现象称为光的散射。

假设纤芯材料存在缺陷,如图 4-17 所示。一束以等于或小于临界角的方向进行传播的光在碰到障碍物体后会改变其方向。换句话说,光会散射。散射效应破坏了在纤芯包层边界保持全内反射的条件,由于部分光会穿出纤芯,也就造成了功率的损耗。

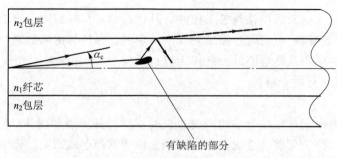

图 4-17　散射损耗

需要注意的是：图 4-17 所指纤芯的缺陷，既可以是纤芯中有一些机械的微粒，也可能是纤芯中可能存在折射率的细微变化。

由于一根光纤的纤芯直径可以是几微米大小，所以可以想象到光纤的制造工艺需要多么的完善和清洁。这也是现代技术的一个突出成就。目前的技术生产的光纤，其充分透明纤芯中绝不会发现外来的微粒的。但是纤芯中还是可能存在折射率的细微变化。

即使是纤芯折射率在其值上非常小的变化也会被传输的光视为光阻碍，而且这一阻碍将会改变初始光的方向，如图 4-17 所示，这一现象会破坏纤芯包层边界对全内反射条件的保持。其结果，就像上面论述的一样，会造成散射损耗——光离开了纤芯。

散射损耗中瑞利散射和结构缺陷散射对光纤传输的影响较大。

1. 瑞利散射

这种散射是由于光纤材料的折射率随机性变化而引起的。材料的折射率变化是由于密度不均匀或者内部应力不均匀而产生。当折射率变化很小时，引起的瑞利散射是光纤散射损耗的最低限度。瑞利散射损耗与光波长的 4 次方成反比（即与 $1/\lambda^4$ 成正比），它随波长的增加而急剧减小，因此在短波长 $0.85\ \mu m$ 处，它对损耗的影响最大。

2. 结构缺陷散射

在光纤制造过程中，由于结构缺陷（如光纤中的气泡、未发生反应的原材料以及纤芯和包层交界处粗糙等），将会产生结构缺陷散射损耗，这种损耗与光波长无关。

三、吸收损耗

吸收损耗是光波通过光纤材料时，有一部分光能转变成热能，造成光功率的损失。造成吸收损耗的原因很多，但都与光纤材料有关，下面主要介绍本征吸收和杂质吸收。

1. 本征吸收

它是光纤基础材料（如 SiO_2）固有的吸收，并不是杂质或者缺陷所引起的，因此，本征吸收基本上确定了某一种材料吸收损耗的下限。材料的固有吸收损耗与波长有关，对于 SiO_2 石英系光纤，本征吸收有两个吸收带，一个是紫外吸收带，另一个是红外吸收带。

（1）紫外吸收

紫外区的波长范围是：$6\times10^{-3}\ \mu m \sim 0.39\ \mu m$，石英玻璃在 $0.12\ \mu m$ 附近产生紫外吸收峰，它影响的区域很宽，其吸收带的尾部可拖到 $1\ \mu m$ 左右，将影响目前光通信的短波波段。吸收损耗的大小将随着波长的增加而按指数规律下降。如果在石英玻璃内掺入不同的杂质，可使吸收峰波长发生变化。对于掺锗（Ge）的单模光纤来说，紫外吸收带的影响小于每公里 $1\ dB$。

（2）红外吸收

红外区的波长范围是：$0.76\,\mu\mathrm{m}\sim300\,\mu\mathrm{m}$，石英玻璃在波长为 $9\,\mu\mathrm{m}$、$12.9\,\mu\mathrm{m}$、$21\,\mu\mathrm{m}$ 和 $36.4\,\mu\mathrm{m}$ 处有吸收峰，吸收带的尾部可延伸到 $1\,\mu\mathrm{m}$ 左右，将影响到目前使用的石英系光纤通信的长波波段，这也是使得波段扩展困难的原因之一。

2. 杂质吸收

杂质吸收是由光纤材料的不纯净而造成的附加吸收损耗。影响最严重的是：金属过渡离子和水的氢氧根离子吸收电磁能量而造成的损耗。这些不纯成分，就会使传输产生很大的损耗。

随着光纤制造技术的提高，杂质吸收、结构不完善等产生的损耗已降到很小。因此，目前高质量的光纤，其损耗已达到或接近理论计算值。图 4-18 为光纤中光功率损耗系数随波长变化的频谱曲线。从图中可知，波长 $1.38\,\mu\mathrm{m}\sim1.4\,\mu\mathrm{m}$ 的峰值损耗为最大。图中存在 3 个低损耗窗口：$0.85\,\mu\mathrm{m}$，$1.3\,\mu\mathrm{m}$，$1.55\,\mu\mathrm{m}$，对应于光纤已开发应用的波段为 $0.8\,\mu\mathrm{m}\sim0.9\,\mu\mathrm{m}$ 的短波段，损耗约为 2dB/km；$1.2\,\mu\mathrm{m}\sim1.7\,\mu\mathrm{m}$ 长波段中，$1.3\,\mu\mathrm{m}$ 波长的损耗已达 $0.5\,\mathrm{dB/km}$；在 $1.55\,\mu\mathrm{m}$ 波长上的损耗低达 $0.154\,\mathrm{dB/km}$。

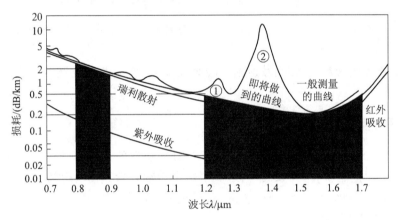

图 4-18　光纤损耗频谱曲线

四、对衰减的计算

光纤损耗 $Loss$ 是指光纤输出端的功率 P_{out} 与发射到光纤时的功率 P_{in} 的比值。

$$Loss = P_{\mathrm{out}}/P_{\mathrm{in}} \tag{4.4-1}$$

其中功率 P_{out} 和 P_{in} 以 W（瓦）为单位。

通常我们用 dB（分贝）来测量损耗（衰减）：

$$Loss(\mathrm{dB}) = -10\log_{10}(P_{\mathrm{out}}/P_{\mathrm{in}}) = 10\lg(P_{\mathrm{in}}/P_{\mathrm{out}}) \tag{4.4-2}$$

由于损耗是同光纤的长度 L 成正比的，所以总衰减不仅表明光纤损耗本身，还应反映了光纤的长度，于是定义单位光纤长度衰减为

$$A(\mathrm{dB/km}) = Loss(\mathrm{dB})/光纤长度(\mathrm{km}) \tag{4.4-3}$$

称 $A(\mathrm{dB/km})$ 为衰减，它是光纤最重要的特性之一。利用式（4.4-3）我们可以在知道 P_{out}、P_{in} 和衰减 A 的情况下计算光纤链路的长度 L，即

$$L = (10/A)\lg(P_{\mathrm{in}}/P_{\mathrm{out}}) \tag{4.4-4}$$

153

4.4　光纤的传输特性

式(4.4-4)可以使我们利用衰减来计算最大传输距离。不过要明确的是 P_{out} 的最小值是由接收器的敏感性来决定的。

【例 4.4-1】　一个传输系统使用衰减 A 为 $0.5\,dB/km$ 的光纤。如果输入功率是 $1\,mW$，链路长度为 $15\,km$，求输出光功率。

解： 由式(4.4-3)

$$0.5 = 10\lg\frac{1\times10^{-3}}{P_{out}}/15$$

得

$$P_{out} = \frac{1\times10^{-3}}{10^{0.5\times15/10}}\,mW = 0.178\,mW$$

【例 4.4-2】　如果发射功率为 $1\,mW$，接收器的敏感性为 $50\,\mu W$，计算衰减为 $0.5\,dB/km$ 的光纤链路的最大传输距离。

解： 由于 P_{out} 的最小值是由接收器的敏感性来决定的，则 $P_{out} = 50\,\mu W$。由公式 (4.4-4) 得

$$L(km) = (10/A)\lg(P_{in}/P_{out}) = \frac{10}{0.5}\lg20\,km = 26\,km$$

乍一看，这不是一个很大的距离，不过要知道具有这一衰减级别的光纤是为中距离应用设计的。

总之，总衰减包括弯曲损耗、散射损耗和吸收损耗，而弯曲损耗通常在光纤规格说明表单中单独给出。

4.4.2　光纤的色散特性

光纤色散是光纤的另一个重要特性，由于光纤中色散的存在，会使得输入脉冲在传输过程中展宽，产生码间干扰，增加误码率，这就限制了传输容量和传输距离。

光纤的色散可归结为三类：模式色散、材料色散，波导色散。

一、模式及模式数量

1. 模式

光在光纤中是以一组独立的光束或光线传播。如果我们能够看到光纤内部的话，我们会看到一组光线以不同的传播角 α 传播，传播角的值从零到临界值 α_c。我们把光纤中不同的传播光束称为模式。如图 4-19(a)所示。

我们用传播角度来区分模式并用"级"一词来指定特定的模式。规则是：模式的传播角度越小，其级越低。所以，严格按光纤中心轴线传播的模式是零级模式(零级模式也称为基本模式)，以临界角传播的模式是这个光纤可能有的最高级模式。

一根光纤内可存在许多模式，只能传输一种模式的光纤称为单模光纤，拥有多个模式的光纤称为多模光纤。

2. 模式数量

光纤中的模式数量依赖于光纤的光特性和几何特性。一根光纤的纤芯直径越大纤芯所能容纳的光就越多，所具有的模式就越多；同样，光的波长越短光纤所能容纳的模式也越多。对于数值孔径，如果它越大，光纤收集的光就越多，光纤中我们将会看到的模式就越多。可见，一个特定光纤中的模式数量与光纤的直径 d 和数值孔径 NA 成正比，与使用的光的波长

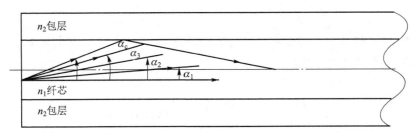

(a) 不同光束的模式

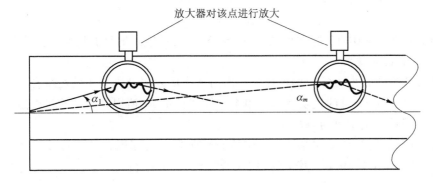

(b) 不同的光束具有不同的相位变化

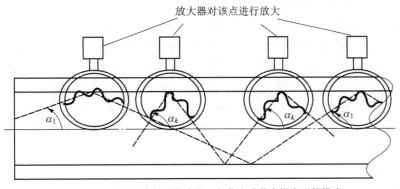

(c) 光纤只支持那些在同一相位完成整个锯齿形的模式

图 4-19　光纤中的模式

成反比。

　　一根光纤中模式的数量由归一化频率(Normalized Frequency)参数 V 来决定,这个参数常被称为 V 参数。这个值等于

$$V = \frac{\pi d}{\lambda}\sqrt{n_1^2 - n_2^2} = \frac{\pi d}{\lambda}NA = \frac{\pi d n}{\lambda}\sqrt{2\Delta} \tag{4.4-5}$$

其中,d 为纤芯直径,λ 为工作波长,n_1 和 n_2 分别为纤芯和包层的折射率。

　　对于阶跃折射率光纤,当 V 值较大($V>20$)时,可以采用以下公式计算模式的数量 N

$$N = V^2/2 \tag{4.4-6}$$

　　对于渐变折射率光纤,模式的数量 N 为

$$N = V^2/4 \tag{4.4-7}$$

从公式(4.4-6)和(4.4-7)可见,模式的数量与纤芯直径和数值孔径成正比,与波长成

反比。

【例 4.4–3】　如果纤芯直径 $d = 62.5\ \mu\text{m}$，数值孔径 $NA = 0.275$，工作波长 $\lambda = 1\ 300\ \text{nm}$，计算渐变折射率光纤的模式数量。

解：由公式（4.4–5）有

$$V = \frac{\pi d}{\lambda} NA = \frac{3.14 \times 62.5 \times 10^{-6}}{1\ 300 \times 10^{-9}} \times 0.275 = 41.5$$

用公式（4.4–7）计算模式数量，有

$$N = V^2/4 = 431$$

注意，上例 N 计算得到的实际数值是 430.562 5，而模式的数量只能是整数。故取 $N = 431$。

3. 模式的物理意义

为什么我们要知道光纤中的模式呢？因为从光源发出到光纤中的光束在光纤中被分成一组模式。在光纤中，总的光功率是由单个的模式携带的，所以在光纤输出端这些小部分结合起来就成了带一定功率的输出光束。

下面的问题是：为什么在光纤外是连续的光在光纤内部被转换成离散的模式？答案可见图 4–19（b）和图 4–19（c），其中的"放大器"以较大的比例显示了我们感兴趣的点。

这里我们有三点要说明：第一，光是由电磁波组成的。特定的波到达纤芯包层接口的相位是不同的，并且这依赖于波传输的距离。光纤内部的距离是由传播角决定的。所以，光纤中以不同传播角传输的不同的波以不同的相位角到达纤芯和包层接口，图 4–19（b）示出了两个波。第二，一个波在反射时会发生相位移动，这个移动依赖于传播角。图 4–19（b）中以传播角 α_1 和 α_m 传输的波具有不同的相位移动。第三，完成了整个锯齿形的波 α_1 到达纤芯包层的相位与它上次到达时的相位相同，而波 α_k 具有了新相位。也就是说，波 α_1 在完成了整个传输周期后重新生成自己，而波 α_k 则不能。所有这些相位移动都依赖于在光纤中传输的特定波的传播角。所以，光纤仅支持特定的波，其选择的准则就是传播角。

二、模式色散

1. 色散的概念

在光纤中，信号的不同模式或不同频率在传输时具有不同的速度，因而信号到达终端时会出现传输时延差，从而引起信号畸变，这种现象统称色散。这种现象表现在传一个脉冲信号时，光脉冲将随着传输距离的延长，脉冲的宽度越来越被展宽。从光纤色散产生的机理来看，它包括模式色散、材料色散和波导色散三种。在单模光纤中只有基模传输，因此不存在模式色散，只有材料色散和波导色散。

2. 模式色散

由于光束在光纤内部的模式结构所造成的脉冲展宽被称为模式色散。模式色散一般存在于多模光纤中。因为，在多模光纤中同时存在多个模式，不同模式沿光纤轴向传播的群速度是不同，它们到达终端时，必定会有先有后，出现时延差，形成模式色散，引起脉冲宽度展宽，如图 4–20 所示。

图 4–20 中，有一个光脉冲表示逻辑 **1**，没有光脉冲表示逻辑 **0**。这样的光脉冲由一个光源发出，进入光纤，在光纤中每个脉冲分解成由单个模式携带的一组小脉冲（图 4–20 的光纤中有 4 个模式）。在光纤的输出端，单个的小脉冲重新结合起来，因为小脉冲彼此重叠，接收器就看到一个长的光脉冲，脉冲的上升沿为基本模式，下降沿为临界模式。

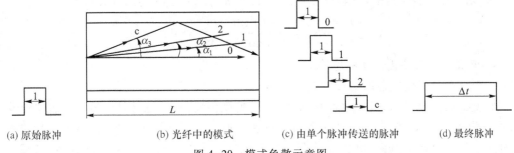

(a) 原始脉冲　　　　(b) 光纤中的模式　　　(c) 由单个脉冲传送的脉冲　　　(d) 最终脉冲

图 4-20　模式色散示意图

3. 模式色散的计算

色散的大小用时延差 Δt 表示。现以阶跃型多模光纤为例,对其最大模式色散进行估算。

在多模阶跃光纤中,传输最快和最慢的两条光线分别是沿轴心传播的光线 1 和以临界角 α_c 传播的光线 2,如图 4-21 所示。

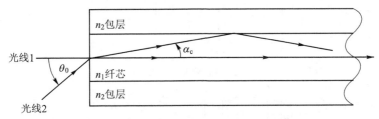

图 4-21　阶跃型多模光纤的模式色散

在长度为 L 的光纤中,传播角等于 $0°$ 的零级模式光线 1 沿中心轴线到达接收器端所需的传播时间为

$$t_{min} = L/v \tag{4.4-8}$$

式中,$v = c/n_1$ 是折射率为 n_1 的纤芯中的光速,c 为真空中的光速。

传播角等于临界角 α_c 的最高级模式(临界模式)光线 2 到达接收器端所需的传播时间为

$$t_{max} = L/(v\cos\alpha_c) \tag{4.4-9}$$

由于 $\cos\alpha_c = \dfrac{n_2}{n_1}$,由式(4.4-9)和式(4.4-8)可以得到阶跃多模光纤的模式色散(最大时延差)为

$$\Delta t = t_{max} - t_{min} = \frac{Ln_1}{c}\left(\frac{n_1 - n_2}{n_2}\right) \approx \frac{Ln_1}{c}\Delta \tag{4.4-10}$$

其中,假设 $n_2 = n$。由式(4.4-10)可见,脉冲扩展与光纤长度成正比。

如果使用弱光纤(n_1 和 n_2 相差很小),式(4.4-10)还可以表示为

$$\Delta t = t_{max} - t_{min} = \frac{L}{2cn_2}(NA)^2 \tag{4.4-11}$$

其中 NA 是数值孔径。

【例 4.4-4】　对于一个 $NA = 0.275$,$n_1 = 1.487$ 阶跃折射率光纤,问一个光脉冲在此光纤中传输 5 km 之后光脉冲扩展(即模式色散)为多少?

4.4　光纤的传输特性

解：由于弱光纤 n_1 和 n_2 相差很小，这里 n_2 用 n_1 代替。根据公式（4.4-11）得

$$\Delta t = \frac{L}{2cn_2}(NA)^2 = \frac{5\times10^3\times0.275^2}{2\times3\times10^8\times1.487}\text{s} = 423.8\text{ ns}$$

4. 模式色散对传输速率的影响

下面我们分析模式色散对传输速率的影响。

假设我们需要以 10 Mbit/s（兆比特每秒）的速度传输信息，也就是说每秒钟想要传输 10×10^6 个脉冲；换句话说，每个周期的持续时间为 100 ns。为了简单起见，假设输入脉冲的持续时间短得可忽略。但是，模式色散会使这些脉冲产生扩展。为了更好地说明，让我们看【例 4.4-4】中的数字，在这个例子中每个脉冲每 1 km 产生 $\frac{423.8\text{ ns}}{5} = 84.76\text{ ns}$ 的扩展。所以每个脉冲的持续时间在传输完第一个千米以后变成 84.76 ns，第二千米以后为 169.52 ns，图 4-22 描述了这种情况。

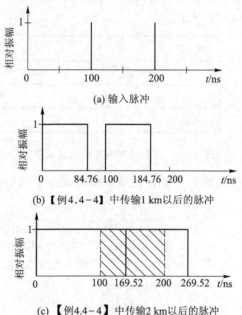

(a) 输入脉冲

(b)【例4.4-4】中传输1 km以后的脉冲

(c)【例4.4-4】中传输2 km以后的脉冲

图 4-22　传输后的脉冲扩展（比特率：10 Mbit/s）

由图 4-22 可见，传输了两千米以后脉冲已经变得很宽，它们彼此重叠，产生码间干扰，使传输产生误码，严重影响传输的质量。也就是说，模式色散严重地影响了信息的传输速率。

因此，在光纤传输过程中，如何减少模式色散是我们下面要讨论的问题。

三、减少模式色散的措施

1. 采用渐变折射率光纤

（1）渐变折射率光纤的结构

由图 4-21 的分析已知，在阶跃型多模光纤的纤芯中，零级模式沿中心轴线传播，较高级的模式以等于或小于临界传播角传播。这样，同样速度的光束传输不同的距离，它们以不同时间到达接收器，从而形成脉冲扩展（模式色散）。如果我们能对光线进行安排，使它

们同时到达,我们就可以减少并消除模式色散。这是减少模式色散的基本思想。

由于物质中的速度 v 由物质的折射率 n 决定: $v = c/n$,其中 c 为光在真空中的速度。所以,我们可以将纤芯设计成具有不同折射率,以便让传输距离最远的光束以最高的速度传播,而传输距离最短的以最低的速度传播。这样的光纤被称为渐变折射率(Graded Index,GI)多模光纤。其原理如图 4-23 所示。

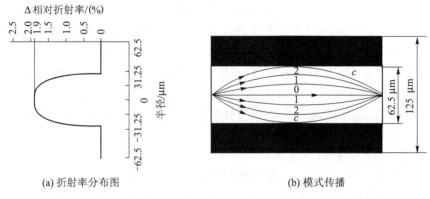

(a) 折射率分布图　　　　　　　(b) 模式传播

图 4-23　渐变折射率(GI)多模光纤

从图 4-23(a)的折射率分布图可见,其折射率的值从纤芯的中心处的 n_1 逐渐变化为纤芯包层边界处的 n_2。这也是为什么这种光纤被称为渐变折射率光纤的原因。较高级的模式沿着其路径的各个点从较高的折射率处运动到较低的折射率处。这也造成了它们传播方向的变化,其曲线路径如图 4-23(b)所示。

渐变折射率光纤的纤芯可以看做是一组层与层之间有细微的折射率变化的薄层,其中中心轴线层的折射率为 n_1,包层边界的折射率为 n_2。折射率的变化是通过在材料中掺入一定数量的非硅原子实现的。

（2）渐变折射率光纤如何减少模式色散

图 4-23 中,沿着渐变折射率光纤中心线传播的模式尽管到达接收端的距离最短,但其所遇到的折射率最大,所以以最小的速度传播;传播时与光纤包层较近的模式尽管到达接收端的距离较长,但因其所遇到的折射率较小就能以较高的速度传播。所以,输入脉冲由各个模式所承载的部分或多或少地同时到达接收器端。所以,模式色散会被减少,传输速率将会提高。

对于渐变折射率光纤,其模式色散(最大脉冲扩展)Δt 可由以下公式给出

$$\Delta t = \frac{LN_1\Delta^2}{8c} \tag{4.4-12}$$

其中 Δ 是相对折射率,c 是光在真空中的速度,N_1 为纤芯群折射率。

【例 4.4-5】　对于一个 $N_1 = 1.487$,$\Delta = 1.71\%$ 的渐变折射率光纤,如果链路长 5 km,计算其模式色散。

解:由公式(4.4-12)得

$$\Delta t = \frac{LN_1\Delta^2}{8c} = \frac{5 \times 10^3 \times 1.487 \times 0.017\,1^2}{8 \times 3 \times 10^8} \text{ s} = 0.9 \text{ ns}$$

将这个结果与【例 4.4-4】中具有相似参数的阶跃折射率光纤的计算结果相比较,可见

4.4　光纤的传输特性

渐变折射率光纤的色散特性要好得多。

引入渐变折射率光纤可以减少模式色散,但这是以费用为代价的。因为制造商要在大规模产品生产时不得不花费更多的工作来控制复杂的折射率分布图。但目前这已不是问题,渐变折射率光纤也成为中短距离网络中常用的传输介质。

2. 采用单模光纤

单模光纤也由纤芯和包层构成,一般纤芯直径 $2a$ 为 $4\sim10\ \mu m$,包层直径 $2b$ 为 $125\ \mu m$。目前,在国内外各级通信网中,用得最普遍的是 $1.3\ \mu m$ 单模光纤,其折射率分布一般都采用阶跃型折射率分布。

单模光纤是在给定的工作波长上,只传输单一基模的光纤。前面分析已知,模式色散的根本原因是存在许多传送同一个光脉冲的多个模式。而一个单模光纤只传输一个模式,所以不会产生模式色散。其色散主要表现为材料色散与波导色散(统称模内色散),材料色散与波导色散的概念将在后面介绍。

3. 各种光纤模式色散的比较

下面对前面所讨论的阶跃折射率多模光纤、渐变折射率多模光纤和阶跃折射率单模光纤的模式色散进行比较分析,以便在实际中合理选用。图 4-24 所示为上述三类光纤的模式色散的性能比较示意图。

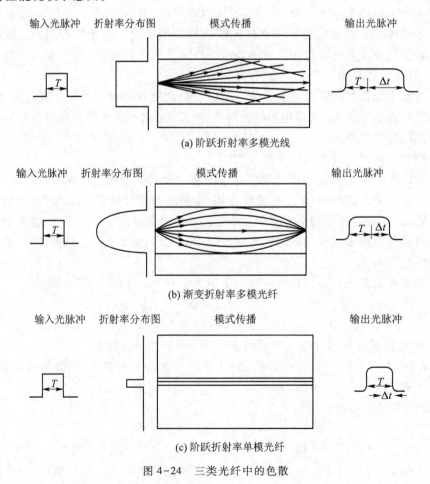

图 4-24　三类光纤中的色散

由图 4-24 可见,单模光纤的模式色散最小。缺点是生产这种光纤所需的费用是最高的,也是最难维护的,并且单模光纤在安装和使用过程中更容易产生宏弯和微弯损耗。不过,单模光纤是现在最流行的一类通信传输链路,尤其在长距离通信中,而且它也必然会渗透到其他的电信领域。

四、材料色散

材料色散是由光纤材料自身特性造成的。石英玻璃的折射率,严格来说,并不是一个固定的常数,而是对不同的传输波长有不同的值。光纤传输实际上用的光源发出的光,并不是只有理想的单一波长,而是有一定的波谱宽度。当光在折射率为 n 介质中传播时,其传播速度 v 与空气中的光速 c 之间的关系为:$v = c/n$,且 n 依赖于 λ。

光的波长不同,折射率 n 就不同,光传输的速度也就不同。因此,当把具有一定光谱宽度的光源发出的光脉冲射入光纤内传输时,光的传输速度将随光波长的不同而改变,到达终端时将产生时延差,从而引起脉冲波形展宽。

由材料色散造成的脉冲扩展可用以下公式进行计算

$$\Delta t = D(\lambda) \cdot L \cdot \Delta\lambda \qquad (4.4-13)$$

其中,$D(\lambda)$ 是材料色散系数,单位是 $ps/(nm \cdot km)$;$\Delta\lambda$ 是光源光谱宽度。

【例 4.4-6】 某光纤的材料色散系数 $D(\lambda) = 3.5\ ps/(nm \cdot km)$,其谱线宽度 $\Delta\lambda = 4\ nm$,试求该光传输 1 km 之后的材料色散。(注:$1\ ps = 10^{-12}\ s$)

解: 由式(4.4-13)得

$$\Delta t = D(\lambda) \cdot L \cdot \Delta\lambda = 3.5 \times 4 \times 1\ ps = 14\ ps$$

五、波导色散

波导色散是由光纤中的光波导引起的,由此产生的脉冲展宽现象叫做波导色散。这类色散在开路介质中是不存在的。波导色散主要存在于单模光纤中。多模光纤中的波导色散可以忽略。

造成波导色散的原因可以解释如下:进入单模光纤后,携带信息的光脉冲在纤芯和包层间分布;它的主要部分在纤芯中传输,剩余部分在包层中传播;因为纤芯和包层拥有不同的折射率,两个部分以不同的速度传播;就是因为光被限制在一个拥有不同折射率的结构(光纤的纤芯和包层的组合)中传播,脉冲会扩展,从而产生波导色散。另外,我们还要认识到即使光纤材料没有色散特性波导色散也会发生,这一点很重要。纯波导色散仅因将光限制在光波导中而产生。

4.5 SDH 光传输网

目前,传输网的技术体制主要有采用时分复用方式的准同步数字系列(PDH)和同步数字系列(SDH)。

前面已经指出,随着通信网的发展和用户的需求,基于点对点传输的准同步 PDH 系统暴露出一些固有的、难以克服的弱点,已经不能满足大容量高速传输的要求。为了适应现代通信网的发展,产生了高速大容量光纤技术和智能网技术相结合的新体制——同步数字系列(SDH)。SDH 是一个将复接、线路传输及交换功能融为一体的、并由统一网管系统操作的综合信息传送网络,可实现诸如网络的有效管理、开通业务时的性能监视、动态网络维护、

不同供应厂商之间的互通等多项功能,它大大提高了网络资源利用率,并显著降低管理和维护费用,实现了灵活、可靠和高效的网络运行与维护,因而在现代信息传输网络中占据重要地位。

4.5.1　SDH 的基本概念和特点

1. SDH 的基本概念

SDH 是由一些基本网络单元(网元,NE)组成,在信道上进行同步信息传输、复用和交叉连接的网络。

目前实际应用的基本网络单元有四种,即终端复用器(TM)、分插复用器(ADM)、再生中继器(REG)和 SDH 数字交叉连接设备(SDXC)。

(1)终端复用器(TM)

终端复用器用在网络的终端站上,例如一条链的两个端点上,它是一个双端口器件,如图 4-25 所示。

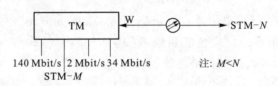

图 4-25　终端复用器

终端复用器的作用是将支路端口的低速信号复用到线路端口的高速信号 STM-N 中,或从 STM-N 的信号中分出低速支路信号。请注意它的线路端口输入/输出一路 STM-N 信号,而支路端口却可以输出/输入多路低速支路信号。

(2)分插复用器(ADM)

分插复用器用于 SDH 传输网络的转接站点处,例如链的中间结点或环上结点,是 SDH 网上使用最多、最重要的一种网元,它是一个三端口的器件,如图 4-26 所示。

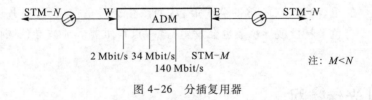

图 4-26　分插复用器

ADM 有两个线路端口和一个支路端口。两个线路端口各接一侧的光缆(每侧收/发共两根光纤),为了描述方便将其分为西向(W)、东向(E)两个线路端口。ADM 的作用是将低速支路信号交叉复用进东或西向线路上去,或从东或西向线路端口收到的线路信号中拆分出低速支路信号。

ADM 是 SDH 最重要的一种网元,通过它可等效成其他网元,即能完成其他网元的功能,例如:一个 ADM 可等效成两个 TM。

(3)再生中继器(REG)

再生中继器(REG)是光中继器,它是双端口器件,只有两个线路端口 W 和 E,如

图 4-27 所示。其作用是将经光纤长距离传输后受到较大衰减及色散畸变的光脉冲信号转变成电信号后进行放大整形、再定时、再生为规划的电脉冲信号,再用电脉冲信号调制光源变换为光脉冲信号送入光纤继续传输,以延长传输距离。

图 4-27　再生中继器

值得注意的是,REG 与 ADM 相比仅少了支路端口,所以 ADM 若本地无上/下话路(支路无上/下信号)时完全可以等效为一个 REG。

(4) SDH 数字交叉连接设备(SDXC)

数字交叉连接设备主要完成 STM-N 信号的交叉连接功能,它是一个多端口器件,它实际上相当于一个交叉矩阵,完成各个信号间的交叉连接,如图 4-28 所示。

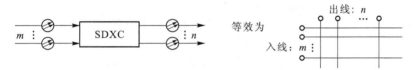

图 4-28　数字交叉连接设备功能图

SDXC 可将输入的 m 路 STM-N 信号交叉连接到输出的 n 路 STM-N 信号上,图 4-28 表示有 m 条入光纤和 n 条出光纤。

通常用 SDXC X/Y 来表示一个 SDXC 的类型和性能($X \geqslant Y$),X 表示可接入 SDXC 的最高速率等级,Y 表示在交叉矩阵中能够进行交叉连接的最低速率等级。X 越大表示 SDXC 的承载容量越大;Y 越小表示 SDXC 的交叉灵活性越大。

X 和 Y 的相应数值的含义见表 4.5-1。

表 4.5-1　X、Y 数值与速率对应表

X 或 Y	0	1	2	3	4	5	6
速率	64 kbit/s	2 Mbit/s	8 Mbit/s	34 Mbit/s	155 Mbit/s	622 Mbit/s	2.5 Gbit/s

由上述四种网络单元构成的 SDH 系统如图 4-29 所示。图中示出了再生段、复用段和通道的划分。

图 4-30 为 SDH 设备实例图。图 4-31 为 SDH 机房实例图。

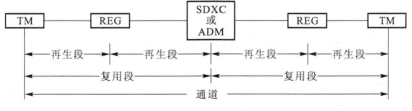

图 4-29　SDH 系统

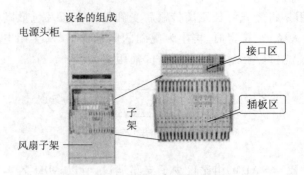

（a）大型SDH设备实例

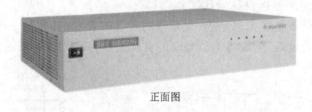

正面图

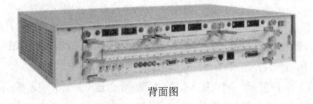

背面图

（b）小型SDH设备实例

图 4-30　SDH 设备实例图

图 4-31　SDH 机房实例图

除上述设备以外，SDH 还包括网络转换设备（TFE），它的主要功能是实现北美和欧洲两种不同体制网络之间的转换连接。

2. SDH 的特点

SDH 的特点主要体现在以下几个方面。

① 有全世界统一的网络结点接口（NNI），包括统一的数字速率等级、帧结构、复接方

法、线路接口、监控管理等。实现了数字传输体制上的世界标准及多厂家设备的横向兼容。

② 采用标准化的信息结构等级,其基本模块是速率为 155.520 Mbit/s 的同步传输模块第一级(记作 STM-1)。更高速率的同步数字信号,如 STM-4、STM-16、STM-64 可简单地将 STM-1 进行字节间插同步复接而成,大大简化了复接和分接。

③ SDH 的帧结构中安排了丰富的开销比特,使网络的管理和维护(OAM)功能大大加强,而且适应将来 B-ISDN 的要求。

④ SDH 采用同步复用方式和灵活的复用映射结构,利用设置指针的办法,可以在任意时刻,在总的复接码流中确定任意支路字节的位置,从而可以从高速信号一次直接插入或取出低速支路信号,使上下业务十分容易。

⑤ SDH 确定了统一新型的网络部件,这些部件是 TM、ADM、REG 以及 SDXC。这些部件都有世界统一的标准。此外,由于用一个光接口代替大量的电接口,可以直接经光接口通过中间结点,省去大量电路单元。

⑥ SDH 对网管设备的接口进行了规范,使不同厂家的网管系统互连成为可能。这种网管不仅简单而且几乎是实时的,因此降低了网管费用,提高了网络的效率、灵活性和可靠性。

⑦ SDH 与现有 PDH 完全兼容,体现了后向兼容性。同时 SDH 还能容纳各种新的业务信号,如高速局域网的光纤分布式数据接口(FDDI)信号、城域网的分布排队双总线(DQDB)信号以及异步转移模式(ATM)信元,体现了完全的前向兼容性。

4.5.2　SDH 的速率与帧结构

要确立一个完整的数字体系,必须确立一个统一的网络结点接口,即要规范统一的接口速率和信号的帧结构。

1. SDH 的速率

SDH 具有统一规范的速率。SDH 信号以同步传输模块(STM)的形式传送。SDH 信号最基本的同步传输模块是 STM-1,其速率为 155.520 Mbit/s。更高等级的 STM-N 信号是将 STM-1 经字节间插同步复接而成,其中,N 是正整数。目前 SDH 仅支持 $N=1,4,16,64$。

ITU-T G.707 建议规范的 SDH 标准速率如表 4.5-2 所示。

表 4.5-2　SDH 标准速率

等　　级	STM-1	STM-4	STM-16	STM-64
速率/(Mbit/s)	155.520	622.080	2 488.320	9 953.280

在讨论帧结构之前,先通过例子来说明什么是字节间插复用方式。有三个信号 A、B、C 如图 4-32(a)所示,帧结构各为每帧 3 个字节,若将这三个信号通过字节间插复用方式复用成信号 D,那 D 就应该是这样一种帧结构:帧中有 9 个字节,且这 9 个字节的排放次序如图 4-32(b)所示,则这样的复用方式就是字节间插复用方式。

2. 帧结构

STM-N 信号帧结构的安排应尽可能使支路低速信号在一帧内均匀地、有规律地分布。这样便于实现支路信号的同步复用、交叉连接(DXC)、分/插和交换,也即为了方便从高速信号中直接上/下低速支路信号。

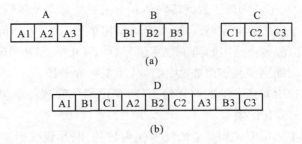

图 4-32 字节间插复用示意图

鉴于此,ITU-T 规定了 STM-N 的帧是以字节(Byte,B,1 B = 8 bit)为单位的矩形块状的帧结构,如图 4-33 所示。

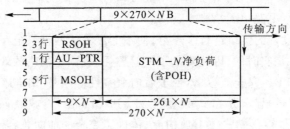

图 4-33 SDH 帧结构

从图 4-33 可以看出 STM-N 的信号是 9 行×270×N 列的帧结构。此处的 N 与 STM-N 的 N 相一致,取值范围为 1,4,16,64,…,表示此信号由 N 个 STM-1 信号通过字节间插复用而成。由此可知,STM-1 信号的帧结构是 9 行×270 列的块状帧,由图 4-33 可以看出,当 N 个 STM-1 信号通过字节间插复用成 STM-N 信号时,仅仅是将 STM-1 信号的列按字节间插复用,行数恒定为 9 行。

SDH 信号帧传输的原则是:帧结构中的字节(8 bit)从左到右,从上到下一个字节一个字节(一个比特一个比特)的传输,传完一行再传下一行,传完一帧再传下一帧。

ITU-T 规定对于任何级别的 STM 等级,帧频是 8 000 帧/s(即每秒传送 8 000 帧),也就是帧长或帧周期恒定为 125 μs。

从图 4-33 可以看出,STM-N 的帧结构由 3 部分组成:信息净负荷(Payload)区域;段开销(SOH),包括再生段开销(RSOH)和复用段开销(MSOH);管理单元指针(AU-PTR)。下面讨论这三大部分的功能。

(1) 信息净负荷(Payload)区域

信息净负荷区域是帧结构中存放各种信息负载的地方。如果把 STM-N 比作一辆运货车,那么信息净负荷区相当于车厢,车厢内装载的货物就是经过打包的低速信号——待运输的货物。为了实时监测货物(打包的低速信号)在传输过程中是否有损坏,在将低速信号打包的过程中加入了监控开销字节——通道开销(POH)字节。POH 作为净负荷的一部分与信息码块一起装载在 STM-N 上在 SDH 网中传送,它负责对打包的货物(低速信号)进行通道性能监视、管理和控制。

需要注意的是,信息净负荷并不等于有效负荷,因为信息净负荷中存放的是经过打包的低速信号,即在低速信号中加上了相应的 POH。

（2）段开销（SOH）

段开销（SOH）是指 STM-N 帧结构中为了保证信息净负荷正常、灵活传送所必须附加的供网络运行、管理和维护（OAM）使用的字节。例如段开销可对 STM-N 这辆运货车中的所有货物在运输中是否有损坏进行监控，而 POH 的作用是当车上有货物损坏时，通过它来判定具体是哪一件货物出现损坏。也就是说 SOH 完成对货物整体的监控，POH 是完成对某一件特定的货物进行监控，当然，SOH 和 POH 还有一些管理功能。

段开销又分为再生段开销（RSOH）和复用段开销（MSOH），分别对相应的段层进行监控。段其实也相当于一条大的传输通道，RSOH 和 MSOH 的作用也就是对这一条大的传输通道进行监控。

那么，RSOH 和 MSOH 的区别是什么呢？简单地讲两者的区别在于监管的范围不同。举个简单的例子，若光纤上传输的是 2.5 Gbit/s 的信号，那么，RSOH 监控的是 STM-16 整体的传输性能，而 MSOH 则是监控 STM-16 信号中每一个 STM-1 的性能情况。

再生段开销在 STM-N 帧中的位置是第 1~3 行的第（1~9）×N 列，共 3×9×N 个字节；复用段开销在 STM-N 帧中的位置是第 5~9 行的第（1~9）×N 列，共 5×9×N 个字节。与 PDH 信号的帧结构相比较，段开销丰富是 SDH 信号帧结构的一个重要的特点。

（3）管理单元指针（AU-PTR）

管理单元指针位于 STM-N 帧中第 4 行的 9×N 列，共 9×N 个字节。其作用是用来指示信息净负荷的第 1 个字节在 STM-N 帧内的准确位置，以便接收端能根据这个位置指示符的值（指针值）正确分离信息净负荷。

4.5.3 SDH 的复用结构和步骤

各种业务信号复用进 STM-N 帧的过程都要经历映射（相当于信号打包）、定位（相当于指针调整）、复用三个步骤。

1. 复用结构

ITU-T 规定了一整套完整的复用结构（也就是复用路线），通过这些路线可将 PDH 三个系列的数字信号以多种方法复用成 STM-N 信号。ITU-T G.709 建议的复用结构如图 4-34 所示。

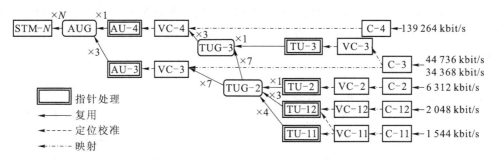

图 4-34 ITU-T G.709 建议的 SDH 复用结构

（1）复用单元

从图 4-34 中可以看到此复用结构包括了一些基本的复用单元：标准容器（C）、虚容器（VC）、支路单元（TU）、支路单元组（TUG）、管理单元（AU）、管理单元组（AUG），这些复用

单元后面的数字表示与此复用单元相应的信号级别。

标准容器(C)是一种用来装载各种速率的业务信号的信息结构,主要完成适配功能(例如速率调制),以便让那些最常使用的准同步数字系列信号能够进入有限数目的标准容器。目前,针对常用的准同步数字系列信号速率,ITU-T G7.07 建议已经规定了 5 种标准容器:C-11、C-12、C-2、C-3 和 C-4,其标准输入比特率如图 4-34 所示,分别为 1 544 kbit/s、2 048 kbit/s、6 312 kbit/s、34 368 kbit/s(或 44 736 kbit/s)和 139 264 kbit/s。参与 SDH 复用的各种速率的业务信号都应首先通过码速调整等适配技术装进一个恰当的标准容器。已装载的标准容器又作为虚容器的信息净负荷。

虚容器(VC)是用来支持 SDH 的通道(通路)层连接的信息结构,它由标准容器输出的信息净负荷加上通道开销(POH)组成,即

$$VC-n = C-n + VC-nPOH$$

VC 的输出将作为其后接基本单元(TU 或 AU)的信息净负荷。

虚容器可分为低阶虚容器和高阶虚容器两类。VC-1 和 VC-2 为低阶虚容器;VC-4 和 AU-3 中的 VC-3 为高阶虚容器,若通过 TU-3 把 VC-3 复用进 VC-4,则该 VC-3 应归于低阶虚容器类。

支路单元(TU)是提供低阶通道层和高阶通道层之间适配的信息结构。有四种支路单元,即 TU-n($n=11,12,2,3$)。TU-n 由一个相应的低阶 VC-n 和一个相应的支路单元指针(TU-n PTR)组成,即

$$TU-n = VC-n + TU-nPTR$$

TU-nPTR 指示 VC-n 净负荷起点在 TU 帧内的位置。

在高阶 VC 净负荷中固定地占有规定位置的一个或多个 TU 的集合称为支路单元组(TUG)。把一些不同规模的 TU 组合成一个 TUG 的信息净负荷可增加传送网络的灵活性。VC-4/3 中有 TUG-3 和 TUG-2 两种支路单元组。一个 TUG-2 由一个 TU-2 或 3 个 TU-12 或 4 个 TU-11 按字节交错间插组合而成;一个 TUG-3 由一个 TU-3 或 7 个 TUG-2 按字节交错间插组合而成。一个 VC-4 可容纳 3 个 TUG-3;一个 VC-3 可容纳 7 个 TUG-2。

管理单元(AU)是提供高阶通道层和复用段层之间适配的信息结构,有 AU-3 和 AU-4 两种管理单元。AU-n($n=3,4$)由一个相应的高阶 VC-n 和一个相应的管理单元指针(AU-nPTR)组成,即

$$AU-n = VC-n + AU-nPTR, \quad n=3,4$$

AU-nPTR 指示 VC-n 净负荷起点在 AU 帧内的位置。

在 STM-N 的净负荷中固定地占有规定位置的一个或多个 AU 的集合称为管理单元组(AUG)。一个 AUG 由一个 AU-4 或三个 AU-3 按字节交错间插组合而成。

需要强调指出的是:在 AU 和 TU 中要进行速率调整,因而低一级数字流在高一级数字流中的起始点是浮动的。为了准确地确定起始点的位置,设置两种指针(AU-PTR 和 TU-PTR)分别对高阶 VC 在相应 AU 帧内的位置以及 VC-1,2,3 在相应 TU 帧内的位置进行灵活动态地定位。顺便提一下,在 N 个 AUG 的基础上再附加段开销(SOH)便可形成最终的 STM-N 帧结构。

（2）中国的 SDH 复用结构

由图 4-34 可见,在 ITU-T G. 709 建议的复用结构中,从一个有效负荷到 STM-N 的复用路线不是唯一的。例如:2 Mbit/s 的信号有两条复用路线,也就是说可用两种方法复用成 STM-N 信号。值得注意的是,8 Mbit/s 的 PDH 信号是无法复用成 STM-N 信号的。对于一个国家或地区则必须使复用路线唯一化。

中国的光同步传输网技术体制规定以 2 Mbit/s 为基础的 PDH 系列作为 SDH 的有效负荷并选用 AU-4 复用路线,其基本复用映射结构如图 4-35 所示。

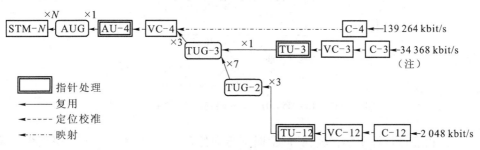

注:在干线上采用 34 368 kbit/s 时,应经上级主管部门批准。

图 4-35　中国 SDH 基本复用结构

由图 4-35 可见,中国的 SDH 复用映射结构规范可有三个 PDH 支路信号输入口。1 个 139. 264 Mbit/s 可被复用成一个 STM-1(155. 520 Mbit/s);63 个 2.048 Mbit/s 可被复用成一个 STM-1;3 个 34. 368 Mbit/s 也能复用成一个 STM-1,因后者信道利用率太低,所以在规范中加"注"(即较少采用)。

为了对 SDH 的复用映射过程有一个较全面的认识,也为后面介绍映射、定位、复用的概念作铺垫,现以 139. 264 Mbit/s 支路信号复用映射成 STM-N 帧为例详细说明整个复用映射过程,参见图 4-36。

首先将标称速率为 139. 264 Mbit/s 的支路信号装进 C-4,经适配处理后 C-4 的输出速率为 149. 760 Mbit/s。然后加上每帧 9 个字节的 POH(相当于 576 kbit/s)后,便构成了 VC-4(150. 336 Mbit/s),以上过程称为映射。VC-4 与 AU-4 的净负荷容量一样,但速率可能不一致,需要进行调整。AU-PTR 的作用就是指明 VC-4 相对 AU-4 的相位,它占有 9 个字节,相当于容量为 576 kbit/s。于是经过 AU-PTR 指针处理后的 AU-4 的速率为 150. 912 Mbit/s,这个过程称之为定位。得到的单个 AU-4 直接置入 AUG,再由 N 个 AUG 经单字节间插并加上段开销便构成了 STM-N 信号。当 N=1 时,一个 AUG 加上容量为 4. 608 Mbit/s 的段开销后就构成了 STM-1,其标称速率为 155. 520 Mbit/s。

2. 复用步骤

由图 4-36 可见,在将低速支路信号复用成 STM-N 信号时,要经过 3 个步骤:映射、定位、复用。

映射是一种在 SDH 网络边界处(例如 SDH/PDH 边界处)将支路信号适配进虚容器的过程。如经常使用的各种速率(140 Mbit/s、34 Mbit/s、2 Mbit/s)信号先经过码速调整分别装入到各自相应的标准容器中,再加上相应的低阶或高阶的通道开销,形成各自相对应的虚容器的过程。

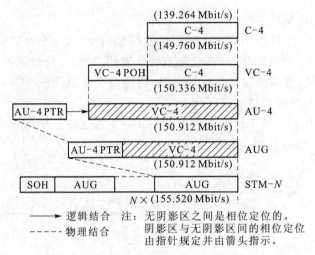

图 4-36 139.264 Mbit/s 支路信号的复用映射过程

定位是指通过指针调整,使指针的值时刻指向低阶 VC 帧的起点在 TU 净负荷中或高阶 VC 帧的起点在 AU 净负荷中的具体位置,使接收端能据此正确地分离相应的 VC。

复用的概念比较简单,复用是一种使多个低阶通道层的信号适配进高阶通道层(例如 TU-12(×3)→TUG-2(×7)→TUG-3(×3)→VC-4)或把多个高阶通道层信号适配进复用层的过程(例如 AU-4(×1)→AUG(×N)→STM-N)。复用也就是通过字节交错间插方式把 TU 组织进高阶 VC 或把 AU 组织进 STM-N 的过程。由于经过 TU 和 AU 指针处理后的各 VC 支路信号已相位同步,因此此复用过程是同步复用。

4.5.4 SDH 网络

1. SDH 网络的物理拓扑结构

网络的物理拓扑结构即网络结点和传输线路的几何排列,也就是将维护和实际连接抽象为物理上的连接。网络的效能、可靠性和经济性在很大程度上均与具体物理拓扑有关。

如果通信是从一点到另一点进行传输,这就是点到点拓扑结构,常规 PDH 系统和早期 PDH 系统即基于这种物理拓扑结构。除此之外,还有五种基本类型的物理拓扑结构,如图 4-37 所示。

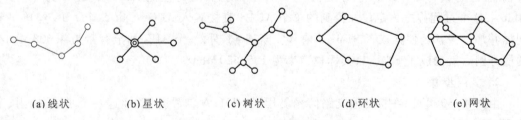

(a)线状　　　　(b)星状　　　　(c)树状　　　　(d)环状　　　　(e)网状

图 4-37 SDH 基本物理拓扑结构

(1)线状

将通信网络中的所有点一一串联而使首尾两点开放,这就形成了线状拓扑结构,有时也称为链状拓扑结构。这种拓扑结构的特点是其间所有点都应具有完成连接的功能。这也是

SDH 早期应用的比较经济的网络拓扑结构。

（2）星状

这一种拓扑结构即是通信中某一特殊点与其他各点直接相连，而其他各点间不能直接相连接，即星状拓扑结构。在这种拓扑结构中，特殊点之外的两点通信一般应通过特殊点进行。这种网络拓扑结构形成的优点是可以将多个光纤终端统一成一个终端，并利用分配带宽来节约成本。但也存在着特殊点的安全保障问题和潜在瓶颈问题。

（3）树状

所谓树状拓扑结构可以看成是线状拓扑结构和星状拓扑结构的结合，即将通信的末端点连接到几个特殊点。这种拓扑结构可用于广播式业务，但它不利于提供双向通信业务，同时，还存在瓶颈问题和光功率限制问题。

（4）环状

环状的拓扑结构实际上就是将线状拓扑结构的首尾之间相互连接，即为环状拓扑结构。这种环状拓扑结构在 SDH 网中应用比较普遍，主要是因为它具有一个很大的优点，即很强的生存性，这在当今网络设计、维护中尤为重要。

（5）网状

当涉及通信的许多点直接互相连接时就形成了网状拓扑结构，若所有的点都彼此连接即称为理想的网状拓扑结构。这种拓扑结构为两点间通信提供多种可选路由，有可靠性高、生存性强且不存在瓶颈问题和失效问题的好处，但结构复杂，成本也高。

从以上可看出，各种拓扑结构各有其优点。在作具体的选择时，应综合考虑网络的生存性、网络配置的容量，同时考虑网络结构应当适于新业务的引进等多种实际因素和具体情况。一般来说，星状拓扑结构和树状拓扑结构适合用户接入网，环状拓扑结构和线状拓扑结构适用于中继网，树状和网状相结合的拓扑结构适用于长途网。

2. SDH 自愈网

所谓自愈网就是无需人为干预，网络就能在极短时间内从失效故障中自动恢复所携带的业务，使用户感觉不到网络已出了故障。其基本原理就是使网络具备备用（替代）路由，并重新确立通信能力。自愈的概念只涉及重新确立通信，而不管具体失效元部件的修复与更换，而后者仍需人工干预才能完成。

自愈网的实现手段多种多样，目前主要采用的有线路保护倒换、环状网保护、DXC 保护及混合保护等。下面分别加以介绍。

（1）线路保护倒换

线路保护倒换是最简单的自愈形式，其基本原理是当出现故障时，由工作通道（主用）倒换到保护通道（备用），使用户业务得以继续传送。

线路保护倒换有两种方式：① 1+1 方式。1+1 方式采用并发优收，即工作段和保护段在发送端永久地连在一起（桥接），信号同时发往工作段和保护段，在接收端择优选择接收性能良好的信号。② $1:n$ 方式。所谓 $1:n$ 方式是保护段由 n 个工作段共用，当其中任意一个出现故障时，均可倒至保护段。$1:1$ 方式是 $1:n$ 方式的一个特例。

线路保护倒换的主要特点有两点：① 业务恢复时间很快，可短于 50 ms。② 若工作段和保护段属同缆复用（即主用和备用光纤在同一缆芯内），则有可能导致工作段（主用）和保护段（备用）同时因意外故障而被切断，此时这种保护方式就失去作用了。解决的办法是采用

地理上的路由备用,当主用光缆被切断时,备用路由上的光缆不受影响,仍能将信号安全地传输到对端。但该方案至少需要双份的光缆和设备,成本较高。

（2）环状网保护

当把网络结点连成一个环状时,可以进一步改善网络的生存性和成本,这是 SDH 网的一种典型拓扑方式。环状网的结点一般用 ADM（也可以用 DXC）,而利用 ADM 的分插能力和智能构成的自愈环是 SDH 的特色之一,也是目前研究和应用比较活跃的领域。

采用环状网实现自愈的方式称为自愈环。

目前自愈环的结构种类很多,按环中每个结点插入支路信号在环中流动的方向来分,可以分为单向环和双向环;按保护倒换的层次来分,可以分为通道倒换环和复用段倒换环;按环中每一对结点间所用光纤的最小数量来分,可以划分为二纤环和四纤环。

下面介绍一种目前常用的自愈环结构:二纤单向通道倒换环。

二纤单向通道倒换环如图 4-38（a）所示。

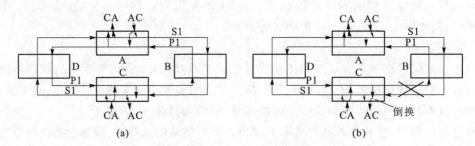

图 4-38　二纤单向通道倒换环

二纤单向通道倒换环由两根光纤实现,其中一根用于传业务信号,称为 S1 光纤,另一根用于保护,称为 P1 光纤。基本原理采用 1+1 保护方式,即利用 S1 光纤和 P1 光纤同时携带业务信号并分别沿两个方向传输,但接收端只择优选择其中的一路。

例如:结点 A 至结点 C 进行通信（AC）,将业务信号同时馈入 S1 和 P1,S1 沿顺时针将信号送到 C,而 P1 则沿逆时针将信号也送到 C。接收端分路结点 C 同时收到两个方向来的支路信号,按照分路通道信号的优劣决定选哪一路作为分路信号。正常情况下,以 S1 光纤送来的信号为主信号,因此结点 C 接收来自 S1 光纤的信号。结点 C 至结点 A 的通信（CA）同理。

当 B、C 结点间光缆被切断时,两根光纤同时被切断,如图 4-38（b）所示。在结点 C,由于 S1 光纤传输的信号 AC 丢失,则按通道选优准则,倒换开关由 S1 光纤转至 P1 光纤,使通信得以维护。一旦排除故障,开关再返回原来位置,而 C 到 A 的信号 CA 仍经主光纤到达,不受影响。

（3）DXC 保护

DXC 保护主要是指利用 DXC 设备在网状网络中进行保护的方式。

在业务量集中的长途网中,一个结点有很多大容量的光纤支路,它们彼此之间构成互连的网状拓扑。若是在结点处采用 DXC 4/4 设备,则一旦某处光缆被切断时,利用 DXC 4/4 的快速交叉连接特性,可以很快地找出替代路由,并且恢复通信。于是产生了 DXC 保护方式,如图 4-39 所示。

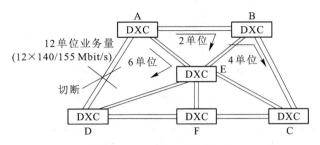

图 4-39 DXC 保护方式

DXC 保护方式是这样进行保护的:例如,假设从 A 到 D 结点,本有 12 个单位的业务量(假设为 12×140/155 Mbit/s),当 A、D 间的光缆被切断后,DXC 可以从网络中发现图中所示的 3 条替代路由来共同承担这几个单位的业务量。从 A 经 E 到 D 分担 6 个单位,从 A 经 B 和 E 到 D 分担 2 个单位,从 A 经 B、C 和 F 到 D 分担 4 个单位。

(4)混合保护

所谓混合保护是采用环状网保护和 DXC 保护相结合,这样可以取长补短,大大增加网络的保护能力。混合保护结构如图 4-40 所示。

(5)各种自愈网的比较

线路保护倒换方式(采用路由备用线路)配置容易,网络管理简单,而且恢复时间很短(50 ms 以内),但缺点是成本较高,主要适用于两点间有稳定的大业务量的点对点应用场合。

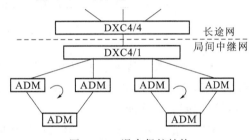

图 4-40 混合保护结构

环状网结构具有很高的生存性,发生故障后网络的恢复时间很短(小于 50 ms),具有良好的业务量疏导能力,在简单网络拓扑条件下,环状网的网络成本要比 DXC 低很多,环状网主要适用于用户接入网和局间中继网。其主要缺点是网络规划较困难,开始时很难准确预计将来的发展,因此在开始时需要规划较大的容量。

DXC 保护同样具有很高的生存性,但在同样的网络生存性条件下所需附加的空闲容量远小于网状网。通常,对于能容纳 15%~50%增长率的网络,其附加的空闲容量足以支持 DXC 保护的自愈网。DXC 保护最适于高度互连的网状拓扑,例如用于长途网中更显出 DXC 保护的经济性和灵活性,DXC 也适用于作为多个环状网的汇接点。DXC 保护的一个主要缺点是网络恢复时间长,通常需要数十秒到数分钟。

混合保护网的可靠性和灵活性较高,而且可以减小对 DXC 的容量要求,降低 DXC 失效的影响,改善了网络的生存性,另外环的总容量由所有的交换局共享。

3. 中国 SDH 网络结构

中国的 SDH 系统的网络结构,一般都采用有自愈功能的环状网结构及少部分的点对点线状结构(一级干线),中国 SDH 系统组网分为 4 个层面,如图 4-41 所示。

最高层为一级干线网,它是国家骨干网,是由比较大的省会城市构成网状网结构,并辅以少量线状网。在业务量大的汇接点城市装有 DXC 4/4,具有 STM-N 接口和 PDH 系列的 140 Mbit/s 接口。

173

4.5 SDH 光传输网

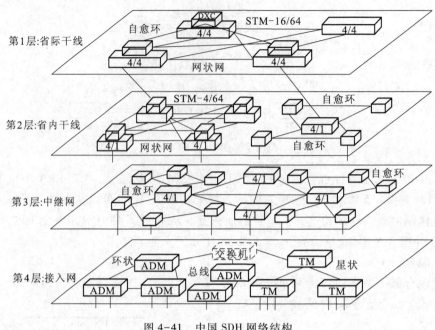

图 4-41　中国 SDH 网络结构

第 2 层为二级干线网,主要实现省内的骨干环状网(少量线状网),其主要汇接点有 DXC 4/4 和 DXC 4/1,有 PDH 的 2 Mbit/s、34 Mbit/s 和 140 Mbit/s 接口,也有 SDH 系列接口, 具有灵活的调度电路能力。

第 3 层一般为中继线网(长途市局和市内局间连接),可按区域组成若干环,由 ADM 组成各类自愈环,也可以以路由备用方式构成两结点环。

由 ADM 设备构成这些环具有很高的生成性,还具有业务量的疏导功能。它主要采用复用段倒换环方式,根据业务量大小决定是四纤还是二纤的倒换环。中继线网可作为长途网与中继网、中继网与市话网之间的网关或接口,还可作为 PDH 系列与 SDH 之间的网关。

第 4 层为用户接入网。它是 SDH 网中最庞大、最复杂的部分,从建设投资来看,它占 50% 以上。用户光纤化正在实施,光纤到路边(FTTC)、光纤到大楼(FTTB)、光纤到家庭 (FTTH)为最终目标,这些均要作长远考虑,应搞一体化的 SDH/CATV 网(CATV 代表有线电视),开通多媒体业务,直至提供图像、电视和高清晰度电视等宽带业务。

综上所述,中国的 SDH 网络结构具有以下几个特点。

① 具有四个相对独立而又综合一体的层面。

② 简化了网络规划设计。

③ 适应现行行政管理体制。

④ 各个层面可独立实现最佳化。

⑤ 具有体制和规划的统一性、完整性和先进性。

另外需要说明的是,今后的发展是中国的 SDH 网络结构有可能将 4 个层面逐渐简化为 2 个层面,即一级和二级干线网融为一体,组成长途网;中继网和接入网融为一体,组成本地网。

4.6　实现高速大容量的光传输技术

随着信息社会的到来,人们对信息量的需求不断增加,目前大量出现的传输速率在数十兆比特每秒的图像通信、数百兆比特每秒的高清晰度电视(HDTV)以及高速局域网(LAN)、城域网和广域网等新业务,都促使光纤通信系统向更高速率、更大容量的方向发展。光纤的可开发使用带宽高达 240 THz。为了更进一步提高光纤的利用率,挖掘出更大的带宽资源,复用(Multiplexing)技术不失为加大通信线路传输容量的一种很好的办法。

4.6.1　复用技术分类

从分割复用技术所分割的"域"的角度可将复用技术分为空间域的空分复用(SDM)、时间域的时分复用(TDM)、频率域的频分复用(FDM)和码字域的码分复用(CDM),如图 4-42 所示。它们分别从不同域拓展了通信传输系统的容量,丰富了信号交换和控制的方式。

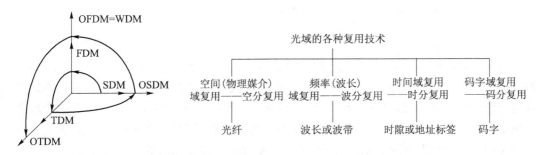

图 4-42　不同域的分割复用技术

在早期的模拟通信系统中曾经利用频分复用 FDM 构成载波电话,发挥了很好的作用。在模拟载波通信系统中,为了充分利用电缆的带宽资源,提高系统的传输容量,通常利用频分复用的方法,即在同一根电缆中同时传输若干个信道的信号,接收端根据各载波频率的不同,利用带通滤波器滤出每一个信道的信号。后来数字通信利用时分复用(TDM),数字群系列先是 PDH(2 Mbit/s,8 Mbit/s,34 Mbit/s,140 Mbit/s 各集群),后又有 SDH(155 Mbit/s,622 Mbit/s,2.5 Gbit/s,10 Gbit/s 各集群),由电的合路/分路器和合群/分群器构成。电的 TDM(E-TDM)目前的最高数字速率为 40 Gbit/s。把这个最高数字速率的数字群向光纤中的光载波直接调制,就成为单路光纤传输的最高数字速率。利用 TDM 方式已日益接近构造光器件的材料——硅和砷化钾的技术极限,并且传输设备的价格也很高,光纤色散的影响也日益加重。TDM 方式已经没有太多的潜力可挖。而目前的光电器件的速率是电子电路的 4~5 倍,光纤的宽带特性更是尚未得到充分开发,因此人们正将研发的重点从电时分复用转移到光复用技术上来,即在光域上采用各种复用方式来增大传输容量,从而建立高速的光纤传输系统。掺铒光纤放大器(EDFA)的出现提供了全光放大,避免了过去为实现信号中继和再生而进行的光电和电光转换,它的广泛应用推动了光复用技术的进一步发展。

　　目前光网络的光复用技术主要有波分复用(WDM)、光时分复用(OTDM)和光码分复用

（OCDM）三种。波分复用以其简单、实用等特点在现代通信网络中发挥了巨大的作用。相应地光空分复用（空分交换）、光时分复用和光码分复用等复用技术分别从空间域、时间域和码字域的角度拓展了光通信系统的容量，丰富了光信号交换和控制的方式，开拓了光网络发展的新篇章。

WDM 将信道带宽以频率分割的方式分配给每一个用户；OTDM 将时间帧分割成小的时间片分配给每一个用户，用户在时间上顺序发送信号并同时占有整个带宽；OCDM 系统中，用户被预先分配一个特定的地址码，各路信号在光域上进行编解码来实现信号的复用，每个用户同时占有整个带宽，在时间和频率上重叠，利用地址码在光域内的正交性来实现彼此的区分。图 4-43 所示为三种不同复用方式对信道带宽的分割方式。

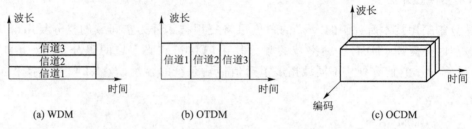

图 4-43　WDM、OTDM、OCDM 三种不同复用方式

虽然 WDM，OTDM 和 OCDM 技术是实现高速、大容量光纤通信系统的不同技术方案，有各自的优缺点，但它们之间并不相互排斥。在下一代全光网中，每一种技术都可以构筑大容量的光纤传输系统，但都存在不足，因此近年来这三种技术互补共同构筑大容量的光纤传输系统成为一种趋势。例如，WDM 和 OTDM 结合可以降低单信道 OTDM 的速率，从而减小超短光脉冲传输和色散管理的难度，同时可以降低 WDM 信道之间的非线性串扰，另一方面，在 OTDM 信道或者 WDM 波长上附加简单的伪随机序列，可以使得路由技术更具有灵活性，大大简化全光网的复杂性。目前，混合 WDM/OTDM，WDM/OCDM 的系统均已实现超过 Tbit/s 的传输容量。

4.6.2　波分复用

在光纤中传一路波长信道时，其容量就比电缆要大得多，但如果能够在一根光纤中同时传输很多路波长信道，则通信传输容量还会大幅度增加。这种在一根光纤中传输多个波长信道的技术就是波分复用技术。应用波分复用技术，大量不同的波长信道可以同时在一芯光纤中传输，使通信传输容量成倍或数十倍、数百倍地增长，用以满足日益增长的信息传输的需要。

WDM 技术就是为了充分利用单模光纤低损耗区带来的巨大带宽资源，根据每一信道光波的频率（或波长）不同将光纤的低损耗窗口划分成若干个信道，把光波作为信号的载波，在发送端采用波分复用器（合波器）将不同规定波长的信号光载波合并起来送入一根光纤进行传输。在接收端，再由一波分复用器（分波器）将这些不同波长承载不同信号的光载波分开的复用方式。由于不同波长的光载波信号可以看做互相独立（不考虑光纤非线性时），从而在一根光纤中可实现多路光信号的复用传输，图 4-44 给出了波分复用系统的原理结构。

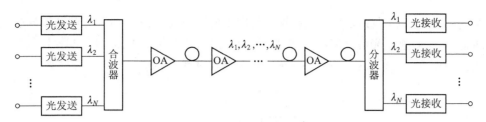

图 4-44　波分复用系统的原理结构

波分复用技术的特点如下：

① 可以充分利用光纤的巨大带宽资源,使一根光纤的传输容量比单波长传输时增加几倍至几十倍;

② 由于同一光纤中传输的信号波长彼此独立,因而可以传输特性完全不同的信号,完成各种电信业务信号的综合和分离,包括数字信号和模拟信号,以及 PDH 信号和 SDH 信号的综合与分离;

③ 波分复用通道对数据格式是透明的,即与信号速率及电调制方式无关,一个 WDM 系统可以承载多种格式的"业务"信号,包括 ATM,IP 或者将来有可能出现的信号,而且 WDM 系统完成的是透明传输,对于"业务"层信号来说,WDM 的每个波长就像"虚拟"的光纤一样;

④ 在网络扩充和发展中,WDM 是理想的扩容手段,也是引入宽带新业务(例如 CATV、HDTV 和宽带 IP 等)的方便手段,增加一个附加波长即可引入任意想要的新业务或新容量;

⑤ 利用 WDM 技术选路来实现网络交换和恢复,从而可能实现未来透明的、具有高度生存性的光网络。

WDM 技术的应用第一次把复用方式从电信号转移到光信号,在光域上用波分复用(即频率复用)的方式提高传输速率,光信号实现了直接复用和放大,而不再回到电信号上处理,并且各个波长彼此独立,对传输的数据格式透明。WDM 技术已经在网络中被广泛采用,是目前唯一成熟且付诸实施的超大容量光传输技术。因此,从某种意义上讲,WDM 技术的应用标志着光信息传输时代的"真正"到来。

4.6.3　光时分复用

光时分复用的原理和电时分复用相同,电时分复用由于受到电子速率极限的限制,速率不可能很高,于是人们自然想到了直接在光域上进行时分复用的方法。光时分复用是直接在光域上进行信道复用和解复用,电光变换(E/O)和光电变换(O/E)则在复用器之前和解复用器之后进行,从而避免了电子器件速率的限制。

光时分复用(OTDM)是通过比特交织过程来实现的,例如,分别对 N 路重复频率为10 GHz 的高速窄脉冲序列进行调制,再分别加以延时,然后以交织(或称为间插)的方式将这 N 路被调制的序列重组成 $N \times 10$ Gbit/s 的归零码光信号。其可能的实现方案是:在发送侧,各光网络单元(ONU)从光交换网络来的下行信号中提取发送定时,通过工作波长为 λ 的锁模激光器产生连续窄脉冲串,脉冲串经铌酸锂(LiNbO)调制器受到外加电信号调制,形成 N 路载有信息的光脉冲,再分别经可变光延时线调整至规定的时隙,在光功率分配器中复用成一路光脉冲信号,最后经放大送入光纤中传输。在接收端,首先实现全光解复用,即利用1×2 光纤分路器取

出部分光功率送入定时提取锁相环,提取时钟同步信号,并用此信号激励可调谐锁模激光器产生光控脉冲,去控制全光解复用器,实现光时分解复用,从而获得 N 路光脉冲信号。然后,送入时分光交换网络中进行交换。图 4-45 为 DTDM 传输系统结构图。

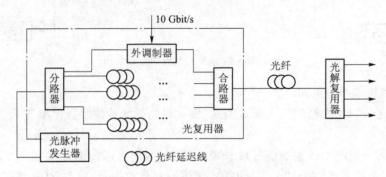

图 4-45　OTDM 传输系统结构图

OTDM 系统主要包括脉冲源、复用/解复用器、色散补偿模块、调制模块以及时钟同步模块。超短脉冲光源在时钟的控制下产生重复频率为时钟频率的超短光脉冲,该超短光脉冲经光纤放大器(EDFA)放大后分成 N 路,每路光脉冲由各支路信号单独调制,支路信号的频率和时钟源的频率相同。调制后的信号经过不同的时延后用合路器合并成一路信号,完成复用功能,即变成一路高速 OTDM 信号。假设支路信号的速率为 B,则复用后的 OTDM 信号速率为 $N \times B$,其中 B 可为任意速率的 SDH 信号。OTDM 信号经光纤传输到达接收端后首先进行时钟提取,提取的时钟作为控制信号送到解复用器解出各个支路信号,实现光时分解复用,再对各个支路信号单独接收或送入时分光交换网络中进行交换。

OTDM 技术利用超短脉冲及归零(RZ)码型,通过脉冲间插的方式把多个光数据信道映射到一个低速电时钟周期中去,在时域上把多路的低速光信号复用成高速光脉冲流,即OTDM 信号。OTDM 信号经光纤传输后,由光解复用器恢复出各路低速支路信号。为了正确解复用出各路支路信号,需要对解复用器进行精确有效的同步,这是通过时钟提取来完成的。解复用后的各支路信号分别送到相应的光接收机处理。可以看出,虽然光纤中传输的是高速光信号,但在源发射端和接收端的信号为低速支路信号,这样就避开了电子瓶颈的限制。

OTDM 系统的关键技术主要包括高重复频率的超短脉冲光源、复用解复用技术、时钟提取技术、高速信号传输技术等。

光时分复用是光纤通信的发展方向之一,它具有以下特点:

① 由于各 ONU 是在不同时隙依次进入光功率分配器,并合成一路光信号,其信号按时间既紧凑又不重叠地排列着,与各 ONU 的输入信号相比,提高了传输速率;

② OTDM 系统采用的归零码完全适合于比特级的全光信号处理,从而使超高速帧头处理成为可能;

③ 光时分复用只利用一个光载波就可传送多路光脉冲信号,因此,可大幅度提高系统容量,如与 DWM 相结合,即利用多个光载波来实现时分多路光脉冲信号的传送,可成倍地提高系统容量;

④ 采用光时分复用技术比较容易实现信道的按需分配。

OTDM 仅利用一个波长就可以极大地提高单波长传输的容量,与 WDM 相比,OTDM 网络中的色散补偿和信号再生要简单得多;采用超短脉冲的 OTDM 技术特别适合于高速光数字信号处理。因此,在未来的全光网络中,OTDM 技术不仅仅是作为提高系统容量的一种手段,还将在未来全光网络的交换结点或路由器中扮演更重要的角色。

4.6.4　光码分复用

光码分复用(Optical Code Division Multiplex,OCDM)是近年来兴起的另一种充分利用现有光纤带宽的复用技术。在电通信领域,码分复用是一种扩频通信技术,在发送端将不同的用户信息采用相互正交的扩频码序列进行调制后再发送,在接收端采用相关解调来恢复原始数据。OCDM 与电 CDM 相比,无论是在适用范围、目的,还是在实现技术上都有显著的不同,同 WDM 和 OTDM 技术相比具有崭新的特点。由于这种伪随机地址码序列可以对光信号的任意信息进行标记来实现编/解码,如光振幅编/解码、光相位编/解码、光波长编/解码等,因此 OCDM 的实现方式是多种多样的。每一种编解码方式都要求不同的伪随机地址码序列的正交性。同 WDM 和 OTDM 相比,OCDM 并没有严格的系统容量定义,只是随着用户数的增加而系统性能不断降低,是一种干扰受限系统。

OCDM 典型系统框图如图 4-46 所示,大致的过程是首先给每个用户分配一个地址码,用来标记这个用户的身份。不同的用户有不同的地址码,并且它们互相正交(或准正交)。在发射端,要传输的数据信号首先采用适当的调制方式,转换成相应的光域上的信号,然后再经过一个编码器进行扩展处理,标记上这个用户的地址信息,成为伪随机信号。扩频信号(伪随机信号)通过光纤网络到达接收端之后,通过解码器进行解码(它是编码的逆过程)处理,恢复出期望的光信号,再经过光电转换设备,得到电域上的数据信号。

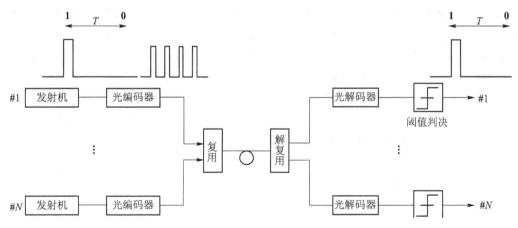

图 4-46　OCDM 通信系统框图

在发送端光信号首先经数据调制,成为光域上的 **0、1** 码,然后经过光编码器编码后发送到光纤信道传输。光纤信道可以是各种拓扑结构,目前研究比较多的是星形结构。

目前,限制 OCDM 技术实现的关键问题包括可获取的光编码数、光纤色散的影响和 OCDM 的传输损失,以及不同波长的干扰码所产生的干扰测量噪音。

4.7　小结与思考

小结

光纤通信是以光波为载波,以光导纤维为传输媒质的一种通信方式。光纤是由两种不同折射率的玻璃材料拉制而成,根据光纤横截面上折射率分布的不同,可分为阶跃型光纤和渐变型光纤。为了使光保持在光纤的纤芯中,必须满足全内反射的条件。

光纤不管用哪种材料,都会引入由光吸收和散射引起的损耗,另一个外部光损耗的原因是光纤的弯曲,它导致对全内反射条件的破坏。宏弯和微弯都会造成额外的损耗。

进入光纤的光分解为称为模式的离散光束,模式是在光纤内部存在的稳定的电磁场模型(即模式)。每个模式可认为是一特定传播角传播的一个独立光束。完全沿着光纤中心轴线传播的模式称为基本模式,或零级模式。模式的传播角度越大,它的级就越高,最高级的模式就是以临界传播角传播的模式。

光纤主要用来以数字形式传输信息。比特用最简单的有光或无光(开关调制)来表示,而光脉冲在沿着光纤传输时有脉冲扩展的趋势,这种现象称为色散。色散是几种现象引起的。对于多模光纤,主要的机制是模间(模式)色散。因为脉冲功率由独立的模式传输,而这些模式在光纤中传输的距离不同,所以脉冲的不同部分以彼此存在细微差异的时间到达接收器。当这些部分组合起来的时候,作为结果的输出脉冲就比原始输入脉冲宽了很多。另外一个重要的脉冲扩展原因为色度色散,它是由于光纤材料的光特性对波长的依赖性造成的。

为了适应现代通信网的发展,产生了高速大容量光纤技术和智能网技术相结合的新体制——同步数字系列(SDH)。SDH 它是一个将复接、线路传输及交换功能融为一体的、并由统一网管系统操作的综合信息传送网络。SDH 是由一些基本网络单元(NE)组成,在信道上进行同步信息传输、复用和交叉连接的网络。

随着信息社会的到来,人们对信息量的需求不断增加,目前大量出现的传输速率在数十兆比特每秒的图像通信、数百兆比特每秒的高清晰度电视(HDTV)以及高速局域网(LAN),城域网和广域网等新业务,都促使光纤通信系统向更高速率、更大容量的方向发展。光纤的可开发使用带宽高达 240 THz。为了更进一步提高光纤的利用率,挖掘出更大的带宽资源,复用(Multiplexing)技术不失是加大通信线路传输容量的一种很好的办法。目前光网络的光复用技术主要有波分复用(WDM)、光时分复用(OTDM)和光码分复用(OCDM)三种。

思考

4-1　描述光纤中纤芯和包层的功能。为什么它们的折射率不同?哪一个折射率要更大,为什么?

4-2　为什么在光纤中必须要满足全内反射的要求?

4-3　临界传播角的含义是什么?这个角依赖于哪些光纤参数?

4-4　什么是接受角?为什么我们需要知道这个角度是多少?

4-5 什么是光纤中的衰减？什么是光纤中的损耗？列出光纤中衰减的三个主要原因,并解释它们的机制。

4-6 什么是宏弯损耗？什么是微弯损耗？

4-7 什么是光纤的模式？

4-8 模式色散问题的解决方案是什么？

4-9 什么是色度色散？

4-10 SDH 的特点有哪些？

4-11 SDH 帧结构分哪几个区域？各自的作用是什么？

4-12 SDH 有哪几种自愈环？

第 5 章

现代数字交换技术

5.1 基本概念

5.1.1 交换的概念

1. 交换的引入

通信的目的是在信息的源和目的之间传送信息,这个源和目的对应的就是各种通信终端,比如两个人要想通话,最简单的就是各自拿一个电话机,用一条通信线路将两个电话机连接起来,就可实现通话,如图 5-1(a)所示;同样,两个人要想传送文件,可各自使用一台计算机,通过串口线经 RS-232 接口连接起来,实现信息的传送,如图 5-1(b)所示。这种点对点的通信方式的系统构成如图 5-1(c)所示。

当存在多个终端,而且希望它们中的任何两个都可以进行点对点的通信时,最直接的方法是把所有终端两两相连,这样的连接方式称为全互连式。但这样需要的连线数为 $C_N^2 = N \times (N-1)/2$ 条。以五部电话机的连接为例,五个用户要两两都能通话,则需要总电路数为 10 条,如图 5-2(a)所示。当终端数目较少,地理位置相对集中时还可以采用这种全互连式。如果用户数量增多,全互连式需要的电路数量会增多,用在线路方面的投资也随着增加。如有 10 000 个用户,则需要 $C_{10\,000}^2 \approx 5\,000$ 万条电路。除此之外,这种方式在每次通话时还要考虑对方终端是否与自己的连线相连。同时,若新增一个终端,则需要与前面已有的所有终端进行连线,工程浩大,在实际操作中没有可行性。

为了解决这一问题,很自然地想到在用户密集的中心安装一个设备,把每个用户的电话机或其他终端设备都用各自专用的线路连接在这个设备上。此设备相当于一个开

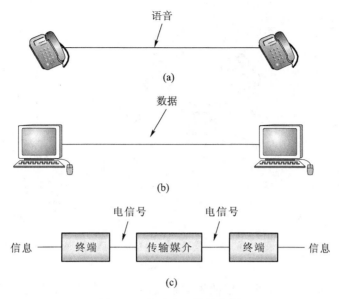

图 5-1 点对点通信的实例

关结点,平时处于断开状态,当任意两个用户之间交换信息时,该设备就把连接这两个用户的有关结点闭合,这时两用户的通信线路连通。当两用户通信完毕,把相应的结点断开,两用户之间的连线就断开。由于该设备的作用主要是控制用户之间连接的通断,类似于普通的开关,所以称其为交换设备(或交换结点)。英文为"switch",交换技术的英文为"switch technology"。

同样以五部电话机的连接为例,采用交换设备连接,仅需要五条电路,如图 5-2(b)所示。

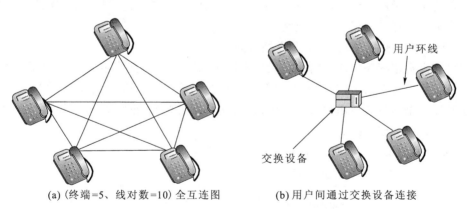

(a)(终端=5、线对数=10)全互连图　　(b)用户间通过交换设备连接

图 5-2 用户间连接图

图 5-2(b)中,用户环线(简称用户线)是指用户到交换机之间的连线。用户间通过交换设备连接使多个终端的通信成为可能。

2. 交换的概念

所谓交换,就是在通信网上,负责在通信的源和目的终端之间建立通信信道传送通信信息的机制。多个交换结点组成的电话交换网如图 5-3 所示。图 5-3 中,中继线是指交换机

与交换机之间的连线。

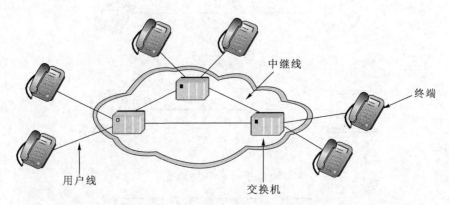

图 5-3　多个交换结点组成的电话交换网

　　这里所说的通信网,是指由一定数量的结点(包括交换设备和终端设备)和连接结点的传输链路相互有机地组合在一起,以实现两个或多个规定点间信息传输的通信体系。

5.1.2　交换方式的分类

　　所谓交换方式是指对应于各种传输模式,交换机为完成其交换功能所采用的互通(Intercommunication)技术。交换方式主要分为两类。

　　1. 电路交换方式(或线路交换方式)

　　网络结点内部完成对通信线路(在空间或时间上)的连通,为数据传输提供专用的(或物理的)传输通路(即物理连接)。

　　物理连接是指用户通信过程中,无论用户有无信息传送,交换网络始终按照预先分配的物理带宽资源保持其专用的接续通路。

　　2. 存储/转发交换方式(或信息交换方式)

　　网络结点运用程序方法先将途经的数据流按传输单元接收并存储下来;然后,选择一条合适的链路将它转发出去,在逻辑上为数据传输提供了传输通路(即逻辑连接)。

　　逻辑连接是指只有在用户有信息传送时,才按需分配物理带宽资源,提供接续通路,因此逻辑连接也称为虚连接。

　　存储/转发交换方式又分为报文交换和分组交换。

　　图 5-4 所示为主要的交换方式分类。

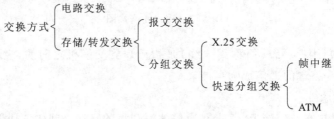

图 5-4　交换方式分类

本章主要介绍电路交换、存储/转发交换和 ATM 交换等典型的交换技术的工作原理和特点。

5.2 电路交换

5.2.1 电路交换的基本过程

电路交换又称为线路交换,它是以接通电路为目的的交换方式,电话网就采用电路交换方式。下面以打一次电话为例来体验这种交换方式。打电话时,首先是通话的一方摘起话筒,交换机送来拨号音,听到拨号音后开始拨号。拨号完毕,交换机就知道了要和谁通话,并为双方建立一个连接,于是双方进行通话。等一方挂机后,交换机就把双方的线路断开,为双方各自开始一次新的通话做好准备。因此,可以体会到,电路交换的动作,就是在通信时建立(即连接)电路,通信完毕时拆除(即断开)电路,如图 5-5 所示。因此,可以说,电路交换就是当终端之间通信时,一方发起呼叫,独占一条物理线路,在整个通信过程中双方一直占用该电路,通信完毕时断开电路的过程。

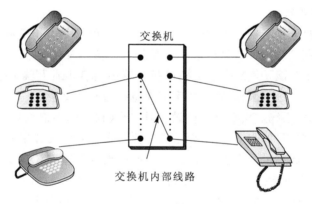

图 5-5　电路交换

整个电路交换的过程包括建立线路、占用线路并进行数据传输、释放线路三个阶段。

建立线路:发起方站点向某个终端站点(响应方站点)发送一个请求,该请求通过中间结点传输至终点;如果中间结点有空闲的物理线路可以使用,则接收请求,分配线路,并将请求传输给下一中间结点;整个过程持续进行,直至终点。如果中间结点没有空闲的物理线路可以使用,整个线路的"串接"将无法实现。仅当通信的两个站点之间建立起物理线路之后,才允许进入数据传输阶段。线路一旦被分配,在未释放之前,其他站点将无法使用,即使某一时刻,线路上并没有数据传输,其他站点也不能使用该线路。

数据传输:在已经建立物理线路的基础上,站点之间进行数据传输。数据既可以从发起方站点传往响应方站点,也可以按相反方向传输。由于整个物理线路的资源仅用于本次通信,通信双方的信息传输延迟仅取决于电磁信号沿媒介传输的延迟。

释放线路:当站点之间的数据传输完毕,执行释放线路的动作。该动作可以由任一站点发起,释放线路请求通过途经的中间结点送往对方,释放线路资源。

电路交换有如下的特点。

① 独占性:建立线路之后,释放线路之前,即使站点之间无任何数据可以传输,整个线路仍不允许其他站点共享,因此线路的利用率较低,并且容易引起接续时的拥塞。

② 实时性好:一旦线路建立,通信双方的所有资源(包括线路资源)均用于本次通信,除了少量的传输延迟之外,不再有其他延迟,具有较好的实时性。

③ 线路交换设备简单,不提供任何缓存装置。

④ 用户数据透明传输,要求收发双方自动进行速率匹配。

电路交换最大的缺点就是电路利用率低,带宽固定不灵活。通信过程中始终独占一条信道,以电话通信中的电路交换为例,电路接通后,讲话的双方总是一个在听,一个在说,电路空闲时间大约是 50%。如果考虑说话过程中的停顿,那么空闲时间还要更多。有统计数据表明,电路交换的电路利用率只有 36% 左右。因此,电路交换比较适用于信息量大、长报文、恒定速率的语音用户之间的通信。

电路交换经历了人工交换、机电式自动交换、数字程控交换三个阶段,下面以第三阶段的数字程控交换为例,说明其工作原理。

5.2.2　数字程控交换原理

1. 数字交换的概念

数字程控交换机直接交换数字化的语音信号,欲实现数字信号交换的目的,必须做到在不同话路时隙发送和接收信号。只有这两个方向的交换同时建立起来,才能完成数字语音信号交换。实现这个功能要依靠数字交换设备。数字交换实质上就是把 PCM 系统有关的时隙内容在时间位置上进行搬移,因此数字交换也称为时隙交换。

当只有一套 PCM 系统进入数字交换设备时,交换仅在这条总线的 30 个话路时隙之间进行。为了扩大数字信号的交换范围,要求数字交换设备还要具有在不同 PCM 总线之间进行交换的功能。概括起来说要实现时隙交换,数字交换设备应该具有以下交换功能。

① 在同一条 PCM 总线上不同时隙之间进行交换,采用时间型(T)接线器完成。

② 在不同 PCM 总线上同一时隙之间进行交换,采用空间型(S)接线器完成。

③ 在不同 PCM 总线之间的不同时隙之间进行交换,采用 TST 或 STS 型交换网络完成。

2. 数字交换网络

接线器是构成数字交换网络的基本部件,按其功能不同可分为两类:时间型接线器和空间型接线器。

(1) 时间型接线器

① 时间型接线器的组成。

时间型接线器又称 T 接线器,它的功能是完成同一条 PCM 总(复用)线上不同时隙内容的交换。T 接线器由语音存储器(Speech Memory,SM)和控制存储器(Control Memory,CM)组成,如图 5-6 所示,它们都采用随机存取存储器(RAM)来实现。

SM 用来暂存编码的语音信息。每个时隙有 8 位编码,考虑到要进行奇偶校验等,所以 SM 的每个单元(即每个字)应具有 8 位以上字长。SM 的容量,即所包含的字数应等于输入复用线(HW 线)上的复用度。例如,有 512 个时隙,SM 就要有 512 个单元。

时间型接线器的工作方式有两种。第一种是顺序写入,控制读出,简称输出控制,如图 5-6(a) 所示。第二种是控制写入,顺序读出,简称输入控制,如图 5-6(b) 所示。用这两种方式进行时隙交换的原理是相同的。顺序写入或读出是由时钟控制的,控制读出或写入则由 CM 完成。

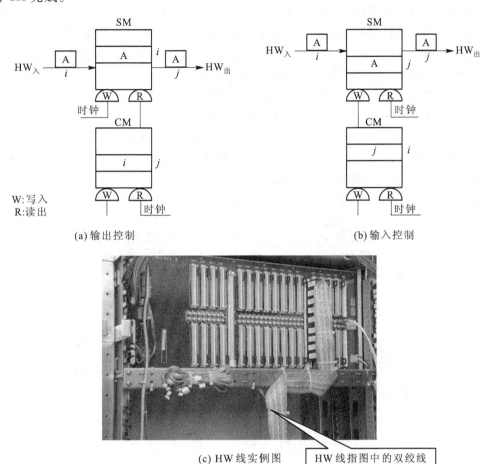

(a) 输出控制

(b) 输入控制

(c) HW 线实例图   HW 线指图中的双绞线

图 5-6   T 接线器的工作原理

CM 的作用是控制同步交换,其容量一般等于语音存储器的容量,它的每个单元所存的内容是由处理机控制写入的,用来控制 SM 读出或写入的地址。因此,CM 中每个字的位数决定于 SM 的地址码的位数。如果 SM 有 512 个单元,需要用 9 位地址码选择,则 CM 的每个单元应有 9 位。图 5-6(c) 为 HW 线实例图。

② 时间型接线器的交换原理。

现在来看以顺序写入、控制读出方式进行时隙交换的原理。输入时隙的信息在时钟控制下,依次写入 SM。显然,写时钟必须与输入时隙同步。如果读出也是顺序方式,则仅起缓冲作用,不能进行时隙交换。故在读出时,必须依照控制存储器中所存入的读出地址进行。

图 5-6(a) 中表示了语音 A 按顺序存入 SM 的第 i 单元,当第 j 时隙到来时,以 CM 第 j 单元的内容 i 为地址,读出 SM 第 i 单元的内容 A。这样,第 i 时隙输入的语音编码信息 A 就在第 j 时隙被送出去,实现了时隙交换的功能。

在整个交换过程中,CM 就是控制信息交换的转发表。转发表由处理机构造。处理机为输入时隙选定一个输出时隙后,控制信息就写入控制存储器。只要没有新的信息写入,控

制存储器的内容就不变。于是,每一帧都重复以上的读写过程,输入第 i 时隙的语音信息,在每一帧中都被交换到第 j 输出时隙中去。

控制写入、顺序读出的原理是相似的,不同的是:控制存储器内写入的是语音存储器的写入地址,以此来控制语音存储器的写入,即语音存储器第 j 单元写入的是第 i 输入时隙的语音信息,如图 5-6(b)所示。由于是顺序读出,故在第 j 时隙读出语音存储器第 j 单元的内容,同样完成了第 i 个输入时隙与第 j 个输出时隙的交换。

不论是顺序写入还是控制写入,每个输入时隙都对应着语音存储器的一个存储单元,所以,时间型接线器实际上具有空分的性质,是按空分的原理工作的。

【例 5.2-1】　请画出把输入复用线(HW 线)中 TS2 的信息交换到输出复用线的 TS30;输入复用线(HW 线)中 TS20 的信息交换到输出复用线的 TS3 的顺序输入控制读出和控制输入顺序读出两种情况 T 接线器的工作原理图。

解: 图 5-7(a)为输出控制型结构示意图,图 5-7(b)为输入控制型结构示意图。

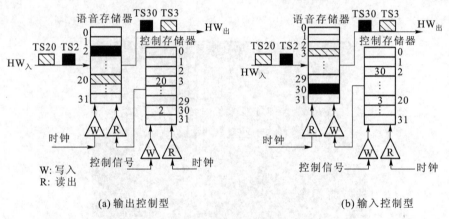

图 5-7　【例 5.2-1】图

(2) 空间型接线器

① 空间型接线器的组成。

空间型接线器又称为 S 接线器,它的功能是完成不同 PCM 总(复用)线之间同一时隙内容的交换。它由交叉点矩阵和控制存储器 CM 组成,如图 5-8 和图 5-9 所示。$N \times N$ 的电子交叉点矩阵有 N 条输入复用线和 N 条输出复用线,每条复用线上有若干个时隙。每条输入复用线可以选择到 N 条输出复用线中的任一条,但这种选择是建立在一定的时隙基础上的。以第 1 条输入复用线为例,其第 1 个时隙可能选通第 2 条输出复用线的第 1 个时隙,其第 2 个时隙可能选通第 3 条输出复用线的第 2 个时隙,其第 3 个时隙可能选通第 1 条输出复用线的第 3 个时隙,等等。因此,对应于一定出入线的交叉点是按一定时隙做高速启闭的。从这个角度看,空间型接线器是以时分方式工作的。各个交叉点在哪些时隙应闭合、在哪些时隙应断开,是由 CM 控制的,CM 起同步作用。

S 接线器按受控性不同,也有两种类型:输出控制型和输入控制型。

输出控制型表示 CM 控制输出线上的全部交叉接点。有多少条输出线,就有多少个控制存储器 CM。各个 CM 中存储单元内容为输入线的号码 $HW_{入i}$。

输入控制型表示 CM 控制输入线上的全部交叉接点。有多少条输入线,就有多少个控制存储器 CM。各个 CM 中存储单元内容为输出线的号码 $HW_{出j}$。

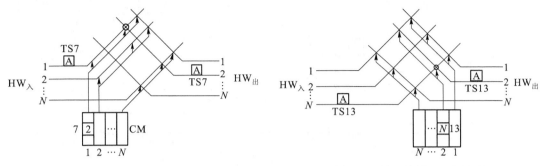

图 5-8　输入控制型 S 接线器　　　　图 5-9　输出控制型 S 接线器

② 空间型接线器的工作原理。

如图 5-8 所示,对应于每条输入线都配有一个控制存储器。由于它要控制输入线上每个时隙接通到哪一条输出线上,所以控制存储器的容量等于每条复用线上的时隙数,而每个单元的位数则决定于选择输出线的地址码位数。例如,每条复用线上有 512 个时隙,交叉点矩阵是 32×32,则要配有 32 个控制存储器,每个控制存储器有 512 个单元,每个单元有 5位,可选择 32 条输出线。

图 5-8 中,第 1 个控制存储器的第 7 个单元中由处理机控制写入了 2,表示第 1 条输入复用线与第 2 条输出复用线的交叉点在第 7 时隙接通。在每一帧期间,处理机依次读出控制存储器各单元的内容,控制矩阵中对应交叉点的启闭。这里的控制存储器就是控制接续的转发表。

控制存储器也可以按输出线设置,即每一条输出复用线用一个控制存储器控制该输出复用线上各个时隙依次与哪些输入复用线接通,如图 5-9 所示。显然,在第 2 个控制存储器中,写入的内容是输入复用线的号码。

【例 5.2-2】　一个 S 型接线器,其容量为 13×13。现要求将输入线 $HW_{入1}$ 的 TS2 内容交换到输出线 $HW_{出13}$,输入线 $HW_{入2}$ 的 TS8 内容交换到输出线 $HW_{出12}$。分别画出其输出控制型和输入控制型的结构示意图。

解:图 5-10(a)为输出控制型结构示意图,图 5-10(b)为输入控制型结构示意图。

（3）TST 数字交换网络

在大型程控交换机中,要求数字交换网络的容量较大,需将 T 接线器与 S 接线器按一定规律组合起来方能实现。目前应用较多的是 TST 网络,TST 是三级交换网络,两侧为 T 接线器(简称 T_A 和 T_B),中间一级为 S 接线器,S 级的出入线数决定于两侧 T 接线器的数量。图 5-11 给出了一个 TST 网络的结构示意,图中假设有 3 条复用线(HW_1、HW_2、HW_3),每条复用线有 32 个时隙。因此,T_A、T_B 两级语音存储器各有 32 个单元,各级控制存储器也各有32 个单元。

各级的分工如下:T_A 接线器负责输入复用线的时隙交换;S 接线器负责复用线之间的空间交换;T_B 接线器负责输出复用线的时隙交换。因此 3 条输入复用线就需要有 3 个 T_A 接线器;3 条输出复用线需要有 3 个 T_B 接线器;而负责复用线交换的 S 接线器矩阵应为 3×3,因而也有 3 个控制存储器。

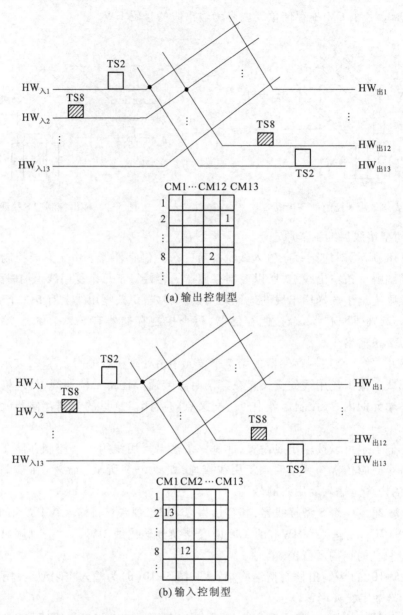

图 5-10 【例 5.2-2】图

图 5-11 中各接线器的工作方式为:T_A 接线器为输出控制;T_B 接线器为输入控制;S 接线器为输入控制。需要指出,两级 T 接线器的工作方式必须不同,以有利于控制。而谁是输入控制,谁是输出控制,都是可以的。对于 S 接线器用什么控制方式也是两者均可,图 5-11 中采用的是输入控制方式。

假设 A 语音占用 $HW_{\lambda 1}$ 的 TS2,B 语音占用 $HW_{\lambda 3}$ 的 TS31,在 A、B 之间进行路由接续。

首先讨论 A→B 方向路由的接续。CPU 在存储器中找到一条空闲路由,即交换网络中一个空闲时隙,图中假设此空闲时隙为 TS7。这时,CPU 就向 $HW_{\lambda 1}$ 的 CM_A 的 7 号单元写入"2";$HW_{出 3}$ 的 CM_B 的 7 号单元写入"31";1 号 CM_C 的 7 号单元写入"3"。

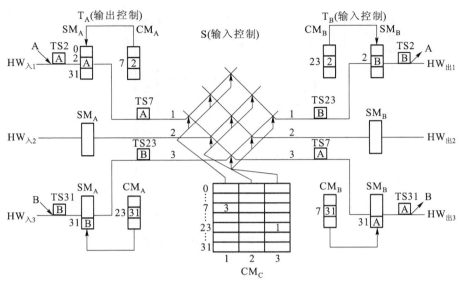

图 5-11　TST 网络

SM_A 按顺序写入,TS2 时刻将语音信号 A 写入到 $HW_{入1}$ 的 $SM_A 2$ 号单元中去。TS7 时刻, 顺序读出 $CM_A 7$ 号单元内容"2"作为 SM_A 的读出地址,控制读出,于是就把原来在 TS2 的语音信号 A 交换到了 TS7。此时,S 接线器 1 号 CM_C 读出 7 号单元内容"3",控制 1 号输入线和 3 号输出线在 TS7 时接通,就将语音信号 A 送至 T_B 接线器中。

$HW_{出3}$ 线上的 T_B 接线器的 SM_B 在 CM_B 控制下将 TS7 中语音信号 A 写入到 31 号单元中去。在 SM_B 顺序读出时,TS31 时隙读出语音信号 A 并送至 B,完成 A→B 方向的交换。

交换网络必须建立双向通路,即除了上述 A→B 方向之外,还要建立 B→A 方向的路由。 B→A 方向的路由选择通常采用"反相法",即两个方向相差半帧。在本例中一帧为 32 个时隙,半帧为 16 个时隙,A→B 方向空闲内部时隙选定 TS7,则 B→A 方向就应选定 16+7 = 23 即 TS23。这样可使得 CPU 一次选择两个方向的路由,避免 CPU 的二次路由选择,从而减轻 CPU 的负担。

B→A 方向的语音传输过程与 A→B 方向相似,只需将内部空闲时隙改为 TS23,图 5-11 也画出了 B→A 方向的交换过程,读者不难进行类似分析。

在话终拆线时,CPU 只要把控制存储器相应单元清除即可。

除了三级网络结构外,还存在多级网络结构,例如,TSST 结构的四级网络、TSSST 和 SSTSS 等结构的五级网络以及具有 TSSSST 结构的六级网络等。

3. 数字程控交换机的组成

数字程控交换机由硬件和软件两大部分组成,其基本结构如图 5-12 所示。

数字程控交换机的硬件包括话路系统和控制系统两部分,软件部分主要是指存放在存储器中的数据和程序。其话路系统包括用户集线器、远端用户集线器、数字选组级和各种中继器,控制系统由各个微处理机和交换程序模块组成。除此之外还有产生各种信令、辅助建立接续通路的信令设备。

图 5-12 中各部分的基本功能如下:

191

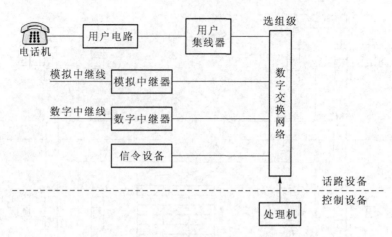

图 5-12　数字程控交换机基本结构

（1）话路系统

① 用户电路。

数字交换机为每一个用户配备一个用户电路,其功能的英文第一个字母拼凑起来称为 BORSCHT 功能。各个字母所表示的功能如下:

B——向用户电话机馈电。馈电电压在中国规定为-60 V,国外设备多为-48 V。

O——过压保护。防止高压进入数字交换网络,使用户内线电压保持在规定数值。

R——振铃控制。在用户电路配置振铃继电器,控制铃流回路的通断。

S——监视。通过监视用户线回路的通/断状态检测用户摘挂机、拨号等状态。

C——编译码和滤波。语音信号的模/数转换并滤除语音频带以外的频率成分。

H——二线/四线转换:用户线为二线,收发共用。信号经过用户电路以后,发送方向为二
　　　线,接收方向也为二线,合起来为四线。二线/四线的转换功能由用户电路完成。

T——测试用户线和用户电路。

② 用户集线器

交换机的用户数量很大,但每个用户的话务量不高,通过用户集线器可以将一群用户集中起来,通过较少的线路接到数字交换网络,以提高内部通路的利用率。

③ 数字交换网络。

提供话路系统的接续功能。

④ 中继器。

中继器是数字交换机为适应周围环境而设置的接口设备,分为模拟中继器和数字中继器两种类型。模拟中继器在数字交换机与模拟中继线之间完成适配作用,它一端接到数字交换网络,另一端接到模拟中继线,因此模拟中继器的输入、输出信号形式完全不同(一端是数字信号,另一端是模拟信号)。数字中继器是数字交换机与数字中继线之间的接口设备,所以它的输入、输出都是数字信号。数字中继器连接其他数字交换机或远端用户集线器,用来解决信号传输、同步及信令配合等连接问题。

（2）控制系统

控制系统对话路系统施加控制,以便完成通话接续。控制软件一般采用分层模块化结

构,从功能角度划分为操作系统、呼叫处理和维护管理3个部分。

由微处理机组成的控制结构一般采用多机分散控制(分级分散控制或分布式分散控制)。为了安全可靠,微处理机及程序模块都需要一定方式的备份,微处理机的数量及分工取决于备用的配置方式。

(3) 软件系统

数字程控交换机是存储程序控制的交换机,即通过运行处理器中的程序来控制整个话路的接续。其软件系统从总体上可分为运行软件和支持软件两大部分。

运行软件系统是指运行呼叫处理、管理和维护等工作所需的程序和数据,是在线运行的。在线程序是交换机中运行使用的、对交换系统各种业务进行处理的软件总和。

支持软件(即支援软件)系统是在编写和调试程序时为提高效率而使用的程序,是脱机运行的,指编译程序、模拟程序和连接编辑程序等软件。

除了上述功能要求外,对程控交换机软件系统还有如下特殊要求:运行快、占存储空间小,以多道程序运行的方式工作,保证系统不中断,通用性能好。

程控交换机的软件系统结构如图5-13所示。

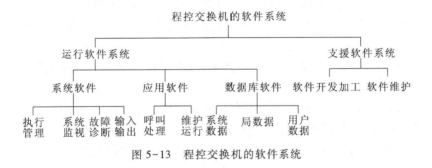

图5-13 程控交换机的软件系统

(4) 信令系统

所谓信令是指完成通信网的信号控制与接续过程的指令。在电话的自动接续过程中,必须有一套完整的信令系统,它在电话通信网中起着指挥、联络、协调的作用,以确保整个通信网有条不紊地运转。

要完成一次通信,必须首先与对方取得联系,如在电话网中,摘机信号表示要求通信,拨号信号说明要求通信的对方是谁,挂机信号表示通信结束等。要完成一次通信接续所需要的各种信号就构成了通信网的信令系统,又称信令网。

图5-14以两个用户通过两地的交换机进行通话接续为例,说明接续建立过程中信令信号传递及控制的流程。为简化讨论,图中所示交换机都具有长途接续功能,即它们能直接将用户线连接到长途中继线上。一般情况下市话用户要经过市话交换机和长途交换机才能接到长途中继线上。

现在对图5-14所示流程简单说明如下。

① 当用户摘机时,用户摘机信号送到发送端交换机。

② 发送端交换机收到用户摘机信号后,立即向主叫用户送出拨号音。

③ 主叫用户拨号,将被叫用户号码送给发送端交换机。

④ 发送端交换机根据被叫号码选择局向及中继线,发送端交换机在选好的中继线上向

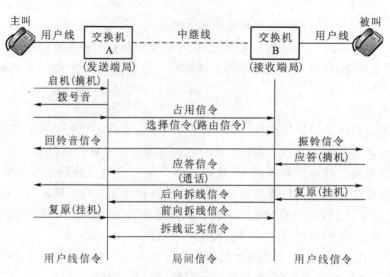

图 5-14 电话接续基本信令流程

接收端交换机发送占用信号,并把被叫用户号码送给接收端交换机。

⑤ 接收端交换机根据被叫号码,将呼叫连接到被叫用户,向被叫用户发送振铃信号,并向主叫用户送回铃音。

⑥ 当被叫用户摘机应答时,接收端交换机接到应答摘机信号,并将应答信号转发给发送端交换机。

⑦ 用户双方进入通话状态,这时,线路上传送语音信号。

⑧ 话终挂机复原,传送拆线信号。

⑨ 接收端交换机拆线后,回送一个拆线证实信号,一切设备复原。

综上所述,电话网的信令系统应具有监视功能、选择功能和网路管理功能。

监视功能用来检测或改变用户线和网路中其他线路的状态或条件,反映用户的挂机/摘机情况,其中包括:主叫摘机占线、被叫摘机应答、被叫挂机(后向拆线)、主叫挂机(前向拆线)四种情况的检测,并相应地把线路状态从空闲变为占用或反之。

选择功能用来完成呼叫接续的建立,由主叫用户送出的被叫用户地址信息经变换后在交换局之间传送。除了地址信息以外还要包括使交换顺利进行的信号,例如请发码信号、号码收到信号、请求发数字信号、证实信号等。

网络管理功能主要包括检测和传送网络拥塞信息、控制修改迂回路由、提供呼叫计费以及远距离维护等。

① 信令的分类。

从图 5-14 可以看出,按信令信号工作区域的不同,信令可分为用户线信令和局间信令两类。

a. 用户线信令。

用户线信令是用户和交换机之间的信号,它们在用户线上传输。用户线信令从功能上又可分为三种。

第一种是反映用户电话机摘、挂机状态的状态信号,这类信号是直流信号,由摘、挂机状态决定。用户挂机时,电话机和交换机之间的用户环路是断开的,没有电流流过。用户摘机时,用户环路闭合,有直流电流流过,即向电话机终端供电。

第二种是反映用户呼叫目的的拨号信号,是由主叫用户拨号所决定的。由于使用电话机种类的不同,拨号信号形式有两种:号盘电话机的拨号信号是直流脉冲信号,双音频按键电话机的多频拨号信号是由两个频率组成的双音多频信号。

第三种是由交换局发给用户的表示忙闲状态的铃流和忙音、拨号音等音信号。它的信号形式是连续或断续间隔不同的音频信号。

b. 局间信令。

局间信令是交换机和交换机之间的信令,在局间中继线上传输,用来控制呼叫接续和拆线。局间信令按功能可分为监视信令(线路信令)和选择信令(路由信令)。

监视信令也称为线路信令,它主要是用来监视和改变线路上呼叫的状态或条件,以控制接续的进行。监视信令的主要功能包括:主叫摘机占线、被叫应答、被叫挂机(后向拆线)和主叫挂机(前向拆线)等四种情况的识别检测,并相应地把线路状态从空闲变为占用或反之。

选择信令又称为路由信令,是传送电话号码和控制接续的信号。它和呼叫建立过程有关,由主叫用户送出的被叫用户地址信息启动和控制,该地址信息的全部或者一部分需在交换局之间传送。除了地址信息之外,这类信令还应包括使交换机动作顺利进行的信号,如请求发码信号、号码收到信号及证实信号等。

局间信令按信令技术或信令的传输方式又可分为随路信令方式和共路信令方式两种。

随路信令是使用语音信道传送各种信令。换言之,信令和语音在同一条通路中传送,如图 5-15(a)所示。

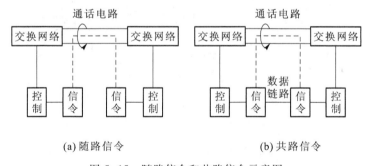

(a) 随路信令　　　　　　　　(b) 共路信令

图 5-15　随路信令和共路信令示意图

共路信令方式将信令和语音分开,信令在一条专用的数据链路上传送,所以是一种公共信道信令方式。如图 5-15(b)所示。No. 7 信令即为共路信令。共路信令方式具有许多优点,如:信令传送速度快;信令容量大、可靠性高;具有改变和增加信令的灵活性;信令设备成本低;在通话的同时可以处理信令;可提供多种新业务等。目前通信网中的局间信令,都是 ITU 正式提出的 No. 7 信令。

② No. 7 信令网。

先介绍几个基本概念。

a. 信令点(SP):在信令网内,能提供共路信令的结点,是信令消息的源点或目的地点。

b. 信令链路:连接各个信令点、传送信令消息的物理链路。可以是数字通路或高质量的模拟通路,可以是有线的或无线的传输媒介。

c. 信令转接点(STP):如果某个信令点既不是信令消息的源点,也不是消息的目的地点,它的作用只是把从一条信令链路收到的信令消息转发到另一条信令链路,则称这种信令点为信令转接点。

下面讨论信令系统的组成与网络结构。

信令系统由信令点(SP)、信令转接点(STP)和连接它们的信令链路组成,是专门用于传送信令的网络,是电话网的支撑网。No. 7 信令具有以下四大功能。

a. 电话网的局间信令完成本地、长途和国际网的自动、半自动电话接续。

b. 电路交换的数据网局间信令完成本地、长途网和国际网的自动数据接续。

c. ISDN 网的局间信令完成本地网、长途网和国际网各种电话和非电话业务的各种接续。

d. 智能网信令可以传送与电路无关的各种信令信息,完成信令业务点(SSP)和业务控制点(SCP)间的对话,开放各种用户补充业务。

信令系统按结构分为无级信令网和分级信令网,如图 5-16 所示。

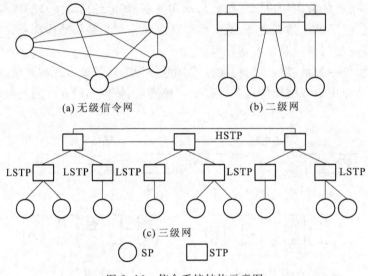

图 5-16　信令系统结构示意图

无级信令网是指未引入信令转接点的信令网。信令点间采用直连方式工作。从对信令网的基本要求来看,信令网中每个信令点的信令路由尽可能多,信令接续中所经过的信令点的数量尽可能少。

分级信令网是使用信令转接点的信令网。分级信令网按等级划分又可划分为二级信令网和三级信令网。三级信令网由两级信令转接点[即高级信令转接点(HSTP)、低级信令转接点(LSTP)]和 SP 构成。

二级信令网与三级信令网相比,具有经过信令转接点少和信令传递时延短的优点,通常在信令网容量可以满足要求的条件下,都是采用二级信令网。但是对信令网容量要求大的国家,应使用三级信令网。

5.2.3 多速率电路交换和快速电路交换

1. 多速率电路交换

电路交换建立的连接通路通常只有一种传输速率,例如 64 kbit/s。为了适应多种业务的需要,例如较高带宽的业务,可以采用多速率电路交换,也就是将几条连接捆绑起来供用户使用。

虽然多速率电路交换可以根据业务需要提供不同的带宽,但是其速率类型极其有限,仅限于某个基本速率(例如 8 kbit/s)的整数倍,无法满足业务多样性的需要,而且交换机的实现比较复杂,成本将显著增加,因而并没有得到实际应用。

2. 快速电路交换

为了克服电路交换固定分配带宽的缺点,改善对不同业务需求的适应性,在 1982 年人们提出了快速电路交换技术,其基本思想是只在信息要求传送时才分配带宽和有关资源。在呼叫建立时,要求通路上的交换结点分配并"记忆"所需的带宽和去向,但并不占用该带宽,称为逻辑连接。当用户发送信息时,交换机才通过呼叫标识确定并激活该逻辑连接,形成物理连接。

虽然快速电路交换提高了带宽利用率,但控制复杂,时延和呼损比通常的电路交换大,灵活性又比不上下面所述的存储/转发交换方式,因此也未得到实际应用。

5.3 存储/转发交换

由于电路交换的资源利用率低,不同类型的用户间不能直接互通,灵活性差,所以又发展了存储/转发交换方式。存储/转发交换分为报文交换和分组交换,下面分别加以讨论。

5.3.1 报文交换

报文交换的基本思想就是"存储—转发"。当用户的报文到达交换机时,先将报文存储在交换机的存储器中(内存或外存),当所需要的输出电路有空闲时,再将该报文发向接收交换机或用户终端。

在报文交换方式中以报文为单位接收、存储和转发信息。为了准确地实现转发报文,一份报文应包括以下三个部分:① 报头或标题:它包括发信站地址、终点收信地址和其他辅助控制信息等;② 报文正文:传输用户信息;③ 报尾:表示报文的结束标志,若报文长度有规定,则可省去此标志。

1. 报文交换的基本过程

报文交换方式的基本过程如图 5-17 所示。

假定用户甲有报文 A、B 和 C 要发往用户乙,用户甲不需要先接通与用户乙之间的电路,而是先与连接甲的一中间结点(交换机)接通,将报文 A、B 和 C 先存储下来;然后,分析报文提供的乙地址信息,根据地址信息接通下一个中间结点后,将报文 A、B 和 C 转发出去;如此进行下去直到将数据报文 A、B 和 C 发往用户乙。

2. 报文交换的优、缺点

报文交换的主要优点有:① 可使不同类型的终端设备之间相互进行通信,这是因为报

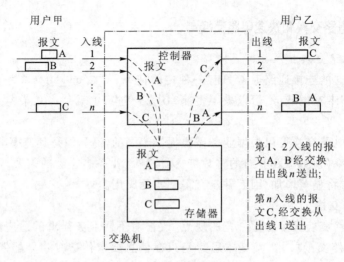

图 5-17　报文交换工作原理图

文交换机具有存储和处理能力,可对输入输出电路上的速率和编码格式进行变换;② 在报文交换的过程中没有电路接续过程,来自不同用户的报文可以在同一条线路上以报文为单位实现时分多路复用,线路可以以它的最高传输能力工作,大大提高了线路利用率;③ 用户不需要叫通对方就可以发送报文,所以无呼损,并可以节省通信终端操作人员的时间;同一报文可以由交换机转发到不同的收信地点。

报文交换方式的主要缺点有:① 信息的传输时延大,而且时延的变化也大;② 要求报文交换机有高速处理能力,且缓冲存储器容量大,因此交换机的设备费用高。

可见,报文交换不利于实时通信,它适用于公众电报和电子信箱业务。

5.3.2　分组交换

1. 分组交换的产生背景

分组交换技术的思想首先提出时并不是作为数据交换的一种方式,而是作为电话通信中的保密方法提出的。1961 年,在美国空军 RAND 计划的研究报告中,保罗·布朗等人提出了一个想法。当时的想法是为了对通话双方的对话内容保密,将对话的内容分成一个一个很短的小块,即把它们分组,在每一个交换站将这一呼叫的分组与其他呼叫的分组混合起来,并以分组为单位发送,通话的内容通过不同的路径到达终点站,终点站收集所有到达的分组,然后将它们按顺序重新组合成可懂的语言。如果传输线路在网中的某一位置被截收,收到的是由多个对话交错在一起的分组,它们的含义是不连贯的,从而达到保密的目的。当时由于技术条件的限制,这一提法没有实现。但由于分组技术可以有效地利用通信线路的资源和解决计算机之间的通信问题,实现资源共享,所以在不断的研究下,时隔五年后世界上第一个分组交换网建设完成。

2. 分组交换的概念

分组交换也称包交换,是以信息分发为目的,把从输入端进来的数据按一定长度分割成若干个数据段,这些数据段称为分组(或包),并且在每个信息分组中增加信息头及信息尾,表示该段信息的开始及结束。此外还要加上地址域和控制域,用以表示这段信息的类型和送往何处,还要加上错误校验码以检验传送中发生的错误,然后由交换机根据每个分组的地址标志,在网中以"存储—转发"的方式传到目的地。最后去掉控制信息,将分组还原成发送端文件,交给接收端用户,这一过程称为分组交换。图 5-18 为分组示意图。

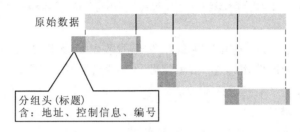

图 5-18 分组示意图

虽然分组交换也采用存储/转发机制,但是它和报文交换的不同之处在于:分组交换发送和接收的是由报文分割成的若干较小的分组,而报文交换发送和接收的是整个报文。由于以较小的分组为单位进行传输和交换,所以分组交换比报文交换的速度快。

3. 分组交换的基本过程

在分组交换方式中,分组是被交换处理和传送处理的对象。接入分组交换网的用户终端有两类:分组型终端和非分组型终端(一般终端)。前者能按照分组格式收发信息,后者必须在分组网内配置具有分组装拆功能的分组装/拆设备(PAD),使不同类型的用户终端可以互通。

分组交换的工作原理如图 5-19 所示。假设分组交换网有 3 个交换结点(分组交换机1、2、3)。图中画出 A、B、C、D 4 个数据用户终端,其中 B 和 C 为分组型终端,A 和 D 为非分组型终端,即一般终端。分组型终端以分组的形式发送和接收信息,而一般终端发送和接收的是报文,所以报文要由 PAD 将其拆成若干个分组,以分组的形式在网中传输和交换;若接收终端为一般终端,则由 PAD 将若干个分组重新组装成报文再送给一般终端。

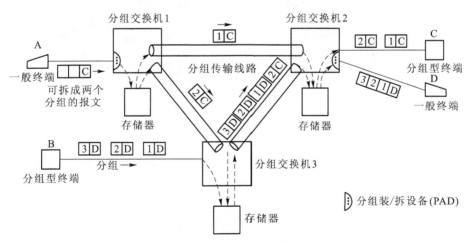

图 5-19 分组交换的工作原理

图 5-19 中存在两个通信过程,分别是非分组型终端 A 和分组型终端 C 之间的通信,以及分组型终端 B 和非分组型终端 D 之间的通信。

非分组型终端 A 发出带有接收端 C 地址的报文,分组交换机 1 将此报文拆成两个分组,存入存储器并进行路由选择,决定将分组 $\boxed{1\ C}$ 直接传给分组交换机 2,将分组 $\boxed{2\ C}$ 先传给分组交换机 3,再由交换机 3 传给分组交换机 2。最后由分组交换机 2 将两个分组排序后送给接收终端 C。由于 C 是分组型终端,因此在交换机 2 中不必经过 PAD,直接将分组送给终端 C。

图中另一个通信过程是:分组型终端 B 发送的数据是分组的,在交换机 3 中不必经过 PAD。三个分组经过相同路由传输,由于接收终端为一般终端,所以在交换机 2 中由 PAD 将三个分组组装成报文送给一般终端 D。

4. 分组交换的工作方式

分组交换可提供数据报和虚电路两种工作方式。

(1) 数据报方式

数据报中每一个分组都带有完整的目的站地址,独立地进行路由选择,同一终端送出的不同分组可以沿着不同的路径到达终点。在网络终点,分组的顺序可能不同于发送端,需要重新排序。它的差错控制和流量控制由主机完成。

图 5-20 为数据报方式原理图。图中假设分组网有 6 个结点 1~6,有 3 个数据用户站 A~C。假设 A 站有 3 个分组的报文要传送到 C 站,先将分组 1、2、3 一连串地发给结点 1,结点 1 在收到分组后,必须对每个分组进行路由选择。在分组 1 到来后,若结点 1 得知去结点 2 方向的分组队列短于去结点 4 的,于是就将分组 1 发往去结点 2 方向的队列。若分组 2 也是如此,则将分组 2 也发往去结点 2 方向的队列。但对于分组 3,结点 1 发现此刻去结点 4 的分组队列最短,因此,将分组 3 发往去结点 4 的分组队列中。在通往 C 站路径的各结点上,都作类似的处理。从图中还可以看出,虽然每个分组都有同样的终点地址,但并不遵循同一路由,因而它们的时延也不同。

200

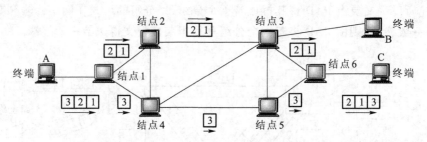

图 5-20　数据报方式原理图

数据报有以下特点:① 数据报传送协议简单;② 数据报传送不需建立连接;③ 数据报分组到达终点的顺序可能不同于发送端,需重新排序;④ 数据报各分组的传输时延差别可能较大。

(2) 虚电路方式

虚电路方式是两个用户终端设备在开始互相传输数据之前必须通过网络建立一条逻辑上的连接(称为虚电路),一旦这种连接建立以后,用户发送的数据(以分组为单位)将通过该路径按顺序通过网络传送到终点。当通信完成之后,用户发出拆链请求,网络拆除连接。

图 5-21 为虚电路方式原理图,它表示在虚电路建立阶段每个结点根据当时逻辑信道的忙闲情况,选择一条空闲的逻辑信道,多段逻辑信道连接起来构成一条端到端的虚电路。

图 5-21 中数据终端站点 A 与数据终端站点 B 建立的虚电路在结点 1 与结点 2 之间使用逻辑信道 1,在结点 2 与结点 3 之间使用逻辑信道 2,在结点 3 与结点 4 之间使用逻辑信道 4。

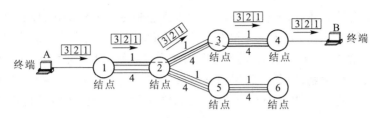

图 5-21　虚电路方式原理图

虚电路的特点如下:① 一次通信具有呼叫建立、数据传输和呼叫清除 3 个阶段,对于数据量较大的通信,传输效率高;② 收发之间的路由在数据传送之前已被决定,不必为每个分组选择路由,分组只根据虚电路号就可在网中传输;③ 分组按次序到达接收端,终点不需对分组重新排序;④ 差错控制与流量控制由网络负责。

5. 分组交换的优、缺点

分组交换的优点主要有如下几点。① 线路利用率高。分组交换以虚电路的形式进行信道的多路复用,实现资源共享,可在一条物理线路上提供多条逻辑信道,极大地提高线路的利用率。这是分组交换的一个主要优点。② 不同种类的终端可以相互通信。分组网以 X.25 协议向用户提供标准接口,数据以分组为单位在网络内存储转发,使不同速率终端、不同协议的设备经网络提供的协议变换功能后实现互相通信。③ 信息传输可靠性高。网络中的每个分组进行传输时,在结点交换机之间采用差错校验与重发的功能,因而在网络中传送的误码率大大降低。而且在网络内发生故障时,网络中的路由机制会使分组自动地选择一条新的路由避开故障点,不会造成通信中断。④ 分组多路通信。由于每个分组都包含有控制信息,所以分组型终端可以同时与多个用户终端进行通信,可把同一信息发送到不同用户。⑤ 计费与传输距离无关。网络计费按时长、信息量计费,与传输距离无关,特别适合那些非实时性而通信量不大的用户。

分组交换的缺点主要有如下几点。① 信息传输效率较低。实现分组交换传输时,由于网络附加的传输控制信息较多,特别是对较长的报文来说,分组交换的信息传输效率不如电路交换高。② 实现技术复杂。分组交换机要对各种类型的"分组"进行分析处理,所需实现设备比较复杂。③ 信息传输时延大。由于分组信息在传输过程中需要排队等待,其时延是随机的,因而分组交换的时延比电路交换的时延大很多。

分组交换在商业中的应用较广泛,如银行系统在线式信用卡(POS 机)的验证。由于分组交换提供差错控制的功能,保证了数据在网络中传输的可靠性。首先,各大商场内部形成局域网,网上的服务器提供信用卡的管理作用,用户刷卡后,通过服务器上的 X.25 分组端口或路由器设备连到商业增值网,它与金卡网络结算中心通过数字专线连接。商业增值网主要完成来自各大商场的数据线路汇接及对商场销售情况的统计等。结算中心又同各大银行的主机系统连接,实现对信用卡的验证和信用卡的消费。

5.3.3　快速分组交换——帧中继

早期的分组交换均采用逐段链路的差错控制和流量控制,数据帧传送出现差错时可以

重发,传送质量有保证,可靠性高。但由于协议和控制复杂,信息传送时延长,只能用于非实时的数据业务。

快速分组交换(Fast Packet Switching,FPS)的思想是尽量简化协议,使其只包含最基本的核心网络功能。此时网络不再提供差错校正功能,而将此功能交由终端去完成,以实现高速、高吞吐量、低时延的交换传送。典型的快速分组交换方式就是帧中继(Frame Relay,FR)。

传统分组交换包含物理层、链路层和分组层三层,对应于 OSI 七层结构的下三层,每一层都有其特定的功能。其中分组层传送的数据单元称为分组,链路层传送的数据单元称为帧。

帧中继技术是分组交换的升级技术,它取消了分组层,是在 OSI 第二层上用简化的方法传送和交换数据单元的一种技术。帧中继交换机仅完成物理层和数据链路层核心层的功能,将流量控制、纠错控制等留给终端去完成,帧中继的功能就好像是为数据帧的传送提供了一条透明的中继通路,由此得名为帧中继。帧中继技术大大简化了结点机之间的协议,缩短了传输时延,提高了传输效率。

以帧中继方式进行数据通信有两个最基本的条件,一是要保证数字传输系统的优良性能,二是保证计算机终端系统的差错恢复能力,这两个条件目前早已不成为障碍。现代光纤数字传输系统的比特差错率实质上可达到 10^{-9} 以下。因此,现代通信网的纠错能力不再是评价网络性能的主要指标。昔日 X. 25 分组交换技术的某些优点在光纤数字传输系统的环境里已不再十分令人感兴趣,相反的,有些功能甚至是多余的了。所以简化网络功能,提高网络效率成为帧中继方式的重要内容之一。高智能、高处理速度的用户设备如局域网,它们本身具有的数据通信协议,如 TCP/IP、SNA/SDLC 可以实现纠错、流量控制等功能,一旦网络出现错误(概率很小),可以由端对端的用户设备纠错。

总之,帧中继是一种新型的传送网络,它采用动态分配传输带宽和可变长度帧的快速分组交换技术,适用于处理突发性信息和可变长度帧的信息,是局域网互连的最佳选择。其优点如下。

(1) 高效性

帧中继的高效性可以从几个方面反映出来。① 有效的带宽利用率:由于帧中继使用统计复用技术向用户提供共享的网络资源,大大提高了网络资源的利用率。② 传输速率高。③ 网络时延小:由于帧中继简化了结点机之间的协议处理,因而能向用户提供高速率、低时延的业务。

(2) 经济性

正因为帧中继技术可以有效地利用网络资源,从网络运营者的角度出发,可以经济地将网络空闲资源分配给用户使用。而作为用户可以经济灵活地接入帧中继网,并在其他用户无突发性数据传送时共享资源。

(3) 可靠性

虽然帧中继结点仅有 OSI 一层和二层核心功能,无纠错和流量控制,但由于光纤传输线路质量好,终端智能化程度高,前者保证了网络传输不易出错,即使有少量错误也由后者去进行端到端的恢复。

(4) 灵活性

在帧中继网组建方面,由于帧中继的协议十分简单,利用现有数据网上的硬件设备稍加修改,同时进行软件升级就可实现,而且操作简便,所以实现起来灵活方便。

在用户接入方面,帧中继网络能为多种业务类型提供共用的网络传送能力,且对高层协议保持透明,用户可方便接入,不必担心协议的不兼容性。

5.4 ATM 交换

5.4.1 ATM 的基本概念

1. ATM 交换的产生背景

20 世纪 80 年代以来,世界各国都对以电话网为基础的窄带综合业务数字网(Narrow ISDN,N-ISDN)的研究和实现付出了很大的热情和努力,目前 N-ISDN 已进入了实用化阶段。N-ISDN 又称"一线通",它采用数字传输和数字交换技术,利用现有的电话网将电话、传真、数据、图像等多种业务综合在一起进行传输和处理,实现了端到端的数字连接。尽管 N-ISDN 具有相当的经济意义和实用价值,但是,N-ISDN 没有收到人们所预期的效果,究其原因主要有以下几点。

① 传送速率低:N-ISDN 只有处理 1.5~2 Mbit/s 以内速率的业务能力,很难利用它进行图像通信,实现通信可视化。

② 业务综合能力差:N-ISDN 虽然也综合了分组交换,但这种综合仅在用户入网接口上实现,在网络内部仍由分开的电路交换和分组交换实体来提供不同的业务服务,未能达到真正的业务综合。

③ 对未来导入新业务的适应性差:N-ISDN 对于高于 64 kbit/s 的传输速率只支持电路交换模式,这种模式在收、发端之间提供传输速率固定的信道,并且它的速率只能取有限几个特定的数值,这就给各种不同速率新业务的导入增加了困难。

为了克服 N-ISDN 的局限性,人们从 20 世纪 80 年代初就开始寻找一种更新的网络,这种网络应能够提供高于 2 Mbit/s 速率的传输通道;能够适应全部现有的和将来可能的业务,从速率最低的遥控遥测(每秒几个比特)到高清晰度电视(HDTV)(100~150 Mbit/s)都应能以同样的方式在网络中传送和交换,共享网络资源。以 ATM 为核心技术的宽带网就是这样的一种网络。20 世纪 80 年代中后期,人们对 ATM 方式做了大量实验,建立了很多交换模型。当时美国称这种技术为快速分组交换(Fast Packet Switching,FPS),而欧洲则称这种技术为异步时分复用(Asynchronous Time Division Multiplexing,ATDM)。1988 年,ITU-T 在蓝皮书中正式将这种技术定名为异步转移模式(ATM),并确定为宽带综合业务数字网(B-ISDN)的信息交换传送方式。

ATM 是异步转移模式(Asynchronous Transfer Mode)的英文缩写,是在分组交换技术上发展起来的快速分组交换技术,被认为是目前已知的一种最适合于宽带综合业务数字网(B-ISDN)的交换方式。

ATM 交换可以说是快速分组交换和快速电路交换的结合。首先它是一种快速分组交换技术,但是和帧中继不同的是,帧中继的帧长是可变的,ATM 交换的数据单元长度是固定的,称为信元(Cell)。实际上信元就是长度固定为 53 个字节的短分组,其中开头 5 个字节称为信头(Header),放置信元本身的控制信息。其余 48 个字节称为净荷 (Payload),即用

户需传送的具体信息,信息类型可以是语音、视频、数据、文本等任意形式,也就是说,信元是所有媒体信息的统一载体。短信元可以降低交换结点内部的缓冲器开销,减小排队时延和时延抖动,提高传送性能;固定长度的信元则可以简化交换控制和缓冲器管理,可用硬件完成分组交换,以实现高速交换。从分组交换的角度看,ATM 交换是信元中继,属于虚电路交换方式,在传送信息之前必须先建立虚连接。其次,ATM 交换是一种快速电路交换技术,和数字通信系统中的时分电路交换方式不同的是,后者采用的是同步时分(STD)方式,而 ATM 交换则属于异步时分(Asynchronous Time Division,ATD)方式。

综上所述,多年来电路交换和分组交换顺着各自的轨迹不断发展。具有可靠连接保证的电路交换力图根据按需分配的原则为呼叫动态分配带宽,提出了基于 ATD 的快速电路交换方式;具有高效带宽利用率的分组交换力图简化协议功能和分组结构,提出了基于中继方式的快速分组交换方式;最后,两者结合形成了技术性能优异的支持各种类型信息传送的 ATM 交换方式。这一发展过程可用图 5-22 表示。

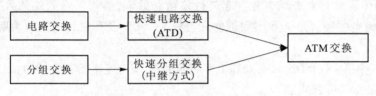

图 5-22　ATM 技术的产生背景

2. ATM 的定义

ATM 是一种转移模式(即信息在网络中传输和交换的方式),在这一模式中信息被组成固定长度的信元,来自某用户一段信息的各个信元并不需要周期性地出现,从这个意义上来看,这种转移模式是异步的(也称异步时分复用)。

5.4.2　ATM 的异步交换原理

在讨论 ATM 交换技术时,首先回顾异步时分复用的原理,再介绍 ATM 的异步交换原理。

1. 异步时分复用

在第 3 章已介绍了复用的概念。传统的以电路交换为基础的传递模式中,常采用时分复用(TDM)技术,其基本方法是将时间按一定的周期分成若干个时隙,每个时隙携带用户数据。在连接建立后,用户会固定地占用每帧中固定的一个或若干个时隙,直到相应的连接被拆除为止。而在接收端,则从固定的时隙中提取出用户数据。例如,如图 5-23 所示,某一用户在建立连接时,由网络系统将第 2 时隙分配给他,在通信过程中,他始终占用该时隙,而接收方每次只要从每帧的第 2 时隙中提取出数据就能保证收发双方间数据通信的正确。换句话说,收、发双方的同步是通过固定时隙来实现的。因此,称这种时分复用技术为同步

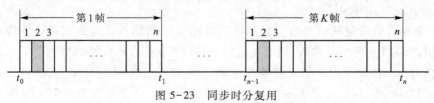

图 5-23　同步时分复用

时分复用（STDM）。

在异步时分复用中，同样是将一条线路按照传输速率所确定的时间周期将时间划分成为帧的形式，而一帧中又再划分时隙来承载用户数据。在异步时分复用中，用户的数据不再固定占用各帧中某一个或若干个时隙，而是根据用户的请求和网络资源的情况，由网络来进行动态分配。在接收端，也不再是按固定的时隙关系来提取相应的用户数据，而是根据所传输的数据本身所携带的目的地信息来接收数据。在异步时分复用中，由于用户数据并不固定地占用某一时隙，而是具有一定的随机性，因此，异步时分复用也称为统计时分复用。例如，在图 5-24 中，某一用户在建立连接后，数据在第 1 帧中占用的是第 2 时隙，而在第 K 帧中则占用了第 3 时隙和第 $n-1$ 时隙。

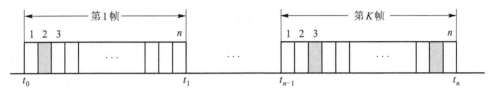

图 5-24　异步时分复用

由于在异步时分复用中，用户数据不再固定占用某一个或若干个时隙，因此，其对带宽资源的占用是动态的，这样就可以实现在数据量少或无数据传输的情况下，将带宽资源供其他用户使用，从而有效地利用带宽资源。当某一用户出现突发性数据时，又可通过网络分配相应数量的时隙，以减少时延和避免不必要的数据丢失。

与同步时分复用技术比较，异步时分复用十分适用于突发性数据业务，但其同步操作和实现较为复杂。

2. 异步交换

先回顾一下 TDM 中所使用的固定时隙交换技术（即 5.2 节介绍的电路交换技术）。在这种交换技术中，用户数据在交换前的输入帧中的位置与其在交换后的输出帧中的位置一般是不同的。但是，交换后的输出帧中，该用户数据所占用的时隙位置则是固定的。换句话说，在输入帧中某固定位置的时隙将被固定地交换到输出帧中的某一固定时隙。在接收方，通过确定时隙的位置就可以提取相应的用户数据。如图 5-25 中，某一用户数据固定地占用了传输帧中的第 3 时隙，在经过交换机后，其数据并不是占用了第 3 时隙，而是占用了第 5 时隙，而且在整个通信过程中都将保持对第 5 时隙的占用。

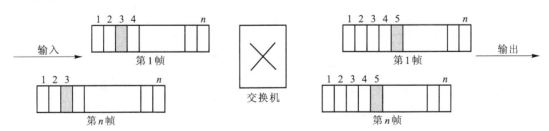

图 5-25　固定时隙交换

在 ATM 中，交换不是固定时隙的。当输入帧进入 ATM 交换机后，要在缓存器中进行缓存，并根据输出帧中时隙的空闲情况，随机地占用某一个或若干个时隙，而且，所占用的若干时隙并不要求相邻。这种在时隙位置关系上异步的交换示意于图 5-26 中。在图中,输入第 1 帧中的第 1、3 时隙被交换到输出的第 2、n 时隙,而输入第 n 帧中的第 1、$n-1$ 时隙被交换到输出的第 n 帧的第 4、5 时隙。

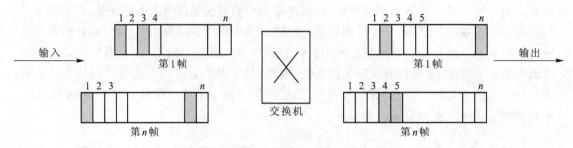

图 5-26　异步时隙交换

5.4.3　ATM 交换的特点

在 ATM 网中,ATM 交换机占据核心位置,ATM 交换技术是一种融合了电路交换方式和分组交换方式的优点而形成的新型交换技术,它具有以下主要特点。

① ATM 交换以信元为单位进行交换,且采用硬件进行交换处理,提高了交换机的处理能力。ATM 交换能支持高速、高吞吐量和高服务质量的信息交换,能提供灵活的带宽分配,适应从很低速率到很高速率的综合业务交换的要求。

② ATM 交换简化了分组交换中许多通信规程,去掉了差错控制和流量控制等功能,可节约开销,增加了网络的吞吐量。

③ ATM 交换采用类似于电路交换的呼叫连接控制方式。在呼叫建立时,交换机为用户在发送端和接收端之间建立起虚电路,减少了信元传输处理时延,保证了交换的实时性。

④ ATM 交换的缺点是其技术过于复杂,协议的复杂性造成了 ATM 系统研制、配置、管理、故障定位的难度,使其推广受到极大的限制。

ATM 至今尚未成为语音、数据、图像等综合业务的一个平台。目前 ATM 主要用于数据通信。表 5.4-1 列出了几种常用交换技术的比较。

表 5.4-1　几种常用交换技术的比较

项　　目	电路交换	分组交换	帧中继	ATM 交换
用户速率	4 kHz 带宽速率	2.4~64 kbit/s	64 kbit/s~2 Mbit/s	$N\times$(64 kbit/s~622 Mbit/s)
时延可变性	很短 不变	较长 可变性较大	较短 可变	短 可变/不可变
动态分布带宽	固定时隙 不支持	统计复用 有限	统计复用 支持较强	统计复用 支持强
突发适应性	差	一般	较强	强
电路利用率	差	一般	较好	好
数据可靠性	一般	高	依靠高质量 信道和终端	较高/可变

项　目	电路交换	分组交换	帧　中　继	ATM 交换
媒体支持	语音、数据	语音、数据	多媒体	高速多媒体
业务互连性	差	好	好	好,待标准化
服务类型	面向连接	面向连接	面向连接	面向连接
成本	低	一般	较高	高

5.5　IP 交换

ATM 具有高带宽、快速交换和提供可靠服务质量保证的特点,Internet 的迅速发展和普及使得 IP 成为计算机网络应用环境的既成标准和开放系统平台。宽带网络的发展方向是把最先进的 ATM 交换技术和最普及的 IP 技术融合起来,因此产生了一系列新的交换技术,如 IP 交换、标签交换、IPOA 及 MPLS 等,这里将 ATM 交换技术与 IP 技术融合产生的这一类交换技术统称为 IP 交换技术。

5.5.1　IP 交换概念

随着 Internet 网络规模的快速增长以及人们对多媒体业务的需求,要求 Internet 网络具有实时性、可扩展性和 QoS 的能力。但基于 IP 的网络已经不堪重负,路由器日趋复杂,仍无法满足通信优先级的要求。在这种情况下,将 IP 的路由能力与 ATM 的交换能力结合到一起,使 IP 网络获得 ATM 性能上的优势。为了克服传统的 IP 网络关键部件路由器包转发速度太慢造成的网络瓶颈问题,以及在各节点独立路由使得业务管理和 QoS 很难进行的问题,需要将 IP 与 ATM 相融合,即在 ATM 网络上运行 IP 协议。

1. 概述

20 世纪 60 年代末期,美国国防部高级研究计划局进行了 ARPANET 的实验,当时国际上冷战形势严峻,它的指导思想是要研制一个经得起故障考验并能维持正常工作的计算机网络。经过 4 年的研究,1972 年 ARPANET 正式亮相,该网络建立在 TCP/IP 协议之上,它能够将不同的异构网络互连。1983 年以后,人们把 ARPANET 称为 Internet。20 世纪 90 年代以后,Internet 被国际普遍接受,成为一个全球性计算机网络的互连网络。Internet 可以从全世界不同地方获取数据。Internet 的迅速发展,使 IP 成为当前计算机网络应用环境中的既成事实标准,基于 IP 的网络应用日益广泛,帧中继和 ATM 必须支持作为业务主流的 IP 协议。IP 是一种无连接数据包传送协议,用户数据在发送前不需要建立连接,IP 数据包由报头(即分组头部)和数据两部分组成,报头中有一个全球唯一的目的地址(IP 地址),它所经过的每个路由器都要取出这个地址,在路由表中进行匹配找到下一站的出口地址,再转发出去,数据包被一站一站地转发,最后到达目的地。这种连接模型不要求特定的链路层,没有接入控制,不能给业务预留资源,所以无法提供任何服务质量保证,IP 数据包有可能丢失、失序、延迟等。

近年来,Internet 的主要业务由传统的文件传送、电子邮件和远程登录等转向应用丰富

的多媒体通信,如网络电话、电子商务、电视会议等,要求网络能够提供具有不同服务质量等级的综合业务,如时延、带宽及分组丢失率的保证等。由于基于 IP 协议的网络提供的是一种尽力而为的服务,这种服务能够满足大部分数据业务,但不能满足某些需要提供具有 QoS 保证的业务的要求。此外当网络信息流量持续增加时,由多层路由器构成的传统网络正趋向饱和,当现有的 Internet 规模扩充到一定限度后,将在许多方面面临挑战。

ATM 是继 IP 之后发展起来的一种快速分组交换技术,它克服了 IP 原来设计的不足,其性能大大优于 IP,但由于它考虑得过于复杂,大大增加了系统的复杂度,增加了设备价格,同时相应业务开发没有跟上网络的发展,从而导致它举步维艰。

1996 年美国 Ipsilon 公司提出了一种专门用于在 ATM 网上传送 IP 分组的技术,称之为 IP 交换(IP Switch)。IP 交换基于 IP 交换机,可被看做是 IP 路由器和 ATM 交换机组合而成,其中的 ATM 交换机去除了所有的 ATM 信令和路由协议,并受 IP 路由器的控制。IP 交换可提供两种信息传送方式,一种是 ATM 交换式传输;另一种是基于逐跳(Hop by Hop)方式的传统 IP 传输。采用何种方式取决于数据流的类型,对于连续的、业务量大的数据流采用 ATM 交换式传输,对于持续时间短的、业务量小的数据流采用传统 IP 传输技术。IP 交换作为一种利用 ATM 支持 IP 的技术,把交换和路由结合在一起,基于数据流驱动,具有很高的运行效率,它不仅解决了路由器的瓶颈问题,而且简化了 ATM 的有关信令,同时能支持业务的 QoS,是 IP 与 ATM 结合集成模型的典型代表。

2. IP 交换机组成

IP 交换的核心是 IP 交换机,如图 5-27 所示,IP 交换机由 ATM 交换器和 IP 交换控制器组成。

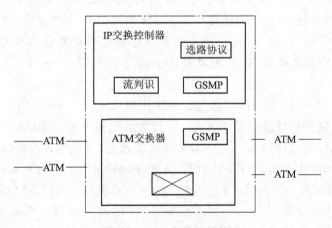

图 5-27　IP 交换机结构

IP 交换控制器主要由路由软件和控制软件组成,其中控制软件主要包括流的判识软件、Ipsilon 流管理协议 IFMP 和通用交换机管理协议 GSMP。流的判识软件用于判定数据流,以确定是采用 ATM 交换式传输还是采用传统 IP 式传输;IP 交换机之间运行的协议是 RFC1953 Ipsilon 流管理协议 IFMP,该协议用于在两个 IP 交换机之间传送数据;在 ATM 交换机与 IP 交换机控制器之间所使用的控制协议为 RFC1987 通用交换机管理协议 GSMP,该协议允许 IP 交换机控制器完全控制 ATM 交换机,以实现连接管理、端口管理、统计管理、配置管理和事件管理等。

ATM 交换器的一个 ATM 接口与 IP 交换机控制器的 ATM 接口相连接,用于控制信号和用户数据的传送。ATM 交换器实际上就是去掉了 ATM 高层信令、寻址、选路等软件,并具有 GSMP 处理功能的 ATM 交换机。它们的硬件结构相同,只存在软件上的差异。

3. IP 交换机工作原理

IP 交换机最大的特点是引入了流的概念,所谓流,就是一连串可以通过复杂选路功能而相同处理的分组包。IP 交换是基于数据流驱动的。IP 流分为两类:第一类是端口到端口的流,具体格式如图 5-28 所示,它具有相同源 IP 地址、目的 IP 地址、源端口号和目的端口号;第二类是主机到主机的流,如图 5-29 所示,它具有相同的源 IP 地址和目的 IP 地址。

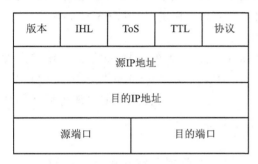

图 5-28　端口与端口之间的流格式

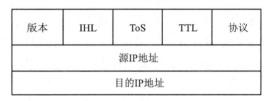

图 5-29　主机与主机之间的流格式

IP 交换机是通过直接交换和逐跳的存储转发方式实现 IP 数据包的高速转移,它的工作过程如图 5-30 所示,分为四个阶段:

(1)对默认信道上传来的数据分组进行存储转发

系统开始运行时,IP 数据分组被封装在信元中,通过默认通道在两个相邻的 IP 交换机上逐跳转发。当封装了 IP 分组数据的信元到达 IP 交换控制器后,IP 交换控制器将解读信元中的 IP 数据包报头,得到目的 IP 地址后在第三层按传统的 IP 选路方式进行存储

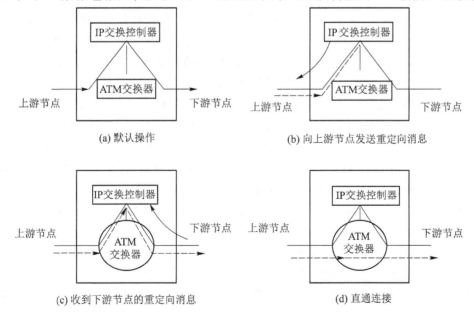

(a) 默认操作　　(b) 向上游节点发送重定向消息

(c) 收到下游节点的重定向消息　　(d) 直通连接

图 5-30　IP 交换的过程示意图

转发,查看路由表决定下一跳的目的地址,然后再被组装成信元在默认通道上进行传送,如图 5-30(a)所示。

(2) 向上游节点发送重定向消息

IP 交换机在对默认通道传来的分组存储转发时,它的流判识软件要对数据流进行判断,以识别数据流的类型。对于连续的、数据量大的数据流,要建立 ATM 直通连接,进行 ATM 交换式传输;对于时间短的、业务量小的数据流,继续采用传统的 IP 存储转发方式。当 IP 流判识软件判断出需要建立 ATM 直通连接时,它就向数据流输入端口上分配一个空闲虚信道标识(VCI),并向上游节点发送 IFMP 重定向消息,这个消息指示上游节点将属于该数据流的 IP 数据包通过已分配好的端口 VC 传送到 IP 交换机,如图 5-30(b)所示。

(3) 收到下游节点的重定向消息

在同一个 IP 网络中,IP 交换机对数据流识别的依据是一致的,因此除了向上游节点发送重定向消息外,IP 交换机还会收到下游节点发回的要求建立 ATM 连接的重定向消息。重定向消息中包含数据流标识和下游节点分配的 VCI,交换机在收到重定向消息后按照分配的端口 VC 将数据流传到下游节点,如图 5-30(c)所示。

(4) 在 ATM 直通连接上传送分组

IP 交换机检测到流从输入端口指定的 VCI 上传来,并收到下游节点分配的 VCI 后,IP 交换控制器通过 GSMP 消息指示 ATM 控制器,建立相应输入和输出端口的 VCI 连接,以此建立起 ATM 直通连接,属于该数据流的信元就会在 ATM 连接上以 ATM 交换机的速度在 IP 交换机中转发,如图 5-30(d)所示。直通连接是在二层上建立的传输通道,在该通道上经过的每个中间节点不再有如同三层上的存储转发,它是由数据流驱动请求建立的,可提供一定的 QoS,当直通连接因故障中断时,分组仍能在第三层进行转发而不被丢失。

5.5.2　IP 与 ATM 技术融合

IP 技术应用广泛,技术简单,可扩展性好,路由灵活,但是传输效率低,无法保证服务质量;ATM 技术先进,可满足多业务的需求,交换快速,传输效率高,但是可扩展性不好,技术复杂。IP 技术和 ATM 技术各有优缺点,如果将 IP 路由的灵活性和 ATM 交换的高速性结合起来,技术互补,将有效解决网络发展过程中困扰人们的诸多问题。为此,业界内的一些大的公司、研究机构纷纷提出了许多 IP 与 ATM 融合的新技术,如 Cisco 公司提出的标签交换,IBM 提出的基于 IP 交换的路由聚合技术(Aggregate Routed Based IP Switching,ARIS),IETF 推荐的 ATM 上的传统 IP 技术(Classic IP Over ATM,CIPOA),ATM 论坛推荐的局域网仿真(LAN Emulation,LANE)、ATM 上的多协议(Multi-protocol Over ATM,MPOA)和多协议标签交换(Multi-protocol Label Switch,MPLS)等。

根据 IP 与 ATM 融合方式的不同,其实现模型可以分为两大类:重叠模型和集成模型。

1. 重叠模型

重叠技术的思想是:IP 的路由功能仍由 IP 路由器来实现,但需要地址解析协议(ARP)实现 MAC 地址与 ATM 地址或 IP 地址与 ATM 地址的映射。任何具有 MPOA 功能的主机或边缘设备都可以和另一设备通过 ATM 交换直接相连,并由边缘设备完成数据包的交换即第三层交换。在重叠模型中,IP(三层)运行在 ATM(二层)之上,IP 选路和 ATM 选路相互独立,系统需要两种选路协议:IP 选路协议和 ATM 选路协议。系统中的 ATM 端点具有两个地址:ATM 地址和 IP 地址,并且具有地址解析功能,支持地址解析协议,以实现 MAC 地址与 ATM 地址或 IP 地址与 ATM 地址的映射。

重叠模型使用标准的 ATM 论坛/ITU-T 的信令标准,与标准的 ATM 网络及业务兼容。利用这种模型构建网络不会对 IP 和 ATM 双方的技术和设备进行任何改动,只需要在网络的边缘进行协议和地址的转换。但是这种网络需要维护两个独立的网络拓扑结构,地址重复、路由功能重复,因而网络扩展性不强、不便于管理、IP 分组的传输效率较低。

IETF 推荐的 CIPOA,ATM 论坛推荐的 LANE 和 MPOA 等都属于重叠模型。

2. 集成模型

在集成模型中,ATM 层被看做是 IP 层的对等层,集成模型将 IP 层的路由功能与 ATM 层的交换功能结合起来,使 IP 网络获得 ATM 的选路功能,因此该模型也被称作对等模型。集成模型只使用 IP 地址和 IP 选路协议,不使用 ATM 地址与选路协议,即具有一套地址和一种选路协议,因此也不需要地址解析功能,这种技术传输 IP 数据包的效率较高。集成模型通常也采用 ATM 交换结构,但它不使用 ATM 信令,而是采用比 ATM 信令简单的信令协议来完成连接的建立。传统的 IP 分组转发采用无连接方式逐跳转发,选路基于软件查表,采用地址前缀最长匹配算法,速度慢。集成模型需要另外的控制协议将三层的选路映射为二层的交换连接,变无连接方式为面向连接方式,使用短的标记替代长的 IP 地址,基于标记进行数据分组的转发,速度快。

集成模型只需一套地址和一种选路协议,不需要地址解析协议,将逐跳转发的信息传送方式变为直通连接的信息传送方式,因而传送 IP 分组的效率高,但它与标准的 ATM 融合较为困难。Ipsilon 公司的 IP 交换,Cisco 公司的标记交换,IBM 的 ARIS 和 IETF 的 MPLS 都属于集成模型。

5.6　光交换

由于宽带视频、多媒体等各种高带宽资源业务需求的增加,对通信网的带宽和容量提出了更高的要求,全光网络可以满足人们的这种需求,是发展高速宽带业务的一种有效手段。光交换是指不经过任何光电转换,在光域内为输入光信号选择不同输出信道的交换方式。

5.6.1　光交换的概念

当前通信业务数据量爆炸式的增长要求通信网络具有更大的传输容量及更高的传输速率。传统的光电网络通信系统中,数据经过网络各个节点时必须经过多次的光电和电光转换,电交换的过程如图 5-31 所示。传统的基于电子技术的网络由于受到电子器件的工作速率限制,难以完成高速、高带宽的传输和交换,并且网络中还会产生"电子瓶颈"现象,这意味着以光方式传输的数据按照电交换的方式运作将严重的不匹配。为了满足未来发展的需求,高速率和大容量的全光网络应运而生。

光交换技术是实现全光网络的关键技术之一,光交换是指不经过任何光电转换,在光域直接将输入光信号交换到不同的输出端,在光交换的过程中信号始终以光的形式存在,光交换的过程如图 5-32 所示。光交换主要完成光节点处任意光纤端口之间的光信号交换及选路。全光网络的几大优点比如带宽优势、透明传送、降低接口成本等都是通过光交换技术体现的。人们对光交换的探索始于 20 世纪 70 年代,发展于 20 世纪 80 年代中期。经过近 40 年的研究,在光器件研究技术的推动下,对光交换系统技术的研究有了很大进展。光交换的发展过程可分为两个阶段:第一阶段进行电控光交换,即信号交换是全光的,而器件的控制仍由电子电路完成,目前世界上的光交换系统大都处于这一水平;第二阶段为全光交换即系统的逻辑、控制及交换都是由光子完成,这是光交换未来发展的方向。

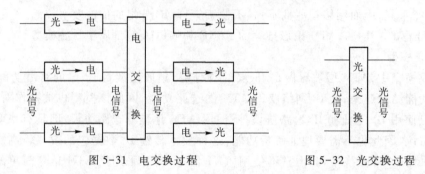

图 5-31　电交换过程　　　　　图 5-32　光交换过程

我国在"七五"期间就开展了光交换技术的研究,并将光交换技术列为"八五"、"九五"期间的高科技基础研究课题。1990 年,清华大学实现了我国第一个时分光交换演示系统,1993 年北京邮电大学光通信技术研究所研制出时分光交换网络实验模型。目前光电路交换技术已发展得较成熟,进入实用化阶段,而光分组交换将是更加高速、高效、高度灵活的交换技术,能够支持各种业务数据格式,包括分组数据、视频数据、音频数据以及多媒体数据的交换,光分组交换网成为被广泛关注和研究的热点。超高带宽的光分组交换技术能够实现 10 Gbit/s 速率以上的交换操作,且对数据格式与速率完全透明,更能适应当今快速变化的网络环境。在更加实用化的光缓存器件和光逻辑器件产生以前,对二者要求不是很高的光突发交换技术以及光标记分组交换技术作为光分组交换的过渡性解决方案,将会成为市场的主流。

1. 光交换的特点

光交换主要有以下这些优点:

① 光交换无需光/电/光转换,因此不会受到电子器件处理速度的制约,能与高速的光纤传输速率匹配,从而可以实现网络的高速传输,完全可以克服电子交换的容量瓶颈问题;

② 光交换根据波长对信号进行路由选择,与通信采用的协议、数据格式和传输速率无关,可以实现透明数据传输;

③ 光交换易于保证网络的稳定性,可以大大提高网络的重构灵活性和生存性,以及加快网络恢复的时间;

④ 光交换可以大量节省建网和网络升级成本。

2. 光交换的分类

按交换方式分类,光交换可以分为光电路交换(Optical Circuit Switch,OCS)和光分组交换(Optical Packet Switching,OPS)两种主要类型,如图 5-33 所示。

(1) 光电路交换

光电路交换类似于现存的电路交换技术,采用光器件设置光通路,中间节点不需要使用光缓存,目前对 OCS 的研究已经较为成熟。根据交换对象的不同,OCS 又可分为空分、时

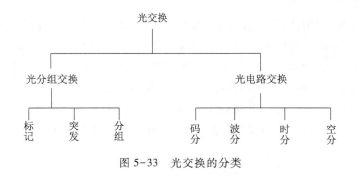

图 5-33 光交换的分类

分、波分和码分光交换方式。

（2）光分组交换

根据对控制包头处理及交换粒度的不同,光分组交换有分组、突发和标记 3 种交换技术。

5.6.2 光电路交换(OCS)

不同光信号的复用方式有空分、时分、波分和码分四种,因而光交换相应地也存在空分、时分、波分和码分四种光交换,它们分别完成空分信道、时分信道、波分信道和码分信道的交换。

1. 光空分交换

光空分交换就是根据需要在两个或多个点之间建立物理通道,信息交换通过改变传输路径来完成。它的基本原理是将光交换元件组成门阵列开关,并适当控制门阵列开关,在任一路输入光纤和任一路输出光纤之间构成通路。根据交换元件的不同可分为机械型、光电转换型、复合波导型、全反射型和激光二极管门开关型等。

空分光交换网络的最基本单元是 2×2 的光交换模块,如图 5-34 所示。其输入端有两根光纤,输出端也有两根光纤。它有两种工作状态:平行状态和交叉状态。当光开关处于平行状态时,从 1 输入的光信号从 3 输出;当光开关处于交叉状态时,从 1 输入的光信号会被交换到 4 输出,这样就完成了最基本的空间交换。

图 5-34 光空分交换示意图

光空分交换的优点是各信道中传输的信号相互独立,串扰小,且与交换网络的开关速率无严格的对应关系,并且可在空间进行高密度的并行处理。

2. 光时分交换

光时分交换是指按时间顺序安排的时分复用各路光信息进入时分交换网络后,按照交换要求,在交换信号控制下对光信号进行存储或延迟,将时序有选择地进行重新安排后输出,从而达到交换目的。光信号在时间轴上的重新排列是利用时隙交换器来完成的,时隙交

换器由空间光开关(光分路器、光复用器)和一组光纤延时线构成。光纤延时线是一种光缓存器,一个时隙时间内的光信号在光纤延时线中传输的长度定义为一个基本单位,光信号需要延迟传输几个时隙,就让它经过几个单位长度的光纤延时线。光时分交换过程如图 5-35 所示。时分复用光信号经过分路器分离出每个时隙信号,其每条出线上同时都只有某一时隙的信号,将这些信号分别经过不同的光纤延时线,使其获得不同的时间延迟,变换到相应的时隙中,最后再把这些信号经复用器复用输出,这就完成了时隙互换。

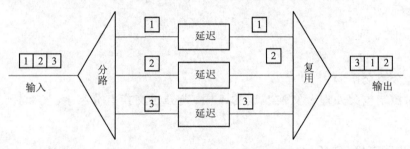

图 5-35 光时分交换过程示意图

光时分交换系统能与光传输系统很好配合构成全光网,所以光时分交换技术的研究开发进展很快,其交换速率几乎每年提高一倍,目前已研制出了几种光时分交换系统。

3. 光波分交换

光波分交换是指信号通过不同的波长(或频率)选择不同的通路来实现光交换。光波分交换中的每个波长代表不同的信道,改变输入光信号的波长,把某个波长的光信号变换成另一个波长的光信号输出,即信息在不同的波长间进行交换,从而实现波长信道的交换功能。

光波分交换模块由波长复用/解复用器、波长选择空间开关和波长转换器组成,如图 5-36 所示,先用波长解复用器件将波分信道空间分割开,然后把某个波长的光信号变换成另一个波长的光信号,比如,波长 1 变为波长 r,波长 2 变为波长 i,波长 3 变为波长 k 等,再把它们复用起来输出。

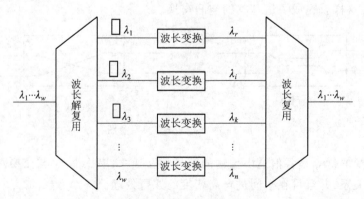

图 5-36 光波分交换过程示意图

光波分交换的优点是能充分利用光路的宽带特性,各个波长信道的比特率相互独立,各种速率的信号都能透明地进行交换,不需要特别高速的交换控制电路,可采用一般的低速电子电路作为控制器。

4. 光码分交换

光码分多址（OCDMA）是一种扩频通信技术，不同用户的信号用相互正交的不同码序列填充，接收时只要用与发送方相同的码序列进行相关接收，即可恢复原用户信息。光码分交换的原理就是将某个正交码上的光信号交换到另一个正交码上，实现不同码字之间的交换。

5.6.3 光分组交换(OPS)

光分组交换的研究最早出现于 20 世纪 90 年代初，之后引起世界上许多研究机构和高等院校的关注。其中 1993 年，Alcatel 联合欧洲诸多高校实施的 KEOPS 项目提出了实用化的 OPS 节点结构和功能单元，并首次建立了 OPS 的实验系统。目前国内也有不少机构对 OPS 开展了研究，主要有北京邮电大学、清华大学、北京大学、上海交通大学等的相关研究机构，研究内容主要集中于交换机制和结构、媒质接入控制(MAC)建议、光缓存方案仿真等。

光分组交换是直接在光层上实现细小粒度的分组交换，它可以看作是电分组交换在光域的延伸，交换单位是高速传输的光分组。光分组交换的帧格式如图 5-37 所示，包括固定长度的光分组头、载荷和保护时隙三部分。分组头包括分组头同步比特和路由标记，分组头具有固定比特率；载荷包括载荷同步比特和净荷，净荷占有固定持续时间但速率可变；在分组头和载荷的中间存在一定的保护时隙，保护时隙主要根据具体器件的交换时间、节点内的净荷抖动等情况来定义。

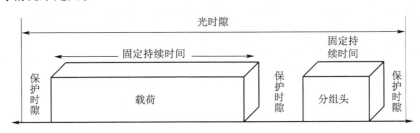

图 5-37 光分组交换的帧格式

一个光分组交换节点网络结构主要由五部分组成：解复用/复用器、输入接口、交换控制单元、交换矩阵部分和输出接口，如图 5-38 所示。

1. 解复用器/复用器

解复用器将输入光纤上的分组按照不同的波长分开，送往输入接口进行下一步处理。复用器的功能相反，将输出接口的分组根据波长进行复用。

2. 输入接口

输入接口完成光分组读取和同步功能，对来自不同输入端口的光分组进行时间和相位对准并保持数据净荷的透明传输。输入接口的功能主要包括：对输入信号进行整形、定时和再生，以方便进一步的处理，检测输入信号的漂移和抖动，识别出分组头和净荷信息，对输入分组进行同步，使分组与交换时隙对准，将分组头提取出来交给交换控制单元处理等。

3. 交换控制单元

交换控制单元利用光分组头信息控制核心交换，完成对分组在交换矩阵中选路的控制

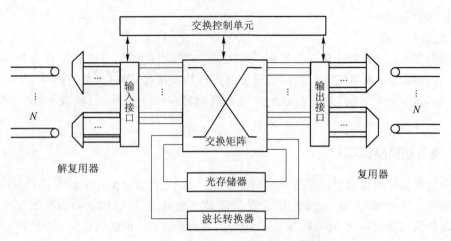

图 5-38　通用的光分组交换节点结构模型

功能。目前的交换控制单元还是由电子电路来实现的,通过电存储器中的路由交换表来管理路由交换过程。

4. 交换矩阵部分

交换矩阵部分包括交换矩阵、光存储器和波长转换器。这一部分的主要功能就是在交换控制单元的控制下,完成信号的选路工作。交换矩阵完成光信号在空间上的选路工作。光存储器的功能是存储光域的信息,用来解决交换过程中的冲突问题。波长转换器可以对输入光信号的波长进行变换,是解决交换过程中的冲突问题的另一种手段。

5. 输出接口

输出接口通过输出同步和再生模块,降低内部不同路径的光分组的相位抖动并进行功率均衡,同时完成光分组头的重写和光分组再生。

5.6.4　光突发交换(OBS)

光电路交换技术是目前比较成熟的光交换技术,这种交换技术实现简单,但由于这种方式类似于电交换的电路交换,在数据传输过程中要建立和拆除通信通道,当通信连接保持时间比较短时,这种方式的信道利用率较低,因此它并不适合 Internet 业务。而已有的光分组交换技术是为了适应 IP 业务而提出的,在交换粒度和带宽利用率等方面的性能都比较好,但是实现比较复杂,而且光逻辑处理技术目前还不成熟。针对目前 OCS 和 OPS 存在的一些问题,一种新的光交换技术——光突发交换(OBS:Optical Burst Switching)技术出现了,并成为光分组交换系统未来发展的方向之一。

OBS 是一种新型的交换技术,不要求有光缓存器,在光交换机网络中,每个站以突发(Burst)方式发送数据,突发是由具有相同出口边缘路由器地址和相同服务质量要求的分组会聚而成,它是 OBS 的基本交换单位。对于每个突发,每个站送一个控制分组(Setup)消息到网络,通知网络它有数据要发送,并经过一个 Offset 的时间偏移开始突发的传输,与此同时,网络节点为此单个的突发分配相应的资源。OBS 兼有 OCS 和 OPS 的优点,又避免了它们的不足。OBS 的数据分为控制分组和数据分组,控制分组包含路由信息,数据分组包含承载业务。控制分组中的控制信息要通过网络节点的电子处理,而数据分组不需光电或电光转换和电子路由器转发,直接在端到端的全光透明传输信道中传输和交换。控制分组在传输链路中的某一特定信道中传送,每一个突发的数据分组对应于一个控制分组,并且控制分组先于数据分组传送,节点通过数据报或虚电路路由模式来为突发数据流指配空闲光信道,实现数据信道的带宽资源动态分配。由于在数据传输前已经根据控制分组分配好了带宽资源,数据分组在网络中间节点上可以直接通过,不需要光存储器缓存。另外,在网络的边缘节点上,对同一个波长的突发数据流进行统计复用,以节约有限的波长资源。

光突发交换的原理如图5-39所示。一根光纤上的 DWDM 信道被分成两组,其中一组用于传输突发的控制分组,称为控制信道,另一组则用于传输突发的数据分组,称为数据信道。边缘节点在组装好一个突发的同时生成相应的控制分组,如果此时有空闲信道则立即将该控制分组发送出去,数据分组则需经过一段偏置时间后再发送。这种数据与控制分组分离传输的特点有利于核心节点在突发到达之前就根据控制分组中的信息预留带宽。OBS网络中核心节点对控制分组的处理还是在电域内进行的,节点根据控制信息配置好资源后,当突发数据分组到来时,经过解复用器后直接进入交换矩阵进行处理,而无需经过光/电/光的转换。

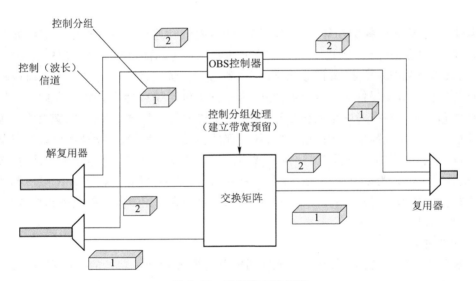

图 5-39 光突发交换原理

OBS 的一个主要特点是其数据分组和控制分组在分离的信道上传输,数据信道与控制信道的隔离简化了突发数据交换的处理,且控制分组长度非常短,因此可以实现高速处理。同时由于控制分组和数据分组是通过控制分组中含有的可"重置"的时延信息相联系的,传输过程中可以根据链路的实际状况用电子处理对控制信息作调整,因此控制分组和信号分组都不需要光同步和光存储。

OBS 的另一个特点就是其链路建立是单向的,不需要等待连接建立的确认消息就会发送突发的数据分组,因而数据传输所需的时间更短。

5.7　软交换

传统交换网络是一个业务层与呼叫控制层紧密结合、不可分割的网络,它的业务种类单一,而且当一项新的业务需要提供时,需要对全网的交换机进行升级或改造,实现难度大、周期长、成本高,新业务提供所需时间太长。随着用户对新业务的需求不断增加,传统的电信基础网络在业务量设计、容量、组网方式以及交换方式等方面都无法适应用户需求以及市场需求的巨大转变。在这个大背景下,以软交换技术为核心的下一代网络模型逐渐形成。

下一代网络(Next Generation Network,NGN)是集语音、数据、视频和多媒体业务于一体的全新网络,以软交换为核心,采用开放的分层体系结构,能够提供更丰富的业务。软交换的基本含义就是将呼叫控制功能从媒体网关中分离出来,通过软件实现基本呼叫控制功能,从而实现呼叫传输与呼叫控制的分离,为控制、交换和软件可编程功能建立分离的平面。它吸取了 IP、ATM 和 TDM 等技术的优点,不但实现了网络的融合,更重要的是实现了业务的融合,具有充分的优越性。

5.7.1　软交换概念

软交换是 NGN 的控制功能实体,是 NGN 呼叫控制和连接控制的核心。它独立于底层承载协议,通过服务器或网元上的软件实现基本呼叫控制功能,包括呼叫选路、连接控制、信令互通、媒体网关接入控制、资源分配、协议处理、路由、认证、计费等功能,可以向用户提供现有电路交换机所能提供的所有业务,并向第三方提供可编程能力。软交换最大的优势是将应用层和控制层与核心网络完全分开,有利于快速方便地引进新业务;软交换将传统交换机的功能模块分离成为独立的网络部件,各个部件各自独立发展;软交换的协议接口基于相应的标准,运营商可以根据业务需要自由组合,接口协议的标准化使得异构网络互通更方便;软交换系统可以为模拟用户、数字用户、移动用户、IP 网络用户以及 ISDN 用户等多种网络用户提供业务;软交换利用标准的全开放应用平台为客户定制各种新业务和综合业务,能最大限度地满足用户需求。

1. 软交换的功能

一般狭义上的软交换是指用于完成呼叫控制与资源管理等功能的软件实体,也称为软交换机或软交换设备,它位于 NGN 的控制层面。广义上的软交换是指以软交换设备为控制核心的软交换网络,它包括了软交换网络的各个层面。本节所提及的软交换均指软交换网络整个体系,对于狭义软交换概念,均表述为软交换设备。软交换的主要功能如图 5-40所示。

(1)媒体网关接入功能

该功能可以认为是一种适配功能,它可以连接各种媒体网关,如 PSTN/ISDN 的 IP 中继媒体网关、ATM 媒体网关、用户媒体网关、无线媒体网关、数据媒体网关等,并提供支持多种信令协议的接口,实现 PSTN 网和 IP 网/ATM 网间的信令互通和不同网关的互操作。

(2)呼叫控制功能

呼叫控制功能是软交换的重要功能之一,它完成基本呼叫的建立、维持和释放,所提供的控制功能包括呼叫处理、连接控制、智能呼叫触发检测和资源控制等,是整个网络的中枢。

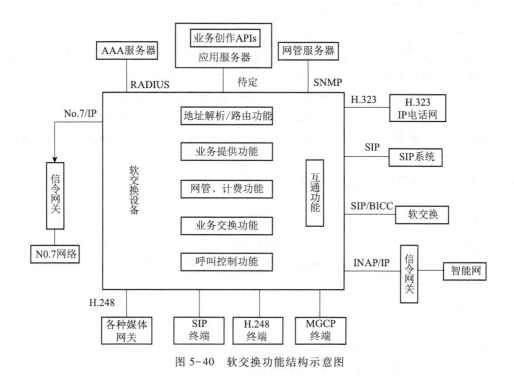

图 5-40 软交换功能结构示意图

（3）业务提供功能

软交换应能支持 PSTN/ISDN 交换机提供的全部业务，包括基本业务和补充业务，同时还应该可以与现有智能网配合，提供现有智能网提供的业务；也可以支持第三方业务平台，提供多种增值业务和智能业务。

（4）互通功能

软交换互通功能可以通过信令网关实现分组网与现有 No.7 信令网的互通，可以通过信令网关与智能网互通，可以通过软交换的互通模块，采用 H.323 协议与 IP 电话网互通，采用 SIP 协议与 SIP 网络互通。

（5）网管功能

即接入认证与授权、地址解析、带宽管理及各种资源管理功能。

（6）操作维护功能

包括业务统计和告警等。

（7）计费功能

具有采集详细话费清单的能力。

2. 软交换支持的主要协议

（1）H.323

为了使可视电话系统和设备在无服务质量保证的分组网上进行多媒体通信，ITU-T 建议了 H.323 协议集，包括点到点通信和多点会议。H.323 协议集对呼叫控制、多媒体管理、带宽管理以及 LAN 和其他网络的接口都进行了详细的规范和说明。H.323 是一个框架性协议，它由一系列协议组成。H.323 协议集规定了在主要包括 IP 网络在内的基于分组交换的网络上提供多媒体通信的部件、协议和规程。

（2）MGCP

H. 323 网络向下一代 IP 电话网络演进时，H. 323 网关的媒体和信令处理功能将会分离：媒体网关（Media Gateway，MG）只负责媒体的处理，信令处理功能将会转移到媒体网关控制器（Media Gateway Controller，MGC）中。MGC 和 MG 之间的通信采用媒体网关控制协议（Media Gateway Control Protocol，MGCP）或 H. 248/Megaco 协议，其中 MGCP 和 Megaco 为 IETF 的标准，H. 248 为 ITU–T 的标准。ISO 已经明确指出 MGCP 最终将被 H. 248/Megaco 协议所代替，但在一定时间内 MGCP 还会继续存在。MGCP 主要应用在 MGCP 终端和软交换之间、MGCP 媒体网关和软交换之间。

（3）H. 248/Megaco

H. 248/Megaco 是 IETF 与 ITU 共同制定的，用于代替 MGCP 协议。该协议在 IETF 中称之为 Megaco，在 ITU 中称之为 H. 248。H. 248 协议是 MGCP 协议的发展，与 MGCP 协议有类似的体系结构，应用在媒体网关和软交换之间、软交换与 H. 248/Megaco 终端之间，是软交换支持的重要协议。

（4）SIP

会话发起协议（Session Initiation Protocol，SIP）是 IETF 提出的在 IP 网络上进行多媒体通信的应用层控制协议。它负责会话的建立、调整和终止。当 SIP 邀请参与者加入一次会话时，它可以与会话描述协议（Session Description Protocol，SDP）配合，把有关参与者可以使用的媒体类型及媒体的编码格式等信息进行交换和确认，从而进行数据传输。在整个会话过程中，参与者可以通过发送新的 SIP 信息随时进行更新。SIP 主要用于 SIP 终端和软交换之间、软交换和软交换之间以及软交换与各种应用服务器之间。

（5）SIGTRAN

信令传输协议栈（Signaling Transport Protocol，SIGTRAN）是 IETF 制定的标准，其功能是将 PSTN 网络中的信令协议（主要是 No. 7 信令）通过信令网关 SG 进行转换，以 IP 网作为承载传至软交换机，由软交换机完成对 No. 7 信令的处理。

（6）BICC

与承载无关的呼叫控制协议（Bearer Independent Call Control Protocol，BICC）是 ITU–T 制定的应用层控制协议，实现呼叫控制与承载控制的分离，使呼叫控制信令可在各种网络上承载。BICC 协议由 ISUP 演变而来，与现有业务完全兼容，是传统电信网络向综合多业务网络演进的一个重要协议。

3. 软交换的优点

软交换技术的重要思想是采用了控制、承载、业务三者分离的层次结构，为数据和话音的融合做好了充足的准备。软交换技术主要具有以下优点：

① 可继承传统的遗留设备和遗留业务，并实现两者无缝结合。

② 低成本。相比于电路交换，软交换采用的是开放式平台，在提供新业务时可免去硬件的大规模更换，迅速加入网络新业务，且不用考虑所用设备是否产自同一厂家。

③ 软交换采用开放式标准接口，易于与不同网关、交换机、网络节点通信，兼容性、互操作性、互通性好。软交换体系架构中的网络部件之间采用标准协议，各部件之间既可独立发展，又能有机组合成整体，实现互通。

④ 功能模块既可采用分布式，也可集中起来，以适合不同的网络需求。

⑤ 高效灵活,有利于快速、有效的引入各类新业务,缩短了新业务的开发周期。

软交换采用了开放式的网络架构,业务独立于承载网络,新业务提供速度快、成本低,且能够与现有的网络如 PSTN、GSM 等互通,故拥有广阔的发展前景。

5.7.2 软交换构成

软交换是 NGN 的核心技术,我国信息产业部电信传输研究所对软交换的定义是:"软交换是网络演进以及下一代分组网络的核心设备之一,它独立于传送网络,主要完成呼叫控制、资源分配、协议处理、路由、认证、计费等主要功能,同时可以向用户提供现有电路交换机所能提供的所有业务,并向第三方提供可编程能力。"

1. 软交换的体系结构

软交换泛指软交换网络,即一种分层的、全开放的体系结构,包括 4 个功能层面:媒体/接入层、传输层、控制层和业务/应用层,如图 5-41 所示。它主要由软交换设备、信令网关、媒体网关、应用服务器等组成。

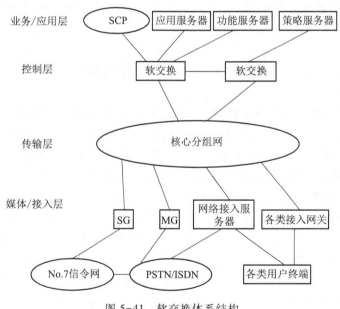

图 5-41　软交换体系结构

（1）媒体/接入层

接入层由各种网关设备组成。该层的主要功能是提供丰富的接入手段,将各种不同的网络和终端接入软交换网中,并实现不同信息格式间的转换。比如 PSTN、ATM 网络、帧中继网络、移动网络、各种 IP 电话终端和模拟终端等都可以通过不同的网关和接入设备接入核心网络,并将信息格式转换成能够在分组网络上传递的信息格式。软交换体系的主要网关和接入设备有信令网关(SG)、媒体网关(MG)、综合接入设备(IAD)等。其中,媒体网关负责将各种终端和接入网络接入核心分组网络,主要用于将一种网络中的媒体格式转换成另一种网络所要求的媒体格式;信令网关提供 No.7 信令网和分组网之间信令的转换;综合接入设备可提供语音、数据、多媒体业务的综合接入,与接入网关相比,IAD 是一个小型的接入层设备,它向用户同时提供模拟端口和数据端口,实现用户的综合接入。

（2）传输层

传输层也称为核心传输层或传输服务层，实际上就是软交换网的承载网络，它负责将软交换网络内各类信息由信息源传送到目的地，将接入层中的各种网关设备、控制层的软交换设备以及业务层中的各种服务器设备连接起来。

（3）控制层

控制层主要提供呼叫控制功能和承载控制功能，完成接入控制、业务控制、呼叫路由选择、路由信息交换、媒体网关控制、计费等功能。主要包括软交换机和路由服务器。

（4）业务/应用层

业务层的主要功能是在呼叫控制的基础上为用户提供附加增值业务，同时提供业务和网络的管理功能。该层的主要设备包括：应用服务器、特征服务器、策略服务器、认证、授权和计费服务器，目录服务器、数据库服务器、业务控制点（Service Control Point，SCP）、网管服务器等。

2. 软交换的应用和发展情况

在欧洲电信标准化组织的 NGN 框架中，特别定义了接入控制和资源管理子系统，有了这两个子系统后，第三代移动通信系统中的 IP 多媒体子系统（IMS）发展较快。IMS 是能较好地进行移动和固定融合的架构，基于 IMS 的网络体系对移动性管理、承载控制、接入控制等有了清晰的关系定义。目前针对 IMS 的 NGN 标准依然有大量的工作要做，软交换网络与 IMS 将会是互通融合的关系。

迄今为止，全球范围内已有多家电信运营商积极开展了在软交换方面的实验和商用部署。在北美，本地运营企业中有 67% 的运营商已经有软交换部署，有 43% 的长途运营企业也部署了软交换系统；在欧洲，运营商对软交换的发展和应用采用了比较谨慎的态度，但随着软交换技术的逐渐成熟，欧洲运营商也加快了软交换实施步伐；在亚太地区，中国香港、澳大利亚、日本和韩国等运营商在软交换应用领域走在前列。

目前，我国政府正在组织相关单位，制定下一代网络的总体发展策略，加快对下一代网络演进策略的研究，启动和加强下一代网络体系架构和标准化的研究，关键技术和管制政策的研究，以及建立下一代网的实验环境。中国移动、中国电信和中国联通都进行了软交换应用实验，在全国一级汇接层面构建了软交换汇接局，疏通了大量的省际长途话务量。

软交换具有更快速、灵活地提供移动话音、数据、固定电话业务等多种业务的优势和特点，但仍然存在其特有的缺陷，需进一步去弥补和完善。

① 需加强软交换质量和安全问题研究。软交换目前基于 IP 承载网，而困扰 IP 组网技术的 QoS 问题也随之带给了软交换网络。目前，IP 网中解决 QoS 问题的主要有 Interserve（RSVP）和 MPLS 等技术。但随着更大传统话音业务量压到软交换和 IP 网以及更多业务的开发，软交换和 IP 承载网将可能暴露出更多问题，严重情况下 IP 承载网的 QoS 问题会制约软交换的规模商用程度。并且由于 IP 化，其更容易被恶意攻击，需加强对 IP 网和软交换组网技术、质量安全保护技术的研究，通过双归属或多归属组网等技术和方案降低其风险性。

② 由于各厂家采用的协议不同，对同一协议细节的理解不同，因此协议标准的完善和设备之间的互连互通问题将是一个关键问题。

③ 需加强解决软交换的业务开发和计费、网管控制问题。软交换是基于 IP 的，而传统 IP、路由器厂家等更倡导在网络侧运用 IP 和软交换技术提供透明传输业务，而业务处理尽

量交给终端、用户(特别是集团、企业客户)来决定和处理。这样会导致通信运营商退变为纯粹的传输带宽提供者,从而降低通信运营商的运营利润。为避免以上困境,通信运营商应主动面向用户推出各类适用的业务,并作好计费和网管配套控制,以便通信运营商能寻找新的利润增长点。

④ 软交换网络虽然在业务提供方面比传统网络更有优势,但这种优势目前看并没有达到令传统交换网络无法企及的程度,即人们并没有找到一种 NGN 的"杀手"级应用。

⑤ 现有传统电信交换网络所提供的话音业务目前仍然是运营商主要的收入来源,并且以往巨大的投资仍然在发挥作用。因此,有专家认为,只有电路交换的收益对于运营商不再具有吸引力时,软交换才有可能被广泛使用。

5.8 小结与思考

小结

所谓交换,就是在通信网上,负责在通信的源和目的终端之间建立通信信道传送通信信息的机制。交换方式是指对应于各种传输模式,交换机为完成其交换功能所采用的互通(Intercommunication)技术。交换方式主要分为两类:电路交换方式(或线路交换方式)和存储转发交换方式(或信息交换方式)。

电路交换又称为线路交换,它是以接通电路为目的的交换方式。电路交换最大的缺点就是电路利用率低,带宽固定不灵活。不同类型的用户间不能直接互通,灵活性差,所以又发展了存储转发交换方式。存储转发交换分为报文交换和分组交换。

报文交换的基本思想就是"存储—转发"。当用户的报文到达交换机时,先将报文存储在交换机的存储器(内存或外存)中,当所需要的输出电路有空闲时,再将该报文发向接收交换机或用户终端。

分组交换也称包交换,是以信息分发为目的,把从输入端进来的数据按一定长度分割成若干个数据段,这些数据段叫做分组(或包),并且在每个信息分组中增加信息头及信息尾,表示该段信息的开始及结束。

帧中继是一种新型的传送网络,它采用动态分配传输带宽和可变长帧的快速分组交换技术,它适用于处理突发性信息和可变长度帧的信息,是局域网互连的最佳选择。

ATM 是异步转移模式(Asynchronous Transfer Mode)的英文缩写,是在分组交换技术上发展起来的快速分组交换技术,被认为是目前已知的一种最适合于宽带综合业务数字网(B-ISDN)的交换方式。

ATM 交换是一种快速电路交换技术,和数字通信系统中的时分电路交换方式不同的是,后者采用的是同步时分(STD)方式,而 ATM 交换则属于异步时分(Asynchronous Time Division,ATD)方式。

宽带网络的发展方向是把最先进的 ATM 交换技术和最普及的 IP 技术融合起来,因此产生了一系列新的交换技术,如 IP 交换、标签交换、IPOA 及 MPLS 等,这里将 ATM 交换技术与 IP 技术融合产生的这一类交换技术统称为 IP 交换技术。

由于宽带视频、多媒体等各种高带宽资源业务需求的增加,对通信网的带宽和容量提出

了更高的要求,全光网络可以满足人们的这种需求,是发展高速宽带业务的一种有效手段。光交换技术是实现全光网络的关键技术之一,光交换是指不经过任何光电转换,在光域直接将输入光信号交换到不同的输出端,在光交换的过程中信号始终以光的形式存在。

下一代网络(Next Generation Network,NGN)是集语音、数据、视频和多媒体业务于一体的全新网络,以软交换为核心,采用开放的分层体系结构,能够提供更丰富的业务。软交换的基本含义就是将呼叫控制功能从媒体网关中分离出来,通过软件实现基本呼叫控制功能,从而实现呼叫传输与呼叫控制的分离,为控制、交换和软件可编程功能建立分离的平面。它吸取了 IP、ATM 和 TDM 等技术的优点,不但实现了网络的融合,更重要的是实现了业务的融合,具有充分的优越性。

思考

5-1　试简述程控交换机本局通话时的呼叫处理过程。

5-2　简述程控交换系统的控制方式和基本结构。

5-3　分组交换的概念是什么?

5-4　分组交换的主要优点是什么? 简述分组交换的工作过程。

5-5　说明同步时分交换和异步时分交换的不同点是什么?

5-6　简述 ATM 传输方式的基本特点。

5-7　为什么说 ATM 技术是融合了电路交换和分组交换的特点?

5-8　什么是 IP 交换?

5-9　光交换具有哪些优点?

第 6 章

移动无线通信技术

在利用无线电波承载信息的通信系统中,微波通信系统可支持长距离通信。微波的频带较宽,传输特性也比较稳定。因此,利用微波作载波的微波通信系统是一种容量较大、质量较高的通信系统,曾是 20 世纪六七十年代世界各国干线通信采用的主要传输手段之一,同时微波在灵活性、抗灾性和移动性方面的优势使得微波传输成为光纤传输不可缺少的补充和保护手段。移动通信是当今最热门的领域,具有大覆盖范围的卫星通信与之结合使得信息能够传到地球的每个角落。现在,数字微波通信、光纤通信和卫星通信一起被称为现代通信传输的三大支柱。

本章主要介绍微波通信、卫星通信和移动通信的基本知识及其移动无线通信新技术的应用与发展。

6.1 数字微波通信

6.1.1 基本概念

微波是指频率为 300 MHz ~ 300 GHz 的电磁波,其对应的波长为 1 m ~ 1 mm。微波通信是指利用微波段电磁波进行的通信。微波波段又可细分为分米波、厘米波和毫米波,见表 6.1-1。

表 6.1-1 微波频段的分类

频 段 名 称	频 率 范 围	波 长 范 围
分米波	300 MHz ~ 3 GHz	10 ~ 100 cm

续表

频 段 名 称	频 率 范 围	波 长 范 围
厘米波	3～30 GHz	1～10 cm
毫米波	30～300 GHz	1～10 mm

1. 微波通信的发展

作为无线中继通信系统,微波通信的发展可以追溯到 20 世纪 30 年代中期的模拟微波中继通信。当时第一个商用的模拟无线通信系统工作在 VHF 频段,采用 AM 调制技术,传输 12 路频分复用的模拟语音信号。20 世纪 40 年代第二次世界大战期间,由于军事用途,出现了 UHF 频段的军用无线中继通信系统,为了降低对功放的线性性能要求,系统采用 FM 方式和脉位调制(PPM)技术。这一时期,由于采用的频段低、带宽窄,无线中继通信系统的容量、规模还很小。

1951 年,美国纽约至旧金山之间成功开通了商用的微波通信线路,该微波通信线路途经 100 多个站的接力,工作在 4 GHz 频段,带宽为 20 MHz,能承载 480 路的模拟语音,第一次实现了长距离、中容量的通信。在随后的二三十年间,半导体器件取代电子管,工作在 2～12 GHz 频段、基于 FM 技术的中、大容量模拟微波通信系统迅速发展,形成覆盖全球地面长途通信容量约 1/2 的规模。中国从“七五”期间引入微波通信系统建设长途通信线路。当时光纤技术、卫星技术尚未成熟,因此长途的通信传输一般靠微波接力通信来完成。

随着长途微波通信干线的建设,频带资源越来越紧张,因此促进了对高频带利用率的微波通信系统的研究,如采用单边带技术。20 世纪 60 年代,PCM 技术和时分复用及 TDM 技术的出现,导致数字交换技术的发展,刺激了数字微波通信的研究。20 世纪 70 年代末,出现了采用简单 QPSK、8PSK 等的商用数字微波系统。这个时期的数字微波系统比模拟微波系统的频带利用率低,但是由于数字再生技术能消除接力通信中的噪声积累,数字微波通信系统还是得到了很好的发展。20 世纪 80 年代,随着数字信号处理技术和大规模集成电路的发展,更高频带利用率的调制技术如 16QAM、64QAM、256QAM 技术的发展,使数字微波通信系统的传输效率大大提高,系统容量从 90～400 Mbit/s,这个时期是微波通信系统的迅速发展时期。

进入 20 世纪 90 年代后,出现了容量更大的数字微波通信系统(512QAM、1024QAM等),并且出现了基于 SDH 的数字微波通信系统。由于光纤技术的发展,长途传输干线的容量大大提高,光纤已取代微波中继成为长途传输干线的主要角色。但是世界上已经存在着大量的微波通信系统,因此在未来的很长时间内,数字微波将与光纤共存,与卫星通信系统一起作为光纤通信系统的辅助手段,并且数字微波具有建站快、成本低、不需铺设线路的特点。随着技术的不断发展,除了在传统的传输领域外,数字微波技术在固定宽带接入领域也越来越引起人们的重视。工作在 28 GHz 频段的本地多点分配业务(LMDS)已开始大量应用,预示着数字微波技术仍然拥有良好的市场前景。

2. 微波通信的特点

(1) 具有类似光波的特性。

从表 3.1-2 和表 6.1-1 电磁频谱中可以看到,微波频段高端与光波频段毗邻,微波与光波是“邻居”,因而微波的一些特性与其“邻居”光波就很类似。例如光波在空间是直线传播的,微波在空间也是直线传播的。遇到障碍物时,微波传播便要受阻,不像中、长波那样会“拐弯抹角”。

226

（2）微波波段的频带宽、通信容量大

从表 3.1-2 可知，全部长波、中波和短波波段的总带宽还不到 30 MHz，而厘米波（1~10 cm）波段的带宽为 27 GHz，它几乎是前者的 1 000 倍。显然，占有频带越宽，可容纳同时工作的无线电设备就越多，通信容量就越大，而且可以减少设备相互之间的干扰。

（3）适于传送宽频带信号

由于通信设备的通频带和载频的高低有关，载频越高，通频带就越宽。一套微波通信设备可容纳几千个话路同时工作，因此，它可进行多路传输。

（4）采用中继传输方式

微波通信属于无线通信的范畴，微波波段的电磁波是在视距范围内沿直线传播的，考虑到地球表面的弯曲，通信距离一般只有 40~50 km。因此，在长途通信中，必须采用"接力"的中继方式，经过若干次中继转发才能将信号送到接收端。这种通信方式又可称为"微波中继通信"，或视距通信。

（5）抗干扰能力强

微波频段（吉赫级别）频率高，不易受天电干扰、工业噪声干扰以及太阳黑子变化的影响，因此，通信可靠性高。由于波长短，天线尺寸可做得很小，通常做成面式天线，增益高，方向性强。

6.1.2 数字微波通信系统的组成

数字微波通信就是指用微波作为载波，将数字基带信号调制在微波载频上，利用此载有信息的微波来传递信息的通信方式。

1. 微波中继线路的组成

由于微波沿直线传播，不能沿地球表面绕射。所以微波通信的特点是每隔 50 km 要设一个微波中继站。微波通信靠几个甚至几十个微波中继站进行无线电波的发射和接收，进行接力传送达到远距离通信的目的。微波天线安装在铁塔上，铁塔的高度应保证两个相邻站天线满足视距传播的要求。由于地面的高低不平以及为了避开地面上的一些障碍物，天线塔一般高达几十米。目前大多数的微波接力天线都是采用反射式的抛物面天线，抛物面的口径为 1~3 m，形状像一口大锅。

微波中继通信主要是解决城市与城市之间、地区与地区之间大容量信息的传输问题，用于长途电话及电视节目的传输。目前中国已建起了以北京为中心，连接全国各主要城市的微波中继通信系统。我们每天收看到的中央电视台的电视节目，大多通过微波及卫星通信方式传送的。此外，一些工矿企业，如石油、电力、铁道等部门也建立了自己的微波中继通信专用网，用来传送本部门内部的遥控、遥测信号及各种业务信号。

一个典型的微波中继通信线路如图 6-1 所示。它由终端站、枢纽站、分路站（也有不设

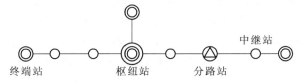

图 6-1 微波中继通信线路示意图

分路站的)和若干个中继站(也称再生站)组成。

终端站:处在微波通信线路的两端,一般都设在省会以上的大城市。它将数字复用设备送来的基带信号或电视台送来的电视信号,经微波设备处理后由微波发信机发射给中继站;同时将微波接收机接收到的信号,经微波设备处理后变成基带信号送给数字复用设备,或经数字解码设备处理后还原成电视信号传送给电视台。

枢纽站:大都设在微波通信线路的中间,有两条以上微波通信线路汇接的省会以上大城市。这样不仅可以进行本线路的用户间信息交换,也可以与其他线路的用户进行信息交流,构成通信网,使用户间的信息交流更加方便。

分路站:又称上下话路站,是为了适应一些地方小容量的信息交换而设置的,设备简单,投资小,这样可满足一些中小城市与省会以上城市进行信息交流的需要,这种站型一般很少设置。

中继站:是微波通信线路中数量最多的站型,一般都有几个到几十个。中继站的作用是将信号进行再生、放大处理后,再转发给下一个中继站,以确保传输信号的质量。所以,中继站又称再生站。由于中继站的作用才使得微波通信可以将信号传送到几百千米甚至几千千米之外。

为了提高系统的容量,一条微波中继线路往往有几个载波同时并行传输。这类似于有线光缆通信线路上,一根光缆中有多对光纤同时传输信号的情况。这种多载波并行传输也称多波道传输。虽然各个载波有自己独立的收发信设备,但天馈线是共用的。

微波站的设备包括天线、收发信机、调制器、多路复用设备以及电源设备、自动控制设备等。多个收发信机可以共同使用一个天线而互不干扰,中国现有的微波系统在同一频段同一方向可以有六收六发同时工作,也可以八收八发同时工作以增加微波电路的总体容量。多路复用设备有模拟和数字之分。模拟微波系统每个收发信机可以工作于 60 路、960 路、1 800 路或 2 700 路通信,可用于不同容量等级的微波电路。数字微波系统应用数字复用设备以 30 路电话按时分复用原理组成一次群,二次群 120 路、三次群 480 路、四次群 1 920 路等,并经过数字调制器调制到发射机上,在接收端经数字解调器还原成多路电话。最新的微波通信设备,其数字系列标准与光纤通信的同步数字系列(SDH)完全一致,称为 SDH 微波。采用这种新的微波设备,在一条电路上,八个束波可以同时传送三万多路数字电话(2.4 Gbit/s)。

2. 数字微波通信系统的组成

下面介绍数字微波通信系统的组成框图和工作过程。

数字微波通信系统由两个终端站、天线馈线系统和中间站(中继站)构成,如图 6-2 所示。

图 6-2 中,从甲地终端站送来的数字信号,经过数字基带信号处理(数字多路复用或数字压缩处理)后,再经数字调制,形成数字中频调制信号(70 MHz 或 140 MHz),送入发送设备进行射频调制变成为微波信号,然后送入发射天线向微波中间站(微波中继站)发送。微波中间站收到信号后,经处理,使数字信号再生后又恢复为微波信号向下一站发送,这样一直传送到乙地终端站,乙地终端站把微波信号经过混频、中频解调恢复出数字基带信号,再分路还原为原始的数字信号。

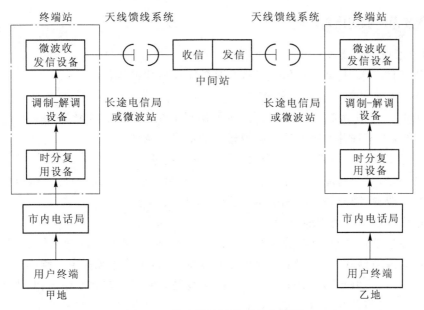

图 6-2　数字微波通信系统方框图

图 6-3 所示为微波通信系统实例图。图(a)为微波站实例图,图(b)为数字微波传输系统设备图,该设备属于 34 Mbit/s 数字微波传输系统,它包括 4 个二次群及 1 个三次群复用功能。具有 16 个 2 Mbit/s 及 4 个 8 Mbit/s 出口。

(a)建在山上的微波站

(b)微波机房设备

图 6-3　数字微波通信系统实例图

为了在一条微波线路上同时传输多路信号,需采用合适的复用技术。数字微波通信系统常采用时分复用(TDM)技术,早期系统中的复接按准同步数字系列(PDH)定义的等级进行逐级复/分接。正交幅度调制技术(如 16QAM、64QAM、256QAM 等)的应用,使数字微波通信系统的传输效率大大提高。进入 20 世纪 90 年代后,出现了容量更大的数字微波通信系统(采用 512QAM、1024QAM 等调制技术),并出现了基于同步数字系列(SDH)的数字微波通信系统。

6.1.3　微波通信的应用与发展

1. 微波通信的主要应用

在现代通信技术中,微波通信仍然具有其独特而重要的地位。

(1) 干线光纤传输的备份及补充

如点对点的 SDH 微波、PDH 微波等,主要用于干线光纤传输系统在遇到自然灾害时的紧急修复,以及由于种种原因不适合使用光纤的地段和场合。

(2) 边远地区和专用通信网中为用户提供基本业务

在农村、海岛等边远地区和专用通信网等场合,可以使用微波点对点、点对多点系统为用户提供基本业务,微波频段的无线用户环路也属于这一类。

(3) 城市内的短距离支线连接

在移动通信基站之间、基站控制器与基站间的互连、局域网之间的无线连网等环境下,也广泛应用微波通信,既可使用中小容量点对点微波,也可使用无需申请频率的微波数字扩频系统。例如,基于 IEEE 802.11 系统标准的无线局域网工作在微波频段,其中 802.11b 工作于 2.4 GHz,802.11a/g 工作于 5.8 GHz。

(4) 无线宽带业务接入

无线宽带业务接入以无线传播手段来替代接入网的局部甚至全部,从而达到降低成本、改善系统灵活性和扩展传输距离的目的。

多点分配业务(MDS)是一种固定无线接入技术,其包括运营商设置的主站和位于用户处的子站,可以提供数十兆赫甚至数吉赫的带宽,该带宽由所有用户共享。MDS 主要为个人用户、宽带小区和办公楼等设施提供无线宽带接入,其特点是建网迅速但资源分配不够灵活。MDS 包括两类业务:① 多信道多点分配业务(MMDS),其特点是覆盖范围较大;② 本地多点分配业务(LMDS),其特点是覆盖范围较小,但提供带宽更为充足。

MMDS 和 LMDS 的实现技术类似,都是通过无线调制与复用技术实现宽带业务的点对多点接入;两者的区别在于工作的频段不同,以及由此带来的可承载带宽和无线传输特性的不同。

2. 数字微波通信技术的主要发展

(1) 提高 QAM 调制阶数及严格限带

为提高频谱利用率,通常采用多电平 QAM 调制技术,目前已达到 256/512QAM,并将实现 1024/2048QAM。与此同时,对信道滤波器的设计提出了极为严格的要求。

(2) 网格编码调制及维特比检测技术

为降低系统误码率,需采用复杂的纠错编码技术,但这会导致频带利用率的下降。为解决该问题,可采用网格编码调制(TCM)技术。

(3) 自适应时域均衡技术

使用高性能、全数字化二维时域均衡技术可减少码间串扰、正交干扰及多径衰落的影响。

(4) 多载波并行传输

多载波并行传输可显著降低发送端信号码元的速率,减少传播色散的影响。

（5）其他技术

如多重空间分集接收、发信功放非线性预校正、自适应正交极化干扰消除等。

6.2 卫星通信

6.2.1 基本概念

1. 卫星通信

卫星通信是在微波接力通信和航天技术基础上发展起来的一门新兴的通信技术。它是微波接力通信向太空的延伸，采用的是微波频段。

卫星通信是指利用人造卫星作为中继站转发无线电信号，在多个地球站之间进行的通信。由于作为中继站的卫星离地面很高，所以经过一次中继转接之后即可进行长距离的通信。

用于实现通信目的的人造地球卫星被称为通信卫星。通信卫星按结构划分可分为无源卫星和有源卫星。无源卫星只能反射无线电信号，现在已被淘汰。有源卫星是指卫星上装有电子设备，可将接收到的地球站信号进行放大、频率变换等项处理，再将其发送回地面，它是一种有增益的、可部分补偿传播损耗的中继站。

按卫星的运转轨道划分，通信卫星又分为静止卫星（同步卫星）和运动卫星（非同步卫星）。所谓静止卫星就是指发射到赤道上空 35 860 km 附近圆形轨道上的卫星，其运动方向与地球自转方向一致，并且绕地球一周的时间恰好为 24 小时，与地球自转周期相同，因而从地球看过去，如同静止一般，故而称为静止卫星。

静止卫星与地球的相对位置关系如图 6-4 所示。从图中可以看出，在一个卫星电波波

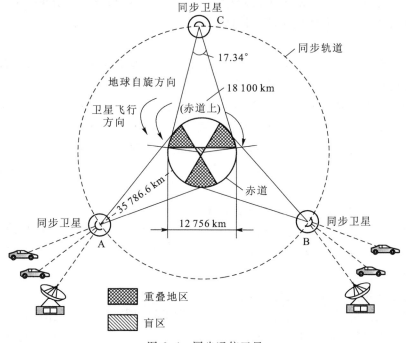

图 6-4　同步通信卫星

束覆盖区内的地球站都能通过此卫星来进行通信。这样,利用在静止卫星轨道上的以 120° 等间隔分布的三个静止卫星,就可实现对除南、北两极外的所有地球表面的覆盖,而且其中部分区域为两静止卫星波束的重叠覆盖区域,在此可借助重叠区内的地球站的中继作用,实现不同卫星覆盖区中的地球站间的通信。

2. 卫星通信的发展

卫星通信概念的提出可以追溯到 1945 年,英国空军雷达军官阿瑟·克拉克在《无线电世界》上发表了"地球外的中继站",最先提出了利用静止卫星进行通信的设想,约 20 年之后,人类就实现了这个设想,卫星通信的发展大致经过如下几个时期。

① 1954—1964 年间,美国曾先后利用月球表面发射无源气球卫星等进行一系列的无源卫星通信实验。由于无源卫星是利用电波的发射技术,因此接收信号不强,使用价值不大。

② 1958 年 12 月—1962 年,美国先后发射多颗椭圆轨道运行的有源卫星,在美国、欧洲、南美洲之间进行了多次通信实验。

③ 1963 年 7 月—1964 年 8 月,美国宇航局(NASA)先后发射 3 颗"SYNCOM"卫星,第 1 颗未能进入预定轨道,第 2 颗进入周期为 24 小时的倾斜轨道,第 3 颗进入静止同步轨道,成为世界上第 1 颗实验性静止卫星,并利用它在 1964 年向美国成功转播了在日本举行的奥林匹克运动会实况。

④ 1965 年 4 月,国际卫星通信组织把第一代"国际通信卫星"(INTELSAT–I,简记为 IS–I,原名"晨鸟")射入地球同步轨道,卫星通信正式进入商用阶段,开始提供国际通信业务。到目前为止,国际通信卫星已经发展到第三代,卫星通信的容量也越来越大。

⑤ 卫星通信用于移动通信始于 1976 年,国际海事卫星组织利用"国际海事卫星"为海上船只提供语音业务。到目前为止,已经有多个全球性的移动卫星通信系统提供商业应用,人类已经能实现全球个人移动通信的目标。

3. 卫星通信的特点

卫星通信系统以通信卫星为中继站。与其他的通信系统相比较,具有以下优点。

(1) 通信距离远,通信成本与距离无关

由于卫星在离地面几百、几千、几万千米的高度,因此在卫星电波波束能覆盖到的范围内,通信成本与距离无关。以地球静止卫星来看,卫星离地面约 36 000 km,一颗卫星的电波波束几乎覆盖地球的 1/3,利用它可以实现的最大通信距离约为 18 000 km,因此地球站的建设成本与距离无关。如果采用地球静止卫星,只要 3 颗就可以基本实现全球的覆盖。

(2) 以广播方式工作,便于实现多址连接

卫星通信系统类似于一个多发射台的广播系统,每个有发射机的地球站都可以发射信号,在卫星覆盖区内可以收到所有广播信号。因此只要同时具有收发信机,就可以在几个地球站之间建立通信连接。

(3) 通信容量大,传送的业务种类多

由于卫星采用的射频频率在微波波段,可供使用的频带宽,加上太阳能技术和卫星转发器功率越来越大,随着新体制、新技术的不断发展,卫星通信容量越来越大,传输的业务类型越来越多。

（4）性能稳定可靠

卫星通信的电波主要是在大气层以外的宇宙空间内传播，而宇宙空间几乎是一种真空状态，因此可以将其看作均匀介质的自由空间。电波在自由空间传播十分稳定，几乎不受气候和气象变化的影响。就是发生磁暴甚至核爆炸的情况下，线路仍能正常工作。

正是由于卫星通信与其他通信手段相比有上述一些突出的优点，仅仅经过 30 年的时间，便得到了迅速的发展。目前，它已成为现代化通信的一种重要手段。

当然，由于卫星通信的特殊性，也带来了技术上的特殊性。

（1）需要采用先进的空间电子技术。

由于卫星与地球站的距离远，电磁波在空间中的损耗很大，因此需要采用高增益天线、大功率发射机、低噪声接收设备和高灵敏度调制解调器等；并且空间的电子环境复杂多变，系统必须要承受高低温差大、宇宙辐射强等不利条件。因此卫星设备必须采用特制的、能适应空间环境的材料。由于卫星造价高，必须采用高可靠性设计。

（2）需要解决信号传播时延带来的影响

由于卫星与地球站距离远，信号传输的时延很明显。对一些业务（如语音业务）来说，必须采取措施解决时延带来的影响。

（3）需要解决卫星的姿态控制问题

由于空间的环境复杂多变，卫星轨道可能有漂移，姿态可能有偏转。由于卫星离地远，因此轻微漂移和姿态偏转可能造成地面接收的信号变化很大，因此卫星的精确姿态控制也是必须解决的问题。

此外，还必须解决星蚀、地面微波系统与卫星系统的干扰等问题，这些都是保证卫星通信系统正常运转的必要条件。

4. 卫星通信使用的频率

目前，大多数卫星通信系统选择在表 6.2-1 所示的频段工作。

表 6.2-1　卫星通信的主要工作频段

频　　段	L 频段	C 频段	X 频段	Ku 频段		Ka 频段
频率	1.6/1.5 GHz	6.0/4.0 GHz	8.0/7.0 GHz	14.0/12.0 GHz	14.0/11.0 GHz	30/20 GHz

目前大部分国际通信卫星尤其是商业卫星使用 C 频段，即 6/4 GHz 频段（上行频率为 6 GHz，下行频率为 4 GHz），转发器带宽为 500 MHz。国内区域性通信卫星多数也应用该频段。

许多国家的政府和军事卫星使用 X 频段，即 8/7 GHz（上行频率为 8 GHz，下行频率为 7 GHz），这样与民用卫星通信系统在频率上分开，避免相互干扰。

为了避免 C 频段的拥挤，以及与地面微波网的干扰问题，目前已开发使用 Ku 频段，即 14/11 GHz 频段（上行频率为 14 GHz，下行频率为 11 GHz），并用于民用卫星和广播卫星业务。

由于频率不够分配，最近也开始使用 Ka 频段，即 30/20 GHz 频段（上行频率为 30 GHz，下行频率为 20 GHz）。

6.2.2　卫星通信系统的组成

1. 卫星通信系统的基本组成

图 6-5 是一个最简单的卫星通信系统。地球站 A 通过定向天线向通信卫星发射的无线电信号,首先被通信卫星内的转发器所接收,由转发器进行处理(如放大、变频)后,再通过卫星天线发回地面,被地球站 B 接收,完成从 A 站到 B 站之间的信号传递。从地球站到通信卫星信号所经过的路线称为上行线路,由卫星到地球站信号所经过的路线称为下行线路。同样,地球站 B 也可以通过卫星转发器向地球站 A 发送信号。

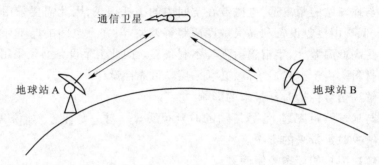

图 6-5　卫星通信系统示意图

图 6-5 所示的卫星通信系统包括如下几个基本部分。

(1)控制与管理系统

它是保证卫星通信系统正常运行的重要组成部分。它的任务是对卫星进行跟踪测量,控制其准确进入轨道上的指定位置,卫星正常运行后,需定期对卫星进行轨道修正和位置保持。在卫星业务开通前、后进行通信性能的监测和控制,例如对卫星转发器功率、卫星天线增益以及地球站发射功率、射频频率和带宽等基本通信参数进行监控,以保证正常通信。

(2)星上系统

通信卫星内的主体是通信装置,其保障部分有星体上的遥测指令、控制系统和能源装置等。通信卫星的主要作用是无线电中继,星上通信装置包括转发器和天线。一个通信卫星可以包括一个或多个转发器,每个转发器能同时接收和转发多个地球站的信号。

(3)地球站

地球站是卫星通信的地面部分,用户通过它们接入卫星线路,进行通信。地球站一般包括天线、馈线设备,发射设备,接收设备,信道终端设备,天线跟踪伺服设备,电源设备。

如果卫星相对于地球站来说是运动的,这样的卫星称为移动卫星或非同步卫星,用移动卫星作中继站的卫星通信系统称为移动卫星通信系统;用静止卫星作为中继站所组成的通信系统为静止卫星通信系统或同步卫星通信系统,目前国际卫星通信和绝大多数国家国内的实用卫星通信大多采用同步卫星通信系统。

2. 同步卫星通信系统

下面介绍同步卫星通信系统的组成。

同步卫星通信系统由同步通信卫星、地球站和控制中心三部分组成。

(1)同步通信卫星

同步通信卫星由卫星天线分系统、卫星通信分系统、卫星电源分系统、跟踪遥测指令分系统和控制分系统五部分组成,如图 6-6 所示。

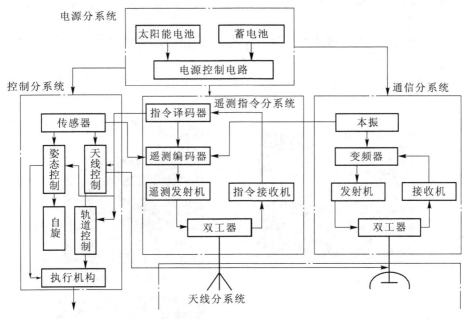

图 6-6　通信卫星的组成框图

① 卫星天线分系统。

卫星天线有两类:遥测指令天线和通信天线。遥测指令天线通常采用全向天线,通信天线按其波束覆盖区大小可分为全球波束天线、点波束天线、区域(赋形)波束天线。

② 卫星通信分系统。

卫星通信分系统是通信卫星的核心部分。卫星上的通信分系统又称转发器,起通信中继器的作用,即将接收到的地球站的信号放大,然后通过下变频发射出去。

对转发器的基本要求是以最小的附加噪声和失真,并以足够的功率,安全可靠地为地球站转发无线电信号。

转发器分透明转发器和处理转发器。透明转发器不对信号进行任何加工处理,只是单纯地完成转发任务。处理转发器又分为两类:一类是信息处理转发器,它将收到的信号解调成基带信号后,进行再生、编码识别、帧结构重新排列等处理,以消除噪声的积累;另一类是空间交换转发器,起空间交换机的作用。

③ 卫星电源分系统。

为了保证卫星的工作时间,必须有充足的能源,卫星上的能源主要来源有两部分:太阳能和蓄电池。当有光照时使用太阳能,并对蓄电池进行充电;当光照不到时使用蓄电池。卫星电源分系统必须提供给其他分系统稳定可靠的电源使用,并且保持不间断供电。

④ 跟踪遥测指令分系统。

该系统包括遥测和指令两大部分,此外还有应用于卫星跟踪的信标发射设备。

遥测设备用各种传感器不断测得有关卫星的姿态及星内各部分工作状态的数据,并将这些信息发给地面的控制中心。

控制中心根据接收到的卫星的遥测信息进行分析和处理,然后发给卫星相应的控制指令。卫星接收到指令后,先存储然后通过遥测设备发回控制中心校对,当收到指令无误后,才将存储的指令送到控制分系统执行。

⑤ 控制分系统。

控制分系统由一系列机械或电子的可控调整装置构成,完成对卫星的姿态、轨道、工作状态的调整。

图 6-7 所示为通信卫星的几个实例。

(a) 国际通信卫星 V (美国)

(b) 实用通信卫星中国

(c) 跟踪与数据中继卫星(美国)

(d) "地平线"通信卫星(苏联)

图 6-7　通信卫星的实例

（2）地球站

地球站是卫星通信系统的重要组成部分。它的作用有两个,一是向卫星发射信号;二是接收经卫星转发的、来自其他地球站的信号。

按照安装方式及规模的不同,地球站可分为固定站、移动站和可拆卸站。可拆卸站是指在短时间内能够拆卸并改变地点的站。按照用途不同,地球站又可分为民用、军用、广播、航海、气象、通信、探测等多种地球站。按天线口径的大小不同,可分为 30 m 站、10 m 站、5 m 站、3 m 站、1 m 站等。

一个标准的卫星通信地球站由天线分系统、发射分系统、接收分系统、信道终端分系统、跟踪伺服分系统和电源分系统等六部分组成,如图 6-8 所示。

用户把要传输的信息送至地球站,地球站把送来的基带信号进行调制、频率变换,使频率变换为向卫星发射所需的频率,并经过高频功率放大器放大后送至天线发向卫星。由卫星发来的信号被地球站天线接收后经低噪声放大、变频,然后解调为基带信号,再经地面网传送给用户。

下面分别介绍地球站各个组成部分的作用。

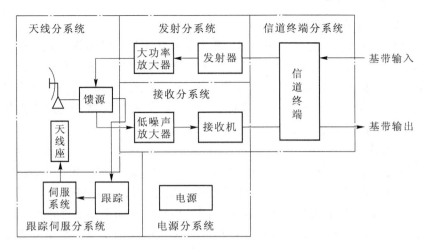

图 6-8　地球站系统的总体组成方框图

① 天线分系统。

天线分系统的基本作用是将发射机送来的射频信号变成定向（对准卫星）辐射的电磁波；同时，收集卫星发来的电磁波，送到接收设备。通常，地球站的天线是收发共用的，因此，要有双工器。从双工器到收发信机之间，有一定长度的馈线连接。

卫星通信大都工作于微波波段，为此，地球站天线常常采用面式天线，主要用卡塞格伦天线。由于地球站与通信卫星之间的距离很远，所以要求地球站所使用的天线具有较高的效率和优异的低噪声性能。图 6-9 给出的是卫星通信使用的两个天线实例。

(a) 天线1　　　　　　　　　　(b) 天线2

图 6-9　天线的两个实例

② 发射分系统。

发射分系统的任务是将已调制的中频（通常为 70 MHz）信号变换成射频信号，并将功率放大到一定的电平，经馈线送到天线向卫星发射。为了减少馈线损耗，高功率放大器安装在

天线附近,并采用双套备份以提高系统可靠性。

发射分系统的总布局一般有两种方式,微波传输方式和中继传输方式。前一种方式是把调制、变频、中功率放大器都安装在主机房,把中功率放大器的输出经微波传输线馈给大功率放大器。后一种是把上变频器与大功率放大器安装于天线附近,由主机房送给上变频器信号,这种方式不利于扩大地球站的载波数,当载波增加时,安装于天线附近的设备量增加,而且,每条中频传输电缆都要均衡。

③ 接收分系统。

接收分系统的主要任务是把由天线收集的来自卫星转发器的有用信号,经加工变换后,送给解调器。该分系统的重要指标是低噪声性能。低噪声放大器是提高接收机灵敏度的关键部分,大型地球站一般采用制冷参量放大器,中、小型站采用常温低噪声参量放大器或低噪声晶放等。为了减少馈线引起的噪声,低噪声放大器的安装位置应尽量靠近双工器。接收分系统与发射分系统相似,一般以微波传输为好。由低噪声放大器输出的射频信号,要经过下变频器变为中频(70 MHz 居多),以便信道终端分系统的解调器进行解调。

④ 信道终端分系统。

在发射端,信道终端的基本任务是将用户送来的信息加以处理,变成适合在卫星信道上传输的信号;在接收端,则是将到达接收站的信号恢复为原来的信息。例如在模拟调频信道终端,其发射是将模拟基带信号(电话、电视、传真等)作必要的处理(如加重、能量扩散等),对中频(70 MHz)进行调制,然后送到发射设备再变成微波信号发往卫星。在接收端,则作相反的处理,经过解调、基带处理,恢复成发送端输入的基带信号。在数字信道终端,其任务是在发送端将数字信号变成一定的波形(又称调制),在接收端则进行波形的识别(解调),取出信息。

⑤ 跟踪伺服分系统。

由于种种原因,静止卫星并非绝对"静止",因此,地球站的天线必须经常校正自己的方位和仰角,其跟踪方式有自动跟踪、手动跟踪、程序跟踪和步进跟踪。随着卫星轨道稳定性的提高,除大型站采用自动跟踪和程序跟踪外,一般中等以下的站多采用步进跟踪和手动跟踪。

⑥ 电源分系统。

现代卫星通信系统,一年中要求 99.9% 的时间不间断地稳定可靠地工作。电源系统必须满足这一要求,特别是大型地球站,一般要有几种供电电源,即市电、柴油发电机和蓄电池。在发电机开机到正常运行前,由蓄电池短期供电作为过渡。平时,蓄电池是由市电通过整流设备对其进行浮充,以备急用。为了保证高度可靠,发电机也有备份。

此外,还有整机的控制、监视设备等,均用来保证正常通信需要。

6.2.3　卫星通信的应用

1. 国内卫星通信

卫星通信最初是作为国际通信手段而发展起来的。由于它具有许多优点,所以后来很快被用于国内通信或地区性通信。目前,已有几十个国家建立了自己的国内卫星通信系统。有些技术落后的国家,也通过由其他国家代为发射卫星,或租用卫星转发器的方式建立了自己的国内卫星通信系统。实践证明,通过卫星组建国内通信网,费用要比用同轴电缆或微波中继线路组成通信网低得多。中国国土辽阔,地形复杂,特别适合发展国内卫星通信系统。1984年1月29日,中国发射了第一颗试验通信卫星,从此拉开了中国通信卫星业务的序幕。1986年2月1日,我国又成功地发射了第一颗实用静止通信卫星,它定点于东经103°赤道上空。目前中国有注册卫星通信公司5家,共拥有9颗在轨卫星,342个转发器单元,开通了1.3万多条国际双向电路,用于开展电视、广播、电话、数据等多项国际、国内通信业务。

2. 卫星广播电视

卫星通信发展的初期是通过卫星把许多地球站连接起来进行点对点的通信。当时的卫星电视传输也属于点对点的传输方式。现在这种卫星通信业务称为固定卫星业务。这种业务所传输的信息一般不需要第三者获知。随着卫星通信技术的发展,20世纪60年代后期,人们开始了以大众为对象的电视广播卫星的研究。所谓广播是指点到面的信息传输方式,它不要求信息保密,而是要使发出的信息为尽可能多的人所接收。

卫星广播电视已经得到普及。目前我国广播电视共使用11颗通信卫星的32个转发器,已建成广播电视卫星地球站31座,地面卫星转发站52万多座。中央电视台的12套节目,中央人民广播电台和国际台的32路声音广播节目,31个省、自治区、直辖市的广播电视节目均通过通信卫星向全国传送。电视台的卫星远程教育也广泛地开展起来。

3. VSAT卫星通信系统

由于大中型地球站造价高昂,20世纪70年代末出现了甚小口径终端(Very Small Aperture Terminal,VSAT),又称小型地球站,或简称"小站"。VSAT是一种使用小型抛物面天线和低功率发射机的低成本卫星通信系统,主要用于数据传输,在特定情况下,也可以用于语音业务。

VSAT组网灵活,多址连接方便,造价低廉,因而一出现就受到人们的普遍重视,发展极为迅速,目前已广泛应用于银行、证券、期货、经贸、海关、交通、航空、铁路、气象等上百个行业,建成双向VSAT卫星通信站7 000多个,单向VSAT站1.7万多个,VSAT的经营者已有50多家。目前,已有一些省、自治区和直辖市建成了区内卫星通信公众网,还有数千个用于边远地区的农村通信VSAT地球站正在建设,有的已投入使用。

VSAT系统由中心站和一些外围小站组成,如图6-10所示。小站通过通信卫星与中心站联系,各小站之间不能直接互通,即通信链路为远端小站至中心站和中心站至远端小站,中心站可以通过电路开关连接到地面电话或数据网络。若干个数据终端或个人计算机可以连接到一个远端小站,通过小站,这些分布很广的数据终端或计算机可以与接至中心站的主计算机通信。

从VSAT系统的应用场合以及它所提供的信息服务的业务性质来看,VSAT系统应具备以下特点。

(1)中心地球站具有较完备的智能管理功能

VSAT系统中的信号处理、各种业务自适应情况、变更网络的结构和容量、对关键电路进行检测和控制等,均由中心地球站受理,为此它必须具有不同程度的智能化管理功能。在中心地球站设有主计算机,VSAT设有小型计算机或强功能的微型处理器。VSAT网运行时,得到大量管理软件的支持,由此,可以换来VSAT的小型化、集成化和低廉的价格。

239

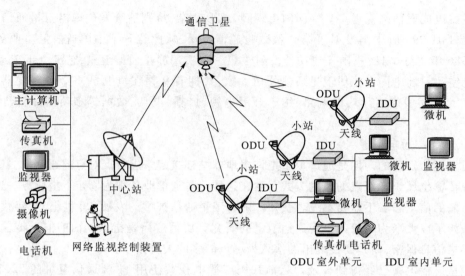

图 6-10　VSAT 系统

（2）VSAT 具有小型化的天线

VSAT 小型化主要体现在使用的天线小型化，它主要选用微波波段的 Ku 波段（波长 $\lambda = 1.74 \sim 1.95\ \text{cm}$）进行通信。因工作在 Ku 波段，则可以采用 $1.2 \sim 1.8\ \text{m}$ 小口径天线，发射机输出功率在几瓦左右，终端设备体积和重量都很小，因此可以放在用户的庭院、屋顶、阳台上，甚至可以置于室内办公桌上，只要天线能通过窗口对准卫星即可。

（3）应具有处理综合业务的能力

VSAT 的业务不是以语音业务为主，而是以各种非语音的综合业务为主，如数据、图像、视频等。

4. 全球卫星定位系统

全球定位系统（Global Positioning System，GPS）是利用通信卫星进行的一种空间无线电导航系统。它能使位于地球表面及空间上任何位置的用户接收到精确的定位、速度和时间信号，再通过用户装备的接收终端显示出自己的三维空间坐标位置，即经度、纬度和海拔高度。因此，它是一种全新卫星导航定位系统。GPS 被称为是继阿波罗登月飞船和航天飞机后的第三大航天技术工程。

（1）GPS 系统的组成

全球定位系统由空间部分（GPS 卫星星座）、地面监控系统和用户 GPS 信号接收机三大部分组成，如图 6-11 所示。

GPS 空间部分由 21 颗工作卫星和 3 颗在轨备用卫星组成 GPS 卫星星座，记为（21+3）GPS 星座。卫星高度约 $20\,200\ \text{km}$，分布在 6 条升交点互隔 $60°$ 的轨道面上，卫星轨道倾角为 $55°$，每条轨道上均匀分布 4 颗卫星，相邻两轨道上的卫星相隔 $40°$，使得地球任何地方至少同时可看到 4 颗卫星。每颗卫星上都装有一部原子钟，其稳定度约 10^{-13} 量级，它为导航信号提供时间标准。每颗卫星都连续不断地向地面用户发射导航信号。图 6-12 所示为 GPS 卫星星座示意图。

地面监控系统由一个主控站和数个监控站组成，监控站随时监测卫星发出的导航信号并将数据送给主控站，主控站处理这些数据，不断预测和修正卫星不同时刻的位

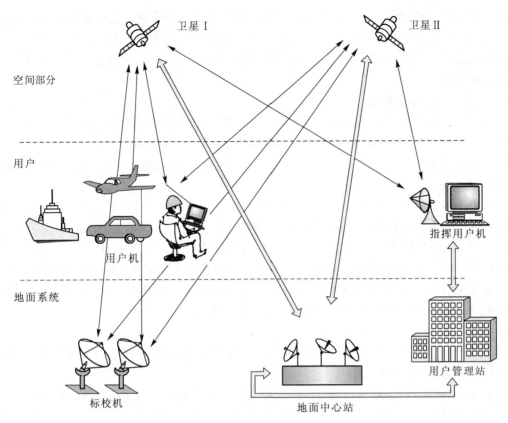

图 6-11　GPS 系统

置数据,然后将它送往卫星,卫星将这些数据存储起来,向用户播送。

　　用户 GPS 信号接收机是适合各种用途的接收装置,其主要任务是:能够捕获到按一定卫星高度截止角所选择的待测卫星的信号,并跟踪这些卫星的运行,对所接收到的 GPS 信号进行变换、放大和处理,以便测量出 GPS 信号从卫星到接收机天线的传播时间,解译出 GPS 卫星所发送的导航电文,实时地计算出待测站(卫星)的三维位置,甚至三维速度和时间。GPS 接收机硬件一般由主机、天线和电源组成。

图 6-12　GPS 卫星星座图

　　(2)GPS 系统的工作原理

　　GPS 的基本定位原理是:卫星不断的发送自身的星历参数(描述卫星运动及其轨道的参数)和时间信息,用户接收到这些信息后,经过计算求出接收机的经、纬度和海拔高度三维位置、三维方向以及运动速度和时间信息。目前 GPS 系统提供的定位精度是优于 10 m,而为得到更高的定位精度,通常采用差分 GPS 技术:将一台 GPS 接收机安置在基准站上进行观测。根据基准站实时将这一数据发送出去。用户接收机在进行 GPS 观测的同时,也接收到基准站发出的修正数据,并对其定位结果进行修正,从而提高定位精度。

　　迄今为止,还没有一种导航设备能像全球定位系统一样,几乎可以满足全球各类用户的

需要。它可为陆地、海上、空中的各类用户提供精确的时间和位置。全球定位系统最成功的应用范例是海湾战争。在海湾战争中,多国部队在其装甲车、坦克等军用设施上装备了全球定位接收装置,使多国部队在基本无参照系统的异国大沙漠中,对地球位置了如指掌,取得了战争的胜利。

5. 卫星移动通信系统

卫星移动通信系统是指借助通信卫星的转发作用完成的移动通信。在卫星移动通信系统中,卫星相当于地面移动通信系统的基站,起着转发信息的作用。由于卫星高高在上,因而它的覆盖范围很大。利用卫星来解决人烟稀少及无法建立地面基站地区的移动通信问题,是非常合适的。

利用卫星提供商业移动通信业务始于 1976 年美国的 MARISAT 系统,1979 年世界第一个卫星移动通信服务提供者——国际海事卫星组织(INMARSAT)诞生,并于 1982 年 1 月正式运营,目前,INMARSAT 系统已经发展到第三代,其用户的分布领域从海用逐步向陆地和航空扩展。到目前为止,世界上其他大公司和国家也提出了许多卫星移动通信系统,以提供个人全球通信系统,比较典型的有 Motorola 公司提出的"铱"系统、Qualcomm 和 Loral 公司提出的 GlobalStar 系统和 TRW 等公司提出的 Odyssey 系统。

(1) 卫星移动通信系统的分类

① 卫星移动通信系统,按所用轨道划分,可分为静止轨道(GEO)、中轨道(MEO)和低轨道(LEO)卫星移动通信系统。

静止轨道(GEO)卫星移动通信系统是指其卫星位于地球赤道上空约 35 800 km 附近的地球同步轨道上,卫星绕地球公转与地球自转的周期和方向相同。GEO 系统又称高轨系统。其技术成熟、成本相对较低,目前可提供业务的 GEO 系统有 INMARSAT 系统、北美卫星移动系统 MSAT、澳大利亚卫星移动通信系统 Mobilesat 系统。

中轨道(MEO)卫星移动通信系统是指卫星距离地面高度为 5 000~10 000 km。MEO 兼有 GEO、LEO 两种系统的优缺点,典型的系统有 Odyssey、AMSC、INMARSAT-P 系统等。另外,还有区域性的卫星移动系统,如亚洲的 AMPT、日本的 N-STAR、巴西的 ECO-8 系统等。

低轨道(LEO)卫星移动通信系统是指卫星距离地面高度为 700~5 000 km。LEO 系统具有传输时延短、路径损耗小、易实现全球覆盖及避开了静止轨道的拥挤等优点,目前典型的系统有"铱"(Iridium)、Globalstar、Teldest 等系统。

中轨道(MEO)卫星和低轨道(LEO)卫星称非静止轨道卫星,是指卫星的运转周期和地球的自转周期不同,它的位置从地面上看,不是固定不动的,而是缓缓飞过的。如要求任一时刻都有一颗卫星在自己所处位置的上空的话,则卫星的数量将不止一个,因而这种系统的地面控制设备复杂,系统成本较高。

② 依据卫星移动通信系统的业务进行划分,可分为海事卫星移动通信系统(MMSS)、航空卫星移动通信系统(AMSS)和陆地卫星移动通信系统(LMSS)。

③ 依据卫星通信覆盖区域进行划分,卫星移动通信系统可分为全球卫星移动通信系统和区域卫星移动通信系统。

全球卫星移动通信系统可在全球范围内提供卫星移动通信业务,这种系统大多由非静止轨道卫星组成。由于一颗静止轨道卫星的电波波束可以覆盖地球表面的 1/3 多,故常由它提供区域卫星移动通信服务,也可以由它向本国国土及邻海范围内提供陆、海、空卫星移动通信业务,这种系统大部分由一颗卫星组成,系统投资少,卫星寿命长(10 年以上),无需复杂的地面跟踪设施。

(2) 高轨卫星移动通信系统(以 INMARSAT 为例)简介

INMARSAT 系统自 1979 年投入商用后,现在工作的卫星全部为第三代卫星,目前支持的用户服务有:在海事应用方面包括直拨电话、电传、传真、电子邮件和数据连接;在航空应用方面包括驾驶舱语音、数据、自动位置与状态报告和旅客直拨电话;在陆地应用方面包括微型卫星电话、传真、数据和运输方向上的双向数据通信、位置报告、电子邮件和车队管理等。

INMARSAT 系统由空间段、岸站(CES)和移动终端(MES)三大部分组成,如图 6-13 所示。

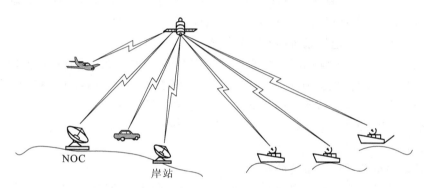

图 6-13　INMARSAT 系统示意图

① 空间段。

空间段由通信卫星、网络控制中心(NOC)和网络协调站(NCS)组成。

INMARSAT 通信卫星的基本功能是接收发自岸站和船站的信号,将其放大并再次传送给它们,卫星转发器执行频率转换,即在岸到船方向从 6 GHz 波段变频到 1.5 GHz 波段,在船到岸方向从 1.6 GHz 波段变频到 4 GHz 波段。INMARSAT 通信卫星分布在地球同步静止轨道上,距离地球 35 800 km。INMARSAT 现有 4 颗卫星重叠覆盖地球,并有备用星,其所处位置如下:

大西洋区,东区,西经 16°;

大西洋区,西区,西经 54°;

印度洋区,东经 65°;

太平洋区,东经 178°。

网络控制中心(NOC)设在伦敦国际卫星组织总部,负责监测、协调和控制网络内卫星的操作运行。它依靠计算机检查卫星工作状态,同时还对各地球站的运行情况进行监督,协助网络协调站对有关事务进行协调。

网络协调站(NCS)是整个系统的一个重要组成部分。在每个洋区至少有一个地球站兼作网络协调站,并由它来完成该洋区内卫星通信网络必要的控制和分配工作。

② 岸站(CES)。

岸站是指设在海岸附近的地球站,由各国 INMARSAT 签字者建设运营,它既是卫星系

统与地面陆地电信网络的接口,也是一个控制和接入中心。

③ 移动终端(MES)

INMARSAT 开发了许多不同的终端支持不同的业务,用户可通过终端使信号上达卫星,再经过地球站,通过国际或国内的公众通信网与其他固定或移动用户通信。反过来,公众网等固定或移动用户也可以通过卫星与卫星终端通信。

INMARSAT 的终端包括 INMARSAT – A、INMARSAT – B、INMARSAT – C、INMARSAT – M 等。

由于卫星移动通信系统的最终目标是提供个人通信业务,所以手持机是最基本的移动终端,要求它体积小、重量轻、便于携带。根据对人体细胞组织辐射安全的许可标准,手持机的平均辐射功率被限制在 0.25～0.4 W。

为了保障通话质量,就必须增加卫星的发射功率,这对静止轨道卫星来说难以实现,因此,目前大部分卫星移动通信系统都采用中、低轨道卫星来实现。

(3)中轨卫星移动通信系统(以 ICO 为例)简介

中轨卫星移动通信系统(ICO)的前身是 INMARSAT–P 系统,目前合作伙伴包括 ICO– Global 、INMARSAT 签约国、Huges、NEC、Ericsson 等公司。与 Odyssey 系统(已夭折)一样是一种定位于中轨的卫星移动通信系统,该系统主要提供语音和低速数据业务。

ICO 系统采用 12 颗卫星(2 颗备用星),分布在倾角为 45°的 2 个轨道平面上,轨道高度10 355 km,每颗卫星提供 163 个点波束。

(4)低轨卫星移动通信系统简介

所谓低轨就是指卫星轨道定位在 1 500 km 以下。利用低轨移动卫星实现手持机个人通信的优点在于:一方面卫星的轨道高度低,传输时延短、路径损耗小,多个卫星组成的星座可实现真正的全球覆盖,频率复用更有效;另一方面蜂窝通信、多址、点波束、频率复用技术的发展也为低轨卫星移动通信提供了技术保障。因此,LEO 系统被认为是最新最有前途的卫星移动通信系统。目前世界上已有许多组织和大公司提出了各自的卫星移动通信系统计划,迄今真正付诸实施的主要有"铱"系统、Global Star 系统。其中"铱"系统由于最接近全球个人通信系统,因而受到了人们的广泛关注。下面主要介绍"铱"系统。

"铱"系统是美国 Motorola 公司于 1987 年提出的低轨全球个人卫星移动通信系统,它与现有通信网结合,可实现全球数字化个人通信。该系统原设计为 77 颗小型卫星,分别围绕 7 个极地圆轨道运行,因卫星数与铱原子的电子数相同而得名。后来改为 66 颗卫星围绕 6 个极地圆轨道运行,但仍用原名称。极地圆轨道高度约 780 km,每个轨道平面分布 11 颗在轨运行卫星及 1 颗备用卫星,每颗卫星约重 700 kg。

"铱"系统卫星有星上处理器和星上交换,并且采用星际链路(星际链路是"铱"系统有别于其他卫星移动通信系统的一大特点),因而系统的性能极为先进,但同时也增加了系统的复杂性,提高了系统的投资费用。

"铱"系统中,由于地球自转,所以在地球的任何地方都会至少看到有一颗卫星在空中,卫星与同一轨道平面内的相邻卫星之间用双向链路相连,可以互通。相邻轨道的卫星之间也有交叉链路相连,链路均工作于 Ka 频段。因此卫星在天上构成了一个互连的网络。卫星使用点波束(每颗卫星有 48 个点波束)照射地面构成小区,以便频率复用。系统通过分布在不同地域的若干个关口站与地面网络互连,关口站和卫星之间的链路也采用 Ka 频段。

地面的移动终端以 L 频段与卫星相连,功率只需 0.4 W。当移动终端需要呼叫地面系统用户时,先将信号发给卫星,经卫星系统确认为本系统用户后,即将信号通过链路转发给地面关口站,由关口站转给地面系统用户。如果呼叫的是另一个"铱"系统用户,则信号将经过卫星之间的链路转发给被叫用户上空的卫星,由该卫星转发下去,让该用户接收。假若在通话过程中,该卫星已飞越覆盖范围,则系统会将通话切换到另一个进入该范围的卫星信道上去,这和地面蜂窝网中的越区切换类似。此外,如果用户脱离他原来所在的地区,移动到另一地区时,也要进行位置登记,以便漫游时能呼叫到他。"铱"系统的示意图如图 6-14 所示。

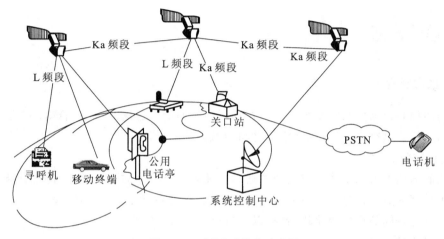

图 6-14 "铱"系统的示意图

"铱"系统最显著的特点就是星际链路和极地轨道。星际链路从理论上保证了可以由一个关口站实现卫星通信接续的全部过程。极地轨道使得"铱"系统可以在南北两极提供畅通的通信服务。"铱"系统是唯一可以实现在两极通话的卫星通信系统。"铱"系统最大的优势是其良好的覆盖性能,可达到全球覆盖,基本上能做到用移动电话实现任何人(Whoever)在任何时间(Whenever)、任何地方(Wherever),可以以任何方式(Whatever)与任何人(Whomever)进行通信,可为地球上任何位置的用户提供带有密码安全特性的移动电话业务。低轨卫星系统的低时延给"铱"系统提供了良好的通信质量。

"铱"系统可提供电话、传真、数据和寻呼等业务。它的用户终端有双模手机、单模手机、固定站、车载设备和寻呼机。

中国用长征二丙火箭也先后 6 次参与了"铱"系统卫星的发射任务。目前该系统全部卫星(包括 6 颗备用卫星)的发射工作已经完成,并于 1998 年 11 月 1 日起正式开始提供商业性全球"铱"卫星通信服务,中国的北京市也建成了"铱"系统的关口站。

1998 年 11 月"铱"星公司的全球卫星通信系统全面建成并正式投入商业运营后,"铱"星公司在世界各地广设分公司,并拨出庞大的财务预算在全球范围内进行大规模的广告宣传活动,以纪念这一重大的技术创举,可谓声势浩大。不过,随着时间的推移,"铱"星公司在项目论证上存在的严重问题逐渐暴露出来。"铱"星公司所吸收的卫星电话用户的数量远远低于原来的预期,甚至达不到当初预计数字的一个零头。同时,由于"铱"星公司的有息负债额高达 44 亿美元,占投资总额的 80%,严重的入不敷出导致资金迅速枯竭,财务上陷

入困境,该公司不得不在 1999 年 8 月向法院申请破产保护,在 2000 年 3 月 17 日,"铱"星公司被宣布破产,耗资 57 亿美元的"铱"系统最终走向失败。目前几十颗"铱"星委托波音公司管理和维护。

虽然走向大众的"铱"系统失败了,但卫星移动通信系统仍存在广阔市场。因为目前,陆地蜂窝移动通信系统只能覆盖地球 2% 的面积,而且受用户和通信量制约,在一些地广人稀的区域长期运营蜂窝网得不偿失,加之海事卫星系统几十年来的成功运营,均表明卫星移动通信市场前景广阔。目前卫星通信系统仍在发展,除已投入使用的 GlobalStar 系统外,还有 ICO 系统、日本的 NTT 系统、欧洲的 RACE 系统,都有着广阔的发展前景。

6.3　移动通信

6.3.1　基本概念

移动通信是指通信双方至少有一方在移动中的通信。运动的车辆、船舶、飞机或人与固定点之间进行信息交换,或者移动物体之间的通信都属于移动通信。

1. 移动通信的特点

早期的通信形式属于固定点之间的通信。随着人类社会的发展,信息传递日益频繁,移动通信正是因为具有信息交流灵活、经济效益明显等优势,得到了迅速发展。

它与固定点间的通信相比较,具有以下特点。

（1）多普勒效应

从电磁学的基本理论可知,当发射机和接收机的一方或多方均处于运动中时,将使接收信号的频率发生偏移,这就是多普勒效应。如图 6-15 所示。

移动产生的多普勒频率为

$$f_d = \frac{v}{\lambda} \cos\theta \qquad (6.3-1)$$

式中:v 为移动速度,λ 为工作波长,θ 为电波入射角。可见,最大频移 $f_m = \frac{v}{\lambda}$,且移动速度越快,入射角越小,多普勒效应影响越严重。因此,在航空移动通信和卫星通信中,速度 v 较大,f_m 有可观的值,必须予以考虑。

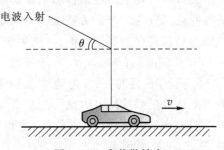

图 6-15　多普勒效应

（2）多径传播

在移动通信（特别是陆上移动通信）中,电波传播条件十分恶劣,这是由于移动台的不断运动导致接收信号强度和相位随时间、地点而不断变化。再就是移动台的天线高度不可能很高,一般低于其周围的房屋、树木等障碍物。由于这些地面物体的反射和绕射作用,接收信号是经过不同路径的反射波和绕射波的合成结果,即电波的传播是多径的。多径传播时各射线分量相互干扰,使接收信号呈现快而深的衰落,即多径衰落（瑞利衰落）。这些均使信号接收大幅度变化,市区移动通信中快衰落每隔半个波长左右的距离就发生一次,最大深度可达 20~30 dB。

（3）阴影效应

由于沿途地形、地貌及建筑物密度、高度不一所产生的绕射损耗的变化，使得移动台接收到的信号还承受一个缓慢、持续的衰落，即慢衰落。在陆地移动通信中，慢衰落服从对数正态分布，标准偏差为 6~8 dB，严重时可达 20 dB。

（4）远近效应

在同一基站覆盖范围内，移动台在基站附近时场强最大，至服务区边缘时最小，其间的差异有几十分贝，这种现象称为"远近效应"。这就要求接收机必须有较大的动态范围。

（5）干扰严重

由于移动通信主要使用超短波频段，除了最常见的汽车点火噪声的干扰外，其他如城市工业噪声、大气噪声、银河系噪声、太阳系噪声都是移动通信的干扰来源。另外，移动台多频率拥挤、邻道干扰、同波道干扰及互调干扰等问题也尤为突出。

（6）对设备要求苛刻

移动通信设备大多数装载于汽车、轮船、飞机等移动体上，或由人体随身携带。不仅要求体积小、重量轻、操作维护方便，而且要保证在有振动、冲击、高低温等恶劣环境下，移动台能稳定、可靠地工作。

总之，移动通信的电波传播条件是十分复杂和恶劣的，只有充分研究移动信道的特征，才能合理地组成各种移动通信系统。

2. 移动通信发展史

从 1895 年无线电发明以后，莫尔斯电报用于船舶通信就开始了移动通信。现代移动通信技术的发展始于 20 世纪 20 年代，到目前为止，移动通信的发展大致分为以下 7 个阶段。

（1）第一阶段（20 世纪 20—40 年代）

这个阶段是专用移动通信的起步阶段。在这一阶段，在几个短波频段上开发出了一些专用移动通信系统，其代表是美国底特律市警察使用的车载无线电系统，工作频率为 2 MHz，到 20 世纪 40 年代提高到 30~40 MHz。这一阶段特点是专用系统开发，工作频率较低。

（2）第二阶段（20 世纪 40 年代中期—60 年代初期）

这个阶段公用移动通信业务开始问世，1946 年，根据美国联邦通信委员会（FCC）的计划，美国贝尔公司在圣路易斯城建立了世界上第一个共用汽车电话网，称为"城市系统"。当时系统使用 3 个频道，间隔为 120 kHz，通信方式为单工。随后，西德（1950 年）、法国（1956 年）、英国（1959 年）等国相继研制了公用移动电话系统。美国贝尔实验室解决了人工交换系统的接续问题。这一阶段特点是从专用移动网向公用移动网过渡，人工接续，网络容量较小。

（3）第三阶段（20 世纪 60 年代中期—70 年代中期）

这个阶段是大区制蜂窝移动通信起步阶段。美国推出了改进型移动电话业务（IMTS）系统，使用 150 MHz 和 450 MHz 频段，采用了大区制、中小容量，实现了无线频道自动选择并能够自动接续到公用电话网。西德也推出了同等技术水平的 B 网。这一阶段特点是采用大区制、中小容量，使用 450 MHz 频段，实现了自动选频与自动接续。

大区制是指一个城市仅有一个无线区覆盖，此时基地站的发射功率很大，无线区覆盖半径约 30~40 km，仅适用于业务量不大的情形。其优点是设备简单、投资较小。缺点是难以进行频率复用。

中区制是指无线区覆盖半径为 20 km 左右,基地站数多,在相距较远的两个无线区中可以利用频率。网络结构较大区制复杂,投资亦大,但可容纳更多的用户。适用于专用移动通信网。

小区制一般指覆盖半径为 2~10 km 的多个无线区链合而成整个服务区的制式。它可以实现信道复用,较好地解决了信道数有限而用户数很大的矛盾。同时为减小信道干扰,发射功率很小,一般为 1~3 W 即可。目前,大容量公用移动通信系统均采用小区制,设备复杂,但可容纳大量用户。

(4) 第四阶段(20 世纪 70 年代中期—80 年代中期)

这一阶段的移动通信主要是以模拟通信为代表的第一代移动通信,是移动通信蓬勃发展阶段,即小区制蜂窝网阶段。

1978 年底,美国贝尔实验室研制成功先进移动电话系统(AMPS),建成了蜂窝状移动通信网,大大提高了系统容量。1983 年,AMPS 首次在芝加哥投入商用,同年 12 月,在华盛顿也开始启用,之后,服务区域在美国逐渐扩大,到 1985 年 3 月扩展到 47 个地区,约 10 万移动用户。其他工业化国家也相继开发出蜂窝式公用移动通信网。日本于 1979 年推出 800 MHz 汽车电话系统(HAMTS),在东京、大阪、神户等地投入商用。西德于 1984 年完成 C 网,频段为 450 MHz。英国在 1985 年开发出全接入通信系统(TACS),首先在伦敦投入使用,以后覆盖了英国全国,频段为 900 MHz。法国开发出 450 MHz 的 450 系统。加拿大推出 450 MHz 移动电话系统(MTS)。瑞典等北欧四国于 1980 年开发出 NMT-450 移动通信网,并投入使用,频段为 450 MHz。这一阶段的移动通信主要是以模拟通信为代表的第一代移动通信。

这一阶段移动通信的特点如下:① 随着大规模集成电路的发展、微处理器技术日趋成熟以及计算机技术的迅猛发展,使通信设备的小型化、微型化成为现实,为大型通信网的管理与控制提供了技术手段;② 随着用户迅猛增加,大区制能提供的容量很快饱和。贝尔实验室在 20 世纪 70 年代提出蜂窝网概念,采用频率复用技术和小区制建立蜂窝网,解决了公用移动通信系统要求容量大与频率资源有限的矛盾,形成移动通信新体制;③ 采用频分多址(FDMA)的多址接入技术。

(5) 第五阶段(20 世纪 80 年代中期—90 年代末)

这一阶段是数字移动通信系统发展和成熟阶段,即第二代蜂窝移动通信网发展和成熟阶段。

以 AMPS 和 TACS 为代表的模拟蜂窝网络系统被称为第一代(1 G)蜂窝移动通信网络系统。虽然第一代服务移动通信网络系统取得了很大成功,但也暴露了以下一些问题:① 模拟蜂窝系统体制混杂,不能实现国际漫游,仅欧洲邮电主管部门欧洲邮政和电信会议(CEPT)的 16 个成员国就使用了 7 种不同制式的蜂窝系统;② 模拟系统频谱利用率低,网络用户容量受限,在用户密度很大的城市,系统扩容十分困难,不能满足日益增长的移动用户需求;③ 不能提供数据业务,业务种类受限以及通话易被窃听等;④ 移动设备复杂、价格高,手机体积大、电池供电时间短。

为克服第一代蜂窝移动通信网的局限性,20 世纪 80 年代中期到 90 年代中期,世界上的一些国家开发出来数字化的第二代(2 G)蜂窝移动通信网络系统。TDMA/FDMA 系统的典型代表是欧洲的 GSM、日本的 PDC、北美的 D-AMPS(IS-54,目前使用的是 IS-136);CDMA 系统的典型代表是美国的 IS-95A/B。

（6）第六阶段（20 世纪 90 年代末开始）

这个阶段是第三代(3G)移动通信技术发展和应用阶段。1999 年 11 月 5 日在芬兰赫尔辛基召开的 ITU TG8/1 第 18 次会议上最终确定了 3 类共 5 种技术标准作为第三代移动通信的基础,其中 WCDMA、CDMA2000 和 TD-CDMA 是 3G 的主流标准,它们的增强和演进的路线如图 6-16 和图 6-17 所示。3G 移动通信网络系统是在 2G 的基础上平稳过渡、演进形成的。这一阶段的特点是:① 全球统一系统标准和频谱规划,以实现全球普及和全球无缝漫游的目的;② 3G 网络系统具有支持从语音到分组数据的多媒体业务,特别是 Internet 业务的能力;③ 具有高数据速率,在快速移动环境下,最高速率达 144 kbit/s,在室外到室内或步行环境下,最高速率达 384 kbit/s,在室内环境下,最高速率达 2 Mbit/s;④ 3G 的 3 种主流技术标准均采用了 CDMA 技术,CDMA 系统具有高频谱效率、高服务质量、高保密性和低成本的优点。

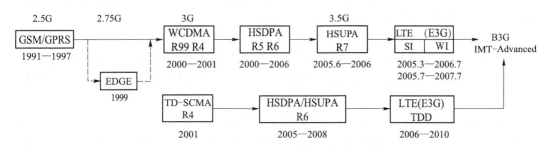

图 6-16　WCDMA 和 TD-SCDMA 增强和演进的路线示意图

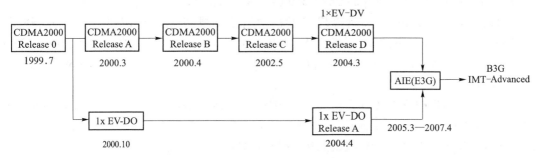

图 6-17　CDMA2000 增强和演进的路线示意图

到目前为止,移动通信系统已发展到第三代,第三代移动通信系统(3G)使用的无线电频率将是 2 GHz,即 2 000 MHz 频段,主要是大力发展综合通信业务和宽带多媒体通信,建立一个无缝立体覆盖全球通信网络,数据通信速率为 2 Mbps。第三代移动通信系统(3G)的雄伟目标是采用最新的无线电技术、扩大利用数字技术,发挥各种通信技术的优点,能够适应世界各国的数字蜂窝网和个人通信业务(PCS)使用。

（7）第七阶段（21 世纪初开始）

为了提高 3G 在新兴的宽带无线接入市场的竞争力,3GPP 在 2004 年底发展了长期演进(LTE)计划,其基本思想是采用以 B3G 或 4G 为新的传输技术和网络技术来发展 LTE,使用 3G 频段只有宽带无线接入市场。2004 年 12 月,3GPP 雅典会议决定由 3GPP RAN 工作组负责开展 LTE 研究,计划于 2006 年 6 月完成,2007 年 6 月推出,目前产品已经推出,但是还没有实现规模化商用。对 B3G/4G 技术的研究从 20 世纪 3G 技术完成标准化之时就开始

了。2006 年,ITU-R 正式将 B3G/4G 技术命名为 IMT-Advanced 技术(相对于 3G 技术命名为 IMT-2000)。根据工作计划,IMT-Advanced 的标准化工作已经开始。ITU-R 在 2008 年 2 月向各国发出通函,向各国和各标准化组织征集 IMT-Advanced 技术方案。IMT-Advanced 技术需要实现更高的数据速率和更大的系统容量,其目标峰值速率为:低速移动、热点覆盖场景下 1 Gbit/s 以上;高速移动、广域覆盖场景下 100 Mbit/s 以上。现在普遍倾向于采用正交频分复用(OFDM)技术、智能天线技术、发射分集技术、联合检测技术相结合的方式来实现高速数据传输的目的。

可以预想,移动通信系统将朝着高传输速率方向发展,未来移动通信系统将提供全球性优质服务,真正实现人类通信的最高目标——个人通信"即 5W":用各种可能的通信网络技术实现任何人(Whoever)在任何地方(Wherever)、任何时间(Whenever)可以同任何人(Whomever)进行任何形式(Whatever)的消息交换。

3. 移动通信系统频段的使用

确定移动通信工作频段主要考虑几个方面的因素:① 电波的传播特性;② 环境噪声及干扰情况;③ 服务区域范围、地形和障碍物尺寸;④ 设备小型化;⑤ 与已开发频段的协调和兼容性。

国际电信联盟组织(CCIR)的规定,陆地上移动通信的主要频段(MHz)划分为 29.7～47、47～50、54～68、68～74.4、75.2～87、87.5～100、138～144、148～149.9、150.5～156.7625、156.8375～174、174～233、233～328.6、335.4～339.9、406.1～430、444～470、470～960、1427～1525、1668.4～1690、1700～2690、3500～4200、4400～5000。

根据国际标准,1980 年,我国规定了移动通信的频段(MHz),具体为 29.7～48.5、64.3～72.5、72.5～74.6、75.4～76、138～149.5、150.05～159.7625、156.8375～167、223～235、335.4～399.9、406～420、450～470、550～606、798～960、1429～1535、1668.4～2690、4400～4990。

原邮电部根据国家无线电委员会规定现阶段取 160 MHz 频段、450 MHz 频段、900 MHz 频段、1800 MHz 频段为移动通信工作频段,如表 6.3-1 所示。另外,800 MHz 频段中的 806 MHz～821 MHz 和 851 MHz～866 MHz 分配给集群移动通信。

表 6.3-1　我国陆地移动通信的主要频率范围

移动通信频段	移动台发和基站收	基站发和移动台收
160 MHz 频段	138 MHz～149.9 MHz	150.05 MHz～167 MHz
450 MHz 频段	403 MHz～420 MHz	450 MHz～470 MHz
900 MHz 频段(GSM 系统)	890 MHz ～915 MHz	935 MHz ～960 MHz
1800 MHz 频段(GSM 系统)	1710 MHz～1755 MHz	1805 MHz～1850 MHz
1900 MHz 频段	1945 MHz～1960 MHz	1865 MHz～1880 MHz
800 MHz(CDMA IS-95 系统)	870 MHz ～880 MHz	825 MHz ～835 MHz

随着第三代移动通信的迅速发展,国际电信联盟对第三代移动通信系统 IMT-2000 共划分了 230 MHz 谱宽,即上行 1885～2025 MHz、下行 2110～2200 MHz。其中,陆地频段为 170 MHz;移动卫星业务(MSS)划分了 60 MHz 频谱,即 1980～2010 MHz(地对空)和 2170～2200 MHz(空对地)。上下行频带不对称,主要考虑可用双频 FDD 方式和单频 TDD 方式。

此规划已在 WRC1992 上通过。2000 年在 WRC 2000 大会上,在 WRC 1992 基础又批准了 519 MHz新附加频段,即 806~960 MHz、1710~1885 MHz、2500~2690 MHz。

（1）新增第三代公众移动通信系统的工作频段

根据国际电信联盟有关 3G 系统 IMT-2000 频率划分和技术标准,结合我国无线电频率划分规定和无线电频谱实际使用情况,国家信息产业部于 2002 年 10 月正式通过了中国 3G 频谱规划方案,规定如下。

① 核心工作频段。

频分双工（FDD）方式:1920~1980 MHz/2110~2170 MHz,共 120 MHz。

时分双工（TDD）方式:1880~1920 MHz/2010~2025 MHz,共 55 MHz。

② 扩展工作频段。

频分双工（FDD）方式:1755~1785 MHz/1850~1880 MHz,共 60 MHz。

时分双工（TDD）方式:2300~2400 MHz,共 100 MHz;与无线电定位业务共用,均为主要业务。

③ 卫星移动通信系统工作频段:1980~2010 MHz/2170~2200 MHz。

（2）我国大陆陆地移动通信 2G 频谱使用和 3G 新增频谱情况

我国为了发展民族工业,在 3G 频谱划分上,大力向 TD-SCDMA 政策倾斜,给 TD-SCDMA 分配了 155 MHz 频谱,其中有 55 MHz 核心频谱和 100 MHz 扩展频段频谱。而给 WCDMA 和 CDMA2000 新分配了 180 MHz 频谱,即 120 MHz 的核心频段频谱和 60 MHz 的扩展频段频谱。对于 FDD 方式来说,由于收发对称所以频谱只有一半,即对 WCDMA 和 CDMA2000 来说,对称频谱共有 90 MHz。TD-SCDMA 的占用带宽最小,单载波时只有 1.6 MHz,而 WCDMA 单载波占用带宽为 5 MHz,CDMA2000 为 $N \times 1.25$ MHz（对 3G,$N=3$）。TD-SCDMA 在频率资源方面占有绝对的优势。

2007 年 NGMN（下一代移动网络）董事会已经批准发布有关移动运营商对于频谱分配建议的《下一代网络频谱需求白皮书》。该白皮书提出希望国际电联为移动通信业务开放更多频谱,以达到无处不在的覆盖并满足未来的用户需求;提出要实现国际电联的全球移动社会的理想,需要使用 1 GHz 以下的一些一致性频谱,同时开放更高频段的重要频谱（最好是 3.4~4.2 GHz）;重点建议频谱管制部门能够在 470~806/862 MHz 频段给移动通信业务分配至少 120 MHz 的带宽。中国移动积极参与了该白皮书的讨论和制定,强调 470~806/862 MHz 频段对移动运营商降低覆盖成本、减小网络对环境影响以及促进通信行业良性发展的重要性。

4. 移动通信系统的组成

一个基本的蜂窝移动通信系统由移动台（MS）、基站（BS）和移动电话交换中心（MSC）三部分以及连接这三部分的链路组成。图 6-18 给出了一个典型的蜂窝移动通信系统,系统中的服务区由若干个正六边形小区覆盖而成,呈蜂窝状。

图 6-18 中,移动台（MS）是车载台、便携台和手持台的总称,其中以手持台最为普遍,移动台包括控制单元、收发信机和天线。基站分布在每个小区,负责本小区内移动用户与移动电话交换中心之间的连接,它包括控制单元、收发信机组、天线系统、电源与数据终端等。移动电话交换中心是所有基站、所有移动用户的交换控制与管理中心,它还负责与本地电话网的连接、交换接续以及对移动台的计费。基站与移动电话交换中心之间通过微波、同轴电缆或光缆相连,移动电话交换中心通过同轴电缆或光缆与市话网交换局相连。

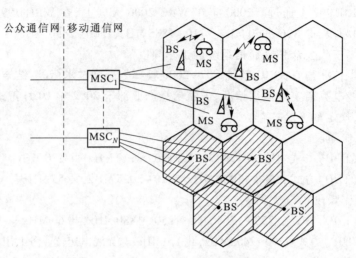

图 6-18　蜂窝移动通信系统

6.3.2　数字移动通信的基本技术

1. 多址技术

在移动通信中,多个用户要同时通过一个基站与其他用户通信,必须对不同用户和基站之间通信的信号赋予不同的特征,使基站从众多用户中区分出是哪一个用户的信号,而各用户也能从基站发出的众多信号中识别出哪一个信号是发给自己的。解决这个问题的办法称为多址技术。

多址技术的基本类型有频分多址(FDMA)、时分多址(TDMA)和码分多址(CDMA)。实际移动通信系统中常用到这三种多址方式的混合方式,如时分多址/频分多址(TDMA/FDMA)、码分多址/频分多址(CDMA/FDMA)等。图 6-19 所示为三种基本多址方式的示意图。

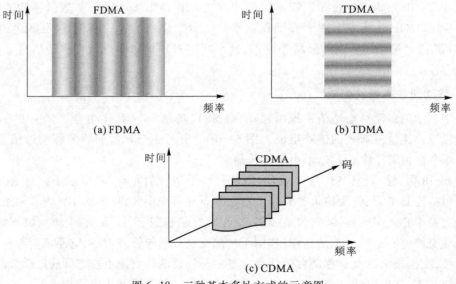

图 6-19　三种基本多址方式的示意图

（1）频分多址（FDMA）

频分多址就是把整个可分配的频谱划分成若干等间隔的频道（或称信道），每个信道可以传输一路语音或控制信息。在系统的控制下任何一个用户都可以接入这些信道中的任何一个。即 FDMA 是以不同的频率信道实现通信的。

模拟蜂窝系统是 FDMA 结构的一个典型例子，GSM 系统采用了 FDMA、TDMA 两种方式。

（2）时分多址（TDMA）

时分多址是在一个宽带的无线载波上按时间（或称为时隙）划分为若干时分信道，每一用户占用一个时隙，只在这一指定的时隙内收（或发）信号，故称为时分多址。即 TDMA 是以不同的时隙实现通信的。

TDMA 的一个变形是在一个单频信道上进行发射和接收，称之为时分双工（TDD），其最简单的结构就是利用两个时隙，一个发一个收。当手机发射时基站接收，基站发射时手机接收，交替进行。

（3）码分多址（CDMA）

码分多址是一种利用扩频技术所形成的不同码序列实现的多址方式，即 CDMA 是以不同的代码序列实现通信的。它不像 FDMA、TDMA 那样把用户的信息从频率和时间上进行分离，而是在码域上进行分离。其关键是信息在传输以前要对正交码进行调制，混合后不会丢失原来的信息。有多少个互为正交的码序列，就可以有多少个用户同时在一个载波上通信。每个用户都有自己唯一的代码（伪随机码），同时接收机也知道该代码，根据正交性原理，接收机用相应的地址码就能从所有其他信号的背景中恢复出原来的信息码（这个过程称为解扩）。

2. 蜂窝技术

移动通信的一大限制是使用频带比较有限，这就限制了系统的容量，为了满足越来越多的用户需求，必须要在有限的频率范围内尽可能地扩大它的利用率，除了采用前面介绍过的多址技术以外还发明了蜂窝技术。

（1）蜂窝网的构成

将一个移动通信服务区划分成许多小区（Cell），每个小区设立基站，与用户移动台之间建立通信，小区的覆盖半径较小，可从几百米至几十千米。如果基站采用全向天线，覆盖区实际上是一个圆，但从理论上说，圆形小区邻接会出现多重覆盖或无覆盖。有效覆盖整个平面区域的实际上是圆的内接规则多边形，这样的规则多边形有正三角形、正方形、正六边形三种，如图 6-20 所示。显然，正六边形最接近圆形，对于同样大小的服务区域，采用正六边形小区所需小区数最少，所需频率组数也最少。因而正六边形组网是最经济的方式。正六边形的网络形同蜂窝，蜂窝网亦由此得名。图 6-21 给出了一个蜂窝网的展开图形。

（2）频率复用

在频分信道体制的蜂窝系统中，每个小区占有一定的频道，而且各个小区占用的频道是不相同的。假设每个小区分配一组载波频率，为避免相邻小区间产生干扰，各小区的载波频率不应相同。但因为频率资源有限，当小区覆盖不断扩大而且小区数目不断增加时，将出现频率资源不足的问题。因此，为了提高频率资源的利用率，引入频率复用的概念。

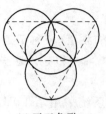
(a) 正三角形

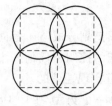
(b) 正方形

(c) 正六边形

图 6-20 小区的形状

频率复用指处在不同空间位置(不同小区)上的用户可以同时使用相同频率的信道。即将若干个小区组成一个区群或簇(Cluster),区群内不同的小区使用不同的频率,另一区群对应小区可重复使用相同的频率。不同区群中的相同频率的小区之间将产生同频干扰,但当两同频小区间距足够大时,同频干扰将不影响正常的通信质量。

图 6-21 蜂窝网的展开图形

构成单元无线区群的基本条件是:① 区群之间彼此邻接且无空隙无重叠地覆盖整个面积;② 相邻单元中,同信道小区之间距离保持相等,且为最大。满足上述条件的区群形状和区群内的小区数不是任意的。可以证明,区群内的小区数 N 应满足下式

$$N = i^2 + ij + j^2 \qquad (6.3\text{-}2)$$

式中,i 和 j 分别是相邻同频小区之间的二维距离,如图 6-21 所示。i,j 为不能同时取 0 的正整数。由上式的计算可得到 N 为不同值时的正六边形蜂窝的区群结构,如图 6-22 所示。

$N=3$ $j=1$
$i=1$

$N=4$ $j=2$
$i=0$

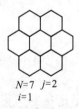
$N=7$ $j=2$
$i=1$

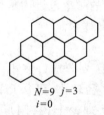
$N=9$ $j=3$
$i=0$

$N=12$ $j=2$
$i=2$

图 6-22 正六边形区群的构成

确定相邻区群同频小区的方法是:自某一小区出发,先沿边的垂线方向跨 j 个小区,再按逆时针方向转 60°,然后再跨 i 个小区,这样就可找出同频小区。在正六边形的六个方向上,可以找到 6 个相邻的同频小区,如图 6-21 所示。区群间同频复用距离可由下式计算

$$D = \sqrt{3N}\,R \qquad (6.3\text{-}3)$$

式中,N 为区群内的小区数,R 为小区的辐射半径。

(3) 小区分裂

当蜂窝移动通信系统服务区内的部分小区业务量增加时,分配给该部分小区的信道数量最终将不足以支持所要求的用户数。一般采用小区分裂的办法来增加信道数,以满足系

254

统增加容量的要求。

小区分裂是一种将拥塞的小区分成更小的小区的方法,分裂后的每个小区都有自己的基站,并相应地减低天线高度和减小发射机功率。通过设定比原小区半径更小的新小区和在原小区间安置这些小区,使得单位面积内的信道数目增加,从而增加系统容量。

6.3.3 GSM 数字蜂窝移动通信系统

GSM 系统是基于时分多址(TDMA)的数字蜂窝系统,属于第 2 代移动通信系统。GSM 系统为世界上绝大多数国家使用。GSM 系统是完全依据欧洲电信标准化协会(ETSI)制定的 GSM 技术规范研制而成的,任何一家厂商提供的 GSM 数字蜂窝移动通信系统都必须符合 GSM 技术规范。

GSM 系统作为一种开放式结构和面向未来设计的系统具有下列主要特点。

① GSM 系统是由几个子系统组成的,并且可与各种公用通信网(PSTN、ISDN 等)互连互通。各子系统之间或各子系统与各种公用通信网之间都明确和详细定义了标准化接口规范,保证任何厂商提供的 GSM 系统或子系统能互连。

② GSM 系统能提供国际自动漫游功能。

③ GSM 系统除了可以开放语音业务,还可以开放各种承载业务、补充业务和与 ISDN 相关的业务。

④ GSM 系统具有加密和鉴权功能,能确保用户保密和网络安全。

⑤ GSM 系统具有灵活和方便的组网结构,频率重复利用率高,移动业务交换机的话务承载能力一般都很强,保证在语音和数据通信两个方面都能满足用户对大容量高密度业务的要求。

⑥ GSM 系统抗干扰能力强,覆盖区域内的通信质量高。

1. GSM 系统的结构

GSM 数字蜂窝移动通信系统由移动台(MS)、基站子系统(BSS)、网络子系统(NSS)和操作维护中心(OMC)四部分组成,如图 6-23 所示。

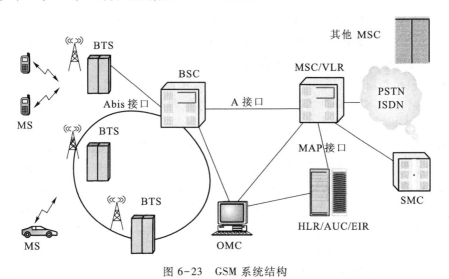

图 6-23　GSM 系统结构

（1）移动台（MS）

移动台由 SIM 卡与机身设备组成。SIM 卡基本上是一张符合 ISO 标准的"智慧卡"，它包含所有与用户有关的和某些无线接口的信息，其中也包括鉴权和加密信息。使用 GSM 标准的移动台都需要插入 SIM 卡，只有当处理异常的紧急呼叫时，可以在不用 SIM 卡的情况下操作移动台。SIM 卡的应用使移动台并非固定地缚于一个用户，因此，GSM 系统是通过 SIM 卡来识别移动电话用户的，这为将来发展个人通信打下了基础。

（2）基站子系统（BSS）

基站子系统由基站收发信台（BTS）和基站控制器（BSC）这两部分的功能实体构成。

BTS 属于基站子系统的无线部分，由基站控制器（BSC）控制，服务于某个小区的无线收发信设备，完成 BSC 与无线信道之间的转换，实现 BTS 与 MS 之间通过空中接口的无线传输及相关的控制功能。BTS 可以直接与 BSC 相连接，也可以通过基站接口设备（BIE）采用远端控制的连接方式与 BSC 相连接。

BSC 是基站子系统的控制部分，提供 MS 与网络子系统之间的接口管理，承担无线信道的分配、释放和越区切换管理。一个 BSC 根据话务量需要可以控制数十个 BTS 和若干无线信道。

（3）网络子系统（NSS）

网络子系统（NSS）主要包含 GSM 系统的交换功能和用于用户数据与移动性管理、安全性管理所需的数据库功能，它对 GSM 移动用户之间的通信和 GSM 移动用户与其他通信网用户之间的通信起着管理作用。

NSS 由移动业务交换中心（MSC）、归属用户位置寄存器（HLR）、访问用户位置寄存器（VLR）、鉴权中心（AUC）、移动设备识别寄存器（EIR）五部分功能实体构成。

① 移动业务交换中心（MSC）。

MSC 是整个网络的核心，协调、控制整个 GSM 网络中 BSS、OMC 的各个功能实体。MSC 是无线移动通信系统与另一个移动通信系统的接口设备；也是无线移动通信系统与固定的地面公众网的接口设备。

MSC 可从三种数据库，即归属用户位置寄存器（HLR）、访问用户位置寄存器（VLR）和鉴权中心（AUC）获取处理用户位置登记和呼叫请求所需的全部数据。反之，MSC 也可根据其最新获取的信息请求更新数据库的部分数据。

MSC 可为移动用户提供电信业务、承载业务和补充业务；当然作为网络的核心，MSC 还支持位置登记、越区切换和自动漫游等移动特征性能和其他网络功能。

② 归属用户位置寄存器（HLR）。

HLR 是 GSM 系统的中央数据库，存储着该 HLR 控制的所有注册移动用户的相关数据。一个 HLR 能够控制若干个移动交换区域以及整个移动通信网，所有移动用户重要的静态数据都存储在 HLR 中，这包括移动用户识别号码、访问能力、用户类别和补充业务等数据。HLR 还存储并且为 MSC 提供关于移动用户实际漫游所在的 MSC 区域的相关动态信息数据。这样任何入局呼叫可以即刻按选择路径送到被叫的用户。

③ 访问用户位置寄存器（VLR）。

VLR 是服务于其控制区域内移动用户的，存储着进入其控制区域内已登记的移动用户相关信息，为已登记的移动用户提供建立呼叫接续的必要条件。VLR 从该移动用户的 HLR

处获取并存储必要的数据。一旦移动用户离开该 VLR 的控制区域,则重新在另一个 VLR 登记,原 VLR 将取消临时记录的该移动用户数据。因此,VLR 可看做一个动态用户数据库。

通常 VLR 和 MSC 处于同一物理实体,如图 6-23 所示。

④ 鉴权中心(AUC)。

AUC 负责管理和提供用户合法性和安全性的保密数据,从而实现用户鉴权,保护空中接口,防止非法用户的假冒。AUC 在 HLR 的请求下产生用户专用的一组鉴权参数,并由 HLR 传给 VLR。

⑤ 移动设备识别寄存器(EIR)。

EIR 存储着移动设备的国际移动设备识别码(IMEI),通过检查白色清单、黑色清单或灰色清单这三种表格,在表格中分别列出了准许使用的、出现故障需监视的、失窃不准使用的移动设备的 IMEI 识别码,使得运营部门对于不管是失窃还是由于技术故障或误操作而危及网路正常运行的 MS 设备都能采取及时的防范措施,以确保网络内所使用的移动设备的唯一性和安全性。

目前都把 HLR、AUC 和 EIR 三个设备合并在一起,处于同一物理实体,如图 6-23 所示。

现今由于 GSM 移动通信系统规模都很大,一个系统拥有多个乃至几十个移动交换中心,在一个系统中就设置一个或几个移动网关交换中心(GMSC)。系统内的移动用户与其他网的用户之间的通信都经过 GMSC。

(4)操作维护中心(OMC)

OMC 的作用是完成 BSS 和 NSS 的网络运行和维护管理。

2. GSM 系统主要接口

GSM 系统的主要接口是指 A 接口、Abis 接口和 Um 接口,如图 6-24 所示。这三种主要接口的定义和标准化能保证不同供应商生产的移动台、基站子系统和网路子系统设备能纳入同一个 GSM 数字移动通信网运行和使用。

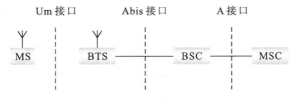

图 6-24 GSM 系统的主要接口

(1)A 接口

A 接口定义为网路子系统(NSS)与基站子系统(BSS)之间的通信接口,从系统的功能实体来说就是移动业务交换中心(MSC)与基站控制器(BSC)之间的互连接口。其物理连接通过采用标准的 2.048 Mbit/s PCM 数字传输链路来实现。此接口传递的信息包括移动台管理、基站管理、移动性管理、接续管理等。

(2)Abis 接口

Abis 接口定义为基站控制器(BSC)和基站收发信台(BTS)之间的通信接口。物理连接通过采用标准的 2.048 Mbit/s 或 64 kbit/s PCM 数字传输链路来实现。此接口支持所有向用户提供的服务,并支持对 BTS 无线设备的控制和无线频率的分配。

（3）Um 接口

Um 接口（空中接口）定义为移动台与基站收发信台（BTS）之间的通信接口，用于移动台与 GSM 系统的固定部分之间的互通，其物理连接通过无线链路实现。此接口传递的信息包括无线资源管理，移动性管理和接续管理等。

GSM 除了上述 3 个主要接口外，网络子系统的各功能实体之间还存在若干内部接口，统称 MAP 接口。这里不再赘述。

3. GSM 系统的频率配置

GSM 包括 900 MHz 和 1 800 MHz 两个频段。早期使用的是 GSM900 频段，随着业务量的不断增大，DCS1800 频段投入使用。目前，许多地方这两个频段的网络同时存在，构成"双频"网络。900 MHz、1 800 MHz 频段配置如表 6.3-2 所示。

表 6.3-2　GSM 使用的 900 MHz、1 800 MHz 频段配置

特　性	900 MHz	1 800 MHz
频率范围	上行（移动台发，基站收）频段：890～915 MHz 下行（基站发，移动台收）频段：935～960 MHz	上行（移动台发，基站收）频段：1 710～1 785 MHz 下行（基站发，移动台收）频段：1 805～1 880 MHz
频带宽度	25 MHz	75 MHz
双工间隔	45 MHz	95 MHz
信道带宽	200 kHz	200 kHz
频道序号 n	1～124（共 124 个信道）	512～885（共 374 个信道）
中心频率 （频点）	上行（移动台发，基站收）频点： $f_{上}(n) = 890.2 + (n-1) \times 0.2 \text{ MHz}$ 下行（基站发，移动台收）频点： $f_{下}(n) = f_{上}(n) + 45 \text{ MHz}$ $n = 1 \sim 124$	上行（移动台发，基站收）频点： $f_{上}(n) = 1\,710.2 + (n-512) \times 0.2 \text{ MHz}$ 下行（基站发，移动台收）频点： $f_{下}(n) = f_{上}(n) + 95 \text{ MHz}$ $n = 512 \sim 885$

在中国，上述两个频段又被分给了中国移动和中国联通两家移动运营商。

4. GSM 网的编号计划

移动通信系统的编号一般分专用局号和专用网号两种。中国 GSM 使用的是专用网号（130～139）。

中国公用陆地数字蜂窝移动通信主要有两大公司，一个是中国移动，一个是中国联通。其编号号码主要有以下一些内容。

（1）移动用户的 ISDN 号码（Mobile Subscriber International ISDN/PSTN number，MSISDN）

此号码为主叫用户呼叫公用陆地移动网络（PLMN）用户所要拨的号码（即用户的手机号）。其组成如下：

CC	NDC	SN

其中，CC：国家码（Country Code），如中国为 86；NDC：国内接入号（National Destination Code），中国移动通信的为 135～139，中国联通的为 130～134；SN：移动用户号（Subscriber

Number)。典型的号码举例:8613904770001。

（2）国际移动用户识别码（International Mobile Subscriber Identity,IMSI）

此为 GSM 系统分配给移动台（MS）的唯一识别号,此码在所有位置包括在漫游区都是有效的。其组成如下:

MCC	MNC	MSIN

其中,MCC:移动国家码（Mobile Country Code）,三个数字,如中国为 460;MNC:移动网号（Mobile Network Code）,两个数字,如中国移动的移动网号为 00,中国联通的移动网号为 01;MSIN:在某一 PLMN 内 MS 唯一的识别码（Mobile Subscriber Identification Number）。IMSI 最多包含 15 个数字（0～9）。典型的 IMSI 举例:460-00-4777770001。

（3）临时移动用户识别码（Temporary Mobile Subscriber Identity,TMSI）

TMSI 是为了加强系统的保密性而在 VLR 内分配的临时用户识别码,它在某一 VLR 区域内与 IMSI 唯一对应。

（4）移动用户漫游号码（MSRN）与切换号码（HON）

MSRN 是 Mobile Subscriber Roaming Number 的简称。HON 是 Handover Number 的简称。

MSRN 在移动被叫过程中临时分配,用于 GMSC 寻址受访移动业务交换中心（VMSC）或 MSCA 寻址 MSCB 所用,在接续完成后立即释放。它对用户而言是不可见的。例如当固定用户呼叫某个移动用户,当 GMSC 收到一个移动用户作被叫的呼叫时,GMSC 询问被叫移动用户归属的 HLR,HLR 向该用户所登记的 MSC/VLR 请求分配给该用户一个 MSRN,MSC/VLR 分配一个漫游号码送给 HLR,HLR 再将漫游号码给 GMSC,GMSC 根据漫游号码把呼叫接续至被叫用户所在的 MSC,MSC 就向该用户发起呼叫。呼叫结束后,该漫游号码就被释放,并可被分配给其他移动用户作被叫时使用。上述过程如图 6-25 所示。

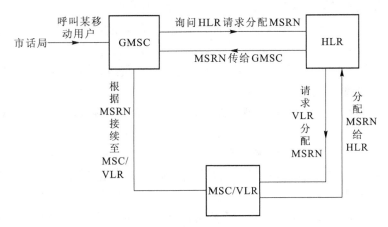

图 6-25　移动漫游号码 MSRN 的分配示意图

（5）位置区识别码（Location Area Identification,LAI）、全球小区识别（Cell Global Identification,CGI）

LAI 用于移动用户的位置更新。CGI 是所有 GSM PLMN 中小区的唯一标识,它由位置区识别 LAI 加上小区识别 CI 构成。即 CGI＝LAI＋CI。

（6）基站识别码（BSIC）

基站识别码（BSIC）用于识别相邻的、采用相同载频的不同基站收发信台（BTS）。特别用于区别在不同国家的边界地区采用相同载频的相邻 BTS。BSIC 为 6 位编码，其组成如下：

NCC	BCC

其中：NCC 表示 PLMN 识别码，用来唯一地识别相邻国家不同的 PLMN，相邻国家要具体协调 NCC 的配置；BCC 表示 BTS 识别码，用来唯一地识别采用相同载频、相邻的、不同的 BTS。

（7）国际移动设备识别码（IMEI）

IMEI 唯一地识别一个移动设备，用于监控被窃或无效的移动设备。

5. GSM 无线接口的信道结构

GSM 系统采用频分多址（FDMA）和时分多址（TDMA）的混合模式。FDMA 用于相邻蜂窝小区之间分享频率。TDMA 则是将每载频分 8 个时隙，不同用户使用不同的时隙，所以一路载频最多可供 8 个用户同时使用。

GSM 无线信道可分为物理信道和逻辑信道。

（1）物理信道

一个时隙就称为一个物理信道。

（2）逻辑信道

按信道中传送的信息内容性质划分，是指在时隙内发送的比特流（突发）构成的信道。这些逻辑信道映射到物理信道上传送。从 BTS 到 MS 的方向称为下行链路，相反的方向称为上行链路。逻辑信道又分为两大类：业务信道和控制信道。

① 业务信道（TCH）用于传送编码后的语音或客户数据，在上行和下行信道上，以点对点（BTS 对一个 MS，或反之）方式传播。

② 控制信道（CCH）用于传送信令或同步数据。根据所需完成的功能又把控制信道定义成广播、公共及专用三种控制信道。

a. 广播信道（BCH）：这是由基站发向移动台的下行信道，并且都是点对多点（BTS 对多个 MS）方式。按功能分为以下三种信道。

（a）频率校正信道（FCCH）：基站用此信道向移动台传送频率校正信号，使移动台能调到相应频率上。

（b）同步信道（SCH）：基站向移动台传送帧同步和基站识别码信息。

（c）广播控制信道（BCCH）：向移动台传送所有小区的通用信息，如位置区识别码，小区内允许的最大输出功率等。

b. 公共控制信道（CCCH）：用于寻呼被叫及完成移动台所需专用控制信道的申请和分配。它分为以下三种信道。

（a）寻呼信道（PCH）：用于寻呼（搜索）MS，为下行信道，采用点对多点方式传播。

（b）随机接入信道（RACH）：MS 通过此信道申请分配一个独立专用控制信道（SDCCH），作为对寻呼的响应或 MS 主叫/登记时的接入，为上行信道，采用点对点方式传播。

（c）允许接入信道（AGCH）：用于基站对移动台的入网请求作出应答，即为 MS 分配一个独立专用控制信道（SDCCH）或直接分配一个 TCH，为下行信道，采用点对点方式传播。

c. 专用控制信道（DCCH）：用于传送基站和移动台之间的指令和信道指配等消息。它分为以下三种信道。

（a）独立专用控制信道（SDCCH）：用在分配 TCH 之前呼叫建立过程中传送系统信令，例如位置登记和鉴权在此信道上进行，为上行和下行信道，采用点对点方式传播。

（b）慢速随路控制信道（SACCH）：它与一个 TCH 或一个 SDCCH 相关，是一个传送连续信息的连续数据信道，如传送移动台接收到的关于服务及邻近小区的信号强度的测试报告，这对实现移动台参与切换功能是必要的；它还用于 MS 的功率管理和时间调整，为上行和下行信道，采用点对点方式传播。

（c）快速随路控制信道（FACCH）：它与一个 TCH 相关，工作于借用模式，即在语音传输过程中如果突然需要以比 SACCH 所能处理的高得多的速度传送信令信息，则借用 20 ms 的语音（数据）帧来传送，这一般在切换时发生。由于语音译码器会重复最后 20 ms 的语音，因此这种中断不被用户察觉。

图 6-26 归纳了上述逻辑信道的分类。

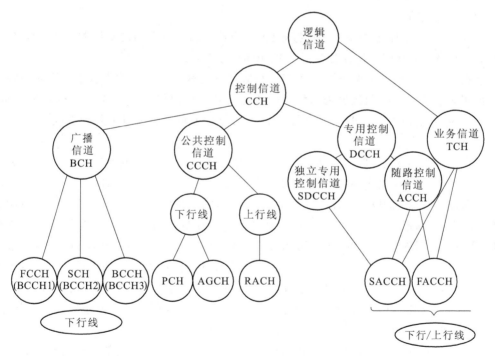

图 6-26　逻辑信道类型

6. GSM 系统的安全性管理

GSM 系统主要有如下安全性措施：① 接入网络时采用了对用户进行鉴权；② 无线路径上采用对通信信息加密；③ 对用户识别码（IMSI）采用临时用户识别码（TMSI）保护；④ 对移动设备采用识别码进行识别。

GSM 系统中鉴权和加密的过程如下：

在 AUC 和用户的 SIM 卡中都存储着用户的 IMSI 号码和鉴权键 Ki,同时还分别存储着鉴权算法 A_3 和加密算法 A_8,上述 IMSI 号码、鉴权键 Ki、算法 A_3 和 A_8 都是保密的,用户本人也不知道。在 AUC 中,还有能产生随机数的随机数发生器。对每个用户来说,AUC 能不断产生随机数 RAND,并根据算法 A_3 和 A_8 为每个用户算出相应的加密键 Kc、符号响应 SRES 和随机数 RAND 三个参数组成的一组参数,再将这个参数组送到 HLR 中存储。当用户要求入网时必须经过鉴权,MSC/VLR 根据用户的 IMSI 号码向其归属的 HLR 要求提供鉴权参数组,要到后,将随机数 RAND 发给移动台,移动台收到后利用其 Ki、A_3、A_8 得到符号响应 SRES 和加密键 Kc,移动台将符号响应送回给 MSC/VLR,MSC/VLR 把收到的符号响应与参数组中的符号响应比较,若两者一致,则鉴权成功,移动台可以入网,若不一致,则禁止移动台入网。

移动台在以下几种情况要进行鉴权:一是在进行位置登记时要进行鉴权;二是在呼叫时要进行鉴权。

7. GSM 系统的移动性管理

GSM 系统移动性管理就是确定 MS 当前位置以及使 MS 与网络的联系达到最佳状态。根据 MS 当前状态的不同,可分为漫游管理及切换管理。

（1）漫游管理

当 MS 处于空闲模式时怎样确定其位置是很重要的。只有明确知道 MS 的当前位置,才能在有对该 MS 的呼叫时迅速建立其与主叫 MS 的连接。

移动用户在移动的情况下要求改变与小区和网络联系的特点称为漫游。而在漫游期间改变位置区及位置区的确认过程则称为位置更新。在相同位置区中的移动不需通知 MSC,而在不同位置区间的小区间移动则需通知 MSC,位置更新主要由以下几种组成。

① 常规位置更新。

所谓常规位置更新,是指移动台从一个位置区移动到另一位置区时进行的位置更新过程。GSM 系统每个小区的 BCCH 都会通过系统消息向位于该小区内的所有移动用户发送该小区所属的位置区识别码（LAI）,移动台收到该小区的 LAI 消息并与其 SIM 卡中存储的 LAI 进行比较,如果两个 LAI 相同,则表示移动台无需进行位置更新。当移动台发现两个 LAI 不同时,说明移动台已移动到新的位置区,此时移动台通过 SDCCH 向 MSC/VLR 报告其新的位置区信息,申请位置更新。MSC/VLR 接受移动台的位置更新请求后,更新 VLR 中该移动用户当前所在位置区的信息。这样,当出现对该移动用户新的呼叫时,MSC/VLR 可将该呼叫准确地传递到移动台所在的新位置区,并在该位置区所属的所有小区基站发起寻呼。若此时 LAI 属于不同的 MSC/VLR,则 HLR 也要更新。

常规位置更新的特点是只有当移动台实际移动时才需要位置更新。移动频繁的用户会产生大量的位置更新,而移动性小的用户则发生较少的位置更新。

② IMSI 分离/附着。

IMSI 分离也称为关机登记。当移动台关机或拿走 SIM 卡时,移动台向网络发送 IMSI 分离操作消息,MSC/VLR 收到该消息后对 VLR 中的 IMSI 做上分离标记。IMSI 分离的目的是为了避免无效的寻呼,提高系统接通率。当移动台重新开机后,若此时移动台处于分离前相同的位置区,则将 MSC/VLR 中 VLR 的 IMSI 做附着标记,可有效地向移动用户传递寻呼消息;若位置区已变,则要进行新的常规位置更新。因此,这种 IMSI 附着的位置更新过程也称为开机登记。

③ 周期性位置登记。

当移动台关机发送"IMSI 分离"的消息时,往往会因无线信令链路质量不好,MSC/VLR 无法正确收到"IMSI 分离"消息,系统仍会认为"IMSI 附着",移动台仍在原来位置,或者由于用户移动到无线覆盖不良的地区,系统可能无法对用户进行有效的寻呼。为此,系统可通过 BCCH 广播消息通知移动台按系统消息中周期性登记参数指定的时间周期进行定期登记,例如要求移动台每半小时周期性登记一次,若系统收不到周期登记信息,MSC/VLR 就给移动台做"IMSI 分离"标记。

（2）切换管理

在移动台通话过程中,不中断通话而进入新的服务小区并由之提供服务的过程称为切换。改变移动台服务小区进行切换的依据是移动台对相邻小区信号强度的测量报告、BTS 接收移动台信号的强度、通话质量及通信距离等,最后由 BSC 进行评估,判断是否需要切换。切换条件还有 BSS 负荷调整、来自 OMC 的请求等。当需要切换时,网络必须为正在通信的移动台提供切换到新小区的频道,以便维持通信的连续性。

【例 6.3-1】 由相同 MSC、不同 BSC 控制小区间的切换示意图如图 6-27 所示,分析其切换过程。

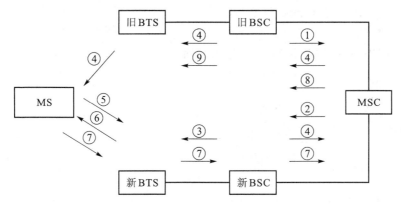

图 6-27 由相同 MSC、不同 BSC 控制的小区间的切换

263

切换过程如下。

① 旧 BSC 把切换请求及切换目的小区标识一起发给 MSC。

② MSC 判断是哪个 BSC 控制的 BTS,并向新 BSC 发送切换请求。

③ 新 BSC 预订目标 BTS 激活一个 TCH。

④ 新 BSC 把包含有频率、时隙及发射功率的参数通过 MSC、旧 BSC 和旧 BTS 传到 MS。

⑤ MS 在新频率上通过 FACCH 发送接入突发脉冲。

⑥ 新 BTS 收到此脉冲后,回送时间提前量信息至 MS。

⑦ MS 发送切换成功信息通过新 BSC 传至 MSC。

⑧ MSC 命令旧 BSC 去释放 TCH。

⑨ 旧 BSC 转发 MSC 命令至旧 BTS 并执行。

8. GSM 系统的通信管理

GSM 中提供给用户的业务主要有电话业务(包含 IP 电话业务、各种呼叫转移和呼叫限制业务)、移动数据业务(包括传真、WAP 业务)、短信息业务等。

下面结合图 6-28 分析 GSM 系统中 MS 的主叫通信流程。

图 6-28 表示移动台主叫通信流程,其过程如下。

① MS 拨被叫号,通过空中接口向基站 BSS 请求随机接入信道,然后与 MSC/VLR 建立信令连接。

② 进入 ID 鉴权程序,MSC 请求 HLR 提供主叫 MS 的多套鉴权三元参数组。

③ HLR 从 AUC 取其生成的 RAND/SRES/Kc 三元参数组多套,转送至 MSC/VLR。

④ MSC 任选一套三元参数组中的 RAND 通过 BSS 送给 MS。

⑤ MS 用收到的 RAND 和 SIM 卡的 Ki 以及 A_3 和 A_8 算法算出 SRES 和 Kc,并把 SRES 发给 MSC/VLR。

⑥ MSC 把 MS 送来的 SRES 与所选三元参数组的 SRES 作比较,若相同,则鉴权通过;若需加密,则设置加密模式;为 MS 重新分配 TMSI;进入呼叫建立起始阶段。

⑦ MSC 为 MS 指配业务信道。

⑧ MSC 采用 No.7 信令用户部分 ISDN/TUP(TUP 代表电话用户部分),通过固定网(ISDN/PSTN)或移动网建立至被叫用户的通路,并向被叫用户振铃。

⑨ MSC 经基站向 MS 回送呼叫证实信号。

⑩ 被叫摘机应答。

⑪ BSS 向 MS 发应答(连接)信号,进入通话阶段。

264

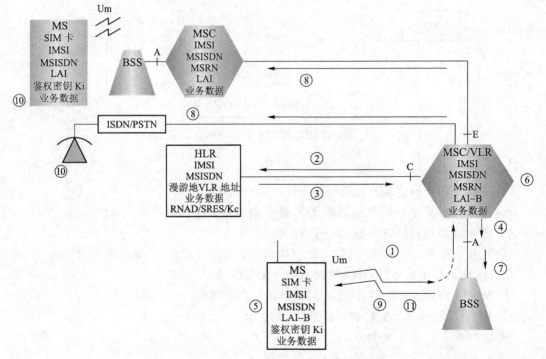

图 6-28　GSM 移动台主叫通信流程

6.3.4　CDMA 数字蜂窝移动通信系统

CDMA 数字移动通信系统是北美的第 2 代移动通信系统。使用了码分多址技术,由于码分多址技术本身的特点,使 CDMA 移动通信系统具有频谱利用率高,系统容量大而且是软容量、软切换、抗窄带干扰能力强等优点,从而在第 3 代移动通信中全部采用了码分多址技术。

码分多址技术包含了两个基本技术,一个是码分技术,其基础是扩频技术;另一个是多址技术。

CDMA 数字移动通信系统是扩展频谱技术(扩频技术)在移动通信中的一种应用。所谓扩频技术是指用比信息频带宽得多的带宽传输信息的技术。设 W 代表系统占用带宽,B 代表信息带宽,通常 W/B 为 1~2 称为窄带通信,50 以上称为宽带通信,100 以上称为扩频通信。根据信息论中的香农定理,信道容量 C、信道带宽 W 和信噪比 S/N 有下述关系

$$C = W\log_2(1+S/N)$$

上式表明,在 C 不变的条件下,只要 W 足够大,即使在很低的 S/N 情况下也可实现无差错的信息传输。扩频通信就是将信息信号的频谱扩展 100 倍以上,然后进行传输,从而提高通信的抗干扰能力。

CDMA 数字蜂窝移动通信系统有如下主要特点。

① 频谱利用率高,系统容量较大。以往的 FDMA 与 TDMA 系统容量主要受带宽的限制,为提高频谱利用率、增大容量,必须进行频率复用。CDMA 系统所有小区可采用相同的频谱,因而频谱利用率很高,其容量仅受干扰的限制,任何在干扰方面的减少将直接地、线性地转变为容量的增加。

② 通话质量好,近似有线电视的语音质量。

③ 采用软切换技术,切换成功率高。

④ 具有“软容量”特性。

⑤ CDMA 以扩频通信技术为基础,抗干扰、抗多径、抗衰落能力强,保密性好。

⑥ 发射功率低,移动台电池寿命长。

1. CDMA 数字蜂窝系统的结构

CDMA 系统由移动台(MS)、基站子系统(BSS)、网络子系统(NSS)和操作维护中心(OMC)四部分组成,如图 6-29 所示。其中 A、Um、B、C、D、E、H、M、N、O、P 均为各功能实体间的接口。另外,CDMA 数字移动通信系统还可以实现与其他通信网络的互连,Ai、Di 即为与其他通信网互连的接口。从图中可看出 CDMA 系统结构与 GSM 系统结构相似,各单元的功能也大体相似。

各部分功能如下。

(1)移动台(MS)

MS 包括手持台和车载台等,由移动终端(MT)和用户识别模块(UIM)组成,通过无线接口(Um)接入网络。UIM 卡的原理及构造与 GSM 网中的 SIM 卡类似,用于移动用户身份认证、网络管理和加密等。

(2)基站子系统(BSS)

该系统由一个集中基站控制器(CBSC)和若干个基站收发信台(BTS)组成。CBSC 用

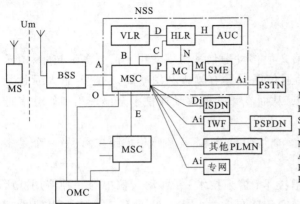

图 6-29 CDMA 系统结构

于完成无线网络资源管理、小区配置数据管理、接口管理、测量、呼叫控制、定位与切换等功能。

（3）网络子系统（NSS）

NSS 由移动业务交换中心（MSC）、归属用户位置寄存器（HLR）、访问用户位置寄存器（VLR）、鉴权中心（AUC）、移动设备识别寄存器（EIR）、短消息中心（MC）和短消息实体（SME）等功能实体构成。通常 MSC 和 VLR 合设在一起，为同一物理实体。HLR 与 AUC 合设在一起，为同一物理实体。

网络子系统内各设备的功能与 GSM 移动通信系统中相同名称的设备功能相一致，此处不在叙述，详细内容请参见本章 6.3.3 节。

2. CDMA 系统的频率配置

（1）工作频段

中国 CDMA 数字蜂窝移动通信系统采用 800 MHz AMPS 工作频段，频率范围为：

上行（移动台发，基站收）频段：825～835 MHz；

下行（移动台收，基站发）频段：870～880 MHz。

在此工作频道上，CDMA 数字移动通信网设置了一个基本频道和一个或若干个辅助频道，这样当移动台开机时，便首先在预先放置的、用于接入 CDMA 系统的接入频道上寻找相应控制信道（基本信道），随后则可直接进入呼叫发起和呼叫接收状态。当移动台不能捕获基本信道时便扫描辅助信道，辅助信道的作用与基本信道相同。

（2）频道间隔及中心频率位置

CDMA 频道间隔为 1.23 MHz，在图 6-30 中给出了 CDMA 各频道的安排。图中是按照 AMPS 系统的频率编号标注 CDMA 频道的中心频率位置。括号内是对应的反向频道中心频率。中心频率在 AMPS 的 283 号频道处的 CDMA 频道为 CDMA 基本频道，242 号为初期使用的另一个频道的中心频点位置，逐步从高端向低端扩展使用的 CDMA 频道的中心频点位置依次为 201 号、160 号、119 号、78 号和 37 号。AMPS 的控制频道为 313～333 号频道。语音频道自频率低端开始使用、逐步向高端扩展。值得注意的是如果采用逐步清除 30 kHz FDMA 模拟频道的方式来建立 CDMA 频道的话，则必须在频道之间预留出保护间隔。

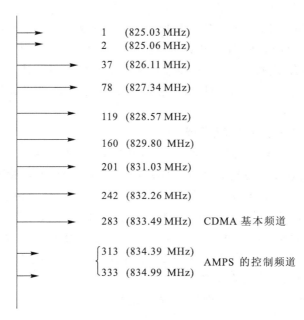

图 6-30　CDMA 频道频率分配

3. CDMA 系统的安全性管理

（1）鉴权

CDMA 移动通信系统中用户的鉴权数据与算法存放在鉴权中心（AUC）中，进行鉴权的方法与 GSM 相一致，唯一不同的是 GSM 系统当移动台鉴权失败时就禁止移动台接入系统，但是 CDMA 移动通信系统中当移动台鉴权失败时可以再给移动台一次鉴权的机会，称为独特查询。若独特查询成功，则移动台可以继续进行呼叫处理；若独特查询不成功，则禁止移动台进行接入尝试，呼叫处理中断。

（2）加密

CDMA 系统中业务信息的加密是通过具有掩码的长码进行数据扰乱来实现的。呼叫建立时，一般都采用公用长码掩码；但当移动台通过始发消息或寻呼响应消息请求保密时，或在通话期间使用变换请求指令时，可以启动公用与专用掩码的转换并进行业务信息的加密。

4. CDMA 系统的移动性管理

（1）位置更新

移动台的位置更新是移动通信系统中确保移动台无论在何时何地都确保通信的重要手段。在 CDMA 系统中主要有以下几种位置更新方式：移动台开机登记、移动台关机登记、移动台定时位置更新、移动台进入新区域时位置更新。上述位置更新的原理和 GSM 相似。

（2）切换

在 CDMA 系统中的信道切换可分为两大类：硬切换与软切换。

硬切换是指移动台在不同载波频道之间的切换。包括 CDMA 系统内不同频道之间的切换及 CDMA 系统到其他系统（如模拟系统）的切换。这种切换过程是首先切断原通话通路，然后再与新的基站接通新的通话链路。这种先断后通的硬切换方式势必引起通信的短暂中断。

267

　　软切换是指在相同 CDMA 频道中的切换。在 CDMA 系统中,由于所有的小区都使用相同的频率,小区之间是以码型的不同来区分的。当移动用户从一个小区移动到另一个小区时,不需要移动台的收、发频率切换,只需在码序列上作相应的调整,利用 RAKE 接收机的多路径接收能力,在切换前先与新小区建立新的通话连接,之后再切断先前的连接。软切换没有通信中断现象。

5. CDMA 移动通信系统的通信管理

　　CDMA 移动通信系统可以提供电话业务、短消息业务、传真业务、数据业务等。下面以移动台做主叫时的接续过程为例来说明 CDMA 移动通信系统的通信管理情况。

　　移动台做主叫的流程如图 6-31 所示。从图中可以看到,移动台(MS)发呼叫信息,先进行鉴权,鉴权通过后基站子系统(BSS)分配业务信道给移动台,完成后移动业务交换中心(MSC)向被叫(图中为固定电话网 PSTN)发地址信息 IAI,被叫接通后向移动台送回铃音,被叫摘机即可通话,同时开始计费。图 6-31 中,IAI 代表带有附加信息的初始地址消息,ACM 代表地址全消息,CM 代表接续管理。

　　从上述主叫流程来看其工作原理与 GSM 系统相同。

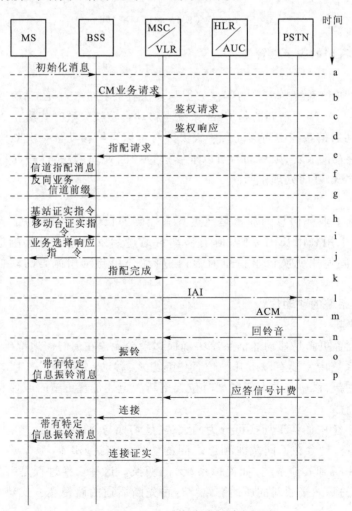

图 6-31　CDMA 系统移动主叫流程图

6.3.5　WCDMA 数字蜂窝移动通信系统

前面介绍的 GSM 和 CDMA 数字移动通信系统都属于第二代移动通信系统。WCDMA（宽带码分多址）是一种由 3GPP 具体制定、基于 GSM MAP 核心网，UTRAN（UMTS 陆地无线接入网）为无线接口的第三代移动通信系统。WCDMA（Wideband Code Division Multiple Access）是一个 ITU 标准，它是从码分多址（CDMA）演变来的，在官方上被认为是 IMT-2000 的直接扩展。与现在市场上通常提供的技术相比，WCDMA 能够为移动和手提无线设备提供更高的数据速率。它可支持 384 kbit/s 到 2 Mbit/s 不等的数据传输速率，在高速移动的状态，可提供 384 kbit/s 的传输速率，在低速或是室内环境下，则可提供高达 2 Mbit/s 的传输速率。而 GSM 系统目前只能传送 9.6 kbit/s，固定线路 Modem 也只是 56 kbit/s 的速率，由此可见 WCDMA 是无线的宽带通讯。

WCDMA 能够支持移动/手提设备之间的语音、图像、数据以及视频通信，速率可达 2 Mbit/s（对于局域网而言）或者 384 kbit/s（对于宽带网而言）。目前 WCDMA 有 Release 99、Release 4、Release 5、Release 6 等版本。

WCDMA 系统主要技术特点如下：

① 基站同步方式：支持异步和同步的基站运行方式，灵活组网。

② 信号带宽：5 MHz；码片速率：3.84 Mcps。

③ 发射分集方式：TSTD（时间切换发射分集）、STTD（时空编码发射分集）、FBTD（反馈发射分集）。

④ 信道编码：卷积码和 Turbo 码，支持 2M 速率的数据业务。

⑤ 调制方式：上行：BPSK；下行：QPSK。

⑥ 功率控制：上下行闭环功率控制，外环功率控制。

⑦ 解调方式：导频辅助的相干解调。

⑧ 语音编码：AMR，与 GSM 兼容。

⑨ 核心网络基于 GSM/GPRS 网络的演进，并保持与 GSM/GPRS 网络的兼容性。

⑩ MAP 技术和 GPRS 隧道技术是 WCDMA 体制的移动性管理机制的核心，保持与 GPRS 网络的兼容性；同时支持软切换和更软切换。

1. WCDMA 系统的结构

WCDMA 作为通用移动通信系统（UMTS）的实现，其系统体系结构与大多数第二代系统甚至第一代系统基本类似。WCDMA 系统包括若干逻辑网络元素，从功能上来分，逻辑网络元素可以分成用户设备终端（UE）、UTRAN（无线接入网）和 CN（核心网），如图 6-32 所示。无线接入网借用 UMTS 中地面 RAN 的概念。UTRAN 处理与无线通信有关的功能。CN 处理语音和数据业务的交换功能，完成移动网络与其他外部通信网络的互连，相当于第二代系统中的 MSC/VLR/HLR。UE 和 UTRAN 采用全新的 WCDMA 无线技术规范，而 CN 基本上来源于 GSM。

各部分功能如下。

（1）用户设备终端 UE

UE 是用户终端设备，它主要包括射频处理单元、基带处理单元、协议栈模块以及应用层软件模块等；UE 通过 Uu 接口与网络设备进行数据交互，为用户提供电路域和分组域内

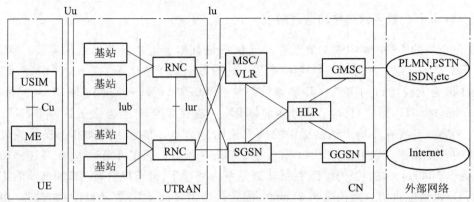

图 6-32 WCDMA 系统结构图

的各种业务功能,包括普通话音、数据通信、移动多媒体、Internet 应用(如 E-mail、WWW 浏览、FTP 等)。

UE 包括两部分:① ME(The Mobile Equipment),提供应用和服务;② USIM(The UMTS Subsriber Module),提供用户身份识别。

(2)无线接入网 UTRAN

UTRAN,即陆地无线接入网,分为基站(Node B)和无线网络控制器(RNC)两部分。

① Node B。

Node B 是 WCDMA 系统的基站(即无线收发信机),包括无线收发信机和基带处理部件。通过标准的 Iub 接口和 RNC 互连,主要完成 Uu 接口物理层协议的处理。它的主要功能是扩频、调制、信道编码及解扩、解调、信道解码,还包括基带信号和射频信号的相互转换等功能。

Node B 由 RF 收发放大、射频收发系统(TRX)、基带部分(BB)、传输接口单元、基站控制部分等逻辑功能模块构成。

② RNC(Radio Network Controller)。

RNC 是无线网络控制器,主要完成连接建立和断开、切换、宏分集合并、无线资源管理控制等功能,执行系统信息广播与系统接入控制功能,切换和 RNC 迁移等移动性管理功能,宏分集合并、功率控制、无线承载分配等无线资源管理和控制功能。

(3)核心网 CN

CN,即核心网络,负责与其他网络的连接和对 UE 的通信和管理。主要功能实体如下:

① MSC/VLR。

MSC/VLR 是 WCDMA 核心网 CS 域功能节点,其主要功能是提供 CS 域的呼叫控制、移动性管理、鉴权和加密等功能。

② GMSC。

GMSC 是 WCDMA 移动网 CS 域与外部网络之间的网关节点,是可选功能节点。它的主要功能是完成 VMSC 功能中的呼入呼出的路由功能及与固定网等外部网络的网间结算功能。

③ SGSN。

SGSN（服务 GPRS 支持节点）是 WCDMA 核心网 PS 域功能节点，其主要功能是提供 PS 域的路由转发、移动性管理、会话管理、鉴权和加密等功能。

④ GGSN。

GGSN（网关 GPRS 支持节点）是 WCDMA 核心网 PS 域功能节点。GGSN 提供数据包在 WCDMA 移动网和外部数据网之间的路由和封装。GGSN 主要功能是同外部 IP 分组网络的接口功能，GGSN 需要提供 UE 接入外部分组网络的关口功能，从外部网的观点来看，GGSN 就好像是可寻址 WCDMA 移动网络中所有用户 IP 的路由器，需要同外部网络交换路由信息。

⑤ HLR。

HLR（归属位置寄存器）是 WCDMA 核心网 CS 域和 PS 域共有的功能节点，其主要功能是提供用户的签约信息存放、新业务支持、增强的鉴权等功能。

（4）操作维护中心 OMC

OMC 功能实体包括设备管理系统和网络管理系统。设备管理系统完成对各独立网元的维护和管理，包括性能管理、配置管理、故障管理、计费管理和安全管理等功能。网络管理系统能够实现对全网所有相关网元的统一维护和管理，实现综合集中的网络业务功能，同样包括网络业务的性能管理、配置管理、故障管理、计费管理和安全管理。

（5）External networks

External networks，即外部网络，可以分为两类：① 电路交换网络（CS Networks），它提供电路交换的连接服务。ISDN 和 PSTN 均属于电路交换网络；② 分组交换网络（PS Networks），它提供数据包的连接服务，Internet 属于分组数据交换网络。

2. WCDMA 系统主要接口

（1）Cu 接口

Cu 接口是 USIM 卡和 ME 之间的电气接口，Cu 接口采用标准接口。

（2）Uu 接口

Uu 接口是 WCDMA 的无线接口。UE 通过 Uu 接口接入到 UMTS 系统的固定网络部分，可以说 Uu 接口是 UMTS 系统中最重要的开放接口。

（3）Iu 接口

Iu 接口是连接 UTRAN 和 CN 的接口。类似于 GSM 系统的 A 接口和 Gb 接口。Iu 接口是一个开放的标准接口。这也使通过 Iu 接口相连接的 UTRAN 与 CN 可以分别由不同的设备制造商提供。

（4）Iur 接口

Iur 接口是连接 RNC 之间的接口，Iur 接口是 UMTS 系统特有的接口，用于对 RAN 中移动台的移动管理。比如在不同的 RNC 之间进行软切换时，移动台所有数据都是通过 Iur 接口从正在工作的 RNC 传到候选 RNC。Iur 是开放的标准接口。

（5）Iub 接口

Iub 接口是连接 Node B 与 RNC 的接口，Iub 接口也是一个开放的标准接口。这也使通

过 Iub 接口相连接的 RNC 与 Node B 可以分别由不同的设备制造商提供。

3. WCDMA 系统的频率配置

根据 ITU 规定,WCDMA 的核心频段是上行 1920~1980 MHz,下行 2110~2170 MHz,共 60×2＝120 MHz。补充频率:1755~1785 MHz,1850~1880 MHz(分别用于上行和下行)。

"1940~1955 MHz(UL)、2130~2145 MHz(DL)上下行各 15 MHz,相邻频率间间隔 5 MHz,可用频点 3 个。"其中 1940~1955 MHz 是上行频率(手机发送的 RF 频率),2130~2145 MHz 是下行频率(基站发送的 RF 频率);"一载波 9763/10713 Hz、二载波 9738/10688 Hz、三载波 9713/10663 Hz"中"A/B"的 A 为上行频点号,B 为下行频点号(3GPP 规定:频点号＝实际频率 * 5)。

4. WCDMA 的安全性管理

(1) WCDMA 鉴权

鉴权流程有四个作用:① 允许网络检验 UE 的标识是否有效;② 为 UE 计算 UMTS 加密密钥提供参数;③ 为 UE 计算 UMTS 完整性密钥提供参数;④ 允许 UE 鉴权网络。

UMTS 鉴权流程总是由网络发起的,当然 UE 和网络之间必须支持 UMTS 的鉴权算法。但是移动台有权拒绝网络发送的鉴权挑战。

网络在发起鉴权流程之前,如果 VLR 中没有鉴权参数,那么 VLR 将首先发起到 HLR 中取鉴权参数集的流程,直到 HLR 返回鉴权参数的响应后才开始发起鉴权流程。

鉴权步骤如下:

① 网络向 UE 发起 Authentication Request 鉴权请求消息从而启动鉴权流程,并启动定时器 T3260,其中包含鉴权参数 RAND 和 AUTN。

② 只要移动台和网络之间存在 RRC 连接,那么移动台立即响应网络的鉴权请求。当 UE 收到鉴权请求后,解释该消息的具体内容,并将鉴权参数传递给 USIM,如图 6-33 所示。

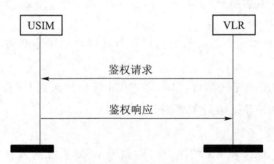

图 6-33　由 UMTS 网络发起的成功的鉴权流程

③ USIM 首先计算 XMAC 值,然后和网络 MAC 比较,对网络进行鉴权。若两者一致,说明网络合法,则发送 Authentication Response 给网络,否则发送 Authentication Failure。

同时,USIM 计算 RES,并将其发送给网络,由网络比较鉴权响应中的 RES 和 VLR 数据库中的存储的鉴权参数中的 XRES 是否一致,从而完成网络对 UE 的鉴权,若两者一致,说明鉴权成功,则可以继续后面的流程,若不一致,则鉴权失败,并发起异常终止流程,同时释放 UE 和网络之间的信令连接包括无线资源、网络资源。

④ CK 和 IK 用于加密和完整性保护;当成功鉴权后,USIM 将保存新的加密密钥和完整性密钥等参数,并覆盖原有的旧的鉴权参数。同时 USIM 返回鉴权响应给 UE,由 UE 转发给网络。在 UMTS 中,鉴权挑战的结果是 USIM 卡将 RES 传递给 ME;在 GSM 中,鉴权挑战的结果是 SIM 卡将 SRES 传递给 ME。

（2）安全模式控制

安全模式控制过程是由网络侧用来向无线接入网侧发送加密信息的。在此过程中,核心网的网络侧将与无线接入网协商对用户终端进行加密的算法,使得用户在后续的业务传递过程中使用次加密算法;并且在终端用户发生切换后,尽可能的仍使用次加密算法——即用于加密的有关参数会送到切换的目的 RNC。

其流程图如图 6-34 所示：

```
RNC          安全模式控制          网络
    ◄───────────────────────────
                安全模式完成
    - - - - - - - - - - - - - - - ►
```

图 6-34 安全模式控制

5. WCDMA 的移动性管理

（1）小区选择和重选

① UE 的状态。

协议规定,用户设备终端(UE)存在五种状态:IDLE、CELL _DCH、CELL_FACH、CELL_PCH、URA_PCH。

处于 CELL_DCH 状态下的越区通过测量报告进行判断,并通过切换流程来进行位置更新。处于 CELL_FACH、CELL_PCH 状态下的越区通过 UE 小区重选判断,并通过 CELL UP-DATE 来进行位置更新。处于 URA_PCH 状态下的越区通过 UE 的 URA 重选判断,并通过 URA UPDATE 来进行位置更新。

② IDLE 状态下的移动性管理策略。

UE 开机时,进行 PLMN 选择、小区选择以及进行位置登记。小区选择完成后,会进行小区重选。当选择驻留一新小区时,如果进入新的位置区,则会进行位置登记。当需要进行接入时,需要进行立即小区评估,在最优小区上发起接入。当手机处于 CELL_DCH 状态下,UE 越区通过切换流程来进行。

③ 潜在用户控制。

通过调整小区选择重选中的参数来影响 UE 选择驻留小区,从而调整小区的负载走向,实现负载的自适应调整。

（2）随机接入程序

随机接入程序是一个过程:移动台请求接入系统,网络应答并分配一业务信道给移动台。随机接入的执行是当移动台开始发射功率,或由于某些原因同步丢失,或当信包数据有传输需求时进行的。在下列 3 个步骤完成后随机接入得以完成:① 码和帧的同步;② 检索小区参数,如随机接入码;③ 下行链路路径损失的估值和随机接入起始功率电平。

（3）准入控制

准入控制(Call Admission Control)是负载管理的一部分。准入控制算法的目的就是在保证现有连接的 QoS 的基础上尽可能接纳更多的新呼叫。其原则:小区资源现状+业务请求 = YES/NO。

小区资源现状取决于上行干扰和下行负载,请求的业务数取决于 QoS 参数。图 6-35 是准入控制的过程示意图。

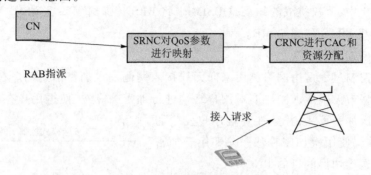

图 6-35　准入控制的过程示意图

6. WCDMA 的通信管理

3G(WCDMA)的业务从 2G(GSM)继承而来,在新的体系结构下,又产生了一些新的业务能力,所以其支持的业务种类繁多,业务特征差异较大。总体上有如下特征:① 对于语音等实时业务,普遍有 QoS 的要求;② 向后兼容 GSM 上所有的业务;③ 引入多媒体业务的概念。

3G 的业务完全包括 2G 的业务,对于 2G 上原有的电路交换型业务初期主要在 CS 域上实现,而 PS 域上主要实现数据业务。随着网络的演进,各种业务逐步在 PS 域上实现。

7. WCDMA 系统的一些关键技术

(1) 编码技术

在数字通信中,为提高通信的可靠性而采取的编码称为信道编码。数字通信要求传输过程中所造成的误码率足够低,引起传输误码的根本原因是信道内存在着噪声或衰落,为了提高通信的可靠性,就需要采用信道编码技术,对可能或者已经出现的差错进行控制。

在 WCDMA 系统中,主要采用卷积码和 Turbo 码这两种信道编码。一般来说,卷积码用于误码率要求为 10^{-3} 的业务,Turbo 码用于误码率要求为 $10^{-3} \sim 10^{-6}$ 的业务。若业务的时延要求相对较低,可选择卷积码,若业务的时延要求较高,可选择 Turbo 码。语音和低速信令采用卷积码,数据采用 Turbo 码。

(2) 扩频技术

扩频又叫做信道化操作,用一个高速数字序列与数字信号相乘,把一个一个的数据符号转换为一系列码片,大大提高了数字符号的速率,增加了信号带宽。在接收端,用相同的高速数字序列与接收符号相乘,进行相关运算,将扩频符号解扩。用来转换数据的数字序列符号叫做信道化码,在 WCDMA 中采用 OVSF 码作为信道化码。

假定用户数据是二进制移相键控(BPSK)调制的速率为 R 的比特序列,用户数据比特取值为 +1 或者 -1。扩频操作就是将每一个用户数据比特与一个 8 bit 的码序列相乘。最后得到的扩展后的数据速率为 8R。这种情况下,我们说其扩频因子为 8。扩频后得到的宽带信号将通过无线信道传送到接收端。

在解扩时,把扩展的用户码片序列与扩频这些比特时所用的相同的 8bit 的码片序列逐位相乘,只要我们能在扩展后的用户信号和扩频码(解扩码)之间取得很好的同步,就能很好地恢复出原始的用户比特序列。

在这个过程中,传信速率增加 8 倍,相当于扩展的用户数据信号的占有带宽扩展了 8 倍。因此,CDMA 系统被称为扩频系统。解扩将信号带宽按比例地恢复到 R 值。符号叫做信道化码,在 WCDMA 中采用 OVSF 码作为信道化码。

扩频的优点:① 抗干扰能力强:处理增益越大,抗干扰能力越强;② 保密性强:扩频后其频谱均为近似白噪声,因此具有良好的保密性。

(3) RAKE 接收技术

在多径信号中含有可以利用的信息,所以 CDMA 接收机可以通过合并多径信号来改善接收信号的信噪比。其实 RAKE 接收机的作用就是通过多个相关检测器接收多径信号中的各路信号,并把它们合并在一起。RAKE 接收机是专为 CDMA 系统设计的经典分集接收器,其理论基础是当传播时延超过一个码片周期时,多径信号实际上可被看做是互不相关的。

图 6-36 是一个包含 3 个指峰 RAKE 接收机结构框图。每个指峰输入的数字化信号在 RAKE 接收机经过一系列的处理。首先,每一径信号分别进行解扩,积分处理,得到用户数据符号。然后进行相位调整。最后进行延迟补偿。每一个指峰中的信号经过相位的偏转和延迟补偿两步调整后,到达信号合成器进行最大比合并,然后输出最终的合并信号,由此提供抗快衰落的多径分集。RAKE 接收机实现了多径分集接收,能够很好的抗快衰落。多径分集的径数越多,抗衰落的效果越好。

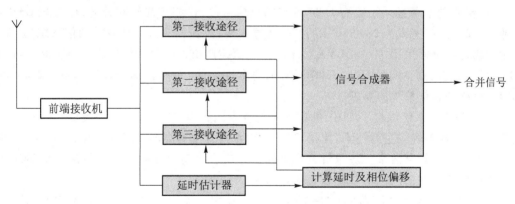

图 6-36　RAKE 接收机

(4) 多用户检测技术

由于信道的非正交性和不同用户的扩频码字的非正交性,导致用户间存在相互干扰,多用户检测的作用就是去除多用户之间的相互干扰。

多用户检测(MUD, Multi-User Detection)称为联合检测和干扰对消,在检测过程中可以把所有用户的信号都当作有用信号,考虑到其他用户的信息在一定程度上是可预知的,因而可综合利用包括干扰用户在内的各种信息及信号处理手段,充分利用 CDMA 用户特征波形的内在结构信息,对接收信号进行联合处理,最大可能地抑制甚至消除多址干扰,从而达到更准确检测目标用户信号,改善系统接收性能的目的。

（5）智能天线技术

智能天线是近几年来得到广泛研究和应用的无线技术。由于智能天线能有效地消除同信道干扰、多址干扰，对抗多径衰落，并能有效地增加覆盖范围和增大系统容量，在现代移动通信中得到了较多的应用。

智能天线包括多波束天线阵列和自适应天线阵列。智能天线技术主要基于自适应天线阵列原理，天线阵列收到信号后，通过由处理器和权值调整算法组成的反馈控制系统，根据一定的算法分析该信号，判断信号及干扰到达的方向角度，将计算分析所得的信号作为天线阵元的激励信号，调整天线阵列单元的辐射方向图、频率响应及其他参数。利用天线阵列的波束合成和指向，产生多个独立的波束，自适应地调整其方向图，跟踪信号变化，调零干扰方向，减弱甚至消除干扰，从而提高接收信号的载干比，改善无线网络基站覆盖质量，增加系统容量。

智能天线可以对高速率用户进行波束跟踪，起到空间隔离、消除干扰的作用。能够大大增加系统容量，增加覆盖范围，改善建筑物中和高速运动时信号的接收质量，降低掉话率，减少发射功率，延长移动台电池寿命，并且可以提高系统设计时的灵活性。

6.3.6 TD-SCDMA 数字蜂窝移动通信系统

TD-SCDMA 是中国提出的、被国际上广泛接受和认可的第三代移动通信标准，也是 ITU 批准的三个 3G 标准中的一个。

我国 TD-SCDMA 标准的实现大体上分两步走：第 1 步在物理层采用 TD-SCDMA 技术，而二、三层原则上尽量采用原有 GSM 系统的上层协议，作相应修改和补充，保持与 GSM 高度兼容，满足最高速率为 284 kbit/s 的数据传输需要（此阶段为 2.5 代移动通信系统）。第 2 步则在物理层全面采用 TD-SCDMA 技术，二、三层控制协议采用 3GPP 的上层协议，尽量和 3GPP 标准融合，真正实现 IMT-2000 所要求的全部功能，最高数据传输速率可达 2 Mbit/s，即第 3 代移动通信系统的要求。

TD-SCDMA 系统综合了 TDD 和 CDMA 的技术优势，具有灵活的空中接口，并采用了智能天线、联合检测等先进的技术，使得 TD-SCDMA 具有相当高的技术先进性，并且在三个标准中具有最高的频谱效率。随着对大范围覆盖和高速移动等问题的逐步解决，TD-SCDMA 将成为可以用最经济的成本获得令人满意的 3G 解决方案。

TD-SCDMA 系统全面满足 IMT-2000 的基本要求。采用不需配对频率的 TDD（时分双工）工作方式，以及 FDMA/TDMA/CDMA/SDMA 相结合的多址接入方式。同时使用 1.28 Mcps 的低码片速率，扩频带宽为 1.6 MHz。

1. TD-SCDMA 系统的结构

TD-SCDMA 系统结构主要由无线接入网（RAN）和核心网（CN）两大部分组成，如图 6-37 所示。无线接入网（RAN）包含一个或几个无线网络子系统（RNS），一个 RNS 由一个无线网络控制器（RNC）和一个或多个基站（Node B）组成。

各部分功能如下。

（1）无线接入网（RAN）

① 无线网络控制器（RNC）

主要完成连接建立和断开、切换、无线资源管理控制等功能。执行系统信息广播与系统

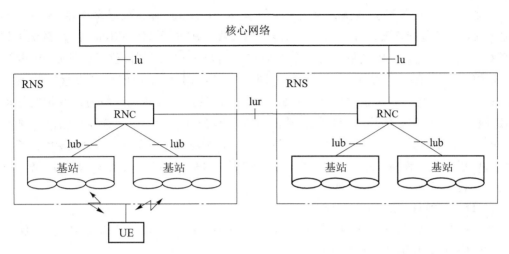

图 6-37 TD-SCDMA 系统结构图

接入控制功能,切换和 RNC 重定位等移动性管理功能。

② 无线收发信机(Node B)

包括无线收发信机和基带处理部件。通过标准的 lub 接口和 RNC 互连,主要完成 Uu 接口物理层协议的处理。它的主要功能是信道编码(如卷积编码和 Turbo 编码,增加检错和纠错能力)、扩频(基带信号变成宽带信号)、调制及解调、解扩、信道解码,还包括基带信号和射频信号的相互转换等功能。

③ 用户设备终端(UE)

UE 是用户设备终端,它主要包括射频处理单元、基带处理单元、协议栈模块以及应用层软件模块等;UE 通过 Uu 接口与网络设备进行数据交互,为用户提供电路域和分组域内的各种业务功能。

(2) 核心网(CN)

核心网(CN)由核心网 CS 域网元、核心网 PS 域网元以及核心网 CS 和 PS 域公共网元三大部分组成。

核心网 CS 域网元由 MSC 服务器(MSC Server)、电路交换-媒体网关(CS-MGW)以及 GMSC Server 等功能实体构成。MSC 服务器主要实现呼叫控制、移动性管理等功能,并可以向用户提供现有电路交换机所能提供的业务以及通过智能 SCP 提供多样化的第三方业务;CS-MGW 主要功能是提供承载控制和传输资源,MGW 还具有媒体处理设备(如码型变换器、回声消除器、会议桥等),执行媒体转换和帧协议转换;GMSC Server 与 MSC 服务器的功能基本相似,是移动网络与外部网络的关口,实现呼叫控制、移动性管理等功能,完成应用层信令转换功能。

核心网 PS 域网元由服务 GPRS 支持节点(SGSN)、网关 GPRS 支持节点(GGSN)以及边界网关(BG)等功能实体构成。SGSN 相当于电路交换(CS)域中 MSC,为 UE 提供分组数据服务,此外还有移动性管理、鉴权、加密、计费功能;GGSN 是核心网分组域与外部分组数据网络的接口,负责分配 IP 地址,并实现与外部网络协议的转换;BG 实现与其他分组域网络的互通,BG 为一个内置安全性协议和路由协议的路由器。

核心网 CS 和 PS 域公共网元由归属位置寄存器(HLR)、拜访位置寄存器(VLR)、鉴权中心(AUC)、设备标识寄存器(EIR)等功能实体构成。HLR 是 TD-SCDMA 通信系统中的中央数据库,存储着该 HLR 控制的所有存在的移动用户的相关数据,包括位置信息、业务数据、账户管理等,依据本地网用户规模的不同,每个移动业务本地网中可设置一个或多个 HLR;VLR 是为其控制区域内移动用户服务的,存储着进入其控制区域内已登记的移动用户相关信息,为已登记的移动用户提供建立呼叫接续服务;AUC 存储着鉴权信息和加密密钥,用来防止无权用户接入系统和保证通过无线接口的移动用户通信的安全;EIR 存储着移动设备的国际移动设备识别码(IMEI),通过核查白名单、黑名单、灰名单,确保网络内所使用的移动设备的唯一性和安全性。

2. TD-SCDMA 系统的关键技术

TD-SCDMA 除具备 CDMA TDD 的所有特点外,还采用了以下的关键技术,保证了 TD-SCDMA 有着其独特的特色和优点。

① 智能天线。TD-SCDMA 系统中所用的智能天线采用波束成形技术,方向图随移动台的移动而动态跟踪(基站装配智能天线)。由于它的波束很窄,对其他用户的干扰很小,因而大大提高了系统容量。同时,基站的发射功率也大大降低。另一方面,由于 TD-SCDMA 系统中的波束很窄,下行链路的多径问题也得到了很好的解决。

② 上行同步(Uplink Synchronization)。TD-SCDMA 系统中,上行链路和下行链路一样,都采用正交码扩频。移动台动态调整发往基站的发射时间,使上行信号到达基站时保持同步,保证了上行信道信号的不相关,降低了码间干扰。这样,系统的容量由于码间干扰的降低大大提高,同时基站接收机的复杂度也大为降低。

③ 联合检测(Joint Detection)。联合检测是 TD-SCDMA 系统中使用的又一重要技术。在基站侧,由于信号从移动台多径到达基站,因此上行同步技术只能保证主径在一定范围内的同步。联合检测技术把同一时隙中多个用户的信号及多径信号一起处理,精确地解调出各个用户的信号。在移动台侧,基站智能天线的波束成形,虽然极大地降低了多用户干扰的强度,但是多用户干扰依然存在,尤其是当用户的位置非常靠近时,多用户干扰问题仍很严重。联合检测技术能很好地解决多用户干扰问题。

④ 软件无线电(Software Radio)。软件无线电是近几年发展起来的技术,它把许多以前需要硬件实现的功能用软件来实现。由于软件修改较硬件容易,在设计、测试方面非常方便,不同系统的兼容性也易于实现,所以这一技术在 TD-SCDMA 系统中也被采用。

⑤ 接力切换(Baton Handover)。由于 TD-SCDMA 系统中智能天线的使用,系统可得到移动台所在的位置信息。接力切换就是利用移动台的位置信息,准确地将移动台切换到新的小区。接力切换避免了频繁的切换,大大提高了系统容量。在切换时可根据系统需要,采用硬切换或软切换的机理。

⑥ 低速率模式(Low Chiprate)。TD-SCDMA 系统码片速率(Chiprate)采用的是 1.28 Mcps,为 UTRA/TDD 码片速率的 1/3,这有利于 URTA/TDD 系统的兼容。低的码片速率,在硬件上也容易实现,可大大降低成本。

3. TD-SCDMA 与其他 3G 制式基本技术比较

TD-SCDMA 与其他 3G 制式基本技术比较如表 6.3-3 所示。

表 6.3-3　WCDMA，CDMA2000 和 TD-SCDMA 三种基本技术的比较

	WCDMA	CDMA2000	TD-SCDMA
双工方式	FDD	FDD	TDD
多址方式	FDMA+CDMA	FDMA+CDMA	FDMA+TDMA+CDMA+SDMA（智能天线）
载波带宽	5 MHz	1.25 MHz	1.6 MHz
码片速率	3.84 Mcps	1.2288 Mcps	1.28 Mcps
同步方式	异步	同步	同步
接收检测	相干解调	相干解调	联合检测

6.3.7　数字移动通信系统未来的发展

1. 第三代移动通信系统的演进

3G 标准已经提出好多年了，3G 网络的首次商用成功（2001 年 10 月，日本运营商 NTT DoCoMo 的 WCDMA 正式投产运营）距今也已经过去了十几年。由于 3G 技术的不断演进、不断完善和不断创新，3G 标准表现出不确定性。WCDMA 已经演进到 WCDMA HSPA（HS-DPA/HSUPA），而 CDMA2000 也已经演进到 cdma2000 1xEV-DO/EV-DV，中国拥有自主知识产权的 TD-SCDMA 标准，也演进到了 TDD（HSDPA/HSUPA）方案。

宽带无线接入技术是指以无线传输方式向用户提供接入固定宽带网络的接入技术，是近几年通信领域的一个热点话题，其中 WiMAX 技术作为支持固定和一定移动性的城域宽带无线接入技术，是目前业界最为关注的宽带无线接入技术之一。与 WiMAX 有关的 IEEE802.16 标准包括 IEEE802.16d（IEEE802.16-2004）和 IEEE802.16e（IEEE802.16-2005）两个空中接口标准。IEEE802.16d 是 2004 年 7 月通过的固定宽带无线接入系统空中接口规范，它不支持移动环境。IEEE802.16e 是 IEEE802.16d 是 2005 年 12 月通过的固定和移动宽带无线接入系统空中接口标准，它支持固定、便携和移动环境。

WiMAX 应用了高阶调制、混合自动重传、自适应编码调制、信道质量反馈和快速分组调度等关键技术。另外，由于 WiMAX 系统的研发相对较晚，WiMAX 更加充分地利用了自己的后发优势，及时引入了先进的天线技术，如自适应天线系统（AAS）和多输入多输出（MIMO）技术。这些先进的天线技术可以极大地提高无线通信系统的频谱利用率。而且，WiMAX 继承了大量的互联网元素，能够更好地与 IP 化的互联网融合。这使得 WiMAX 系统相对 3G 及其增强技术（如 WCDMA HSPA）具有了一定的技术优势。

在这种背景下，移动通信界提出了新的市场需求（近年来移动用户对高速数据业务如网页浏览、视频传输等需求的提高），移动通信业务和需求的迅猛发展，以码分多址 CDMA 技术为核心的传统 3G 系统将无法满足需求。要求进一步改进和增强 3G 技术，提供更强的业务能力和更好的用户体验。因此，3GPP 和 3GPP2 相应启动了演进型 3G 技术研究工作，以保持 3G 技术竞争力和在移动通信领域的领导地位。随着数字信号处理技术的飞速发展使得正交频分复用（OFDM）技术逐渐得以实用，并受到广泛关注。3GPP 于 2004 年底启动了长期演进（LTE）项目，以确保其 UMTS 系统的长期竞争力。3GPP2 随后跟进，于 2005 年初启动了空中接口演进 AIE 项目。可以将 3GPP LTE 和 3GPP2 AIE 项目统称为演进型 3G

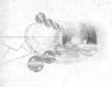
技术,它通过引入 OFDM、MIMO 等无线通信新技术,对 3G 核心技术进行了大规模革新。

无论是 WiMAX、LTE 还是 UMB,核心技术都是基于 OFDM 和 MIMO,只是由于不同组织的主要成员和产业背景不同,在系统设计某些细节上各有侧重。WiMAX 最初提供固定宽带无线接入,支持中低速移动用户,峰值速率达到 70 Mbit/s。LTE 标准在设计多址方案时,3GPP 内大部分成员认为上行链路 OFDM 技术峰均比过高会影响终端的功放成本和电池寿命,因此 LTE 下行采用 OFDM,上行采用较低峰均比的单载波 FDMA。而 3GPP2 的主要成员认为上行链路 OFDM 技术峰均比问题可以通过预编码等方式解决,因此 UMB 技术标准上下行链路均采用 OFDMA,同时反向链路保留了 CDMA 数据信道,用于传输突发的低速率、对时延敏感的反向数据。WiMAX802.16m 标准则面向 IMT-Advanced,欲与 3G 演进的LTE、UMB 争雄。

综上所述,第三代移动通信系统 IMT-2000 的后续演进线路如图 6-38 所示。由图可见,其后续演进路线主要有 3 个:一是以 3GPP 为基础的技术轨迹,即从 2G 的 GSM、2.5G 的GPRS 到 3G 的 WCDMA 和 TD-SCDMA、3G 增强型 HSDPA,进而到 LTE 的发展路线,最后演进到 IMT-Advanced;二是以 3GPP2 为基础的技术轨迹,即从 2G 的 CDMA2000 到 2.5G 的CDMA2000 1x,再到 3G 的 CDMA20001x EV-DO / EV-DV,以及长期演进的 UMB 升级版本,最后演进到 IMT-Advanced;三是以 IEEE 的 WiMAX 为基础的技术路线,是宽带无线接入技术向着高速移动性、高服务质量的方向演进的结果,由 802.16e 演进到 802.16 m,最后演进到 IMT-Advanced。

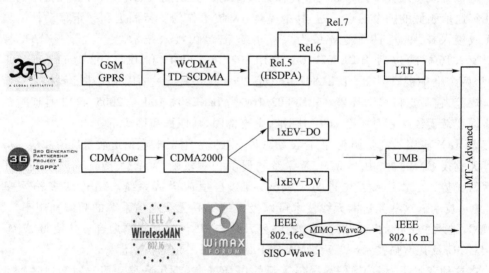

图 6-38　3G 系统后续演进路线

LTE、UMB 和移动 WiMAX 虽然各有差别,但是他们也有一些共同之处,三个系统都采用 OFDM 和 MIMO 技术以提供更高的频谱利用率,业界普遍认为三个系统将沿着无线宽带接入和宽带移动通信两条路线向 IMT-Advanced 演进。目前 LTE 拥有最多的支持者,WiMAX 次之,UMB 则支持者很少。

2. TD-LTE 移动通信系统

3GPP 长期演进(Long Term Evolution,LTE)项目是关于 UTRA 和 UTRAN 改进的项目,

是对包括核心网在内的全网技术演进。LTE 也被通俗的称为 3.9G,具有 100 Mbit/s 的峰值数据下载能力,被视作从 3G 向 4G 演进的主流技术。TD-LTE(Time Division Long Term Evolution,分时长期演进)是基于 3GPP 长期演进(LTE)技术的一种通信技术与标准,属于 LTE 的一个分支。该技术由上海贝尔、诺基亚西门子通信、大唐电信、华为、中兴、中国移动、高通、ST-Ericsson 等业者共同开发。

TD-LTE 移动通信系统的主要特点如下:

① 下行使用 OFDMA,最高速率达到 100 Mbit/s,满足高速数据传输的要求;② 上行使用 OFDM 衍生技术 SC-FDMA(单载波频分复用),在保证系统性能的同时能有效降低峰均比(PAPR),减小终端发射功率,延长使用时间,上行最大速率达到 50 Mbit/s;③ 充分利用信道对称性等 TDD 的特性,在简化系统设计的同时提高系统性能;④ 系统的高层总体上与 FDD 系统保持一致;⑤ 将智能天线与 MIMO 技术相结合,提高系统在不同应用场景的性能;⑥ 应用智能天线技术降低小区间干扰,提高小区边缘用户的服务质量;⑦ 进行时间/空间/频率三维的快速无线资源调度,保证系统吞吐量和服务质量。

(1) TD-LTE 系统的结构

TD-LTE 对 TD-SCDMA 的网络架构进行了优化,采用扁平化的网络结构。取消 RNC 结点,接入网侧仅包含 Node B 一种实体,这简化了网络设计,降低了后期维护的难度。实现了全 IP 路由,网络结构趋近于 IP 宽带网络。

整个 TD-LTE 系统由演进型分组核心网(Evolved Packet Core Net,EPCN)、演进型基站(eNode B)和用户设备终端(UE)三部分组成,如图 6-39 所示。其中,EPC 负责核心网部分,EPC 控制处理部分称为 MME,数据承载部分称为 SAE Gateway (S-GW);eNode B 负责接入网部分,也称 E-UTRAN;UE 指用户设备终端。

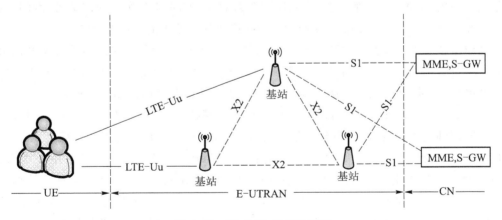

图 6-39　TD-LTE 系统结构图

演进后的 LTE 系统接入网更加扁平化,趋近于典型的 IP 宽带网络结构。网络架构比较大的变化是仅支持分组交换域,接入网为单层结构。eNode B 是 E-UTRAN 的唯一结点。eNode B 在 Node B 原有功能基础上,增加了 RNC 的物理层、MAC 层、RRC、调度、接入控制、承载控制、移动性管理和相邻小区无线资源管理等功能。eNode B 之间通过 X2 接口采用网格(Mesh)方式互连,每个 eNode B 又和演进型分组核心网通过 S1 接口相连。S1 接口的用户面终止在服务网关(Serving GW,S-GW)上,S1 接口的控制面终止在移动性管理实体

（Mobility Management Entity，MME）上。

MME 的功能主要包括：寻呼消息发送，安全控制，Idle 状态的移动性管理，SAE 承载管理以及 NAS 信令的加密与完整性保护等。

S-GW 的功能主要包括：数据的路由和传输，以及用户面数据的加密。

（2）TD-LTE 系统的未来演进

2008 年 3 月，在 LTE 标准化终于接近于完成之时，一个在 LTE 基础上继续演进的项目——先进的 LTE（LTE-Advanced）项目又在 3GPP 拉开了序幕。LTE-Advanced 是在 LTE R8/R9 版本的基础上进一步演进和增强的标准，它的一个主要目标是满足 ITU-R 关于 IMT-Advanced(4G)标准的需求。同时，为了维持 3GPP 标准的竞争力，3GPP 制定的 LTE 技术需求指标要高于 IMT-Advanced 的指标。LTE 相对于 3G 技术，名为"演进"，实为"革命"，但是 LTE-Advanced 将不会成为再一次的"革命"，而是作为 LTE 基础上的平滑演进。LTE-Advanced 系统应自然地支持原 LTE 的全部功能，并支持与 LTE 的前后向兼容性，即 R8 LTE 的终端可以接入未来的 LTE-Advanced 系统，LTE-Advanced 系统也可以接入 R8 LTE 系统。

3. WiMAX 技术

目前，全球无线通信呈现出移动化、宽带化和 IP 化的趋势。正当 3G 逐渐开始商用，力争提供移动宽带服务的同时，一些无线宽带接入技术也开始提供部分的移动功能，一些组织力争依靠宽带移动化技术进入移动通信市场，出现 WiMAX 组织和 IEEE802.16 技术向 3G 的挑战。

IEEE802.16 是 IEEE 802 下设的负责城域网的工作组，IEEE802.16 目标是在 20 MHz 频率带宽内提供 74.4 Mbit/s 的数据传输，IEEE802.16 在 2004 年公布了固定宽带无线接入系统的标准之后，又在 2005 年推出 IEEE802.16e 移动宽带无线接入空中接口标准。

全球微波接入互操作性（WiMAX）是由业界领先的通信设备公司及器件公司共同成立的非营利组织。该组织旨在对基于 IEEE802.16 标准和 ETSI HiperMAN 标准的宽带无线接入产品进行一致性和互操作性认证，其目标是加快这些产品推向市场的进程。

WiMAX 基于 IEEE802.16 工业标准的无线城域网技术，其信号传输半径可达 50 km，基本上能覆盖到城郊地区，既可以作为解决无线接入的技术，又可作为有线网络接入（Cable、DSL）的无线扩展，可以方便地实现边远地区的网络连接。WiMAX 技术的主要优势有：① 实现更远的传输距离和频谱的灵活性，理论上，WiMAX 能实现 50 km 距离的无线信号传输，并且它几乎可以使用微波所有的频段，比如 2~60 GHz，因为许多频段还尚未规划，所以它的应用有较大的灵活性；② 提供更高速的宽带接入，WiMAX 能提供的最高接入速率为 74.4 Mbit/s；③ 能够提供优良的最后一公里网络接入服务，作为一种无线城域网技术，WiMAX 可以将 Wi-Fi 热点连接到 Internet，也可作为 DSL 等有线接入方式的无线扩展，实现最后一公里的宽带接入，在相当大的覆盖范围内，用户无需线缆即可与基站建立宽带连接；④ 可提供多媒体通信服务，由于 WiMAX 比 Wi-Fi 具有更好的可扩展性和安全性，从而能够实现电信级的多媒体通信服务。

2007 年 10 月 WiMAX 被正式批准为 ITU 标准，成为 3G 标准中 IMT-2000 家族的一名正式成员。表 6.3-4 对基于 IEEE 802.16e 的 WiMAX 和其他 3G 技术进行了比较。

表 6.3-4　WiMAX 与其他 3G 标准的比较

技　术	WiMAX	3G（CDMA2000）	3G（WCDMA/UMTS）
标准	IEEE 802.16e	CDMA2000	WCDMA
吞吐量	直到 30 Mbit/s（10 MHz）	直到 2.4 Mbit/s（1xEV-DO）；直到 3.1 Mbit/s（1xEV-DV）	直到 2 Mbit/s（HSDPA 支持超过 10 MHz）
覆盖范围	典型 2~5 km	典型 2~5 km	典型 2~5 km
频率	2~6 GHz	400,700,800,900,1800,2100 MHz	900,1800,2100 MHz
带宽	1.25~20 MHz	1.25 MHz	5 MHz（固定）
物理层核心技术	OFDM、自适应调制编码、支持自适应天线系统	CDMA、自适应调制编码	CDMA、自适应调制编码
双工方式	TDD	FDD	FDD
移动性	游牧式移动	支持高速移动	支持高速移动

4. IMT-Advanced 系统

当 3G 开发和商用正在如火如荼地进行时,移动通信业界有关后 IMT-2000 的研究已经悄然进行了,后 IMT-2000 曾被称为第四代移动通信4G,现在改称为后 3G(B3G)。由于目前 3G 还没有大规模商用,本身的能力又有很大的发展空间,所以 ITU 强烈呼吁不要使用 4G 这个术语,在 2005 年 10 月 18 日结束的 ITU-REP8F 的第 17 次会议上,ITU 又给了 B3G 技术一个正式的名称——IMT-Advanced。按照 ITU 的定义,IMT-2000 技术和 IMT-Advanced 技术拥有一个共同的前缀 IMT,表示国际移动通信。当前的 WCDMA、HSDPA 等技术统称为 IMT-2000 技术。

未来新的空中接口技术将被称为 IMT-Advanced 技术。这个命名的关键概念是 IMT-Advanced 与 IMT-2000 是并列的,都是 IMT 的一个分支;从这个意义上讲,IMT-Advanced 是 3G 的新发展,而不是 4G。这种观念的提出是有深刻市场背景的。数年前,欧洲很多国家的政府采用拍卖方式发放 3G 许可证,运营商购买许可证的投资总额高达数百亿美元。在 3G 系统没有大规模商用,在许可证费用成为运营商的沉重负担的时候如果提出 4G 的概念甚至来发放 4G 许可证,这些 3G 运营商将血本无归,经济崩溃。从政治、经济和技术的平衡,从网络演进和业务发展的规律,从历史的继承性等诸多方面综合考虑,要求在一定期限内将 3G 后所发展的新技术纳入 3G 范畴,让移动通信事业蓬勃地、有序地发展。

IMT-Advanced 系统基于全 IP 的核心网,支持有线及无线接入,具有非对称数据传输能力,在高速移动环境下速率将达到 100 Mbit/s,在静止环境下将达到 1 Gbit/s 以上,能够支持下一代网络的各种应用。IMT-Advanced 网络构架如图 6-40 所示。

目前各国积极开展 IMT-Advanced 技术的预研工作,但是,对究竟采用什么技术才能达到预定目标方面,还没有形成清晰、一致的概念,但通过对 B3G 的有关讨论和提案,可以看到移动通信未来发展的趋势和要求。

（1）提出 B3G 的原因

B3G 提出的原因主要有以下两点:

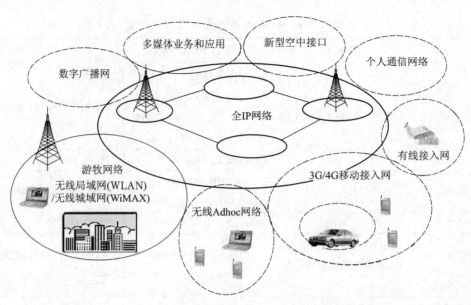

图 6-40　IMT-Advanced 网络构架

① 对未来高速数据传输能力的要求。

根据对通信业务量的统计,近几年来数据业务发展迅速,数据业务将会成为个人移动通信的主要业务,高速数据传输业务也将成为业务的重点。3G 虽然能提供移动的数据业务,但高速数据业务在未来却可能成为 3G 的性能瓶颈。由于网络结构和无线链路结构特点的限制,3G 高速数据业务存在以下的问题:在 CDMA 结构下提供高速数据业务需要克服更大的干扰;由于空中接口标准对核心网的限制,难以胜任大量的有着各自业务质量(QoS)和性能要求的多速率数据业务;为了有效地适应不同的无线环境,时分、频分复用结构的融合受到限制。为弥补 3G 对于未来超高速数据传输的不足,业界提出能提供高速率数据业务的网络结构的设想,于是,B3G 的研究就提到日程了。

② 理论研究的超前性。

从 1G 到 3G 的研究都是超前当时情况进行研究的,根据历史经验,几乎每 10 年左右就有新一代的技术革命和网络系统更替。B3G 的研究也是基于对未来业务发展的预测而提前做的研究准备。

(2) B3G 的功能描述和关键特性

ITU 将 IMT-Advanced 系统作为继 3G 和 E3G 之后的下一代移动通信系统,其主要内容不仅包括传统通信技术,还包括各种无线接入新技术及数字广播新技术等。它支持从低到高的各种移动性下的应用,同时可以达到远远超过 3G 系统的高速率数据,并满足多种应用环境下用户业务需求。按照 ITU 对 IMT-Advanced 的定义,当用户处于静止或者低速移动时,IMT-Advanced 应当能够支持 1000 Mbit/s 的数据业务速率;当用户处于高速移动状态时,IMT-Advanced 应当能够支持 100 Mbit/s 的数据业务速率;IMT-Advanced 系统还具有在更广泛的服务平台下提供高 QoS 多媒体应用的能力。与前面提及的 E3G 技术相比,B3G (IMT-Advanced)技术的性能要高一个数量级。

目前,对 B3G 通信系统提出的要求主要有如下几点:① 统一的无线接入,全球无缝覆盖,全球漫游;② 更高速的数据接入;③ 高速的空中接口和高效的接入网结构;④ 动态支持各种传输类型、终端类型、无线环境、QoS 类型和移动模式;⑤ 基于路由的全 IP 网络,更多的多媒体应用业务;⑥ 极大的系统容量,更高的频谱利用率。

IMT-Advanced 具有如下关键特性:① 在保持成本经济,同时支持灵活广泛的服务和应用的基础上,可以达到世界范围内的高度通用性;② 同时具有支持 IMT 业务和固定网络业务的能力;③ 可以承载高质量的移动服务;④ 用户终端可以在全球范围内通用;⑤ 具有更友好的业务应用、服务和终端设备;⑥ 具备全球范围内的漫游能力;⑦ 可提供增强的数据峰值速率以支持新的业务和应用,例如多媒体应用(需要在高移动性下支持 100 Mbit/s,低移动性下支持 1 Gbit/s)等。

(3) B3G 可能采用的关键技术

为了满足 B3G 系统的要求,表 6.3-5 列举了 B3G 可能采用的各种关键技术。

表 6.3-5　B3G 可能采用的各种关键技术

应解决的技术问题	可能采用的各种关键技术
解决大容量问题	新的同步传输;大范围的正交同步设计;功率控制;多用户检测;智能天线;小区结构优化;多输入多输出(MIMO)
解决高速数据传输的问题	正交频分复用(OFDM);新调制技术;高阶调制(8PSK、16QAM 和 64QAM 等);多载波 CDMA
解决更高频率利用率的问题	OFDM;MIMO;高阶调制(8PSK、16QAM 和 64QAM 等);新调制技术
满足各种 QoS 要求	新信道编码和信源编码方案;重点差错控制;混合自动重传请求(HARQ)与智能分组重传
随时随地接入的问题	软件无线电(SDR)

实际上,在 B3G 可能采用的各种关键技术中,一部分已经在 E3G 的 LTE 计划中进行了技术研究、标准制定、设备研制、应用和用户体验,以便今后成功地实现 E3G 和 B3G 的衔接。

(4) IMT-Advanced 工作展望

ITU-R 已于 2008 年 3 月向其成员国组织发出了征集 IMT-Advanced 技术标准的通函。全球各大标准化组织纷纷开始研究筹备自己的系统方案,预期在未来 3～15 年间,IMT-Advanced 技术将成为主流的移动通信技术。

6.4　小结与思考

小结

数字微波通信、光纤通信和卫星通信一起被称为现代通信传输的三大支柱。

微波是指频率为 300 MHz～300 GHz 的电磁波,其对应的波长为 1 m～1 mm。微波通信是指利用微波段电磁波进行的通信。数字微波通信就是指用微波作为载波,将数字基带信号

调制在微波载频上,利用此载有信息的微波来传递信息的通信方式。

卫星通信是指利用人造卫星作为中继站转发无线电信号,在多个地球站之间进行长距离的通信。它是在微波接力通信和航天技术基础上发展起来的一门新兴的通信技术,是微波接力通信向太空的延伸,采用的是微波频段。用于实现通信目的的人造地球卫星被称为通信卫星。

移动通信是指通信双方至少有一方在移动中的通信,例如运动的车辆、船舶、飞机或人与固定点之间的信息交换,或者移动物体之间的通信。

一个基本的蜂窝移动通信系统由移动台(MS)、基站(BS)和移动电话交换中心(MSC)三部分以及连接这三部分的链路组成。

GSM 系统是基于时分多址(TDMA)的数字蜂窝系统,属于第二代移动通信系统。GSM系统为世界上绝大多数国家使用;GSM 系统是完全依据欧洲通信标准化委员会(ETSI)制定的 GSM 技术规范研制而成的,任何一家厂商提供的 GSM 数字蜂窝移动通信系统都必须符合 GSM 技术规范。

CDMA 数字移动通信系统是北美的第二代移动通信系统。使用了码分多址技术,由于码分多址技术本身的特点,使 CDMA 移动通信系统具有频谱利用率高、系统容量大、软容量、软切换、抗窄带干扰能力强等优点,从而在第三代移动通信中全部采用了码分多址CDMA 技术。码分多址技术包含了两个基本技术,一个是码分技术,其基础是扩频技术;另一个是多址技术。

WCDMA(宽带码分多址)是一种由 3GPP 具体制定、基于 GSM MAP 核心网,UTRAN(UMTS 陆地无线接入网)为无线接口的第三代移动通信系统。WCDMA 能够支持移动/手提设备之间的语音、图像、数据以及视频通信,速率可达 2 Mbit/s(对于局域网而言)或者384 kbit/s(对于宽带网而言)。目前 WCDMA 有 Release 99、Release 4、Release 5、Release 6 等版本。

TD-SCDMA 是中国提出的、被国际上广泛接受和认可的第三代移动通信标准,也是 ITU批准的三个 3G 标准中的一个。TD-SCDMA 系统综合了 TDD 和 CDMA 的技术优势,具有灵活的空中接口,并采用了智能天线,联合检测等先进的技术,使得 TD-SCDMA 具有相当高的技术先进性,并且在三个标准中具有最高的频谱效率。

3GPP 于 2004 年底启动了长期演进(LTE)项目,以确保其 UMTS 系统的长期竞争力。3GPP2 随后跟进,于 2005 年初启动了空中接口演进 AIE 项目。可以将 3GPP LTE 和 3GPP2AIE 项目统称为演进型 3G 技术,它通过引入 OFDM、MIMO 等无线通信新技术,对 3G 核心技术进行了大规模革新。

第三代移动通信系统 IMT-2000 的后续演进路线主要有 3 个:一是以 3GPP 为基础的技术轨迹,即从 2G 的 GSM、2.5G 的 GPRS 到 3G 的 WCDMA 和 TD-SCDMA、3G 增强型 HSDPA,进而到 LTE 的发展路线,最后演进到 IMT-Advanced;二是以 3GPP2 为基础的技术轨迹,即从 2G的 CDMA2000 到 2.5G 的 CDMA2000 1x,再到 3G 的 CDMA20001x EV-DO/EV-DV,以及长期演进的 UMB 升级版本,最后演进到 IMT-Advanced;三是以 IEEE 的 WiMAX 为基础的技术路线,是宽带无线接入技术向着高速移动性、高服务质量的方向演进的结果,由 802.16e 演进到 802.16m,最后演进到 IMT-Advanced。

分时-长期演进(Time Division Long Term Evolution,TD-LTE)是基于 3GPP 长期演进技

术(LTE)的一种通信技术与标准,属于 LTE 的一个分支。该技术由上海贝尔、诺基亚西门子通信、大唐电信、华为、中兴、中国移动、高通、ST-Ericsson 等业者共同开发。

思考

6-1 数字光纤通信系统主要由哪几部分构成,各完成什么样的功能?

6-2 简述光纤的结构及按模式分类。

6-3 画出光纤通信系统的组成框图,并简述各部分的作用。

6-4 什么是光纤的色散和损耗特性?

6-5 什么是微波和微波通信? 它有何特点? 使用什么频段?

6-6 简述数字微波中继通信系统的组成与各自的功能。

6-7 卫星通信的特点有哪些? 简述卫星通信系统的组成与功能(工作过程)。

6-8 卫星通信正在使用的工作频段有哪几个?

6-9 静止通信卫星主要由哪几部分组成? 各分系统的功能是什么?

6-10 数字卫星地球站主要由哪几部分构成? 各部分设备的功能分别是什么?

6-11 说明 VAST 系统的特点。

6-12 什么是移动通信? 其特点是什么?

6-13 简述多径传播的概念?

6-14 什么是多址技术? 有哪些多址方式?

6-15 说明大区制、中区制和小区制的概念。

6-16 简述 GSM 系统的特点及关键技术。

6-17 什么叫鉴权? 如何鉴权? 何时需鉴权?

6-18 什么叫漫游? 什么叫切换? 简述 GSM 系统同一 BSC 内不同 BTS 小区之间的切换工作流程。

6-19 CDMA 系统的特点及关键技术是什么?

6-20 何为软切换? 它和硬切换的区别?

6-21 切换有哪几个种类,试简单说明。

6-22 位置更新包括哪几个过程,试简述之。

6-23 简述 GSM 系统所有识别码的构成并举例说明。

6-24 GSM 中公共控制信道有哪些? 其中广播信道有哪几种?

6-25 简述 WCDMA 系统结构以及各部分的功能。

6-26 TD-SCDMA 的关键技术有哪些?

6-27 简述第三代移动通信系统的后续演进路线。

第 7 章

数字图像通信技术

7.1 图像技术基础

7.1.1 图像的基本概念

图像是用各种观测系统、以不同形式和手段观测客观世界而获得的,可以直接或间接作用于人眼,进而产生视知觉的实体。图像是对客观存在物体的一种相似性的生动模仿和描述,是物体的一种不完全的、不精确的描述,但是在某种意义下是适当的表示。

客观世界在空间上是三维的,但是大部分成像装置都将三维世界投影到二维像平面,所以得到的图像是二维的。一幅图像可以被定义为一个二维函数 $f(x,y)$,其中 x 和 y 是空间(平面)坐标,f 在任何坐标点 (x,y) 处的振幅称为图像在该点的亮度。当 x、y 和 f 的幅度都是有限的离散值时,称该图像为数字图像。数字图像处理就是用计算机处理数字图像。

图像的概念近年来有许多扩展。虽然一般谈到图像常指 2D 图像,但是 3D 图像、立体图像、彩色图像、多光谱图像以及多视图像等也越来越多见。虽然一般谈到图像常指单幅图像,但是图像序列、运动图像(如电视和视频)等也逐步得到了广泛的应用。虽然图像常用对应辐射度的灰度点阵的形式显示,但灰度代表的也可能是深度值(深度图像)、纹理变化(纹理图像)、物质吸收值(计算机断层扫描图像)等。

7.1.2 像素及像素间联系

1. 像素

图像可分解为许多个单元。每个基本单元叫做图像元素,简称像素(Picture Element),

对 2D 图像,英文里常用 pixel(或 pel)代表像素。一幅图像可以直观地表示为一个 $M×N$ 的矩阵,其中每一个元素代表一个像素,M 和 N 分别为图像的行数和列数,如图 7-1 所示。

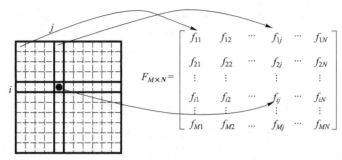

图 7-1　图像的表示

一幅数字图像是在空间坐标和灰度值上离散化并进行数字编码的图像。空间坐标的数字化就称为图像采样,即把图像分割成一个个的称为像素的小区域,它确定了图像的空间分辨率;而幅度值的数字化则称为灰度级量化,它确定了图像的幅度分辨率,每个像素的亮度(又称灰度值)用一个整数来表示,通常表示为 256 级,即用 $0,1,2,\cdots,255$ 的整数来表示,通常约定图像的灰度值大表示亮,反之则表示暗。经过采样和量化,空间位置和幅度值均离散化,形成一个阵列,阵列中的每一个元素都是离散化的。

图像的数字化示例如图 7-2 所示。

```
18 17 19 17 21 29 45 59 65 59 58 66 67 61 69 60
22 20 19 17 21 25 51 65 82 90 84 74 73 78 57 56
27 23 23 18 17 21 42 47 66 90 97 84 86 58 61
28 25 24 21 19 21 24 24 30 50 77 95 93 84 79 77
26 24 24 23 22 23 26 38 37 28 43 77 93 88 102 91
24 20 20 21 22 23 40 68 75 47 29 48 80 97 109 97
23 16 15 17 19 19 36 55 73 68 44 33 58 92 108 103
23 14 11 13 15 15 16 12 36 69 64 35 42 77 108 110
18 21 20 19 16 7  8  14 31 60 63 30 32 79 106 118
19 18 13 13 18 17 5  11 23 48 57 38 45 84 122 128
21 18 10 13 28 35 29 42 51 53 46 40 63 104 140 137
22 24 15 18 35 46 58 77 82 60 35 42 90 140 152 140
21 27 19 21 35 44 46 53 52 38 36 72 131 172 164 146
20 26 24 31 46 54 28 14 13 31 70 128 174 187 180 156
20 26 36 60 88 101 74 59 63 99 138 178 196 186 190 163
20 28 50 91 133 152 149 140 160 189 197 201 198 182 192 165
```

图 7-2　图像的数字化示例

2. 像素间联系

实际图像中的像素在空间中是按某种规律排列的,相互之间有一定的关系,像素之间的关系与每个像素的由近邻像素组成的邻域有关。对 1 个坐标为 (x,y) 的像素 p,它可以有 4 个水平和垂直的近邻像素,它们的坐标分别是 $(x+1,y)$,$(x-1,y)$,$(x,y+1)$,$(x,y-1)$。这些像素(均用 r 表示)组成 p 的 4-邻域,记为 $N_4(p)$,见图 7-3(a)。需要指出,如果像素 p 本身处在图像的边缘,则它的 $N_4(p)$ 中的若干个像素会落在图像之外。

像素 p 的 4 个对角近邻像素(用 s 表示)的坐标是 $(x+1,y+1)$,$(x+1,y-1)$,$(x-1,y+1)$,$(x-1,y-1)$,它们记为 $N_D(p)$,见图 7-3(b)。像素 p 的 4 个 4-邻域近邻像素加上 4 个对角邻域像素合起来构成 p 的 8-邻域,记为 $N_8(p)$,见图 7-3(c)。同上,如果像素 p 本身处在图像的边缘,则它的 $N_D(p)$ 和 $N_8(p)$ 中的若干像素会落在图像外。

	r	
r	p	r
	r	

(a) 4-邻域

s		s
	p	
s		s

(b) 对角邻域

s	r	s
r	p	r
s	r	s

(c) 8-邻域

图 7-3　像素的邻域

对两个像素 p 和 q 来说,如果 q 在 p 的邻域(可以是 4-邻域、8-邻域或对角邻域)中,则称 p 和 q 是邻接(分别是 4-邻接、8-邻接或对角邻接)的。如果 p 和 q 是邻接的,且它们的灰度值均满足某个特定的相似准则(如它们的灰度值相等或在一个灰度值集合中取值),则称 p 和 q 是连接的。可见连接比邻接要求更高,不仅要考虑空间关系,还要考虑灰度关系。

如果 p 和 q 不邻接,但它们均在另一个像素的相同邻域中,且这 3 个像素的灰度值均满足某个特定的相似准则,则称 p 和 q 是连通的(可以是 4-连通或 8-连通)。进一步,只要两个像素 p 和 q 间有一系列连接的像素,则它们是连通的。这一系列连接的像素构成像素 p 和 q 间的通路。从具有坐标 (x,y) 的像素 p 到具有坐标 (s,t) 的像素 q 的一条通路由一系列具有坐标 $(x_0,y_0),(x_1,y_1),\cdots,(x_n,y_n)$ 的独立像素组成。这里 $(x_0,y_0)=(x,y)$,$(x_n,y_n)=(s,t)$,且 (x_i,y_i) 与 (x_{i-1},y_{i-1}) 邻接,其中 $1 \leq i \leq n$,n 为通路长度。

像素之间关系的一个重要概念是像素之间的距离。给定 3 个像素 p、q、r,坐标分别为 $(x,y),(s,t),(u,v)$,如果下列条件满足,则称函数 D 是距离量度函数且满足:

① $D(p,q) \geq 0$　($D(p,q)=0$,当且仅当 $p=q$);

② $D(p,q)=D(q,p)$;

③ $D(q,r) \leq D(p,q)+D(q,r)$。

上述 3 个条件中,第 ① 个条件表明两个像素之间的距离总是正的(两个像素空间位置相同时,其间的距离为零);第 ② 个条件表明两个像素之间的距离与起、终点的选择无关;第 ③ 个条件表明两个像素之间的最短距离是沿直线的。

在数字图像中,距离有不同的量度方法。

点 p 和 q 之间的欧式距离(也就是范数为 2 的距离)定义为

$$D_E(p,q) = \left[(x-s)^2+(y-t)^2 \right]^{1/2} \tag{7.1-1}$$

根据这个距离量度,与 (x,y) 的距离小于或等于某个值 d 的像素都包括在以 (x,y) 为中心、以 d 为半径的圆中。在数字图像中,对圆只能近似地表示,例如与 (x,y) 的 D_E 距离小于或等于 3 的像素组成如图 7-4(a)所示的区域(图中距离值已四舍五入)。欧氏距离的计算涉及平方和开方,所以计算量大且结果常不为整数。

点 p 和 q 之间的 D_4 距离(也是范数为 1 的距离),也称为城区距离,定义为

$$D_4(p,q) = |x-s|+|y-t| \tag{7.1-2}$$

根据这个距离量度,与 (x,y) 的 D_4 距离小于或等于某个值 d 的像素组成以 (x,y) 为中心的菱形。例如与 (x,y) 的 D_4 距离小于或等于 3 的像素组成如图 7-4(b)所示的区域。$D_4=1$ 的像素就是 (x,y) 的 4-近邻像素。

点 p 和 q 之间的 D_8 距离(也是范数为 ∞ 的距离),也称为棋盘距离,定义为

$$D_8(p,q) = \max(|x-s|,|y-t|) \tag{7.1-3}$$

根据这个距离量度，与(x,y)的D_8距离小于或等于某个值d的像素组成以(x,y)为中心的正方形。例如，与(x,y)的D_8距离小于或等于 3 的像素组成如图 7-4(c)所示的区域。$D_8 = 1$的像素就是(x,y)的 8-近邻像素。

```
              3                      3              3 3 3 3 3 3 3
     2.8 2.2 2 2.2 2.8             3 2 3            3 2 2 2 2 2 3
     2.2 1.4 1 1.4 2.2           3 2 1 2 3          3 2 1 1 1 2 3
   3  2  1  0 1  2  3          3 2 1 0 1 2 3        3 2 1 0 1 2 3
     2.2 1.4 1 1.4 2.2           3 2 1 2 3          3 2 1 1 1 2 3
     2.8 2.2 2 2.2 2.8             3 2 3            3 2 2 2 2 2 3
              3                      3              3 3 3 3 3 3 3
```

| (a) 欧式距离 | (b) 城区距离 | (c) 棋盘距离 |

图 7-4 等距离轮廓示例

欧式距离给出的结果准确，但由于计算时需要进行平方和开方运算，计算量大。城区距离和棋盘距离均为非欧式距离，计算量小，但有一定的误差。注意距离的计算只考虑图像中两个像素的位置而不考虑这两个像素的灰度值。

7.1.3 图像显示及数据量

图像显示是指将图像数据以图的形式展示出来，一般情况下是亮度模式的空间排列，即在空间(x,y)处显示对应f的亮度。对图像处理来说，处理的结果主要用于显示给人看。对图像分析来说，分析的结果也可以借助计算机图形学技术转换为图像形式直观地展示。所以图像显示对图像处理和分析系统来说非常重要。

常用图像处理系统的主要显示设备包括可以随机存储的阴极射线管（Cathode Ray Tube，CRT），电视显示器（Television，TV）和液晶显示器（Liquid Crystal Display，LCD）。除了显示器，各种打印设备，如各种打印机也可看做图像显示设备。打印设备一般用于输出较低分辨率的图像。早年在纸上打印灰度图像的一种简便方法是利用标准行打印机的重复打印能力，输出图像上任一点的灰度值可由该点打印的字符数量和密度来控制。近年来使用的各种热敏、热升华、喷墨和激光打印机等具有更高的能力，已经可以打印较高分辨率的图像。

假设用 1 个$M×N$矩阵中等距采样来近似一幅连续图像$f(x,y)$，即

$$f(x,y)=\begin{bmatrix} f(0,0) & f(0,1) & \cdots & f(0,N-1) \\ f(1,0) & f(1,1) & \cdots & f(1,N-1) \\ \vdots & \vdots & & \vdots \\ f(M-1,0) & f(M-1,1) & \cdots & f(M-1,N-1) \end{bmatrix} \quad (7.1-4)$$

则图像的空间分辨率就是$M×N$，而图像的幅度分辨率就是各个$f(\cdot)$可取的离散灰度级数G（不同灰度值的个数）。为方便计算机处理，一般将这些量取为 2 的整数次幂，即

$$M = 2^m \quad (7.1-5)$$

$$N = 2^n \quad (7.1-6)$$

$$G = 2^k \quad (7.1-7)$$

这里假设这些离散灰度级是均匀分布的。

7.1 图像技术基础

1. 分辨率与数据量

存储一幅图像所需的数据量由图像的空间分辨率和幅度分辨率决定,存储一幅图像所需的比特数为

$$b = M \times N \times k = M \times N \times \log_2 G \, (\text{bit}) \tag{7.1-8}$$

如果 $N = M$,则

$$b = N^2 k = N^2 \log_2 G \, (\text{bit}) \tag{7.1-9}$$

例如:

存储 1 幅 32 * 32、16 个灰度级的图,需要 4 096 bit;

存储 1 幅 128 * 128、64 个灰度级的图,需要 98 304 bit;

存储 1 幅 512 * 512、256 个灰度级的图,需要 2 097 152 bit。

【例 7.1-1】　某一待传输的图片约含 5×10^5 个像素。为了能较好地重现图片,需要 16 个亮度电平。假如各像素间的亮度取值相互独立,且各亮度电平等概率出现。利用某高斯白噪声信道来传输该图片,假定信道带宽为 80 kHz,信道的输出信噪比为 1023。试计算传输该图片所需的最短时间。

解:由题意可知:

每个像素的熵为 $H(x) = \log_2 G = \log_2 16 \, (\text{bit}) = 4 \, \text{bit/符号}$;

一幅图片的信息量为 $I = 5 \times 10^5 \times 4 \, \text{bit} = 2 \times 10^6 \, \text{bit}$;

某高斯白噪声的信道容量为 $C = B \log_2 (1 + S/N) = 80 \times 10^3 \times 10 \, \text{bit/s} = 8 \times 10^5 \, \text{bit/s}$;

传输该图片的时间为 $t = \dfrac{2 \times 10^6}{8 \times 10^5} \, \text{s} = 2.5 \, \text{s}$。

2. 空间分辨率与图像质量

一幅图像在空间上的分辨率与其包含的像素个数成正比,如图 7-5 所示,7-5(a)图为原始图,大小为 512×512,灰度级保持 256 级不变,而空间分辨率依次降为 256×256,…,64×

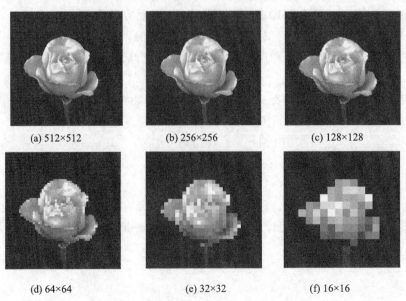

(a) 512×512　　　(b) 256×256　　　(c) 128×128

(d) 64×64　　　(e) 32×32　　　(f) 16×16

图 7-5　图像空间分辨率变化所产生的效果

64，…，16×16。可见，像素个数越多，图像的分辨率越高，就越有可能看出图像的细节。当空间分辨率降到较小值时，图片变得模糊，在图中各区域的边缘处看到棋盘模式，并在全图看到像素粒子变粗的现象，在 16×16 的 7-5(f)图中就相当显著了。

3. 幅度分辨率与图像质量

图像幅度分辨率变化所产生的效果如图 7-6 所示。7-6(a)图为 512×512 的原始图，灰度级为 256 级，保持图片大小不变，而幅度分辨率依次降为 128 级，…，16 级，…，2 级。可见，当幅度分辨率降到较小值时，在图中灰度缓变区域会出现一些几乎看不出来的非常细的山脊状结构，这种效应称为虚假轮廓，它是由于在图像的灰度平滑区使用的灰度级数不够而造成的，在 16 级或不到 16 级的图中非常明显。

(a) G=256   (b) G=128   (c) G=32

(d) G=16   (e) G=4   (f) G=2

图 7-6   图像幅度分辨率变化所产生的效果

7.1.4   图像存储及格式

1. 图像存储器

图像包含大量的信息，因而存储图像也需要大量的空间。在图像处理和分析系统中，大容量和快速的图像存储器是必不可少的。在计算机中，图像数据量最小的量度单位是比特（bit），存储器的存储量常用字节（Byte）、千字节（KB）、兆字节（MB）、吉字节（GB）、太字节（TB）等表示。图像存储器包括磁带、磁盘、闪速存储器、光盘和磁光盘等。

用于图像处理的存储器可分为三类。

（1）处理过程中使用的快速存储器

计算机内存就是一种提供快速存储功能的存储器。目前一般微型计算机的内存常为几个吉字节。另一种提供快速存储功能的存储器是特制的硬件卡，也叫帧缓存。它常可存储多幅图像并可以视频速度（每秒 25 或 30 幅图像）读取。它也可以允许对图像进行放大或缩小，以及垂直翻转和水平翻转。目前常用的帧缓存容量可达几十个吉字节。

（2）用于比较快地重新调用的在线或联机存储器

磁盘是比较通用的在线存储器，常用的 Winchester 磁盘已可存储上百个吉字节的数据。

另外还有磁光(Magnet-Optical,MO)存储器,它可在 5.25 英寸的光片上存储 5 GB 的数据。在线存储器的一个特点是需要经常读取数据,所以一般不采用磁带一类的顺序介质。对更大的存储要求,还可以使用光盘塔和光盘阵列,一个光盘塔可放几十张到几百张光盘,利用机械装置插入或从光盘驱动器中抽取光盘。

(3) 不经常使用的数据库(档案库)存储器

数据库存储器的特点是要求非常大的容量,但对数据的读取不太频繁。一般常用的一次写多次读(Write Once Read Many,WORM)光盘可在 12 英寸的光盘上存储 6 GB 数据,在 14 英寸的光盘上存储 10 GB 数据。另外 WORM 光盘在一般环境下可储藏 30 年以上。在主要是读取的应用中,也可将 WORM 光盘放在光盘塔中。一个存储量达到 TB 的 WORM 光盘塔可存储上百万幅百万像素的灰度和彩色图像。

2. 图像文件格式

图像文件指包含图像数据的文件,文件内除图像数据本身以外,一般还有对图像的描述信息,以方便读取、显示图像。表示图像常使用两种不同的方式,一种是矢量形式,另一种是光栅(也称位图或像素图)形式。图像文件可以采用任一种形式,也可以结合使用两种形式。

在矢量形式中,图像是用一系列线段或线段的组合体来表示的。线段的灰度(色度)可以是均匀的或变化的,在线段的组合体中各部分也可用不同灰度填充。矢量文件一般像程序文件,里面有一系列命令和数据,执行这些命令就可根据数据画出图案。矢量文件主要用于图形数据文件。

图像数据文件主要使用光栅形式,该形式与人对图像的理解一致(一幅图像是许多图像点的集合),比较适合色彩、阴影或形状变化复杂的图像。它的主要缺点是缺少对像素间相互关系的直接表示,且限定了图像的空间分辨率。后者带来两个问题,一个是将图像放大到一定程度就会出现方块效应;另一个是如果将图像缩小再恢复到原尺寸,则图像会变模糊。

图像数据文件的格式已有很多种,不同的系统平台和软件常使用不同的图像文件格式。下面简单介绍 4 种应用比较广泛的格式。

(1) BMP 格式

BMP 格式是 Windows 环境中的一种标准图像格式,全称是 Microsoft 设备独立位图(DIP)。BMP 图像文件也称位图文件,包括 3 部分:① 位图文件头(也称表头);② 位图信息(常称调色板);③ 位图阵列(即图像数据)。一个位图文件只能存放一幅图像。

位图文件头长度固定为 54 个字节,它给出图像文件的类型、大小、打印格式和位图阵列的起始位置等信息。位图信息给出图像的长、宽、每个像素的位数(可以是 1、4、8、24,分别对应单色、16 色、256 色和真彩色的情况)、压缩方法、目标设备的水平和垂直分辨率等信息。位图阵列给出原始图像里每个像素的值(例如对真彩色图像每 3 个字节表示 1 个像素,分别是蓝、绿、红的值),它的存储格式可以有压缩(仅用于 16 色和 256 色图像)和非压缩两种。位图阵列数据以图像的左下角为起点进行排列。

(2) GIF 格式

GIF 格式是一种公用的图像文件格式标准,它是 8 位文件格式(一个像素一个字节),所以最多只能存储 256 色图像,不支持 24 位的真彩色图像。GIF 文件中的图像数据均为压缩过的,采用的压缩算法是改进的 LZW 算法,当图像中有随机噪声时效果不太好。

GIF 文件结构较复杂,一般包括 7 个数据单元:文件头、通用调色板、图像数据区以及 4 个补充区(如果用户只是利用 GIF 格式存储用户图像信息,则可不设置)。其中表头和图像数据区是不可缺少的单元。

一个 GIF 文件中可以存放多幅图像,所以文件头中包含适用于所有图像的全局数据和仅属于其后那幅图像的局部数据,当文件中只有一幅图像时,全局数据与局部数据一致。多幅图像存放时,每幅图像集中成一个图像数据块,每块的第一个字节是标识符,指示数据块的类型(可以是图像块、扩展块或文件结束符)。

(3) TIFF 格式

TIFF 格式是一种独立于操作系统和文件系统的格式,很便于在软件之间进行图像数据交换。TIFF 图像文件包括文件头(表头)、文件目录(标识信息区)和文件目录项(图像数据区)。文件头只有一个,且在文件前端,它给出数据存放顺序、文件目录的字节偏移信息。文件目录给出文件目录项的个数信息,并有一组标识信息,给出图像数据区的地址。文件目录项是存放信息的基本单位,也称域。域主要分为 5 类:基本域、信息描述域、传真域、文献存储域和检索域。

TIFF 格式的描述能力很强,可制定私人用的标识信息。TIFF 格式支持任意大小的图像,文件可分 4 类:二值图像、灰度图像、调色板彩色图像和全彩色图像。一个 TIFF 文件中可以存放多幅图像,也可存放多份调色板数据。TIFF 格式中采用了 10 多种压缩方法,其中包括游程算法、LZW 算法和静止图像压缩标准(Joint Photographic Expert Group,JPEG)算法等。

(4) JPEG 格式

JPEG 格式是对静止灰度或彩色图像的一种国际压缩标准,尤其适用于拍摄的自然图片,目前数码相机中均使用了 JPEG 格式。JPEG 格式采用的是有损的编码格式(JPEG 格式也有一种无损编码形式,但没有特点,很少使用),其可节省的空间一般是相当大的。JPEG 图像文件格式在其内容和编码方式方面都比其他图像文件格式要复杂,但在使用时并不需要用到每个数据区的详细信息。JPEG 的编码格式中使用了离散余弦变换。

JPEG 标准本身只是定义了一个规范的编码数据流,并没有规定图像数据文件的格式。C-Cube Microsystems 公司定义了一种 JPEG 文件交换格式(JFIF)。JFIF 图像是一种或者使用灰度表示,或者使用 Y,C_b,C_r 分量表示的 JPEG 图像,它包含一个与 JPEG 兼容的文件头。一个 JFIF 文件通常包含单个图像,图像可以是灰度的,其中的数据为单个分量;也可以是彩色的,其中的数据包括 3 个分量。

7.2 图像增强

图像处理是将一幅图像变换成另一幅图像的加工过程。图像处理主要是在像素层次上进行加工,处理结果是供人们欣赏或观察,或作为后续的图像分析的前处理,或是为图像传输、存储带来便利。图像增强技术是一类典型的图像处理技术,它通过对图像的各种加工,获得视觉效果更"好",或看起来更"有用"的图像。由于具体应用的目的和要求不同,因而这里"好"和"有用"的含义也不相同。根据处理所进行的空间不同,目前常用的增强技术可分为基于空域的方法和基于变换域的方法两类。

7.2.1　空域处理

在图像处理中,空域是指由像素组成的空间。空域增强方法指直接作用于像素的增强方法,可表示为

$$g(x,y) = E_H[f(x,y)] \qquad (7.2-1)$$

其中 $f(x,y)$ 和 $g(x,y)$ 分别为增强前、后的图像,而 E_H 代表增强操作。如果 E_H 仅定义在每个 (x,y) 上,则 E_H 是一种点操作;如果 E_H 还定义在 (x,y) 的某个邻域上,则 E_H 常称为模板操作,利用像素本身以及其邻域像素的灰度关系,将模板运算用于图像空域增强常称为空域滤波。

1. 点操作

点操作是指仅利用单个像素的信息,将原始图像经过一个增强操作转化为增强后的图像。点操作主要包括:图像灰度映射、直方图均衡化和直方图规定化。

(1) 图像灰度映射

图像灰度映射是根据原始图像中每个像素的灰度值,按照某种映射规则,直接将其转化成另一灰度值。具体来说,设原始图像在 (x,y) 处的灰度为 f,而改变后的图像在 (x,y) 处的灰度为 g,则可表述为将在 (x,y) 处的灰度 f 映射为 g。在很多情况下,f 和 g 的取值范围是一样的,下面均设在 $[0,L-1]$ 中,L 为图像的灰度级数。对不同的灰度 f 可以根据不同的规则将其映射为 g,这些规则有时可写成解析式子,有时只能用函数曲线(称为变换曲线)来表示。下面是常用的三种映射规则。

① 图像求反。

对图像求反是将原图灰度值翻转,简单来说就是使黑变白,使白变黑。其变换曲线如图 7-7(a)所示,原来具有接近 $L-1$ 的较大灰度的像素在变换后其灰度接近 0,而原来较暗的像素变换后成为较亮的像素。普通黑白底片和照片的关系就是这样。

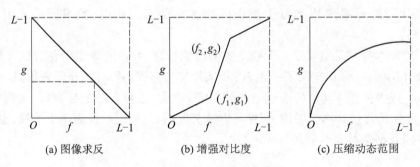

(a) 图像求反　　　　(b) 增强对比度　　　　(c) 压缩动态范围

图 7-7　几种灰度映射的曲线

② 增强对比度。

增强图像对比度实际上是增强原图各部分之间的反差(灰度差别),当 f 和 g 的取值范围一样时,往往是通过增加原图里某两个灰度值间的动态范围来实现。典型的增强对比度曲线如图 7-7(b)所示,原图中灰度值在 $0 \sim f_1$ 以及 $f_2 \sim (L-1)$ 间的动态范围减小了,而原图

中灰度值在 $f_1 \sim f_2$ 间的动态范围增加了,从而使这个范围内的对比度增强了。实际中 f_1、f_2、g_1、g_2 可取不同的值进行组合,可得到不同的效果。

③ 压缩动态范围。

压缩动态范围的目标与增强对比度相反。有时原图的动态范围太大,超出某些显示设备的允许动态范围,这时如直接使用原图灰度进行显示则一部分细节可能丢失。解决的办法是对原图进行灰度压缩。一种常用的压缩方法是借助对数形式的变换曲线,如图 7-7(c) 所示,就达到了压缩动态范围的目的。

(2) 直方图均衡化

直方图是图像的一种统计表达,直方图反映了图中灰度的分布情况。图像的灰度统计直方图是一个 1D 的离散函数,可写成

$$h(k) = n_k \quad k = 0, 1, \cdots, L-1 \tag{7.2-2}$$

其中,n_k 是图像中灰度值为 k 的像素的个数。

一幅灰度图像的直方图示例如图 7-8 所示,7-8(a) 是一幅图像,其灰度统计直方图可表示为 7-8(b),横轴为不同的灰度级,纵轴表示图像中各个灰度级像素的个数。

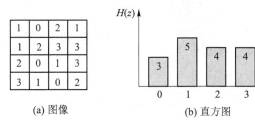

(a) 图像　　　　　(b) 直方图

图 7-8　图像的直方图示例

直方图与图像的视觉效果密切相关,或者说直方图的形状改变对图像有很大的影响。通过对灰度直方图的调整,可达到使图像数据信息量增大的目的,使画面的表现效果得到改善。不同直方图及其图片效果示例如图 7-9 所示,可见原图像由于灰度值比较集中在低灰度一边,整幅图像偏暗,将其直方图分布调整为基本跨越整个灰度范围,整幅图像变得层次分明。如果某个灰度值的个数在图像中占的比例比较大,则对画面的影响比较大,而某个灰度值的像素个数在图像中占的比例比较小,则改变这个像素的灰度值对图像的影响可忽略不计。

直方图均衡化的基本原理是:将图像中像素个数多的灰度值进行展宽,而对像素个数少的灰度值进行归并,从而达到增强图像的目的。

设图像的灰度变化范围为 $0 \sim (L-1)$,则直方图均衡化方法的具体步骤如下:

① 求原图的灰度直方图,设用 L 维的向量 h_f 表示,由 h_f 求原图的灰度分布概率 p_f

$$p_f(i) = \frac{h_f(i)}{N_f}, \quad i = 0, 1, 2, \cdots, L-1 \tag{7.2-3}$$

其中,$N_f = M \times N$,为图像的总像素个数;

② 计算图像各个灰度值的累积分布概率 p_a

$$p_a(i) = \sum_{k=0}^{i} p_f(k), \quad i = 0, 1, 2, \cdots, L-1 \tag{7.2-4}$$

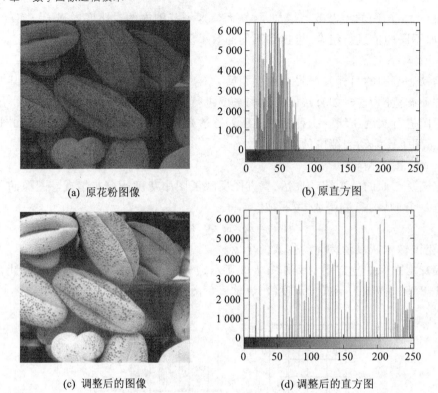

(a) 原花粉图像	(b) 原直方图
(c) 调整后的图像	(d) 调整后的直方图

图 7-9　不同直方图及其图片效果示例

③ 取整扩展

$$p_a(i) = \text{int}\big[(L-1)p_a(i)+0.5\big],\; i=0,1,2,\cdots,L-1 \tag{7.2-5}$$

其中，$\text{int}[\ \cdot\ ]$ 表示取整数；

④ 确定映射对应关系 $k \to p_a(i)$，并计算均衡化直方图。

【例 7.2-1】　设原图的数据为

$$f(x,y) = \begin{bmatrix} 1 & 3 & 9 & 9 & 8 \\ 2 & 1 & 3 & 7 & 3 \\ 3 & 6 & 0 & 6 & 4 \\ 6 & 8 & 2 & 0 & 5 \\ 2 & 9 & 2 & 6 & 0 \end{bmatrix}$$

试列出直方图均衡化的步骤，并计算结果。

解：原图的灰度级 $L=10$，直方图为

$$h_f = [3,2,4,4,1,1,4,1,2,3]$$

图像的总像素数为

$$N_f = 5 \times 5 = 25$$

原图的灰度分布概率为

$$p_f = \left[\frac{3}{25},\frac{2}{25},\frac{4}{25},\frac{4}{25},\frac{1}{25},\frac{1}{25},\frac{4}{25},\frac{1}{25},\frac{2}{25},\frac{3}{25}\right]$$

直方图均衡化计算如表 7.2-1 所示。

表 7.2-1　直方图均衡化计算列表

序号	运　算	步骤和结果									
1	原始图像灰度级 k	0	1	2	3	4	5	6	7	8	9
2	原图的灰度分布概率	0.12	0.08	0.16	0.16	0.04	0.04	0.16	0.04	0.08	0.12
3	累积分布概率	0.12	0.20	0.36	0.52	0.56	0.60	0.76	0.80	0.88	1.00
4	取整扩展	1	2	3	5	5	5	7	7	8	9
5	确定映射对应关系	0→1	1→2	2→3	3,4,5→5			6,7→7		8→8	9→9
6	均衡化后直方图		0.12	0.08	0.16		0.24		0.20	0.08	0.12

经直方图均衡化处理后的图像数据为

$$g(x,y) = \begin{bmatrix} 2 & 5 & 9 & 9 & 8 \\ 3 & 2 & 5 & 7 & 5 \\ 5 & 7 & 1 & 7 & 5 \\ 7 & 8 & 3 & 1 & 5 \\ 3 & 9 & 3 & 7 & 1 \end{bmatrix}$$

原始图像的灰度直方图和直方图均衡化后的灰度直方图如图 7-10 所示。

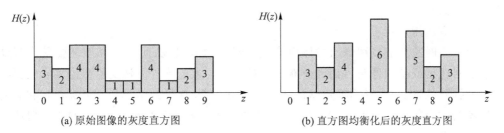

(a) 原始图像的灰度直方图　　　　(b) 直方图均衡化后的灰度直方图

图 7-10　直方图均衡化

【例 7.2-2】　火星卫星的一幅图像,试利用直方图均衡化对该图片进行增强。

解:火星卫星的原图像及其直方图如图 7-11 所示。

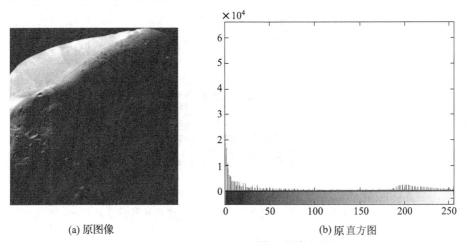

(a) 原图像　　　　　　　　　　(b) 原直方图

图 7-11　火星卫星原图像及其直方图

直方图均衡化后的效果如图 7-12 所示。

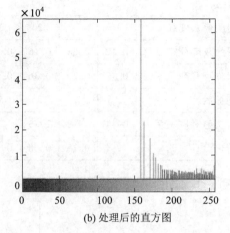

(a) 直方图均衡化后的图像　　　　　　(b) 处理后的直方图

图 7-12　直方图均衡化后的火星卫星图像及其直方图

结果表明,利用直方图均衡化方法在本例中并没有得到特别好的结果,输出的图像出现了比较严重的褪色现象。可见,直方图均衡化能自动地增强图像整体的对比度,但其具体增强效果却不易控制,结果总是得到全局均衡化的直方图,对某些图像增强后会出现非常明显的褪色现象。

（3）直方图规定化

实际中有时需要变换图像直方图符合预先规定的形状,从而有选择地增强某个灰度值范围内的对比度或使图像灰度值的分布满足特定的要求。这种方法比直方图均衡化更具有灵活性和针对性,因而改善图像质量的效果会更好一些,这种技术称为直方图规定化。它的基本原理是指定需要的直方图,计算能使规定直方图均衡化的变换,将原始直方图对应映射到规定直方图。

【例 7.2-3】　火星卫星的一幅图像,试利用直方图规定化对该图片进行增强。

解：直方图规定化后的效果如图 7-13 所示。

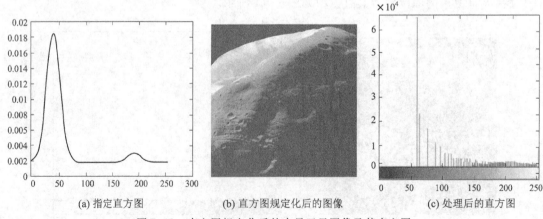

(a) 指定直方图　　　　　　(b) 直方图规定化后的图像　　　　　　(c) 处理后的直方图

图 7-13　直方图规定化后的火星卫星图像及其直方图

指定直方图 7-13(a)是对原始直方图的恰当更改,该直方图最明显的特性是其低端移动到了接近灰度级的较亮区域。与图 7-12 对比可见,对火星图片而言,正确选择规定化的函数能获得比直方图均衡化更好的增强效果。

直方图规定化主要有三个步骤:

① 如同均衡化方法,求原始图像各个灰度值的累积分布概率 p_a;

② 指定需要的直方图,求规定直方图的累积分布概率 p_u;

③ 将原始直方图对应地映射到规定的直方图,常用的方法有单映射规则(SML)和组映射规则(GML)两种。单映射规则是先从小到大依次找到能使原始累积分布概率 p_a 与规定累积分布概率 p_u 差值的最小值,将其对应的灰度级一一映射;而组映射分别比较原始累积分布概率与规定累积分布概率,找到相邻 p_a 值间与 p_u 最小的差值,将该灰度级前面的统一映射到差值最小对应的灰度。

【例 7.2-4】 设一幅图像的直方图如图 7-14(a)所示,拟对其进行直方图规定化,指定直方图如图 7-14(b)所示。试列出 SML 方法和 GML 方法的直方图规定化结果,并比较两种方法的误差情况。

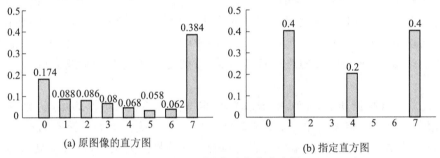

(a) 原图像的直方图   (b) 指定直方图

图 7-14 原图像及指定直方图

解:

(1) SML 和 GML 的直方图规定化计算结果如表 7.2-2 所示。

表 7.2-2 直方图规定化计算列表

序号	运 算	步骤和结果							
1	原始图像灰度级 k	0	1	2	3	4	5	6	7
2	原图的灰度分布概率	0.174	0.088	0.086	0.08	0.068	0.058	0.062	0.384
3	累积分布概率	0.174	0.262	0.384	0.428	0.496	0.554	0.616	1.000
4	规定直方图	0	0.4	0	0	0.2	0	0	0.4
5	规定累计分布概率	0	0.4	0.4	0.4	0.6	0.6	0.6	1.0
6S	SML 映射	1	1	1	1	1	4	4	7
7S	确定映射对应关系	0,1,2,3,4 → 1					5,6 →4		7→7
8S	变换后直方图	0	0.496	0	0	0.12	0	0	0.384
6G	GML 映射	1	1	1	1	4	4	4	7
7G	查找映射对应关系	0,1,2,3→ 1				4,5,6 → 4			7→7
8G	变换后直方图	0	0.428	0	0	0.188	0	0	0.384

注:表中步骤 6S 到 8S 对应 SML 映射方法,步骤 6G 到 8G 对应 GML 映射方法。

（2）SML 映射方法的误差为

$$|0.4-0.496|+|0.2-0.12|+|0.4-0.384|=0.192$$

GML 映射方法的误差为

$$|0.4-0.428|+|0.2-0.188|+|0.4-0.384|=0.056$$

可见,SML 得到的结果与规定直方图的差距较大,而 GML 映射规则得到的结果基本与规定直方图一致,即 GML 所产生的误差小于 SML 所产生的误差。

2. 模板操作

在图像处理中,利用模板来组合相邻或接近的像素,根据这些像素的统计特性或局部运算来进行操作,称为模板操作或模板运算。模板运算分模板卷积和模板排序,模板卷积指用模板与需处理图像在图像空间进行卷积的运算过程;模板排序指用模板来提取需处理图像中与模板同尺寸的图像子集,并将其中像素根据其幅度值排序的运算过程。

模板运算按其功能分类,主要分为平滑滤波和锐化滤波。平滑滤波能减弱或消除图像中的高频分量,但不影响低频分量,高频分量对应图像中的区域边缘等灰度值具有较大、较快变化的部分,平滑滤波将这些分量滤去可减少局部灰度起伏,使图像变得比较平滑,还可以用于消除噪声或在提取较大的目标前去除太小的细节或将目标内的小间断连接起来;而锐化滤波能减弱或消除图像中的低频分量,但不影响高频分量,低频分量对应图像中灰度值缓慢变化的区域,因而与图像的整体特性有关,锐化滤波将这些分量滤去可使图像反差增加,边缘明显。

模板运算也常根据其运算特点分成线性和非线性两类。从统计的角度,滤波是一种估计,它作用于一组观察结果上并产生对未观察量的估计。线性滤波器是对观察结果的线性组合,而非线性滤波器是对观察结果的逻辑组合。在线性的方法中,常可将复杂的运算进行分解,计算比较方便,也容易并行实现,其理论基础比较成熟。

本节仅介绍线性平滑滤波器和线性锐化滤波器。

（1）线性平滑滤波

线性平滑滤波的方法均基于模板卷积进行,平滑模板系数的取值均应为正,而且在中心取值比较大而周围取值比较小。下面介绍 2 种典型的线性平滑滤波方法。

① 邻域平均。

最简单的平滑滤波器是用一个像素邻域的平均值作为滤波结果,此时滤波模板的所有系数都取为 1,如图 7-15 所示。

为保证输出图仍在原来的灰度值范围,在算得卷积值后要将其除以系数总个数再进行赋值。例如对 3×3 的模板来说,要将其除以系数 9。

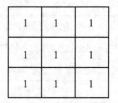

图 7-15　3×3 邻域平均的
模板系数

邻域平均的一般表达式为

$$g(x,y)=\frac{1}{n^2}\sum_{(s,t)\in N(x,y)}f(s,t) \tag{7.2-6}$$

其中,$N(x,y)$ 对应 $f(x,y)$ 中 (x,y) 的 $n\times n$ 邻域,与模板覆盖的范围对应。

邻域平均平滑滤波的效果如图 7-16 所示。

原图像叠加了均值为 0、方差为 0.02 的高斯噪声如图 7-16(a)所示,7-16(b)~(e)依次为 3×3、5×5、7×7 和 9×9 平滑模板对图(a)进行平滑滤波的结果。可见,随着模板尺寸的增大,对噪声的消除效果有所增强,但图像也变得更加模糊,可视的细节逐步减少,且运算量也增大。所以实际中要根据要求选择合适大小的模板。

(a) 原图叠加高斯噪声　　　　(b) 3×3　　　　(c) 5×5

(d) 7×7　　　　(e) 9×9

图 7-16　邻域平均的效果

② 加权平均。

对同一尺寸的模板,可对不同位置的系数采用不同的数值。一般认为离对应模板中心像素近的像素对滤波结果有较大贡献,所以接近模板中心的系数可比较大而边界附近的系数应比较小。实际应用中,为保证各模板系数均为整数以减少计算量,常取模板周边最小的系数为 1,而取内部的系数成比例增加,中心系数最大。

一种常用的加权平均方法是根据系数与模板中心的距离反比地确定其内部系数的值。图 7-17 给出这样得到的一个模板的示例。

还有一种常用方法是根据高斯分布来确定各系数值,例如一个 5×5 的高斯平均模板为

$$\frac{1}{273}\begin{bmatrix} 1 & 4 & 7 & 4 & 1 \\ 4 & 16 & 26 & 16 & 4 \\ 7 & 26 & 41 & 26 & 7 \\ 4 & 16 & 26 & 16 & 4 \\ 1 & 4 & 7 & 4 & 1 \end{bmatrix}$$

1	2	1
2	4	2
1	2	1

图 7-17　一个加权平均模板

最简单的对高斯函数的近似可借助杨辉三角形进行,表 7.2-3 给出了几个较小模板的系数。

前述的加权模板是预先设计好的,如果根据局部的图像结构来确定卷积模板,使加权值成为自由调节参数,就构成可控平均模板。可控平均的优点是权值可调,比较灵活,缺点是模板不能分离,因而计算效率不高。

303

表 7.2-3　高斯模板系数

$f(i)$	σ^2
1	0
1　1	1/4
1　2　1	1/2
1　3　3　1	3/4
1　4　6　4　1	1
1　5　10　10　5　1	5/4

（2）线性锐化滤波

由于错误操作或者是图像获取方法的固有影响会导致图像的模糊,锐化处理的主要目的是突出图像中的细节或增强模糊了的细节。线性锐化滤波也可借助模板卷积实现,与线性平滑滤波不同的是,线性锐化滤波的模板中心系数应为正,而周围的系数应为负。

积分可以平滑图像,反过来微分可以锐化图像。拉普拉斯算子是一种各向同性的二阶微分算子,常用于线性锐化滤波。

拉普拉斯算子的定义为

$$\nabla^2 f = \frac{\partial^2 f}{\partial x^2} + \frac{\partial^2 f}{\partial y^2} \tag{7.2-7}$$

两个分别沿 x 和 y 方向的二阶偏导均可借助差分计算,即可得

$$\frac{\partial^2 f}{\partial x^2} = f(x+1,y) + f(x-1,y) - 2f(x,y) \tag{7.2-8}$$

$$\frac{\partial^2 f}{\partial y^2} = f(x,y+1) + f(x,y-1) - 2f(x,y) \tag{7.2-9}$$

将式（7.2-8）和式（7.2-9）代入式（7.2-7）得到

$$\nabla^2 f(x,y) = f(x+1,y) + f(x-1,y) + f(x,y+1) + f(x,y-1) - 4f(x,y) \tag{7.2-10}$$

由此得到的模板如图 7-18(a)所示,仅考虑了中心像素的 4-邻域。类似地,如果考虑 8-邻域,得到的模板如图 7-18(b)所示。两种模板的所有系数之和均为 0,这是为了使经过模板运算的图像的均值不变。

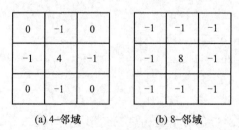

(a) 4-邻域　　　　　(b) 8-邻域

图 7-18　两种拉普拉斯算子的模板系数

拉普拉斯算子的 4-邻域和 8-邻域线性锐化滤波效果图如图 7-19 所示。可见,拉普拉斯算子可增强图像中的灰度不连续边缘,减弱灰度值缓慢变化区域的对比度,将结果叠加到原始图像上,就可以得到锐化后的图像。

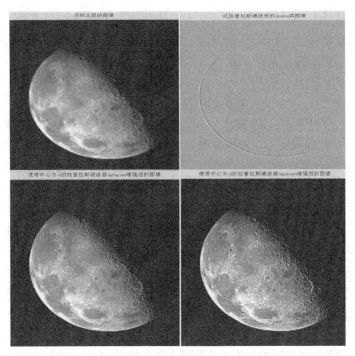

图 7-19　4-邻域和 8-邻域线性锐化滤波效果图

　　当把这样的模板放在图像中灰度值是常数或变化很小的区域时,其卷积输出为零或很小。注意这个滤波器会将原图中的零频率分量去除掉,也就是将输出图的平均灰度值变为零,这样输出图中就会有一部分像素的灰度值小于零。在图像处理中一般只考虑正的灰度值,所以还需将输出图灰度值范围通过尺度变换变到 $[0,L-1]$ 区间才能正确显示出来。

　　锐化滤波器的效果也可以用原始图 $f(x,y)$ 减去平滑图 $l(x,y)$ 得到。更进一步,如果把原始图乘以一个放大系数 A 再减去平滑图就可构成高频提升滤波器

$$h_b(x,y) = A \times f(x,y) - l(x,y) \tag{7.2-11}$$

式(7.2-11)中,当 $A=1$ 时,为普通的锐化滤波器,得到的就是非锐化掩膜 $h(x,y)$,它对应平滑时丢失的锐化分量,如果将非锐化掩膜叠加到原始图像上,就能锐化图像。当 $A>1$ 时,原始图的一部分与用 $h_b(x,y)$ 得到的锐化图相加,恢复了部分锐化滤波时丢失的低频分量,使得最终结果与原始图更接近。

7.2.2　变换域处理

　　除了 7.2.1 节讲述的在图像空间直接进行增强外,为了有效和快速地对图像进行处理,还可以将图像以某种形式转换到另外一些空间,并利用在这些空间的特有性质方便地进行特定的加工,这种方法称为基于变换域的图像增强。

　　变换域处理的图像增强主要有三个步骤:

　　① 将图像从图像空间转换到变换域空间;

　　② 在变换域空间中对图像进行增强;

　　③ 将增强后的图像从变换域转换回图像空间。

　　最常采用的变换是傅里叶变换,在频域空间,图像的信息表现为不同频率分量的组合。

频域图像增强的基本原理是让某个频率范围内的分量受到抑制而让其他分量不受影响,从而改变输出图的频率分布,达到增强的目的。

卷积理论是频域增强技术的基础。设函数 $f(x,y)$ 与线性位不变算子 $h(x,y)$ 的卷积结果为 $g(x,y)$,即 $g(x,y)=h(x,y)*f(x,y)$,那么根据卷积定理,在频域有

$$G(u,v)=H(u,v)F(u,v) \tag{7.2-12}$$

其中 $G(u,v)$、$H(u,v)$ 和 $F(u,v)$ 分别是 $g(x,y)$、$h(x,y)$ 和 $f(x,y)$ 的傅里叶变换。在线性系统理论中称 $H(u,v)$ 是转移函数。在具体的增强应用中,$f(x,y)$ 是给定的输入图像,需要确定的是 $H(u,v)$,这样具有所需特性的输出图像 $g(x,y)$ 可由式(7.2-12)的傅里叶反变换得到。

转移函数的设计要根据增强的目的进行,其基本思路是要允许一定频率通过,限制或消除另外一些频率。利用这样设计出来的转移函数构成滤波器对图像进行滤波就可得到需要的增强效果。常用频域增强方法根据滤波器的特点可分为:① 低通滤波;② 高通滤波;③ 带通和带阻滤波;④ 同态滤波。本节仅针对前两种滤波进行详细介绍。

1. 低通滤波

在傅里叶变换域中,变换系数能反映某些图像的特征,如频谱的直流分量对应于图像的平均亮度,噪声和图像边缘对应于频率较高的区域,图像实体位于频率较低的区域等。由于噪声主要集中在高频部分,为去除噪声改善图像质量,采用低通滤波器来抑制高频成分,使低频分量能够顺利通过,再进行逆傅里叶变换即可达到平滑图像的目的,但与此同时图像边缘也会变得模糊。选择合适的转移函数 $H(u,v)$ 对频域低通滤波关系重大,常用低通滤波器有以下几种。

(1)理想低通滤波器

一个 2D 理想低通滤波器的转移函数为

$$H(u,v)=\begin{cases}1, & D(u,v)\leqslant D_0 \\ 0, & D(u,v)>D_0\end{cases} \tag{7.2-13}$$

其中,D_0 为一个指定的非负整数,$D(u,v)$ 为点 (u,v) 到滤波器中心的距离,$D(u,v)=D_0$ 的点的轨迹为一个圆。若用该滤波器乘以一幅图像的傅里叶变换,则圆外的所有分量被切断,圆内的不发生改变。虽然这个滤波器不能使用实际的电子元件来实现,但是它可以在计算机中用式(7.2-13)来模拟,理想低通滤波器转移函数的剖面图如图 7-20 所示。

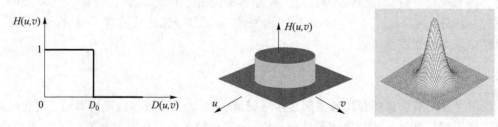

图 7-20　理想低通滤波器转移函数的剖面图

理想低通滤波器是"非物理"的滤波器,使用它来对图像进行滤波,其输出图像会变得模糊,并产生"振铃"现象。理想低通滤波产生的模糊如图 7-21 所示,原始图像(a)分别经过半径为 10、50、150 的理想低通滤波器,显示出了不同的模糊效果。半径为 150 时,滤除了较少部分高频能量,图像(d)虽然有一定程度的模糊但视觉效果尚可;当半径为 50 时,大部分高频分量被滤除后,图像(c)中出现了明显的振铃效应;而当半径为 10 时,图像中的绝大

多数细节信息都丢失了,图像(b)实际上已无多少实际的用途。

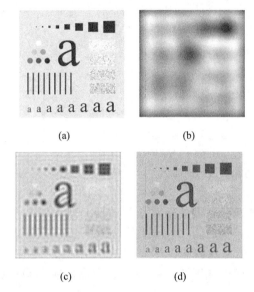

(a)　　　　　　　　(b)

(c)　　　　　　　　(d)

图 7-21　理想低通滤波产生的模糊

（2）巴特沃兹低通滤波器

物理上可以实现的一种低通滤波器是巴特沃兹低通滤波器。一个阶为 n、截断频率为 D_0 的巴特沃兹低通滤波器的转移函数为

$$H(u,v)=\frac{1}{1+[D(u,v)/D_0]^{2n}} \tag{7.2-14}$$

阶为 1 的巴特沃兹低通滤波器剖面图如图 7-22 所示。由图可见,滤波器在高低频率间的过渡比较平滑,所以用巴特沃兹低通滤波器得到的输出图其振铃现象不明显。具体来说,阶为 1 时没有振铃现象,而随着阶的增加振铃现象也增加。另一方面,巴特沃兹低通滤波器的平滑效果常不如理想低通滤波器。所以在实际应用中,要根据平滑效果和振铃现象的折中要求确定巴特沃兹低通滤波器的阶数。

一般情况下,常取使 $H(u,v)$ 降到最大值某个百分比的频率为截断频率。在式(7.2-14)中,当 $D(u,v)=D_0$ 时,$H(u,v)=0.5$,即降到 50%。另一个常用的截断频率值是使 $H(u,v)$ 降到最大值的 $0.5^{\frac{1}{2}}$ 时的频率。

（3）其他低通滤波器

低通滤波器还有很多种,常见的主要有梯形低通滤波器和指数低通滤波器。

梯形低通滤波器的转移函数满足下列条件

$$H(u,v)=\begin{cases}1, & D(u,v)\leqslant D' \\ \dfrac{D(u,v)-D_0}{D'-D_0}, & D'<D(u,v)<D_0 \\ 0, & D(u,v)\geqslant D_0\end{cases} \tag{7.2-15}$$

式中,D_0 是一个非负整数,可定为截止频率;D' 为对应分段线性函数的分段点。

梯形低通滤波器的转移函数的剖面图如图 7-23 所示,它在高低频率间有个过渡,可减

弱一些振铃现象,但由于过渡不够光滑,导致振铃现象一般比巴特沃兹低通滤波器所产生的要强一些。

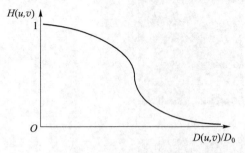

图 7-22　巴特沃兹低通滤波器的剖面图

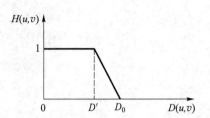

图 7-23　梯形低通滤波器的剖面图

一个阶为 n 的指数低通滤波器的转移函数满足下列条件

$$H(u,v) = \exp\{-[D(u,v)/D_0]^n\} \tag{7.2-16}$$

其中,当 $n=2$ 时称为高斯低通滤波器。

指数低通滤波器的剖面图如图 7-24 所示,它在高低频率间有比较光滑的过渡,振铃现象比较弱,相比巴特沃兹低通滤波器,指数低通滤波器随频率增加在开始阶段一般衰减得比较快,对高频分量的滤除能力较强,对图像造成的模糊较大,产生的振铃现象一般比巴特沃兹低通滤波器的要不明显。另外它的拖尾较长,对噪声的衰减能力大于巴特沃兹低通滤波器,但它的平滑效果一般不如巴特沃兹滤波器。对高斯低通滤波器而言,因高斯函数的傅里叶反变换也是高斯函数,所以没有振铃现象,如图 7-25 所示。

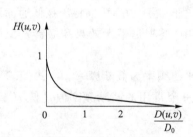

图 7-24　指数低通滤波器的剖面图

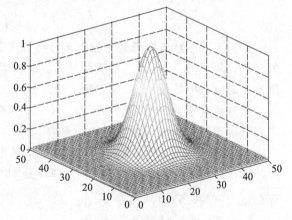

图 7-25　高斯低通滤波器

2. 高通滤波

因为图像中的边缘对应高频分量,所以要锐化图像可用高通滤波器。高通滤波是要保留图像中的高频分量而去除低频分量。

（1）理想高通滤波器

一个 2D 理想高通滤波器的转移函数满足下列条件

$$H(u,v) = \begin{cases} 0, & D(u,v) \leqslant D_0 \\ 1, & D(u,v) > D_0 \end{cases} \tag{7.2-17}$$

图 7-26 给出了该滤波器的一个剖面示意图,与理想低通滤波器一样,这种理想高通滤波器也是不能用实际的电子器件来实现的。

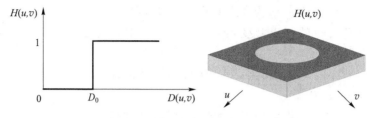

图 7-26　理想高通滤波器的剖面示意图

原始图像经过理想高通滤波器之后的效果如图 7-27 所示,图(a)为原图像,经过理想高通滤波器得到的图像为图(b)。

(a)　　　　　　　　　　(b)

图 7-27　理想高通滤波的效果

（2）巴特沃兹高通滤波器

一个阶为 n、截断频率为 D_0 的巴特沃兹高通滤波器的转移函数为

$$H(u,v) = \frac{1}{1+\left[D_0/D(u,v)\right]^{2n}} \qquad (7.2-18)$$

阶为 1 的巴特沃兹高通滤波器的剖面图如图 7-28 所示,它在通过和滤掉的频率之间也没有不连续的分界。由于在高低频率间的过渡比较光滑,所以用巴特沃兹高通滤波器得到的输出图其振铃现象不明显。

一般情况下,如同对巴特沃兹低通滤波器一样,也常取使 $H(u,v)$ 上升到最大值某个百分比的频率为巴特沃兹高通滤波器的截断频率。

（3）高频增强滤波器

一般图像的大部分能量集中在低频分量中,高通滤波会将很多低频分量（特别是直流分量）滤除,导致增强图中边缘得到加强但光滑区域灰度减弱变暗甚至接近黑色。为解决这个问题,可使用高频增强滤波器。其基本原理是对频域中的高通滤

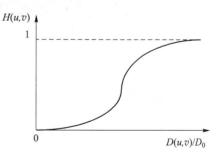

图 7-28　巴特沃兹高通滤波器的剖面图

波器的转移函数加一个常数,以将一些低频分量加回去,获得既保持光滑区域灰度又改善边缘区域对比度的效果。

高频增强滤波器的转移函数为

$$H_e(u,v) = kH(u,v) + c \qquad (7.2-19)$$

式中,c 为 $[0,1]$ 间常数,$H(u,v)$ 为高通滤波的转移函数。

设原始图像 $f(x,y)$ 的傅里叶变换为 $F(u,v)$,则高频增强滤波输出图像的傅里叶变换为

$$G_e(u,v) = kG(u,v) + cF(u,v) \qquad (7.2-20)$$

式中,$G(u,v) = H(u,v)F(u,v)$。

经傅里叶反变换回去,得到的高频增强滤波输出图像为

$$g_e(x,y) = kg(x,y) + cf(x,y) \qquad (7.2-21)$$

可见,高频增强图中既包含了高通滤波的结果 $g(x,y)$,也包含了一部分原始的图像,或者说,在原始图像的基础上叠加了一些高频成分,因而增强图中高频分量更多了。

高通滤波和高频增强滤波的效果对比如图 7-29 所示。

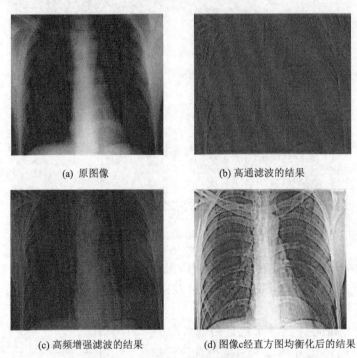

(a) 原图像　　　　　　　　(b) 高通滤波的结果

(c) 高频增强滤波的结果　　　(d) 图像c经直方图均衡化后的结果

图 7-29　高通滤波和高频增强滤波

7.3　图像编码

一幅图像可以用一个矩阵来描述,但是为了有效地进行图像信息的传输或存储,减少描述图像信息的数据量是一个非常重要的工作。图像编码是图像处理中的另一大类技术。图像处理的目的除了改善图像的视觉效果外,还有在保证一定视觉质量的前提下减少数据量,从而减少图像传输所需的时间,也可看做使用较少的数据量来获得较好的视觉质量。

图像编码以信息论为基础,以压缩数据量为主要目的,所以图像编码也常被称为图像压缩。事实上,压缩编码的直接结果不再是图像形式,直接显示没有意义,不能反映图像的全

部性质和内容,所以编码后要使用图像还需要将编码结果转换为图像形式,这就是图像解码,常称图像解压缩。

图像编码的基本思路是通过改变图像的描述方式,尽可能地消除原始图像表达中的数据冗余,由此达到压缩数据量的目的。图像压缩的有效方法很多,本节就几种典型的图像压缩编码方法进行介绍。

7.3.1 数据冗余和压缩

数据是用来表示信息的。如果不同的方法为表示给定量的信息使用了不同的数据量,那么使用较多数据量的方法中,有些数据必然是代表了无用的信息,或者是重复地表示了其他数据已表示的信息。这就是数据冗余的概念,它是数字图像压缩中的关键概念。

在图像压缩中,有三种基本的数据冗余:编码冗余、像素冗余和心里视觉冗余。如果能减少或消除其中的一种或多种冗余,就能取得数据压缩的效果。

1. 编码冗余

如果某个图像的灰度级编码,使用了多于实际需要的编码符号,就称该图像包含了编码冗余。一般来说,如果编码时没有充分利用原始图像的概率特性就会产生编码冗余。2.3.4节介绍的统计编码方法就是用较少的比特数表示概率较大的灰度级,而用较多的比特数表示概率较小的灰度级,从而使平均码长最小,减小其中的编码冗余,达到最佳编码的目的。

2. 像素冗余

图像信号相比其他信号有一个非常明显的特点,就是像素之间存在非常大的相关性。由于存在相关性,因此任何给定的像素值,原则上都可以通过它的邻接像素预测得到。换句话说,单个像素所携带的信息相对较小。对一幅图像而言,如果描述每个像素的数据量是相等的,并且是相互独立的,则由于像素相关性使得该数据量对视觉的贡献一定存在一定的冗余,称这种像素之间的内在相关性所导致的冗余为像素冗余。

图 7-30(a)所示的是一幅灰度图像,将原图中的一个局部子块的数据取出,如图 7-30(b)所示,该子块的灰度值十分接近,分布在 243 左右,而且还存在许多相等的值,这表明在图像中像素之间的相关性很强。

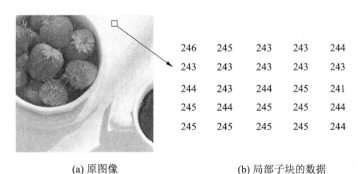

246	245	243	243	244
243	243	243	243	243
244	243	244	245	241
245	244	245	245	244
245	245	245	245	244

(a) 原图像　　　　　　　　(b) 局部子块的数据

图 7-30　像素的相关性示例

若采用灰度图的描述方式,这个子块所需要的数据量为 25×8 bit = 200 bit,若将这个子块以最小的数据以及与之偏差的数据流形式来描述,即 241 及 25 个偏差:5,4,2,2,3;2,2,2,

311

2,2;3,2,3,4,0;4,3,4,4,3;4,4,4,4,3。显然,这 25 个偏差值的大小范围为 0～5,可用3 bit 来描述,则数据量为(8+25×3) bit = 83 bit,是原始数据量的 41.5%,减小了像素冗余。

3. 心理视觉冗余

最终观测图像的对象是人,而人的视觉存在一定的主观心理冗余。例如,人的视觉对颜色的感知就存在着冗余,"异谱同色"就是指数据取值不同的颜色,在视觉上被认为是相同的颜色的现象。另外,当人在观察一幅图像时,一些信息在一般视觉处理中比其他信息的相对重要程度要小,因此这部分信息往往被忽略。将这种对视觉感知影响很小的信息称为心理视觉冗余。产生这种冗余的原因在于人眼视觉系统的非均匀性。

心理视觉冗余从本质上说与前两种冗余不同,它是与实在的视觉信息联系着的。心理视觉冗余的存在与人观察图像的方式有关,眼睛对某些视觉信息更敏感,人对某些视觉信息更关心,人在观察图像时会寻找某些比较明显的目标特征,由于每个人所具有的先验知识不同,因此对同一幅图的心理视觉冗余也就因人而异。只有在这些信息对正常的视觉过程来说并不是必不可少时才可能被除去。因为去除心理视觉冗余能导致定量信息的损失,所以也有人称这个过程为量化(指一种由多到少的映射)。考虑到这里视觉信息有损失,所以量化是不可逆转的操作,它用于数据压缩会导致有损压缩。

7.3.2　图像保真度

图像编码的结果由于减少了数据量,所以比较适合存储和传输,但在实际应用中常需要将编码结果解码,即恢复图像形式才能使用。根据解码图像与原始被压缩图像的保真程度,图像压缩的方法可分成两大类:信息保存型和信息损失型。信息保存型在压缩和解压缩过程中没有信息损失,最后得到的解码图像可以与原始图像一样。信息损失型常能取得较高的压缩率,但图像经过压缩后并不能通过解压缩完全恢复原状,这是由于在图像压缩中放弃了一些图像细节或其他不太重要的内容,导致了实实在在的信息损失。在这种情况下常常需要有对信息损失的测度以描述解码图像相对于原始图像的偏离程度(或者说需要有测量图像质量的方法),这些测度一般称为保真度(逼真度)准则。常用的准则主要有两大类:客观保真度准则和主观保真度准则。

1. 客观保真度准则

当损失的信息量可用编码输入图与解码输出图的某个确定函数表示时,可以得到客观保真度。客观保真度准则的优点是便于计算或测量,最常用的一个准则是输入图和输出图之间的均方根误差。令 $f(x,y)$ 代表输入图,$\hat{f}(x,y)$ 代表对 $f(x,y)$ 先压缩后解压缩得到的输出图,对任意的给定点 (x,y),$f(x,y)$ 和 $\hat{f}(x,y)$ 之间的误差定义为

$$e(x,y) = \hat{f}(x,y) - f(x,y) \tag{7.3-1}$$

如果这两幅图像的尺寸均为 $M×N$,则它们之间的总误差为

$$\sum_{x=0}^{M-1} \sum_{y=0}^{N-1} \left| \hat{f}(x,y) - f(x,y) \right| \tag{7.3-2}$$

这样 $f(x,y)$ 和 $\hat{f}(x,y)$ 之间的均方根误差 e_{rms} 为

$$e_{\text{rms}} = \left[\frac{1}{MN} \sum_{x=0}^{M-1} \sum_{y=0}^{N-1} \left[\hat{f}(x,y) - f(x,y) \right]^2 \right]^{1/2} \tag{7.3-3}$$

另一个客观保真度准则称为压缩-解压缩图的均方信噪比。如果将 $\hat{f}(x,y)$ 看做原始图 $f(x,y)$ 和噪声信号 $e(x,y)$ 的和,那么输出图的均方信噪比 SNR_{ms} 为

$$SNR_{\mathrm{ms}} = \sum_{x=0}^{M-1} \sum_{y=0}^{N-1} \hat{f}^2(x,y) \Big/ \sum_{x=0}^{M-1} \sum_{y=0}^{N-1} [\hat{f}(x,y) - f(x,y)]^2 \qquad (7.3-4)$$

如果对式(7.3-4)求平方根,就得到均方根信噪比 SNR_{rms}。

实际使用中常将 SNR 归一化并用分贝(dB)表示。令

$$\bar{f} = \frac{1}{MN} \sum_{x=0}^{M-1} \sum_{y=0}^{N-1} f(x,y) \qquad (7.3-5)$$

则有

$$SNR = 10\lg \left[\frac{\sum_{x=0}^{M-1} \sum_{y=0}^{N-1} [f(x,y) - \bar{f}]^2}{\sum_{x=0}^{M-1} \sum_{y=0}^{N-1} [\hat{f}(x,y) - f(x,y)]^2} \right] \qquad (7.3-6)$$

如果令 $f_{\max} = \max\{f(x,y); x = 0, 1, \cdots, M-1; y = 0, 1, \cdots, N-1\}$,即图像中的灰度最大值, 还可得到另一个常用的峰值信噪比 $PSNR$

$$PSNR = 10\lg \left[\frac{f_{\max}^2}{\frac{1}{MN} \sum_{x=0}^{M-1} \sum_{y=0}^{N-1} [\hat{f}(x,y) - f(x,y)]^2} \right] \qquad (7.3-7)$$

2. 主观保真度准则

尽管客观保真度准则提供了一种简单和方便的评估信息损失的方法,但很多解压图最终是供人看的,在这种情况下,用主观的方法来测量图像的质量更为合适。一种常用的方法是对一组(常超过 20 个)精心挑选的观察者展示一幅典型的图像,并将他们对该图的评价综合平均起来以得到一个统计的质量评价结果。

评价可对照某种绝对尺度进行。表 7.3-1 给出了一种对电视图像质量进行绝对评价的尺度,这里根据图像的绝对质量进行判断给分。

表 7.3-1 电视图像质量评价尺度

评分	评 价	说 明
1	优秀	图像质量非常好,如同人能想象出的最好质量
2	良好	图像质量高,观看舒服,有干扰但不影响观看
3	可用	图像质量可接受,有干扰但不太影响观看
4	刚可看	图像质量差,干扰有些妨碍观看,观察者希望改进
5	差	图像质量很差,妨碍观看的干扰始终存在,几乎无法观看
6	不能用	图像质量极差,不能使用

评价也可通过将 $f(x,y)$ 和 $\hat{f}(x,y)$ 比较并按照某种相对的尺度进行。如果观察者将 $f(x,y)$ 和 $\hat{f}(x,y)$ 逐个进行对照,则可以得到相对的质量分。例如可用 $\{-3, -2, -1, 0, 1, 2, 3\}$ 来代表主观评价 $\{$很差,较差,稍差,相同,稍好,较好,很好$\}$。

主观保真度准则使用起来比较困难。另外,利用主观保真度准则和利用目前已提出的

客观保真度准则还未在所有情况下都得到很好的吻合。

7.3.3　无损编码

无损编码是指将压缩后的数据进行解压缩,得到的信息与原来的信息完全相同的压缩编码方式。无损压缩属于信息保存型,用于要求解压缩的信息与原始信息完全一致的场合,常见的例子有磁盘的文件压缩(例如常用的 WinRAR,WinZip)。根据目前的压缩技术,无损压缩的算法一般可以把普通的文件数据压缩到原来的 $1/2 \sim 1/4$。常用的无损压缩算法有:游程编码(RLC)、霍夫曼编码、无损预测编码和 LZW 编码等算法,下面进行详细介绍。

1. 游程编码(RLC)

游程编码也称行程编码,建立在图像统计特性的基础上,是基于位平面的压缩编码方式。位平面编码先将灰度值图像分解成一系列二值图,然后对每一幅二值图像再用二元压缩方法进行压缩。它不仅能消除或减少编码冗余也能消除或减少图像中的像素间冗余。

(1) 二值分解

最基本的位平面分解方法为二值分解。对一幅用多个比特表示其灰度值的图像来说,其中的每个比特可看做表示了一个二值的平面,称为位平面(简称位面)。如图 7-31 所示,一幅 256 个灰度级的图像,每个像素需要 8 bit 来表示,即 8 个位平面,一般用位平面 0 表示最低位面,位平面 7 表示最高位面。

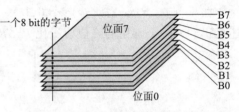

图 7-31　图像的位面表示

图 7-32 给出了一组位平面图示例,其中图(a)是原始图像,图(b)~(i)是图像的 8 个位平面图。对一幅 256 灰度级的图像,当代表一个像素灰度值字节的最高比特为 1 时,该像素的灰度值必定大于或等于 128,而当这个像素的最高比特为 0 时,该像素的灰度值必定小于或等于 127。所以,图(b)相当于把原图灰度值分成 0~127 和 128~255 这两个范围,并将前者标为黑而后者标为白而得到。同理,图(c)相当于把原图灰度值分成 0~63 及 128~191 和 64~127 及 192~255 这 4 个范围,并将前两者标为黑而后两者标为白而得到。其他各图从高位到低位依次类推。可见,仅 5 个最高位平面包含了视觉可见的有意义信息,其他位平面只是很局部的小细节,许多情况下也常认为是噪声,也就是说最低位平面对图像的影响较小。

二值分解方法的一个固有缺点是像素点灰度值的微小变化有可能对位面的复杂度产生较明显的影响。例如,当空间相邻的两个像素的灰度值分别为 127(**01111111**)和 128(**10000000**)时,图像的每个位面上在这个位置处都将有从 **0→1**(或从 **1→0**)的过渡。

【例 7.3-1】　原始图像为一幅 16 灰度级的 3×3 大小的图片。试对其进行位平面的二值分解。

1	5	8
14	10	11
0	7	12

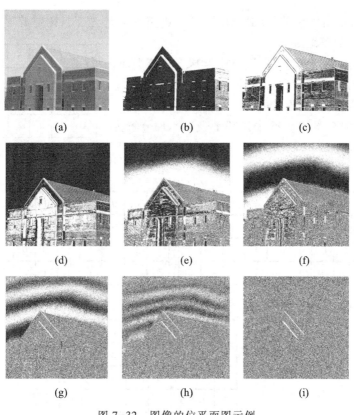

图 7-32　图像的位平面图示例

解:可得 4 个位平面。

0001	0101	1000
1110	1010	1011
0000	0111	1100

⇨

0	0	1
1	1	1
0	0	1

第 3 位平面

0	1	0
1	0	0
0	1	1

第 2 位平面

0	0	0
1	1	1
0	1	0

第 1 位平面

1	1	0
0	0	1
0	1	0

第 0 位平面

（2）1D 游程编码

位平面分解以后得到的是二值图,即像素值只有 **0** 或 **1** 两种,许多位面图中有大片的连通区域,另外,像素值为 **0** 或 **1** 的两种像素在平面上是互补的。游程编码(RLC)是用一系列描述黑或白像素游程的长度来表示二值图像或位平面的每一行。这种编码已成为传真图像的标准压缩方法。它的基本思路是对一组从左向右扫描得到的连续的 0 或 1 游程用它们的长度来编码。编码时需要建立确定游程值的协定,常用的方法有:① 指出每行第一个游程

的值;② 设每行都由白色游程(其长度可以是 0)开始。通过变长码对游程的长度进行编码有可能取得更高的压缩率。

【例 7.3-2】　将给定的图 7-33 分解成 3 个位平面,然后用游程编码方法进行逐行编码,给出码字,并对码字进行霍夫曼编码,计算编码效率。

解:全图原需 3×8×4＝96 个比特来表达。现分解为 3 个位平面,如图 7-34 所示,(a)、(b)、(c)分别为第 2、1、0 位面。

1	0	0	0	4	4	0	0
1	0	0	7	4	4	0	0
1	2	0	6	6	4	4	2
2	2	2	2	6	6	0	0

图 7-33　给定的图像

0	0	0	0	1	1	0	0
0	0	0	1	1	1	0	0
0	0	0	1	1	1	1	0
0	0	0	0	1	1	0	0

(a)

0	0	0	0	0	0	0	0
0	0	0	0	0	0	0	0
0	1	0	1	1	0	0	1
1	1	1	1	1	1	0	0

(b)

1	0	0	0	0	0	0	0
1	0	0	1	0	0	0	0
1	0	0	0	0	0	0	0
0	0	0	0	0	0	0	0

(c)

图 7-34　位面分解

游程编码时设每行均由白色(0)游程开始。

对第 2 位平面(最高位):4　2　2,3　3　2,3　4　1,4　2　2;

对第 1 位平面(中间位):8,3　1　4,1　1　1　2　2　1,0　6　2;

对第 0 位平面(最低位):0　1　7,0　1　2　1　4,0　1　7,8。

图像共需 37 个游程,码本中共有 8 个码字(0,1,2,3,4,6,7,8),它们的出现频率分别为 0.11,0.27,0.24,0.11,0.14,0.03,0.05,0.05。

现考虑对各个码字用霍夫曼码进行编码,如图 7-35 所示。

平均码长为

$$L = \sum_{k=0}^{L} l(s_k) p(s_k) = 2.70 \text{ 码元 / 信源符号}$$

因为图像共需 37 个游程,所以表达图像需要 37×2.70＝99.9 个比特来表达,比直接用原始的表达方法还需要更多的比特,原因主要是这里图像尺寸较小和游程较短。

2. 无损预测编码

预测就是从已收到的符号来提取关于未收到的符号的信息,从而预测其最可能的值作为预测值,并对它与实际值之差进行编码,达到进一步压缩码率的目的。预测编码是利用信源的相关性来压缩码率的,对于独立信源,预测就没有可能。预测的理论基础主要是估计理论,估计就是用实验数据组成一个统计量作为某一物理量的估值或预测值。最常见的估计

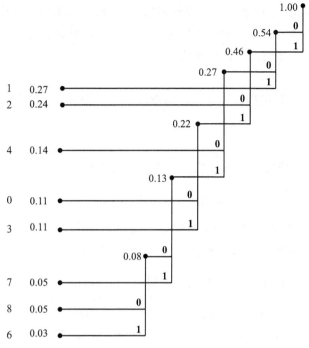

信源符号	码字	码长
1	**01**	2
2	**10**	2
4	**000**	3
0	**110**	3
3	**111**	3
7	**0011**	4
8	**00100**	5
6	**00101**	5

图 7-35　霍夫曼编码过程

是利用某一物理量在被干扰下所测定的实验值,这些值是随机变量的样值,可根据随机量的概率分布得到一个统计量作为估值。若估值的数学期望等于原来的物理量,就称这种估计为无偏估计;若估值与原物理量之间的均方误差最小,就称之为最佳估计。

像素间的相关性使得预测成为可能。预测编码属于空域方法,能消除或减少像素间的冗余。预测编码仅对每个像素中的新信息进行编码。它可分为无损预测编码和有损预测编码,分别对应信息保存型和信息损失型的编码方式。

图 7-36 所示为一个无损预测编码系统,主要由一个编码器和一个解码器组成,它们各有一个相同的预测器。在无损预测编码中,包括三个基本的步骤:预测、误差映射、编码。首先根据某个像素的周边条件即上下文对该像素值进行预测,然后计算真实值与预测值的差,将差值进行一定映射后得到映射值,最后对该映射值进行编码。

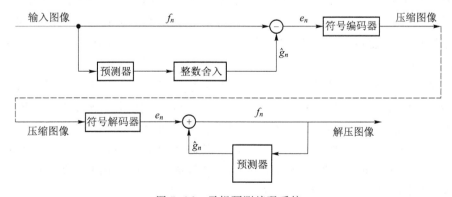

图 7-36　无损预测编码系统

当输入图像的像素序列 $f_n(n=1,2,\cdots)$ 逐个进入编码器(往往是按照光栅扫描顺序逐点进行)时,预测器根据若干个以前的输入产生当前输入像素的估计值。预测器的输出按整数舍入成最近的整数 $\hat{g}_n$(误差映射),并被用来计算预测误差 e_n

$$e_n = f_n - \hat{g}_n \tag{7.3-8}$$

这个误差用符号编码器借助变长码进行编码以产生压缩数据流的下一个元素。然后解码器根据接收到的变长码字重建 e_n,并执行下列操作

$$f_n = e_n + \hat{g}_n \tag{7.3-9}$$

在多数情况下,可通过将 m 个先前的像素进行线性组合以得到预测

$$\hat{g}_n = \mathrm{round}\Big[\sum_{i=1}^{m} a_i f_{n-i}\Big] \tag{7.3-10}$$

式中,m 是线性预测器的阶;round 是舍入函数;a_i 是预测系数。式(7.3-8)~式(7.3-10)中的 n 指示了图像的空间坐标,在 1D 线性预测编码中,式(7.3-10)可写为

$$\hat{g}_n(x,y) = \mathrm{round}\Big[\sum_{i=1}^{m} a_i f(x, y-i)\Big] \tag{7.3-11}$$

根据式(7.3-11),1D 线性预测 $\hat{g}(x,y)$ 仅是当前行扫描到的先前像素的函数。而在 2D 线性预测编码中,预测是对图像从左向右、从上向下进行扫描时所扫描到的先前像素的函数。在 3D 线性预测编码时,预测基于上述像素和前一帧的像素。根据式(7.3-11),每行的最开始 m 个像素无法计算,所以这些像素需用其他方式编码。这是采用预测编码所需的额外操作,在高维情况时也有类似开销。

最简单的 1D 线性预测编码是一阶的($m=1$),此时

$$\hat{g}_n(x,y) = \mathrm{round}\big[af(x, y-1) \big] \tag{7.3-12}$$

式(7.3-12)表示的预测器也称为前值预测器,所对应的预测编码方法也称为差值编码或前值编码。

在无损预测编码中所取得的压缩量与将输入图映射进预测误差序列所产生的熵减少量直接相关。通过预测可消除相当多的像素间冗余,所以预测误差的概率密度函数一般在零点有一个高峰,并且与输入灰度值分布相比其方差较小。

3. LZW 编码

LZW 编码是以三个发明人的姓的首字母命名的(Lempel-Ziv-Welch),是一种信息保存型的编码方式,能消除或减少图像中的像素间冗余。LZW 编码对信源输出的不同长度的符号序列分配固定长度的码字,且不需要有关符号出现概率的先验知识(与霍夫曼码等不同)。

LZW 编码不需也不必知道有关信源的统计特性,而且编码方法简单,编译码速度快,又能达到最佳压缩编码效率,因此得到了广泛的应用。LZW 编码是 UNIX 操作系统中的标准文件压缩方法,用在 GIF 格式、TIFF 格式、PDF 格式、WinRAR、WinZIP 等中。

LZW 在编码的开始阶段要构造一个码本,又称初始字典,初始字典由信源符号集构成,每个符号是一个词条。在编码器顺序地扫描排成串的像素的灰度时,分解输入流为短语词条,这个短语若不在初始字典内,就将其存入字典(如取下一个尚未用的位置,并增加一个新的码字),这些新词条和初始字典共同构成编码器的字典。关键的问题是将

离散信源的输出序列分解为长度可变的码段。尽可能取最少个连着的信源符号,并保证码段都不相同。开始时先取一个信源符号作为第一段,然后再继续分段。每当信源输出符号组在最后位置加上一个信源符号后与前面已有码段都不相同时,就把它作为一个新的码段。

LZW 编码的主要步骤为:

① 先建立初始化字典;

② 编码器逐个输入字符,并累积串联成一个字符串,即"短语词条"I,若 I 是字典中已有的词条,就输入下一个字符 x,形成新词条 Ix;

③ 当 I 在字典内,而 Ix 不在字典内时,编码器首先输出指向字典内词条 I 的指针,再将 Ix 作为新词条存入字典,并为其确定编号;

④ 然后把 x 赋值给 I,当做新词条的首字符,重复上述过程,直到输入流处理完为止。

【例 7.3-3】 设输入序列为 ababcbab,求 LZW 编码表及最后输出的码字。

解: 如表 7.3-2 所示。

表 7.3-2 LZW 编码表

ababcbab	字典编号	字典内容		输出码字
初始字典	0	a		
	1	b		
	2	c		
	3	ab	I=b	0
	4	ba	I=a	1
	5	abc	I=c	3
	6	cb	I=b	2
	7	bab	I=b	4
				eof(结束)

【例 7.3-4】 如图所示一幅 4×4 的 8bit 的灰度图像,试用 LZW 编码。

$$\begin{bmatrix} 44 & 44 & 44 & 0 \\ 44 & 44 & 0 & 0 \\ 44 & 0 & 0 & 0 \\ 0 & 0 & 0 & 0 \end{bmatrix}$$

解: 初始字典如表 7.3-3 所示。

表 7.3-3 初始字典

字典编号	0	1	…	44	…	255	256	257	…	511
字典内容	0	1	…	44	…	255				

编码开始时,假设有一个包含 512 码字的字典。其中位置 0~255 已有对应内容,位置 256~511 还没有用到,是空的。

LZW 编码的过程如表 7.3-4 所示。

表 7.3-4　LZW 编码过程

输　　入	输 出 码 字	字 典 编 号	字 典 内 容	
		0	0	
		1	1	
		…	…	
44		255	255	
44	44	256	44-44	
44	256	257	44-44-0	256-0
0	0	258	0-44	
44				
44				
0				
0	257	259	44-44-0-0	257-0
44				
0	258	260	0-44-0	258-0
0	0	261	0-0	
0				
0	261	262	0-0-0	261-0
0				
0				
0	262	263	0-0-0-0	262-0

原图：16×8 bit = 128 bit

LZW 编码后：9×9 bit = 81 bit

压缩比：128/81 = 1.58

LZW 编码时建立了一个码本，在解码时也需要建立一个同样的解码码本（同步）。LZW 编码的重要特性——前缀性，即如果一个码字在字典中，那么它的前缀串也已在字典里。LZW 编码方法是一种自适应的压缩方法，但它对输入数据的适应比较慢，因为每次字典中的条目只增加一个，而且这个条目只比原有的条目增加了一个字符。字典的尺寸是一个重要的编码器参数，如果太小，可用于匹配（放置）灰度值序列的位置会不够，如果太大，表达码字的比特数增加将影响对图像压缩的性能。

7.3.4　有损编码

在许多实际应用中，为取得高的压缩率，常使用一些有损的编码方法。下面主要讲解有损预测编码和变换编码。

1. 有损预测编码

在无损预测编码系统的基础上加上一个量化器就构成有损预测编码系统，如图 7-37 所示。量化器插在符号编码器和预测误差产生处之间，把原来无损预测编码器中的整数舍入模块吸收进来。它将预测误差映射进有限个输出 $\dot{e}_n$ 中，$\dot{e}_n$ 确定了有损预测编码中的压缩量和失真量。

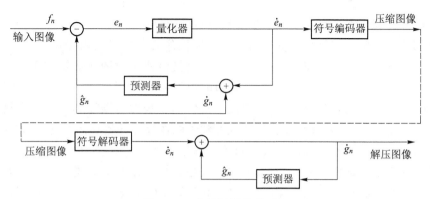

图 7-37 有损预测编码系统

为接纳量化步骤,需要改变无损预测的编码器以使编码器和解码器所产生的预测能相等。为此在图 7-37 中将有损预测的预测器放在一个反馈环中。这个环的输入是过去预测和与其对应的量化误差的函数

$$\dot{g}_n = \dot{e}_n + \hat{g}_n \qquad\qquad (7.3-13)$$

这样一个闭环结构能防止在解码器的输出端产生误差。

2. 变换编码

图像变换编码是得到广泛应用的一大类图像编码方法。该类方法首先将图像进行变换,借助变换结果进行编码。从数学角度来说是要将原始图像转化为从统计角度看尽可能不相关的数据集,从而有效地消除冗余。图像变换编码主要消除像素间冗余和心理视觉冗余。变换编码的基本思想是利用可逆的线性变换将图像映射成一组变换系数,然后对这些系数量化和编码。大多数图像变换后得到的系数值都很小,这些系数可较粗地量化甚至完全忽略掉而只产生很少的失真,由于量化较粗,可减少表达像素的数据量,从而达到压缩的目的。需要注意的是,虽然失真很小,但信息仍没有完全保持,因此变换编码属于信息损失型编码。

(1)基于离散余弦变换(Discrete Cosine Transform,DCT)的变换编码

DCT 在变换编码中得到了广泛的应用,国际标准 JPEG、MPEG-1 和 MPEG-2 中都采用了离散余弦变换。图 7-38 中给出了一个典型的基于 DCT 变换的编解码系统框图。

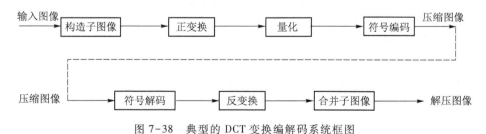

图 7-38 典型的 DCT 变换编解码系统框图

编码部分由四个操作模块构成:构造子图像、正变换、量化和符号编码。一幅 $N \times N$ 图像先被分解成 $(N/n)^2$ 个尺寸为 $n \times n$ 的子图像;对子图像正变换的目的是解除每个子图像内部像素之间的相关性,或将尽可能多的信息集中到尽可能少的变换系数上;量化时有选择性地消除或较粗糙地量化携带信息最少的系数,因为它们对重建的子图像的质量影响最小;最

后的符号编码常利用变长码对量化了的系数进行编码。

解码部分由与编码部分相反排列的一系列逆操作模块构成。由于量化是不可逆的,所以解码部分没有模块与之对应。值得注意的是,变换编码中对图像数据的压缩并不是在变换步骤取得的,而是在量化所得到的变换系数时取得的。

在构造子图像时,如何选择子图像的尺寸是影响变换编码误差和计算复杂度的一个重要因素。一般情况下,压缩量和计算复杂度都随子图像尺寸的增加而增加,所以子图像尺寸要综合考虑各方面的因素来确定。最常用的子图像尺寸为 8×8 和 16×16。

重建误差不仅与选择的变换有关,还和所截除的变换系数的数量和相对重要性以及用来表示所保留系数的精度有关。在多数变换编码系统中,保留的系数是根据下列准则来选择的:

① 最大方差准则。

也称为分区编码,其基础是信息论中的不确定性原理。根据这个原理,具有最大方差的变换系数带有最多的图像信息,在编码过程中应保留。因此事先确定模板并保留一定的系数,即分区,分区编码一般对所有子图像用一个固定的模板。

典型的分区模板和分区比特分配如图 7-39 所示。最大方差位置的一些系数为 1,而其他位置的系数为 0,一般具有最大方差的系数集中于接近图像变换的原点(左上角为原点),典型的分区模板如图 7-39(a)所示。分区模块中的每个元素也可用对每个系数编码所需的比特数表示,对基于最大方差而保留的系数,必须分配正比于这些系数的方差的比特数,如图 7-39(b)所示。

1	1	1	1	1	0	0	0
1	1	1	1	0	0	0	0
1	1	1	0	0	0	0	0
1	1	0	0	0	0	0	0
1	0	0	0	0	0	0	0
0	0	0	0	0	0	0	0
0	0	0	0	0	0	0	0
0	0	0	0	0	0	0	0

8	7	6	4	3	2	1	0
7	6	5	4	3	2	1	0
6	5	4	3	3	1	1	0
4	4	3	3	2	1	0	0
3	3	3	2	1	0	0	0
2	2	1	1	1	0	0	0
1	1	1	0	0	0	0	0
0	0	0	0	0	0	0	0

(a)　　　　　　　　　　　(b)

图 7-39　典型的分区模板

② 最大幅度准则。

也称为阈值编码,其基本原理为:根据子图像特性自适应选择保留系数,将系数排队,与阈值比较并确定取舍,再进行游程编码和变长编码。阈值编码在本质上是自适应的,为各个子图像保留的变换系数的位置随子图像的不同而不同。阈值编码计算简单,是实际中最常用的自适应变换编码方法。对任意子图像,值最大的变换系数对重建子图像的质量贡献最大。

常用的对变换子图像取阈值的方法有:对所有子图像用一个全局阈值,压缩的程度随不同子图像而异,取决于超过全局阈值的系数数量,码率变化;对各个子图像分别用不同的阈值,对每个子图像舍去相同数量的系数,码率是个常数且预先知道;根据子图像中各系数的位置选取阈值,码率是变化的,将阈值和量化结合起来。

（2）基于离散小波变换（Discrete Wavelet Transform，DWT）的变换编码

小波变换是一个对信号进行时频分析和处理的理想工具。它通过平移小波可获得信号的时间信息；而通过缩放小波的宽度（或叫做尺度）可获得信号的频率特性。当需要检测高频分量时，通过调整伸缩因子，此时时间窗口自动变窄，而频率窗口自动变宽，为一时宽窄而频宽大的高频窗；而在检测低频分量时，通过调整伸缩因子，时间窗口自动变宽，频率窗口自动变窄，此时为一时宽大而频宽窄的低频窗。它被誉为数学显微镜，对信号具有自适应性。近年来，基于离散小波变换的编码也得到了广泛应用，国际标准 JPEG-2000、MPEG-4 和 H.264 等都使用了离散小波变换。

基于 DWT 的变换编码的基本思路也是通过变换减小各像素间的相关性以获得压缩数据的效果。一个典型的小波变换编解码系统框图如图 7-40 所示。因为小波变换将图像分解为低频子图像和许多高频子图像，而对应高频子图像的系数多数仅含有很少的可视信息（它们具有零均值和类似拉普拉斯概率密度函数的分布），所以可对这些系数进行量化，获得需要的数据压缩效果。与采用 DCT 的编解码系统不同，小波变换编解码系统中没有图像分块的模块，这是因为小波变换的计算效率很高，且本质上具有局部性。因此小波变换编码不会产生使用 DCT 变换在高压缩比时的块效应。

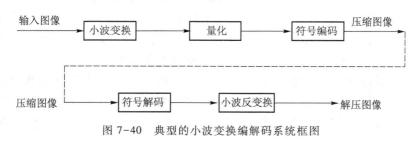

图 7-40　典型的小波变换编解码系统框图

影响小波变换编码的主要因素有：

① 小波选择。

小波的选择会影响小波变换编码系统设计和性能的各方面。小波的类型直接影响变换计算的复杂性，并间接地影响系统压缩和重建可接受误差图像的能力。当变换小波带有尺度函数时，变换可通过一系列数字滤波器操作来实现。另外，小波将信息集中到较少的变换系数上的能力决定了用该小波进行压缩和重建的能力。最广泛使用的小波包括：哈尔小波、Daubechies 小波和双正交小波。

② 分解层数选择。

分解层数也影响小波编码计算的复杂度和重建误差。正反变换的计算操作次数均随着分解层数的增加而增加。另外，随着分解层数的增加，对低尺度系数的量化也会逐渐增加，而这将会对重建图像中越来越大的区域产生影响。

③ 量化设计。

对小波编码压缩和重建误差影响最大的是对系数的量化。尽管最常用的量化器是均匀进行量化的，但量化效果还可以通过增大量化间隔或在不同尺度间调整量化间隔来进行改进。

7.4　图像处理技术扩展

7.4.1　水印技术

1. 水印技术概述

20 世纪 90 年代以来,计算机网络技术和多媒体信息处理技术在全世界范围内得到了迅猛发展。但在给人们带来便利的同时也暴露出越来越严重的安全问题,如多媒体作品的版权侵犯、电子商务中的非法盗用和篡改等。毫无疑问,网络中的信息安全问题是现在乃至将来相当长一段时期内的研究热点之一。

数字水印技术是一种信息隐藏技术,它的基本思想是在图像、音频和视频等数字产品中嵌入秘密信息,以便保护数字产品的版权、证明产品的真实可靠性、跟踪盗版行为或者提供产品的附加信息等。嵌入的水印信息隐藏于宿主文件中,不影响原始文件的可视性和完整性,只有通过专用的检测器才能提取。其中的水印信息可以是公司标志、作者的序列号、有特殊意义的文本等,可用来识别文件、音像制品的来源、版本、原作者、拥有者、发行人、合法使用人对数字产品的拥有权。可见,一方面,数字水印可以被用来证明原创作者对其作品的所有权,作为鉴定、起诉非法侵权的证据;另一方面,作者还可以通过对其数字产品中的水印进行探测和分析来实现对作品的动态跟踪,从而保证其作品的完整性。

一个数字水印系统一般包括三个基本部分:水印的生成、水印的嵌入和水印的提取或检测。水印系统可以由一些限定特性描述其特征,每一特性的重要性取决于实际应用的需要和水印的作用。数字水印技术应具备信息隐藏技术的一般特点,并且还应该具备其固有的特点。

（1）透明性

透明性也叫做不可感知性,包含两个方面的意思:一是人类的感觉系统无法分辨嵌入水印前后载体的不同,理想的情况是与原来几乎一样,不影响载体的使用价值;另一方面是统计的不可见性,要求经过嵌入算法加入水印后的载体,即使采用统计的方法也无法提取水印或确定水印的存在。

（2）鲁棒性

鲁棒性指抵抗各种处理操作和恶意攻击而不会导致水印信息丢失的能力。常用的处理操作包括:压缩、滤波、几何变换、剪切、加噪和缩放等。对数字水印的恶意攻击包括:篡改、伪造和去除水印等。经过这样的操作后,鲁棒性较好的水印算法依然能从中提取出所嵌入的水印,而不影响水印的正确鉴别。

（3）安全性

安全性指水印算法是依赖于水印嵌入时采取的密钥,而不是靠所采用算法的保密。如果没有正确的密钥,非法用户不能从载体中正确地恢复所嵌入的水印信息。安全的水印算法其水印信息不会被非法用户用不正当的手段轻易提取、恢复、复制及伪造。

（4）可证明性

在实际的应用过程中,可能需要多次加入水印,数字水印技术必须能够允许多重水印嵌入,并且每个水印均能独立地被证明。

2. 数字水印分类

数字水印技术可以从不同的应用角度进行分类,而各种类型的水印之间是既有联系又有区别,各种分类方法并不是孤立的,而是相互重叠的。最常见的分类方法包括以下几类。

(1) 可见水印与不可见水印

可见数字水印最常见的例子是有线电视频道上所特有的台标,或网络图片上覆盖的可见标记,其主要目的在于明确标示版权,防止非法的使用。可见水印既要证明产品的归属,又不能太妨碍对产品的欣赏。而不可见数字水印将水印隐藏,视觉上无法察觉,目的是作为知识产权所有者的凭证,保护原创造者和所有者的版权。

(2) 脆弱水印与鲁棒水印

脆弱水印很容易被破坏,主要应用于完整性验证等应用中,它随着对象的修改而破坏,哪怕细小的变化也会影响数字水印的提取和检测。因此脆弱水印必须对载体的改动很敏感,人们根据脆弱水印的状态就可以判断数据是否被篡改过。鲁棒性数字水印主要用于在数字作品中标明著作权信息。鲁棒水印不仅能抵抗常规的处理操作,还能抵抗一定失真内的恶意攻击,不影响水印的检测和提取,主要应用于版权保护,是水印研究的重点。

(3) 空域水印和变换域水印

直接在空域中对图像采样点的幅度值进行处理,并嵌入水印信息的称为空域水印,常用的有最低有效位算法(Least Significant Bit,LSB)。对变换域中的系数,比如 DFT 系数、DCT 系数、DWT 系数、矩阵奇异值分解(Singular Value Decomposition,SVD)值等,作出改变并嵌入水印信息的称为变换域水印。空域水印鲁棒性较差,而变换域水印的能量被散布到整个信号中,不会在局部引起大的失真,有利于保证不可见性,与压缩标准相兼容有助于降低运算时间,能方便地结合人类视觉系统的某些特征,有较好的鲁棒性,得到广泛的应用。

(4) 非盲水印和盲水印

在提取或检测水印的过程中,如果需要原始数据,称为非盲水印算法;如果不需要原始数据参与,可直接根据载体来提取出水印信号,称为盲水印算法。一般来说,非盲水印比盲水印更安全,但盲水印更符合所有权验证的需要,是水印算法发展的方向。

(5) 私有水印和公开水印

私有水印只能被特定密钥持有人读取或检测,而公开水印可以被公众提取或检测。通常来说,公开水印的安全性和鲁棒性比不上私有水印,但公开水印在声明版权信息和预防侵权行为上无疑具有优势,是水印发展的方向。

(6) 对称水印和非对称水印

当水印嵌入与水印提取或检测过程所使用的密钥相同时,称为对称水印;当使用不同的密钥时,称为非对称水印。

(7) 有意义水印和无意义水印

有意义水印是指水印本身有确切含义,可以是文字串、印鉴、图标或图像等,且不易被伪造或篡改;无意义水印则只是对应于一个序列号。

(8) 图像水印、音频水印和视频水印

按照水印所依附的载体不同,可以把数字水印划分为图像水印、音频水印、视频水印等。视频中一帧即为一幅图像,视频由许多帧组成,将图像水印的算法移植时,需要考虑许多的问题,比如视频的数据量非常大,相邻帧之间存在大量的冗余,并且大量的视频都要求实时处理,需要较低的运算时间,所以,视频水印最好选择复杂度相对较低的盲水印或半盲水印算法;视频水印应具有随机检测性,不需要从视频数据开始位置一步一步地去检查;视频水印应具有更强的鲁棒性,除了图像传统的攻击外,还应保证视频水印对帧平均、帧交换及帧删除等特有攻击的稳健性。

3. LSB 空域数字水印算法

最低有效位算法(LSB)又叫"最小意义比特位"、"最不显著位"或"最不重要位",它是国际上最早提出的数字水印算法,是一种典型的空域数字水印算法。最低有效位算法的基本原理就是首先把水印信息变成二进制数据流,然后将其嵌入到图像不重要的最低位平面中。该算法是基于人类视觉系统(Human Visual System,HVS)对亮度变化的不敏感性实现的,因此 LSB 位的改变不会对图像在视觉上的效果造成大的影响。LSB 水印嵌入与提取实验结果如图 7-41 所示。

 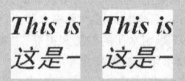

(a) 原始图像　　(b) 嵌入水印图像　　　(c) 原始水印　　　(d) 提取水印

图 7-41　LSB 水印嵌入与提取实验

LSB 算法最大的优点是水印的信息嵌入和提取算法简单,执行速度快,图像隐藏信息量大,而且待隐藏信息可以是任意的文件格式。但其存在的主要局限是对数据操作及信道干扰的抵抗力弱,即鲁棒性较差。当载体文件受到某些噪声干扰或遭到破坏时,隐藏在其中的水印很可能也会遭到破坏,在提取数据信息时可能无法被完整地提取出来。

4. 基于 DCT 的数字水印算法

DCT 域的图像水印嵌入和提取算法框图如图 7-42 所示,其中图(a)为水印的嵌入过程,图(b)为水印的提取流程。

其中,图像特征分析是指分析原始图像和水印图像是彩色图像或灰度图像,及图像分辨率。图像经 DCT 变换后,图像的能量被重新分布,左上角为低频分量,含图像大部分的能量,右下角为高频分量,能量较低,中间为中频分量。

选择策略指选择水印嵌入的位置:低频、中频和高频,由于人眼对图像的水平或垂直频带变化较为敏感,而对斜向的频带变化较不敏感,特别对 45°方向高频子图像中的变化更不敏感;人眼对图像中等亮度的灰度变化较为敏感,而对高亮度及低亮度的灰度变化不太敏感;人眼对彩色图像的敏感度和分辨率大大高于相应的灰度图像;人眼对图像的低分辨率频带较为敏感,而对高分辨率的频带不太敏感。所以,低频分量水印嵌入强度不能太大,人眼比较敏感;而高频分量嵌入水印,人眼不易察觉,但鲁棒性较差,嵌入水印容易丢失;折中考虑,中频部分比较理想。

嵌入方式的选择,一般有以下几种。

① 加法方式

$$x_w(k) = x_0(k) + aw(k) \tag{7.4-1}$$

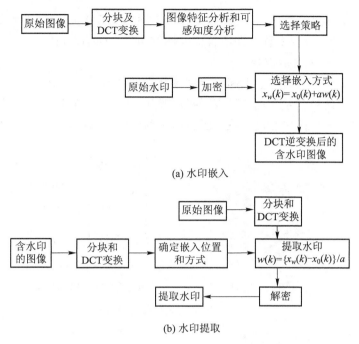

(a) 水印嵌入

(b) 水印提取

图 7-42 基于 DCT 变换的水印嵌入和提取流程

式中，a 为水印嵌入强度，$w(k)$ 为水印；

② 乘法方式

$$x_w(k) = [1+aw(k)]x_0(k) \qquad (7.4-2)$$

③ 自适应的嵌入方式，如量化索引调制（Quantization Index Modulation，QIM）、比较阈值等。

基于 DCT 变换的水印提取示例如图 7-43 所示，其中图（a）为原始图像，图（b）为嵌入水印后的图像，图（c）为原始水印，图（d）为提取的水印。可见，水印的不可感知性较好，肉眼很难分辨出图像的变化；提取的水印辨识度较高。

(a) 原始图片   (b) 嵌入水印后   (c) 原始水印   (d) 提取的水印

图 7-43 基于 DCT 变换的水印提取示例

5. 基于 DWT 的数字水印算法

与 DCT 域水印技术相比，DWT 域图像水印技术的优越之处来自于小波变换的一系列特性。小波变换具有空间-频率的多尺度特性，有助于确定水印的分布和位置，以提高水印的鲁棒性并保证透明性；DWT 对图像整体进行变换，对滤波和压缩处理等有较好的抵御能

力,而 DCT 变换需对图像进行分块,会产生马赛克现象;DWT 易于调整水印嵌入强度以适应人眼视觉特性,能更好地平衡水印的鲁棒性和透明性之间的矛盾。

(1) DWT 水印嵌入区域选择

嵌入一定强度的水印后不会引起原始图像视觉质量的明显改变,适合选择高频子带;小波系数不应该过多的被信号处理和噪声干扰所改变,适合选择低频子带。综上考虑,将水印的嵌入位置选择为原始图像经过小波二级分解后的中频细节子带中,如图 7-44 所示。

(a) 图像的二级小波分解　　　　　(b) 选择嵌入水印的区域

图 7-44　水印嵌入区域选择示意

(2) DWT 域水印嵌入强度选择

水印嵌入强度的取值应权衡水印的透明性和鲁棒性要求。强度因子 a 越大,水印越强壮,但是嵌入水印后的图像视觉质量会降低;反之,强度因子 a 取值小,图像质量虽提高了,但同时会削弱水印的鲁棒性,实际使用时应折中考虑两方面的因素。嵌入强度因子 a 对图像质量的影响如图 7-45 所示,对提取水印的影响如图 7-46 所示。

(a) a=100嵌入水印后　　　　　(b) a=2嵌入水印后

图 7-45　嵌入强度因子 a 对图像质量的影响

(a) a=1.5提取的水印　　　　　(b) a=0.7提取的水印

图 7-46　嵌入强度因子 a 对提取水印的影响

7.4.2　视频技术

视频一般代表一类彩色序列图像,它描述了在一段时间内 3D 景物投影到 2D 图像平面,且由三个分离的传感器获得的场景辐射强度。数字视频可借助使用电荷耦合器件(Charge Coupled Device,CCD)传感器的数字摄像机来获取。数字摄像机的输出在时间上分成离散的帧,而每帧在空间上与静止图像类似都分成离散的行和列,每帧图像的基本单元仍用像素表示。

从学习图像技术的角度,视频可看做是对静止图像的扩展。视频相对图像最明显的一个区别就是含有场景中的运动信息,原来的图像处理技术也需要相应的推广。另外,一般均认为视频图像是彩色的,所以还要考虑由灰度到彩色的扩展。

1. 视频表达函数

假设图像用函数 $f(x,y)$ 来表示,则视频可用函数 $f(x,y,t)$ 来表示,它描述了在时间 t 投影到图像平面的 3D 景物的某种性质。进一步,如果对彩色图像用函数 $f(x,y)$ 来表示,则考虑到视频灰度到彩色的扩展,视频可用函数 $f(x,y,t)$ 来表示,它描述了在特定时间和空间的视频的颜色性质。实际的视频具有一个有限的时间和空间范围,性质也是有限的。空间范围取决于摄像机的观测区域,时间范围取决于场景被摄取的持续时间,而颜色性质也取决于场景或景物的特性。

理想情况下,由于各种颜色模型都是 3D 的,所以彩色视频都应该由 3 个函数来表示,每个函数描述一个彩色分量。这个格式的视频称为分量视频,只在专业的视频设备中使用,这是因为分量视频的质量较高,但其数据量也比较大。实际中常使用各种复合视频格式,其中的三个彩色信号被复用成一个单独的信号。色度信号具有比亮度分量小得多的带宽,通过将每个色度分量调制到一个位于亮度分量高端的频率上,并把已调色度分量加到原始亮度信号中,就可产生一个包含亮度和色度信息的复合视频。

2. 视频彩色模型

视频中常采用的一种彩色模型是 YC_BC_R 模型,其中 Y 代表亮度分量,C_B 和 C_R 代表色度分量。

亮度分量可借助彩色的红、绿、蓝(RGB)分量来获得

$$Y = rR + gG + bB \qquad (7.4-3)$$

其中 r、g、b 为比例系数。

色度分量,也称色差分量,C_B 表示蓝色部分与亮度值的差,而 C_R 表示红色部分与亮度值的差

$$\begin{aligned} C_B &= B - Y \\ C_R &= R - Y \end{aligned} \qquad (7.4-4)$$

常用的 RGB 颜色编码方法与 YC_BC_R 颜色编码方法之间可以相互转换,转换的公式为

$$\begin{bmatrix} Y \\ C_B \\ C_R \end{bmatrix} = \begin{bmatrix} 16 \\ 128 \\ 128 \end{bmatrix} + \begin{bmatrix} 65.481 & 128.553 & 24.966 \\ -37.797 & -74.203 & 112.000 \\ 112.000 & -93.786 & -18.214 \end{bmatrix} \begin{bmatrix} R \\ G \\ B \end{bmatrix} \qquad (7.4-5)$$

$$\begin{bmatrix} R \\ G \\ B \end{bmatrix} = \begin{bmatrix} 1 & 0 & 1.140 \\ 1 & -0.395 & -0.581 \\ 1 & 2.032 & 0 \end{bmatrix} \begin{bmatrix} Y \\ C_B \\ C_R \end{bmatrix} \qquad (7.4-6)$$

3. 视频显示

显示器的宽高比主要有 4∶3 和 16∶9 两种。另外显示时可有两种光栅扫描方式:逐行

扫描和隔行扫描。逐行扫描以帧为单位,显示时从左上角逐行进行到右下角。一帧分为两场,顶场包含所有奇数行,底场包含所有偶数行,隔行扫描以场为单位,其垂直分辨率是帧的一半,显示时顶场和底场交替,借助人类视觉系统的视觉暂留特性使人感知为一幅图。逐行扫描的清晰度高,但数据量大;隔行扫描数据量只需一半,但有些模糊。各种标准电视制式,如 NTSC、PAL、SECAM 以及高清电视系统都采用了隔行扫描。

视频显示时还需要有一定的帧率,即相邻两帧出现的频率。根据人眼的视觉暂留特性,帧率需要高于 25 帧/秒,低了会出现闪烁和不连续的感觉。

4. 视频码率

视频的数据量由视频的时间分辨率、空间分辨率和幅度分辨率共同决定。设视频的帧率为 L,即时间采样间隔为 $1/L$,空间分辨率为 $M×N$,幅度分辨率为 $G(G=2^k$,黑白视频 $k=8$,彩色视频 $k=24$),则视频码率为

$$b=L×M×N×k \text{ (bit/s)} \tag{7.4-7}$$

5. 视频格式

由于历史原因和应用的不同,实际应用中的视频有许多不同的格式。一些常用的视频格式如表 7.4-1 所示,其中帧率一列 P 表示逐行,I 表示隔行。

表 7.4-1　一些实际应用中的视频格式

应用及格式	名　　称	Y尺寸/像素	采样格式	帧　　率	原始码率 (Mbit/s)
地面、有线、卫星 HDTV, MPEG-2,20~45 Mbit/s	SMPTE 296M	1280×720	4:2:0	24P/30P/60P	265/332/664
	SMPTE 296M	1920×1080	4:2:0	24P/30P/60I	597/746/746
视频制作,MPEG-2,15~50 Mbit/s	BT.601	720×480/576	4:4:4	60I/50I	249
	BT.601	720×480/576	4:2:0	60I/50I	166
高质量视频发布(DVD, SDTV)MPEG-2,4~8 Mbit/s	BT.601	720×480/576	4:2:0	60I/50I	124
中质量视频发布(VCD, WWW)MPEG-1,1.5 Mbit/s	SIF	352×240/288	4:2:0	30P/25P	30
ISDN/Internet 视频会议, H.261/H.263,128~384 kbit/s	CIF	352×288	4:2:0	30P	37
有线/无线调制解调可视电话,H.263,20~64 kbit/s	QCIF	176×144	4:2:0	30P	9.1

7.5　国际图像标准简介

图像技术的快速发展和广泛应用推动了图像领域国际标准的制定。较早的图像标准是围绕图像存储和传输制定的,近年有关图像的国际标准有些已超出纯图像编码的范围,可更多地为其他图像领域和图像技术服务。

7.5.1 JPEG

JPEG 是由 ISO 和 CCITT 两个组织于 1986 年成立的联合图像专家组所制定的静止灰度或彩色图像的压缩标准,编号为 ISO/IEC10918。该标准于 1991 年形成草案,1994 年成为正式标准。JPEG 标准实际上定义了三种编码系统:

① 基于 DCT 的有损编码基本系统,可用于绝大多数压缩应用场合;

② 基于分层递增模式的扩展-增强编码系统,用于高压缩比、高精确度或渐进重建应用的场合;

③ 基于预测编码中 DPCM 方法的无损系统,用于无失真应用的场合。

JPEG 基本系统的编码器和解码器框图分别如图 7-47 和图 7-48 所示,JPEG 压缩编码算法的主要步骤如下。

① 对图像中的每一个分量,分割成不重叠的 8×8 的像素块,对其进行 DCT 变换,得到 8×8 的系数矩阵,左上角的为直流(DC)系数,其余 63 个为交流(AC)系数;

② 对 DCT 系数进行量化,并对量化后的系数进行 Zigzag 编码,增加 0 游程的长度;

③ 使用 DPCM 对直流系数进行编码;

④ 由于量化后的交流系数会出现较多的长零串,所以首先对零系数采用游程编码,再采用霍夫曼编码。

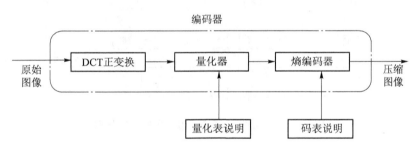

图 7-47　JPEG 图像压缩国际标准编码器基本系统框图

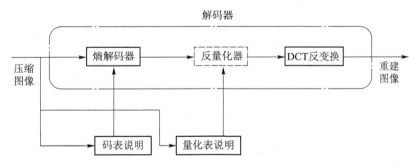

图 7-48　JPEG 图像压缩国际标准解码器基本系统框图

JPEG 译码过程与编码过程相反,因此 JPEG 也称为对称型算法。

JPEG 标准的典型应用包括彩色传真、报纸图片传输、桌面出版系统、图形艺术等,许多数码相机、数字摄像机、传真机、复印机和扫描仪都包含 JPEG 芯片。

7.5.2　H.261

这是由 CCITT 于 1984 年开始工作,1990 年制定完成的运动灰度图像压缩标准。它主要为电视会议和可视电话等应用而制定,也称为 $P\times64$ 标准($P=1,2,\cdots,30$),因为其码流可为:$64,128,\cdots,1920\,\mathrm{kbit/s}$。它可以允许通过 T1 线路(带宽为 1.544 Mbit/s)以小于150 ms 的延迟传输运动视频。当 $P=1,2$ 时,码率小于 128 kbit/s,它仅能支持 QCIF(176×144)分辨率格式,用于可视电话。当 $P>5$ 时,码率可大于 384 kbit/s,它就能支持 CIF(352×288)分辨率格式,用于电视会议了。

H.261 采用的编码器和解码器框图分别如图 7-49 和图 7-50 所示。该标准的制定对其后的一些序列图像压缩标准(如下面的 MPEG-1)都有很大影响,它们基本上采用了类似的框架。

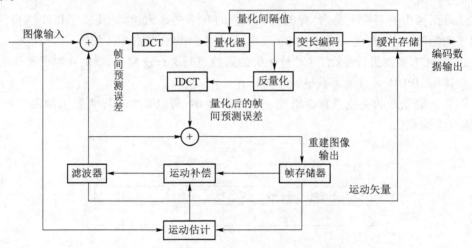

图 7-49　国际标准 H.261 编码器的基本框图

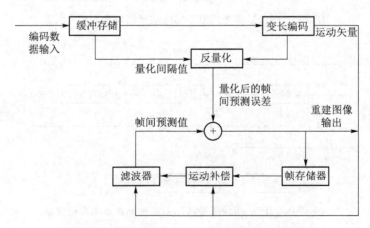

图 7-50　国际标准 H.261 解码器的基本框图

H.261 在编码方面将基于 DCT 的压缩方法进行了扩展,并包含了减少帧间冗余的方法。即将一个图像序列分成许多组,对每组的第一帧和剩余帧分别采用两种不同的帧编码方式进行编码,即用帧内和帧间方式进行编码:

① 对每组的第一帧进行帧内编码,即用类似于 JPEG 中的 DCT 方法以减少帧内冗余度,这样得到的编码帧称为初始帧 I-帧。

② 对每组的剩余帧进行帧间编码,即通过计算当前帧与下一帧间的相关系数,预测估计帧内目标的运动,以确定如何借助运动补偿来压缩下一帧以减少帧间冗余度,这样得到的编码帧称为预测帧 P-帧。

根据上面的编码方式,编解码序列的结构如图 7-51 所示。在每个 I-帧后面有若干个 P-帧,I-帧独立编码,而 P-帧则参照上一帧编码。

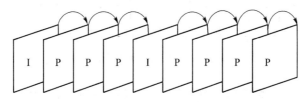

图 7-51　国际标准 H.261 编解码序列示意图

7.5.3　MPEG-1

随着数字音频和数字视频技术的广泛应用,ISO 和 CCITT 两个组织的动态图像专家组(Moving Picture Experts Group,MPEG)于 1993 年制定了 MPEG-1 国际编码标准,用于数字存储媒体运动图像及其伴音,主要使用在光盘存储、VCD、消费视频和视频监控等应用中。MPEG-1 标准适用于数码率在 1.5 Mbit/s 左右的应用环境。

MPEG-1 标准包括 3 个部分:① 系统;② 视频;③ 音频。系统部分确定对视频和音频编码的层次,描述了编码数据流的句法和语义规则。MPEG-1 系统的语义规则对解码器提出了要求,但并没有指定编码模型,或者说编码过程并没有限定,可用不同的方法实现,只要最后产生的数据流满足系统要求即可。在系统层,参考解码模型被指定为信息流的语义定义的一部分。

图 7-52 给出了在功能层的 MPEG 编码器产生码流的示意图。视频编码器接收未编码数字图像,称为视频表达单元。类似地,在离散的时间间隔中,音频编码器接收未编码的音频采样,称为音频表达单元。注意,视频表达单元和音频表达单元的到达时间并不一定要一致。

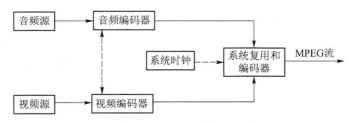

图 7-52　MPEG 数据流的产生

在 MPEG-1 标准中,分别采用三种不同的方式对三种类型的图像进行编码,如图 7-53 所示。

① I 图像:仅进行帧内编码,不参照其他图像,每个输入的视频信号序列将包含至少两

个 I 图像；

②　P 图像：参照前一幅 I 图像或 P 图像，并借助运动估计进行帧间编码；

③　B 图像：也称双向预测图像，参照前一幅和后一幅 I 图像或 P 图像进行双向运动补偿，B 图像的压缩率最大。

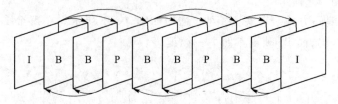

图 7-53　国际标准 MPEG-1 编解码序列示意图

因为 MPEG-1 允许在多帧间联合编码，所以它的压缩率可达 50∶1 到 200∶1。MPEG-1 是非对称的，它用来进行压缩的计算复杂度比解压要更多，所以在信号从一个源产生但需要分配给许多接收者时比较适用。

7.5.4　H.264/AVC

H.264，同时也是 MPEG-4 第十部分，是由 ITU-T 视频编码专家组（Video Coding Experts Group，VCEG）和 ISO/IEC 动态图像专家组（MPEG）联合组成的联合视频组（Joint Video Team，JVT）提出的高度压缩数字视频编解码器标准。H.264 是 ITU-T 以 H.26x 系列为名称命名的标准之一，同时 AVC 是 ISO/IEC MPEG 一方的称呼，这个标准通常被称之为 H.264/AVC 而明确说明它两方面的开发者。H.264/AVC 原有三个档次，分别是基本、主要、扩展档次。每个档次有相应的算法组成和语法结构以及应用对象。基本档次面向复杂度低，传输延迟小的应用对象；主要档次面向运动特性复杂、快速，传输时延大的应用对象；扩展档次面向应用要求更高的对象。

H.264/AVC 在编码方面采用的主要技术包括：

1.　多帧多模式运动预测

在 H.264/AVC 中，可以从当前帧的前几帧中选择一帧作为参考帧来对宏块进行运动预测。多参考帧的预测对周期性运动和背景切换能够提供更好的预测效果，而且有助于比特流的恢复。

对视频图像进行运动预测时要将图像分成一组 16×16 的亮度宏块和两组 8×8 的色度宏块。在 H.264/AVC 中，对 16×16 的宏块还可以继续分解为四种子块，这称为宏块分解，如图 7-54(a) 所示；对 8×8 的宏块还可以继续分解为四种子块，这称为宏块子分解，如图 7-54(b) 所示。

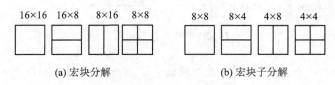

(a) 宏块分解　　　　　　　　(b) 宏块子分解

图 7-54　宏块分解和子分解

由于宏块尺寸类型较多,可以更灵活地与图像中物体的运动特性相匹配。一般尺寸大的分解子块适用于当前帧相对于参考帧变化小的区域和比较光滑的区域,尺寸小的分解子块适用于当前帧相对于参考帧变化大的区域和细节较多的区域。同时,最小宏块尺寸比较小,可以较精确地划分运动物体,可减少运动物体边缘处的衔接误差,提高运动估计的精度和数据压缩效果,并能提高图像播放效果。

2. 整数变换

与上述许多标准不同,H.264/AVC 使用了可分离的整数变换。一方面计算比较简单,另一方面,整数变换的反变换还是整数变换,可避免舍入误差。

3. 熵编码

H.264/AVC 支持两种熵编码方式:上下文适应变长编码和上下文适应二值算术编码。

4. 自适应环内消块效应滤波器

H.264/AVC 定义了自适应环内消块效应滤波器,以消除基于块的编码导致的块状失真。

多方面的改进致使 H.264/AVC 标准取得了较好的使用功能和较高的压缩率。据统计,H.264/AVC 与 MPEG-2 编码的视频流相比要节省 64% 的比特率,与 H.263 或 MPEG-4 的简单档次的视频流相比平均可节省 40%~50% 的比特率。

7.6 小结与思考

小结

空域水印,是常用的有最低有效位算法。对变换域中的系数,比如 DFT 系数、DCT 系数、DWT 系数、矩阵奇异值分解值等,作出改变并嵌入水印信息的称为变换域水印。空域水印鲁棒性较差,而变换域水印的能量被散布到整个信号中,不会在局部引起大的失真,有利于保证不可见性,与压缩标准相兼容有助于降低运算时间,能方便地结合人类视觉系统的某些特征,有较好的鲁棒性,得到广泛的应用。

视频一般代表一类彩色序列图像,数字视频可借助使用电荷耦合器件传感器的数字摄像机来获取。数字摄像机的输出在时间上分成离散的帧,而每帧在空间上与静止图像类似都分成离散的行和列,每帧图像的基本单元仍用像素表示。实际中常使用各种复合视频格式,其中的三个彩色信号被复用成一个单独的信号。色度信号具有比亮度分量小得多的带宽,通过将每个色度分量调制到一个位于亮度分量高端的频率上,并把已调色度分量加到原始亮度信号中,就可产生一个包含亮度和色度信息的复合视频。视频中常采用的一种彩色模型是 YC_BC_R 模型。显示器的宽高比主要有 4:3 和 16:9 两种。另外显示时可有两种光栅扫描方式:逐行扫描和隔行扫描。逐行扫描以帧为单位,显示时从左上角逐行进行到右下角。隔行扫描以场为单位,其垂直分辨率是帧的一半,显示时顶场和底场交替,借助人类视觉系统的视觉暂留特性使人感知为一幅图。逐行扫描的清晰度高,但数据量大;隔行扫描数据量只需一半,但有些模糊。视频显示时还需要有一定的帧率,即相邻两帧出现的频率,根据人眼的视觉暂留特性,帧率需要高于 25 帧/秒,低了会出现闪烁和不连续的感觉。

图像技术的快速发展和广泛应用推动了图像领域国际标准的制定。较早的图像标准是围绕图像存储和传输制定的,近年有关图像的国际标准有些已超出纯图像编码的范围,可更多地为其他图像领域和图像技术服务。JPEG 是由 ISO 和 CCITT 两个组织于 1986 年成立的联合图像专家组所制定的静止灰度或彩色图像的压缩标准。H.261 是由 CCITT 于 1984 年开始工作,1990 年制定完成的运动灰度图像压缩标准,它主要为电视会议和可视电话等应用而制定。H.261 在编码方面将基于 DCT 的压缩方法进行了扩展,并包含了减少帧间冗余的方法。随着数字音频和数字视频技术的广泛应用,ISO 和 CCITT 两个组织的动态图像专家组(MPEG)于 1993 年制定了 MPEG-1 国际编码标准,用于数字存储媒体运动图像及其伴音,主要使用在光盘存储、VCD、消费视频和视频监控等应用中。H.264 是由 ITU-T 视频编码专家组(VCEG)和 ISO/IEC 动态图像专家组(MPEG)联合组成的联合视频组(JVT)提出的高度压缩数字视频编解码器标准。H.264 是 ITU-T 以 H.26x 系列为名称命名的标准之一,同时 AVC 是 ISO/IEC MPEG 一方的称呼,这个标准通常被称之为 H.264/AVC,从而明确说明它两方面的开发者。H.264/AVC 原有三个档次,分别是基本、主要、扩展档次。每个档次有相应的算法组成和语法结构以及应用对象。

思考

7-1　某一待传输的图片约含 $7×10^4$ 个像素。为了能较好地重现图片,需要 32 个亮度电平。假如各像素间的亮度取值相互独立,且各亮度电平等概率出现。利用某高斯白噪声信道来传输该图片,假定信道带宽为 20 kHz,信道的输出信噪比为 127。试计算传输该图片所需的最短时间。

7-2　设一幅 64×64,8 级灰度图像,其 0~7 级别灰度的像素个数依次为:1024、737、573、410、205、82、614 和 451。请画出该图像的直方图、累计直方图,并计算直方图均衡化结果(数据精确到小数点后 2 位)。

7-3　设一幅 64×64,8 级灰度图像,其 0~7 级别灰度的像素个数依次为:700、924、310、400、582、215、332 和 633。图 P7-1 为参考直方图。请计算该图像的直方图、累计直方图,并计算基于 SML 和 GML 映射的直方图规定化结果(数据精确到小数点后 2 位)。

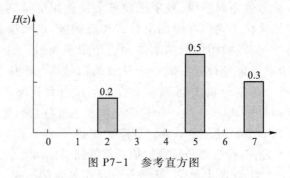

图 P7-1　参考直方图

7-4　讨论用于空间滤波的平滑滤波器和锐化滤波器的相同点、不同点以及联系。

7-5　试比较分析理想低通滤波器和巴特沃兹低通滤波器的共同点和异同点。

7-6　假设编码输入图为图 P7-2,解码输出图为图 P7-3。计算均方根误差、SNR_{ms}、SNR_{rms}、SNR 和 $PSNR$。

1	3	10
0	4	2
2	0	1

1	3	9
0	4	0
2	0	3

图 P7-2　输入图　　　　图 P7-3　输出图

7-7　请画出无损预测编码和有损预测编码的框图,并阐述其基本原理和这两种方法的压缩机制。

7-8　假设将一幅图像从左向右,从上向下扫描得到的序列为255,0,0,0,0,0,0,0,0,0,0,0,0,0,0,0,0,0。

（1）用 LZW 编码得到的输出码字是什么?

（2）计算压缩比。

7-9　只作变换能对数据进行压缩吗? 变换编码时系数保留有哪些准则?

7-10　数字水印有哪些特性? 如何分类?

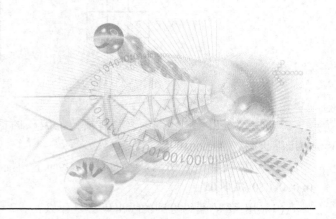

第8章

Internet 技术

Internet(因特网)是近几年来最活跃的领域和最热门的话题,而且发展势头迅猛,成为一种不可抗拒的潮流。

今天的 Internet 已不再是计算机人员和军事部门进行科研的领域,而是变成了一个开发和使用信息资源的覆盖全球的信息海洋。按从事的业务分类,Internet 上包括了广告公司、航空公司、农业生产公司、艺术、导航设备、书店、化工、通信、计算机、咨询、娱乐、经贸、各类商店、旅馆等 100 多类,覆盖了社会生活的方方面面,构成了一个信息社会的缩影。

本章重点介绍 Internet 基本概念、TCP/IP 协议、Internet 地址表示技术以及它提供的主要服务。

8.1 Internet 概述

8.1.1 Internet 的概念

Internet 是一个全球性的计算机互连网络,又名"国际互联网"、"网际网"或"信息高速公路"等,它由分布在世界各地共享数据信息的计算机所共同组成,这些计算机通过电缆、光纤、卫星等连接在一起。Internet 包括了全球大多数已有的局域网(LAN)、城域网(MAN)和广域网(WAN)。所有人都可以通过网络的连接来共享和使用 Internet 中的各种各样的信息。

8.1.2 Internet 的起源和发展

Internet 是在美国较早的军用计算机网 ARPANET 的基础上经过不断发展变化而形成

的。Internet 的起源主要可分为以下几个阶段。

1. Internet 的雏形形成阶段

1969 年，美国国防部高级研究计划局(Advanced Research Projects Agency，ARPA)开始建立一个命名为 ARPANET 的网络，当时建立这个网络的目的只是为了将美国的几个军事及研究用计算机主机连接起来，人们普遍认为这就是 Internet 的雏形。

2. Internet 的发展阶段

美国国家科学基金会(NSF)在 1985 年开始建立 NSFNET。NSF 规划建立了 15 个超级计算中心及国家教育科研网，用于支持科研和教育的全国性规模的计算机网络 NSFNET，并以此作为基础，实现同其他网络的连接。NSFNET 成为 Internet 上主要用于科研和教育的主干部分，代替了 ARPANET 的骨干地位。

1989 年 MILNET(由 ARPANET 分离出来)实现和 NSFNET 连接后，就开始采用 Internet 这个名称。自此以后，其他部门的计算机网相继并入 Internet，ARPANET 宣告解散。

3. Internet 的商业化阶段

20 世纪 90 年代初，商业机构开始进入 Internet，使 Internet 开始了商业化的新进程，也成为 Internet 大发展的强大推动力。1995 年，NSFNET 停止运作，Internet 彻底商业化。

这种把不同网络连接在一起的技术的出现，使计算机网络的发展进入一个新的时期，形成由网络实体相互连接而构成的超级计算机网络。

随着商业网络和大量商业公司进入 Internet，网上商业应用取得高速的发展，同时也使 Internet 能为用户提供更多的服务，使 Internet 迅速普及和发展起来。

现在 Internet 已发展为多元化的网络，不仅仅单纯为科研服务，也逐步进入到日常生活的各个领域。近几年来，Internet 在规模和结构上都有了很大的发展，已经发展成为一个名副其实的"全球网"。

网络的出现，改变了人们使用计算机的方式；而 Internet 的出现，又改变了人们使用网络的方式。Internet 使计算机用户不再被局限于分散的计算机上，同时，也使他们脱离了特定网络的约束。任何人只要进入了 Internet，就可以利用网络的丰富资源。

4. 中国 Internet 的发展

中国于 1994 年 4 月正式连入 Internet，中国的网络建设进入了大规模发展阶段。到 1996 年年初，中国的 Internet 已形成了四大主流体系，如图 8-1 所示。

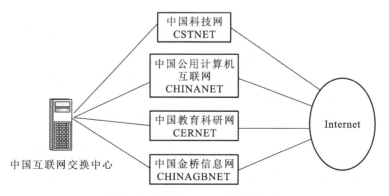

图 8-1　中国 Internet 的网络构成

339

为了规范发展,1996 年 2 月,国务院令第 195 号《中华人民共和国计算机信息网络国际联网管理暂行规定》中明确规定只允许四大互连网络具有正式国际信道出口:中国科技网(CSTNET)、中国教育科研网(CERNET)、中国公用计算机互联网(CHINANET)和中国金桥信息网(CHINAGBNET)。前两个网络主要面向科研和教育机构;后两个网络以经营为目的,属于商业性的 Internet。

(1) 中国科技网(CSTNET)

中国科技网(China Science and Technology Network,CSTNET)是在国家教育与科研示范网(The National Computing and Networking Facility of China,NCFC)和中国科学院网(CASNET)的基础上建设和发展起来的计算机网络。

CSTNET 拥有多条国际专线和 Internet 相连,可连到美国、日本、法国等国家。在国内,它已扩展到全国各地,拥有科学数据库、科技成果、文献技术资料、院士信息等特有的科技信息资源,供社会各界查询;网上的千亿次超级计算机可提供高性能计算服务。

中国科技网的网络中心还受国务院信息办的委托,管理中国互联网络信息中心(CNNIC),向全国提供域名注册服务。目前,CSTNET 已成为中国地域范围广、用量大、性能好、通信量大、服务设施齐全的全国性科研网络。

(2) 中国教育科研网(CERNET)

CERNET(China Education and Research Network)是 1994 年在国家计委投资、原国家教委(现教育部)主持下开始建设的,其目标是建设一个全国性的教育科研基础设施。

目前,CERNET 有 3 条国际专线和 Internet 相连。全国有 100 多所高等院校实现了和 CERNET 连网。CERNET 潜在服务的对象将包括全国 1 000 多所大学的近 300 万名师生和 16 万所中小学的 1.2 亿名师生。

CERNET 是一个公益性网络,它是中国高等学府进入世界科技领域的快速方便的入口,也是国内培养面向未来高层次人才、提高教学质量和科研水平的基础设施。网上提供电子邮件、网络目录查询、文件访问、图书情报检索、电子新闻、远程教育、远程高性能计算等服务。

(3) 中国公用计算机互联网(CHINANET)

CHINANET 是 1994 年由原邮电部(现信息产业部)投资开始建设的。它是一个经营性网络,该网的宗旨是面向应用、面向服务,促进国内信息产业的发展,向用户提供优质服务。

CHINANET 的发展方向是不断开发利用成熟的、适合国情的、有益于社会的网络应用,使之成为国内资源的大众媒介、参与商业化用途的工具、公众休闲娱乐的场所。这一网络的特点是入网方便,用户可在全国各地电信局、邮电局通过电话拨号、ISDN、China PAC、帧中继或 China DDN 等各种方式办理入网手续。

(4) 中国金桥信息网(CHINAGBNET)

CHINAGBNET(CHINA Golden Bridge Network)是中国吉通公司所建立的业务网,它同 CHINANET 一样,可以在全国范围内提供商业性经营服务。1996 年 9 月,中国金桥信息网正式开通国际互联网服务,成为中国信息化产业的重要支柱。同时,中国金桥信息网还与中国公用计算机互联网(CHINANET)、中国教育科研网(CERNET)、中国科技网(CSTNET)等网络互连,为用户提供高速、便捷的通道。

CHINAGBNET 的发展目标主要集中在以 ATM 技术为基础的骨干网和接入网的建设上，以市场需求为导向，把信息服务内容向更深、更广的方向推进，使之成为宽带综合业务信息网，向公众提供网络连接服务、增值业务服务、多媒体信息服务和数据库联机服务。

8.1.3 Internet 的应用

Internet 实际上是一个应用平台，在它的上面可以开展很多种应用，下面从七个方面来说明 Internet 的应用。

1. 信息的获取和发布

Internet 是一个信息的海洋，通过它使用者可以得到无穷无尽的信息，其中有各种不同类型的书库和图书馆、杂志期刊和报纸。网络还为使用者提供了政府、学校和公司企业等机构的详细信息和各种不同的社会信息，这些信息的内容涉及社会的各个方面，包罗万象，几乎无所不有。使用者坐在家里就可了解到全世界正在发生的事情，也可以将自己的信息发布到 Internet 上。

2. 电子邮件（E-mail）

平常的邮件一般通过邮局传递，收信人要等几天（甚至更长时间）才能收到信件。电子邮件和平常的邮件有很大的不同，电子邮件的写信、收信、发信都在计算机上完成，从发信到收信的时间以秒来计算。同时，只要在可以上网的地方，收信人都可以收到别人寄给他的邮件，而不像平常的邮件，必须回到收信的地址才能拿到信件。

3. 网上交际

网络可以看成是一个虚拟的社会空间，每个人都可以在这个网络社会上充当一个角色。Internet 已经渗透到人们的日常生活中，使用者可以在网上与别人聊天、交朋友、玩网络游戏等。"网友"已经成为一个使用频率越来越高的名词，网友之间可以完全不认识，他（她）可能远在天边，也可能近在眼前。网上交际已经完全突破传统的交友方式，不同性别、年龄、身份、职业、国籍、肤色的人，都可以通过 Internet 而成为好朋友，他们不用见面而可以进行各种各样的交流。

4. 电子商务

在网上进行贸易已经成为现实，而且发展得如火如荼，例如可以开展网上购物、网上商品销售、网上拍卖、网上货币支付等。它已经在海关、外贸、金融、税收、销售、运输等方面得到了应用。电子商务现在正向一个更加纵深的方向发展，随着社会金融基础设施及网络安全设施的进一步健全，电子商务将在世界上引起一轮新的革命。

5. 网络电话

目前，中国电信、中国联通等单位已相继推出 IP 电话服务，IP 电话卡成为一种很流行的电信产品而受到人们的普遍欢迎，因为它的长途话费大约只有传统电话的三分之一。IP 电话凭什么能够做到这一点呢？原因就在于它采用了 Internet 技术，是一种网络电话。现在市场上已经出现了多种类型的网络电话。还有一种网络电话，它不仅能够听到对方的声音，而且能够看到对方，还可以几个人同时进行对话，这种模式也称为"视频会议"。Internet 在电信市场上的应用将越来越广泛。

6. 网上事务处理

Internet 的出现改变了传统的办公模式,使用者可以在家里上班,然后通过网络将工作的结果传回单位;当使用者出差的时候,不用带上很多的资料,因为随时都可以通过网络回到单位提取需要的信息,Internet 使全世界都可以成为办公的地点,实际上,网上事务处理的范围还不只包括这些。

7. Internet 的其他应用

Internet 还有很多其他的应用,例如远程教育、远程医疗、远程主机登录、远程文件传输等。

总而言之,在信息世界里,以前只有在科幻小说中出现的各种现象,现在已经在慢慢地成为现实。Internet 还处在不断发展的状态,谁也预料不到,明天的 Internet 会成为什么样子。

8.2　Internet 基础——计算机网络

Internet 是由众多的、规模不等的计算机网络按照一定的标准互连而构成的。因此,下面首先简要介绍一下计算机网络的相关概念和技术。

8.2.1　计算机网络

1. 计算机网络的分类与结构

计算机网络的分类标准主要有:通信制式、信息交换方式、拓扑结构、通信距离、网络规模等。目前最流行的是按网络规模和通信距离不同将计算机网络分为:局域网(Local Area Network,LAN)、城域网(Metropolitan Area Network,MAN)和广域网(Wide Area Network,WAN)。

局域网又称局部网,其覆盖范围在几米到 10 km,常用于某一个单位内部的计算机网络,它的优点是传输速度较高,容易管理及配置,成本较低,组网方式灵活。

城域网又称城市网或区域网,是介于局域网和广域网之间的一种大范围的高度网络,覆盖范围限于 100 km。城域网可包含彼此互连的局域网。

广域网也称远程网,其覆盖范围则大得多,超越国界、直至全球,可以为用户提供大量的信息和高速的数据传送。广域网可以由众多的局域网和城域网连接组成。Internet 是目前世界上第一个真正的、可供商用的、遍布全球的广域网。

以信息传输、交换、处理及资源共享为主要目的的计算机网络,是通过传输媒介将物理上广为分散的独立实体(如计算机系统、智能终端、外围设备、网络通信设备等)互连而成的网络系统,其结构如图 8-2 所示。一般计算机网络由完成数据传输、交换及通信控制等功能的结点构成的通信子网和能提供资源共享、处理功能的结点构成的资源子网组成。通信子网可以是专用网(如局域网、校园网或企业内部通信网),也可以是公用网(如分组交换网、电话网、DDN 等)。资源子网则利用通信子网提供的基本通信功能,通过特定的软件和硬件设备向网络用户提供各种应用服务。

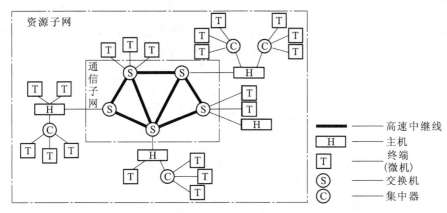

图 8-2　计算机网络的组成

2. 计算机网络的组成

构成网络的主要硬件、软件有如下几部分。

① 主计算机：主要处理从局域网或数据终端设备发送来的数据信息，并将处理结果发回。它主要承担业务处理和通信处理功能，有时为减轻主机的负担，通信处理功能由专门的前端处理机来完成。

② 服务器(Server)：基于 PC 机的局域网中，服务器是局域网的中枢核心。它的主要作用是运行网络操作系统，控制和协调网络中各工作终端之间的工作，处理和响应各工作站同时发来的对网络进行不同操作的要求；让各工作站共享硬盘、打印机及数据库、文件、应用程序等资源。

③ 工作站(Work Station)：也称客户机，是用户访问网络共享资源的计算机。用户在工作站上通过键入网络命令或调用网络菜单使用程序，向服务器申请网络服务，如使用服务器硬盘中的各种应用程序、查询共享数据库、使用共享打印机等。

④ 终端设备：远程网络中进行数据输入/输出、线路连接、传输控制、存储处理信息等功能的设备，如打印机、键盘、语音输入/输出设备等。

⑤ 网络设备：专门用于连接网络中各计算机的硬件，一般由同轴电缆、双绞线、光缆、网卡、中继器、集线器、网桥、路由器、网关等组成。

⑥ 网络协议：为了实现计算机网络中不同类型的计算机之间、不同操作系统之间以及两台计算机进程之间的通信，而规定的整个网络全体成员所必须共同遵守的一系列约定或规则和标准。

⑦ 网络操作系统：计算机软件和网络协议的集合。其主要功能是使网络上的用户能通过通信网络与网上各种资源相连，使用这些资源。网络操作系统主要有 UNIX、NetWare、Windows NT 等。

8.2.2　开放系统互连(OSI)参考模型

计算机网络采用分层次的结构，如图 8-3 所示，根据不同的功能把网络的系统功能分解成许多层。这种层次结构的每一层都建立在前一层的基础上，中间层既使用下面相邻层提供的服务，又是上面相邻层的服务提供者。如 N 层建立在 $N-1$ 层的基础上，直接

利用 $N-1$ 层所提供的服务来完成本层定义的功能,并为其上层($N+1$ 层)提供服务。高功能层通过接口(即相邻层之间的通信协议)接受低功能层的服务,而用户在进行通信时,有赖于同层协议(即通信双方各相应功能层中的约定和协议),才能互相理解进行交换的信息。

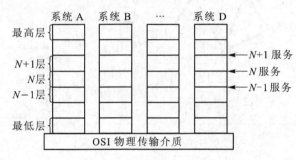

图 8-3　网络的层次结构图

计算机网络的这种层次结构使各项功能分解、独立,接口清晰,便于模块划分和分工协作开发。当某一层的软件硬件需作修改时,只要接口协议不变就不会影响其他功能层。所以有助于标准化。

国际标准化组织(ISO)于 20 世纪 80 年代初正式提出并在 1984 年、1988 年不断完善的"开放系统互连(Open System Interconnection,OSI)参考模型"是计算机网络互连的标准。此参考模型也得到了当时国际电报电话咨询委员会(Consultative Committee for International Telegraph and Telephone,CCITT)公共数据网络服务组织的承认。OSI 参考模型如图 8-4 所示,共有 7 层。

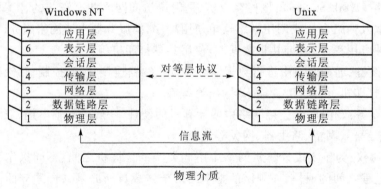

图 8-4　ISO 的 OSI 参考模型

1. 物理层(Physical Layer)

物理层是设备之间的物理接口,规定了标准的机械、电气功能和规程特性,以便在数据链路层实体之间建立、保持和拆除物理连接。数据链路层实体通过接口将信息传递给物理层,在物理层提供的协议介质接口和功能的共同作用下,将接收的比特流按位串行传输的顺序通过物理介质传送到另一个数据链路层实体。

2. 数据链路层(Data Link Layer)

数据链路层是 OSI 参考模型的第 2 层,其主要任务是通过一定数据单元格式及误码控制方法来保证信息以帧为单位在链路上可靠传送。为此该层在链路上要进行差错控制、流量控制和顺序控制,处理接收方发回的确认帧,识别和产生帧的边界,对检测出有差错的帧要求进行重发。

3. 网络层(Network Layer)

网络层是 OSI 参考模型的第 3 层,它为两传输层实体之间提供建立、保持和拆除网络连接的手段,提供透明的数据传输。网络层检查网络拓扑,以决定传输报文的最佳路由,其关键问题是确定数据包从源端到目的端如何选择路由。作为通信子网的最高层,网络层控制着通信子网的运行。

4. 传输层(Transport Layer)

传输层是 OSI 参考模型的第 4 层。传输层及其以上各层协议一般统称为高层协议,它是通信子网与上面 3 层之间的接口,传输层的基本功能是从会话层接收数据,并且在必要的时候把它分成较小的单元,传递给网络层,并确保到达对方的各段信息正确无误。

5. 会话层(Session Layer)

会话层是 OSI 参考模型的第 5 层。"会话"的意思是指在两个不同系统的端机上运行的应用进程之间通过连接进行的对话。所以会话层的主要功能是建立和保持两个表示层实体进程之间对话的连接,并管理它们之间的数据交换,保证按顺序发送它们的数据要求,并给出确切回答,直到会话的其中一方释放为止。

6. 表示层(Presentation Layer)

表示层是 OSI 参考模型的第 6 层。表示层提供一套格式化的服务,如不同信息格式和编码之间的转换、文本压缩与恢复、数据加密与解密、代码转换、数据的格式化、语法的选择等。表示层关注所传输信息的语法和意义,它把来自应用层的与计算机有关的数据格式处理成与计算机无关的格式。

7. 应用层(Application Layer)

应用层是 OSI 参考模型的最高层,直接为用户服务。应用层包含大量人们普遍需要的协议,并且具有文件传输功能。其任务是显示接收到的信息,把用户的新数据发送到低层。

图 8-5 概略地表示了在 OSI 7 层模型中各层的主要功能,其中 1~3 层只涉及信息的传送,5~7 层以高层协议为基础,只涉及信息的含义即数据的应用。第 4 层是两部分的接口。

图 8-6 表明了数据及各种控制信息在 7 层模型中的流动情况,以此说明在开放系统间应用 OSI 模型进行通信的过程。对于发送方,每一层都从其上层接收数据块(上一层的协议数据单元),然后在其上附加上本层控制(服务头)信息,

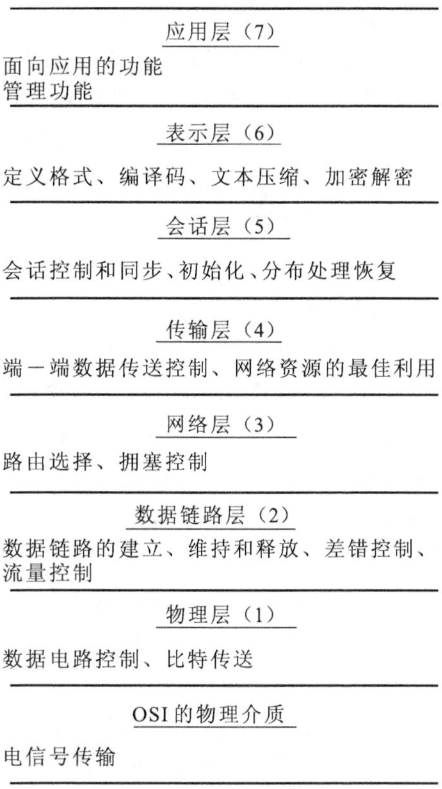

应用层(7)
面向应用的功能 管理功能
表示层(6)
定义格式、编译码、文本压缩、加密解密
会话层(5)
会话控制和同步、初始化、分布处理恢复
传输层(4)
端—端数据传送控制、网络资源的最佳利用
网络层(3)
路由选择、拥塞控制
数据链路层(2)
数据链路的建立、维持和释放、差错控制、流量控制
物理层(1)
数据电路控制、比特传送
OSI 的物理介质
电信号传输

图 8-5　OSI 7 层模型中的主要功能分布

形成本层的协议数据单元(Protocol Data Unit,PDU),最后将整个协议数据单元送给其下一层。在接收端则相反,某一层接收来自其下层的协议数据单元后,将与本层对应的服务头剥离利用,然后将其余的数据部分原封不动地送给其上层。由图 8-6 可知,7 层中的第 2 层与其他各层有所不同,为了进行误码检测,数据链路层协议数据单元还附加了一个尾,它由发送方的数据链路层加上,并在接收方的第 2 层将其剥去。

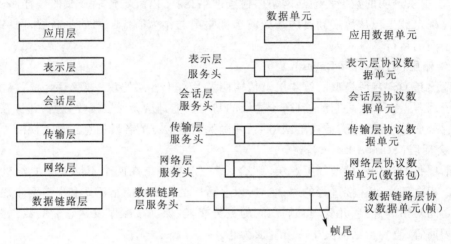

图 8-6　OSI 7 层模型中各层数据单元的形成及流动

当两个终端需要进行信息传输时,发送端经应用层→表示层→会话层→传输层→网络层→数据链路层→物理层,将信息转换为适合物理介质(如双绞线、光纤等)传输的信号,通过物理介质的传输到达接收端的物理层,再经数据链路层→网络层→传输层→会话层→表示层→应用层,恢复成接收端可懂的信息,完成信息传输。

8.2.3　网络互连

网络互连是指在分布于不同地理位置的不同网络之间建立通信链路,完成信息交换和资源共享。要实现网络之间的互连必须有网络连接设备和网络之间必须共同遵守的协议,上面介绍的 OSI 参考模型 7 层协议就是网络互连的基础。下面简要介绍网络连接设备。

1. 中继器(Repeater)和集线器(Hub)

中继器是最简单的网内连接设备,它相当于由一条电缆连接起来的一段网络,主要用于扩展局域网段的长度。而集线器实际上是一个多口中继器,主要用来支持双绞线或光纤布线系统,也可作为进行混合布线的中继点。中继器和集线器都工作在物理层。

2. 网卡

PC 机与局域网连接的网络适配器,是 PC 机的通信接口,实现计算机的数据信号与网络传输中的信号形式之间的转换。

3. 网桥(Bridge)

网桥有近程和远程两种,近程网桥直接将传输媒介接入网桥实现连接,而远程网桥则需通过公共通信线路(如电话网)或专用线路连接。网桥所完成的功能有:对所接收的信息包进行检测,将源地址与路径表相对比,如是新的地址,则添入路径表,同时删去表中长时间没有信息包发送的源地址;将目的地址与路径表相比较,如果目的地址与源地址不在同一网络上,就转发该信息帧,反之则不转发该信息帧。

4. 交换器(Switch)

交换器是交换式网络的核心设备,它类似于多端口网桥,可在各个不同结点之间建立专门的连接线路,使该结点享有专用的带宽。大型的交换式网络设备称为网络交换机,而小型的则称为交换器或交换式集线器。

网卡、网桥、交换器都工作在 OSI 参考模型的第 2 层。

5. 路由器

路由器是网间互连的主要设备,工作于 OSI 参考模型的网络层。路由器具有判断网络地址和在多个复杂通信路径中为每个信息包选择路由的功能,能支持不同拓扑结构的网络互连,适用于复杂大型的远程互连网络。

6. 网关(Gateway)

一般将在 OSI 参考模型的网络层以上的高层工作的中继设备称为网关。网关通常是一台功能强大的 PC,网关的基本功能有:转换协议(网关作为一个解释器,使不同的网络能够建立联系,如传统的线路交换网络及 IP 网络之间)、转换信息格式(网关对使用不同编码方式的信息进行转换,使异种网络之间能够自由地交换信息)、传输信息。

网络连接设备与 OSI 参考模型的关系如图 8-7 所示。

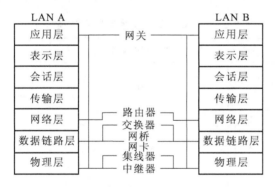

图 8-7　网络连接设备与 OSI 参考模型的关系

8.3　TCP/IP

Internet 是全球性的计算机互连网络,连接着全世界数万个计算机网络,而各个计算机网络又包含着各种不同类型的计算机,那么,它是怎样保证网络之间有条不紊地进行信息传递的呢?其关键技术靠的就是 TCP/IP。

8.3.1　TCP/IP 的概念

TCP/IP 的技术细节较复杂,这里不准备详细展开,但如果从 Internet 使用者的角度看,可以把它理解为是网络之间进行数据通信时所共同遵守的各种规则的集合。技术上的规则称为协议(Protocol)。TCP/IP 就是包含有 100 多个协议的一个集合。"TCP/IP"这个词是取自这些协议中最重要的两个:传输控制协议(Transmission Control Protocol,TCP)和网际协议(Internet Protocol,IP)。IP 协议负责按地址在计算机之间传输信息;TCP 协议则负责保证

传输信息的正确性。具体地说，TCP/IP 是按下述工作过程实现 Internet 网上数据通信的。

假定某个 Internet 用户要给另一个用户传送一个文本。首先，由 TCP 把该文本分割为若干个"包"，并在每个包上加上特定的头信息，形成一个 TCP 数据单元。TCP 包的头信息中包含有组号标识地址和差错控制信息等。接着，TCP 把 TCP 数据单元交给 IP，成为一个 IP 包。同样，IP 也要给 IP 包加上特定的头信息，形成 IP 数据单元。IP 包的头信息主要包括信息的 IP 地址、差错控制信息等。然后，IP 选择路由把这些数据包发送到网络的另一端。当网络另一端的 TCP 收到数据包后就进行差错校验，如果发现某个数据包在传送过程中出现差错，TCP 就要求重新发送这个数据包。一旦所有数据包都已准确无误地收到，TCP 就依数据包序号把原来的文本重组出来。从而完成了文本从发送端向接收端的传输过程。

由此可见，TCP/IP 就是一条把数万个网络、数百万台计算机有机地维系在一起的纽带，是 Internet 实现计算机用户之间数据通信的技术保证。

8.3.2　TCP/IP 模型

Internet 采用 TCP/IP 分层模型，与 OSI 7 层模型相比，TCP/IP 没有表示层和会话层，这两层的功能由最高层——应用层提供。TCP/IP 协议模型在各层名称定义及功能等方面与 OSI 模型也存在着差异。TCP/IP 分层模型与 OSI 模型的比较如表 8.3-1 所示。

表 8.3-1　TCP/IP 分层模型与 OSI 模型比较

OSI 模型	TCP/IP 模型	TCP/IP 主要协议
应用层 表示层 会话层	应用层	应用协议
传输层	传输层	TCP、UDP 协议等
网络层	网络层	IP 协议等
数据链路层	数据链路层	网络接口协议
物理层	物理层	物理网络

由表 8.3-1 可见，TCP/IP 分层模型共分为 5 层，它们自上而下分别是：应用层（Application Layer）、传输层（Transport Layer）、网络层（Network Layer）/互连网络层（Internet Layer）、数据链路层（Data Link Layer）/网络接口层（Internet Interface Layer）和物理层（Physical Layer）。各层功能如下：

1. 物理层

将数据帧（Frame）中的数据从一个网络单元（主机或者交换机）递送到相邻的网络单元。协议所涉及的问题主要有：传输媒介类型（如光纤或是双绞线）、传输采用的位速率、传输电压的高低、调制及编码方式等。

2. 数据链路层

作为信息的发送端，数据链路层接收网络层的数据包，并将其转换为数据帧，递送到相邻的网络单元。而作为接收端则完成与上述过程相逆的功能。

3. 网络层

一方面将传输层送来的消息段（Segment）转换为数据包，添加源地址及目的地址，选择数据包的传送路径(即通往数据主机的路由),通过数据链路层将数据发出;另一方面对来自相邻网络的数据包进行处理,若目的主机地址就是本机时,除去包头,将剩余的传输层消息段传送给传输层,否则转发该数据包。

4. 传输层

为端到端的应用程序提供通信,把应用层消息递送给终端主机的应用层。

5. 应用层

向用户提供一些常用的应用程序,如电子邮件、文件传输等。用户还可以根据自己的需要建立自己的专用程序。

8.4 Internet 地址表示技术

Internet 上有成千上万的主机,要想非常方便地访问任意一台主机,就必须给它们编上号码,或者说给每台主机一个唯一的地址,这个地址称为 Internet 地址。Internet 地址可以唯一地确定 Internet 上每台计算机及每个用户的位置。对于用户而言,Internet 地址有两种表示形式:IP 地址和域名。

8.4.1 IP 地址

1. IP 地址的概念

为了保证连接在 Internet 上的每台主机在通信时能互相识别,Internet 上的每台主机都必须用一个唯一的地址来标识,它就是 IP 地址。IP 协议正是依靠这个地址找到目的主机,使主机之间可进行各种信息的传递,所以,IP 地址是 Internet 得以运行的基础。

2. IP 地址的格式

接入 Internet 上的计算机的 IP 地址和日常生活中的邮政地址非常类似。如某人要给高等教育出版社寄信,他首先要知道该出版社所在的国家——中国;其次他要知道其所在的省份城市——北京;然后还要知道其通信地址——北京市朝阳区惠新东街 4 号富盛大厦×层。那么完整的地址描述是:中国北京市朝阳区惠新东街 4 号富盛大厦×层高等教育出版社×××收。这个地址在全世界是唯一的。这是一种非常典型的分层结构的地址定义方法。同样,IP 地址也采用分层结构,唯一地标识出连入 Internet 的任意一台计算机的地址。

IP 地址在概念上分为两个层次,第一层是物理层或网络层,第二层是网络层中包含的很多台主机,称为主机层。这样,IP 地址就由网络标识和主机标识两部分构成,如图 8-8 所示。

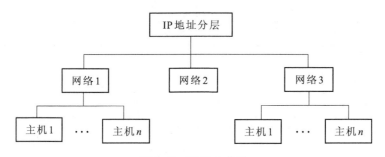

图 8-8 IP 地址分层

网络标识也称网络号或网络地址。主机标识也称主机号或主机地址。网络地址是全球唯一的,而主机地址在某一特定的网络中才必须是唯一的。

3. IP 地址的分类

根据 TCP/IP 协议规定,IP 地址由 32 位二进制比特序列组成,在实用中将这样的 32 位二进制数平均分成 4 组,每组 8 位,组与组之间用一个圆点隔开。如何将这样的 32 位二进制比特序列按照网络地址和主机地址进行分配,看似简单,意义却非常重大。因为一旦分定,就等于确定了整个 Internet 中所能包含的网络数量以及各个网络能容纳的主机数量。

在 Internet 上,网络数是难以确定的,但是每个网络的规模大小是可以估量的。因此 Internet 管理委员会按照网络可能存在的规模将网络分为 A、B、C、D、E 五个大类。其中 A、B、C 是三种主要的类型地址,而 D 类和 E 类现在还没有广泛应用。D 类是一种专门供给多目的传送用的多目广播地址,而 E 类是实验性(Experimental)地址。

在 TCP/IP 协议中,IP 地址以二进制数字形式表示。但是这种形式不易于被人们阅读、记忆和使用。为了更好地使用 IP 地址,Internet 管理委员会采用一种"点分十进制表示方法"表示 IP 地址。这就是说,在面向用户的使用过程中,由 4 段构成的 32 位 IP 地址被直观地表示为由 4 个小圆点隔开的十进制整数,其中每个整数对应于一个 8 位的字段。

例如:用二进制数表示的 IP 地址为 **01101101.11111110.10000000.11111111**,对应点分十进制数表示的 IP 地址为:109.254.128.255。在二进制的 IP 地址中每一个分段的域为 **00000000～11111111**,在十进制的 IP 地址中每一个分段的域为 0～255。图 8-9 是 IP 地址的分类图表。

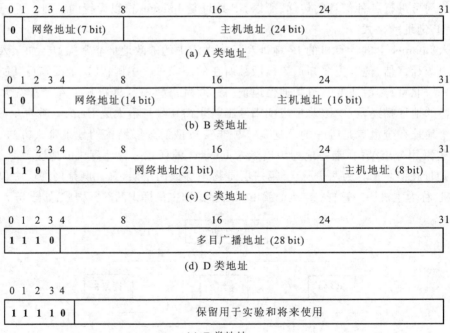

图 8-9　IP 地址的分类

IP 地址中的前几位用于标识 IP 地址的类别。A 类地址的第一位为 **0**；B 类地址的前两位为 **10**；C 类地址的前三位为 **110**；D 类地址的前四位为 **1110**；E 类地址的前五位为 **11110**。

对于 A 类 IP 地址,其网络地址空间长度为 7 位,主机地址空间长度为 24 位。A 类地址的范围是:1.0.0.0~126.255.255.255。由于网络地址空间长度为 7 位,因此允许有 126 个不同的 A 类网络,网络地址全 **0** 和全 **1** 保留用于特殊目的。同时,由于主机空间长度为 24 位,因此每个 A 类网络的主机地址数多达 2^{24} 个。A 类地址结构适用于超大型的网络。

对于 B 类 IP 地址,其网络空间长度为 14 位,主机地址空间长度为 16 位。B 类地址的范围是:128.0.0.0~191.255.255.255。由于网络地址空间长度为 14 位,因此允许有 2^{14} 个,即 16 384 个不同的 B 类网络,每个网络中的主机数多达 2^{16} 个,即 65 536 个。B 类地址适合于一些国际性的大公司与政府机构。

对于 C 类 IP 地址,其地址范围是:192.0.0.0~223.255.255.255。由于网络地址空间长度为 21 位,因此允许有 2^{21} 个,即约 2 000 000 个不同的 C 类网络,而每个网络中的主机数因为主机地址只有 8 位,所以只允许有 256 个。C 类地址适用于一些小公司与普通的事业机构。

D 类 IP 地址不标识网络号码,它的范围是:224.0.0.0~239.255.255.255。而 E 类 IP 地址的范围是:240.0.0.0~255.255.255.255。

为了确保 IP 地址在 Internet 上是唯一、有效的,IP 地址统一由美国国防数据网网络信息中心(DDN NIC)分配。要加入 Internet,必须先从 DDN NIC 申请到合法的 IP 地址(通常是网络地址)。而主机号则由提出申请的组织负责发放、管理。

每一台连入 Internet 上的计算机都有一个唯一的 IP 地址,但每一台计算机内 IP 地址都不是固定的。IP 地址的分配原则有动态分配和静态分配两种。拨号上网的用户,在每一次上网的时候,计算机的 IP 地址是不一样的。这是因为为了节约 IP 地址的资源,一般不给拨号上网的用户分配固定的 IP 地址,每次登录 Internet 的时候都由拨号的 Internet 服务提供商(ISP)随机分配一个 IP 地址。这就是一个动态的 IP 地址,相当于上网的临时通行证。而固定的 IP 地址需要购买,通常分配给那些长期使用网络并且利用网络增值的客户。

4. 地址解析

在 TCP/IP 网络环境中,每一个连入 Internet 的主机都被分配了一个 32 位的 IP 地址,IP 地址是标识主机的一种逻辑地址。这种逻辑地址仅仅是为了让用户和管理者可以唯一地标识出任意一台连入 Internet 的计算机。但是对于无论是局域网还是广域网的硬件而言,它们不认识这样的逻辑地址,它们认识的只是每一台主机的物理地址。为了让传输的数据能够在物理网络上传递,必须知道相互通信的计算机之间的物理地址。当然这种物理地址对用户来说是不透明的,因为它被逻辑 IP 地址屏蔽掉了。IP 地址向物理地址的转换过程就是地址解析,这种地址转换要遵守地址转换协议(ARP)。

地址解析的过程是在网络本地进行的。只有两台要传递数据的计算机都在同一网络中时,发送数据的计算机才能直接解析出目的端计算机的物理地址。如果这样的两台计算机不在同一网络中,则被传递的数据中携带的会是目的主机的逻辑地址,即 IP 地址。发送数据的主机先解析进入目的主机所在网络的必经路口——该网络路由器的物理地址,并把数据传送给路由器,再由路由器解析该目的主机的物理地址,最后将数据传递给目的主机。

8.4.2　Internet 的域名系统

IP 地址很好地解决了 Internet 统一寻址的问题,使得各主机间可以按地址通信。虽然 32 位二进制数的 IP 地址对计算机来说十分有效,但用户使用和记忆都很不方便。尽管可以采用点分十进制表示 IP 地址,但用户仍很难看出主机的从属机构或地理位置信息。为此,Internet 引进了一套域名系统(Domain Name System,DNS),采用面向用户的字符形式的地址名字,即所谓"域名"。域名系统采用层次结构的基于"域"的命名机制,每一层由一个子域名组成,子域名间用"."分隔,其格式为:

机器名 . 网络名 . 机构名 . 最高域名

DNS 与 Internet 的逻辑结构相对应。这样人们不但便于记忆,而且从域名中还可以看出其逻辑或地理位置,从而便于理解,更加符合人们的日常习惯。

例如:csnetl. tsinghua. edu. cn 表示中国教育网的清华大学的计算机科学系的网络实验室的主机。例中从右到左的各标号是一个从大到小的域。

域名是面向用户使用的地址,但 TCP/IP 协议识别的是 IP 地址,所以实际使用时还必须将域名转换为 IP 地址才能利用 TCP/IP 协议通信。域名的引入为用户提供了更好的透明服务,但服务的增加也必然产生额外开销。这就是性能和价格的辩证统一。

Internet 上的域名由域名系统(DNS)统一管理。DNS 的本质是一种层次结构的基于域名的命名方案和分布式数据库系统,由域名空间、域名服务器和地址解析程序(也称解析器)三部分组成。其主要功能有两个:一是定义了一套为机器取域名的规则;二是域名空间中有定义的域名可以有效地转换为对应的 IP 地址,同样,IP 地址也可通过 DNS 转换成域名。

Internet 将所有连网主机的域名空间划分为许多不同的域(Domain),构成分布式、层次型(分级)的树状结构,如图 8-10 所示。

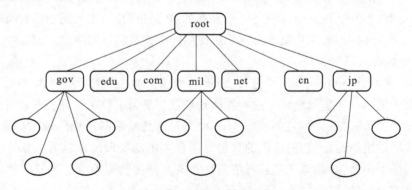

图 8-10　Internet 域名空间

根域没有名字,根域名下是最高一级的域,称为最高域(一级域)。最高域由组织机构型域名(如 gov、com、edu)和国家型域名(如 cn、jp)构成。再往下还可分为若干层子域,通常用点来分隔域的层次,如 www. xyz. com。

Internet 的最高域名(一级域名)被授权由 DDN NIC 登记。最高域名在美国以外用国别或地区别区分,在美国则以机构区分,表 8.4-1,表 8.4-2 列出了常见最高域名的意义。

表 8.4-1　以组织机构区分的最高域名

域　名	意　义	域　名	意　义
com	商业组织	int	国际机构
edu	教育机构	net	网络机构
gov	政府部门	org	上述机构以外的组织
mil	军事部门		

表 8.4-2　以地域区分的最高域名例子

域　名	意　义	域　名	意　义
aq	南极	ie	爱尔兰
ar	阿根廷	in	印度
at	奥地利	is	冰岛
au	澳大利亚	it	意大利
be	比利时	jp	日本
ca	加拿大	my	马来西亚
ch	瑞士	no	挪威
cn	中国	nz	新西兰
de	德国	pt	葡萄牙
dk	丹麦	se	瑞典
es	西班牙	sg	新加坡
fi	芬兰	th	泰国
fr	法国	uk gb	英国
gr	希腊	us	美国

一个完整的域名就是将最低层到最高层的域名串起来,但在每级域名之间加上一个点。各子域共享其父域的名字空间。

有了域名服务系统,凡域名空间中有定义的域名都可以有效地转换为 IP 地址,同样,IP 地址也可以通过它转换为域名。例如,域名 indi.shcnc.ac.cn 通过域名服务系统转换后就变为 IP 地址 202.127.16.23;又如,IP 地址 203.95.0.153 通过域名服务系统就转换为域名 sict.stc.sh.cn。这就是说,域名和 IP 地址是完全等价的。这样,用户就可以不必去记忆一些枯燥的 IP 地址数字,而只要使用生动而有意义的域名就可以了。

如同 IP 地址一样,域名也是 Internet 主机的唯一标识。如果网络上没有提供域名服务,或者域名系统出现故障,那么,就只能使用 IP 地址了。只要硬件无故障,IP 地址总是能够工作的。

8.5　Internet 提供的主要服务

Internet 是通过提供的各种服务来访问信息资源的,而这些服务又是由一些天才的志愿者在 Internet 发展的不同阶段奉献出来的。归纳起来,Internet 的主要服务大致可分为早期的三大基本服务和近年来的信息查询服务。

三大基本服务包括电子邮件(E-mail)、远程登录(Telnet)、文件传送协议(FTP)。信息查询服务包括 Gopher、WAIS、BBS、Usenet 以及近年来最热门的全球信息网络资源——万维网(WWW)。诚然,人们可以用 FTP、Gopher、WAIS 等早先的服务工具来获取 Internet 资源,但总是觉得 Internet 不易使用和理解。要使 Internet 从学术界解放出来,走进普通百姓的家庭,就需要改进人机交互的方法。为此,一大批志愿者作出了不懈的努力,最终导致了全球信息网络资源——万维网(WWW)的诞生。

下面分别讨论 Internet 提供的最常见的服务。

8.5.1　电子邮件(E-mail)

电子邮件(Electronic mail,即 E-mail)是 Internet 上使用得最广泛的一种服务,它是一种以电子手段发送信件、传递便条的通信方式,既不需要信封、信纸、邮票,也不需要邮递员,用户就可以把信件传送到世界各个地方。

使用电子邮件进行通信不仅简便、快速、经济,而且传送信件的类型也可以是多种多样的:商业信函、公文、学术讨论文章、出版物、计算机程序等,凡是 ASCII 文件都可以利用电子邮件在 Internet 上传送。如果借助某些电子邮件实用程序,它还可传递二进制格式的文件,如计算机可执行程序、中文文件以及图形、照片、声音等多媒体文件。另外,使用电子邮件还可以把信件分送给多个接收人,信件收到后又可以分类存档、打印、删除,或转送给第三方等,由于电子邮件具有这许多优点,它已被用户广泛接受。现在每天有无数的信件在 Internet 上通过电子邮件穿梭往来,仅以当今国外的商业用户为例,他们已经像使用电话一样频繁地利用电子邮件进行商务通信。总之,电子邮件正在成为今日信息社会十分重要的一种现代化通信手段。

1. 电子邮件的工作原理

电子邮件服务使用存储/转发方式为用户传递信件。

电子邮件系统是一种典型的客户机/服务器系统。这个系统包括邮件客户机、服务器和相应的服务协议。

邮件客户机就是邮件使用者用来撰写、发送、接收和浏览邮件服务器上的电子邮件的软件。电子邮件客户软件具有下列基本特点。

① 为用户提供便于使用的邮件书写工具,帮助用户编写合法的电子邮件。

② 将用户的电子邮件发送到邮件服务器。

③ 可以将文本、图形、声音等其他形式的文件作为附件同邮件一起发送给邮件服务器。

④ 协助用户下载并脱机阅读或在线阅读存储在邮件服务器上用户邮箱中的电子邮件。

⑤ 正确识别从邮件服务器上发送来的电子邮件,允许用户方便地回复或转发邮件。

邮件服务器就是充当邮局角色的计算机,运行着邮件服务器软件,用户的电子邮箱建立在其之上,借用它实现邮件的发送、接收和转发功能。邮件服务器的主要功能有以下几个。

① 对访问电子邮箱的用户进行身份检查。

② 接收用户发送的邮件,并根据邮件地址转发到适当的邮件服务器。

③ 接收其他邮件服务器发来的电子邮件,并把邮件发送到指定的用户邮箱。

④ 对不能正确发送或转发的电子邮件,退还给发送用户并附带出错信息。

⑤ 允许用户将存储在用户邮箱中的邮件下载到用户的计算机上。

为保证电子邮件系统的正常运行,TCP/IP 协议中定义了一组服务协议,其中 SMTP、POP3 和 IMAP4 是几个主要协议。

从电子邮件发送到接收的典型过程来看,用户撰写好邮件后,邮件客户机通过和邮件服务器建立 SMTP 连接,将编辑好的邮件发送给邮件服务器;邮件服务器根据接收方的邮件地址发送至目标邮件服务器,由该邮件服务器写入指定的用户邮箱,邮件服务器之间采用 SMTP 协议进行邮件的传输。如果由于某种原因未能正常发送邮件,邮件服务器将把邮件退回发信用户并附加出错信息。用户在客户机上接收邮件时,需要通过 POP3 协议或 IMAP4 协议从邮件服务器上获取。

2. 电子邮件协议

（1）SMTP 协议

SMTP 是 Simple Mail Transfer Protocol 的缩写,即简单邮件传输协议,就是用于传输电子邮件的简单协议。它是 TCP/IP 应用层协议,也是目前 Internet 上通用的电子邮件传输协议。SMTP 是一组规则,用于由源地址至目的地址间传送电子邮件。SMTP 的特点是简单明了,容易实现。它主要定义了电子邮件在邮件系统中如何通过 TCP 连接进行传输,而不规定用户界面等其他标准。收发邮件的双方必须都遵守 SMTP 协议,否则无法进行邮件的转发。

SMTP 协议通常用于将电子邮件从客户机传输到服务器,以及从服务器传输到另一个服务器。一旦建立起连接,邮件服务器之间就可通过 SMTP 协议进行对话,完成邮件的转发功能。不管是从客户机到服务器的发送还是服务器间的中转,SMTP 使用同一套指令来进行连接和数据收发,从而使得整个过程清晰简洁。

（2）POP3 协议

对于客户机来说,客户机一般使用 SMTP 向邮件服务器发送电子邮件,使用 POP3 协议来接收。POP 是 Post Office Protocol 的缩写,即邮局协议,POP3 就是指 POP 协议的第 3 个版本,它用于处理由客户邮件程序获取邮件的请求。POP3 定义了客户机从邮件服务器上获取邮件的简单方法,它通过一组简单指令和应答实现客户机与服务器的交互操作。用户通过 POP3 客户程序登录到支持 POP3 协议的邮件服务器,然后利用 POP3 协议把邮箱里的邮件下载到本地计算机上进行离线阅读。一旦邮件进入 PC 的本地硬盘,就可以选择把邮件从服务器上删除,然后脱离与服务器的连接并在本地阅读下载的邮件。

（3）IMAP4

IMAP 是 Internet Message Access Protocol 的缩写,即 Internet 消息访问协议。顾名思义,它主要提供的是通过 Internet 获取信息的一种协议。IMAP4 是 IMAP 协议的第 4 个版本。IMAP 同样提供了方便的邮件下载服务,让用户能进行离线阅读。但 IMAP 提供的摘要浏览功能可以让用户在登录到邮件服务器后,阅读完邮件信头后才做出是否下载的决定。也就是说,不必等所有的邮件都下载完毕后才知道究竟邮件里都有些什么。IMAP4 服务需要在服务器一端为客户保留邮件。与 POP3 类似,IMAP4 是提供面向用户的邮件收发服务,邮件在 Internet 上的传输是借助 SMTP 协议实现的。

（4）MIME

MIME(Multipurpose Internet Mail Extensions)称为多用途 Internet 邮件扩展协议。作为 SMTP 协议的补充,MIME 协议规定了传输非文本电子邮件的标准。MIME 规范包含不同字

符集的语言文本和多媒体内容。使原来纯文本的电子邮件可以扩展为各种非 ASCII 文件（如汉字、图形、声音、程序等）。

接收和发送电子邮件的客户端常用工具有 Outlook Express、Foxmail 等，这些软件提供给使用者许多便利的手段来进行电子邮件的撰写、发送、下载、阅读，并能进行邮件回复、转发以及邮件账户管理等功能。

8.5.2　远程登录(Telnet)

远程登录是指用户从本地主机通过远程登录程序登录和访问远程服务器的过程。远程登录为用户提供以终端方式与 Internet 上的主机建立连接的一种服务。建立连接后，用户的计算机就作为远程主机的一台终端来使用该主机提供的各种资源。它是 Internet 最基本的服务之一。

1. Telnet 的工作方式

Telnet 采用客户机/服务器模式，由 Telnet 的客户机、服务器和 Telnet 协议组成。在用户的本地计算机上运行 Telnet 客户程序，在要登录的远程计算机上运行 Telnet 服务器程序。Telnet 协议指挥客户和服务器协调工作，实现远程登录的功能。

当用 Telnet 登录进入远程计算机系统时，启动了两个程序，即 Telnet 客户程序和 Telnet 服务器程序。本地机上的客户程序完成以下功能。

① 建立与服务器的 TCP 连接。

② 接收用户输入的命令和信息。

③ 处理命令和信息并通过 TCP 发送给远程服务器。

④ 从远程服务器接收送来的信息并做相应的处理，如显示等。

远程计算机的服务程序等候在该机上，一接到客户的请求，它就被激活并完成以下功能：

① 通知正在准备接收连接的网络软件，服务作业已进入就绪状态。

② 网络软件建立与客户机的 TCP 连接。

③ 等候以标准格式出现的服务请求。

④ 对到来的服务请求命令给予执行。

⑤ 把服务结果按标准格式回送给客户机。

⑥ 继续等待服务。

当用户远程登录时，通常需要根据系统要求输入用户名和口令，登录后，本地主机作为远程服务器的仿真终端。若用户登录到有合法账号的服务器上，一般给出所登录服务器系统的提示符，然后用户可以执行该系统的命令。如登录到公共服务器，系统会给出公共服务系统的文本式目录选项菜单，或显示文本式的人机交互界面，从而用户可以选择服务系统的菜单选项或执行命令，以获得相应的信息。

2. 网络虚拟终端

实现远程登录的 Telnet 协议是 TCP/IP 协议中的应用层协议之一。Telnet 协议提出了网络虚拟终端(Network Virtual Terminal，NVT)的概念。网络上的计算机系统各不相同，这种异质性带来了互操作的困难，NVT 的提出解决了互操作问题。当建立 Telnet 连接时，客户程序把用户的键击和命令翻译成 NVT 格式并发送到服务器端，服务器端软件把 NVT 格式的数据和命令翻译成远程系统需要的格式;对于反方向的数据传送,进行相反的过程。在通信中客户程序和服务器不关心对方的细节,只关心与 NVT 的转换。对应用程序来说,NVT 提供了标准的接口,这样可以使 Telnet 连接多种类型的主机。图 8-11 为 NVT 的连接示意图。

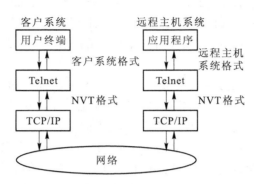

图 8-11　NVT 的连接示意图

　　Telnet 客户端的软件最常见的是 Windows 自带的 Telnet 程序。在命令行状态下,输入 Telnet 即可调出该程序。Telnet 程序功能比较弱,因此人们通常选择一些功能较强的 Telnet 软件,如 Cterm 等。

8.5.3　文件传输协议(FTP)

　　FTP 是 File Transfer Protocol 的缩写,即文件传输协议,它是在 Internet 上使用最广泛的文件传输的基本方法。通过该协议,用户可以从一个 Internet 主机向另一个 Internet 主机传输文件,既允许用户从远程计算机上获取文件,也允许将本地计算机的文件拷贝到远程计算机。一般情况下,FTP 就是指文件传输这种 Internet 服务形式。

　　1. FTP 工作原理

　　与其他 Internet 服务相类似,FTP 服务也是基于客户机/服务器的工作模式。FTP 文件传输的过程,就是用户通过客户机和服务器进行“请求—服务”的会话过程,会话采用的协议就是 FTP 协议。

　　FTP 客户机是运行 FTP 客户程序的计算机,它的主要功能包括如下几点。

　　① 接收用户从键盘输入的命令。

　　② 分析命令并传送请求给服务程序。

　　③ 接收并在本地屏幕上显示来自服务程序的信息。

　　④ 根据命令发送或接收数据。

　　FTP 服务器是运行 FTP 服务器软件的计算机,它的主要功能包括如下几点。

　　① 接收并执行客户程序发过来的命令。

　　② 与客户程序建立 TCP 连接。

　　③ 完成与客户机交换文件的功能。

　　④ 将执行状态信息返回给客户机。

　　使用 FTP 访问远程的 FTP 服务器时,首先启动 FTP 客户程序,然后发出连接指定 FTP 服务器的请求,当远程的 FTP 服务器响应并建立与客户程序的连接后,在两台计算机之间

357

建立了一个通路来执行会话和文件传输。当文件传输完成后用户通过客户机程序向服务器程序发出解除连接请求,从而结束 FTP 会话过程。

FTP 客户机和服务器凭借 FTP 协议进行会话(通信),它是 TCP/IP 协议中的一个应用层协议。在文件的传输过程中,它在客户程序和服务器之间要建立两个 TCP 连接:"控制连接"和"数据连接"。控制连接在整个会话期间一直保持打开,它用于传送 FTP 命令和回送信息。当控制连接建立之后,一旦要传输文件就创建数据连接来进行数据的传输。

2. FTP 的使用

使用 FTP 时必须首先登录到 FTP 服务器,登录 FTP 有两种情况:一是以实际用户身份进行访问,即通过用户账号和口令登录到 FTP 服务器上,方可上传或下载文件;二是匿名 FTP,用户可通过它连接到远程主机上,并从其上下载文件,而无需成为其注册用户。系统管理员建立了一个特殊的用户账号,名为 anonymous,Internet 上的任何人在任何地方都可使用该用户账号。通过 FTP 程序连接匿名 FTP 主机的方式同连接普通 UP 主机的方式差不多,只是在要求提供用户名时输入 anonymous,口令是用户的电子邮件地址。当远程主机提供匿名 FTP 服务时,会指定某些目录向公众开放,允许匿名存取。作为一种安全措施,大多数匿名 FTP 主机都允许用户从其下载文件,而不允许用户向其上传文件。即使有些匿名 FTP 主机允许用户上传文件,用户一般也只能将文件上传至某一指定的上传目录中。匿名 FTP 是在 Internet 上散发软件和信息的一种主要方法。大量的软件经常是免费的或共享的,可以在匿名 FTP 服务器上得到。匿名 FTP 使用户有机会存取到世界上最大的信息库,这个信息库是日积月累起来的,并且还在不断增长,涉及几乎所有主题。而且,这一切是免费的。

目前在客户端常用的 FTP 下载方式一般有两种:一是在 FTP 客户端使用专门的 FTP 客户软件;二是使用浏览器软件连接到 FTP 站点。专用的 FTP 客户软件是经常使用的下载方式,这样的软件有很多,如:CuteFTP、网络蚂蚁(NetAnts)等。一般情况下,专用的 FTP 客户软件一般都具有支持断点续传、自动管理下载任务等功能。

8.5.4　WWW 服务

WWW 是 World Wide Web 的缩写,中文翻译成"万维网"或简称 3W 或 Web。WWW 是一种建立在 Internet 上的全球性、交互、动态的多平台、分布式图形信息系统。WWW 系统建立在客户机/服务器模式之上,以 HTTP 协议和 HTML 语言为基础,能够提供面向各种 Internet 服务的、一致的用户界面的信息浏览。WWW 是一个基于超文本(Hypertext)方式的信息检索服务工具。WWW 服务器利用超文本来组织信息,这些信息之间通过超链接关联在一起,超链接由统一资源定位器(URL)来确定。这样,WWW 服务器不仅能够提供自身的信息服务,还能通过超链接指引到其他服务器上的信息,从而在世界范围内形成一个庞大的信息网络。

WWW 提供友好的信息查询接口,用户通过浏览器能够轻松地浏览和查询各种信息。用户仅需提出查询要求,而到什么地方查询及如何查询则由 WWW 自动完成。WWW 带来的是世界范围的超文本服务,可以通过 Internet 从全世界任何地方找到所希望得到的文本、图像和声音等多媒体信息。因此,WWW 以其友善的图形界面、简单的操作方式及多媒体的显示形式,很快得到广大用户的支持。WWW 已成为 Internet 上发展最快、应用最广、最为实用的一种信息服务。

1. 基本概念

WWW 的成功在于它制定了一套标准的、易为人们掌握的超文本开发语言 HTML、信息资源的统一定位格式 URL 和超文本传输协议 HTTP。

（1）超文本和超媒体

所谓超文本（Hypertext）是指文本与检索项共存的一种文件表示形式，即在超文本中实现了相关信息的链接。这种相关信息的链接称为"超链接"。它使得文本不再像一本书一样是固定的和线性的，而可以从一个位置跳到另外的位置，如果想要了解某一个主题的内容，只要在这个主题上点一下，就可以跳转到包含这一主题的文档上。WWW 通过超文本的链接功能，可以将不同类型的文件，如文本、声音、图形、动画、图像等集成到一个文件中。

超媒体是超文本的扩充，是超文本与多媒体的组合。在超媒体中允许音频、图形、图像、动画、视频像文本文档一样被连接到结点上，从而使用户在浏览文本的同时，也可以欣赏到动听的音乐、优美的画面。实质上，超媒体是一种由多媒体信息按照一定的逻辑关系组成的网状结构的信息系统，是多媒体的进一步发展。

（2）HTTP

HTTP 是 Hyper Text Transfer Protocol 的缩写，即超文本传输协议，它是在 WWW 浏览器和服务器之间进行通信和数据交换而使用的协议。HTTP 协议属于应用层的协议，它定义了浏览器和服务器之间的通信交换机制，以及请求和响应的类型等。HTTP 是一种请求/响应协议，浏览器和服务器进行传输的过程一般分为：连接、请求、响应、关闭几个阶段。

当用户通过 WWW 浏览器选择某一个超链接时，浏览器通过超链接连接到 WWW 服务器主机，并提出服务请求，要求读取某一文件；WWW 服务器程序解释该请求并执行相应操作，然后将客户所需要的文件数据传送给浏览器，在送回的应答中包括状态码、一些头信息和请求数据（如 HTML 文件）；浏览器收到数据，将其内含的 HTML 以描述方式显示到屏幕上。当客户收到应答后即断开与服务器的连接。

（3）HTML

HTML（Hyper Text Mark-up Language）即超文本标记语言，是 WWW 页面的描述语言。它不像 C++或 Pascal 那样是一种真正的编程语言，它不过是一种描述脚本语言系统，是一种结构语言。HTML 代码用 ASCII 字符书写。

WWW 页面通过 HTML 语言来修饰，称之为 HTML 文档，通常以 .htm 为文件扩展名。能够阅读 HTML 文件的客户端程序就是浏览器。HTML 作为一种标记语言，就是利用不同的标记说明文档的格式。这类似于编辑们在文稿中所作的记号，这些记号可以控制文档中的可视元素，如字形、大小和空白等。除标识外，HTML 还支持超文本链接，从而使读者在浏览文档时可以通过链接从一个文档转向其他文档，或从一台主机转向其他主机。HTML 文本是由 HTML 命令组成的描述性文本，HTML 命令可以说明文字、图形、动画、声音、表格、链接等。HTML 文件包括头部（Head）、主体（Body）两大部分，主体包含所要说明的具体内容。HTML 文档和简单的文本文件一样，可以通过各种文本编辑器进行编辑。

当用户浏览器与某个 WWW 页面联系起来时，WWW 服务器通过网络将 HTML 文件发送给用户浏览器，浏览器识别该文件，并在屏幕上显示相应内容。

（4）统一资源定位器（URL）

统一资源定位器（Uniform Resource Locator，URL）是用来在 WWW 中寻找网络资源的地

址。设计 URL 的目的是为了将分散的孤立信息资源集中起来,从而实现资源的统一寻址。URL 与文件名类似,但 URL 还指出了主机名、访问资源所使用的网络协议以及协议指定的参数等选项。

URL 一般由下述部分组成:

① Internet 资源类型(Scheme):指出 WWW 客户程序(一般为浏览器)访问资源所使用的协议,如"http://"表示使用 HTTP 方式访问文件,"ftp://"表示使用 FTP 方式访问文件。

② 主机名(Host):指出文件所在的 Internet 主机名称,可以是该主机的域名,也可以是该主机的 IP 地址。

③ 端口(Port):有时对某些资源的访问,需给出相应的主机端口号,用它来告诉浏览器使用指定的网络端口来替代默认端口打开正确的协议连接,如:HTTP 通常使用 80 号端口,FTP 通常使用 21 号端口。

④ 路径(Path):指明主机上某资源的位置,即文件的所在之处,其格式与 DOS 中的格式一样,通常由目录/子目录/文件名这种结构组成。

URL 地址格式排列为:scheme://host:port/path。例如 http://www.myhost.com/pub/f.html 是一个典型的 URL 地址。客户程序首先看到 http(超文本传输协议),便知道处理的是 HTML 链接。接下来的是主机名,最后是路径。

2. WWW 基本工作原理

WWW 系统采用浏览器/服务器(Brower/Server,B/S)的工作模式。B/S 模式是客户机/服务器(C/S)模式的深化,它构成三层的客户机/服务器结构,如图 8-12 所示。

图 8-12　浏览器/服务器结构

(1)客户机

Web 客户机即浏览器,是用来浏览 Web 各种信息的工具。它在用户的计算机上运行,负责向 Web 服务器提出请求,并将服务器传来的信息显示在用户屏幕上。它的基本功能是 HTML 解释器,能够将 HTML 代码转化成图文并茂的网页。网页还具备交互能力,用户可以在网页的表单中输入信息并提交给 Web 服务器,并申请处理。

(2)Web 服务器

Web 服务器存储 WWW 文档,负责发布信息,并可响应浏览器的请求,将所要求的数据信息传送给浏览器。当服务器接收到浏览器的请求后,启动相应的进程响应该请求,并动态产生 HTML 代码,其中嵌入处理结果并返回给客户端的浏览器。如果客户机的请求包括数据的存取,Web 服务器还需访问数据库服务器来完成这一请求。

(3)数据库服务器

数据库服务器负责数据库的管理,响应 Web 服务器发出的 SQL 请求,并将结果数据传给 Web 服务器。

浏览器/服务器结构简化了客户机/服务器中的客户端,客户端只需安装操作系统、网络协议软件及浏览器即可,这样的客户机称为"瘦"客户机,而服务器则集中了几乎所有的工作。采用这种结构减轻了客户端的负担,并且客户端浏览器的界面是统一的,从而方便了用户的使用,减少了开发、维护的工作。B/S 系统易于使用和管理,并可跨越不同网络和平台,无缝地使用数据库、超文本、多媒体等信息。

8.5.5 Internet 发展面临的主要问题和解决方案

1. 带宽问题

上网人数的急剧增加,使得 Internet 的信息流量急剧地增长,而带宽没有拓宽或是拓宽的量满足不了实际的需求,从而导致了 Internet 的信息流通不顺畅。这就像交通堵塞一样,车辆只能在公路上停着或是慢慢地行驶。如果按这样的趋势继续发展下去,那么 Internet "膨胀"到一定的程度真的就会"爆炸"了。

对此解决方案如下。

(1)拓宽带宽——网络宽带化

从 Internet 主干网、城域网到最终用户的接入,都出现了许多成熟的或正在发展的技术来满足拓宽带宽的需求。

主干网、城域网的骨干传输线路都是以光纤为主的,因此对光纤带宽的拓宽就成为必然。现在光纤通信技术发展得非常迅猛,其传输速率从原来的每秒几十兆比特、每秒几百兆比特上升到现在的每秒几吉比特、每秒几百吉比特甚至每秒几太比特。目前在世界上发展得比较成熟和流行的当属密集波分复用(Dense Wavelength Division Multiplexing,DWDM)技术,它是利用不同的光波在同一光纤内传输数十个乃至数百万个信号。目前,16 波和 32 波技术已完全成熟,48 波和 96 波也开始商用化,200 波系统的实验室研究也见诸报道,每波的传输速率可高达 2.5 Gbit/s 甚至 10 Gbit/s。华为已经推出了 160×10 Gbit/s = 1.6 Tbit/s的 DWDM 光纤。

另外,伴随着交换速度达每秒几太比特的太位路由交换机的研制成功,未来的 Internet 的主干网、城域网将由高速路由器交换机和采用 DWDM 技术的光纤网络组成,真正实现了 Internet 骨干网的宽带化。

(2)接入技术的发展

接入技术也称"最后一千米"技术,表示从最终用户到本地电信服务商之间的一段连接。大家已经熟悉的有 PSTN 拨号、ISDN 和专线等技术,而近几年接入技术发展迅猛,比较成熟的有如下几种。

① 非对称数字用户线(ADSL)。它的最大好处是利用现有的电话双绞线作为传输媒介,因此成本较低。从局端到用户的下行速率理论上可达 8 Mbit/s,实际使用的下行速率一般为 1.55~2 Mbit/s;从用户到局端的上行速率为每秒几百千比特,这也比 PSTN 有了很大提高。

② 线缆调制解调器。它在电缆电视的基础上,将分配网络的主干部分改为光缆,在各个服务结点处完成光一电转换,再由同轴电缆将传输信号送到用户家里,可有效地实现 Internet 访问、电视点播和数据电话等业务。线缆传输也是非对称方式,每服务结点下行速率高达 10~42.4 Mbit/s,上行速率可达 2 Mbit/s 左右,用户能享用相当可观的带宽。

③ 无线接入技术。3G 移动通信技术和微波存取全球互通(WiMAX)无线接入技术将

在移动和固定环境中提供高速的无线接入。

2. IP 地址资源的匮乏

前面已经提到 Internet 的发展速度远远超出了当初 Internet 工程师们的意料,因此在 IP 地址分配中存在"贫富不均"的现象,少数团体与单位占用了许多 A 类和 B 类 IP 地址。如 IBM、MIT 与 AT&T 就各自占用了 1 677 万个 IP 地址,后来的大部分单位与公司就只能申请剩下的 C 类 IP 地址。特别是像中国与日本这样需要大量 IP 地址却得不到足够多的地址的国家更是如此。据统计,A 类和 B 类 IP 地址已经分配完毕。以目前 Internet 的发展速度计算,IP 地址正在飞快地消耗着(根据 IPv4 的规定,每增加 1 台接入到 Internet 的计算机,就必须分配一个 IP 地址给它),事实上,2012 年国际上已无 IPv4 地址可供分配。

对此解决方案如下。

(1) 延缓 IP 地址资源耗尽的时间

解决 IP 地址缺乏的办法之一是想办法延缓资源耗尽的时间,目前最广泛应用的技术当属网络地址翻译(Network Address Translation,NAT),它使企业用户在内部网络应用中采用自行定义的地址,只在需要进行 Internet 访问时才翻译为合法的 Internet 地址。它的最大好处是用户加入 Internet 时不需更改内部地址结构,而只需在内、外交界处实施地址转换,并且能够实现多个用户复用同一合法地址,从而大大节省了 IP 地址资源。但 NAT 转换增加了网络的复杂性,它并不能阻止可用地址减少的趋势,也不能从根本上解决 IP 地址资源的匮乏。

(2) IPv6

IPv6(Internet Protocol Version 6)定义的 IP 地址是一个 128 位的二进制数,这使得 IP 地址数量大幅增加,可从根本上解决现在的 IP 地址资源的匮乏问题。从 IPv4 向 IPv6 过渡是 Internet 发展的必然趋势,但是这个过渡可能需要一段较长的时间才能完成。所以在这段时期内,IPv6 应该能与 IPv4 共存,即兼容。为此,Internet 工程任务组(Internet Engineering Task Force,IETF)制定了一套 IPv4 向 IPv6 过渡的方案,其中包括 3 个机制:兼容 IPv4 的 IPv6 地址、IPv6/IPv4 双协议栈和基于 IPv4 隧道的 IPv6。这样就可以保证 IPv4 向 IPv6 平稳地过渡。

8.6　小结与思考

小结

Internet 是全球性的计算机互连网络,又名"国际互联网"、"网际网"或"信息高速公路"等,它由分布在世界各地共享数据信息的计算机所共同组成,这些计算机通过电缆、光纤、卫星等连接在一起,包括了全球大多数已有的局域网(LAN)、城域网(MAN)和广域网(WAN)。

TCP/IP 可以理解为是网络之间进行数据通信时所共同遵守的各种规则的集合。技术上的规则称为协议(Protocol)。TCP/IP 就是包含有 100 多个协议的一个集合。"TCP/IP"这个词是取自这些协议中最重要的两个:传输控制协议 TCP(Transmission Control Protocol)和网际协议 IP(Internet Protocol)。IP 协议负责按地址在计算机之间传输信息;TCP 协议则负责保证传输信息的正确性。

Internet 采用 TCP/IP 分层模型,与 OSI 7 层模型相比,TCP/IP 没有表示层和会话层,这两层的功能由最高层——应用层提供。

IP 地址是 Internet 得以运行的基础。IP 地址很好地解决了 Internet 统一寻址的问题,使得各主机间可以按地址通信。

思考

8-1　说明计算机网络的基本组成和分类。

8-2　说明 OSI 参考模型的结构及各层的主要功能。

8-3　什么叫网络互连?

8-4　何谓 TCP/IP?

8-5　什么是 IP 地址? IP 地址有哪几类? 各有何特点?

8-6　简要说明电子邮件服务。有条件的话,上网实践"电子邮件"的各种操作。

8-7　请通过"Microsoft Word"制作一个超文本文档。

第 9 章

电子商务技术

9.1　电子商务技术概论

9.1.1　电子商务概念

基于现代概念的电子商务(Electronic Commerce,EC),最早产生于 20 世纪 60 年代,发展于 20 世纪 90 年代,其产生和发展的重要条件主要有以下几方面。

① 计算机的广泛应用。近几十年来,计算机的处理速度越来越快、处理能力越来越强、价格越来越低、应用越来越广泛,为电子商务的应用奠定了基础。

② 网络的普及和成熟。由于互联网逐渐成为全球通信与交易的媒体,全球上网用户成级数增长趋势,快捷、安全、低成本的网络为电子商务的发展提供了条件。

③ 信用卡的普及应用。信用卡以其方便、快捷、安全等优点成为人们消费支付的重要手段,并由此形成了完善的全球信用卡计算机网络支付与结算系统,为电子商务的网上支付提供了重要手段。

④ 电子安全交易协议的制定。1997 年 5 月 31 日,美国 VISA 和 MasterCard 等国际组织联合制定了电子安全交易协议(Secure Electronic Transaction,SET),得到大多数厂商的认可和支持,为在开放网络上的电子商务提供了一个至关重要的安全环境。

⑤ 政府的支持和推动。1977 年欧盟发布了欧洲电子商务协议,美国随后发布了"全球电子商务纲要",电子商务受到世界各国政府的重视,许多国家的政府开始尝试"网上采购",为电子商务的发展提供了有力的支持。

联合国经济合作和发展组织对电子商务的定义为:电子商务是发生在开放网络中的包

含企业之间(Business To Business,B2B)、企业和消费者之间(Business To Customer,B2C)的商业交易。其实质是电子技术及商务活动,电子技术主要包括网络技术(Intranet、Extranet、Internet 和各种专用网),Web 技术(Web 服务器技术、Web 浏览器技术和 Internet 协议),数据库技术及其他多种信息技术;商务活动包括提供和获取有形商品或无形服务过程中涉及的一切业务流程,如寻找客户、洽谈、订货、在线付(收)款、开具电子发票、电子报关、电子纳税等。

电子商务是一种商务活动的新形式,它通过现代信息技术手段,以数字化通信网络和计算机装置替代传统交易过程中的纸介质,从而实现商品和服务交易以及交易管理等活动的在线处理,并使物流和资金流等达到高效率、低成本、信息化管理和网络化经营的目的。

信息系统的生命周期是指从考虑其概念开始,到该系统不再使用为止的整个时期。电子商务系统的生命周期是一个复杂的过程,IBM 将电子商务系统的生命周期归纳为以下四个阶段。

① 商务模型转变阶段。该阶段的主要任务是转变企业核心商务逻辑,创造电子商务模型。需要考虑电子商务技术对商务过程中各项商务活动的影响,并将电子商务系统与企业内部信息系统、企业与商务合作伙伴之间的信息共享作为一个整体考虑。

② 应用系统的构造阶段。该阶段的主要任务是建立一个基于 Web 技术之上的新系统,并将其与电子商务系统的网络环境、支持平台与外部信息系统集成为一个整体,使最终构造的电子商务系统是一个基于标准的、以服务器为中心的、可伸缩的、可快速部署的、易用的和易管理的系统。

③ 系统运行阶段。该阶段不仅是计算机系统的正常运转,也涉及企业商务活动如何移到电子商务系统上,并将计算机系统和企业商务活动凝聚成一体。

④ 资源利用阶段。该阶段是指对知识和信息的利用,重点是知识管理,包括对显式知识和隐式知识的管理。显式知识的管理,即能写下来并能编程处理;隐式知识是人们基于直觉、经验和洞察力的知识。

9.1.2　电子商务系统架构

1. 电子商务系统的基本框架

表 9.1-1 给出了一个简单的电子商务系统的基本框架。

表 9.1-1　电子商务系统的基本框架

技 术 平 台	商 务 活 动
电子商务应用:供应链管理、视频点播、网上银行、电子市场及电子广告、网上娱乐、有偿信息服务、家庭购物	表达层: 方便订单输入和数据确认 运行店面的操作(分类管理和购物车功能) 管理站点内容 提供分析工具来分析客户行为
贸易服务基础设施:安全 认证 电子支付 目录服务	逻辑层: 管理客户概要信息和站点个人化 支持营销和广告活动 处理客户订单同商务系统的其他部分紧密合作 加强商务规则 提供数据和应用程序的安全性

续表

技 术 平 台	商 务 活 动
信息传播基础设施：多媒体内容的网络传播	与贸易伙伴交换关键的商务信息 数据层：从其他系统中提取并整合数据 存储和找出所有需要的数据
网络基础设施：电信、有线电视、无线设备、Internet、M2M	

① 网络基础设施是实现电子商务的最底层的基础保障。骨干网、城域网、局域网层层相连，使得任何一台连网的计算机能够随时与世界连为一体。信息既可以通过有线信道传播，也可以通过无线电波的方式传递。

② 信息传播基础设施提供了两种交流方式：一种是非格式化的数据交流，如用 Fax 和E-mail传递的信息，它主要是面向人的；另一种是格式化的数据交流，以电子数据交换（Electronic Data Interchange，EDI）为典型代表，它的传递和处理过程是自动化的，无需人为干预，面向机器。目前互联网上最流行的信息发布方式是 WWW，网络上传播的内容包括文本、声音、图像、视频等。

③ 贸易服务基础设施是为了方便贸易所提供的通用的业务服务，是所有企业、个人进行贸易时都会使用的服务，它主要包括安全、认证、电子支付和目录服务等。

④ 电子商务应用是利用电子手段开展商务活动的核心，通过应用程序实现。如供应链管理、视频点播、网上银行、电子市场及电子广告、网上娱乐、有偿信息服务、家庭购物等。

另外，按照分层结构描述，电子商务应用对应于通常所称的表达层；贸易服务基础设施则对应逻辑层；而传播基础设施可与数据层大致对应。

2. 电子商务系统应用逻辑架构

电子商务系统应用逻辑架构如图 9-1 所示，它从逻辑和物理两个不同的角度细化了电子商务系统的组成要素，其中上半部分为应用逻辑层次的划分，下半部分是物理层次的划分。

电子商务系统的应用逻辑层次包括：表达层、逻辑层和数据层。

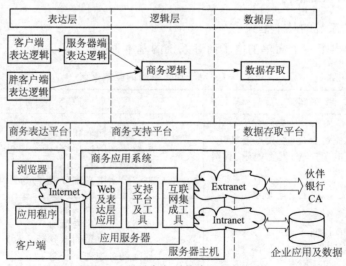

图 9-1　电子商务系统应用逻辑架构

① 表达层主要为电子商务系统的用户提供使用接口,最终表现在客户端应用程序的硬件设备上,如计算机、移动终端(手机、PDA 等)和其他信息终端(家用电器、ATM 取款机等),应用程序为浏览器或专用的应用程序。客户端可分成瘦客户端和胖客户端,瘦客户端大多数的数据操作都在服务器端进行,浏览器的使用使得任何用户不加训练就能操作应用程序;而胖客户端具有数据处理功能,能向终端用户提供更多的功能,复杂的计算可以由客户端自己完成。在电子商务系统中通常采用瘦客户端策略。

② 逻辑层主要描述商务处理过程和商务规则,是整个商务模型的核心。企业的商务逻辑可以划分为两个层次,一是企业的核心商务逻辑,需要通过开发相应的电子商务应用程序实现;另一个就是支持核心商务逻辑的辅助部分,如安全管理、内容管理等,这些功能可以借助一些工具或通用软件等实现。

③ 数据层为逻辑层提供数据支持。它为各个应用软件提供各种后台数据,这些后台数据一般具有多种格式和多种来源,如企业内部数据库、企业资源计划(Enterprise Resources Planning,ERP)系统的数据、EDI 系统的数据及企业外部的合作伙伴、商务中介,如银行、证书授权(Certificate Authority,CA)等的数据。数据层设计的重点是标示清楚各种数据的来源及格式,确定数据层和逻辑层数据交换的方式等。

9.2 电子商务表达层技术

电子商务系统是一种典型的 Web 应用系统。电子商务表达信息充分利用了 Web 应用的优势,通过网站实现了广泛的信息传递和多媒体化的信息展现。无论是外部的还是内部的电子商务系统,其信息的表达与组织通常都是由电子商务网站完成的。所谓网站,是指以 Web 应用为基础,提供信息和服务的互联网站点。网站作为电子商务系统的一个子系统,它会将更多的处理交给后台的内部商务信息系统,而网站主要完成表达的任务。

网站与电子商务系统的关系如图 9-2 所示。

电子商务表达层目前主要通过 3 种方式来实现,如图 9-3 所示。

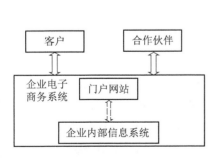

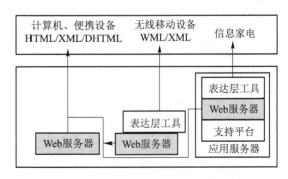

图 9-2 网站与电子商务系统的关系示意图　　　　图 9-3 电子商务表达层的 3 种实现方式

① 利用 Web 支持以 HTML 为主的表达形式,结构简单,不需要额外的配置或产品支持,容易实现;

② 在 Web 基础上增加表达层工具,扩展 Web 的表达功能,不仅支持 HTML,还支持 WAP、MIME 等其他数据表达方式;

9.2 电子商务表达层技术

③ 目前的应用服务器支持多种客户端和多种协议(如 HTML、WML、XML 等),可直接利用应用服务器的数据分布功能。

从客户端显示的信息内容来划分,网页可分为静态页面和动态页面。静态内容是事先存放在 Web 服务器的文件系统中,而不是在客户发出请求之后产生,网页不会因时因地产生变化,故被称为静态页面,由 HTML 构成;动态内容是指动态产生的内容,根据客户的请求或数据库中可用的数据生成的内容,由程序产生动态页面。下面详细阐述静态页面和动态页面的实现技术。

9.2.1　静态页面

事先存放在 Web 服务器上的静态网页的内容包括 HTML 文件、图像和视频等多媒体文件,当客户在浏览器页面中点选某个超链接时,浏览器就会发出相应的页面请求,并通过互联网发送到 Web 服务器,Web 服务器识别请求文件后,将复制文件通过 HTTP 发送回浏览器,由浏览器解释并显示在界面之上,其原理如图 9-4 所示。

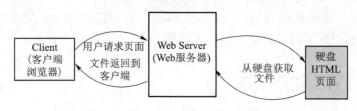

图 9-4　静态页面体系结构

物理上 Web 服务器属于后台设施,逻辑上主要用于商务表达信息的完成,是商务表达平台的重要组成部分。HTML 等标记语言是编制静态网页的技术基础。除了突出其超文本链接功能之外,HTML 语言的主要功能在于信息的显示,人们希望能够创建一种文档格式,既可以保存文本信息,又可以做到平台兼容,这就要求 HTML 必须是全文本的。为此HTML 以标记保存文档的格式,Web 服务器不处理这些标记,而由客户端的浏览器解释。浏览器一般是与平台相关的,但其在遵循万维网协会标准的基础上,都以完全一样的方式解释 HTML。

9.2.2　动态页面

1. 脚本语言

随着 Web 应用的广泛,对 Web 交互功能的需求不断提高。开发人员试图提高客户端的性能,让在 Web 服务器上通过应用程序建立响应的逻辑,能够在用户的 Web 浏览器上可用,使得网页的反应更快。但 HTML 是一种不能作任何处理操作的标识语言,需创建自定义的逻辑命令和程序,要一种语言来指导计算机如何处理网页,这就是脚本(Script)语言。Script 是一种能够完成某些特殊功能的小"程序段",它不像一般的程序那样被编译,而是在程序运行过程中被逐行解释。脚本语言允许在 Web 页面的 HTML 中插入一些程序(脚本)。脚本语言的出现,使客户端具有一定的逻辑处理能力,Web 页面的交互性大大提高。

最早的脚本语言是 Netscape 公司开发的在 Navigator 浏览器中使用的 JavaScript。借助JavaScript 语言,可以直接在浏览器端进行特定的处理,而不必进行网络传输。如当用户输入自己的密码时,浏览器端运行的 JavaScript 就可以判断密码长度是否合适、密码中是否包含某些非法字符等,而不必将信息传递给服务器。

微软公司推出 IE 浏览器后,开发了 VBScript。为了与互联网上使用 JavaScript 的众多站点兼容,微软又开发了类似 JavaScript 的语言,称为 Jscript。VBScript 与 Jscript 的特征非常相似,包括与 ActiveX 控件的紧密集成、主要由 IE 浏览器支持等。

但 Jscript 与 JavaScript 差异很大,程序员需要为两种浏览器编写两种脚本,为了解决这个问题,ECMA 制定了标准脚本语言 ECMAScript,这是一种国际标准化的 JavaScript 版本,现在的主流浏览器均支持这种版本。

随着脚本语言的广泛使用,脚本语言编写的简易性,使人们逐渐希望将这种开发思想应用到服务器端的应用系统开发中,由此诞生了服务器端脚本语言。服务器端脚本就是能够在服务器端执行的脚本程序,与客户端脚本的不同点关键在于:当 Web 浏览器解释 JavaScript 时,包含这个脚本的 Web 页面已经被下载了,而对于像 PHP 这样的服务器端脚本程序而言,它的解释工作由服务器在将页面发送到浏览器之前完成,Web 页面中的 PHP 的代码将由脚本运行的结果代替,客户端 Web 浏览器接收到的完全是标准的 HTML 文件,即所有的 PHP 代码都不会传送到客户端,它们被相应的标准 HTML 取代,脚本完全由服务器处理。

2. 客户端应用体系结构

除了 JavaScript 等客户端脚本程序以外,还可以在客户端加入 JavaApplet、可下载 Java 应用程序和 ActiveX 等应用程序。用户下载这些程序,并用来控制与用户的交互和内容构造。当服务器上的业务逻辑的执行必须初始化时,客户端和服务器端通过内嵌在 HTTP 的协议来完成通信,并且只传输必要的网络数据,而不传输 HTML 数据内容。客户端应用体系结构如图 9-5 所示。

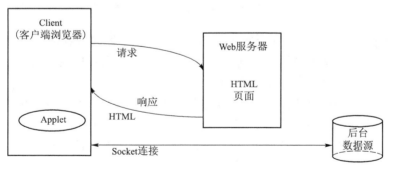

图 9-5　客户端应用体系结构

这种体系去掉了用户界面和业务逻辑的区别,用户交互时与服务器的通信很少,Web 页面可以离线浏览,不需要很多服务器资源。

JavaApplet 是由 Java 语言编写的包含在网页里的"小应用程序",它不能独立运行,必须嵌入到 HTML 文件中,由浏览器解释之后作为网页的一部分来执行。通常这些小程序被放在 Web 服务器上,当客户在网上浏览含有 Applet 的网页时,Applet 就随网页一起下载到客户端的浏览器中,并借助浏览器中的 Java 虚拟机(Java Virtual Machine,JVM)运行工作。JVM 可以在浏览者面前展示由 Java 程序所设计的绘图、事件处理、播放多媒体及计算等诸多功能。在这种体系结构中,浏览器复杂度增高,客户端负担有所加重,同时需要大量的带

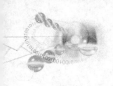

宽以便每次执行时下载 Applet。

　　Java 应用程序是运行在客户端系统上的(与浏览器无关)独立应用程序,这些应用程序通过某种途径部署在终端用户系统上,比如从网上下载或从 CD 装入。与 JavaApplet 不同,Java 应用程序只需在客户机上安装一次。

　　微软公司将 ActiveX 定义为一组综合技术,这些技术使得用任何语言写的软件构件在网络环境中都能相互操作。与独立于平台的 Java 语言不同,ActiveX 控件以二进制代码发放,并且必须针对目标计算机的操作系统分别编译,因此采用 ActiveX 的应用系统应当在一个用户范围相对比较明确的环境中使用。

3. 服务器端逻辑体系结构

　　对于大型电子商务系统来说,需要在服务器端完成大量的业务逻辑处理,处理结果需要和最终的显示页面有机地结合。服务器端逻辑体系结构如图 9-6 所示。客户端由浏览器显示从服务器上得到的页面,每个用户动作(如单击一个按钮)都产生一个对服务器的请求,服务器处理请求并计算结果,生成一个新的页面发送到客户端。

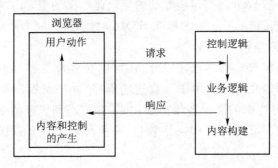

图 9-6　服务器端逻辑体系结构

　　服务器端的操作可以分为 3 个部分:控制逻辑、业务逻辑和内容构建。

　　① 控制逻辑负责整个应用系统的整体运转,服务器收到客户端的请求,提取传递的参数,确定相应的"业务对象",并进行适当的"业务动作"。

　　② 业务逻辑处理特定业务知识,并且与几乎所有的相关技术代码分离,包括分析和生成数据格式、数据库和 I/O 处理或内存和进程处理。

　　③ 内容构建属于表达层技术,执行业务逻辑之后的结果会被格式化,并且可以辅之以布局和其他一些客户端显示所需要的信息。

　　这种体系所需的客户端资源很少,应用逻辑不用装入,启动用户交互所需的网络通信量很少,动态内容完全由服务器端的可执行代码完成,仅仅将 HTML 页面返回客户端,这样服务器端的应用程序就不必考虑浏览器和客户平台的差异。支持这种体系结构的技术包括动态服务器页面(Active Server Page,ASP)、JSP、Java Servlet 和 PHP 等。

9.3　电子商务逻辑层技术

　　商务逻辑层描述商务处理过程和商务规则,通过与其他软、硬件的集成,构成支持商务逻辑的平台。商务支持平台包括系统性能和商务服务两部分,IT 厂商将这两部分的主要功能集成为应用服务器软件和一些通用的商用软件,用户以此为核心进行各种辅助软件和硬件的集成,可以方便地搭建出电子商务的支持平台。电子商务支持平台的构成主要包括Web 服务器、应用服务器和数据库服务器等。商务逻辑层的目标是能依据用户的输入进行商业逻辑处理,将处理结果提供给商务表达层,完成动态内容的构建,其技术重点是如何构建和实现复杂的业务逻辑。

商务逻辑可以划分成两个层次:一是企业的核心商务逻辑,通常具有明显的企业特征,由电子商务应用系统完成;二是支持核心商务逻辑的辅助部分,在大多数企业有着许多相似之处,可以通过不同技术产品的集成构成商务支持平台,包括商务服务层、商务支持层和基础支持层三部分。支持平台向上层(商务应用)提供的服务主要包括:表达、商务支持、运行支持、开发和集成服务。构成支持平台的技术产品至少应当包括:Web 服务器、商务支持软件、集成与开发工具、计算机主机、网络和其他系统软件(如操作系统、管理工具软件等)。通常 Web 服务器、商务支持软件、部分集成与开发工具被集中在一个称为"应用服务器"的软件包中,因此商务逻辑层在物理上可以简化为以下 3 个部分:

① 应用软件,实现商务逻辑;

② 应用服务器和其他支持软件,为应用软件提供软件支持平台;

③ 计算机主机及网络,提供硬件支持。

9.3.1 商务逻辑的设计模式

随着面向对象技术被越来越广泛地应用,人们对可重用软件的要求也越来越高。设计模式就是解决同一类问题的通用解决方案,利用设计模式可方便地重用成功的设计和结构,把已经证实的技术表示为设计模式,使它们更加容易被新系统的开发者所接受。

模型-视图-控制(Model-View-Control,MVC)是一种主流的电子商务系统设计模式,它也是第一个分开表示逻辑与业务逻辑的设计模式。MVC 把应用程序分成三个核心模块:模型、视图和控制器,它们分别担负不同的任务。MVC 强制性地把应用程序的输入、处理和输出分开。MVC 模块各自的功能及它们之间的相互关系如图 9-7 所示。

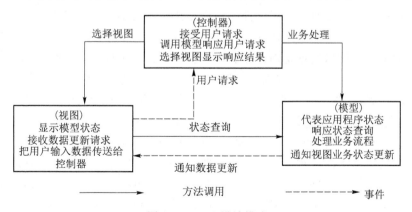

图 9-7　MVC 设计模式

模型是应用程序的核心,它封装了应用程序的数据结构和事物逻辑,接受视图请求的数据,并返回最终的处理结果,拥有最多的处理任务。被模型返回的数据是中立的,即模型与

数据格式无关,一个模型能为多个视图提供数据。由于应用于模型的代码只需编写一次就可以被多个视图重用,减少了代码的重复性,提高了系统设计的可重用性。视图是用户看到并与之交互的界面,提供模型的表示,是应用程序的外在表现,它只是作为一种输出数据并允许用户操纵的方式。它可以访问模型的数据,却不了解模型的情况,同时也不了解控制器的情况。当模型发生改变时,视图会得到通知,它可以访问模型的数据,但不能改变这些数据。一个模型可以有多个视图,而一个视图理论上也可以与不同的模型关联起来。控制器的任务是从用户接受请求,将模型与视图进行匹配,共同完成用户的请求,不作任何数据处理。

9.3.2　分布计算与组件技术

近年来,由于网络规模的不断扩大,以及计算机软、硬件技术水平的飞速提高,给传统的应用软件系统的实现方式带来了巨大挑战。首先,在企业级应用中,硬件系统集成商基于性能、价格和服务等方面的考虑,通常在同一系统中集成来自不同厂商的硬件设备、操作系统、数据库平台和网络协议等,由此带来的异构性对应用软件的互操作性、兼容性及平滑升级能力提出了挑战。另外,随着基于网络的业务不断增多,传统的 C/S 结构的分布应用方式越来越显示出在运行效率、系统网络安全性和系统升级能力等方面的局限性。

针对以上问题的解决,分布计算(也称网络计算)技术得到了迅速的发展。所谓分布计算是指网络中两个或两个以上的软件相互共享信息资源,这些软件可以位于同一台计算机中,也可以部署在网络结点的任意位置。基于分布式模型的软件系统具有均衡运行系统负载、共享网络资源的技术优势。

分布计算技术的发展,使软件的开发从单一系统的完整性和一致性,向着群体生产率的提高、不同系统之间的灵活互联和适应性发展,软件的非功能性需求比以往得到更大的重视,以主机为中心的计算方式转变为以网络为中心的计算方式。这一方面导致应用软件的功能、性能、规模和复杂性极大地增长,另一方面也要求各种应用软件之间能够互相交互。

20 世纪 90 年代,面向对象技术已经成为主流,随着分布式计算的发展,各种应用软件的互操作性显得越来越重要。应用软件的用户和开发者希望能像电子类产品部件的消费者和制造商那样即插即用各种应用软件,由此产生了部件(Component)技术,也称组件技术。

组件技术最基本的出发点是创建和利用可复用的软件组件,通过软件模块化、软件模块标准化,使大型软件可以利用能够重复使用的"软件零件"进行组装,加快开发的速度,同时降低成本。所谓组件,是一种可复用的一小段软件(可为二进制形式),可以小到图形界面的一个按钮,大到一些复杂的组件,如文字编辑器和电子表格等。组件技术是从面向对象技术发展而来,它独立于语言和面向应用程序,只规定组件的外在表现形式,而不关心其内部的实现方法。它既可用面向对象的编程语言实现,也可用非面向对象的过程语言实现。主流的组件技术为:微软的组件对象模型(COM)、SUN 的 JavaBean 和企业级 JavaBean(EJB)、公共对象请求体系结构(Common Object Request Broker Architecture,CORBA)。

组件标准的推出与应用,使得基于组件技术的系统开发成为可能。各 IT 厂商针对自己所提出的组件标准,提供了各类开发和应用平台,大大简化了系统开发和集成工作。目前,在电子商务系统开发中最常用的开发平台为 SUN 公司的 J2EE 和微软公司的 .NET。

9.3.3 SOA 和 Web 服务技术

随着软件开发技术的不断发展,面向服务体系架构(Service Oriented Architecture,SOA)已逐渐成为主流技术架构。SOA 及相关规范由 IBM、Oracle、SAP、微软等公司共同推出。与面向过程、面向对象和面向构件等软件开发技术相比,SOA 突出的特点是粗粒度和松散耦合,使得不同的业务间可以通过跨网络、跨平台、跨编程语言以服务的形式进行交互,利用SOA 可以将业务作为链接服务或可重复业务任务集成到其他系统中,可在需要时通过网络访问这些服务和任务。

Web 服务是用于 SOA 最常见的技术标准,另外还有 CORBA、MQSeriesRPC 等。Web 服务是独立的、模块化的应用程序,能够在网络上被描述、发布、查找和调用。根据 SOA 的特点,Web 服务定义了三种角色:服务提供者、服务请求者和服务注册中心。服务提供者向服务代理发布其能够提供的服务,当服务请求者发出服务请求时,服务注册中心负责寻找对应的服务并提供给请求者。

Web 服务建立在简单对象访问协议(Simple Object Access Protocol,SOAP)、Web 服务描述语言(Web Services Description Language,WSDL)和通用描述、发现与集成服务(Universal Description, Discovery and Integration,UDDI)标准上,所有规范标准均采用 XML 格式描述,因此与服务所在的硬件环境、操作系统、应用系统、编程语言等无关。目前,越来越多的大型软件系统开始向 SOA 迁移。

可扩展标记语言(Extensible Markup Language,XML),由 W3C 在 1998 年签发,是一种可以定义自己的标签的元标记语言。它没有一套固定的标签和元素,可以用来定义其他的标记规范。XML 非常灵活,可用在各种网站、EDI、矢量图、语音邮件、远程程序调用甚至程序配置文件和操作系统中。个人或组织可以协商达成如何定义一些特定的标签集,这些标签集叫做 XML 的应用,如 XHTML、无线标记语言(Wireless Markup Language,WML)、CML,都是 XML 的不同应用,同时,这些标签集可用来构成语义网络的基础。XML 不是编程语言,即它不能被编译成可执行代码,但却可以用来代替传统的程序配置文件。同时,和 HTML 一样,XML 也不是网络传输协议(如 HTTP、FTP、NFS),它本身并不传送数据。另外,XML可以被作为 VARCHAR、BLOB 或其他数据类型保存在关系数据库中,但 XML 本身不是数据库。XML 在数据库中的保存和提取需要相关应用软件和网络协议的参与,有的商业数据库如 Oracle、MS SQL 已经整合了这类软件。总之,XML 本身只能用来描述文档的内容和结构。

XML 具有自 ASCII 文本文件以来最灵活、最便携的文档格式,它提供了跨平台的数据格式,并且这种数据格式非常简单、直观和结构良好。XML 的数据和标签都是简单的文本,因而可以被任何可以阅读文本文件的工具阅读和处理。利用通用文本编辑器如 Emacs、Microsoft Notepad、jEdit 可书写 XML 文档,也可以用专用的编辑器如 XMLSPY、Polo。对 XML 的程序处理基于 XML 解析器,解析器负责将 XML 文档分解成个体的元素、属性等片段供上层程序处理。

基于 XML 技术的 Web 服务改变了传统的开发模式,有效地缩减了电子商务应用系统的部署费用,并能够方便地根据各类用户的不同需求定制应用业务。

9.4　电子商务数据层技术

9.4.1　数据管理技术

在电子商务应用系统中,数据库技术和 Web 技术得到了有机结合,为电子商务应用中的数据、信息和知识的管理及使用提供了有效手段。

Internet 作为一种主要的信息载体,建立在对等的网络基础之上,每个网站都可以自主地发布信息,数据存在海量的网站和网页里,查找起来漫无边际,并且网上的内容主要以 HTML 格式存在,不能很好地描述内容的内在特点,给计算机的内容处理带来很大的障碍。

如何管理和利用 Internet 上所蕴涵的海量信息,如何在 Web 应用中更好地为用户的应用需求提供数据管理,使人们开始更多地关注散落在企业和企业间数据交换所产生的非结构化数据。另外,随着电子商务应用的深入,导致企业进一步提高对于信息共享和知识管理的需求。

传统数据库管理技术很难满足上述需求。为此,人们开始重新审视组织内的信息需求和数据管理技术,借鉴并发展了在知识管理领域及情报学领域的信息检索等技术,使数据管理技术朝着深度和广度范围不断发展,从组织角度更系统地分析和管理企业需求,称为组织存储。组织存储由数据、信息和知识三部分组成。

组织存储有半结构化和结构化两种。在半结构化的存储中进行查找比较困难,比如以个人方式建立和存储的网页中的半结构化信息,即使最好的搜索引擎也会返回许多无用的信息;结构化组织存储使得查找变得非常容易,当从结构化比较差的形式向结构化比较好的形式进行存储移动时,数据、信息和知识变得容易查找,并且对管理更有用,如数据库中的数据、管理和索引非常好的网站中的信息、专家系统中的结构化知识,查找起来要容易得多。

1. 电子商务对数据库技术的挑战

电子商务对数据库技术带来了不少挑战,它要求数据库技术不仅要提高系统组织和管理数据的能力,还需要向应用提供有效的访问接口,完成应用系统与数据系统之间的数据请求和响应,主要表现为以下四个方面。

① 管理内容:在电子商务环境下,信息种类繁多、格式多样,包括文本、图形、图像、声音和动画等大量的多媒体数据,不再仅限于数字和符号。

② 数据模型:对媒体数据和空间数据的管理,关系模型显得力不从心,数据库厂商纷纷引入对象标识、复杂数据类型、方法、封装和继承等面向对象的概念,允许用户根据需要自己定义数据类型、函数和操作符,而且一经定义,这些新的数据类型、函数和操作符将存放在数据库管理系统(Database Management System,DBMS)的核心,可以被所有用户使用。

③ 性能方面:由于电子商务系统是大量用户每天 24 小时同时并发访问,因此要求系统具有高度的可靠性和极快的响应速度。另外,基于 Internet 的电子商务系统,业务发展速度较快,新用户不断增加,高峰期数据处理量很大,要求系统有很好的伸缩性。

374

④ 结构的变化：随着应用逻辑从客户端移出，数据库服务器必须分担一部分复杂的应用逻辑功能，同时，由于 Web 的简单易用吸引了更多的用户使用，促使数据库服务器必须能支持更多的用户数及流通量。因此数据库管理系统（DBMS）的事务处理、并发控制等功能必须加强。

2. 数据库技术对电子商务的支持

数据库技术对电子商务的支持是全方位的，从底层的数据基础到上层的应用都涉及数据库技术，如图 9-8 所示。

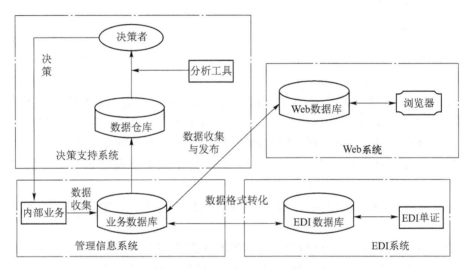

图 9-8　电子商务中的数据库技术

① 收集、存储和管理各种商务数据是数据库技术的基本功能。数据不仅包括来源于企业内部信息系统的内部数据，还包括大量的外部数据。数据是企业的重要资源，是进行各类生产经营活动的基础及结果，是决策的根本依据。利用数据库技术对数据进行全面及时收集、正确存储和有效的组织管理，是充分利用数据这一重要资源的基础工作。

② 决策支持。电子商务一方面将企业置身于一个全球化的市场，使企业可以得到更多的经济信息，有利于企业的经营；另一方面，由于电子商务交易的全球化，使得电子商务市场变化频繁，加大了企业预测市场动向和规划经营管理策略的难度。信息系统的广泛应用为企业积累了大量的原始数据，电子商务的应用丰富了企业外部信息来源，数据仓库、联机分析处理和数据挖掘工具为企业充分利用海量数据进行决策分析提供了有效的技术手段，使得企业可以依据分析结果作出正确的决策，随时调整经营策略以适应市场的需求。

③ 数据管理等基础设施建设是成功实现 EDI 的关键。没有良好的数据库系统的支持，就难以实现企业内部系统到 EDI 的转换。这一过程是企业内部的管理信息系统依据业务情况，自动产生 EDI 单证并传输给贸易伙伴，而对方传来的 EDI 单证也可以由系统自动解释，并存入相应的数据库。

④ Web 与数据库的结合。由于 Web 上的数据主要由 HTML 表达，页面结构自由性大，导致 Web 上的信息多且混乱。当今的 DBMS 有着比 HTML 档案更有利的条件，它具有查询处理快速、弹性查询、存储大量数据以及含有复杂资料形态的能力。但是与 Web 相比，

DBMS 显得严谨有余而灵活不足,很难迅速地向 Web 用户提供信息服务。只有将 Web 技术与数据库有机地结合在一起,才能满足电子商务系统中的数据管理需求。在这种结合中,前端有界面友好的 Web 浏览器,后台则有成熟的数据库技术作支撑,让 Web 管理者能够制作取用后端数据库的网页,而不必使用结构化查询语言(Structured Query Language,SQL)来进行数据库的查询;Web 开发者可以制作在线产品、定价目录、在线购物系统、动态文件服务、在线聊天和会议、事件注册等的数据库解决方案;使用者可以不必编写 HTML 就可以对数据库进行搜寻、新增、更新和删除等处理。

9.4.2　数据库平台技术

1. 数据模型

(1)数据模型的概念

数据模型是现实世界的模拟,是数据库系统中用于提供信息表示和操作手段的形式构架。数据库系统支持的数据模型通常由数据结构、数据操作和数据约束 3 部分组成。

① 数据结构:主要描述数据的类型、内容、性质以及数据间的联系等,数据结构是数据模型的基础,数据操作和约束都建立在数据结构上,不同的数据结构具有不同的操作和约束。

② 数据操作:主要描述在相应的数据结构上的操作类型和操作方式,是对数据的检索和更新。

③ 数据约束:主要描述数据结构内数据间的语法、词义联系、制约和依存关系以及数据动态变化的规则,以保证数据的正确、有效和相容,是完整性规则的集合。

数据模型的种类很多,大致可分为两种类型:

① 概念模型,独立于计算机系统的数据模型,用于将现实世界抽象为信息世界,与具体的 DBMS 无关,通常仅在数据库设计中使用,如面向对象模型等;

② 涉及计算机系统和 DBMS 的数据模型,如网状模型、层次模型、关系模型等。

(2)重要的数据模型

重要的数据模型有层次模型、网状模型和关系模型,这三种模型是按其数据结构而命名的。前两种采用格式化的结构,在这类结构中实体用记录型表示,而记录型抽象为图的顶点,记录型之间的联系抽象为顶点间的连接弧,整个数据结构与图相对应。对应于树形图的数据模型为层次模型;对应于网状图的数据模型为网状模型。关系模型为非格式化的结构,用单一的二维表的结构表示实体及实体之间的联系,满足一定条件的二维表,称为一个关系。下面进行详细介绍。

① 层次模型的数据结构是一种树型结构,树的结点就是记录型。层次模型需要满足以下两个条件:有且仅有一个结点,无双亲结点,这个结点即为树根;而其他结点有且仅有一个双亲结点。层次模型的各层记录型之间均具有一对多的联系,在现实世界中存在着许多具有这种性质的事物,如军队、学校等。层次模型是数据库中发展最早,技术上比较成熟的数据模型,其缺点是处理效率较低。

② 网状模型中各个记录型相互联系形成一个整体。与层次模型的区别是,网状模型需要满足下列条件:可以有一个以上的结点无父结点,至少有一个结点的父结点多于一个。在现实生活中,事物之间普遍存在具有网状结构的信息联系,所以这种模型具有广泛的适

用性。

③ 关系模型将数据的逻辑结构归纳为满足一定条件的二维表的形式,称为一个关系,关系又由关系框架和若干元组组成,一个元组实际上是二维表中的一行内容。关系的完整性约束条件包括三类:实体完整性、参照完整性和用户定义的完整性。由于关系模型具有规范化形式,在数据处理中,可以通过对各关系之间的系列运算,如合并、求差、求积、投影、选择等形成一些新的关系,以实现对数据的分析和交换。关系模型概念简单、清晰,用户易懂易用,有严格的数学基础及在此基础上发展的关系数据理论,简化了程序员的工作和数据库开发建立的工作,因此发展迅速,成为深受用户欢迎的数据模型。目前市面上比较流行的数据库系统,如 Oracle、Sybase、SQL Server、Access 和 FoxPro 等,均为关系型数据库。

2. DBMS

(1) DBMS 的功能

DBMS 位于用户和操作系统之间,实现对共享数据的有效组织、管理和存取。各个厂商实现的 DBMS 软件都是基于某种数据模型的,根据数据模型的不同,有层次、网状、关系和面向对象等类型的 DBMS。DBMS 的基本功能有:

① 数据库定义功能。对数据库的结构进行描述,包括外模式、模式、内模式的定义,数据库完整性的定义,安全保密定义(如用户口令、级别、存取权限)和存取路径(如索引)的定义。这些定义存储在数据字典(又称系统目录)中,是 DBMS 运行的基本依据。

② 数据操纵功能。它提供用户对数据的操纵功能,实现对数据的检索、插入、修改和删除。一个好的 DBMS 应该提供功能强、易学、易用的数据操纵语言,方便的操作方式和较高的数据存取效率。

③ 数据库运行管理。DBMS 运行控制和管理功能包括多用户环境下的并发控制、安全性检查和存取控制、完整性检查和执行、运行日志的组织管理、事务的管理和自动恢复等。这些功能保证了数据库系统的正常运行。

④ 数据组织、存储和管理功能。DBMS 要分类、组织、存储和管理各种数据,包括数据字典、用户数据、存取路径等。要确定以何种文件结构和存取方式在存储级上组织这些数据,如何实现数据之间的联系,基本目标是提高存储空间利用率和方便存取。

⑤ 数据库的建立和维护功能。它包括数据库的初始建立、数据的转换、数据库的恢复、数据库的重组织和重构造,以及性能监测分析等功能。

(2) 对象—关系映射(Object/Relation Mapping,ORM)

层次和网状数据库现在已经很少使用,目前大多数的 DBMS 都是关系数据库。面向对象数据库系统,最初是建立在纯粹的面向对象技术之上的,往往使用数据库查询语言 SQL,缺乏通用性,其应用领域受到了很大的限制,一直未能广泛流行。

对象—关系数据库是通过在传统关系数据库中增加面向对象特性,将面向对象技术与关系数据库结合而建立的。对象—关系数据库支持用户定义自己的抽象数据类型,支持复杂数据;支持 SQL 语言,支持复杂查询。基于复杂数据的决策支持查询在日益增长,对象—关系型数据库产品为这些应用需求提供了很好的解决方案。目前,已经推出的产品有 Illustra、UniSQL、Omniscience 等。

对象—关系映射解决了面向对象的开发方法和关系数据库之间互不匹配的问题。

ORM 系统以中间件的形式存在,通过使用描述对象和数据库之间映射的元数据,将内存中的对象自动持久化到关系数据库中,以实现程序对象到关系数据库的映射。ORM 能保存、删除和读取对象,也能生成操作数据库的 SQL 语句,使开发人员不必接触繁琐的数据库表和数据库操作代码,能够像操作对象一样从数据库中获取数据,以面向对象的思想实现对数据库的操作。

（3）DBMS 的优化

在电子商务应用系统中,采用多层应用体系结构,将数据层与表达层、商务逻辑层分开,为系统的开放性扩充和性能优化提供了较大的灵活性。但要真正提高电子商务系统的运行效率,还必须合理使用数据库系统的一些关键优化技术。

① 存储过程技术。在目前的多层体系结构中,由独立的应用服务器完成商业逻辑处理,但存储过程仍然是非常有利的简化应用设计的工具。

② 触发器技术。触发器提供了基于数据库的事件编程能力,它既可以利用在表上创建 Insert 触发器、Update 触发器或 Delete 触发器来保证数据的完整性,也可以利用触发机制结合存储过程对数据库进行事件编程,从而满足业务系统在特殊事务和性能上的需要。

③ 查询优化。查询处理的优化取决于相关数据库表的索引设计,基于应用逻辑的查询需求及可能涉及的多表连接操作,对相关的列创建索引,必然会在很大程度上提高性能。另外,优化运行系统的关键需求之一是缩短在线事务处理的时间,而优化表的设计起着重要的作用。

9.4.3　开放数据库互连

由于数据源的非唯一性,有时在一个电子商务应用系统中需要同时访问多种数据库。这些数据库系统既有可能在同一服务器中,也有可能在不同的数据库服务器中;既有可能是在同一局域网内,也可能是通过 Internet 访问。因此,需要一个公共的数据库接口,为不同的数据库系统提供一致的访问。微软公司推出的开放数据库互连(Open DataBase Connectivity,ODBC)是最早的整合异质数据库的数据库接口,获得了极大的成功,现在已成为一种事实上的数据库接口技术标准。

ODBC 是微软公司开放服务结构中有关数据库的一个组成部分。它建立了一组规范,并提供了一组对数据库访问的标准应用程序编程接口(Application Programming Interface,API)。这些 API 独立于不同厂商的 DBMS,也独立于具体的编程语言,利用 SQL 完成大部分任务。利用 ODBC 所提供的数据库访问接口,应用程序不直接与 DBMS 交互,所有数据库访问操作都由对应的 DBMS 的 ODBC 驱动程序完成。无论是 Foxpro、Access 还是 Oracle 数据库,都可以使用 ODBC 所提供的 API 进行访问。

ODBC 的结构如图 9-9 所示。它通过驱动程序提供数据库的独立性,驱动程序是一个支持 ODBC 函数调用的模块,通常是一个动态链接库(Dynamic Link Library,DLL),应用程序通过调用驱动程序所支持的函数来操作数据库。驱动程序管理器为应用程序装入驱动器,负责管理应用程序中 ODBC 函数和 DLL 中函数的绑定。它还处理几个初始化 ODBC 调用,提供 ODBC 函数的入口点,对 ODBC 调用的参数进行合法性检查等。若想使应用程序操作不同类型的数据库,就要动态地连接到不同的驱动程序上。客户通过调用 ODBC 驱动程序管理器所提供的 API 或调用封装了 ODBC 驱动程序管理器 API 的类库,对不同数据库的数据源进行操作。在数据源和 ODBC 的 API 之间起联系作用的是为不同的数据库专门开发的 ODBC 驱动程序,各种开发环境通常都提供 ODBC 访问接口。

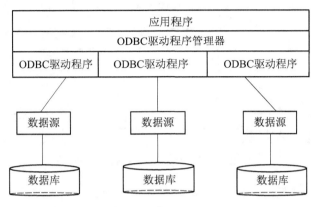

图 9-9　ODBC 结构示意图

ODBC 为应用和驱动提供了一种满足各自特殊需要的 API 方法,保持了与 SQL 标准的一致。ODBC 定义了两种一致性级别:API 一致性和 SQL 一致性。

① API 一致性级别分为三级:核心级、扩展Ⅰ级和扩展Ⅱ级。核心级包括最基本的功能,由 23 个函数组成,包括分配、释放环境句柄、数据库连接和执行 SQL 语句等,满足最基本的应用程序要求。扩展Ⅰ级在核心级的基础上增加了 19 个函数,通过它们可以在应用程序中动态地了解表的模式、可用的概念数据类型及它们的名称等。扩展Ⅱ级在扩展Ⅰ级的基础上再增加 19 个函数,通过它们可以了解主码和外码的信息、表和列的权限信息、数据库中的存储过程信息等,并且还有更强的游标和并发控制功能。

② SQL 一致性级别分为三种:最低 SQL、核心 SQL 和扩展 SQL。最低 SQL 提供了一个最大交集范围的 SQL 子集,以便使应用程序可以轻松地进行交互操作;核心 SQL 提供了与 X/Open SQL 规范相同的功能;扩展 SQL 则描述了独立于 ODBC 的 SQL 扩充,为许多 DBMS 支持的高级 SQL 特性与数据类型提供了一种方便的途径,如外层连接、标量函数和存储过程援引等。

9.5　电子商务支付技术

网上支付系统是电子商务系统的重要组成部分,解决了电子商务中“资金流”的问题,如果资金不能在网上安全快速地流动,在线交易就有名无实。一个安全有效的支付系统是实现电子商务的重要前提。

网上支付系统是指消费者、商家和金融机构之间使用安全的电子手段交换商品或服务,包括电子现金、网络银行、支付卡、手机支付及电子支票等方式,将支付信息安全有效地传送到银行或相应的处理机构。网上支付系统是融购物流程、支付技术、安全技术、认证体系、信用体系及金融体系为一体的综合大系统,如图 9-10 所示。

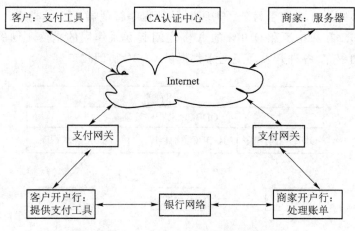

图 9-10　网上支付系统示意图

　　客户使用支付工具发起支付,商家则根据客户发起的支付指令向金融机构发出请求获取货币。商家利用优良的服务器处理这一过程,包括认证和不同支付工具的处理。客户开户行又称发卡行,是指客户拥有账号的银行。商家开户行又称收单行,是商家开设账户的银行,其账户是整个支付过程资金流向的地方,商家将客户的支付指令提交给商家开户行后,由其进行支付授权的请求以及行与行之间的清算等工作。银行网络则是银行内部和银行间进行通信的专用网络,具有较高的安全性,包括中国国家现代化支付系统、人民银行电子联行系统、工商银行电子汇兑系统、银行卡授权系统等。CA 认证中心一般由独立的第三方担任,具有一定的权威性,负责为参与商务活动的各方发放数字证书,以确认各方的身份,保证电子商务支付的安全性以及交易双方的可信赖性和不可抵赖性。认证机构必须确认参与者的资信状况,比如在银行的账户状况、与银行交往的信用历史记录等,因此认证过程需要银行的参与。支付网关是银行的代理机构,是公网和银行专网之间的接口,完成公网及银行专网上传输的信息的翻译、加密和解密工作。支付信息必须通过支付网关才能进入银行支付系统,一个支付网关能够代理多家银行。支付网关关系着支付结算及银行自身的安全,必须保证交易信息和支付信息在传输过程中不能被无关的第三方阅读,即商家不能看到支付信息(卡号、授权密码等),而银行不能看到交易信息(商品种类、商品总价等)。

9.5.1　电子现金

　　电子现金是能被客户和商家接受的、通过互联网购买商品或服务时使用的一种交易媒介。商务中的各方从不同角度,对电子现金系统有不同的要求。客户要求电子现金方便灵活,但同时又具有匿名性;商家则要求电子现金具有高度可靠性,所接收的电子货币必须能兑换成真实的货币;金融机构则要求电子现金只能使用一次,电子介质不能被非法使用,不能被伪造。所以,电子现金应该具有独立性、不可重复性、匿名性、可传递性、可分性及安全存储性。目前常用的电子现金系统有:DigiCash、CAFÉ、NetCash 及 Mondex 等。

　　电子现金系统中有一个电子现金的发行银行,记为 E-Mint,它根据客户的存款额向客户兑换等值的电子现金,所兑换的电子现金须经它数字签名。客户可用 E-Mint 发行的电子现金在网上购物。电子现金系统如图 9-11 所示,共分为七个步骤。

　　① 客户为了获得电子现金,要求它的开户行把其存款转到 E-Mint。

② 客户开户行由客户的账目向 E-Mint 转账。

③ E-Mint 给客户发送电子现金,客户将电子现金存入其计算机中的电子钱包或智能卡,客户得到电子现金后,无论何时都可用之购物,而且只要其电子现金未花完,就可多次购物。

④ 客户挑选货物,并且把电子现金发送给商家。

⑤ 商家向客户提供货物。

⑥ 商家将电子现金发送给 E-Mint。

⑦ E-Mint 把钱发送给商家的开户银行,商家开户行为商家入账。或者,商家把电子现金发送给其开户银行,由其开户银行负责在 E-Mint 兑换。

以上七个步骤可归纳为三个阶段。第①步至第③步为第一阶段,获得电子现金,简称提款;第④步和第⑤步为第二阶段,使用电子现金购物,简称支付;第⑥步和第⑦步为第三阶段,商家兑换电子现金,简称存款。

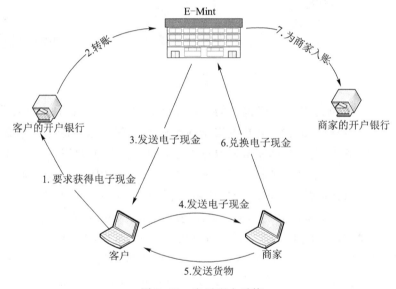

图 9-11 电子现金系统

电子现金的优点主要有如下几点。①欺诈发生的可能性小,银行在收到电子现金并验证其顺序号后,删除这一顺序号,使之不再出现在流通中,用户不能将这一顺序号复制,不能再次使用。②能防止客户拒绝支付和透支,因而备受商家的青睐,而在信用卡系统和支票系统中,客户能够拒绝支付或中止支付。③能够保护用户的匿名性,商家虽然能保证收到支付,但却不能得到与用户身份有关的信息。

9.5.2 网络银行

网络银行又称在线银行、电子银行、虚拟银行,它是银行业务在网络中的延伸,几乎囊括了现有银行金融业的全部业务,代表了其未来的发展方向。

电子商务是网络银行发展的商业基础,网络银行是电子商务的核心。在电子商务中,银行作为连接生产企业、商业企业和消费者的纽带,起到至关重要的作用,银行是否能够有效地实现电子支付已成为电子商务成败的关键。支付结算环节是由支付网关、收单行、发卡行

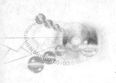

以及金融专用网络完成,离开了银行,便无法完成网上支付,也就谈不上真正的电子商务。

1. 网络银行的系统组成

以美国惠普公司的系统为例,网络银行系统的组成如图 9-12 所示,包括:Web 信息服务器、过滤路由器、Virtual Vault 交易服务器、数据库服务器、应用服务器、客户服务代表工作站、内部管理和维护工作站。

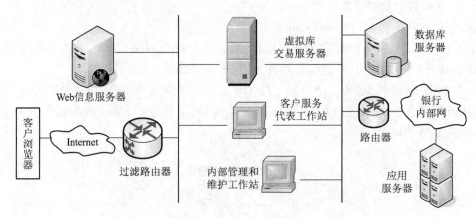

图 9-12　网络银行系统

Web 信息服务器负责提供网络银行的主页服务,供客户了解各种公共信息,比如个人理财建议、网络银行开户方法、演示、热点安全问题解答及网络银行服务申请方法等。由于该系统仅存放非机密、非交易或即使被窃取也不会带来太大损失的信息,所以对安全的要求并不是太高。因此,Web 信息服务器采用一般商用系统,如 HPDomain 业务服务器。

过滤路由器采用具备路由过滤功能的路由器,将数据流分为两大类:Virtual Vault 交易服务器处理的对安全要求特别高的交易数据流,如 http 数据流;对安全要求不是特别高的非交易数据流,如访问 Web 信息服务器和 E-mail 等。另外,所有的数据都将由过滤路由器挡回去,降低了交易服务器的处理负荷,尽量减少了网络黑客尝试攻击本系统的机会。

Virtual Vault 交易服务器是一个建立在惠普 Virtual Vault 环境之上的安全的交易服务器。它包括一个符合美国国防部 B1 级安全标准的可信操作系统(Virtual Vault OS,VVOS),以及两份支持 SSL3.0 的 Web 服务器软件。Virtual Vault 交易服务器直接面向互联网客户,前面无需再设防火墙。接收到用户请求后,Virtual Vault 会进行一系列安全检查,完全确认一切正常后,才会将用户的交易请求通过特定的通用网关接口(Common Gateway Interface,CGI)代理程序送交内部数据库/通信网关服务器进行后续处理。

数据库服务器是一个通常的 HP-UX 服务器,其上运行 Oracle、Informix 或 Sybase 数据库服务器软件,存放的数据包括网络银行客户开户信息、系统参数以及客户定制服务相关的信息。

应用服务器为 IBM 大型主机或 Unix 小型机。交易服务器收到客户的请求后,会及时查询、更新应用服务器上的数据库。交易服务器通过银行内部网络与这些主机相连,它们可在同一局域网,也可在不同的城市。连接交易服务器和应用服务器的网关,主要实现不同通信协议的转换和应用系统之间的接口。此外,网络银行开户一般还需要至少一台 PC,以近程或远程方式操作数据服务器中的综合账户等数据。

客户服务代表工作站是一台供银行客户服务代表使用的 PC,客户服务代表负责接受、解答网络银行客户通过互联网传送过来的反馈意见、咨询和投诉等。内部管理和维护工作站是一台供银行内部系统管理员使用的 PC,系统管理员负责对网络银行系统进行管理和维护。

2. 网络银行的功能

网络银行系统主要有以下几个功能。

① 申请服务包括存款开户、空白支票申领、国际收支申报、信用卡开户、信用证开证申请等。提供这类服务的目的是为客户提供方便,简化手续。

② 信息服务包括储蓄业务介绍、业务办理须知、储蓄网点、ATM 网点、信用卡特约商户、个人理财建议和企业贷款申请等。

③ 查询服务包括个人和企业综合账户余额查询、交易历史查询、个人挂失、支票情况查询和汇兑状态查询等。

④ 交易服务包括转账、代付费、个人小额抵押贷款、个人外汇买卖、公共事业付费和企业间转账。

⑤ 网上购物服务是与商家合作完成,银行成为客户与商家之间的信用中介和支付中介。

3. 网络银行的特点

① 以已有的业务处理系统为基础,网络银行系统本身不能独立地处理某项银行业务,所有的业务处理最终都由现有的系统来实现。

② 采用 Internet/Intranet 技术,具有网络分布计算、与系统平台无关的特点,特别适合解决银行业务系统分散和系统平台种类繁多的问题。

③ 将现有的业务系统有机地联系起来。我国银行现有的业务系统总的来说都是分散形式的,通过建立网络银行与传统业务处理系统之间的接口,使分散的不同的业务系统通过网络银行这个桥梁有机地联系起来。

④ 提供综合服务。网络银行打破了地区的限制,能够从更大的范围为客户提供综合的服务,系统能够包容国内银行所有的面向外部客户的业务品种,涉及银行所有的业务系统,并利用现有的业务品种,结合新的技术手段发展出新的服务项目。网络银行的目的是实现为任何人、随时、随地、与任何账户、用任何方式的安全支付与结算。

4. 网络银行的发展模式及登录方法

网络银行有两种发展模式:

① 完全依赖于互联网发展起来的全新电子银行,这类银行几乎所有的业务交易都依靠互联网进行;

② 另一种发展模式是目前的传统银行运用 Internet 发展家庭银行、企业银行等业务,开展传统银行业务交易处理服务。

网络银行可以采用以下三种不同的方法进行登录服务。

① Internet。使用标准网络浏览器,通过银行在 Internet 上的网址进入账户。

② 个人理财软件。这些软件能够使客户跟踪和管理个人金融信息,还能够与客户使用的网络银行交流信息。

③ 银行提供的软件。这些软件由银行提供,在客户的计算机上运行。这些带有各行特

点的专用软件能够让客户与银行连接(通过私人数据网络),进行网络银行操作。它们各自的特点可能不同,提供从简单的操作如查询账户信息,到更复杂的任务如跟踪投资记录等。

9.5.3　信用卡

早期的银行卡也被称作"塑料货币",塑料卡片上蒙一条磁带,记录着发卡行、金额、账号等信息。

我国银行卡大体分三类:①信用卡:即贷记卡,有小额信贷功能,它要求持卡人有较高的信誉度;②借记卡:需要建立持卡人档案,不需要担保,但不可以透支;③储值卡:不需要建立档案,不需要担保,不可以透支,一般用于小额消费。目前,各商业银行发行的借记卡和储值卡渐渐合二为一。

信用卡有广义和狭义之分。从广义上讲,凡是能够为持卡者提供信用证明、持卡者可凭卡购物或享受特殊服务的,均可称为信用卡,广义的信用卡包括赊销卡、借记卡、贷记卡、ATM(自动取款机)卡、支票卡等。从狭义上讲,信用卡应是商业银行发行的贷记卡,即不需要先存款,可以先行透支消费的支付卡。

根据信用卡的载体材料不同,可分为:

① 磁卡。磁卡诞生于 1970 年,在塑料卡上粘贴磁条,磁卡可以直接插入终端机进行处理。目前,磁卡仍然是使用最广泛的信用卡;

② IC 卡。根据嵌入卡片集成电路功能的不同,IC 卡分为存储器卡、带逻辑加密的存储器卡和带有微处理器的智能卡。无论什么类型的 IC 卡,都是利用芯片内的 EEPROM 存储用户的信息,其特点是卡片断电后,存储在其中的信息不会丢失。IC 卡是支付卡的发展趋势。

电子信用卡系统主要有四个部分:具有 Web 浏览器的客户;处理信用卡业务并提供主页的商家;为商家处理信用卡业务的商家开户银行;发卡机构。电子信用卡系统如图 9-13 所示,共分为七个步骤。

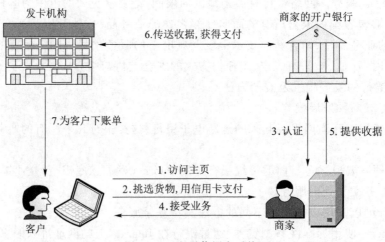

图 9-13　电子信用卡系统

① 客户访问商家的主页,得到商家货物明细单。

② 客户挑选所需的货物,并用信用卡向商家支付。

③ 商家服务器访问其银行,以对客户的信用卡号码及所购货物的数量进行认证,银行完成认证后,通知商家购物过程是否继续进行。

④ 商家通知客户业务是否已经完成。

⑤ 商家服务器访问商家的开户行,并向银行提供购物的收据。

⑥ 商家银行访问发卡机构,以取得商家售物所得到的钱。

⑦ 发卡机构根据一段时间内(如一个月)客户购物时应向各商家支付的款额,为客户结账,并通知客户。

综上所述,使用信用卡的业务过程大致可分为三个阶段:

第一阶段:步骤①至④,客户完成购物;

第二阶段:步骤⑤和⑥,从客户账目向商家账目转账;

第三阶段:步骤⑦,通知客户应支付的款额,并为客户结账。

与传统的信用卡系统相比,电子信用卡的优点有:信用卡号码和截止日期不用呈现给商家,具有更高的安全性;商家可获得几乎即时的支付。

9.5.4 手机支付

手机支付是近年来因无线互联与信息技术的发展而出现的新的商务形式,它是在商务处理流程中,基于移动网络平台随时随地的利用手机,为服务于商务交易而进行的有目的的资金流流动。手机支付必须安全可靠,属于电子支付与网络支付的更新的一种方式,主要支持移动商务的开展,具有明显的无线网络计算应用的特点。

现实生活中,移动商务与手机支付的应用已经有很多。移动商务的主要优点是实现随时随地的商务处理,具有方便、快捷的特点。客户需要在任何时候、任何地方、使用任何可用的方式都可得到任何想要的金融服务。

对手机支付而言,由于支持的运营商不同、银行不同,故在细节与业务处理流程上存在一定差别。手机支付的一般应用模式框架如图 9-14 所示。

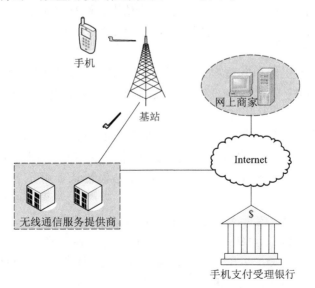

图 9-14　手机支付的一般应用模式框架

支付的参与方一般涉及移动用户、网上商家、无线通信服务提供商、Internet、手机支付受理银行等。用户终端通过基站与无线通信服务提供商取得联系,登录 Internet,在相关的支付信息传递过程中,有相应的安全控制体系监控以及相应的加解密操作,最终在手机支付流程中实现对移动终端的信息加密、身份验证和数字签名等功能。

9.5.5　电子支票

电子支票是一种典型的 B2B 网络支付方式。电子支票也称数字支票,是将传统支票的全部内容电子化和数字化,形成标准格式的电子版,借助计算机网络(Internet 与金融专网)完成其在客户之间、银行与客户之间以及银行与银行之间的传递与处理,实现资金的支付与结算。电子支票的支付在网络上以密码方式传递,多数使用公用关键字加密签名或个人身份证号码代替手写签名。电子支票处理费用较低,并且银行也能为参与电子商务的商户提供标准化的资金信息,是一种效率较高的支付手段。

电子支票应具备货币价值、价值可控性(用户可以灵活填写支票代表的资金数额)、可交换性、不可重复性、可存储性及应用安全方便等属性。与传统的纸支票和其他形式的支付相比,电子支票有以下优点。

① 节省时间。电子支票的发行不需要填写、邮寄或发送,而且电子支票的处理也很省时。使用纸支票时,商家必须收集所有的支票并存入其开户行。而电子支票,商家可即时发送给银行,由银行为其入账。使用电子支票可免除诸如每月第一天在银行排长队、新学期大学生缴学费时排长队等。

② 减少了处理纸支票的费用,减少了银行职员收支票、处理支票以及向客户邮寄注销了的支票的工作。

③ 减少了支票被退回情况,电子支票的设计方式使得商家在接收前,已先得到客户开户行的认证。

④ 电子支票支付时,不必担心丢失或被盗。如果被盗,接收者可要求支付者停止支付。

⑤ 电子支票不需要安全存储,只需对客户的私钥进行安全存储。

电子支票系统如图 9-15 所示,主要由客户、网上商家、银行和验证中心等组成。电子支票的处理步骤如下:

① 购买电子支票。客户首先必须在提供电子支票服务的银行注册,开具电子支票。注册时需要输入信用卡或银行账号信息以支持开设支票。电子支票应具有银行的数字签名。

② 电子支票付款。客户用自己的私钥在电子支票上进行数字签名,用商家的公钥加密电子支票,使用 E-mail 或其他传递手段向商家支付;商家在收到用商家公钥加密的电子支票后,用客户的公钥确认客户的数字签名,进一步向银行认证电子支票,确认无误后即可发货。

③ 清算。商家定期将电子支票存到银行,进行兑换或转账。

电子支票支付的过程依赖第三方或经纪人,他们证实客户拥有买货的款额,也可以证实在客户付款前,商家已交货。由于这个过程高度自动化,即使是交易额很小,这种方式也比较经济划算,适用于信用卡无法处理的小额支付。

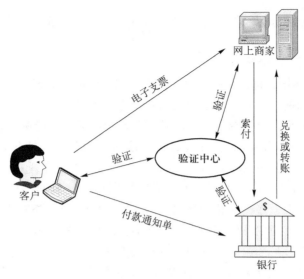

图 9-15　电子支票系统

9.6　EDI 技术

电子数据交换(EDI)是电子商务核心技术之一,其最大的优点是迅速、高效、安全。它的交换功能使数据直接进入计算机应用系统,而不需要人工重复输入和干预,并且它要求交换数据的双方必须事先建立伙伴关系,因此比其他技术更安全。EDI 发展速度惊人,当今商家争相把 EDI 作为必备的手段以及进入国际市场的通行证。EDI 在海关、税务、金融、电信、石油、运输、制造、电子、化工、零售、卫生和仓储等多个领域得到了广泛的应用。

9.6.1　EDI 的概念

1. EDI 的产生背景及发展阶段

20 世纪 70 年代初,以微电子技术为核心的高新技术的出现,改变了原有工业格局。电子计算机、远程通信设施等新兴产业及相关产品,为国与国之间实现远距离的电子资料互换提供了最基本的条件。特别是 20 世纪 80 年代以来,更快处理业务、更强计算机的出现及光缆通信、卫星通信、网络通信的发展,为 EDI 提供了技术基础。

第二次世界大战后国际商务活动迅猛发展,经济全球化趋势日益加剧,全球贸易额激增,产生了大量的各种贸易单证,纸质管理文件大增,造成了人工劳动强度大、效率低、速度慢、费用大及纸张浪费等大量的问题。

处理大量纸面单证严重影响了国际商务活动的发展。不同国家之间的单证业务不统一、不规范;价格因素在竞争中所占的比重逐渐减小,而服务性因素所占比重逐渐增大,销售商为了减少风险要求小批量、多品种、供货快,以适应瞬息万变的市场行情;企业要求商业文件能迅速、准确地传递,以确保原材料的采购、储备及产品的库存都控制在一定的时间范围内,最大限度地加速资金的周转;许多机构拥有计算机应用系统,可以制作各种电子数据并希望对方传递来的单据直接进入自己的系统。可见,全球经济发展呼唤无纸化时代的到来,单证业务的规范化、标准化成为贸易发展的迫切需要,提高商业文件传递和处理

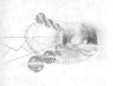

速度成为所有贸易链中成员的共同意愿。以计算机、网络通信和数据标准化为基础的EDI 应运而生。

EDI 发展分成以下四个阶段。

① 公司、企业、集团内部的 EDI。此阶段称为"内部在线系统",该类系统网络的建设最初是通过专用电缆和网络集线器把公司内部各个办公室的终端与主机联系起来,各部门共享主机的程序数据和设备等资源。由于这种内部交换网渐渐不能满足公司及集团化趋势的发展,所以又出现了集团 EDI 网络,即通过拨号线路或内部专线把附属公司或机构的有关部门连接起来。如航空公司、铁路公司的订票系统及银行的通存通兑系统等。

② 同行业内的 EDI。同行业的电子数据交换利用了增值网络(Value Added Network,VAN)。由于涉及范围广,各个单位计算机型号、软件系统、数据格式都不尽相同,实施起来存在一定困难。这一时期主要研究网络建成之后的经济和社会效益,国内和国际银行间的电子结算系统(SWIFT)是行业内 EDI 应用的成功范例。

③ 跨行业的 EDI。由于对外贸易的进出口业务涉及银行、海关、商检、保险、运输等诸多行业和部门,各部门彼此间业务量很大又较繁琐,实现 EDI 一条龙服务,是信息化社会的主要标志。由于各个行业和部门的计算机型号、软件系统、通信规范、单证格式、数据格式各不相同,跨行业 EDI 网络的建设需要各个部门全力配合,否则,真正的"EDI 一条龙"就难以实现。

④ 全球 EDI。全球 EDI 是无纸质贸易的最高阶段。国际间银行的连网、电子资金结算系统的实现标志着全球 EDI 的雏形已经出现。跨国公司和地区经济贸易一体化的发展、联合国及世界贸易组织(WTO)的推动都将加快全球无纸贸易时代的到来。为了给无纸贸易以法律的保护,联合国还制定了《电子商务示范法》供各国制定法律时参考。

2. EDI 的定义

EDI 是一种在公司之间传输订单、发票等作业文件的电子化手段。它通过计算机通信网络将贸易、运输、保险、银行和海关等行业信息,用一种国际公认的标准格式,实现各有关部门或公司与企业之间的数据交换与处理,并完成以贸易为中心的全部过程。EDI 利用电子数据输入代替人工数据录入,以电子数据交换代替传统的人工交换的方法,其主要目的并不是消除纸张的使用,而是减少处理延迟和数据的重新输入。

EDI 面向商业文件,如汇票、发票、船运单、进出口货物报关单、进出口许可证等。EDI交换的信息是按照协议形成的、具有一定结构特征的。EDI 的标准包括数据元标准、数据段标准和报文格式标准等。数据元是电子单证最基本的单位,EDI 标准首先要定义所涉及的数据元,并对其名称、使用范围、数据类型和长度作出详细规定。数据段是报文中的中间信息,它由预先定义的数据元集合而成,包括段标识、段名、段功能和组成段的数据项,以段标识开始、段终止符结束;除了包含相应的贸易单证的内容,还包括一些必要的控制段,对整个EDI 报文进行控制、描述与标识,不同类型的 EDI 报文具有相同的控制段,而数据段的取舍取决于 EDI 报文的类型。报文是数据的集合,由多个数据段组成。

EDI 传输渠道中无需人工干预,传递信息的路径是计算机到数据通信网络,再到商业伙伴的计算机。EDI 的最终用户通过计算机应用软件系统自动发送或接收 EDI 数据,从而实现贸易伙伴间信息的传递和交换。

可见,EDI 包含了三个方面的内容:计算机应用、通信网络和数据标准化。其中计算机应用是 EDI 的条件,通信网络是 EDI 的基础,数据标准化是 EDI 的特征。这三方面相互衔接、相互依存,构成了 EDI 的基础框架。

9.6.2 EDI 的作用及分类

1. EDI 的作用

EDI 的作用主要有以下几个方面。

（1）改进了单证处理流程,成本大为降低

通信速度的提高能够更快地将发货单或发票送出,从而减少付费周期,节省利息和贷款,减少了传统事务处理中所需的重复的数据输入,消除了不必要的开支,可以降低劳动力成本、原材料成本及通信成本。

（2）排除了传统事务处理中极易发生的人为错误

大多数错误是人为引起的,一般发生在通信的信息生成阶段、发送及接收阶段。EDI 通信过程不需要人的介入,因而减少了错误的发生。

（3）更好的供应链管理

供应链的管理贯穿全程,较好的供应链管理意味着商业过程与活动之间更好的协调,只有了解并改进不利因素,才能减少对客户服务的影响。EDI 能够在贸易伙伴之间快速、高效地传送数据,极大地压缩了时间,使整个链中的每一方均能尽快地获取相关信息,能更及时地知道哪里出了问题,并尽快对问题作出反应。

（4）更有效的客户服务

减少时间延迟,提供更精确的信息及更新的服务,可以改进面向 EDI 的客户服务,使消费者能够获得灵活的交货计划甚至最低的市场价,使商家增加销售业绩、提高利润。目前,由物流服务商提供的一种新服务是"追溯"。所谓"追溯",是指及时弄清货物所在的位置,并且将这一信息与责任方数据连接起来,没有 EDI,"追溯"很难向用户说明有关货物的目前状态。另外一种新服务是航运公司联盟,联盟中各航运公司的航线是共享的,这样做可以获得额外的折扣。

（5）改进内部流程、充分有效地利用人力资源

EDI 可以改进公司的事务处理流程,它代替人们进行收集、发送和接收信息等烦琐的劳动密集型工作,从而使得公司能够在不增加劳动力成本的基础上增添信息处理活动,帮助公司实现日常事务处理的自动化,重新安排富余人员,获得生产力优势。EDI 可以减少公司的运营成本,增加产品的信息密度,提高内部的工作效率,能够改进公司目前的竞争地位,甚至改变当前的产业结构。

（6）提高了储存效率

EDI 的使用能够减少对储存的需求。EDI 减少了关键时间,可以采取批量小但更频繁的定购方式;快捷、可靠的 EDI 数据传输,可以将货物实际到达日期的不确定性减少到最小;EDI 可以帮助获得及时的信息,从而消除了大批量储存的需求。

2. EDI 的分类

根据功能的不同,EDI 可以分为以下四类。

① 订货信息系统。它是最基本也是最知名的 EDI 系统,又称为贸易数据互换（Trade Data Interchange,TDI）系统,它使用电子数据文件来传输订单、发货票和各类通知。

② 电子金融汇兑(Electronic Fund Transfer,EFT)系统。它在银行和其他组织之间实行电子费用汇兑。EFT 已使用多年,但仍在不断改进,同订货系统联系起来,形成一个自动化水平更高的平台。

③ 交互式应答系统。旅行社或航空公司可应用它作为机票预订系统,需要询问目的地,要求显示航班的时间、票价及其他条件,根据旅客的要求确定所要的航班,并打印机票。

④ 带有图形资料自动传输的 EDI。最常见的是计算机辅助设计(Computer Aided Design,CAD)图形的自动传输。如设计公司完成一个平面布置图,将其传给业主,请业主提出修改意见。一旦该设计被认可,系统将自动输出订单,发出购买建筑材料的报告,同时,在收到这些建筑材料后,自动开出收据。

9.6.3　EDI 的应用

EDI 应用推广二十多年来,已覆盖制造、贸易、运输、电子和金融等许多行业。据统计,世界前 1000 家企业 98% 都在使用 EDI,许多重要的制造厂家,如通用、福特、克莱斯勒、IBM 和 TI 等公司均要求供货商采用 EDI。

EDI 的应用领域主要有商业、贸易、海关、金融、税务等行业,下面详细介绍。

1. 商业 EDI

广州宝洁公司采用的是广州电信 EDI 中心提供的 EDI 服务。该公司和运输商之间的货运订单处理、全国各地分销商之间的订单处理均采用 EDI。

商业 EDI 系统如图 9-16 所示,通过采用 EDI 技术,实现了数据标准化及计算机自动识别和处理,消除了纸面作业和重复劳动,提高了文件处理效率,加速将货物运输到销售地,大大降低了成本。

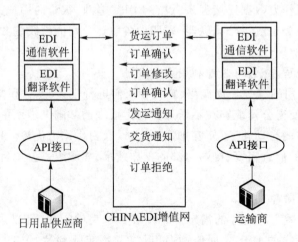

图 9-16　商业 EDI 系统

2. 对外贸易的商检 EDI

商检单证作为外贸出口的重要环节之一,利用 EDI 技术可以提高审核签发效率,加强统一管理,与国际惯例接轨,为各外贸公司提供方便快捷的服务。外贸公司通过 EDI 与商检局进行产地证的电子单证传输,无需再为产地证的审核、签发往返于商检局,节约了时间、费用和纸张。对商检局而言,EDI 单证审批系统不仅减轻了商检局录用数据的负担,减少了手工录入出差错的机会,同时对大量各种单证的统一管理也将更方便。对外贸易的商检 EDI 审签系统如图 9-17 所示。

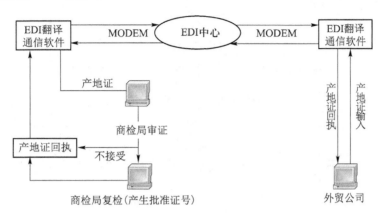

图 9-17 对外贸易的商检 EDI 系统

3. 海关 EDI

目前,世界各地用于海关业务的 EDI 系统已有不少,较著名的有英国的 CHIEF、法国的 SOPHIE、美国的 ABI 和新加坡的 SHS。法国和美国的海关手续 50% 采用了 EDI,英国海关的结关手续 90% 采用 EDI。我国海关也加入了发展 EDI 应用的行列,20 世纪 90 年代 H883 系统开始采用 EDI 技术,2003 年更新为 H2000 系统,目前已在全国各海关普遍推行,为加强海关监管、提高通关工作效率、加快货物流转等提供了强有力的技术支持。

4. 金融 EDI

金融 EDI 能够实现银行与银行、银行与客户之间的各种金融交易单证的安全有效交换,它是实施电子商务的关键。金融 EDI 的实施能够提高资金流动管理、电子支付、电子对账和结算等业务的效率。

广州电信与广东发展银行合作,应用 EDI 技术开展话费托收业务,能够实现计算机自动进行托收单证的处理、传输,避开了人工干预,减少人为差错,节省人力和纸张的费用,实现托收单证处理自动化,大大提高了效率,整个业务处理时间由原来的一个星期减少到几个小时,加快了企业资金的周转速度,增加了经济效益。

金融 EDI 系统如图 9-18 所示。

5. EDI 网上报税

EDI 网上报税包括申报和结算两个环节。申报解决了纳税人与税务部门间的信息交换,实现申报无纸化;结算解决了纳税人、税务、银行及国库间的信息交换,实现纳税收付的无纸化。

报税的 Web 用户和 Web 服务器都有第三方认证机构颁发的证书。Web 用户和税务局在 EDI 交换中心拥有账号和邮箱,税务局通过专线与 EDI 交换中心通信,如图 9-19 所示,操作步骤如下。

① Web 报税用户登录 Web 服务器,交换数字证书,建立 SSL 链接。报税用户浏览器和 Web 服务器之间后继的通信都是加密的。

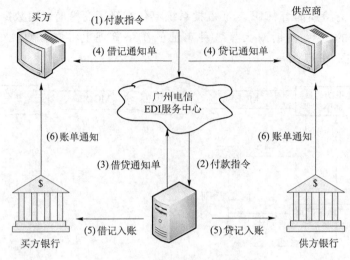

图 9-18　金融 EDI 系统示意图

② 报税用户从 Web 服务器下载报税表单。

③ 用户填写表单后提交。

④ Web 服务器根据表单信息和用户信息,生成标准格式的 EDI 报文,并发送到 EDI 系统交换中心税务局的邮箱。

⑤ EDI 系统交换中心发送报税单证报文到税务局的报税单证处理系统。

⑥ 报税单证处理系统根据用户提供的银行账号,向银行查看用户账号信息。

⑦ 返回账号信息。

⑧ 报税单证处理系统根据返回的账号查询信息,向 EDI 交换中心的报税用户邮箱发送回执单证报文。

⑨ EDI 系统交换中心将报税用户邮箱内的回执报文发送到 Web 服务器,Web 服务器根据回执的报文信息生成 HTML 页面,并传送给报税用户浏览器,用户浏览器和 Web 服务器之间利用 Socket 保持连接。

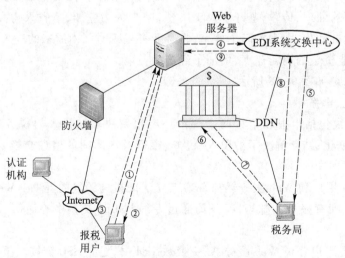

图 9-19　Web-EDI 报税系统

与传统交税方式相比,EDI网上报税提高了申报的效率和质量,降低了税收成本。由于申报不再受时间和空间的限制,既方便了纳税人,也减少了税务机关的录入工作,降低了输入、审核的错误。采用网上报税,可以加速票据的传递速度、缩短税款滞留环节和时间,从而确保国库税收及时入库。

9.7 小结与思考

小结

电子商务是一种商务活动的新形式,它通过现代信息技术手段,以数字化通信网络和计算机装置替代传统交易过程中的纸介质,从而实现商品和服务交易以及交易管理等活动的在线处理,并使物流和资金流等达到高效率、低成本、信息化管理和网络化经营的目的。

电子商务系统的基本框架包括:电子商务应用、贸易服务基础设施、信息传播基础设施和网络基础设施。网络基础设施是实现电子商务的最底层的基础保障;信息传播基础设施提供了两种交流方式:一种是非格式化的数据交流,另一种是格式化的数据交流,以电子数据交换(EDI)为典型代表,它的传递和处理过程是自动化的,无需人为干预,面向机器;电子商务应用是利用电子手段开展商务活动的核心,通过应用程序实现。

电子商务系统的应用逻辑层次包括:表达层、逻辑层和数据层。表达层主要为电子商务系统的用户提供使用接口;逻辑层主要描述商务处理过程和商务规则,是整个商务模型的核心;数据层为逻辑层提供数据支持。

在电子商务应用系统中,数据库技术和 Web 技术得到了有机结合,为电子商务应用中的数据、信息和知识的管理及使用提供了有效手段。传统数据库管理技术很难满足上述需求。为此,人们开始重新审视组织内的信息需求和数据管理技术,借鉴并发展了在知识管理领域及情报学领域的信息检索等技术,使数据管理技术朝着深度和广度范围不断发展,从组织角度更系统地分析和管理企业需求,称为组织存储。组织存储由数据、信息和知识三部分组成。数据库技术对电子商务的支持是全方位的,从底层的数据基础到上层的应用都涉及数据库技术。数据模型是现实世界的模拟,是数据库系统中用于提供信息表示和操作手段的形式构架。数据库系统支持的数据模型通常由数据结构、数据操作和数据约束三部分组成。重要的数据模型有层次模型、网状模型和关系模型,这三种模型是按其数据结构而命名的。

网上支付系统是电子商务系统的重要组成部分,一个安全有效的支付系统是实现电子商务的重要前提。网上支付系统是指消费者、商家和金融机构之间使用安全的电子手段交换商品或服务,包括电子现金、网络银行、支付卡、手机支付及电子支票等方式,将支付信息安全有效地传送到银行或相应的处理机构。网上支付系统是融购物流程、支付技术、安全技术、认证体系、信用体系及金融体系为一体的综合大系统。

电子数据交换(EDI)是电子商务核心技术之一,其最大的优点是迅速、高效、安全。它的交换功能使数据直接进入计算机应用系统,而不需要人工重复输入和干预,并且它要求交换数据的双方必须事先建立伙伴关系,因此比其他技术更安全。EDI发展速度惊人,当今商

家争相把 EDI 作为必备的手段以及进入国际市场的通行证。EDI 在海关、税务、金融、电信、石油、运输、制造、电子、化工、零售、卫生和仓储等多个领域得到了广泛的应用。

思考

9-1　谈谈你对电子商务的理解。

9-2　简要描述电子商务系统的应用逻辑架构,并说明各部分的主要作用。

9-3　为什么 Web 能够成为电子商务信息表达的技术平台?

9-4　试说明静态页面和动态页面的概念。

9-5　实现静态页面的技术是什么?

9-6　客户端脚本和服务器端脚本的本质区别是什么? 后者的优势是什么?

9-7　在服务器端逻辑体系结构中,服务器的主要操作任务是什么?

9-8　商务逻辑层的主要作用是什么? 主要通过哪些技术来实现?

9-9　简述 DBMS 的主要功能和优势。

9-10　现有的电子商务支付技术有哪些? 各自的特点是什么?

9-11　EDI 的作用是什么? 如何分类?

第 10 章

通信安全技术

10.1 通信安全概述

10.1.1 通信安全现状

随着经济全球化和知识经济时代的到来,全球化的信息沟通是必然的趋势,作为推动社会发展的战略基础设施,通信网承载着不可避免的历史重任,人们对通信网络的依赖程度日益加深。通信网要能够提供不同类型的通信服务,并且实时高效、安全可靠地传输数据。

通信的可靠与安全是人们使用通信服务的基本要求,但由于自然、技术、管理和人为等多种因素导致通信网络故障时有发生,通信的可靠性与安全现状不容乐观,整个网络的安全研究和管理未得到足够的重视,安全事件层出不穷,黑色产业链日益成熟,攻击行为组织化、攻击手段自动化、攻击目标多样化、攻击目的趋利化等特点明显。

中国互联网络信息中心(China Internet Network Information Center, CNNIC)在 2013 年发布报告显示,截止到 2012 年年底,我国网民规模达到 5.64 亿,手机网民规模为 4.26 亿。在总体网民中,有 84.8% 的网民遇到过信息安全事件,总人数为 4.56 亿,平均每人遇到 2.4 类信息安全事件。在这些信息安全事件中,垃圾短信和手机骚扰电话发生比例最高。此外,新型信息安全事件愈发严重,比如欺诈诱骗信息、假冒网站、核心数据泄露等。

10.1.2 通信安全威胁

由于信息本身具有一定的价值,信息与其拥有者之间具有某种利益联系,因此,获得特

定的信息就意味着可能会获得某种利益,或者破坏特定的信息就可能给其拥有者造成某种损失,所以通信安全的本质在于利益的保护与追逐。

通信安全的常见威胁主要有恶意的攻击、窃听、窃取信息、病毒、非法访问、篡改通信内容等多种,具体如下。

1. 对敏感数据的非授权访问

对敏感数据的非授权访问违反了机密性,主要体现在:① 窃听:入侵者不被发现地截取消息内容;② 伪装:入侵者欺骗系统,使其相信自己能合法地从授权用户处获得机密信息,或使其相信自己是获得系统服务或机密信息的授权用户;③ 流量分析:入侵者观察信息的时间、频率、长度、发送方和接收方以确定用户的位置或了解是否有重要的业务数据交换发生;④ 浏览:入侵者搜索存储的数据以寻找敏感信息;⑤ 泄露:入侵者通过合法访问数据的机会获得敏感信息;⑥ 推论:入侵者通过向系统查询来获得响应信息。

2. 对敏感数据的非授权操作

对敏感数据的非授权操作违反了完整性,包括:① 消息被入侵者故意篡改,即传送的内容被改变而未被发觉;② 消息被入侵者有选择地插入、删除、延迟;③ 重放攻击:一个消息或部分消息被入侵者重复多次。

3. 恶意代码

恶意代码种类繁多,主要有:① 计算机病毒:一种通过修改其他程序将自身或其变种复制进去的,会"传染"其他程序的恶意程序;② 计算机蠕虫:一种通过网络将自身从一个结点发送到另一个结点,并自动启动运行的程序;③ 特洛伊木马:执行的功能并非所声称的功能的某种恶意程序;④ 逻辑炸弹:一种当运行环境满足某种特定条件时执行其他特殊功能的程序。

4. 拒绝服务

当一个实体不能执行它的正常功能,或它的动作妨碍了别的实体执行其正常功能时,便发生拒绝服务,包括:① 干涉:入侵者通过阻塞合法用户的流量、信号或控制数据来阻止其使用服务;② 资源耗尽:入侵者通过连载服务来阻止合法用户使用系统的服务;③ 优先权误用:用户或服务网络可能利用优先权获得非授权的服务或信息;④ 服务滥用:入侵者滥用一些特定的服务或设施来获得某种优势或破坏网络。

5. 内部攻击

系统的合法用户以非故意或未授权方式进行操作时出现内部攻击。多数已知的计算机犯罪都和内部攻击有密切的关系,它对系统安全的危害非常大。

6. 否认

用户或者网络拒绝承认已执行过的通信行为或动作。

7. 非授权接入服务

入侵者伪装成合法用户或网络实体来访问服务和用户,或网络实体能滥用它们的访问权限来获得非授权的访问。

10.1.3　实现通信安全的主要途径

为了确保通信安全,可以考虑以下技术和管理途径。

1. 认证

认证服务提供了关于某个实体身份的保证,是对付假冒攻击的有效方法。这意味着每当某个实体声称具有一个特定的身份时,认证服务将提供某种方法来证实这一声明是正确的。一种提供认证的熟知方法是口令。认证可分为:

① 实体认证:又称身份认证,所需认证的身份是由参与某次通信连接或会话的远程参与者提交。

② 数据起源认证:主要认证某个指定的数据项是否来源于某个特定的实体,所需认证的身份由声称它是某个数据项的发送者提交,此身份连同数据项一起发给接收者,如数字签名技术。

2. 访问控制

访问控制的目标是防止对任何计算机资源、通信资源或信息资源进行未授权的访问,包括未经授权的使用、泄露、修改、销毁以及颁发指令等。访问控制直接支持机密性、完整性、可用性以及合法使用等安全目标。访问控制是实施授权的一种方法,通常有两种方式来阻止非授权用户访问目标。

① 访问请求过滤:当一个发起者试图访问一个目标时,由控制决策决定发起者是否被准予访问目标。

② 隔离:从物理上防止非授权用户有机会访问敏感目标。

3. 数据传输机密性

机密性服务就是保护信息不泄露或不暴露给那些未授权的实体。要达到保密的目的,必须防止信息被泄露出去。在通信安全中,需提供两类机密性服务:数据机密性服务、业务流机密性服务。加解密功能的实现主要依赖现代密码技术,它是实现网络通信安全的核心技术,是保护数据最重要的工具之一。通过加密将可读的文件变换成不可理解的乱码,从而起到保护信息和数据的作用。

4. 数据完整性

完整性服务是对抗非授权操作威胁的一类防护措施。

① 完整性算法协议:端到端或链路级的通信结点间能够安全地协商双方随后将要使用的完整性算法。

② 完整性密钥协议:端到端或链路级的通信结点间同意双方随后可以使用的一个完整性密钥。

③ 信令数据的完整性和起源认证:接收实体能够核实信令数据未被授权地修改过,信令数据的数据源同时被认证。

5. 不可否认性

不可否认性是防止通信中的发送方或接收方抵赖所传输的消息,要求无论发送方还是接收方不能抵赖所进行的传输。因此,当发送一个消息时,接收方能证实该消息的确是由所宣称的发送方发来;当接收方收到一个消息时,发送方能够证实该消息的确送到了指定的接收方。

6. 可用性

可用性是指通信传输的信息可被授权实体访问并按需求使用的特性,即要求通信网络中的有用资源在需要时可为授权各方使用,保证合法用户对信息和资源的使用不会被不正当地拒绝。

7. 规范管理制度

在通信中,最活跃的因素是人,最难控制的也是对人的管理,好的管理制度能够降低安全事件发生的概率,减少安全事件带来的影响。

① 建立健全的管理制度,对进出机房的人员进行管理,并将机房建在安全的场所。

② 对信息的使用权限进行控制,对数据进行分级加密,采用不同的管理措施。

③ 对工作人员加强管理,提高相关人员的安全意识和操作水平,设立专门的安全管理机构和岗位。

10.2　通用网络安全技术

随着互联网的飞速发展,基于网络的计算机应用也迅速增加,给各行各业带来了更大的便捷和经济效益,但随之而来的网络安全问题也困扰着用户,木马、蠕虫、垃圾邮件等的传播使得网络的信息安全状况进一步恶化,这对网络信息安全提出了更高的要求。

某企业的网络拓扑结构示意图如图 10-1 所示,企业不仅要保证接入互联网的安全,也要保证企业内部网络的安全。

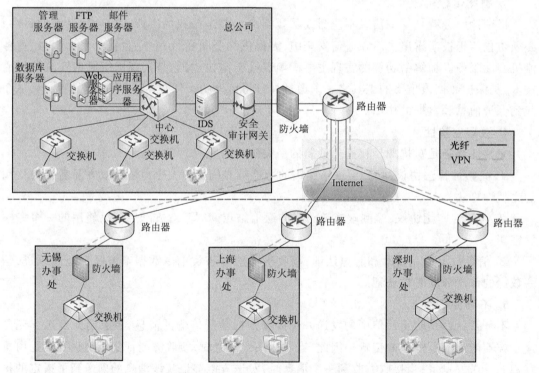

图 10-1　某企业网络拓扑结构示意图

防火墙系统实现对内部网络和互联网的隔离保护,保证接入互联网的安全性。当企业网络受到有意或者无意的恶意攻击时,入侵检测服务器能够及时发现并报告系统中未授权访问或异常的现象。安全审计网关能对网络内的上网行为进行规范和严格监控,并监视重要服务器及数据库的使用情况,对网络内的安全事件进行详细的日志记录。虚拟专用网络(VPN)是一种确保远程网络之间能够安全通信的技术,它利用开放性网络作为信息传输的媒体,通过加密、认证、封装以及密钥交换等手段在公网上开辟一条隧道,使得合法的用户可以安全地访问企业的私有数据,用以代替专线方式,实现移动用户的远程安全连接。

下面对通用的网络安全技术一一进行详细介绍。

10.2.1　防火墙

防火墙是设置在不同网络之间执行访问控制策略的一组硬件和软件系统,是一种特殊编程的路由器,其目的是保护本地网络的通信安全。它是不同网络或网络安全域之间信息的唯一出入口,通过监测、限制、更改跨越防火墙的数据流,尽可能地对外部屏蔽网络内部的信息、结构和运行状况,有选择地接受外部访问,对内部强化设备监管、控制对服务器与外部网的访问,在被保护网络和外部网络之间架起一道屏障,以防止发生不可预测的、潜在的破坏性侵入。防火墙位于 Internet 和内部网络之间,一般将防火墙里面的网络称为"可信网络",而将防火墙外面的网络称为"不可信网络"。

1. 防火墙的作用

防火墙的作用可以体现在强化安全策略、记录网上活动、限制用户和策略检查等方面。

（1）强化安全策略

网络中每天都有海量的数据进行交换,不可避免地会出现个别违反规则的人。防火墙可以执行站点的安全策略,仅仅容许"认可的"和符合规则的请求通过。这个安全策略是由使用防火墙的单位自行制定的,最适合本单位的需要。

（2）有效地记录 Internet 上的活动

所有进出的信息都要通过防火墙,所以防火墙能有效记录被保护网络和外部网络之间进行的所有事件。

（3）限制暴露用户点

防火墙能够用来隔开网络中的一个网段与另一个网段,能有效地控制影响一个网段的问题在整个网络中传播。

（4）安全策略的检查

所有进出网络的信息都要通过防火墙,防火墙便成为一个安全检查点,使可疑的访问被拒之门外。

2. 防火墙的分类

防火墙技术一般分为两类:

（1）网络级防火墙

网络级防火墙主要用来防止整个网络出现外来的非法入侵,有分组过滤和授权服务器,前者检查所有流入本网络的信息,然后拒绝不符合事先制定好的一套准则的数据,而后者则是检查用户的登录是否合法。

（2）应用级防火墙

从应用程序来进行访问控制,通常使用应用网关或代理服务器来进行区分。例如,只允许访问万维网,而阻止 FTP 应用等。

3. 防火墙技术

防火墙技术从原理上主要分为三种：

（1）数据包过滤技术

包过滤技术是防火墙中广泛使用的技术，它是指在网络层中对数据包实施有选择的通过。依据系统内事先设定的过滤规则，检查数据流中每个数据包，并根据数据包的源地址、目的地址、TCP/UDP 源端口号、目的端口号及数据包头中的各种标志位等因素来确定是否允许数据包通过，其核心是安全策略即过滤算法的设计。

（2）代理服务技术

代理服务技术作用于网络的应用层，负责接收 Internet 服务请求，再把它们转发到具体的服务器。代理提供替代性连接，其行为就像一个网关，因此人们也把代理称为应用级网关。代理服务器位于内部网络上的用户和 Internet 二者之间。

（3）状态检测技术

传统的包过滤防火墙只是通过检测 IP 包头的相关信息来决定数据流通过还是拒绝，而状态检测技术采用的是一种基于连接的状态检测机制，将属于同一连接的所有包作为一个整体数据流看待，构成连接状态表，通过规则表与状态表的共同配合，对表中的各个连接状态因素加以识别。具有状态分析功能的防火墙使用各种状态表追踪活跃的 TCP 会话和 UDP 伪会话，只有与活跃会话相关联的信息包才能通过防火墙。

4. 防火墙的局限性

防火墙的局限性主要表现为：

（1）不能防范内部威胁

如果入侵者已经在防火墙内部，防火墙是无能为力的。内部用户偷窃数据，破坏硬件和软件，巧妙地修改程序都不用接近防火墙。

（2）不能防范绕开防火墙的攻击

防火墙能够有效地防止通过它进行传输的信息，然而不能防止不通过它而传输的信息。比如：如果站点允许对防火墙后面的内部网络进行拨号访问，那么防火墙没有办法阻止入侵者进行拨号攻击。

（3）防火墙不能自动防御新威胁

防火墙被用来防备已知的威胁，一个很好的防火墙设计方案可以防备新的威胁，但没有一个防火墙能防御所有新的威胁。

（4）防火墙不能有效地防范病毒

防火墙不能消除网络上的 PC 机病毒，并且防火墙的扫描是针对源、目的地址和端口号，不扫描数据的确切内容，即它不对报文内容进行检查。即使是先进的数据包过滤技术，在病毒防范上也不是很实用，因为病毒种类太多，有许多种手段可使病毒隐藏于数据之中。

10.2.2　入侵检测

1. 入侵检测的分类

入侵检测技术是为了保证计算机网络的安全而设计与配置的一种能够及时发现并报告系统中未授权访问或异常现象的技术，用于检测计算机网络中违反安全策略的行为。一般来说，入侵检测系统（Intrusion Detection Systems，IDS）是防火墙后的第二道安全屏障，在不影响网络性能的情况下能对网络进行监测,以防止和减轻对网络的安全威胁。按照系统扫描检测对象的不同,IDS 可分为:基于主机的入侵检测系统(HIDS)、基于网络的入侵检测系统(NIDS)以及基于 IP 网关的入侵检测系统。

（1）HIDS

HIDS 运行于被保护的主机系统中,通过监视与分析主机的审计记录来检测入侵。它具有精确判断攻击行为是否成功、监控主机上特定用户活动和系统运行情况、适用于加密和交换环境及不需要额外的硬件设备等优点。但 HIDS 的缺点也非常明显,只能收集它保护的主机的信息,而不能收集其他网络上主机的信息;另外,HIDS 的安全性受到主机安全性的制约,一旦入侵者控制了主机,那么入侵者可以肆意修改主机的数据,而这时 HIDS 则显得无能为力了。

（2）NIDS

NIDS 直接对通过网络的所有数据进行侦听,采集原始网络包作为数据源并分析可疑行为。由于这类系统并不需要主机提供严格的审计,因而对主机资源消耗少,并且由于网络协议是标准的,它可以提供对网络通用的保护而无需顾及异构主机不同架构。这种检测系统具有可检测底层协议的攻击、攻击者不易转移证据、实时监测和响应、可靠性高以及与操作系统无关等优点。由于 NIDS 不在监测系统中运行,并采用被动监听的工作方式,不容易被入侵者发觉。而这类检测系统所面临的问题是容易受到拒绝服务攻击,并对加密的 IPv6 数据显得无能为力,入侵者可以通过加密数据包来逃避检测。

（3）基于 IP 网关的 IDS

目前的信息基础设施主要依赖于路由器等设备来互连,对这些信息基础设施的攻击,特别是拒绝服务攻击将会使局部甚至整个信息基础设施无法使用,基于网关的入侵检测系统就是通过对路由器中相关信息的提取,从而提供对整个信息基础设施的保护。

2. 入侵检测系统的功能

入侵检测系统的主要功能有:

① 监测并分析用户和系统的活动。

② 核查系统配置和漏洞。

③ 评估系统关键资源和数据文件的完整性。

④ 识别已知的攻击行为。

⑤ 统计分析异常行为。

⑥ 操作系统日志管理,并识别违反安全策略的用户活动。

10.2.3 虚拟专用网络

虚拟专用网络(Virtual Private Network,VPN)是一种确保远程网络之间能够安全通信的技术,通常用以实现相关组织或个人跨开放、分布式的公用网络的安全通信。通俗地讲,VPN 就是两个或多个用户,利用公网的网络环境进行数据传输,并在发送和接收数据时,利用隧道技术和安全技术,使得在公网中传输的数据即使被第三方截获也很难进行解密的技术。VPN 利用共享的互连网络设施,实现"专用"广域网络,最终以极低的费用为远程用户、公司分支机构、商业伙伴及供应商等临时提供能和专用网络媲美的、安全而稳定的保密通信服务,实现对企业内部网的扩展,与专线网络相比,其突出的优势为低廉的费用和良好的可

扩展性。

1. VPN 的分类

（1）按其应用领域分类

① 远程接入 VPN：客户端到网关，使用公网作为骨干网，用于企业内部人员的移动或远程办公；

② 内联网 VPN：网关到网关，通过公司的网络架构连接来自同公司的资源，用于企业内部各分支机构的互连；

③ 外联网 VPN：与合作伙伴企业网构成 Extranet，将一个公司与另一个公司的资源进行连接，用于企业和合作伙伴提供许可范围内的信息共享服务。

（2）按所用的设备类型分类

网络设备提供商针对不同客户的需求，开发出不同的 VPN 网络设备，主要为：

① 路由器式 VPN：部署比较容易，只需在路由器上添加 VPN 服务即可；

② 交换机式 VPN：主要应用于连接用户较少的 VPN 网络；

③ 防火墙式 VPN：防火墙式 VPN 是最常见的一种实现方式，许多厂商都提供这种配置类型。

2. VPN 的主要技术

VPN 主要采用 5 项技术来保证安全：隧道技术、密钥管理技术、加密技术、身份认证技术和访问控制技术。

（1）隧道技术

隧道技术基于 IPSec 技术来实现。IPSec 由互联网工程任务组（Internet Engineering Task Force，IETF）设计，是一种端到端的、确保基于 IP 通信的数据安全协议。IPSec 支持数据加密，同时确保数据的完整性。IETF 规定，不采用数据加密时，IPSec 使用认证包头（Authentication Header，AH）提供来源验证，以确保数据的完整性；采用数据加密时，IPSec 使用封装安全负载（Encapsulating Security Paylaod，ESP）和加密共同提供来源验证。使用 IPSec 协议时，只有发送方和接收方知道密钥。如果验证数据有效，接收方就可以知道数据来自发送方，并且知道数据在传输过程中没有受到破坏。

隧道技术是一种通过使用公共网络的基础设施，在网络之间传输数据的技术。使用隧道技术传递的数据可以是不同协议的数据帧或包。隧道协议将这些数据帧或包重新封装在新的包头中发送。新的包头提供了路由信息，从而使封装的数据包能够通过公共网络传递。被封装的数据包在隧道的两个端点之间，通过公共网络进行路由选择。一旦到达网络终点，数据包将被解包，并被转发到最终目的地。隧道技术包括数据封装、传输和解包等过程。

（2）密钥管理技术

VPN 中的密钥分发与管理非常重要。密钥的分发有两种方法：①通过手工配置的方式；②采用密钥交换协议动态分发。手工配置的方式由于密钥更新困难，只适合于简单的网络。密钥交换协议采用软件方式动态生成密钥，密钥更新快速，可以显著提高 VPN 的安全性，适合于复杂的网络。目前主流的密钥交换和管理标准有互联网密钥交换（Internet Key Exchange，IKE）、互联网简单密钥管理（Simple Key-management for Internet Protocol，SKIP）和 Oakley。

（3）加密技术

IPSec 通过 ISAKMP/IKE/Oakley 协商确定几种可选的数据加密算法,如 DES、3DES 等。DES 密钥长度为 56 位,容易被破译,3DES 使用三重加密增加了安全性。

（4）身份认证技术

使用者与设备的身份认证技术可以防止数据被伪造和篡改,它采用一种被称为"摘要"的技术。"摘要"技术主要采用 HASH 函数,将一段长的报文通过函数变换,映射为一段短的报文,即摘要。由于 HASH 函数的特性,两个不同的报文具有相同的"摘要"几乎是不可能的。该特性使得"摘要"技术在 VPN 中有两个用途:① 验证数据的完整性;② 进行用户认证。

3. VPN 的特点

VPN 作为一种网络技术,必然有它的优缺点。

（1）VPN 的优点

① 节省成本:用户或企业不需要建立和维护一套广域网系统,这一任务交给当地的 ISP 来完成。企业使用 VPN 技术代替原先租用的专线,节省了线路的费用。

② 实现网络安全:VPN 支持隧道技术和安全技术,保证数据在传输过程中无法被解密。

③ 简化网络结构:企业只需要关注本身的局域网结构,并维护好一个连接公网的接口即可。安装和维护大型广域网或城域网的工作都被完善的公共网络环境所替代。

④ 连接的随意性:当企业增设新的分支机构时,只需为新的分支机构设置上网功能,并允许它接入企业总部即可。

⑤ 掌握自主权:企业只把上网的功能交给 ISP 完成,而企业内部的 IP 分配、网络安全、网络结构的变化、接入用户的设置、访问权限的设置都由企业自己掌握。

（2）VPN 的缺点

① 兼容性欠佳:不同厂商开发的 VPN 产品,在协议的使用和加密算法的选择上略有不同。

② 相应的应用产品不够丰富:虽然许多 VPN 产品支持网页性质的应用,但目前很多企业还没有自己的办公自动化系统,一些财务软件也只支持客户端/服务器结构,还有部分软件应用了特殊的协议,在 VPN 隧道中不被支持。

③ 对公网依赖性过强,稳定性不如专线:不可否认基于公网的 VPN 产品对公网的依赖性较强,而公网的稳定性又不受企业自身的控制,一些企业的上网出口也是和别人共享的。所以,VPN 网络不如原来专线网络快,稳定性也不如专线。

10.2.4　安全审计

安全审计是对系统记录和过程的检查和审查。其目的是测试安全策略是否充足,证实安全策略的一致性,建议安全策略的改变,协助对攻击的分析,搜集证据以用于起诉攻击者。

安全审计追踪是记录用于安全审计的相关事件的一个日志。它可以自动记录一些重要的安全事件,例如入侵者持续地试验不同的口令企图接入。记录此事件应包括对试图联机的每个用户所在的工作站的网络地址和时间做记录,同时对管理员的活动也要记录,以便于研究入侵事件。有些入侵的成功可能是由于管理员的错误所造成的,如管理员误将根目录的访问权限授予了一个普通用户。审计追踪是检测入侵的一个基本工具。

安全审计系统需要执行的任务包括：

① 确定必须审计的事件，建立软件记录这些事件，并将其储存，防止随意访问；

② 审计机构监测系统的活动细节并以确定格式进行记录；

③ 对试图联机、敏感信息的读写、管理员的删除操作、建立和访问权的授予等每一事件进行记录；

④ 管理员在进行系统安装时，对要记录的事件做出明确规定。

审计服务有助于提供可确认性服务。安全审计保证例行事件和例外事件均能充分记录下来，以便事后调查时确定是否有违背安全的事件发生。若有违规的事件发生，审计信息可帮助查清被侵害的信息系统资源及其责任人。安全审计可确认用户进行的活动，或者记录代表用户进行的处理过程的有关信息，以便将这些活动产生的相应结果与可怀疑的用户联系起来，且让该用户对其行动负责。

10.2.5　加密技术

人们希望把重要信息通过某种变换转换为秘密形式的信息。通常对真实数据施加变换的过程称为加密，把加密前的真实数据称为明文，而加密后输出的数据称为密文，从密文恢复出明文的过程称为解密，变换过程中使用的参数称为密钥，完成加密和解密的算法称为密码体制。

加密技术直接支持机密性、完整性和不可否认性。根据加密的数据对象，数据机密性服务又可以分为 3 种：

① 有连接的机密性服务：对某个连接上传输的所有数据进行加密。

② 无连接机密性服务：对构成一个无连接数据单元的所有数据进行加密。

③ 选择字段机密性服务：仅对某个数据单元中所指定的字段进行加密。

从网络传输的角度看，通常分为链路加密和端到端加密。

① 链路加密：链路加密是传输数据仅在物理层前的数据链路层进行加密，不考虑信源和信宿，它用于保护通信结点间的数据，接收方是传送路径上的各台结点机，信息在每台结点机内都要被解密和再加密，依次进行，直至到达目的地。

在采用链路加密的网络中，每条通信链路上的加密是独立实现的。通常对每条链路使用不同的加密密钥，当某条链路受到破坏时不会导致其他链路上传送的信息被分析出来。由于协议数据单元（Protocol Data Unit，PDU）中的控制信息和数据都被加密，掩盖了源点和终点的地址，若在结点间保持连续的密文，则 PDU 的长度和频度也能掩盖，这样就能防止各种形式的流量分析，由于不需要传送额外的数据，这种技术不会减少网络的有效带宽。链路加密对用户来说是透明的。

链路加密的最大缺点是在中间结点暴露了信息的内容，在网络互连的情况下，仅采用链路加密是不能实现通信安全的。另外，广播网络的通信子网没有明确的链路存在，因此链路加密不适用于广播网络。由于上述原因，链路加密受到较大的限制，适用于局部数据的保护。

② 端到端加密：端到端加密是一种从用户到用户或终端到终端的加密通信，应在运输层或其以上各层来实现。数据在发送端被加密，在接收端解密，中间结点处不以明文的形式出现。若选择在运输层加密，安全措施对用户来说是透明的，不必为每一个用户提供单独的

安全保护,但容易遭受运输层以上的攻击。若选择在应用层加密,用户可根据自己的特殊要求选择不同的加密算法,不影响其他用户。端到端加密不仅适用于互联网环境,也同样适用于广播网,更容易满足不同用户的要求。除报头外的报文均以密文的形式贯穿于全部传输过程,只是在发送端和接收端才有加密、解密设备,而在中间任何结点报文均不解密,因此,不需要有密码设备,同链路加密相比,可减少密码设备的数量。

密码体制的功能可分为保密性和真实性两种。保密性是指密码分析员无法从截获的密文中求出明文;而真实性是指密码分析员无法不被察觉地用虚假的密文代替真实的密文。如果一个密码体制的破译是计算上不可能的,则称该密码体制是计算上安全的。密码体制必须满足3个基本要求:① 对所有的密钥,加密和解密都必须迅速有效;② 体制必须容易使用;③ 体制的安全性必须只依赖于密钥的保密性,而不依赖算法的保密性。

密码体制可分为两大类:对称体制和非对称体制。

1. 对称体制

如果一个密码体制的加密密钥和解密密钥相同,或者虽然不相同,但是由其中的任意一个可以很容易地推导出另一个,则该密码体制称为对称密码体制。发送方用加密密钥对明文内容加密后,得到的密文可基于公开信道发送给接收方,接收方收到密文后可用与发送方相同的密钥来恢复明文。对称密码体制的安全性主要取决于两个因素:

① 加密算法必须足够强大,可不必为算法保密,仅根据密文就能破译出消息是不可行的;

② 密钥的安全性。

典型的对称密码算法有数据加密标准(Data Encryption Standard,DES)、高级加密标准(Advanced Encryption Standard,AES)等。对称密码算法的优点是加密、解密处理速度快,保密度高。缺点主要表现为对称密码算法的密钥分发过程十分复杂,代价较高;多人通信时密钥组合的数量会出现爆炸性膨胀;如果收发双方素不相识,无法向对方发送秘密信息;存在数字签名困难的问题。

2. 非对称体制

非对称密码体制的加密密钥与解密密钥不同,形成一个密钥对,密钥加密的结果,可以用另一个密钥来解密。非对称密码体制的产生主要基于以下两个原因:一是为了解决对称密码体制的密钥管理与分配问题;二是为了满足对数字签名的需求。因此,非对称密码体制在消息的保密性、密钥分配和认证领域有着重要的意义。在非对称密码体制中,公开密钥是可以公开的信息,而私有密钥是需要保密的。加密算法和解密算法也都是公开的。用公开密钥对明文加密后,仅能用与之对应的私有密钥解密,才能恢复出明文,反之亦然。典型的非对称密钥算法包括 RSA、椭圆曲线密码体制(Elliptic Curve Cryptography,ECC)等。

非对称密码体制的优点有:

① 网络中的每一个用户只需要保存自己的私有密钥,则 N 个用户仅需产生 N 对密钥,密钥少,便于管理;

② 密钥分配简单,不需要秘密的通道和复杂的协议来传送密钥。公开密钥可基于公开的渠道(如密钥分发中心)分发给其他用户,而私有密钥则由用户自己保管;

③ 可以实现数字签名。

与对称密码体制相比,非对称密码体制的缺点为加密、解密处理速度较慢,同等安全强

度下非对称密码体制的密钥位数要求多一些。

在实际应用中,人们对通信的实时性和传输质量(误码率)总有一定的要求,这就决定了不同通信系统、不同的通信目标需求应选择不同的密码体制来提供保密性。对称密码体制存在误码扩散和一定的时延,因此,一般应用于传输信道质量较好或具有数据重发功能的场合。非对称密码体制一般有很大的计算量,难以满足实时性要求,且对应用设备的计算能力要求较高,故目前一般不直接用于非计算机类通信系统的加密。对称密码体制中的序列密码具有低时延、无误码扩散的特性,在通信系统中得到了广泛地应用。

10.2.6　数字签名

1. 数字签名基本原理

数字签名是用来保证信息完整性的安全技术,可以解决否认、伪造、篡改及冒充等问题。所谓数字签名就是附加在数据单元上的一些数据,或是对数据单元所作的密码变换。这种数据或变换允许数据单元的接收者用以确认数据单元的来源和数据单元的完整性并保护数据,防止被人伪造。它是对电子形式的消息进行签名的一种方法,签名消息能在通信网络中传输。

数字签名是通过密码技术对电子形式的文档进行签名,并非是书面签名的数字图像化。它类似于手写签名或印章,对一些重要的文件进行签名,以确定它的有效性。但伪造传统的签名并不困难,这就使得数字签名与传统签名之间的重要差别更加突出:如果没有产生签名的私钥,要伪造由安全密码数字签名方案所产生的签名,在计算上是不可行的。

人们可以否认曾对一个议论中的文件签过名,但是否认一个数字签名却困难得多。这是由于数字签名的生成需要使用私钥,而它对应的公钥则用以验证签名。因而数字签名的一个重要性质就是不可否认性,目前已有一些方案,如数字证书,把一个实体(个人、组织或系统)的身份同一个私钥和公钥对"绑定"在一起,使得一个人很难否认数字签名。

数字签名相对于手书签名而言,还应满足以下要求:

① 收方能确认或证实发方的签字,但不能伪造;

② 发方把签字的消息发给收方后,就不能否认所签发的消息;

③ 一旦收发双方就消息内容和来源发生争执时,应能给仲裁者提供发方对所发消息签了字的证据;

④ 手书签名是模拟的,因人而异,且无论用那种语言签名,都可以模仿;而数字签名是 0 或 1 的数字串,因消息而异,不可模仿。

公开密钥密码学是现代密码学的最重要的发明和发展,也是数字签名的基础。基于公钥密码体制和私钥密码体制都可以获得数字签名,目前主要是基于公钥密码体制的数字签名,包括普通数字签名和特殊数字签名。普通数字签名算法有 RSA、ElGamal、Fiat-Shamir、Guillou-Quisquarter、Schnorr、Ong-Schnorr-Shamir、DES/DSA、椭圆曲线数字签名算法和有限自动机数字签名算法等。特殊数字签名有盲签名、代理签名、群签名、不可否认签名、门限签名、具有消息恢复功能的签名等,它与具体应用环境密切相关。

2. 数字签名的功能

数字签名作为维护数据信息安全的重要方法之一,可以解决伪造、抵赖、冒充和篡改等问题,其主要作用体现在以下几个方面。

（1）防重放攻击

如 A 向 B 借了钱，同时 A 写了一张借条给 B，当 A 还钱的时候，肯定要向 B 索回借条，否则，B 可能会用借条要求 A 再次还钱。在数字签名中，如果采用了对签名报文加盖时戳或添加流水号等技术，就可以有效地防止重放攻击。

（2）防伪造

其他人不能伪造对消息的签名，因为私有密钥只有签名者自己知道，其他人不可以构造出正确的签名结果数据。

（3）防篡改

数字签名与原始文件或摘要一起发送给接收者，一旦信息被篡改，接收者可通过计算摘要和验证签名来判断该文件无效，从而保证了文件的完整性。

（4）防抵赖

数字签名既可以作为身份认证的依据，也可以作为签名者签名操作的证据。要防止接收者抵赖，可以在数字签名系统中要求接收者返回一个自己签名的表示收到的报文，给发送者或受信任的第三方。如果接收者不返回任何信息，此次通信可终止或重新开始，签名方也没有任何损失，由此双方均不可抵赖。

（5）保密性

手写签字的文件一旦丢失，文件信息就极可能泄露，但数字签名可以加密要签名的消息，在网络传输时，可以将报文用接收方的公钥加密，以保证信息的机密性。

（6）身份认证

在数字签名中，用户的公钥是其身份的标志，当使用私钥签名时，如果接收方或验证方用其公钥进行验证并获通过，那么可以肯定，签名人就是拥有私钥的那个人，因为私钥只有签名人知道。

10.3 电子商务安全

10.3.1 电子现金的安全

电子现金在以下几个方面需要考虑其安全方案。

1. 电子现金的产生

为了确保使用电子货币进行交易的安全性，E-Mint 在它所发行的电子现金上需做一戳记。与钞票上的号码一样，电子现金在产生时，也应产生一个唯一的识别数。客户购买电子现金时，通过其计算机产生一个或多个 64bit（或更长）的随机二进制数。银行打开客户加密的信封，检查并记录这些数，并对这些数数字化签名后再发送给客户，经过签名的每个二进制数表示某一款额的电子现金。客户可用这一电子现金向任一商家购物，商家把电子现金发送给银行，银行核对其顺序号，如果顺序号正确，商家则得到款项。

2. 认证

电子现金是由 E-Mint 的私钥数字化签名的，接收者使用 E-Mint 的公钥来解密电子现金。通过这种方式，可向接收者保证电子现金是由私钥的拥有者即经授权的 E-Mint 签署的。为了使接收者获得 E-Mint 的公钥，E-Mint 的 X.509 证书应附加在电子现金中，或者公

布 E-Mint 的公钥,以防任何形式的欺诈。

3. 电子现金的传送

电子现金的传送必须是安全的、可靠的。其安全性可通过加密来实现,其完整性可通过计算并嵌入一个加密的消息摘要来加以保护。通过这种方式能够保证电子现金在传送期间不被篡改。为了可靠地传送数据,端到端协议应允许对丢失的数据包进行恢复。例如,在互联网上,由于结点的故障而丢失的电子现金的恢复。恢复以后,终端结点应该能够重新传送数据包,并且应该避免接收者收到两次。TCP/IP 协议中已有一些可靠性方面的考虑。

4. 电子现金的存储

在电子支票系统中,如果电子支票丢失或被盗,客户可要求停止支付。但电子现金文件丢失或被盗,意味着客户的钱确实丢了。所以,用户和银行必须有一个安全的方法来存储电子现金。如果所有的业务都是在线进行的,则当被盗的现金在使用时,可进行跟踪并拒绝支付。解决这一问题的另一方法是客户持有存有电子现金的智能卡。防窜扰卡也能为持卡者提供个人安全和保密,不法分子难于读取和修改存在防窜扰卡中的信息(如私钥、算法或记录)。

5. 不可重复使用

电子现金要解决的另一问题是如何保证电子现金只使用一次。不法分子可能会想方设法复制或多次使用电子现金。在交易时,用户的身份识别与银行授权同时在联机系统中出现,这样可以防范对电子现金的复制或非法多次使用。在联机的清算系统中,用于支付的电子现金会被马上传送到发行电子现金的 E-Mint,然后对照记录在案的已使用过的电子现金,确定这些现金是否有效。但这样一个系统就等同于一个信用卡处理系统,从隐私权及客户的角度来看,这样的系统是不理想的。而且,从数据库技术的角度来看,存储使用过的电子现金的信息并迅速进行查阅验证,需要很高性能的联机验证处理能力。

在脱机的支付系统中,重复花费的检查是在客户支付以后、商家在银行存款时进行的。这种事后检查在大部分情况下可阻止重复花费,但在某些情况下则无效,例如,某人以假身份获得一个账号,或者某人在重复花费某一大宗款项后藏匿起来。所以,在脱机系统中仅依靠事后检查是不够的,还需要依靠物理上的安全设备,如防窜扰卡等。

防窜扰卡可通过去掉已花费的电子现金或通过使已花费过的电子现金变得无效来防止重复花费。然而,并不存在绝对防窜扰的卡,这里所说的防窜扰卡是指其在物理构造上使得修改其内容是困难的,如智能卡、PC 卡或任何含有防窜扰计算机芯片的存储设备。所以,即使使用防窜扰卡仍然有必要提供密码保护,以防止钱的伪造以及检查和识别重复花费。

但是仅使用防窜扰卡来防止重复花费还有一个缺陷,即客户必须对其完全信任。因为客户自己没有控制进出卡的信息的能力,因此,防窜扰卡可在用户不知道的情况下泄露用户的保密信息。由 Chaum 和 PederSen 提出的电子钱包是将防窜扰设备嵌入由客户控制的一个外部组件中,外部组件可以是手持计算机或 PC。不能被客户读取或修改的内部组件(即防窜扰设备)称为观察者,进出观察者的所有信息必须通过外部组件,并可由客户控制其进出,以防观察者将客户的保密信息泄露出去。而且外部组件的工作必须在结合观察者后才能进行,以防客户进行未经许可的活动,如花费等。

电子现金系统还有一些问题需要加以考虑,如谁有权发行电子现金、每个银行是否都能发行自己的现金,如果可以,那么客户如何防止欺诈,诸如代价券之类的业务如何处理,谁来管理银行的业务以保护客户的利益等。

10.3.2　电子支票的安全

电子支票中的安全性要求包括对电子支票的认证、向接收者提供发送者的公钥、安全存储发送者的私钥。

1. 电子支票的认证

电子支票是客户用其私钥所签署的一个文件。接收者(商家或商家的开户行)使用支付者的公钥来解密客户的签名。这样将使得接收者相信发送者的确签署过这一支票。同时,客户的签名也提供了不可否认性,因为支票是由支付者的私钥签的,支付者对发出的支票不能否认。此外,电子支票还可能要求经发送者的开户行数字签名。这样将使得接收者相信他所接收到的支票是根据发送者在银行的有效账目填写的。接收者使用发送者开户行的公钥对发送者开户行的签名加以验证。

2. 公钥的发送与私钥的存储

发送者及其开户行必须向接收者提供自己的公钥。提供方法是将他们的 X.509 证书附加在电子支票上。为了防止欺诈,客户的私钥需要被安全存储并能被客户方便使用。可向客户提供一个智能卡,以实现对私钥的安全存储。

10.3.3　信用卡的安全

信用卡系统的安全性要求有:

① 信用卡系统必须提供一个对客户、商家及商家的开户行进行有效地身份认证的机制,在发送每个消息时,同时发送一个 X.509 证书,用于对发送者认证,并提供发送者的公钥。

② 信用卡系统必须能够保护认证机构 CA 的私钥。

③ 信用卡号码、截止日期、购货数量以及其他敏感信息在网上传输时,必须得到保护。

④ 必须建立一个处理流程,以解决客户、商家和银行三方在信用卡支付过程中的争端。

10.3.4　安全电子交易——SET 协议

1. SET 协议概述

SET 协议是由 Visa 和 MasterCard 组织倡导,在互联网上进行在线交易时保证支付安全而设立的一个开放的规范,目前已获得国际标准化组织 IETF 的认可,主要用于信用卡的网上电子支付。

SET 协议使用加密技术提供信息的机密性,验证持卡者、商家和收单行,保护支付数据的安全性和完整性,为这些安全服务定义算法和协议。SET 为商家和持卡者提供方便的应用,减小对现有应用的影响,使收单行、商家、持卡者之间的关系基本不变,充分利用现有商家、收单行、支付系统应用和结构。

SET 交易分为三个阶段进行:① 购买请求阶段,持卡人与商家确定所用支付方式的细节;② 支付的认定阶段,商家与银行核实交易;③ 收款阶段,商家向银行出示所有交易的细节,然后银行以适当方式转移货款。在整个交易过程中,持卡人只和第一阶段有关,银行与第二、三阶段有关,而商家与三个阶段都要发生联系。每个阶段都要使用不同的加密方法对数据加密,并进行数字签名。使用 SET 协议,在一次交易中要完成多次加密与解密操作,故要求商家的服务器要有很高的处理能力。

SET 协议的核心技术主要有:① 采用公开密钥密码算法、数字信封来保证传输信息的机密性;② 推出双重签名的办法,将信用卡信息直接从持卡人通过商家发送到商家的开户行,而不容许商家访问持卡人的账号信息;③ 采用第三方认证来确保参与交易各方的身份的可靠性。

2. SET 支付流程

使用 PC 的持卡者,一般通过访问 Web 网站来购物。当持卡者决定购买和付款时,进入 SET 协议处理。SET 协议的支付过程如图 10-2 所示。

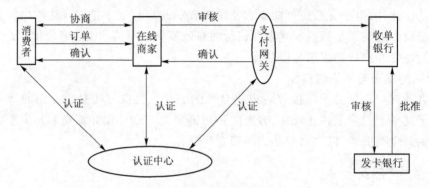

图 10-2　SET 协议支付过程

图 10-3 显示了一个典型的基本购买协议处理流程,商家请求授权,购买确认后进行转账,初始化消息完成所有的初始设定。

图 10-3　SET 基本购买协议处理流程

① 持卡者向商家发出购买初始化请求消息 PinitReq,该消息中包含持卡者的信息和证书。

② 商家接收到 PinitReq 后验证持卡者的身份,将商家和支付网关的有关信息和证书生成购买初始化响应消息 PinitRes,发给持卡者。

③ 持卡者接收到 PinitRes 消息后,验证商家和支付网关的身份。然后,持卡者利用自己的支付信息(包括账户信息)生成购买请求消息 PReq,并发送给商家。

④ 商家接收到 PReq 后,连同自己的信息,生成授权请求消息 AuthReq,发给支付网关,请求支付网关授权该交易。

⑤ 支付网关接收到 AuthReq 后,取出支付信息,通过银行内部网络连接收单行和发卡行,对该交易进行授权。授权完成后,支付网关产生授权响应消息 AuthRes,发给商家。

⑥ 商家接收到 AuthRes,定期向支付网关发出转账请求消息 CapReq,请求进行转账。

⑦ 支付网关接收到 CapReq 后,通过银行内部网络连接收单行和发卡行,将资金从持卡者账户转到商家账户中,然后向商家发出转账响应消息 CapRes。

⑧ 商家接收到 CapRes 消息后,知道已经完成了转账,然后产生购买响应消息 PRes,发送给持卡者。

⑨ 持卡者接收到 PRes 消息,知道该交易已经完成。

10.4 无线局域网安全

10.4.1 无线局域网概述

无线局域网(Wireless Local Area Network,WLAN)是利用无线电波或红外线(Infrared,IR)等无线传输媒介构成的局部区域网络,即将数据通信网络与用户的移动性相结合而构成的可移动的局域网。在开放的环境中,WLAN 的覆盖范围约为 250~300 m;而在有间隔的半开放性空间,WLAN 的覆盖范围仅为 35~50 m。

无线局域网具有以下特点:① 可移动性,不受布线接点位置的限制;② 数据传输速率高,大于 1Mbit/s;③ 抗干扰性强,能实现很低的误码率;④ 保密性较强,可使用户进行有效的数据提取,又不至于泄密;⑤ 可靠性高,数据传输几乎没有丢包现象产生;⑥ 兼容性好,采用载波侦听多路访问/冲突避免(Carrier Sense Multiple Access with Collision Avoidance,CSMA/CA)介质访问协议,遵从 IEEE 802.3 以太网协议,与标准以太网及目前的几种主流网络操作系统(Network Operating System,NOS)完全兼容,用户已有的网络软件可以不作任何修改;⑦ 快速安装,无线局域网的安装工作非常简单,它无需施工许可证,不需要布线或开挖沟槽,安装时间只是安装有线网络时间的零头。

10.4.2 无线局域网的组成

1. 无线局域网的组成

无线局域网中的设备都称为站,由无线网卡、无线接入点(Access Point,AP)、计算机及相关设备组成。目前无线局域网标准主要有 IEEE 802.11、HomeRF、"蓝牙"技术等。

如果从站的移动性来分类,无线局域网中的站可以分为 3 类。

① 固定站:固定站指固定使用的台式计算机,有线局域网中的站均为固定站。无线局域网中的接入点(AP)也是一个固定的站。

② 半移动站:半移动站指经常改变使用场所的站,但在移动状态下并不要求保持与网络的通信。

③ 移动站:移动站是指在移动中保持与网络通信的站。

无线局域网可以独立使用,也可以与现有的有线网络互连使用。IEEE 802.11 标准把独立使用的无线局域网称为自组无线局域网(Ad-hoc Network),如图 10-4 所示,两个站就可以形成一个自组无线局域网;而把若干自组无线局域网通过接入点(AP)与有线网络互连使用的无线局域网称为多区无线局域网(Infrastructure Network),多区无线局域网中的设备由无线接入点(或称网络桥接器)、内含无线网卡的计算机和移动站(MS)组成。图 10-4 给出了两小区的多区无线局域网组成示意图。

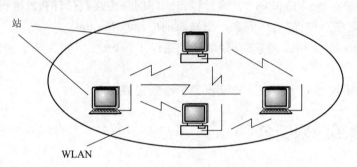

图 10-4　自组无线局域网

无线局域网采用单元结构,整个系统被分割成许多单元。图 10-5 中,每一小区称为一个基本服务区(Basic Service Area,BSA),它类似于蜂窝通信网络中的单元。一个基本服务区内的构件(设备)称为基本服务集合(Basic Service Set,BSS)。对网络用户来说,希望 BSA 越大越好。然而,考虑到无线资源(如频率资源)的有效利用和无线通信技术上的限制,BSA 不可能太大,通常的范围在 100 m 以内,也就是说,BSA 中两个相距最远的站应在 100 m 以内。

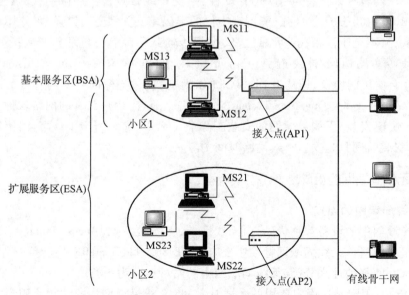

图 10-5　多区无线局域网组成示意图

若干个通过有线骨干网桥接的基本服务区(BSA)构成一个扩展服务区(Extended Service Area,ESA),ESA 内的构件称为扩展服务集(Extended Service Set,ESS)。典型的 ESA 覆盖范围与有线局域网一样,在几千米以内。

BSA 是构成无线局域网的最小单元。按照有线局域网的术语,BSA 构成一个物理网段而 ESA 是扩展了的逻辑网段。BSA 与蜂窝电话中的单元(小区)相似,但它又和小区有明显的差异:蜂窝电话网中的小区采用集中控制方式组网,网中的站一定要经过小区中的基站方可互相通信,但 BSA 的组网方式却不限于集中控制。

BSA 的组网方式有 3 种:无中心的分布式对等方式,有中心的集中控制方式,以及上述两种方式的混合方式,如图 10-6 所示。

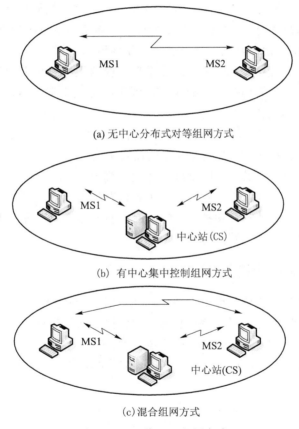

(a) 无中心分布式对等组网方式

(b) 有中心集中控制组网方式

(c) 混合组网方式

图 10-6 三种 BSA 组网方式

① 无中心的分布式对等方式:BSA 中任意两站可以互相直接通信,无需设中心转接站。媒体访问控制(MAC)功能由各站分布式管理。MAC 协议选用 CSMA/CA 协议。这种方式的特点是结构简单,易维护。由于采用分布式控制,某一站点的故障不会影响整个 BSA 的运行。

② 有中心的集中控制方式:BSA 中有一个中心控制站,主要完成 MAC 控制及信道分配等功能。网中的其他站在该中心站的协调下互相通信。由于对信道资源分配和 MAC 控制采用集中控制的方式,中心站可根据网内业务量的具体情况改变控制策略及参数,使网络性能(吞吐量、延迟等)趋于最佳,信道利用率大大提高。当然引入中心站也使得 BSA 结构复

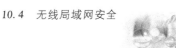

杂,且中心站需要进行信道资源分配和站点管理等较复杂的处理。

③ 混合组网方式:这是分布式对等方式与集中控制方式的结合方式。在这种方式下,BSA 中的任意两站均可直接通信,而中心控制站执行部分受无线信道资源控制。

2. 无线局域网的互连方式

根据局域网应用环境与需求的不同,无线局域网可采取不同的方式来实现互连,常用的方法有以下几种。

① 网桥连接型:不同的局域网之间互连时,由于物理上的原因,若采取有线方式不方便,则可利用无线网桥的方式实现二者的点对点连接,无线网桥不仅提供二者之间的物理与数据链路层的连接,还可为两个网的用户提供较高层的路由与协议转换。

② 基站接入型:当采用移动蜂窝通信网接入方式组建无线局域网时,各站点之间的通信是通过基站接入、数据交换方式来实现互连的。各移动站不仅可以通过交换中心自行组网,还可以通过广域网与远地站点组建自己的工作网络。

③ Hub 接入型:利用无线 Hub 可以组建星形结构的无线局域网,具有与有线 Hub 组网方式相类似的优点。在该结构基础上的 WUN,可采用类似于交换型以太网的工作方式,要求 Hub 具有简单的网内交换功能。

④ 无中心结构:要求网中任意两个站点均可直接通信。此结构的无线局域网一般使用公用广播信道,MAC 层采用 C5MA 类型的多址接入协议。

无线局域网也可以在普通局域网基础上通过无线 Hub、无线接入点(AP)、无线网桥、无线 Modem 及无线网卡等来实现,其中以无线网卡最为普通,使用最多。大多数情况下,无线局域网是有线局域网的一种补充和扩展,在这种结构中,多个 AP 通过线缆连接到有线局域网,以使无线用户能访问网络的各个部分。

10.4.3　无线局域网的安全技术

无线局域网(WLAN)具有安装便捷、使用灵活、经济节约、易于扩展等有线网络无法比拟的优点,随着无线局域网技术的成熟,它的应用变得越来越广泛。但由于无线局域网的信道开放,使得攻击者能够很容易进行窃听、恶意修改并转发,它的安全也日益受到重视。安全性成为阻碍无线局域网发展的重要因素,安全问题也让许多潜在的用户对是否采用无线局域网犹豫不决。

目前无线局域网面临的主要威胁有以下几种。

① 未经授权使用网络服务:由于无线局域网的开放访问方式,非法用户可以未经授权而擅自占用无线信道资源,增加带宽费用,降低合法用户的服务质量。

② 地址欺骗:在无线环境中,非法用户通过侦听等手段获得网络中合法站点的 MAC 地址比有线环境要容易得多,这些合法的 MAC 地址可以被用来进行恶意攻击。

③ 会话拦截:由于 IEEE 802.11 没有对 AP 身份进行认证,非法用户很容易装扮成 AP 进入网络,并进一步获取合法用户的鉴别身份信息,通过会话拦截实现网络入侵。

为了保证无线局域网通信的安全,无线局域网提出了许多的安全技术,包括物理地址(MAC)过滤、服务区标识符(Service Set Identifier, SSID)匹配、连线对等保密(Wired Equivalent Privacy, WEP)、端口访问控制(IEEE 802.11x)、WPA(Wi-Fi Protected Access)、IEEE 802.11i、虚拟专用网络(VPN)等。

1. 物理地址（MAC）过滤

每个无线客户端网卡都有唯一的 48 bit 物理地址（MAC）标志，可在 AP 中手工维护一组允许访问的 MAC 地址列表，实现物理地址过滤。这种方式要求 AP 中的 MAC 地址列表必须随时更新。如果用户增加，则扩展能力变差，其效率会随着终端数目的增加而降低，因此只适用于小型网络规模。

2. 服务区标识符（SSID）匹配

无线客户端必须设置与无线访问点 AP 相同的 SSID 才能访问 AP。利用 SSID 设置，可以很好地进行用户群体分组，避免任意漫游带来的安全和访问性能降低的问题。可以认为 SSID 是一个简单的口令，通过提供口令认证机制，确保一定程度的安全。

3. 连线对等保密（WEP）

在 IEEE 802.11 中，定义了 WEP 对无线传输的数据进行加密，WEP 的核心是 RC4 算法，加密密钥长度有 64 位和 128 位两种，其中 24 位是由系统产生的，需要在 AP 和 Station 上配置的密钥就只有 40 位和 104 位。WEP 加密原理如图 10-7 所示。

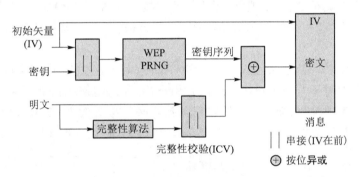

图 10-7　WEP 加密原理图

在 WEP 的加密过程中，所使用的密钥（40 bit）与一个初始矢量（IV，24 bit）连接在一起成为一个 64 bit 的密钥。64 bit 的密钥作为伪随机数发生器 PRNG 的输入，PRNG（由 RC4 算法生成）输出一个伪随机密钥序列，该序列通过按位**异或**来加密数据。

信息传输的加密过程如下：

① 用 CRC32 计算消息明文的完整性校验值 ICV（4 Byte）；

② 将 ICV 连接到明文之后；

③ 选取一个随机初始矢量（IV）并将其连接到密钥之后；

④ 输入密钥与 IV 到 RC4 算法中，以产生一个伪随机密钥序列；

⑤ 在 RC4 下，用伪随机密钥序列通过按位**异或**加密明文和 ICV，产生密文；

⑥ 将 IV 放在密文的前部传输给对方。

在解密时，收到的信息中的 IV 被用于生成密钥序列，密文和正确的密钥序列**异或**产生原始的明文和 ICV。通过在恢复的明文上执行完整性校验算法生成 ICV′，并与收到的 ICV 比较异同来证实。如果生成的 ICV′不等于收到的 ICV，则收到的消息出错，一个出错标志被送回发送站点。

具体解密过程为：

① 找到解密密钥；

② 将密钥和 IV 串接(IV 在前)作为 RC4 算法的输入,生成密钥序列(与待解密数据等长);

③ 将密钥序列和待解密数据按位**异或**,最后是 4 Byte 的 ICV,前面是明文;

④ 对数据明文计算校验值 ICV′,并和 ICV 比较,如果相同则解密成功,否则丢弃该数据。

WEP 使用 RC4 流密码来保证数据的保密性,通过共享密钥来实现认证,理论上增加了网络侦听和会话截获的攻击难度。但由于使用固定的加密密钥和过短的初始矢量,该方案被证实存在严重的漏洞。此外,WEP 缺少密钥管理,用户的加密密钥必须与 AP 的密钥相同,并且一个服务区内所有用户都共享同一密钥,WEP 中没有规定共享密钥的管理方案,通常需要手工进行配置和维护。倘若一个用户丢失密钥,可能会危及整个网络的安全。

4. 端口访问控制技术(IEEE 802.11x)

IEEE 802.11x 提供了无线客户端与 RADIUS 服务器之间的认证,而不是客户端与无线接入点 AP 之间的认证。采用的用户认证信息仅仅是用户名和口令,在存储、使用和认证信息传输中存在很大安全隐患,如泄漏、丢失。无线接入点 AP 与 RADIUS 服务器之间基于共享密钥(完成认证过程中协商出的会话密钥)进行传输,该共享密钥为静态,存在一定的安全隐患。

IEEE 802.11x 协议仅仅关注端口的打开与关闭,对于合法用户(根据账号和密码)接入时,该端口打开,而对于非法用户接入或没有用户接入时,则该端口处于关闭状态。认证的结果在于端口状态的改变,而不涉及通常认证技术必须考虑的 IP 地址协商和分配问题,是各种认证技术中最简化的实现方案。IEEE 802.11x 端口控制如图 10-8 所示。

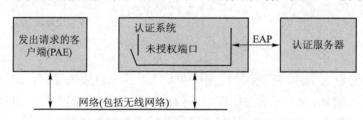

图 10-8　IEEE 802.11x 端口控制示意图

5. WPA

WPA 可以认为是由 IEEE 802.11x、扩展认证协议(Extensible Authentication Protocol,EAP)、临时密钥完整性协议(Temporal Key Integrity Protocol,TKIP)、消息完整性校验(Message Integrity Code,MIC)组成。在 IEEE 802.11i 标准最终确定前,WPA 标准是代替 WEP 的无线安全协议标准,为 IEEE 802.11 无线局域网提供更强大的安全性能。WPA 是 IEEE 802.11i 的一个子集,其核心是 IEEE 802.11x 和 TKIP。

(1)认证

WPA 的认证分为两种:一种是采用 IEEE 802.1x+EAP 的方式,用户提供认证所需的凭证(如用户密码),通过特定的用户认证服务器(一般是 RADIUS 服务器)来实现。此外 WPA 提供另一种简化的模式,它不需要专门的认证服务器,仅要求在每个 WLAN 结点(AP、无线路由器、网卡)预先输入一个密钥即可实现,这种模式叫做 WPA 预共享密钥(WPA-PSK)。

（2）加密

WPA 采用 TKIP 为加密引入了新的机制，它使用一种密钥架构和管理方法，通过认证服务器动态生成分发的密钥来取代单个静态密钥，用把密钥首部长度从 24 位增加到 48 位等方法增强安全性，而且 TKIP 利用了 IEEE 802.1x/EAP 构架。认证服务器在接收用户身份后，使用 802.1x 产生一个唯一的主密钥处理会话，然后 TKIP 把这个密钥通过安全通道分发到 AP 和客户端，并建立起一个密钥构架和管理系统，使用主密钥为用户会话动态产生一个唯一的数据密钥来加密每一个无线通信数据报文。TKIP 的密钥构架使 WEP 静态单一的密钥变成了 500 万亿个可用密钥。虽然 WPA 采用的还是和 WEP 一样的 RC4 加密算法，但其动态密钥的特性很难被攻破。

（3）消息完整性校验（MIC）

消息完整性校验是为了防止攻击者从中间截获数据报文、篡改后重发而设置的。除了和 IEEE 802.11 一样继续保留对每个数据分段进行 CRC 检验外，WPA 为 IEEE 802.11 的每个数据分组都增加了一个 8 Byte 的消息完整性校验值。这和 IEEE 802.11 对每个数据分段进行 ICV 检验的目的不同。ICV 的目的是为了保证数据在传输过程中不会因为噪声等物理因素导致报文出错，因此采用相对简单高效的 CRC 算法，但是黑客可以通过修改 ICV 值，使之和被篡改过的报文相吻合，可以说没有任何安全的功能。而 WPA 中的 MIC 则是为了防止黑客的篡改而定制的，它采用 Michael 算法，具有很高的安全特性。当 MIC 发生错误的时候，数据很可能已经被篡改，系统很可能正在受到攻击。此时 WPA 还会采取一系列的对策，如立刻更换组密钥、暂停活动 60 s 等方法来阻止黑客的攻击。

6. IEEE 802.11i

为了进一步加强无线网络的安全性，保证不同设备之间无线安全技术的兼容，IEEE 802.11 工作组开发了新的安全标准 IEEE 802.11i，并且致力于从长远的角度考虑解决无线局域网的安全问题。IEEE 802.11i 标准中主要包含 TKIP 和 AES，以及 IEEE 802.1x 认证协议。IEEE 802.11i 标准已在 2004 年 6 月 24 日美国新泽西的 IEEE 标准会议上正式获批准。

（1）认证

IEEE 802.11i 的安全体系也采用 802.1x 认证机制，通过无线客户端与 RADIUS 服务器之间动态协商生成双万能钥匙（Pairwise Master Key，PMK），再由无线客户端与 AP 之间在这个 PMK 的基础上经过四次握手协商出单播密钥，以及通过两次握手协商出组播密钥，每一个无线客户端与 AP 之间通信的加密密钥都不同，而且会定期更新密钥，这就在很大程度上保证了通信的安全。

（2）计数器模式密码块链消息完整码协议（Counter CBC-MAC Protocol，CCMP）加密

CCMP 提供加密、认证、完整性和重放保护，融合了用于加密的计算器模式（Counter Mode，CTR），利用了用于认证和完整性的加密块连接消息认证码（Cipher Block Chaining Message Authentication Code，CBC-MAC）的特性。CCMP 保护每个数据分段的数据和帧头部分域的完整性。

7. 虚拟专用网络（VPN）

虚拟专用网络是指在一个公共 IP 网络平台上通过隧道以及加密技术保证专用数据的网络安全。VPN 可以替代连线对等保密解决方案以及物理地址过滤解决方案。采用 VPN

技术的另一个好处是可以提供基于 RADIUS 的用户认证及计费。VPN 技术不属于 IEEE 802.11 协议标准,因此它只是一种增强型网络解决方案。

10.5　移动互联网安全

10.5.1　移动互联网概述

相对传统互联网而言,移动互联网强调随时随地在移动中接入互联网并使用业务。一般来说移动互联网是指采用手机、个人数字助理(PDA)、便携式计算机、专用移动互联网终端,以移动通信网络(包括 2G、3G、E3G 等)或无线局域网作为接入手段,直接或通过无线应用协议(Wireless Application Protocol,WAP)访问互联网并使用互联网业务。

移动互联网是一个多学科交叉、涵盖范围广泛的研究领域,涉及互联网、移动通信、无线网络、嵌入式系统等技术。当前移动互联网可分为 3 个层面:移动终端、接入网络和应用服务,其中,前两者是应用服务的基础设施。

(1) 移动终端

移动终端是移动互联网的前提和基础。随着移动终端技术的不断发展,移动终端逐渐具备了较强的计算、存储和处理能力,具有了触摸屏、定位、视频摄像头等功能组件,拥有了智能操作系统和开放的软件平台。采用智能终端操作系统的手机,除了具备通话和短信功能外,还具有网络扫描、接口选择、蓝牙 I/O、后台处理、能量监控、节能控制、持久存储和位置感知等功能。移动终端研究不仅涵盖终端硬件、操作系统、软件平台及应用软件,还包括节能、定位、上下文感知、内容适配和人机交互等技术。其中,节能和定位至关重要,提高能量利用效率可以增强移动终端的续航能力,获取终端位置则是使用基于位置服务的前提。

(2) 接入网络

接入网络是移动互联网的重要基础设施之一。按照网络覆盖范围的不同,现有的无线接入网络主要有 5 类:卫星通信网络、蜂窝网络、无线城域网(WiMAX)、无线局域网(WLAN)、基于蓝牙的无线个域网。它们在带宽、覆盖、移动性支持能力和部署成本等方面各有长短。例如,蜂窝网络覆盖范围大,移动性管理技术成熟,但存在带宽低、成本高等缺陷;WLAN 有着高带宽、低成本的优势,但其覆盖范围有限,移动性管理技术还不成熟。

随着移动互联网的飞速发展,无线接入网络所要支撑的业务已经由以前单一的语音业务转变为综合语音、数据、图像的多媒体业务,现有的无线接入网络已经无法满足带宽、覆盖、实时性等多方面的需求。

关于下一代无线通信网络的设计思路和发展方向,主要有以下 3 种:

① 革新式的发展路线:定义全新的无线接口、通信协议和网络架构,开发成本高且难以推广部署,在时效性和实用性上有所欠缺;

② 单系统演进的发展路线:充分利用现有的某种无线接入系统的基础设施和技术,通过技术增强来实现系统的平滑过渡,是一种低成本的系统升级方案,但系统性能提高有限,不能作为一种长远的发展路线;

③ 多系统融合演进的发展路线:将现有的多种无线接入技术有效地结合起来,实现异构无线网络融合,这种发展路线既具备了单系统演进路线的低成本低风险的优点,又能够有

效提高系统性能,是一种实用性和时效性都较强的长期发展路线。

（3）应用服务

应用服务是移动互联网的核心。移动互联网服务不同于传统的互联网服务,它具有移动性和个性化等特征,用户可以随时随地获得移动互联网服务。这些服务可以根据用户位置、兴趣爱好、环境及需求进行定制。应用服务研究包括移动搜索、移动社交网络、移动电子商务、移动互联网应用拓展、基于云计算的服务、基于智能手机感知的应用等。

10.5.2 移动 IP 基础

1. 移动 IP 产生背景

传统 IP 在提供 Internet 访问业务时,每个连接由插口（由 IP 地址和端口号组成）唯一地识别。在通信期间,它们的 IP 地址和 TCP 端口号必须保持不变,否则 IP 主机之间的通信将无法继续。例如:某台主机的 IP 地址为 210.28.130.21,则其网络号为 210.28.130,主机号为 21。这台主机只能在网络号为 210.28.130 的局域网中进行互连。若主机移动到其他网段,便无法继续通信。图 10-9 表示移动主机由 210.28.130 网段移动到 220.30.168 网段时发生通信中断的情况。因此,为了在用户终端移动的条件下,既不改变其 IP 地址,又能保持通信不中断,就引入了移动 IP 的概念。

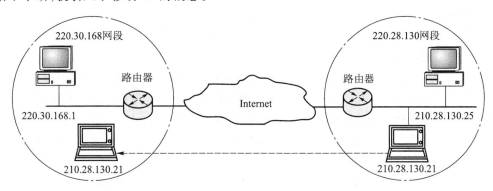

图 10-9　主机跨网段移动发生通信中断

移动 IP 并不是移动通信技术和 Internet 技术的简单叠加,也不是无线语音和无线数据的简单叠加,它是移动通信和 IP 的深层融合。其目标是将无线语音和无线数据综合到一个技术平台上传输,这一平台就是由 IETF 制定的移动 IP 协议。包括 RFC2002（IP 移动性支持）、RFC2003（IP 内的 IP 封装）、RFC2004（IP 内的最小封装）和 RFC2290（用于点对点协议（PPP）、IP 控制协议（IPCP）的移动 IPv4 配置选项）。

2. 移动 IP 的网络结构

移动 IP 的网络结构如图 10-10 所示。

图 10-10 的移动 IP 网络包括了移动结点、家乡代理和外部代理三种功能实体。

（1）移动 IP 地址

移动 IP 技术引用了蜂窝移动电话呼叫处理的原理,使移动结点采用固定不变的 IP 地址,一次登录即可实现在任意位置上保持与 IP 主机的单一链路层连接,并使通信持续进行。该技术使在不同网络之间漫游的移动主机可以获得多个 IP 地址,移动 IP 协议中移动主机至少有两个 IP 地址:家乡地址和转交地址。

10.5　移动互联网安全

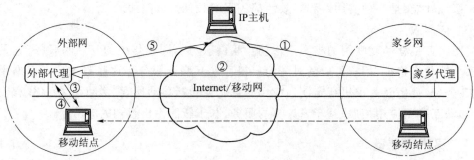

图 10-10 移动 IP 的网络结构

① 家乡地址：又称主地址，是移动主机所采用的一个固定不变的地址，它是用来识别端到端连接的静态地址，也就是移动结点与家乡网连接时使用的地址。不管移动结点与哪个网络相连，其家乡地址始终保持不变。

② 转交地址：又称临时地址，是当移动主机离开家乡网后为进行数据包转发而获得的临时地址，它是数据包选路用的动态地址。当移动结点因移动而接入到一个新的网段时，转交地址会发生变化。

（2）移动代理（Mobile Agent）

移动 IP 的地址管理和路由选择是通过移动代理来实现的。移动代理有家乡代理和外部代理两种类型。

① 家乡代理（Home Agent）：一个设在移动结点家乡网上的路由器，至少有一个接口在家乡网上。家乡代理的功能是维护本地开户的移动结点当前的位置信息。当移动结点从家乡网段移动到其他网段时，应将当前它所在的位置（即当前使用的转交地址）通知家乡代理。家乡代理截获了送给移动结点的家乡 IP 地址的分组后，通过"隧道"（见后述）将这些分组送往当前移动结点所在位置。

② 外部代理（Foreign Agent）：是移动结点当前所在外部网络上的路由器，它负责向已登记的移动结点提供选路服务。其工作过程是：外部代理向移动结点广播访问地址，移动结点利用访问地址进行登记并通知家乡代理当前的转交地址（外部代理的转交地址）。

（3）隧道

当一个数据包被封装在另一个数据包的净荷中进行传送时，所经过的路径称为隧道。如图 10-11 所示。图(a)为进入隧道前的数据包的封装，图(b)为通过隧道传输数据包的示意图。由图(b)可见，家乡代理先将数据包通过隧道传送给外部代理，然后由外部代理传送给出门在外的移动结点。需要说明的是，未封装前的原始 IP 数据包报头中的 IP 源地址和目的地址分别是原发送端和最终目的地的 IP 地址；封装后 IP 数据包报头中的 IP 源地址和目的地址分别是隧道入口地址和隧道出口地址。

（4）位置登记

位置登记（Registration）是指移动结点必须将其位置信息向其家乡代理进行登记，以便被定位。在移动 IP 技术中，按照不同的网络连接方式，有两种不同的登记规程。一种是通过外部代理进行登记，即移动结点向外部代理发送登记请求报文，外部代理接收并处理登记请求报文，然后将报文中继到移动结点的家乡代理；家乡代理处理完登记请求报文后向外部

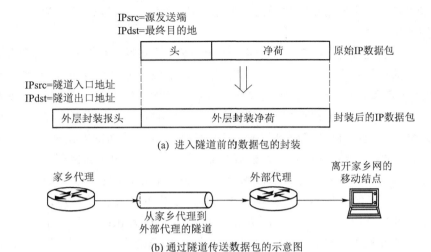

IPsrc=源发送端
IPdst=最终目的地

| 头 | 净荷 | 原始IP数据包 |

IPsrc=隧道入口地址
IPdst=隧道出口地址

| 外层封装报头 | 外层封装净荷 | 封装后的IP数据包 |

(a) 进入隧道前的数据包的封装

家乡代理　　　　　　　　　　外部代理　　　离开家乡网的移动结点

从家乡代理到
外部代理的隧道

(b) 通过隧道传送数据包的示意图

图 10-11　IP 隧道

代理发送登记答复报文（接受或拒绝登记请求），外部代理处理登记答复报文，并将其转发到移动结点。另一种是直接向家乡代理进行登记，即移动结点向其家乡代理发送登记请求报文，家乡代理处理后向移动结点发送登记答复报文（接受或拒绝登记请求）。登记请求和登记答复报文都使用用户数据报协议（User Datagram Protocol，UDP）进行传送。当移动结点收到来自其家乡代理的代理通告报文时，便可判断其已返回到家乡网络。此时，移动结点应向家乡代理撤销登记。在撤销登记之前，移动结点应配置适用于其家乡网络的路由表。

（5）代理发现

代理发现（Agent Discovery）是指为了随时随地与其他结点进行通信，移动结点必须首先找到一个移动代理。移动 IP 定义了两种发现移动代理的方法：一是被动发现，即移动结点等待本地移动代理周期性地广播代理通告（Agent Advertisement）报文；二是主动发现，即移动结点广播一条代理请求（Agent Solicitation）的报文。移动 IP 使用扩展的"ICMP Router Discovery"机制作为代理发现的主要机制。需要注意的是，使用以上任何一种方法都可使移动结点识别出移动代理并获得转交地址，从而获知移动代理可提供的所有服务，以及确定其究竟连在家乡网还是某一外部网上。使用代理发现可使移动结点检测到它何时从一个 IP 网络（或子网）漫游（或切换）到另一个 IP 网络（或子网）。

所有移动代理都应具备代理通告功能，并对代理请求做出响应。所有移动结点必须具备代理请求功能。但是，移动结点只有在没有收到移动代理的代理通告，并且无法通过链路层协议或其他方法获得转交地址的情况下，方可发送代理请求报文。

10.5.3　移动互联网安全技术

1. 移动互联网面临的安全问题

移动互联网也是互联网的一部分，随时面临来自网络的病毒威胁和安全挑战。移动通信和互联网联合 IP 地址形成之后，给病毒和黑客入侵设定了目标。IP 开放式的结构架构导致互联网用户地址公开化，每一个用户都可以轻易获得网络重要结点的 IP 地址，使用软件工具并发起漏洞扫描，寻找到漏洞之后对该用户进行攻击，例如非法软件"灰鸽子等"。

攻击者可以对任何一个网络正在传送的数据进行数据截获并可以进行恶意修改,用户数据的安全受到严重威胁。

移动互联网安全威胁存在于各个层面,包括终端安全威胁、网络安全威胁和业务安全威胁。智能终端的出现带来了潜在的威胁,如信息非法篡改和非法访问,通过操作系统修改终端信息,利用病毒和恶意代码进行系统破坏。数据通过无线信道在空中传输,容易被截获或非法篡改。非法的终端可能以假冒的身份进入无线通信网,进行各种破坏活动;合法身份的终端在进入网络后,也可能越权访问各种互联网资源。业务层面的安全威胁包括非法访问业务、非法访问数据、拒绝服务攻击、垃圾信息的泛滥和不良信息的传播等。

移动互联网的用户量最多的是手机用户,许多商家利用移动互联网的这一特点,在移动互联网的用户手机上恶意传播病毒获取非法利润。手机的病毒种类繁多,可以监控手机用户的通话记录和短信内容、远程协助自动接打电话;针对配置较高的智能手机,利用其自带的卫星定位系统导航出用户的位置,用户隐私甚至是生命财产安全受到严重威胁。手机病毒的传播方式通常有 3 种:① 以短信、彩信、电子邮件、浏览网站等方式在移动通信网内传播;② 以红外、蓝牙等方式传播;③ 手机生产厂家直接把病毒写入芯片。

2. 移动互联网安全框架

移动互联网安全分为 3 个层次:应用安全、网络安全和终端安全。移动互联网安全框架如图 10-12 所示。

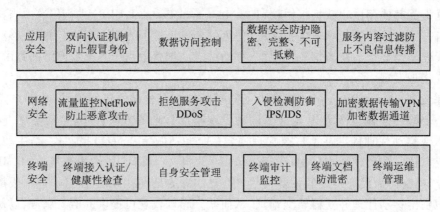

图 10-12　移动互联网安全框架示意图

(1) 终端安全

移动互联网终端通常是指手机、PDA、上网本和便携式计算机等。终端安全主要分为以下 6 个部分:

① 移动互联网终端安全防护:是传统网关安全产品在终端上的实现,通过终端防护,防止外界对终端的入侵,确保终端的可用性。其安全防护的基本功能包括防病毒、防木马、主机入侵防护、网络访问控制、防 ARP 欺骗、网页防挂马及反间谍软件等,以防病毒和主机防火墙为核心技术来实现。

② 移动互联网终端审计监控:是监控终端上操作者的活动,确保操作者的活动符合法律与法规。监控审计的基本功能包括文件操作控制和审计、Web 访问控制和审计、网络访问控制和审计、打印机使用控制和审计及移动存储管理和审计等。

③ 移动互联网终端文档防泄密:通过管理电脑操作者对文档的使用,确保对企业重要信息资产的保护。文档防泄密的基本功能包括文档加密、文档授权、文档审计和文件运动轨迹追踪等。

④ 移动互联网终端接入控制:已经成为互联网终端管理的一个基础平台。接入控制确保只有受信的用户及受控的终端才能接入内网,而客户端的部署是实现终端接入管理的基础。一般来说,没有部署客户端的终端被认为是非法终端,不得接入到网络中。有些终端设备虽然安装了客户端,但由于其安全性没有达到要求,系统要对其进行处理,例如拒绝上网、隔离、治疗和活动限制等措施。拒绝上网就是不能接入到网络中;隔离是指终端设备虽能上网,但不能和其他终端或服务器交互;治疗是指只能和治愈服务器连接,服务器根据终端的安全缺项进行相应的治疗,如安装补丁、安装防病毒软件等;活动限制是指只能和有限的终端和服务器连接,禁止到其他区域活动。

⑤ 移动互联网终端运维:是网管产品在桌面领域的延伸,是运维人员的助手,将以前手工的工作实现自动化,从而提高效率,节约成本,规范管理,如软件分发、远程协助、资产管理和补丁分发等。

⑥ 安全管理:负责对所有安全设备进行统一管理和控制,为各种安全技术手段提供密码管理、证书管理和授权管理等服务。

（2）网络安全

移动互联网网络分两部分:接入网、IP 承载网/互联网。

① 接入网采用移动通信网时涉及基站(BTS)、基站控制器(BSC)、无线网络控制器(RNC)、移动交换中心(MSC)、媒体网关(MGW)、服务通用分组无线业务支持结点(SGSN)、网关通用分组无线业务支持结点(GGSN)等设备以及相关链路;采用 Wi-Fi 时涉及接入(AP)设备。

② IP 承载网/互联网主要涉及路由器、交换机和接入服务器等设备以及相关链路。与互联网类似,移动互联网也可能存在非法访问、网络入侵和流量攻击、不健康内容扩散等安全问题。通过安全算法、安全协议保证移动互联网基础安全;通过安全设计、安全部署保证移动互联网安全;通过监控和内容过滤的技术手段,保障相关内容的安全与健康。

移动互联网的入侵检测和防御将会借鉴传统互联网上的入侵检测和防御技术成果。目前,入侵检测(IDS)和入侵防御(IPS)呈现出一种新趋势,那就是综合利用网络处理器、通用处理器和专用处理器的网络流量深度安全检测与分析的硬件支持技术。

在内容过滤方式上,一般采用字符串精确匹配过滤和正则表达式过滤两种方法。采用的关键技术为基于特征库的深度过滤,动态的流数据重组方法能准确、高效地过滤不良信息,适用于流量大的网络环境。目前,比较关注的内容是网络数据流、P2P 传输内容。加密数据流是内容过滤的难点。

协议识别是流量监测的关键技术,比较常用的协议识别技术包括:基于端口的协议识别、深度检测识别和连接模式识别。依据控制策略控制流量,如上班时间不能下载电影、不能浏览与工作无关的网站等。流量控制系统把用户的流量牵引到安全防护系统上,进行清洗后再把信息传输给用户,拦截各种威胁流量。对流量进行缓冲和队列控制,是流量控制的较新技术。

（3）应用安全

移动互联网应用大幅增加后，通信对端更不可信，由此可能引发病毒感染、木马等一系列攻击，危害严重，需要对服务提供方进行严格认证。目前正在标准化的 GBA/GAA 是一种对业务服务器进行认证的有效解决办法。除了用户和系统的身份认证之外，业务系统的安全机制还要保证信息不被非法访问，保证业务系统信息的保密性、完整性和不可抵赖性。同时，业务系统也要防止不良信息的泛滥与传播，在应用系统中加入内容过滤等措施。

10.6　小结与思考

小结

解密的算法称为密码体制。加密技术直接支持机密性、完整性和不可否认性。从网络传输的角度看，通常分为链路加密和端到端加密。密码体制可分为两大类：对称体制和非对称体制。

数字签名是用来保证信息完整性的安全技术，可以解决否认、伪造、篡改及冒充等问题。所谓数字签名就是附加在数据单元上的一些数据，或是对数据单元所作的密码变换。这种数据或变换允许数据单元的接收者用以确认数据单元的来源和数据单元的完整性并保护数据，防止被人伪造。

电子商务的安全方案需要在以下几个方面考虑。电子现金的产生、认证、传送、存储及不可重复使用。电子支票中的安全性要求包括对电子支票的认证、向接收者提供发送者的公钥、安全存储发送者的私钥。SET 协议是由 Visa 和 MasterCard 组织倡导，在互联网上进行在线交易时保证支付安全而设立的一个开放的规范，目前已获得国际标准化组织 IETF 的认可，主要用于信用卡的网上电子支付。SET 协议使用加密技术提供信息的机密性，验证持卡者、商家和收单行，保护支付数据的安全性和完整性，为这些安全服务定义算法和协议。SET 为商家和持卡者提供方便的应用，减小对现有应用的影响，使收单行、商家、持卡者之间的关系基本不变，充分利用现有商家、收单行、支付系统应用和结构。

无线局域网（WLAN）是利用无线电波或红外线（IR）等无线传输媒介构成的局部区域网络，即将数据通信网络与用户的移动性相结合而构成的可移动的局域网。安全性成为阻碍无线局域网发展的重要因素，安全问题也让许多潜在的用户对是否采用无线局域网犹豫不决。目前无线局域网面临的主要威胁有以下几种：未经授权使用网络服务、地址欺骗、会话拦截。为了保证无线局域网通信的安全，无线局域网提出了许多的安全技术，包括物理地址（MAC）过滤、服务区标识符（SSID）匹配、连线对等保密（WEP）、端口访问控制（IEEE 802.11x）、WPA、IEEE 802.11i 等。

移动互联网是指采用手机、个人数字助理（PDA）、便携式计算机、专用移动互联网终端，以移动通信网络（包括 2G、3G、E3G 等）或无线局域网作为接入手段，直接或通过无线应用协议（WAP）访问互联网并使用互联网业务。移动互联网也是互联网的一部分，随时面临来自网络的病毒威胁和安全挑战。移动互联网安全威胁存在于各个层面，包括终端安全威胁、网络安全威胁和业务安全威胁。移动互联网安全分为 3 个层次：应用安全、网络安全和终端安全。

思考

10-1 通信安全的常见威胁主要有哪些？

10-2 实现通信安全的主要途径有哪些？

10-3 防火墙的作用是什么？采用的技术从原理上主要分为哪三种？

10-4 入侵检测系统的作用是什么？按照系统扫描检测对象的不同，IDS 可分为哪几种？

10-5 试简述虚拟专用网络的概念及作用。

10-6 VPN 的主要技术有哪些？

10-7 描述安全电子交易 SET 协议的基本概念及处理流程。

10-8 无线局域网的安全技术有哪些？

10-9 什么是链路加密？什么是端到端加密？

10-10 对称密码体制和非对称密码体制各自的特点是什么？

附录

部分英文缩写词对照表

缩写字母	英文全称	中文译名
A/D（converter）	Analog/Digital Converter	模拟数字转换器
ADM	Add/Drop Multiplexer	分插复用器
ADPCM	Adaptive Differential Pulse Code Modulation	自适应差分脉码调制
ADSL	Asymmetric Digital Subscriber Line	非对称数字用户线
AES	Advanced Encryption Standard	高级加密标准
AH	Authentication Header	认证包头
AM	Amplitude Modulation	幅度调制
AMI(code)	Alternative Mark Inversed Code	传号交替反转码
AMPS	Advanced Mobile Phone System	先进移动电话系统
AN	Access Network	接入网
AP	Access Point	接入点
APC	Automatic Power Control	自动功率控制
API	Application Programming Interface	应用程序编程接口
APK	Amplitude Phase Keying	幅相键控
ARQ	Automatic Repeat reQuest	自动检错重发
ASK	Amplitude Shift Keying	幅移键控
ASP	Active Server Page	动态服务器页面
ASCⅡ	American Standards Code for Information Interchange	美国信息交换标准码
ATC	Automatic Temperature Control	自动温度控制

ATD	Asynchronous Time Division Multiplex	异步时分复用
ATM	Asynchronous Transfer Mode	异步转移模式
B2B	Business To Business	企业之间
B2C	Business To Customer	企业和消费者之间
BBS	Bulletin Board System	电子公告牌
BCCH	Broadcast Control Channel	广播控制信道
BPF	Band Pass Filter	带通滤波器
BSC	Base Station Controller	基站控制器
BSS	Base Station System	基站系统
BSS	Base Service Set	基本服务组
BTS	Base Transceiver Station	基站收发信机
CA	Certificate Authority	证书授权
CAD	Computer Aided Design	计算机辅助设计
CBC-MAC	Cipher Block Chaining Message Authentication Code	加密块连接消息认证码
CC	Country Code	国家码
CCD	Charge Coupled Device	电荷耦合器件
CCITT	Consultative Committee for International Telegraph and Telephone	国际电报电话咨询委员会
CCMP	Counter CBC-MAC Protocol	计数器模式密码块链消息完整码协议
CDM	Code Division Multiplexing	码分复用
CDMA	Code Division Multiple Access	码分多址
CGI	Cell Global Identification	全球小区识别
CGI	Common Gateway Interface	通用网关接口
CMI	Coded Mark Inversion	传号反转码
CN	Center Network	核心网
CNNIC	China Internet Network Information Center	中国互联网信息中心
CORBA	Common Object Request Broker Architecture	公共对象请求体系结构
CPN	Customer Premises Network	用户驻地网
CRT	Cathode Ray Tube	阴极射线管
CSMA/CA	Carrier Sense Multiple Access with Collision Avoidance	载波侦听多路访问/冲突避免
CTR	Counter Mode	计算器模式
CWDM	Coarse Wavelength Division Multiplexing	粗波分复用
D/A (converter)	Digital/Analog Converter	数字/模拟变换器
DARPA	Defense Advanced Research Projects Agency	美国国防部高级研究工程组织
DBMS	Database Management System	数据库管理系统
DCT	Discrete Cosine Transform	离散余弦变换

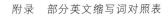

DDN	Digital Data Network	数字数据网
DES	Data Encryption Standard	数据加密标准
DFT	Discrete Fourier Transform	离散傅里叶变换
DLL	Dynamic Link Library	动态链接库
DMT	Discrete Multi Tone	离散多音频
DNS	Domain Name System	域名系统
DPCM	Differential Pulse Code Modulation	差分脉码调制
DPSK	Differential Phase Shift Keying	差分相移键控
DSB	Double Side Band	双边带
DSB-SC	Double Side Band Suppressed Carrier	双边带抑制载波
DWDM	Dense Wavelength Division Multiplexing	密集波分复用
DWT	Discrete Wavelet Transform	离散小波变换
EAP	Extensible Authentication Protocol	扩展认证协议
EC	Electronic Commerce	电子商务
ECC	Elliptic Curve Cryptography	椭圆曲线密码体制
EDI	Electronic Data Interchange	电子数据交换
EFT	Electronic Fund Transfer	电子金融汇兑
ERP	Enterprise Resources Planning	企业资源计划
ESP	Encapsulating Security Payload	封装安全负载
EDFA	Erbium Doped Fiber Amplifier	掺铒光纤放大器
FDD	Frequency Division Duplex	频分双工
FDM	Frequency Division Multiplexing	频分复用
FDMA	Frequency Division Multiple Access	频分多址
FEC	Forward Error Correction	前向纠错
FFSK	Fast Frequency Shift Keying	快速频移键控
FFT	Fast Fourier Transform	快速傅里叶变换
FM	Frequency Modulation	频率调制
FPS	Fast Packet Switching	快速分组交换
FR	Frame Relay	帧中继
FSK	Frequency Shift Keying	频移键控
FWA	Fixed Wireless Access	固定无线接入
FTP	File Transfer Protocol	文件传输协议
GEO	Geostationary(Geosynchronous)Earth Orbit	高(同步)轨道(卫星)
GGSN	Gateway GPRS Support Node	分组网关支持结点
GMSK	Gaussian(type)Minimum Frequency Keying	高斯最小频移键控
GPRS	General Packet Radio Service	通用分组无线业务
GPS	Global Position System	全球定位系统

428

GSM	Global Systems for Mobile Communication	全球移动通信系统
HA	Home Agent	归属代理
HDB$_3$	High Density Bipolar Code of Three Order	三阶高密度双极性码
HDTV	High Definition Television	高清晰度电视
HDSL	High-Speed Digital Subscriber Line	高速数字用户线
HEC	Hybrid Error Correction	混合纠错
HON	Handover Number	切换号
HSTP	High Signal Transfer Point	高级信令转接点
HTML	Hyper Text Mark-up Language	超文本标记语言
HTTP	Hyper Text Transport Protocol	超文本传输协议
HVS	Human Visual System	人类视觉系统
IDFT	Inverse Discrete Fourier transform	离散傅里叶反变换
IDN	Integrated Digital Network	综合数字网
IDS	Intrusion Detection Systems	入侵检测系统
IETF	Internet Engineering Task Force	互联网工程任务组
IKE	Internet Key Exchange	互联网密钥交换
IMAP	Internet Message Access Protocol	Internet 网消息访问协议
IM-DD	Intensity Modulation-Direct Demodulation	强度调制—直接检波
IMEI	International Mobile Equipment Identify	国际移动台设备识别码
IMSI	International Mobile Subscriber Identify	国际移动台用户识别码
IMT-2000	International Mobile Telecommunication 2000	国际移动电信 2000
IN	Intelligent Network	智能网
IP	Internet Protocol	网际协议
IRC	Internet Relay Chat	Internet 中继聊天
ISDN	Integrated Service Digital Network	综合业务数字网
ISO	International Standards Organization	国际标准化组织
ISP	Internet Service Provider	Internet 服务提供商
ITU	International Telecommunication Union	国际电信联盟
ITU-T	ITU Telecommunication Standardization sector	国际电联电信标准化部
JPEG	Joint Photographic Expert Group	静止图像压缩标准
JVM	Java Virtual Machine	Java 虚拟机
JVT	Joint Video Team	联合视频组
LAI	Location Area Identify	位置区识别码
LAN	Local-Area Network	局域网
LCD	Liquid Crystal Display	液晶显示器
LEO	Low Earth Orbit	低轨道(卫星)
LMDS	Local Multipoint Distribution Services	本地多点分配业务
LPF	Lower Pass Filter	低通滤波器

429

LSB	Lower Side Band	下边带
LSB	Least Significant Bit	最低有效位
LSTP	Low Signal Transfer Point	低级信令转接点
*M*ASK	*M*-ary Amplitude Shift Keying	多元幅移键控
MAN	Metropolitan Area Network	城域网
MCC	Mobile Country Code	移动国家码
MCU	Multi-Control Unit	多点控制单元
MDS	Multipoint Distribution Services	多点分配业务
MEO	Medium Earth Orbit	中轨道（卫星）
*M*FSK	*M*-ary Frequency Shift Keying	多元频移键控
MG	Media Gateway	媒体网关
MGC	Media Gateway Control	媒体网关控制
MIC	Message Integrity Code	消息完整性校验
MIME	Multipurpose Internet Mail Extensions	多用途 Internet 网邮件扩展
MMDS	Multichannel Multipoint Distribution Services	多信道多点分配业务
MO	MagnetoOptical	磁光
MPEG	Moving Picture Experts Group	活动图像专家组
*M*PSK	*M*-ary Phase Shift Keying	多元相移键控
MS	Mobile Station	移动台
MSC	Mobile Switch Center	移动交换中心
MSISDN	Mobile Subscriber ISDN number	移动台国际 ISDN 身份号
MSRN	Mobile Subscriber Roaming Number	移动用户漫游号码
MSK	Minimum Frequency Shift Keying	最小频移键控
MVC	Model-View-Control	模型-视图-控制
NVT	Network Virtual Terminal	网络虚拟终端
NDC	National Destination Code	国内接入号
NGN	Next Generation Network	下一代网络
N-ISDN	Narrow ISDN	窄带综合业务数字网
NOS	Network Operating System	网络操作系统
NRZ（code）	Non-Return to Zero Code	不归零码
OADM	Optical Add/Drop Multiplexer	光分插复用设备
OAN	Optical Access Network	光纤接入网
OBS	Optical Burst Switching	光突发交换
ODBC	Open DataBase Connectivity	开放数据库互连
OFDM	Orthogonal Frequency Division Multiplexing	正交频分复用
OMC	Operation and Maintenance Center	操作维护中心
OMPLS	Optical Multi-Protocol Label Switching	光标记分组交换

ONU	Optical Network Unit	光纤网络单元
OOK	On-Off Keying	通断键控
OPS	Optical Packet Switching	光分组交换
ORM	Object/Relation Mapping	对象-关系映射
OSI	Open System Interconnection	开放系统互连
OQPSK	Offset Quaternary Phase Shift Keying	偏移四相相移键控
PAD	Packet Assembler/Disassembler	分组装/拆设备
PAM	Pulse Amplitude Modulation	脉冲幅度调制
PCF	Packet Control Function	分组控制功能
PCM	Pulse Code Modulation	脉冲编码调制
PDM	Pulse Duration Modulation	脉冲宽度调制
PDH	Plesiochronous Digital Hierarchy	准同步数字序列
PDSN	Packet Data Serving Node	分组数据服务节点
PDU	Protocol Data Unit	协议数据单元
PM	Phase Modulation	相位调制
PMK	Pairwise Master Key	双万能钥匙
PPM	Pulse Position Modulation	脉冲位置调制
PSK	Phase Shift Keying	相移键控
PSR	Photonic Slot Routing	光子时隙路由
QAM	Quadrature Amplitude Modulation	正交调幅
QIM	Quantization Index Modulation	量化索引调制
QoS	Quality of Service	服务质量
QPSK	Quaternary phase shift keying	四进制相移键控
RNC	Radio Network Controller	无线网络控制器
RNS	Radio Network Subsystem	无线网络子系统
RZ（code）	Return Zero Code	归零码
SBC	Sub-Band Coding	子带编码
SCP	Service Control Point	业务控制点
SDH	Synchronous Digital Hierarchy	同步数字序列
SDMA	Space Division Multiple Access	空分多址
SET	Secure Electronic Transaction	电子安全交易
SGSN	Serving GPRS Supporting Node	分组业务支持点
SKIP	Simple Key-management for Internet Protocol	互联网简单密钥管理
SMTP	Sample Mail Transfer Protocol	简单邮件传输协议
SMS	Service Management System	业务管理系统
	Short Messages Service	短消息业务
SN	Subscriber Number	（移动用户）识别号
SNI	Service Node Interface	业务点接口

SOA	Service Oriented Architecture	服务体系架构
SOAP	Simple Object Access Protocol	简单对象访问协议
SONET	Synchronize Optical Network	同步光网络
SP	Signaling Point	信令点
SQL	Structured Query Language	结构化查询语言
SSB	Single Side Band	单边带
SSID	Service Set Identifier	服务区标志符
SSP	Service Switching Point	业务交换点
STDM	Synchronization Time Division Multiplexing	同步时分复用
STP	Signaling Transfer Point	信令转接点
STM	Synchronous transmission modulus	同步传输模块
SVD	Singular Value Decomposition	奇异值分解
SWAP	Share Wireless Access Protocol	共享无线访问协议
TA	Terminal Adaptor	终端适配器
TACS	Total access communication system	全接入通信系统
TCM	Trellis Coded Modulation	网格编码调制
TCP	Transfer Control Protocol	传输控制协议
TDD	Time Division Duplex	时分双工
TDI	Trade Data Interchange	贸易数据互换
TD-LTE	Time DivisionLong Term Evolution	分时长期演进
TDM	Time Division Multiplexing	时分复用
TDMA	Time Division Multiple Access	时分多址
TD-SCDMA	Time Division Synchronization CDMA	时分同步码分多址
TKIP	Temporal Key Integrity Protocol	临时密钥完整性协议
TS	Time Slot	时隙
TV	Television	电视机
UDDI	Universal Description, Discovery and Integration	通用描述、发现与集成
UDP	User Datagram Protocol	用户数据报协议
UMTS	Universal Mobile Telecommunications System	通用移动通信系统
URL	Uniform Resource Locator	统一资源定位器
UNI	User-Network Interface	用户网络接口
USB	Upper Side Band	上边带
UTRAN	UMTS Terrestrial Radio Access Network-UMTS	陆地无线接入网
VAN	Value Added Network	增值网络
VCO	Voltage-Controlled Oscillator	压控振荡器
VCEG	Video Coding Experts Group	视频编码专家组
VDSL	Very High Digital Service Line	甚高比特率数字用户线
VOD	Video On Demand	视频点播

VOIP	Voice Over Internet Protocol	IP 电话
VPN	Virtual Private Network	虚拟专用网络
VR	Virtual Reality	虚拟现实
VRML	Virtual Reality Modeling Language	虚拟现实建模语言
VSAT	Very Small Aperture Terminal	甚小孔径终端
VSB	Vestigial sideband	残留边带
VVOS	Virtual Vault Operating System	可信操作系统
WAIS	Wide Area Information Server	广域信息服务系统
WAN	Wide Area Network	广域网
WAP	Wireless Application Protocol	无线应用协议
WCDMA	Wide-band CDMA	宽带码分多址
WDM	Wavelength Division Multiplexing	光波分复用
WEP	Wired Equivalent Privacy	连线对等保密
Wi－Fi	Wireless Fidelity	无线保真
WiMAX	Worldwide Interoperability for Microwave Access	全球微波互连接入
WLAN	Wireless Local-Area Network	无线局域网
WORM	Write Once Read Many	一次写多次读
WML	Wireless Markup Language	无线标记语言
WSDL	Web Services Description Language	Web 服务描述语言
WWW	World Wide Web	万维网
XML	Extensible Markup Language	可扩展标记语言

参考文献

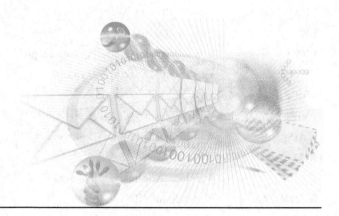

[1] 谢希仁. 计算机网络[M]. 6版. 北京:电子工业出版社,2013.

[2] 蒋青,等. 通信原理与技术[M]. 2版. 北京:北京邮电大学出版社,2012.

[3] 章毓晋. 图像工程(上册)——图像处理[M]. 3版. 北京:清华大学出版社,2012.

[4] 傅祖芸. 信息论——基础理论与应用[M]. 3版. 北京:电子工业出版社,2011.

[5] 刘红军,等. 电子商务技术[M]. 2版. 北京:机械工业出版社,2011.

[6] 吕翙,等. 电信传输技术[M]. 北京:清华大学出版社,2011.

[7] 何方白,等. 现代通信概论[M]. 北京:人民邮电出版社,2011.

[8] 桂海源. IP电话技术与软交换[M]. 北京:北京邮电大学出版社,2010.

[9] 鲜继清,等. 通信技术基础[M]. 北京:机械工业出版社,2009.

[10] 张毅,等. 电信交换原理[M]. 北京:电子工业出版社,2007.

[11] 郑少仁,等. 现代交换原理与技术[M]. 北京:电子工业出版社,2006.

[12] 陈建亚,等. 现代交换原理[M]. 北京:北京邮电大学出版社,2006.

[13] 李文海,等. 现代通信技术(上册)[M]. 2版. 北京:人民邮电出版社,2007.

[14] 李文海,等. 现代通信技术(下册)[M]. 2版. 北京:人民邮电出版社,2007.

[15] 鲜继清,等. 现代通信系统与信息网. 北京:高等教育出版社,2005.

[16] 卞佳丽,等. 现代交换原理与通信网技术[M]. 北京:北京邮电大学出版社,2005.

[17] 龚倩,等. 高速超长距离光传输技术[M]. 北京:人民邮电出版社,2005.

[18] Gerd Keiser. 光纤通信[M]. 3版. 北京:电子工业出版社,2002

[19] 杨世平,等. SDH光同步数字传输设备与工程应用[M]. 北京:人民邮电出版社,2002.

[20] 王文博,等. 宽带无线通信OFDM技术[M]. 北京:人民邮电出版社,2003.

[21] 何传江,申小娜. 改进分形图像编码的叉迹算法[J]. 计算机学报, 2007, 30(12):

2156－2162.

［22］赵耀，王红星，袁保宗．分形图像编码研究的进展［J］．电子学报，2000，28（4）：1－6.

［23］I. J. Cox, J. Kilian, T. Leighton, T. Shamoon. Secure spread spectrum watermarking for multimedia［J］. IEEE Transactions on Image Processing, 1997, 6 (12)：1673－1687.

［24］M. Barni, F. Bartolini, V. Cappellini, A. Piva. A DCT domain system for robust image watermarking［J］. Signal Processing, 1999, 66(3)：357－372.

［25］T. Wiegand, G. J. Sullivan, G. Bjontegaard, A. Luthra. Overview of the H. 264/AVC video coding standard［J］. IEEE Transactions on Circuits and Systems for Video Technology, 2003, 13(7)：560－576.

［26］张洪涛，段发阶，王学影，等．基于MVC设计模式搭建嵌入式系统应用框架［J］．哈尔滨工业大学学报，2009，41（1）：166－168.

［27］周满元．一种基于SSL协议的铁路电子商务支付系统［J］．仪器仪表学报，2006，27（6）：944－945.

［28］肖茵茵，苏开乐，岳伟亚，等．SET证书申请协议在SPV下的自动化验证及改进［J］．计算机学报，2008，31（6）：1035－1045.

［29］姜守旭，李建中．一种P2P电子商务系统中基于声誉的信任机制［J］．软件学报，2007，18（10）：2551－2563.

［30］马争，周艳，谢世波．MVC设计模式在网管中的应用与研究［J］．电子科技大学学报．2005，34（5）：638－641.

［31］朱建明，Srinivasan Raghunathan．基于博弈论的信息安全技术评价模型［J］．计算机学报，2009，32（4）：828－834.

435